长江河道探索与思考

余文畴 著

中国水利水电出版社
www.waterpub.com.cn
·北京·

内 容 提 要

本书是长江中下游河床演变规律和河道整治工程实践探索的最新成果。全书共3篇9章。第1篇为基础研究篇，主要介绍了下荆江蜿蜒型河道成因新开展的一些研究，长江中下游河床地貌研究的充实与进展，以及长江中下游比降在河床演变与河道整治中的意义和作用；第2篇为中下游河道篇，全面分析了长江中下游不同河型的河道在自然条件下的演变规律和整治条件下的变化特性，初步研究了三峡水库蓄水后"清水"下泄对中下游河床冲淤、河道形态、江湖关系和发展趋势的影响；第3篇为长江口河段篇，探索了近河口段和河口段的水流泥沙运动宏观特性，分析了近期演变特点和发展趋向，提出了长江口河段开展整治研究的设想。

本书可供从事河流泥沙基础理论研究，以及河床演变与河道整治观测、分析研究、规划、设计、施工和河道管理人员阅读参考，也可供大专院校相关专业师生教学参考。

图书在版编目（ＣＩＰ）数据

长江河道探索与思考 / 余文畴著. -- 北京 ：中国
水利水电出版社，2017.10
ISBN 978-7-5170-5946-2

Ⅰ．①长… Ⅱ．①余… Ⅲ．①长江中下游－河道整治
－研究 Ⅳ．①TV882.2

中国版本图书馆CIP数据核字(2017)第251012号

书　　名	**长江河道探索与思考** CHANG JIANG HEDAO TANSUO YU SIKAO	
作　　者	余文畴　著	
出版发行	中国水利水电出版社	
	（北京市海淀区玉渊潭南路1号D座　100038）	
	网址：www. waterpub. com. cn	
	E - mail：sales@ waterpub. com. cn	
	电话：(010) 68367658（营销中心）	
经　　售	北京科水图书销售中心（零售）	
	电话：(010) 88383994、63202643、68545874	
	全国各地新华书店和相关出版物销售网点	
排　　版	中国水利水电出版社微机排版中心	
印　　刷	北京市密东印刷有限公司	
规　　格	184mm×260mm　16开本　30.75印张　744千字　9插页	
版　　次	2017年10月第1版　2017年10月第1次印刷	
印　　数	0001—1000册	
定　　价	**170.00元**	

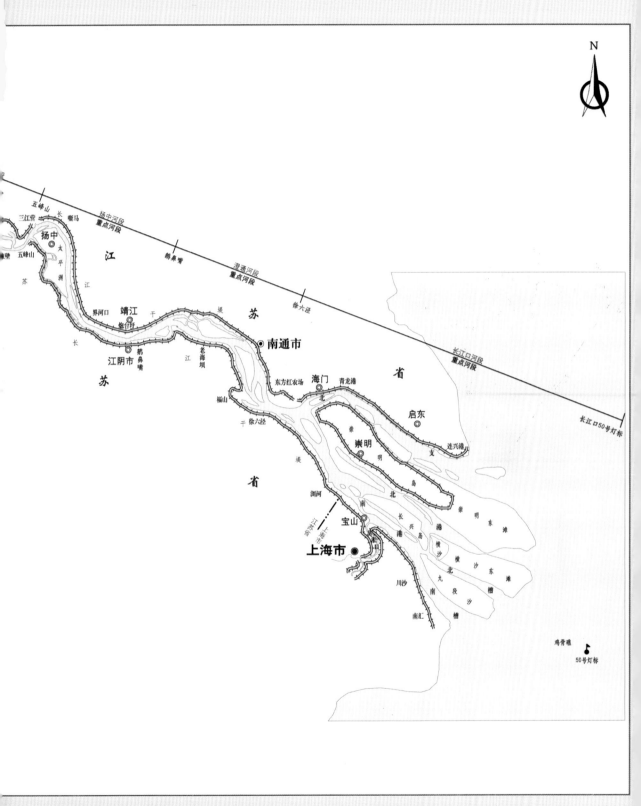

河道河段划分示意图（二）

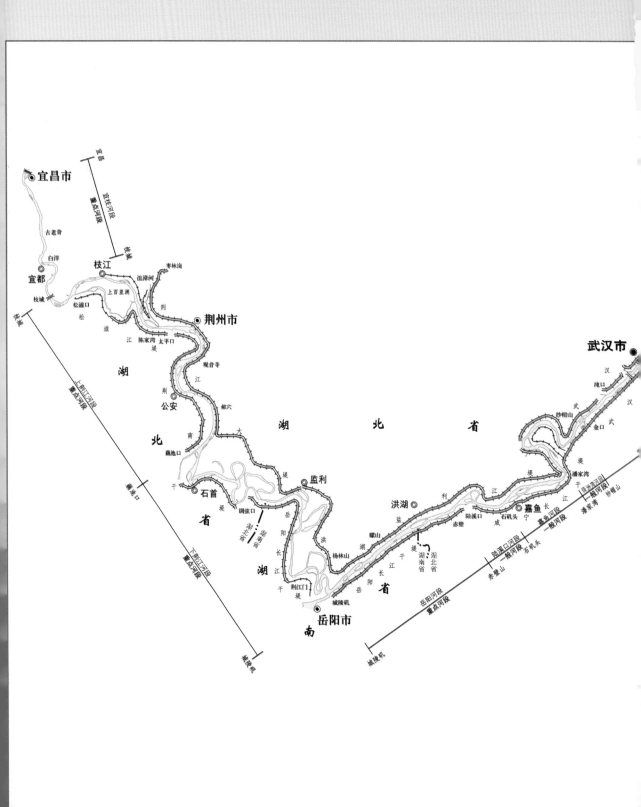

附图1　长江中下游干流河

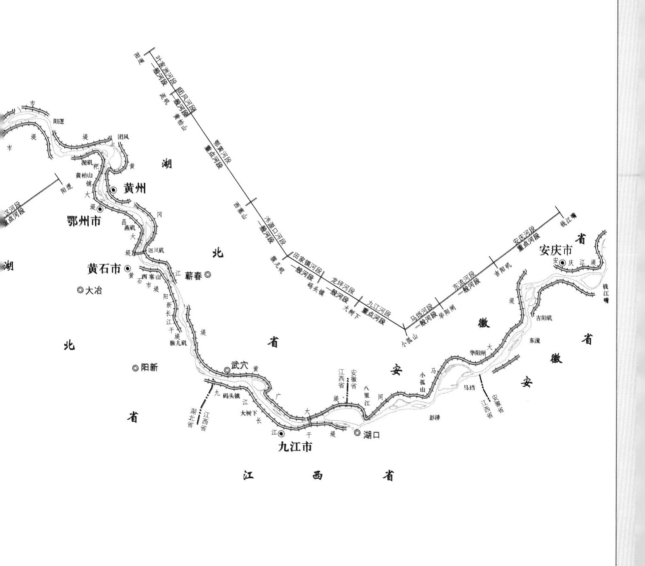

道河段划分示意图（一）

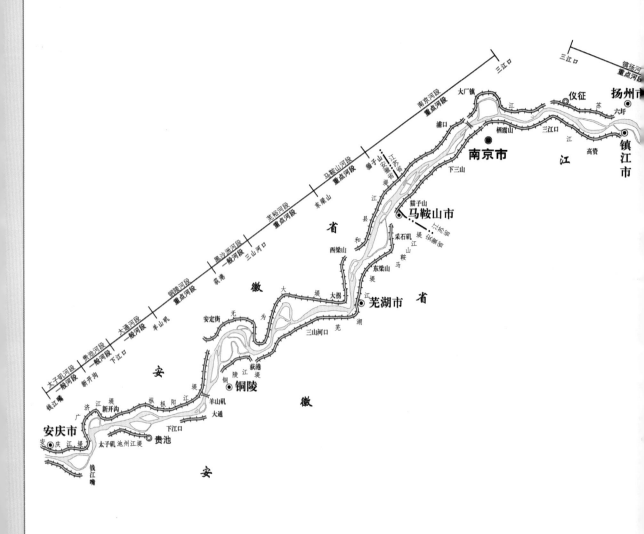

附图 1　长江中下游干流

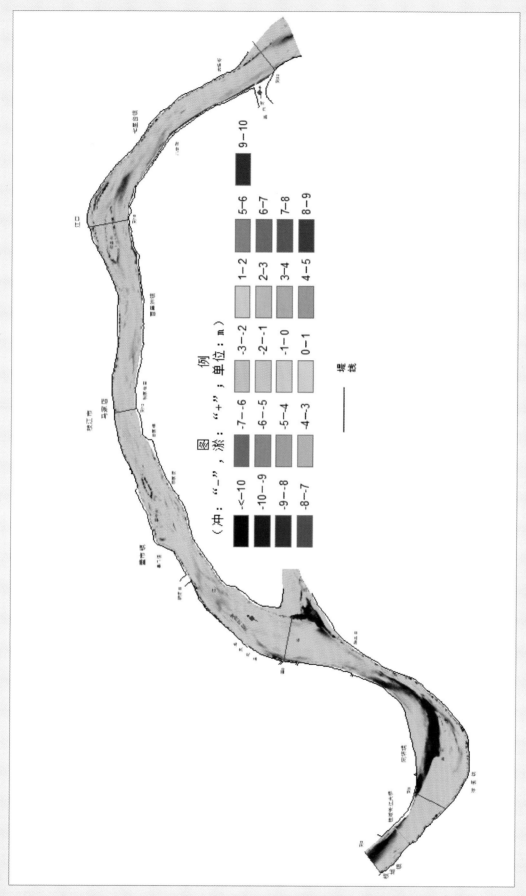

附图 2　枝城至杨家脑段河势与三峡水库蓄水后冲淤厚度分布（2002～2013 年）

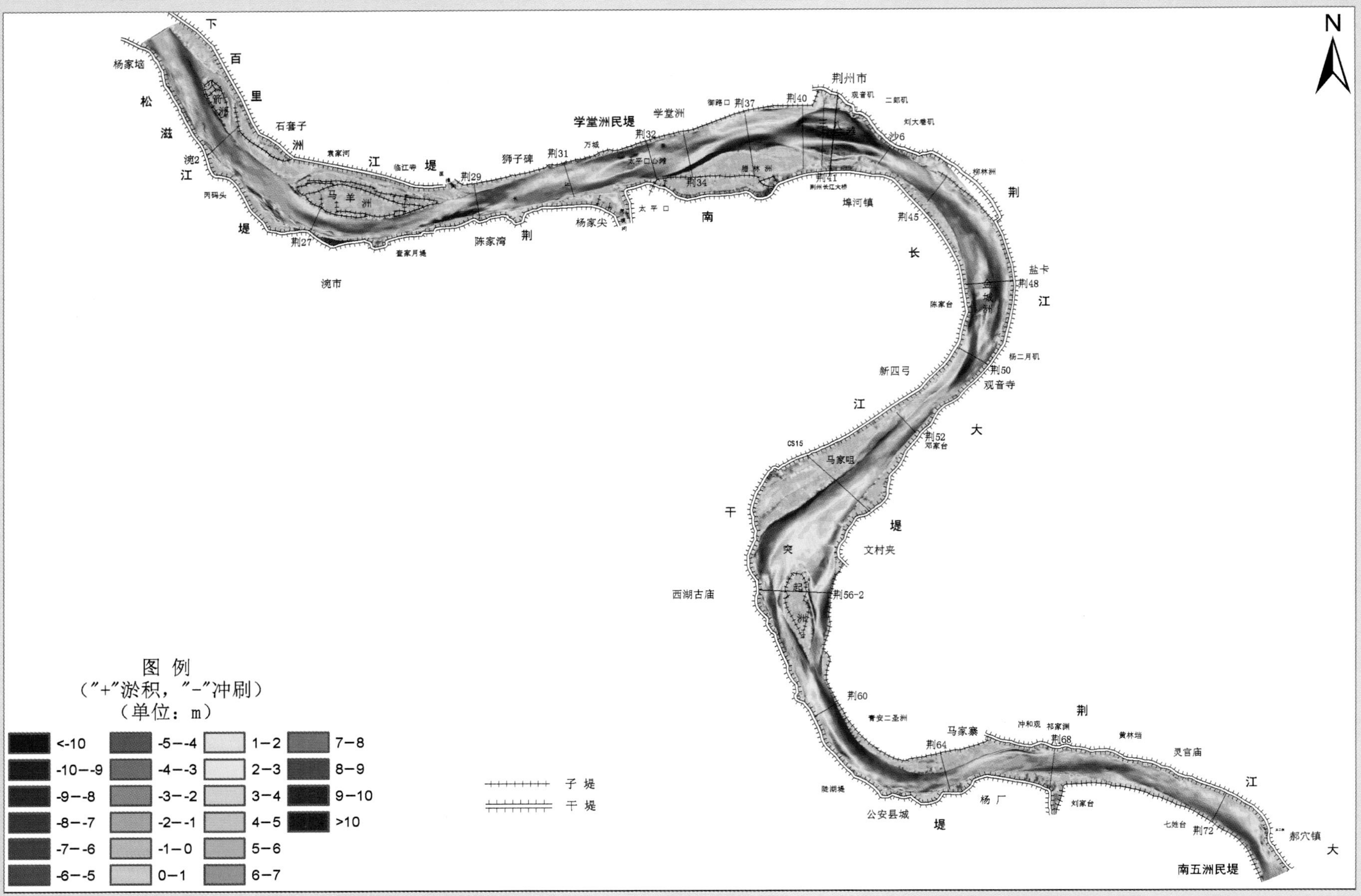

附图 3 杨家脑至郝穴段河势与三峡水库蓄水后冲淤厚度分布（2002~2013 年）

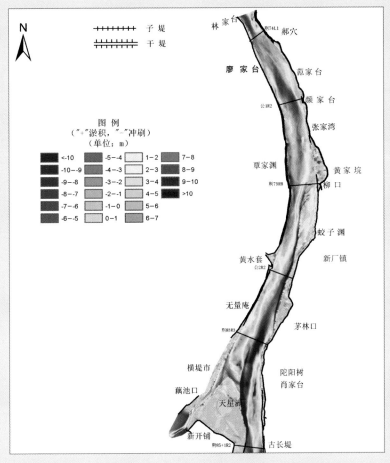

附图 4　郝穴至藕池口段河势与三峡水库蓄水后冲淤厚度分布（2002-2013 年）

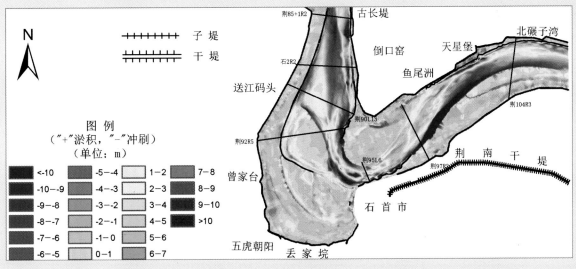

附图 5　郝穴至北碾子湾段三峡水库蓄水后河床冲淤变化（2002-2013 年）

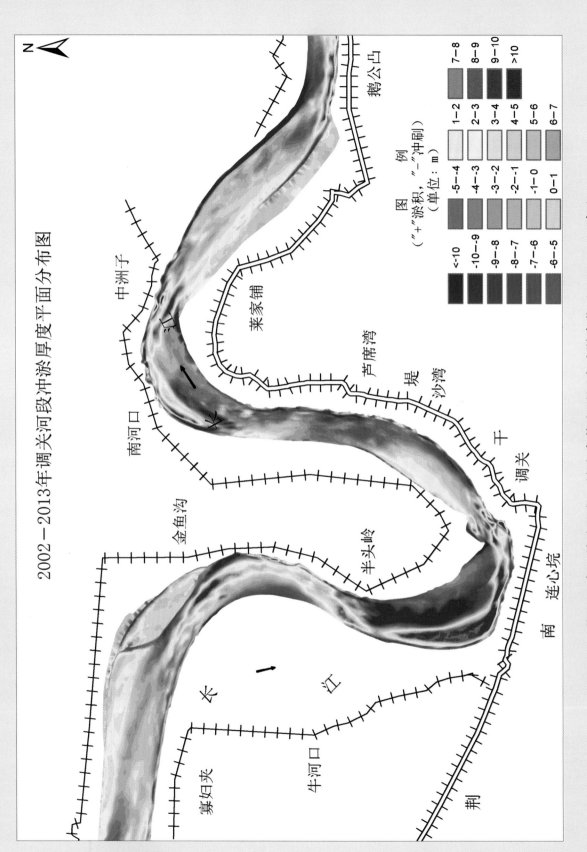

2002—2013年调关河段冲淤厚度平面分布图

图　例
（"+"淤积，"−"冲刷）
（单位：m）

<-10	-5~-4
-10~-9	-4~-3
-9~-8	-3~-2
-8~-7	-2~-1
-7~-6	-1~0
-6~-5	0~1

1~2	7~8
2~3	8~9
3~4	9~10
4~5	>10
5~6	
6~7	

鹅公凸

中洲子

江

莱家铺

芦席湾

堤

沙湾

南河口

干

调关

金鱼沟

半头岭

南　　连心垸

农

凸

牛河口

寡妇夹

荆

附图6　北碾子湾至鹅公凸段三峡水库蓄水后河床冲淤变化（2002—2013年）

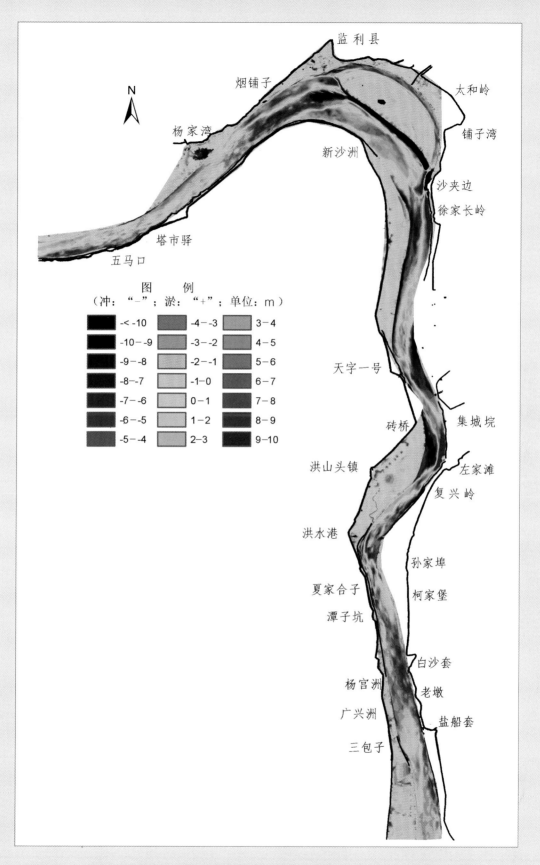

附图 7　鹅公凸至盐船套段三峡水库蓄水后河床冲淤变化（2002-2013 年）

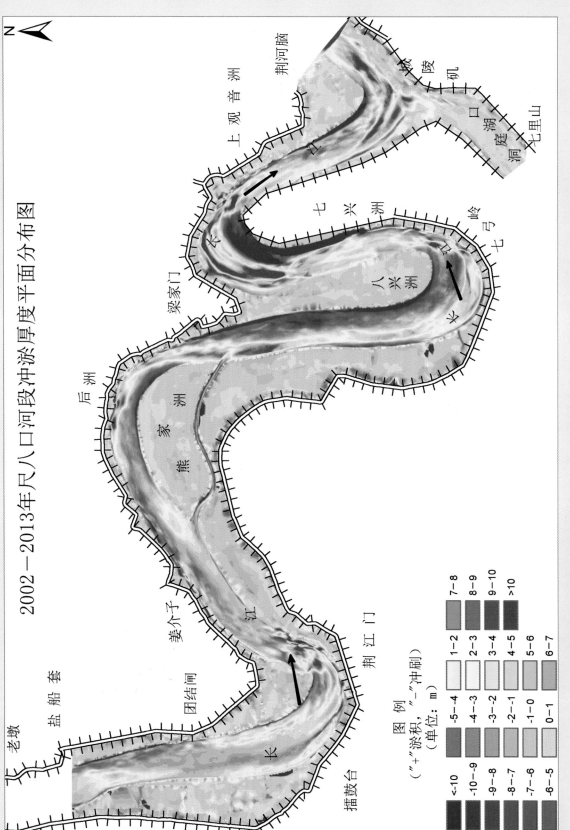

2002—2013年尺八口河段冲淤厚度平面分布图

图 例
（"+"淤积，"−"冲刷）
（单位：m）

	1−2
	2−3
	3−4
	4−5
	5−6
	6−7
	7−8
	8−9
	9−10
	>10

<−10	0−1
−10−−9	−1−0
−9−−8	−2−−1
−8−−7	−3−−2
−7−−6	−4−−3
−6−−5	−5−−4

老墩　盐船套　后洲　姜介子　团结闸　擂鼓台　荆江门　江　长　熊家洲　梁家门　长　八兴洲　七弓岭　七兴洲　上观音洲　荆河脑　城陵矶　七里山　口　洞庭湖

附图 8　盐船套至城陵矶段三峡水库蓄水后河床冲淤变化（2002~2013 年）

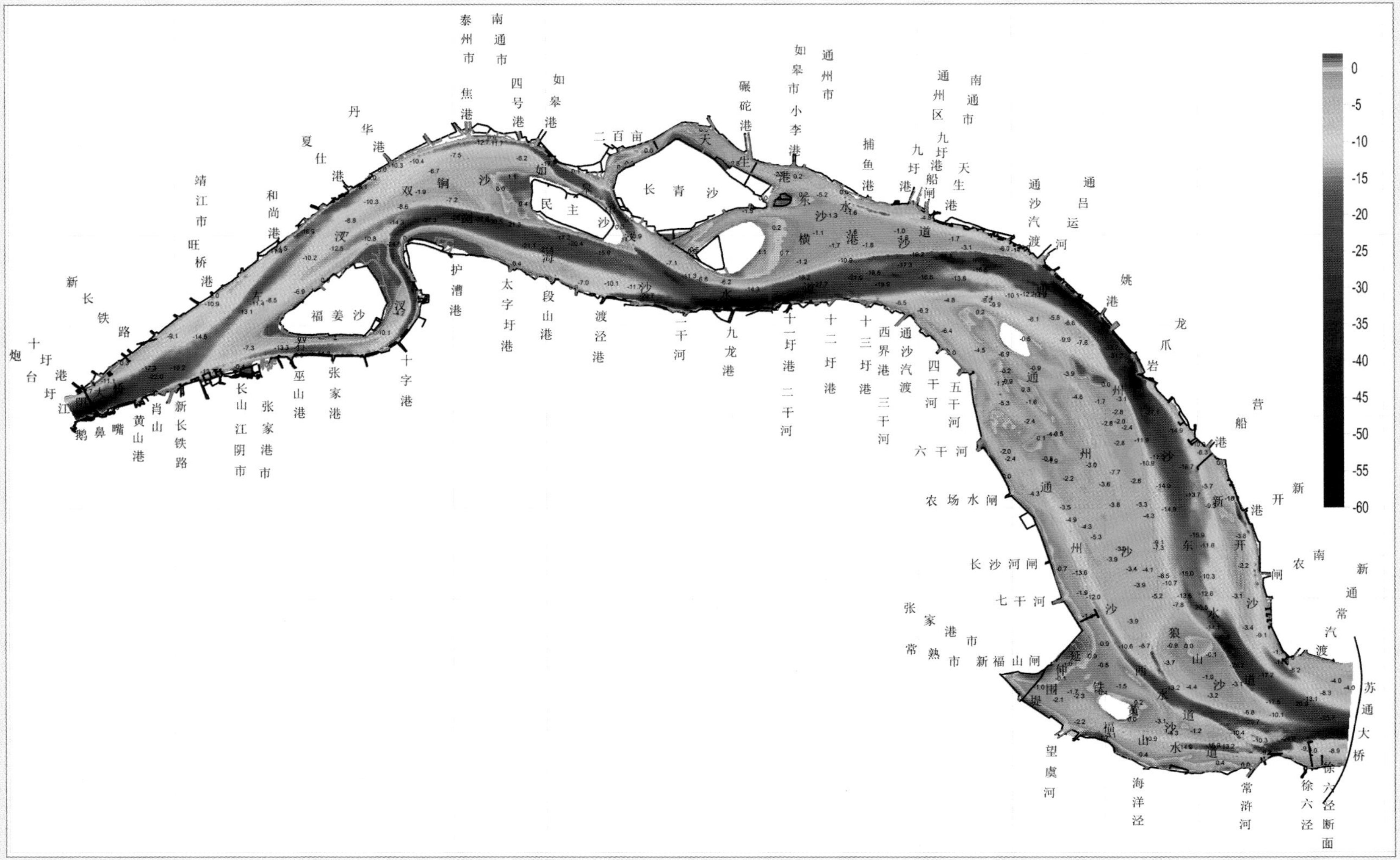

附图 9　长江下游澄通河段河势图（1997 年）

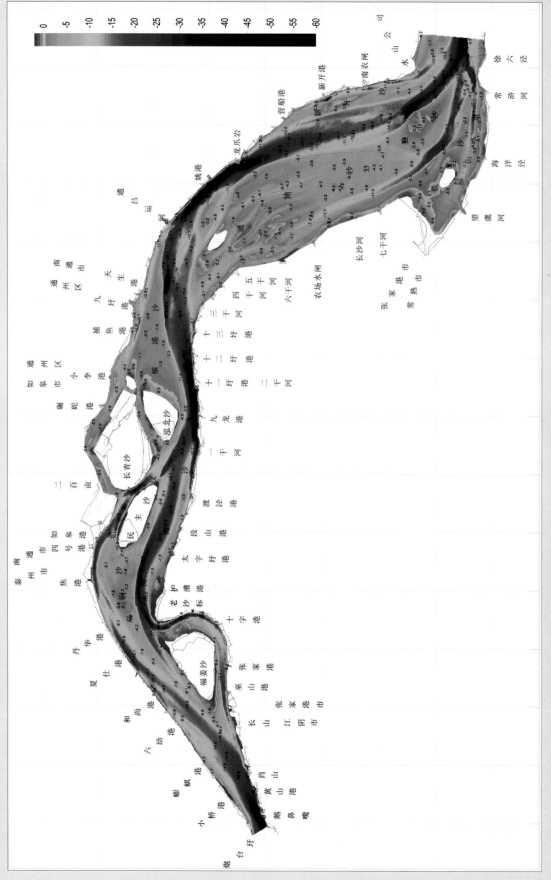

附图10　长江下游澄通河段河势图（2001年）

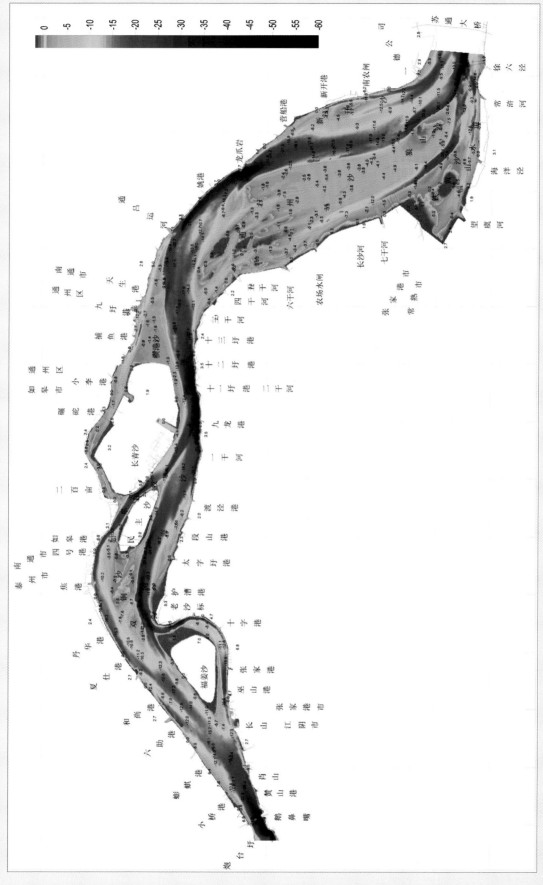

附图 11　长江下游澄通河段河势图（2011 年）

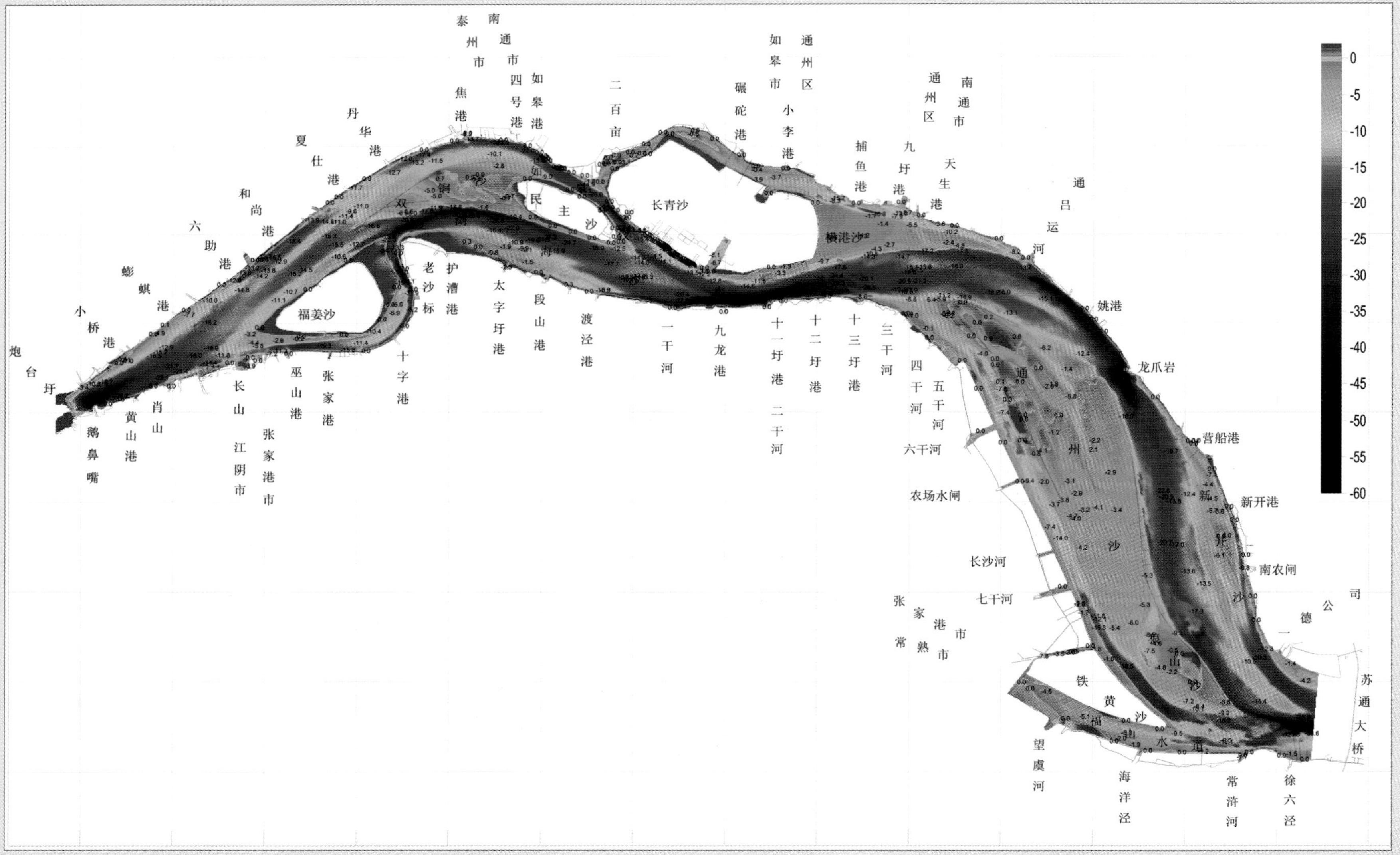

附图 12 长江下游澄通河段河势图（2014 年）

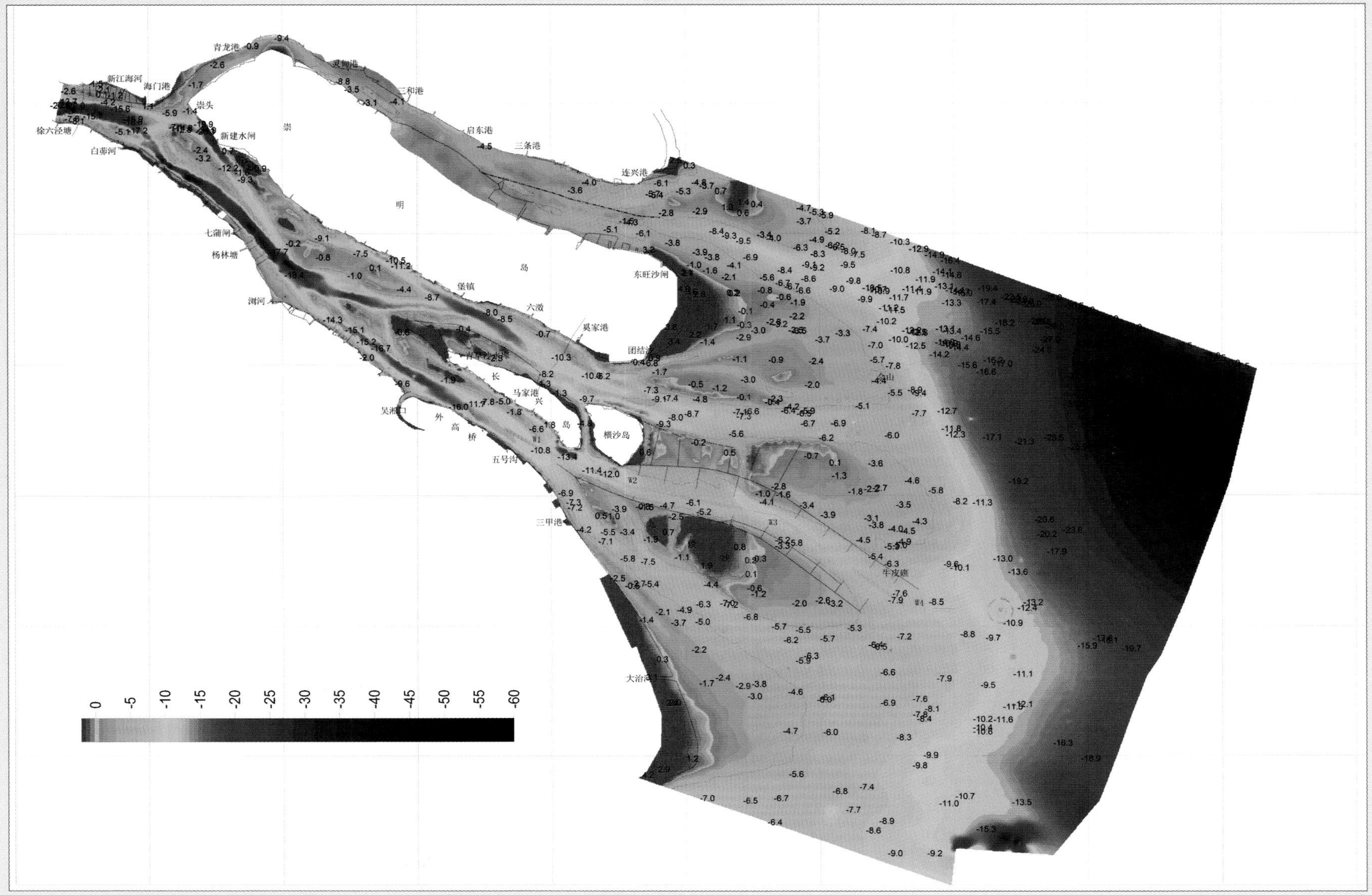

附图 13　长江口徐六泾以下河段河势图（1997 年）

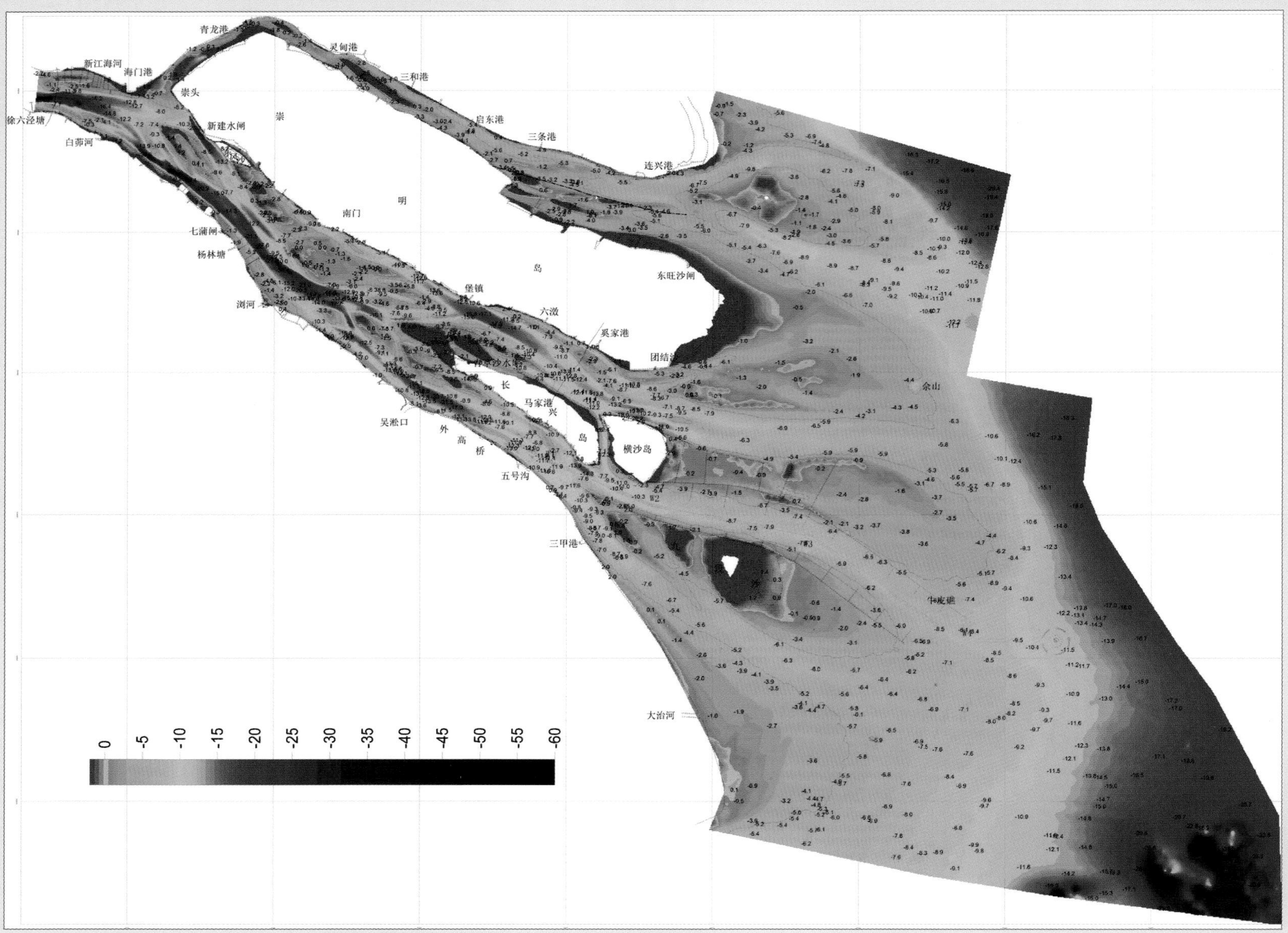

附图 14　长江口徐六泾以下河段河势图（2002 年）

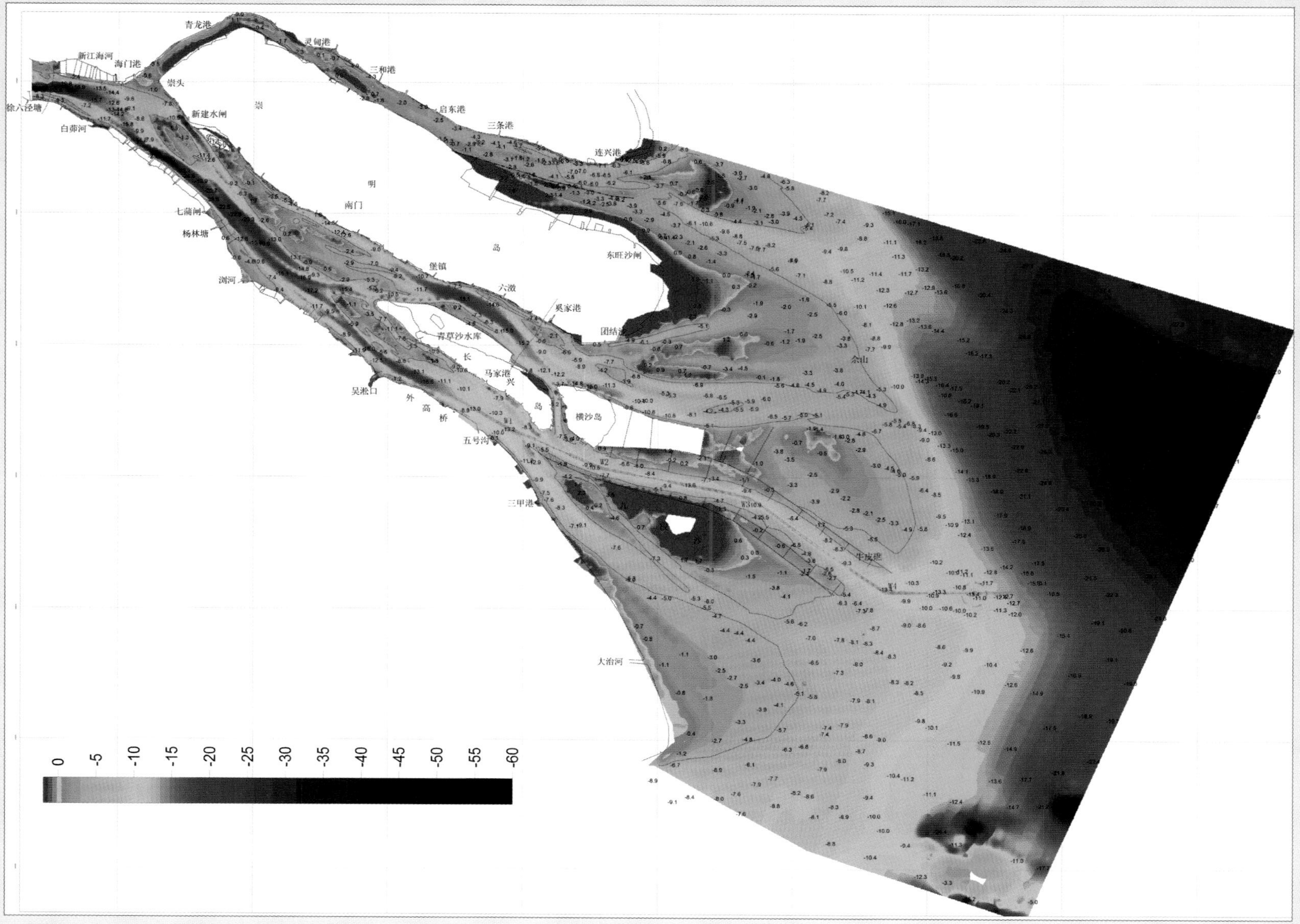

附图 15　长江口徐六泾以下河段河势图（2010 年）

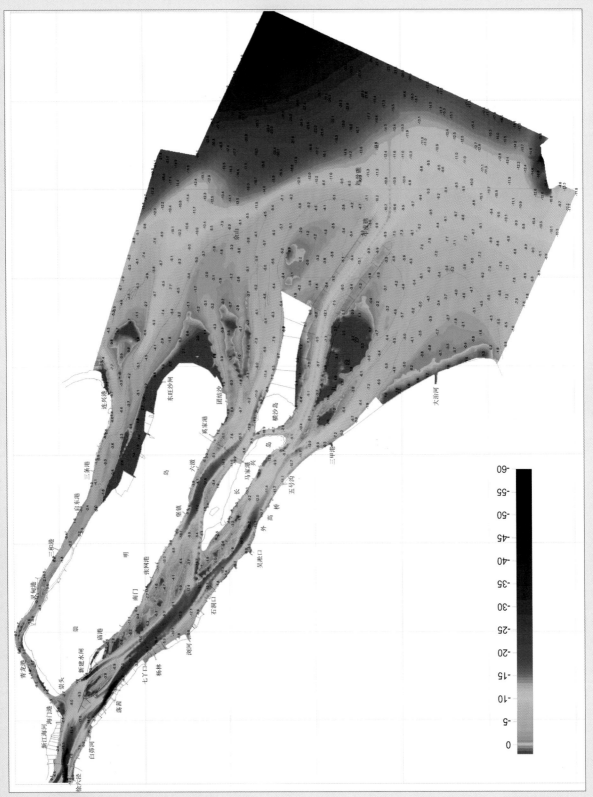

附图 16 长江口徐六泾以下河段河势图（2013 年）

序

《长江河道探索与思考》是余文畴先生继《长江河道演变与治理》《长江河道崩岸与护岸》《长江河道认识与实践》之后撰写的又一部力作。该书的面世对长江中下游河道演变研究与整治实践，特别是对新水沙条件下河道演变规律的再认识与整治方向的再探索具有重要的指导意义。新作初成时，先生约我为之作序，我欣然应承。

余文畴先生长期从事长江河道研究，曾任长江科学院河流研究所所长、长江委科学技术委员会委员、中国水利学会泥沙专业委员会副主任和顾问，是国内河床演变研究与河道整治方面的知名专家，是长江委河道研究的学科带头人。特别是他退休后坚持理论研究，系统总结多年研究成果，先后撰写了四部专著，形成了富有特色的长江河道研究理论体系，为提高长江河道研究科学技术水平作出了重要贡献，也将有力指导长江河道治理开发与保护实践。

余文畴先生的著作具有很强的理论性和实践性。《长江河道演变与治理》在分析水流泥沙运动和河床形态特性的基础上，重点分析了长江中下游河道演变规律，总结了长江中下游河道治理规划、整治工程技术与实践经验。《长江河道崩岸与护岸》则在对50多年来长江中下游河道崩岸研究和防治工程经验进行系统总结的基础上，运用河流泥沙运动和河床演变理论对崩岸机理作了进一步研究，对护岸工程试验研究和工程实践作了进一步总结和提高。《长江河道认识与实践》对长江中下游河床演变与河道整治中的河床地貌进行了全面系统研究，是形态学的深化拓展，是对河流泥沙运动学和河床地貌学相融合的有益探索。

如果说《长江河道演变与治理》《长江河道崩岸与护岸》《长江河道认识与实践》是长江中下游河道演变规律、崩岸机理研究和长江河床地貌研究成果的凝练，是60年来长江中下游河道治理规划、整治工程技术与治理实践的系统总结，那么即将出版的《长江河道探索与思考》则是长江中下游河道演变理论研究与整治实践的提升，是在以往长江河床演变研究认识和河道整治实践基础上的新探索、新认识和新思考。纵览全书共分3篇：第1篇为基础研究篇，该篇在以往研究的基础上，重点阐述了河型成因三要素及江湖关系变化对下荆江蜿蜒型河道形成发展所产生的内在作用，探讨了最小能耗率原理和河流纵向输沙平衡原理在河床演变规律研究中的普遍适用性；对长江中下游河床地貌划分方法进行了拓展性研究；运用河流泥沙运动基本原理解析了长江中下游比降在河床演变与河道整治研究中的重要意义和作用。第2篇为中下游河道篇，重点对中下游不同河型河床演变规律，特别是对水沙变化条件下的演变规律与发展趋势进行了新的总结和提炼；解析了三峡工程蓄水运用以来荆江河段及城陵矶以下分汊河道演变新特征；预估了荆江河段河势变化的总体方向，提出了维持长江中下游河势稳定的建设性意见。第3篇为长江口河段篇，该篇在全面分析长江口河床地貌新变化和水流泥沙运动条件变化的基础上，系统总结了长江口河段近期演变的主要特征及其对河势变化趋势的影响，并提出了今后河口整治的主要对策建议。该书不仅对长江中下游河道研究与整治实践具有较好的应用价值和指导意义，也将为今后河流泥沙学科研究提供有益借鉴。

长江河道治理与保护是当前治江工作的重要任务。依托长江黄金水道推动长江经济带发展已上升为国家三大战略之一。"共抓大保护，不搞大开发"，坚持生态优先推动长江经济带绿色发展已形成普遍共识。新形势下如何保障防洪安全、促进河势稳定、维系优良生态、改善航道条件是长江河道治理与保护的重要任务，迫切需要我们根据经济社会发展新形势、长江河道治理保护新要求以及长江水沙条件的新变化，进一步加强河流泥沙理论研究与河道整治实践探索，统筹规划，综合施策，系统治理，使伟大的母亲河永葆健康，永续利用，永远造福流域人民。

治理和保护好长江，需要全面掌握其演变特性和内在规律。余文畴先生在长江河道演变规律和河道整治实践领域开展了卓有成效的探索，并取得了丰硕的成果。他对长江河道治理与保护事业的深深挚爱，对河流泥沙学科孜孜不倦的钻研精神，令人敬佩，特为其新书作序。

魏山忠

2017 年 5 月

前言

作者于 20 世纪 60 年代初毕业于武汉水利电力学院治河系，被分配到长江水利水电科学研究院河流研究室工作。走上工作岗位伊始，参加了自然河工模型（造床）试验研究，不久被派往济南、郑州，按照长办林一山主任放淤、稻改、发展华北平原农业的指示精神，从事总结沉沙池经验、研究输沙渠道并承担中牟灌区沉沙池设计和施工。风里来，沙里去，工作和生活都很艰苦，也算是历练了一番。60 年代后期参加了武汉市江岸区的防汛，增长了一些防汛抢险知识；之后，又参加了南京河段整治规划和江苏省河道整治规划工作。通过上、下游崩岸段之间演变的关系，使我第一次懂得河势控制的概念和导致港区冲淤的因素。70 年代主要做了两件事：一是对护岸工程做了首次摸索性试验研究，包括以定性实验确定的比尺方法，在玻璃水槽中进行平顺抛石护岸破坏机理的试验研究，首次在弯道宽槽内对荆江大堤护岸加固方案进行研究，对抛石护岸施工方法和施工程序等实践问题作了对比研究，对抛石落距分布进行了数万次重复抛投试验，求得平均落距公式和离散度与水深的关系；对丁坝、矶头护岸进行了水流结构和局部冲刷试验研究；在理论上研究了具有实用价值的抛石稳定坡度与粒径关系。通过这一经历，获得了护岸工程机理方面的许多认识，大有乐此不疲之感，受益匪浅。二是做了大量的外文资料翻译工作。在那个年代，工作任务少又不急迫，不愿成天逍遥碌碌无为，就努力学外语，对国外的护岸工程和丁坝研究做了很多资料搜集工作，与院情报科一起汇编了数集《河道整治译丛》提供各院所交流，那时各科研单位都以相互赠送资料为荣；后来又参与了对美国学者凡诺里所著的《泥沙工程》第一章的译编出版工作。在院、所领导培养下我参加了三期院、部主办的英语培训班。这也是在后来能赴日本访问、参会和赴孟加拉国工作需具备的条件。此外，在长江中游团风河段整治试验和规划中，对英国人施测的水下地形图通过英制比尺和水深的换算并与新中国成立之后施测的地形图进行衔接，揭示了鹅头型汊道演变的周期性规律。同时，也体验到认真而深入做事获得成功的乐趣。80 年代，除了参与长江流域综合规划有关部分编写外，主要从事长江中下游护岸工程经验的调查，学习了许多工程技术和工程实践的经验，并进行了系统总结，提出了不同护岸工程型式——平顺护岸、矶头、丁坝、顺坝的适用条件和护岸工程布置应当结合河势控制的原则；编制了长江中下游护岸工程技术要求的规范性文件；组织了长江中下游历届护岸会议并汇编了论文集，深刻体会到促进长江中下游护岸工程建设在社会经济发展中的重大意义。在此期间，还开展了长江中下游支流河型调查工作，拓展了河型研究的广度。80年代末至90年代，主要从事长江中下游干流河道治理规划和重点河段的可行性研究，特别是镇扬河段二期整治中和畅洲左汊分流比增大至75‰实施潜锁坝工程的超常设计，开启了整治工程技术难度的先例。在虚心学习黄科院河工模型试验研究的基础上，开展了南水北调穿黄河高含沙量模型试验研究及其水沙自动控制技术的更新，并引进了多通道粒子显像系统；在起点较高下研发了长江口生潮系统，在自动控制技术中使用了高级的计算机语言；在治理深圳河二、三期工程研究中采用了整体和局部模型相结合的研究方法。通过以上努力将长科院的模型试验技术提高到一个较新的阶段。1998年长江发生流域性洪水后，主要从事长江重要堤防隐蔽工程中护岸工程的设计、施工和险情处理等工作。

作者真正从事长江河道范畴的写作都是2000年退休后的事。第一本书《长江河道演变与治理》是长江大中型水利水电工程技术丛书之一，是在长江委技术委员会指导下由我和卢金友同志合编的。文伏波主任、杨贤溢顾问和洪庆余总工对该书的编著十分重视，要求系统整理长江水文与河道资料，汇集长江委在观测、研究、规划、设计方面的研究成果，要体现出长江委治理长江的工程技术水平。其背景是：半个世纪以来，长江委建立了从事水文水资源勘测机构，将水文观测系统与河道观测系统统一起来，形成了全江规模的水文河道观测体系，为长江水利水电建设事业取得了丰富的基础资料。可以自豪地认为，长江河道所具备的资料，是世界上任何一条大河都不可比拟的。与此同时，长江委又建立了集河流泥沙理论应用研究、河床演变分析研究、数模计算分析研究和河工模型试验研究为一体、专业齐全的河道综合性研究机构。通过多年努力，它以长江河道研究为基础、以水利枢纽工程泥沙研究为优势而在河流泥沙学科领域中占有一席之地。为适应我国经济社会发展和长江流域综合规划工作的需要，长江委于20世纪80年代专门成立了河道规划机构。从此，长江委河道观测、研究、规划三位一体（称为"三驾马车"），相互配合，充实了长江流域综合规划中的长江中下游河道规划部分，编制了专业规划即《长江中下游干流河道治理规划》和《长江口综合整治开发规划》，开展了长江中游荆江河段演变与治理、长江口河道演变规律与对策措施等两个专题研究，进行了重点河段整治工程可行性研究和工程技术研究，实施了一系列河道整治工程，推动了改革开放中长江河道建设的蓬勃发展。这本书分为四大篇。在第一篇河道基本特征中，宏观地描述了流域自然地理环境、地质地貌、来水来沙特性，依据实测资料阐述了河道水流阻力、泥沙起动、悬移质与推移质输沙特性、水流挟沙力以及弯道、汊道水流结构、含沙量分布等规律，简述了长江中下游河道平面与纵、横剖面形态和造床流量。在第二篇河道演变中，分析了长江河道在地质年代里的形成和发育、上游自河源到川江山区性河流演变特性、中下游冲积河流不同河型的河床演变规律、长江口三角洲历史变迁和近期演变特性，阐述了长江河道的河型分类和成因。在第三篇长江河道治理规划和整治工程中，概述了1990年修订的《长江流域综合利用规划报告》和1997年编制的《长江中下游干流河道治理规划报告》中河道治理规划的要点及重点河段整治方案，分别介绍了不同河型的河势控制、护岸工程试验研究与新材料应用、裁弯工程对荆江河道与江湖关系的影响、分汊河道整治措施与治理方向、长江口海塘、围垦和航道整治工程的实施，简要介绍了长江上游山区性河流整治规划及库岸、支流与航道整治。在第四篇河道演变与整治研究方法中，介绍了长江河道观测方法、观测项目与新技术应用，概述了长江数学模型的发展与河工模型在变态、糙率和模型沙等方面的研究进展。可以说，本书有助于对长江河道演变规律和治理研究的初步了解。

第二本书《长江河道崩岸与护岸》主要着眼于长江河道整治的研究。众所周知，由长江河道平面变形产生的崩岸不仅影响到堤防工程的防洪安全，而且造成河势的不稳定，影响两岸水利、交通设施的正常运行。新中国成立后，治理崩岸成为长江中下游河道整治的首要任务。至20世纪70年代中期，护岸工程总长为665km，至80年代末期，护岸总长达1149km，占崩岸总长1518km的75.7%。可见，长江中下游河道整治40年，护岸工程取得了很大成绩，堤防、城镇险工段和两岸重要企业江岸得到防护和加固，促进了两岸社会经济发展，但还有1/4的崩岸未得到治理，长江中下游河道崩岸与护岸的研究仍然是摆在长江委面前的一项重要任务。为促进长江河道整治建设的发展，自70年代中期至90年代初，长江委先后召开了五次护岸会议，交流河道观测、研究、规划、施工和护岸工程技术方面的经验，每次会议的论文集都是团结治江的见证、集体智慧的结晶。到80年代后期，又有了四川省的加入，并邀请各流域机构和有关科研单位参加和指导，护岸会议实际上成为全江河道整治工作的平台。1998年长江发生流域性洪水后，社会各界对长江崩岸研究与治理的呼声很高，更加凸现了这一任务的必要性和迫切性。在水利部的支持下，长江委发挥委内各专业的优势并联合中下游各省（直辖市）有关单位和高等院校，采取河道观测、调查研究、理论分析、试验研究和经验总结相结合的技术路线，对长江河道平面变形、崩岸机理和护岸工程技术（包括新材料），于 2001—2004 年开展了全面、深入的综合性研究，并于 2005 年完成了《长江中下游河道崩岸机理与防治研究报告》和 16 个专题报告。在这个基础上，我和卢金友同志做了一些归纳、整理、总结、提高工作，合著了《长江河道崩岸与护岸》一书。这既是延续研究过程、顺理成章的事，也包含了先人、同辈和年轻同志的多方研究和工程实践的成果。这本书分为两大部分：第一部分为崩岸机理的研究，阐述了河流崩岸的基本概念、长江河道崩岸的特点，综述了国内外崩岸研究的现状和防护工程技术水平；分析了长江中下游河道平面变形的规律以及崩岸与河道形态、平面变形、河势控制之间的关系；从宏观上对影响崩岸的因素进行了层次分析；重点研究了水流泥沙运动和河床边界条件与崩岸的关系；研究了崩岸的特殊形态——"口袋型"崩窝的成因。第二部分为护岸工程的研究和实践，介绍了长江中下游护岸工程概况和工程类型，系统阐述了护岸工程技术的理论研究和试验研究，包括平顺抛石护岸破坏机理、块石位移特性、稳定坡度、抛石落距、丁坝水流结构与局部冲刷、新材料护岸等，介绍了长江中下游护岸工程结构和新型护岸设计，全面总结了长江中下游护岸工程的主要经验。今后，我们要按照文伏波院士为该书作"序"中所指出的"要根据河道自身变化规律和三峡工程的影响，有计划地、系统地实施长江中下游河道治理工程，全面控制和稳定中下游河势。为把长江中下游整治成为防洪安全、河势稳定、有利于航道和岸线利用、有利于环境保护、有利于两岸社会经济发展的优良河道，作出应有的贡献。"

如果说，我在 2000 年退休前从事工作期间写的是有关报告、总结、汇编和为杂志发表的一些文章，看作是在工作方面认识的积累，退休后撰写的上述两本书是在以往认识基础上的全面系统化总结并有所提高，那么，第三本书《长江河道认识与实践》则是在长江河道演变规律的认识上自以为又有了一点提高。书的第一部分通过对长江中下游河床地貌全面而系统的研究，包括对地貌的分类、形成过程与条件、各种河床地貌稳定性、不同河型的地貌结构、地貌相互转化与河型关系等的研究，对河道整治中的洪水河床、平滩（中水）河床、枯水河床的整治特点及河床地貌在整治中的作用等研究，从形态学的范畴丰富了长江河床演变分析研究的内容，在广度和深度上有所拓展，从而有可能在充分理解河床地貌概念及其在演变分析中作用的基础上更新长江河床演变分析的方法。当河床地貌研究与河道来水来沙条件研究相结合，与依据河道实测资料建立的水流泥沙运动规律研究相融合，将会极大地推动河流动力学学科的发展。书的第二部分因长江口河床地貌有其特殊性，虽然做了初步研究，还有待于完善。有利条件是长江口河道观测资料比较丰富，与工程实践结合比较紧密，可能还会取得进一步的研究成果。书的第三部分是支流河型的调查研究，描述了长江支流四大水系不同河型河床地貌及其分布特点，揭示了一条"理想河流"河型与河床地貌沿程变化的规律及其与水流泥沙运动和边界条件的宏观关系，以及河型转化的条件与趋势。书的第四部分是论文选编，首先列出了长江河道研究奠基者林一山主任的治江思想和贡献、长江河流泥沙和河道治理研究与实践、长江护岸工程四十年历程、长江中下游河道治理及管理、长江河道治理展望以及历次护岸会议回顾等一系列总结方面的论文；在基础应用中归纳了河道形态指标、节点与河势控制的关系、堵汊工程的实践、护岸工程破坏、护岸稳定坡度与粒径关系、崩岸特殊形态机理方面研究的论文；对中下游河道治理列出了下荆江、武汉、团风、南京、镇扬、扬中（嘶马）、澄通、长江口等河段的演变与整治研究和工程实践经验总结，荆江河段江湖关系变化与 1998 年洪水影响分析，以及三峡运用最初几年对荆江的影响等论文。以上论文参与撰写的同志分别有卢金友、范北林、姚仕明、岳红艳、黎礼刚、李飞、夏细禾，许全喜、段光磊、胡功宇、李强、张志林，徐照明、陈前海，苏长城等。

退休以来，头几年忙于长江重要堤防隐蔽工程建设中崩岸与护岸险情的处理，指导工程设计的变更，参与工程的验收；于 2002 年曾任水利部长江堤防建设工作组副组长和驻安徽省组长，督促完成国家计划任务；参与了有关规范的编制和《水工设计手册》（第 2 版）有关卷章的主审。期间，有幸在长江委内各基层单位和委外科研单位、高校作些讲座和学术交流。值得一提的是，还与别道玉、成绥台、石铭鼎、奕临宾等同志一起，编辑、整理了《林一山治水文集》（上、下册），与卢金友、范北林同志一起汇编了纪念唐日长同志诞辰百年的《鞠躬尽瘁的楷模》，表达了对老一辈领导的崇敬。在撰写完成第三本书后，总觉得在长江河道这一范畴内还有一些值得进一步认识的东西，如一些治河观点的表达尚不足，一些在探索中还有存疑之处，一些还需要再思考的问题，感到有必要在年迈之际尽微薄之力再写一本书，提出再认识和再实践的问题，供后来研究者作参考。我的第四本书《长江河道探索与思考》分为三大篇。在第 1 篇基础研究篇中，第 1 章介绍了下荆江形成过程及其与江湖演变的关系，对冲积河流河型成因，特别是下荆江蜿蜒型河道成因的辩证关系作了一个全面的总结；第 2 章是对河床地貌的划分方法有个交代，是以往研究的补充和进展，并提出了基于河床地貌概念进行河床演变分析的思路；第3章长江中下游比降与河床演变、河道整治关系的研究，是作者近几年来做的探索性工作，对深入认识演变和整治中的有关问题会有所裨益。在第2篇中下游河道篇中的第4章～第7章，分别总结了由山区向冲积平原过渡的宜枝河段、弯曲型的上荆江、蜿蜒型的下荆江和城陵矶以下的中下游分汊河道在自然条件下和河道整治后河床演变的特性，分析了三峡水库蓄水后河床形态与河床冲淤的新变化，比较了系统裁弯工程和三峡"清水"下泄对荆江河段河床演变影响的共性和特点，指出了三峡水库蓄水后中下游河道演变可能的发展趋向和有关的治理问题。在第3篇长江口河段篇的第8章和第9章，首次对长江口河段水流泥沙运动进行了宏观的研究，对河道历史演变和近期演变中新的变化特点进行了分析，对长江口河段演变与整治中需要进一步研究的问题提出了建议。在最后的结语中，除对上述9章做了结论性的评述外，还有作者从事长江河道研究工作的一些体会，供年轻读者参考。由于力不从心和认识水平有限，文中多有不足和谬误之处，请读者批评指正。

总之，本书是在以往长江河床演变认识和河道整治实践基础上的再认识和再实践，旨在为今后开展新的研究提供借鉴。

承蒙长江水利委员会主任魏山忠同志为本书作"序"，荣幸之至！

在本书撰写中，姚仕明、许全喜、张志林做了许多协助工作，并分别参与了第1章、第5章，第3章、第6章和第8章、第9章的撰写；杨光荣、王驰，周银军和朱玲玲分别参加了第7章、第4章和第5章的部分撰写工作；徐照明和李强分别对第1章、第3章和第2章做了校阅。陈敏、王永忠同志，岳红艳、李凌云、王军、丁兵、袁莉、胡小君、王洪杨、郝婕妤、代娟、何秀玲、张玉琴、金琨，陈前海、胡春燕、何勇、汪红英、唐金武、李浩，袁晶、王伟、董炳江、陈泽方，牛兰花、闫金波、彭玉明、胡功宇、尹志、卢婧、王炎良、方波、刘桂平、李伯昌、朱巧云、施慧燕等在诸多方面提供了帮助。在此一一致谢！

感谢长江委及其科技委、总工办、国科局、防办、规计局、建管局、水资源局、水政局、砂管局，长科院及其河流所，设计院及其规划处，水文局及其科研所、上游局、三峡局、荆江局、中游局、下游局、长江口局等部门和单位的领导、有关同志多年来工作中给予的关心、支持、鼓励和帮助。这些都已成为宝贵的精神财富，也是作者一生最美好的回忆。

作者

2017 年 4 月

目录

序

前言

第1篇 基础研究篇

第2篇 中下游河道篇

第3篇　长 江 口 河 段 篇

第1篇 基础研究篇

第1章　下荆江蜿蜒型河道成因再探讨

1.1　蜿蜒型河道成因研究概述

　　长期以来，下荆江蜿蜒型河道成因为许多学者所关注。20 世纪 50 年代，姚琢之[1]根据长江水利委员会绘制的"下荆江近 200 年来河道历史变迁比较图"中表明的 1756 年（大清一统舆图）下荆江尚为顺直河型，认为 1852 年藕池口决口对于下荆江过度弯曲的形成具有决定性作用。林承坤等[2]认为，下荆江河曲的形成是二元结构沉积层、流量多变性与洞庭湖顶托，以及人类沿江围垸等因素相互作用的产物。其中，围垦堵塞穴口导致河道内流量增加是河曲形成的决定性因素。20 世纪 60 年代，唐日长等[3]根据下荆江水文泥沙、地质地貌资料分析和蜿蜒型河道调查，并通过造床模型试验，认为下荆江蜿蜒型河道形成的因素为：具有广阔而深厚的二元结构边界条件，流量变幅小和造床流量作用时间长，悬移质中床沙质冲淤基本平衡，汛期比降平缓而稳定，人类堵口后两岸堤距较宽等，这些因素均有利于河曲发展。同期，尹学良[4]认为，河型的形成是在来水过程、来沙条件及河谷比降这三个条件之上，由河床水流内部矛盾发展而自身造成的，并从来水过程、来沙条件及比降等三个方面探讨了弯曲性河道的形成条件，开展了室内造床试验研究。20 世纪 80 年代，谢鉴衡[5]从湖泊三角洲发展模式出发，认为荆江在历史上系云梦泽网河三角洲一条主干，经历了由两侧分流到一侧分流的长期演变过程；在这个过程中荆江流量总的趋势是逐渐增大的。他还阐述了下荆江河曲的出现可追溯到 16—17 世纪（而藕池口决口发生于 1860 年），产生的主要原因是北岸分流口门封堵带来的造床流量增加；同时下荆江河岸抗冲能力较弱而又非太弱是河道得以侧蚀并形成蜿蜒河型的边界条件。作者在这个基础上，整理和概括了下荆江河道形成的过程及其与江湖分流关系，对下荆江蜿蜒型河道成因作了进一步探讨。

1.2　"古荆江"形成的年代

　　中生代早期的印支运动，在长江流域北部形成了近东西走向的古巴颜喀拉山—古秦岭山系，成为流域的北界；晚期的燕山运动在流域的东部和东南部形成了北东至北东东走向的古陆缘山系，成为流域的东界和南界。而在流域西部，随着古地中海向西退缩，至早白垩纪海水从唐古拉一带退出，长江流域才全部成为陆地。流域内地势与今日相反，整体呈东高西低，汇水主要向西或西南流出。

　　早第三纪时期古长江尚不存在，现今的江源地区当时还是封闭的内陆断陷盆地；上游地区的汇水顺着当时的地势自东向西流出；中游和下游地区的汇水分别注入一些彼此隔开的内陆构造盆地；只有近海地带才有注入古东海的短小河流。

　　古长江分段发育始于早第三纪末期至晚第三纪初期并延续至喜马拉雅运动，不仅使青藏高原大幅度整体上升成为号称"世界屋脊"的高原，而且其断块式的升降运动几乎遍及全国。长江流域的古地理在此期间发生明显的转变，青藏高原东部的断块活动和横断山系的出现构成了长江流域的西界；流域东部白垩纪至第三纪产生一系列断陷盆地，燕山运动时期形成的陆缘山系逐步解体；流域内的地势于是由东高西低转变为西高东低并进一步发展成为落差巨大的三大阶梯。巨大的青藏高原整体崛起也改变了大气低层的环流形势，我国东部季风带的建立，使长江流域的大部分地区气候由原先的干旱炎热转变为温暖湿润，降水丰沛。在这种地形与气候条件下，流域内径流量显著加大，河流作用大大增强，古长江得以分段发育、伸长并相互连接贯通成为统一的长江[6]。此后，才有了"古荆江"的形成和发育。

1.2.1　中更新世初期（距今约 55 万年以前）

已有研究表明，早更新世以来，在宜昌丘陵地区，由冲积作用形成的砾石堆积物有卢演冲组、云池组和善溪窑组，相应在洞庭湖区为汨罗组，在江汉平原为秦家场组。云池组厚达 40m 的上砾石层的砾石成分可与宜昌附近的第五级阶地土地岗组相比较。由于土地岗组被认为是中更新世初期三峡贯通的冲积层，因而，也可将云池组上部砾石堆积视为三峡向下游贯通的标志，距今为（100±20）万年。

第四纪云池组沉积时期的古长江，大体是自宜昌，经白洋、陈二口、松滋城西、澧县、安乡进入洞庭湖地区，再是自云池向南偏东进入江汉盆地的南侧地带，并在云池以下形成砾石扇形堆积体，同时发现在云池、善溪窑、松滋、澧县等地，云池组为网纹状红土善溪窑组所掩埋，距今为（55.3±6.6）万年。

综上所述，在 55 万年以前的中更新世初期之前尚不存在"古荆江"河段（图 1-1）[7]。

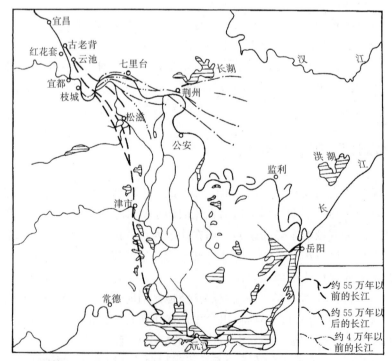

图 1-1　更新世以来长江荆江河段的变迁

1.2.2　中更新世中期"古荆江"形成

当进入中更新世中期,江汉盆地西部发育了厚达 50~60m 的罗家渡组堆积层和厚达 40~50m 的张金河组堆积层。前者以砾石层或砂砾层为主,分布在沙市冲积扇区,后又发现在七星台也存在相当于第四纪阶地砾石层堆积,据此认为大体距今 55 万年以来,该砾石层扇形三角洲的顶点在七星台附近;后者以砂砾层或砂层为主,其砾石层自百里洲厚 30~40m 向东到龟湖一线减为 20~25m,再向东减为 10m 左右,同时自西向东由砾石层为主渐变为以砂层为主,显示沿程减薄和相变的特点。这表明"古荆江"基本形成,三角洲顶点可能上移至松滋口附近(图 1-1)。

根据钻探取样的 ^{14}C 年代测定,江陵县马山贯家垸南、江陵县弥市和六合垸等上述堆积物年代均在 3.5 万年或 4 万年以上。可以认为,"古荆江"形成的年代大致距今 4 万年左右[7]。

1.3　"古荆江"的演化过程

1.3.1　中更新世晚期至晚更新世

根据荆江地区千余个不同深度的钻探资料绘制的埋藏砾石堆积或砂砾堆积的顶面高程图(图 1-2)可以看出,砾石层堆积顶面总体上是向南东方向倾斜的,显示出晚更新世沉积的顶面被冲蚀切割的流路和古地面上相对高起的低岗(阶地)。这些槽部的形成与距今 1.8 万年前后的末次冰期鼎盛时期地球海平面比现今要低 100~130m 相关联。这几条"古荆江"的古河槽与后来荆江的古杨水、夏水、涌水位置相近[7]。

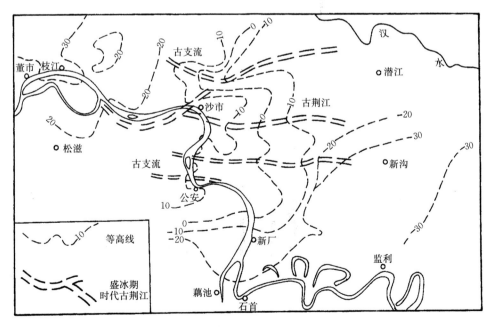

图 1-2　江汉平原西部埋藏的更新世砾质堆积顶面高程的变化

1.3.2　中全新世早期

第四纪冰后期，全球气候转暖，地球海平面上升。在距今 8300—5500 年期间，长江流域气候温暖湿润，雨量充沛，东海海平面回升 120m，大体与今日相当，长江口发生海侵，长江口三角洲沦为海湾，顶点在镇江、扬州附近。周缘为丘陵山地的长江中游荆江和江汉地区，因地势低洼和新构造运动的沉陷，上游丰富的来水使其发育成巨大的湖泊，称为"云梦泽"。当上游巨量泥沙在湖泊中的淤积量还不足以抵消其下沉量时，其湖盆扩张，水深增大，荆江三角洲向上游发生溯源退缩，原来堆积的滩地普遍被淹没，形成深厚的湖沼相黏土沉积层。根据有关的钻孔资料，^{14}C年代测定为距今（5240±125）年。可见，在距今 5000 年前，"古荆江"的演变特征为漫流洪道[7]。

1.3.3　中全新世晚期

在距今 5000 年前后，中国气候由最温暖而转凉，气温下降，雨量减少，东海海平面上升趋缓，荆江地区即云梦泽水位进入相对稳定阶段。这一时期，荆江地区显然仍继续沉降，但大量的长江和汉江悬移质泥沙使湖区产生充填式堆积。随着三角洲向东推进，云梦泽逐渐变浅而进入沼泽化阶段。大量的悬移质泥沙通过以沙市附近为顶点的放射形分流洪道和若干次一级呈树枝状的分流向东部云梦泽逐段淤积，在大三角洲基础上又形成许多小三角洲。由于泥沙堆积发育，导致云梦泽逐渐解体。根据一些地质钻孔取样^{14}C年代测定，表明距今5000—2500 年期间，荆江地区西部即三角洲顶点部位，早在距今 5000 年时其自然堤已淤积成高河漫滩，而东部云梦泽腹地向沼泽化演进，古荆江已由漫流洪道变成为分流水道，在此期间形成古杨水、夏水、涌水为主的荆江多汊多分流并与两侧诸多湖泊相串通的网状水系[7]。

之后，"古荆江"进入历史时期的荆江河道形成和发育阶段。

1.4　各历史时期的荆江

1.4.1　先秦时期的荆江分支

根据张修桂的研究，荆江在先秦时期有三条分支，其中夏水向东至今潜江龙湾注入云梦泽，而涌水则自沙市南分支向东南至今沙岗一带注入云梦泽，还有一条分支在沙市以北与汉水汇合进入云梦泽（图 1-3）。先秦时期的荆江以这三条为主干穿行于云梦泽之间，同时汉水在北部三角洲上也有一条主干穿过云梦泽。先秦时期的荆江三角洲形态呈扇形，其前缘达沙市顶点以下百里之遥，并已出水成陆，不断继续向东扩展，汉水三角洲也以潜江为顶点不断向南延伸。

1.4.2　汉晋南朝时期的荆江分流

在荆江三角洲向云梦泽推进发育的过程中，三角洲上每条主干都是河道输沙的主要通道，也是泥沙的主要沉积部位，在这一堆积形态的基础上又不断形成次一级分流而发育许多次一级甚至次二级的三角洲，以致在这个三角洲体系上形成许多分流及其自然堤和洲

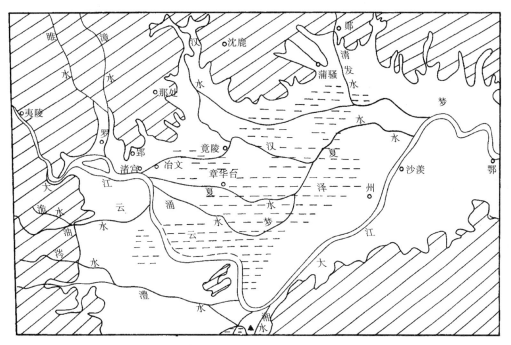

图 1-3　春秋战国时期的云梦泽与荆江分支

滩，从而在塑造广阔的江汉平原同时，云梦泽不断地分割解体。据《水经注》记载，东晋南朝时期荆江有分流的"24 口"，城陵矶以下还有"16 口"，它们都与两侧大小湖泊相串通，因而在汛期调蓄洪水的作用非常显著[8]。

1.4.3　唐宋后至元明之际

荆江三角洲发展到唐宋时，云梦泽完全解体，荆江在泥沙继续淤积的趋势下逐渐成为网状河型，通过穴口淤塞、分流归并、洲滩并洲并岸，荆江逐渐从以泥沙堆积为主的河道转化为冲积造床过程。在人类活动的影响下，至宋元以后，荆江穴口已减少为"九穴十三口"。至元明之际，荆江的主干河道开始自己的造床过程。

从此，上、下荆江开启了河道塑造的过程，下荆江在特定的条件下，将书写蜿蜒型河道形成和发展的历史进程及其复杂的江湖关系。

1.5　下荆江蜿蜒型河道形成过程与江湖关系

从前人众多的研究可知[1-5]，关于下荆江形成条件有多种观点，其中有两种观点截然相反。一种观点认为 1860 年藕池口和 1870 年松滋口决口是下荆江蜿蜒型河道形成的决定性因素[1]，这其中也包括认为 1860 年藕池口决口分流是个特定条件，下荆江在流量减小情况下蜿蜒河型才得以全线发育的观点；二是认为下荆江蜿蜒河型的形成是两岸分流减小、河道流量增大的结果[5]。作者倾向于后者的观点，并在本节中进一步分析了下荆江蜿蜒型河道形成过程及其江湖关系。

1.5.1 形成过程和年代

根据张修桂的研究[6-7]，在元明之际下荆江蜿蜒河型已开始在监利东南出现，至明中叶监利东南典型的河曲已经形成。这说明元明时期云梦泽完全解体后，下荆江成为多支汊通向两岸湖泊的网状河型，又通过泥沙淤积河道由多穴口向少穴口转变。在这个过程中，下荆江主干河道流量不断增大而使得河道先变为部分蜿蜒型。从林承坤等20世纪50年代发表的通过调查绘制的古河道图来看（图1-4），1490—1644年间（明正德元年—崇祯十七年），下荆江监利河段已形成蜿蜒河型，它是由三个河曲单元和一个长过渡段所构成，而监利以上也形成弯曲型河道[2]。这与张修桂上述分析基本上是相吻合的。由此说明，在元明之际至明末，下荆江蜿蜒型河曲已初步形成并开始发育，这个过程至少经历了300年的时间。而且，在明末还发生了东港湖和老河两处裁弯，这进一步说明，下荆江的下段河道在这个过程中已经具有了自然裁弯的演变特性。

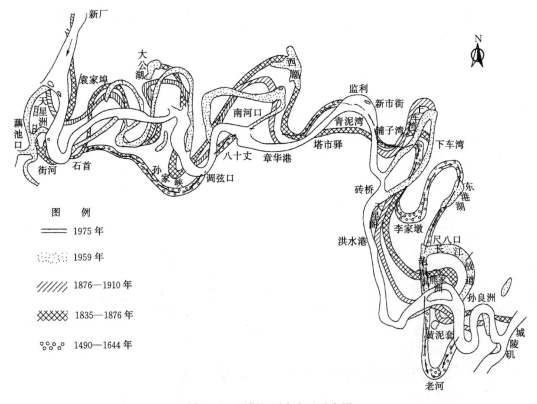

图1-4 下荆江历史变迁示意图

需说明的是："下荆江河道变迁图"（图1-5）是一幅广为引用以阐述下荆江蜿蜒型河道形成和发展的图。据考证图中1869年地形是由英国人实测的，这与林承坤等的古河道图中1835—1876年（清道光十五年—同治十三年）河道的弯曲方位和河曲单元数基本一致。从1869年实测的地形来看，下荆江已经自上至下形成了一条典型的蜿蜒型河道。这里，有的学者根据该变迁图中1756年的平顺型河道和1869年的蜿蜒型河道的形态相比

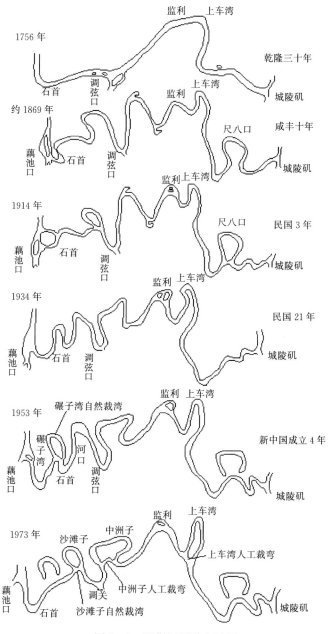

图 1-5　下荆江河道变迁图

较，将下荆江蜿蜒河型成因归于 1860 年洪水藕池口的决口，这显然是不可能的。因为它既不可能无缘无故地在前面很短的时间内从一条已初步形成的蜿蜒型河道质变为一条平顺型河道，更不可能在大洪水决口后不长的时间内将一条平顺的下荆江又塑造成一条具有 10 多个河曲单元、全线蜿蜒的河型。同时，根据记载，在这期间于 1821—1850 年还发生了西湖裁弯。可见这一阶段是下荆江全河段形成蜿蜒型的历史演变过程，而且也具有蜿蜒型河道发生自然裁弯的这一演变特性。

综上所述，下荆江河曲开始形成于元明之际，初步发展于明中后期，完全形成于清中期至末期。在这个过程中还伴随着三处自然裁弯。同时，需要指出的是，以往在研究中被认为十分经典且广为应用的"下荆江河道演变图"中1756年地形不能令人信服地解释下荆江蜿蜒型形成的历史过程，建议用1490—1644年古河道图取代之，成为修正后的下荆江河道变迁图（图1-6，图中1934年加上了原图疏忽未画上的尺八口裁弯的牛轭湖）。做了这一修正，可使19世纪中期至20世纪中期的近期演变与蜿蜒型河道形成的历史演变过程相衔接。

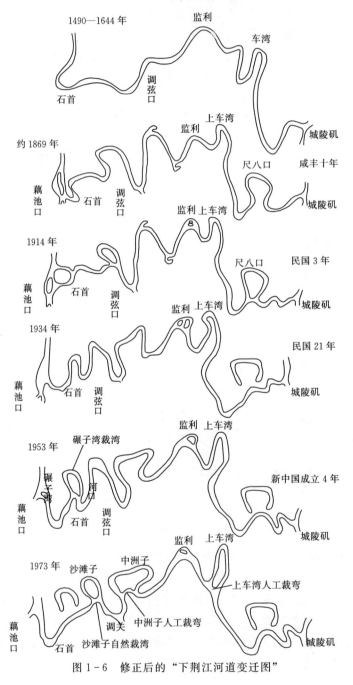

图1-6 修正后的"下荆江河道变迁图"

1.5.2　河曲发育的特点和趋向

按以上分析并通过对文献［6-8］的综合分析可知，下荆江河道在明中期曲折率大约为 1.96，到清后期已发展到 2.53。之后，在 1861—1914 年半个多世纪内，下荆江河道平面摆动非常剧烈，自然裁弯十分频繁。这期间曾先后发生过 1886 年月亮湾、街河裁弯，1887 年大公湖、古丈堤裁弯和 1909 年尺八口裁弯。然而从 1869 年和 1914 年图的平面形态来看，下荆江的曲折率不仅没有减小，反而明显增大。说明下荆江的河曲发育在短短的 50 年间，虽然有 5 处裁弯，但河道曲折率仍然保持着增大的态势。进一步从图 1-6 来看，1934 年的河道曲折率比 1914 年又有所增大；尽管 1949 年碾子湾发生了自然裁弯，但 1934—1953 年期间，下荆江曲折率仍在进一步增大。以上说明下荆江蜿蜒型河道自明中叶形成后，其曲折率一直保持着增大的历史演变趋势。之后，下荆江发展到中洲子和上车湾人工裁弯和沙滩子自然裁弯前夕的 20 世纪 60 年代，河道曲折率达到 2.84。此时，下荆江由沙滩子、调关、中洲子、来家铺、监利、天字一号、上车湾、荆江门、熊家洲、七弓岭、观音洲等单元河曲构成"九曲回肠"的蜿蜒型河道，其中有的弯段成为与洪水流向交角很大甚至逆向的"畸型"河曲。

由上述可见，下荆江自河曲形成以后，河道遵循着一条曲折率不断增大的演变规律。直至 20 世纪 60 年代人工系统裁弯整治前其曲折率达到最大值。可以推断，如果不整治仍处于自然状态下，那么，随着江湖关系的演变，下荆江曲折率还会继续增大，平面摆动将更强烈，自然裁弯机会更多。自然条件下的下荆江未来状态，将取决于在长江来水来沙基本不变情况下下荆江分流的进一步减少和洞庭湖出流基面的调整后所达到的动态平衡状态。

1.5.3　河曲形成和江湖关系的变化

1.5.3.1　下荆江河道形成中穴口总体减少和分流减小的过程

1. 历史时期穴口的演化

早在先秦时期，荆江是以沙市为三角洲顶点，在三角洲堆积体向下推进中，荆江有三条主干河道穿越云梦泽。随着长时期泥沙的大量堆积，云梦泽开始被支解。到汉晋南朝时期，在主干输沙通道堆积的基础上，形成次一级甚至次二级三角洲，形成许多分流及其自然堤和洲滩，荆江在塑造平原的同时使云梦泽进一步解体。据《水经注》记载，这期间荆江是通过 24 口及其穴道与两岸湖泊相通。到唐宋后至元明之际，荆江在泥沙不断沉积过程中进一步形成冲积平原，云梦泽遂完全解体。此时，两岸大小湖泊星罗棋布，荆江由网状水系逐步演化为网状河道。通过泥沙继续沉积，荆江的穴道和口门陆续淤塞、分流归并、洲滩并洲并岸，荆江河道从三角洲堆积过程逐渐向冲积造床过程转化。到宋元以后穴口显著减少，从而有"九穴十三口"之说。

关于荆江"九穴十三口"的演化，最近出版的《荆江堤防志》作了较全面的描述[8]。元人林元在《重开古穴碑记》中最早提出，"按郡国志，古有九穴十三口"，但他并未指出穴口的名称和位置。到明清时期，对于"九穴十三口"众说纷纭。明人雷恩霈在《荆州方舆书》中云："穴凡有九，水口凡十有三。在江陵者二，曰郝穴、猎捕穴；在松滋则采穴；监利则剥穴；石首则杨林、调弦、小丘、宋穴；潜江则里社穴。九穴之口合虎渡、油河、柳子、罗堰为十三口。"清人俞昌烈在《楚北水利堤防纪要》一书中作《九穴十三口记》，亦同雷氏观点。

另外，晚清倪文蔚在编志中提到"俗传九穴十三口实有其地"，并列出南北两岸总数为九个穴和十三个口"合之适符其数"的地名，但他本人却认为"此说近于凿矣"，应为"九穴四口合为十三口，非九穴之外别有十三口"，这与以上雷氏、俞氏观点基本相同。当然还有其他历史地理学者的考证。

我们的理解是，上述所谓的"穴"，有一定的通道之意，即荆江与两岸湖泊连通的分流水道；而"口"仅指口门段，有的分流水道不止一个口门。这样的理解似更接近当时网状河道的情况。不管如何解释，总而言之，荆江在历史时期内是由众多口门分流入两侧湖泊，经过自然演变和人们对于荆江的开发治理，到宋元之际减少为"九穴十三口"，应该是反映了荆江穴口历史时期逐渐减少的规律。

2. 近代荆江从两侧分流到一侧分流的演变

所谓荆江"九穴十三口"，据有的考证是北有八处，南有五处分流口通向两侧湖泊的。由于先期的荆江是以三条主干在云梦泽偏北区域穿行，以后随着大量泥沙输移和沉积，荆江北部地势首先淤高，此后形成了广阔的江汉平原，因而在历朝的治水活动中首先在河道北岸建成了较多的堤防工程，促进了荆北穴口的进一步堵塞。很多史料均称，到明嘉靖年间（1522—1566 年）"北岸穴口尽塞"，荆江河道基本上成为一侧分流态势。

嘉靖年间似乎是荆江由两侧分流变为一侧分流的转折阶段，但《荆江堤防志》新近的成果表明，当时北侧还存在一个重要的分流口没有堵塞，这就是鲁袱江分流。鲁袱江，又名太马长川，其分流口曰"庞公渡口"，在监利西门渊处。明初，荆江通过该穴道分流入沔，在明嘉靖之后的万历八年（1580 年）始堵庞公渡口。至天启二年（1622 年）重开，清顺治七年（1650 年）再次堵塞。至康熙九年（1670 年）御史疏请再开，但未实施，直到康熙十九年（1680 年）加筑庞公堤与荆北堤合为一体，才与荆江隔开。所以准确地说，荆江是在 1680 年后才由两侧分流彻底变为一侧分流的。

3. 荆南一侧分流穴口的历史变迁

荆江南侧分流历史上的穴口，《荆江堤防志》作过考证的有 20 多处。经过各历史时期的变迁，大多数通向洞庭湖的穴口在自然演变和人类开发围垦中均已湮塞或堵塞。据考查，最早湮塞的穴口是元末的杨林穴和宋穴，之后是明万历年间的采穴，在清道光年间湮塞的是油河口；其他较多的穴口，如西口、俞口、上檀浦、龙穴口、景口、沦口、再生口、瀼口、灌子口、东壁口、芭芒口等湮塞年代不详；清水口和生江口可能分别与藕池口和调弦口为同一穴口。近期的荆南一侧是荆江四口分流的格局，其形成年代自远至近为调弦口、太平口、藕池口和松滋口，现对其历史演变逐一进行描述。

（1）调弦口。调弦口为调弦河分流入洞庭湖之门。据《大清一统志》载，调弦口即《水经注》中的"生江口"，为荆江"九穴十三口"之一。调弦河又名华容河，形成历史悠长。据考证，西晋太康元年（280 年）为漕运开此河，当时从南至北只开至焦山铺，故名焦山河。该河在历史上屡淤屡挖。元大德七年（1303 年），开调弦河北段，但兴工未竣。

明嘉靖二十一年（1542年）于调弦口筑建宁堤，调弦口一度湮塞。隆庆时（1567—1572年）再次开调弦口，至明末清初，开通焦山铺段与长江贯通，直到清末未再湮塞。期间，于明万历三年（1575年）和清道光十四年（1834年）进行了两次疏浚。但在清后期，调弦河"分杀荆江洪水并不得力"。咸丰十年（1860年）藕池决口，调弦河故道为藕池河所夺，遂东移至今现状。自1937年有实测资料以来，调弦河最大分洪流量为1938年的2120m³/s，至1948年分洪流量为1650m³/s，1954年洪水分洪流量为1440m³/s，可见调弦口分流在20世纪30—50年代呈萎缩之势。

（2）太平口。太平口为虎渡河分流入湖的口门。据《荆州府志》记载，虎渡河至迟在北宋仁宗时期（1023—1063年）就已形成。之后，穴口慢慢湮塞。南宋乾道四年（1168年）人为决开虎渡堤以"杀荆江水势"，于乾道七年（1171年）复堤，后又复为穴口。至明嘉靖时期，虎渡河曾是当时荆南最大的分流洪道，以后逐渐衰萎。清康熙十三年（约1674年）吴三桂军拓虎渡口门至30丈，使其成为荆江分流入湖的重要通道，后于乾隆二十四年（1759年）、道光十二至十四年（1832—1834年）进行过两次疏浚。1870年松滋河决口，虎渡河故道为松滋河所夺而东移至今现状。据推算，虎渡河最大分流量为1926年的4150m³/s，1938年实测为3280m³/s，1948年为3240m³/s，可见太平口分流在20世纪20—40年代也呈衰萎之势。

（3）藕池口。藕池口为藕池河分流口门，据《岳阳风土记》载，藕池口即《水经注》中的"清水口"，宋明期间筑塞。自明嘉靖三十九年（1560年）决堤之后，屡次复堤，几乎是"随筑随决"。清道光十年（1830年），决堤达十余丈，咸丰二年至五年（1852—1855年）年年溃决分流。至咸丰十年（1860年）发生大洪水期间，藕池口分流南泄，其下游冲出一条藕池河，成为当时荆江泄洪量最大的分流河道。之后，因淤积分流逐渐减小，到光绪十八年（1892年），藕池口分流"较之昔年初溃时已减其半"，但口门仍宽达500余丈。1937年最大分流量为18900m³/s，至1954年减为14800m³/s，可见藕池口在20世纪30—40年代分流之势均较强劲，但也与调弦、太平二口一样，在自然条件下，都具衰萎之势。

（4）松滋口。清同治九年（1870年），长江发生特大洪水，"洪水泛涨异常，江堤、垸堤漫溃殆尽"，松滋县庞家湾、黄家铺堤溃决。之后，黄家铺堤复堵。同治十二年（1873年）大水，黄家铺堤复溃，"水流自采穴以上夺流南趋，愈刷愈宽，从此再未堵塞，洪水任其泛滥达四五十年之久。"松滋河在1870年溃口后，夺虎渡河故道入湖，从此荆江形成"四口南流"入洞庭湖的格局。1937年后，松滋河最大分流量为1938年的12300m³/s，1954年为10180m³/s，可见松滋口与藕池口类似，在20世纪30—50年代初分流也具有较强之势，但也呈现减弱的态势。

由以上分析可以看出，荆江四口历史演变有一个共同的特点，这就是它们承袭了荆江由两侧分流到一侧分流的过程，随着穴口的不断减少，总体分流也呈相应减小的趋势。就是说，自它们形成以后无论怎样时塞时开的自然演变或人为影响，其分流总体保持减少的趋势。

4.20世纪50—60年代荆南四口分流的变化

荆南四口中的调弦口于1958年建闸控制。由表1－1可知，荆南其他三口松滋、太平、藕池等向洞庭湖中的分流量20世纪60年代系统裁弯前与50年代初相比，其分流比又都有一定程度的减小，其中以藕池口减小幅度较大[9]，说明这段时间荆江分流延续了自然条件下减小的演变特性。

表 1-1　　　　　　　20 世纪 50—60 年代荆南三口分流比变化　　　　　　　单位：亿 m³

年份 分流化	枝城	松滋口	占枝城来量/%	太平口	占枝城来量/%	藕池口	占枝城来量/%	三口合计	占枝城来量/%
1951—1955	4848	559.2	11.53	228.0	4.70	807.0	16.65	1594.2	32.88
1956—1966	4523	486.0	10.75	210.0	4.64	637.0	14.08	1333.0	29.47

1.5.3.2　下荆江河道形成过程与江湖变化的对应关系

根据上述下荆江河道发育和荆江穴口湮塞过程的分析，可以按历史时序将下荆江蜿蜒型河道的塑造过程与江湖关系中的穴口演化建立起一个对应关系（表 1-2）。

表 1-2　　　　　　　　各时期荆江河型发展过程与江湖分流关系

时期	荆江河型发展过程	江湖分流关系
先秦至汉晋、南朝	三角洲向下推进，河道呈网状水系	云梦泽处于解体过程，江湖由漫流状态发展为"24 口"贯通江湖
唐宋至元明之际	江心洲滩归并，河道由堆积性转化为冲积造床过程，主干河道形成	云梦泽完全解体，穴口减少，形成"九穴十三口"连通荆北、荆南湖泊
元明之际至明中后期	河曲开始形成至蜿蜒型河道初步发展（曲折率1.96）	穴口继续减少，"北岸穴口尽塞"（除鲁袱江外）
清中期至清末期	下荆江全段形成蜿蜒型河道（曲折率达2.53）	鲁袱江堵塞，荆江由两侧分流最终成为一侧分流，进而成为荆南四口分流
民国至新中国初（20 世纪 60 年代末）	进一步弯曲成为"九曲回肠"的蜿蜒型河道（曲折率达2.84）	荆南四口分流减小，最大分洪流量呈减小趋势；20 世纪 60 年代与 50 年代初相比，荆南四口分流比仍呈自然减小的趋势

可见，下荆江蜿蜒型河道的形成，与江湖分流关系的变化息息相关，是由网状河型转化而来的，是随着荆江穴口的减少、分流的减小而不断发展的，其曲折率呈增大的趋势。

1.5.4　河道发育中水流泥沙运动的纽带作用

随着江湖关系从漫流阶段开始，先两侧分流、后一侧分流，到四口分流的历史演变过程，下荆江河道由网状多分汊逐渐转化为少汊最终基本为单一河槽河型，这是一个质的河型转化；而单一主干河槽又由曲折率较小、部分弯曲、蜿蜒的河型变为曲折率很大、全河段整体蜿蜒的"九曲回肠"河型。不难理解，这两种转化过程应是相互渗透和叠加的，其历史变迁必然同时经历了支汊淤塞（或阻塞）、洲滩归并过程和分流穴道湮塞（或堵塞）、主干河道不断拓展的过程，而所有这一切都是通过水流泥沙运动使河床发生冲淤变化而实现的。水流泥沙运动在下荆江河道形成和发育中起着纽带的作用。

在上述的前一过程中，当某一支汊因泥沙淤塞或人为阻塞时，其上游的水位应是壅高的，接纳其流量的相邻支汊就是在增大比降和流量的动力作用下增大其挟沙能力，通过冲刷河床以增大过流能力和输沙能力。这样，塞支强干、洲滩归并的结果，就必然使某些"主干汊"在流量增大时通过河床拓展、流速减小，逐渐使比降调减。但还是会大于原汊的比降和流速，这就有必要通过增加河长来达到多余能量的消耗。谢鉴衡院士根据河相关系式 $J = K/Q^m$ 也分析了下荆江在流量增大情况下通过增加河长来达到比降的调减[5]。另一方面，侧向分流穴道在泥沙淤积湮塞或人为堵塞时也同样使主干河道流量和比降增大也演化着同样的过程。这样，支汊和穴口的阻塞、洲滩归并、多汊变少汊的过程，实际上就是某些主干支汊因流量增大而不断冲刷拓展和延伸河长的过程，同时也体现出主干河道的变化由 "24 口" 变为 "九穴十三口" 历史演化过程，并变为单一的蜿蜒型河道的结果。

下荆江单一的主干河道何时形成无从考证，但推断应在 "九穴十三口" 之后，通过明末嘉靖年间 "北穴尽塞"，下荆江可能逐渐形成具有单一河槽并向荆南一侧分流的主干河道。就是说，元明之际监利以下开始形成河曲，至明中期，下荆江可能还是处于汊道的形态；嘉靖后直到明末崇祯年间，下荆江才可能是以单一的主干河道不断发育为蜿蜒河曲。在上述过程中，随着支汊与穴口的进一步堵塞和主干河道流量的不断增加，下荆江河曲的发育都是通过凹岸的不断冲刷和凸岸的不断淤积，通过河道的平面摆动而在原汊道塑造的洲滩上重塑蜿蜒型河道及其河曲带的河漫滩形态，从而基本消除了历史上大小支汊遗留的痕迹。

综上所述，下荆江蜿蜒型河道的形成和发展是通过诸多支汊和分流穴口堵塞、主干流量增加和分流减少所构成的水流泥沙运动的变化和调整来实现的。也就是说，下荆江从多支汊、多穴口堵塞，主干流量增加和分流减少，到蜿蜒型河道形成和发育的过程，是以水流泥沙运动作为纽带而实现的。

1.6　下荆江蜿蜒型河道的特点

下荆江在河道形态与河床演变方面与其他蜿蜒型河道相比，有以下一些显著的特点。

1.6.1　河型与河床地貌特点

1. 下荆江是一条蜿蜒长度很长的河道

下荆江自形成以来，随着江湖关系的变化，其蜿蜒的长度不断增加，发展到 20 世纪 60 年代末人工系统裁弯前，其蜿蜒长度达 250km 左右。在长江中下游干支流河道中，汉江下游仙桃以下也属蜿蜒型河段，长度为 150km，然而真正的曲折率较大的蜿蜒段在城隍庙以下，长度仅 100 余 km。这两条蜿蜒型河段都是我国较长的蜿蜒型大河，其侵蚀基准面分别为洞庭湖出口和长江中游干流汉口河段，显然，河型的形成受到基准面水位变幅的影响。另一方面，在长江中下游还有一些河流，其湖泊或汇流处基准面水位变幅也较大，但尾闾只有一些局部的蜿蜒河段，长度均较短；另有一些进入长江干流的小河，洪水期水流壅水长度可达 40～50km，其河口段也呈蜿蜒形态，但仅有 1～2 个河曲单元，长度充其量为 10km 左右。所以说，下荆江河道具有很长的蜿蜒长度是其一大特点。

2. 下荆江是一条曲折率很大的河道

如上所述，下荆江自形成以来，随着江湖关系的变化，在河道流量不断增大的情况下，其河道向更加蜿蜒的趋势发展，即使经历若干的自然裁弯，其曲折率依然不断增大，直至 20 世纪 60 年代末实施人工系统裁弯前已达到 2.84。根据当时设计的裁弯比，中洲子和上车湾分别为 8.5 和 9.3，可见，按狭颈的长度，这两个河曲弯曲系数更大。下荆江河道曲折率大于长江中下游任何一条蜿蜒型河道，是一条河曲特别发育的蜿蜒型河道，并由此形成 20～40km 宽的河曲带。

3. 下荆江河床内边滩极为发育

在下荆江由河漫滩形成的平滩河槽中，随着河道的平面变形剧烈并形成曲率很大的弯道，其深槽发育且贴岸，深泓横向摆动的强度和幅度也较大；与此相应，弯道的边滩极为发育，淤积展宽也较迅速，同时其边滩上部河漫滩相泥沙的淤积也比较充分。凸岸边滩的发育，保证了与凹岸崩坍后退相应的淤长速度，使得泥沙的纵向输移相对均衡，使得边滩在大多数情况下不被切割，水流在一般情况下不产生撇弯，而只是在少数的特殊形态和特定条件作用下在局部产生切滩和撇弯，以致形成心滩或冲刷切削边滩，造成一些新的平面变形。在平面变形很小的长微弯段和长顺直过渡段，边滩呈长条形分布且呈较稳定状态。在洞庭湖出口水位汛期顶托、枯期消落的作用下，下荆江河道边滩在年际间的平面变形中总体呈"洪淤枯不冲"的单向淤长展宽的规律。

1.6.2　河床演变的特性

1. 下荆江平面变形十分剧烈

冲积平原河流弯道的演变都表现为凹岸冲刷崩岸后退、凸岸淤积展宽延伸，由此构成平面变形的模式。下荆江河道平面变形也表现为凹岸的崩岸和凸岸相应的淤积，但它的冲淤变形特别剧烈。据统计，20 世纪 50—60 年代，下荆江自然状态下的崩岸长度达 136km，占河道总长的 54%；崩岸比较严重的岸段有沙滩子、调关、中洲子、来家铺、监利、上车湾、荆江门、熊家洲、七弓岭等弯道岸段，其岸线每年后退的速度一般均在 50m 以上，有的超过 100m；人工系统裁弯前，最强烈的崩岸以六合甲为最，岸线月崩宽达 70m，崩岸率达 600m/a[9]。可以说，下荆江是长江中下游崩岸最剧烈的河段。相应地，其边滩淤长与凹岸崩退保持着同样的速率，由此构成下荆江河道十分剧烈的平面变形特点。

2. 年内年际河床冲淤变化的影响因素和冲淤性质

影响下荆江年内年际河床冲淤变化有两大因素：一是洞庭湖出口水位的顶托和消落，二是来水来沙条件。前已述及，下荆江在城陵矶与洞庭湖出水交汇，受到洞庭湖出口水位涨落的影响，即洪水期受到水位的顶托和枯水期受到水位的消落影响，从而使下荆江的比降在年内呈周期性变化[9]（表 1-3）。从表 1-3 可以看出，下荆江洪水期的水面比降（特别是 6 月、7 月、8 月、9 月）明显小于枯水期（特别是 12 月、1 月、2 月、3 月）的比降。这一特性结合来水来沙条件就构成下荆江河段年内冲淤变化的特性。一般来说，在一定的中等水平来水来沙条件下，高水位顶托、洪水期比降减小的同时又遇年内含沙量较大的情况下，下荆江河槽的冲淤变化是偏于淤积的（特别是凸岸），而枯水期水流归槽、水位消落、比降增大同时又遇年内含沙量较小的情况下，河槽是偏于冲刷的（特别是凹岸）。过渡段浅滩更表现为"洪淤枯冲"的特性。这是下荆江河床冲淤变化的普遍性质。这个由基准面水位涨落控制的洪水期河槽淤积和枯水期河槽冲刷都可能具有自下而上的溯源过程特性。然而当基准面条件处在与来水来沙不同的组合情况下，就可能表现出各种各样的冲淤现象和冲淤量不同的情况。特别是遇到像 1954 年和 1998 年那样的特大洪水年，其溯源冲刷和淤积特性可能会被不同部位的大冲或大淤的现象所取代。

表1-3 荆江各站1955年月平均水面比降

单位：10^{-4}

上下站	间距/km	1月	2月	3月	4月	5月	6月	7月	8月	9月	10月	11月	12月
宜昌－枝江	58.6	0.305	0.295	0.280	0.303	0.344	0.489	0.600	0.638	0.565	0.508	0.452	0.339
枝江－吴家港	8.1	0.647	0.647	0.622	0.635	0.733	1.128	1.326	1.301	1.030	0.931	0.795	0.585
吴家港－砖窑	25.8	0.634	0.619	0.592	0.553	0.499	0.445	0.472	0.468	0.468	0.522	0.569	0.611
砖窑－杨家脑	20.1	0.420	0.445	0.509	0.544	0.559	0.564	0.624	0.659	0.594	0.559	0.514	0.435
杨家脑－涴市	12.1	0.389	0.381	0.398	0.381	0.431	0.530	0.555	0.555	0.488	0.488	0.513	0.472
涴市－陈家湾	5.1	0.273	0.233	0.233	0.312	0.390	0.606	0.645	0.645	0.665	0.625	0.410	0.214
陈家湾－沙市二郎矶	16.5	0.625	0.582	0.552	0.504	0.455	0.401	0.292	0.322	0.370	0.479	0.558	0.613
沙市二郎矶－观音寺	15.9	0.494	0.538	0.564	0.551	0.576	0.589	0.551	0.564	0.513	0.488	0.438	0.331
观音寺－郝穴	38.3	0.352	0.352	0.350	0.334	0.345	0.386	0.415	0.405	0.371	0.384	0.389	0.337
郝穴－新厂	13.2	0.595	0.527	0.512	0.467	0.444	0.285	0.391	0.444	0.467	0.512	0.527	0.542
新厂－石首	26.6	0.532	0.565	0.592	0.580	0.558	0.475	0.377	0.374	0.396	0.464	0.528	0.622
石首－新河口	16.0	0.361	0.354	0.354	0.323	0.336	0.348	0.317	0.323	0.329	0.348	0.348	0.354
新河口－沙滩子	17.3	0.606	0.577	0.508	0.421	0.392	0.346	0.311	0.346	0.386	0.484	0.536	0.554
沙滩子－调弦口	23.9	0.521	0.546	0.555	0.551	0.563	0.588	0.496	0.496	0.492	0.521	0.576	0.559
调弦口－中洲子	26.6	0.333	0.344	0.333	0.306	0.288	0.227	0.164	0.175	0.216	0.276	0.295	0.310
中洲子－鹅公凸	12.7	0.277	0.277	0.269	0.261	0.238	0.301	0.269	0.285	0.230	0.261	0.238	0.198
鹅公凸－监利（姚折脑）	15.4	0.454	0.493	0.506	0.473	0.460	0.415	0.428	0.441	0.434	0.480	0.538	0.571
监利（姚折脑）－城南	5.5	0.945	0.818	0.564	0.345	0.273	0.145	0.018	0	0.018	0.200	0.236	0.818
监利（城南）－朱家港	12.1	0.502	0.477	0.510	0.411	0.369	0.303	0.295	0.303	0.287	0.427	0.502	0.526
朱家港－上车湾	15.7	0.480	0.512	0.474	0.410	0.315	0.289	0.251	0.245	0.225	0.264	0.321	0.448
上车湾－砖桥	21.1	0.549	0.506	0.454	0.331	0.293	0.269	0.274	0.288	0.298	0.435	0.501	0.639
砖桥－钟家门	19.2	0.427	0.458	0.458	0.370	0.271	0.224	0.219	0.234	0.224	0.286	0.333	0.406
钟家门－城陵矶（莲花塘）	37.0	0.494	0.454	0.416	0.340	0.275							

注 上荆江年内比降大的月份：　下荆江年内比降小的月份：

3. 年际间能保持河槽纵向冲淤相对平衡

从人工系统裁弯前的自然状态来看，下荆江河道年际间纵向冲淤相对平衡[6,11]。在1.6.1节对边滩的分析中指出，其边滩淤长与凹岸崩退保持着同样的速率，也说明了下荆江河道年际间纵向冲淤相对平衡的特性。

1.6.3 持续伸长的量变和自然裁弯的质变构成整个河道演变周期性

下荆江河曲自由发展的规律是河道持续的增长处于一个量变过程；之后发生的自然裁弯属于质变阶段，从而构成周期性演变的特点。所谓量变过程是指每个弯段都在发生平面变形，河道长度及其曲折率持续增加，这种平面摆动的变形是绝对的。所谓质变是指自然裁弯，即在较短时段内，在弯道形成的"狭颈"处，在较大洪水的漫滩水流作用下通过大比降的水流溯源切割河漫滩形成新河，当新河发展到原河道断面的尺度就完成了周期性变化中的质变阶段。在新河发展和老河淤衰的时段，下荆江其他部位仍然处在平面变形的量变过程。1949年以后，下荆江随着碾子湾裁弯后老河的逐渐"淤死"，其他部位仍在持续不断增长，到1967年（中洲子人工裁弯前夕），下荆江的曲折率比碾子湾裁弯前更加增大了。这就是下荆江河曲所具有的在发育趋势中的特点，即随着自然裁弯的不断发生，其曲折率变化总的趋势不是在减小而是在持续地增大。下荆江河曲演变的趋势表明，如果1967年后下荆江继续处于自然状态（就是说，20世纪60年代末和70年代初不实施人工裁弯及后来的河势控制工程），那么，它的量变和质变周期性演变过程将持续下去，其河床冲淤变化将更为剧烈，自然裁弯也将更为频繁，而它的曲折率将不断增大。显然，这是与江湖关系直接相联系的，即曲折率是随着四口分流的减少而不断增加，而每一次自然裁弯又促进着四口分流的减小。具体来说，在每个周期中，在下荆江河长增大的量变过程中随着四口河道泥沙淤积的不断延伸，四口分流的减小也处于缓慢的量变过程，而在下荆江发生自然裁弯的质变阶段，河道泄量的增加、干流河道的冲刷和上述水位降低更使四口分流的减少处于较大幅度的变化阶段。

以上都是下荆江在人工系统裁弯前的自然演变中具有的最显著的特点。

1.6.4 自然条件下江湖关系的变化和下荆江河道发展的趋势

如果不实施人工系统裁弯，江湖关系仍会按照20世纪50—60年代的趋势继续发展，即在自然条件下三口分流分沙将继续减小，这是因为三口河道将随着尾闾淤积、延伸而发生溯源淤积，加之河道内的洲滩圈围影响、洪水过流也使分流河道不断产生淤积，与此同时，洞庭湖也发生淤积。这一趋势就使得下荆江河道流量处于继续增大的趋势。同时，从1952—1955年到1964—1967年七里山站月平均水位与月平均流量关系曲线（图1-7）的变化进行概括分析，可以看出，在七里山水位为20～28m时，自然条件下同水位的流量减小了1300～2500m³/s；当七里山流量为5000～15000m³/s时，自然条件下同流量的水位抬高了1.1～1.4m。可以看出，自然条件下，中枯水七里山同流量下的水位似有抬高之势。

随着分流的减小，下荆江河道流量继续增大。在这个趋势下，下荆江具有冲淤变化更大、平面变形更剧烈、河道曲折率更加增大的特性，河道也有更多自然裁弯的机会。在发

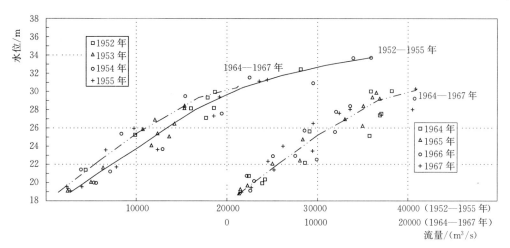

图 1 - 7　自然条件下七里山站月平均水位与月平均流量关系变化

生自然裁弯的情况下，河道一方面变短，局部比降增大，河道泄量增大，上游水位大幅降低，使分流口水位又有了较大的下降，分流又会显著地减小。分流的进一步减小又引起河道流量进一步增大，又对河床演变产生上述影响。这样，在自然条件下，预估下荆江最终将成为江湖分隔而独立的蜿蜒型河道。另一方面，自然条件下荆江分流的衰减，首先是枯水期的分流，接着是中水期，最后是洪水期，到后期还会有一定的泄洪作用，因此，自然条件下要达到江湖完全分隔还需要经历一个较为漫长的时段。随着干流河道流量的增加趋缓，后期下荆江河床演变的进程也将趋缓。

同时，七里山中枯水期水位的升高，将减缓下荆江的比降，使得下荆江与基准面之间需要消耗的能量减小，也就是说，单位水体在单位长度的能耗率 VJ 值有变小的趋势，也将舒缓基准面对河型成因施加的影响。所以，下荆江在不实施人工裁弯的自然条件下，至后期有可能减缓其河床演变的强度和平面变形的速度，并在洞庭湖基准面作用有所减弱的趋势下，有可能减小下荆江蜿蜒型河道的曲折率和长度。这一趋向可能会使自然条件下的下荆江向相对平衡态势发展。

1.7　下荆江蜿蜒型河道成因分析

1.7.1　蜿蜒型河道成因三大要素

关于蜿蜒型河道成因，以往许多学者做过很多研究，提出了许多不同的观点。作者通过近些年接触并研究冲积平原河型成因，先就河道演变的三大要素影响蜿蜒型河道成因进行分析。

1. 基准面条件应是一条河流形成、发育过程中十分重要的因素

基准面条件不仅在不同的地质和气候变化年代决定一条河流的生命过程，而且在某一历史阶段决定着河流的总体侵蚀或堆积的趋势；最为显著的是，它在一条冲积平原河流的形成和发育中对河流的演变产生持续的影响，特别是对河流下游尤其是紧邻它的河段河床冲淤和河口形态产生直接的影响。所以在邻近基准面河段的河型研究中，应将基准面条件

作为首要因素进行分析。作者认为，河流的侵蚀基准面也应是蜿蜒河型形成的第一要素。有关的研究表明，自然河流选择的流动路径是使单位质量水流能耗率取最小值，其自我调整一是减小比降，二是加大河道宽度；在河流进入基准面（或入海）时，可以认为比降与流速趋向于零[10]。作者基于对长江中下游干支流河型的调查分析，认为一条河流的河型自上游至下游直至基准面的沿程变化具有一定的规律，在理论上可以设想为一条沿程没有支流入汇也没有汊流分出具有足够长度的河流，在其河岸为抗冲性沿程减弱的理想化边界条件和水流强度沿程由强变弱、泥沙粒径自推移质至悬移质由粗变细的水流泥沙运动条件下，其河型沿程变化的规律如图1-8所示[11]。这里需要重点指出的是，在河流趋近于侵蚀基准面的河段，其水流的能量将产生极大的消耗，单位水体单位长度内耗能功率（以VJ表达）将趋于最小。因此，河口段将按其河流与基准面的水位差（或比降）、水流泥沙运动条件和边界条件的不同而形成不同的平面形态，即以不同的河型与侵蚀基准面相衔接：一是拓展河宽形成分支分汊的型态，二是增加河长形成蜿蜒的型态，还有以这两种基本型式相组合的形态。所谓河流的侵蚀基准面一般是指一条河流注入水域面积巨大的海洋海平面或集水面积巨大的内陆湖泊湖面；对一条河流形成和发育产生影响而言，也包括支流进入干流时由汇入处的干流水位对支流控制的基面，还包括两条径流和比降均相当的河流相互顶托形成的基面。广义而言，还有由地质条件形成的两岸束窄或底坎较高的控制基准面。我们将以上统而简称为基准面。随着水文条件的变化，内陆湖泊与河流基准面的水位一般年内年际都在某一幅度内变化，而且都具有洪水期基面高、枯水期基面低、年内呈周期性变化的特点。在潮汐较强的河口，基准面水位还受到潮汐日内变化的影响，其河口平面形态和纵、横剖面形态受到潮汐波能上溯的耗能作用。

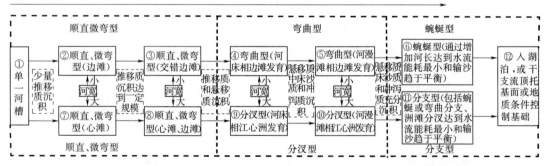

图1-8　"理想河流"河型沿程变化设想图

蜿蜒型河道往往在河流下游邻近基准面的附近河段形成就是基于上述的内在因素，就是说河流自身要达到耗能使VJ值趋于最小，它是通过延伸河长而使然的。这种蜿蜒型河道向上延伸的长度和曲折率大小主要取决于基准面水位的变幅与河流的比降，当然，还与河流的来水来沙条件、河道边界条件有关。如下荆江蜿蜒长度很长，达250km，曲折率达2.84；而汉江蜿蜒长度则较短，曲折率也较小，除了基准面和自身比降的因素之外，河岸的抗冲性也强于下荆江；长江某些一级、二级支流的蜿蜒长度很短，往往仅在河口处形成一两个蜿蜒河曲，河流中、枯水比降与河口处河岸的抗冲性可能属于主要因素。

2. 河型成因的第二因素应是其来水来沙条件

一条冲积平原河流，其边界条件是由水流挟带的泥沙先是在其河谷内不断堆积然后经过长期的冲积过程形成的，即由全部的水沙条件形成的；同时，一条冲积平原河流在形成和发育过程中，特别是在历史演变的河型转化中，不断更新着和造就与自身河型和演变特性相适应的河床边界条件。如下荆江在河型塑造过程中，由分汊型逐步转化为单一河槽的蜿蜒型，其河岸边界可冲性也在相应转化。在流域来水来沙条件和基准面条件以及形成的边界条件相互作用下，冲积平原河流力求使来自上游的水和泥沙向下游输送而尽可能保持相对平衡，并形成相应的河型。蜿蜒型河道成因的第二个条件就是在来水来沙条件下构成的水流泥沙运动能满足泥沙纵向输移趋于相对平衡的条件。换言之，蜿蜒型河道所形成的水流挟沙能力适应来水来沙条件而使二者趋于相对平衡；在水文年来水来沙周期性变化中，其推移质、悬移质中床沙质和冲泻质都能参与到河床冲淤变形中并达到相对平衡的状态。具体来说，在中枯水期由于基准面水位消落，河流比降大，耗能作用强，使得归槽水流能以较小的曲率半径对枯水河床、河岸产生冲刷并由崩岸而导致河道平面变形（即凹岸部位的推移质、悬移质中床沙质和冲泻质被冲刷而向下游输移）；而在洪水期由于基面的顶托在大流量时不致对河床形态产生破坏而相反使其处于淤积状态，此时枯水河槽（深槽与浅滩）、边滩乃至河漫滩均得到相应的淤积和发育（即凸岸部位的推移质、悬移质中床沙质和冲泻质都产生淤积）。这样，便使得断面在平面变形中能基本保持其形态和尺度，并完成其耗能率（VJ）趋于最小的调节"使命"。以上所述的水流泥沙运动导致河床年内周期性冲淤变化特性，为蜿蜒型河道的平面持续变形提供了动力机制。

3. 边界条件应是河型成因的第三个因素

在河床演变中边界条件并非一个从属的因素。在山区河流中，水流受到很强控制，边界抗冲性对河道形态起决定性作用；在河流出谷的过渡性河段，水流也受到边界的较强约束，长时段内两岸拓宽甚微；在长江中游西塞山至半壁山河道受两岸山体限制，河宽很窄，即使有同样的形成分汊河道的水沙条件却只能形成江心滩分汊甚至单一河道形态；在城陵矶以下长江中下游河道，南岸傍山矶阶地较多，边界条件对形成不同类型（亚类）的分汊河段具有一定的作用；对于冲积平原河流而言，即使两岸均为河漫滩对于水流也具有约束、控制的反作用。我们研究蜿蜒型河道成因涉及的就是两岸由河漫滩构成的边界。诚然，这一蜿蜒型河道的边界是在来水来沙条件下冲积形成，也正是它的特定条件能使得上述水流泥沙运动为蜿蜒型河道达到纵向输沙相对平衡成为可能。进一步说，来水来沙条件长期冲积过程中形成的河岸，其组成物的抗冲特性与水流泥沙运动条件及其形成的河型是相辅相成的，它既体现出河道造床过程的结果，又是维护该河型存在和发展的条件。与其相比，抗冲性较之弱的边界条件，河道将向宽浅分汊型发展；抗冲性较之强则制约平面变形，河道将向窄深型发展。

蜿蜒型河道成因的上述三个条件主要是对冲积平原河流而言，三个条件都统一于其形成过程和发展中以及表现于河床演变特性中。

1.7.2　下荆江蜿蜒型河道成因

1.7.2.1　下荆江河道的侵蚀基准面及其在河型成因中的作用

荆江原本的基准面是云梦泽。随着云梦泽的解体，荆江分流口由 "24 口" 演变为 "九穴十三口"，荆江主干河道形成及其两侧分流变为一侧分流，直至形成 "四口分流" 的江湖关系。现代荆江（仍指系统裁弯前）的基准面是由松滋、虎渡、藕池、华容四河入湖，湘、资、沅、澧等支流入湖和区间来水在洞庭湖湖盆中形成的。它在洞庭湖出口城陵矶附近的广阔区域与下荆江交汇构成干流河道的基准面，在湖区内形成上述四口分流河道的基准面，同时形成四水等支流的尾闾河段。

洞庭湖在江湖关系的变化中持续地萎缩，在南晋和唐宋时期湖面面积为 10000km²，在荆江形成四口分流前后的 1825 年和 1896 年，其面积分别为 6000km²、5400km²，可见洞庭湖面积减少在历史上是愈来愈快的；到 1949 年缩小为 4350km²，可见缩小的速度又加快了，于 1949—1954 年和 1954—1958 年，湖面面积减小速度更快，两时段分别减小了 435km² 和 774km²。之后，减小速度迅即趋缓。到系统裁弯前后，洞庭湖面积仍有 2820km²，仍然是一个巨大的湖泊。整个荆江河段是以一干四支与洞庭湖这个基准面衔接的。在下荆江蜿蜒河型形成的过程中，洞庭湖一直是其基准面，其水位在一个水文年内呈周期性变化，并具有较大的变化幅度，这是下荆江蜿蜒型河道形成和发展的内在因素。就是说，它使得下荆江河道与其基准面相衔接时要符合单位水体在单位长度内的能耗率趋小的规律所需要的某一种河型，在这里是由曲率很大的弯段和长顺直微弯过渡段形成曲折率很大的河型，即取延伸河长的蜿蜒河型。这是一个必要条件，是促使下荆江形成的动力因素。据洞庭湖出口七里山站水位资料，历年水位最大变幅达 18.67m。根据 20 世纪 50 年代至裁弯前的实测资料（表 1-4）统计，监利（姚圻脑）与七里山之间多年平均水位之差为 4.12m，洪水期平均高水位之差为 3.11m，而枯水期平均低水位之差达 5.98m，说明洪水期基准面对下荆江全河槽的顶托（比降减小）产生的淤积作用和中枯水期基准面的消落（比降增大）对荆江枯水河槽的冲刷作用都很强烈。应该说，基准面水位的变幅之大又是下荆江蜿蜒型河道更为发育的充分条件。

表 1-4　　　　　　　　　自然条件下荆江与洞庭湖出口特征水位　　　　　　　单位：m

站名	多年平均水位	平均高水位	平均低水位
姚圻脑	28.36	34.47	24.06
七里山	24.24	31.36	18.08

同时，洞庭湖基准面对四口分流河道的河型也具有相应的影响。一方面，洞庭湖的基准面使上述四河也遵循着 VJ 趋小的规律，以致使它们形成再分支入湖的网状形态；另一方面，四口分流河道从长江带入大量的泥沙以三角洲的形式向湖中推移，以致延伸河长并产生溯源淤积过程，这是四口分流减少的量变原因之一。应当指出，各河的围垦工程也是促使洪水期分流减少的原因。然而，自然裁弯使分流口门水位大幅降低则是四口分流减小的质变因素。

1.7.2.2　来水来沙条件及其水流泥沙运动

从下荆江来水来沙和基准面水位变化特性所构成的水流泥沙运动进行分析，城陵矶水位在洪水期对下荆江的顶托，可能使含沙量较高的水流因流速减缓而导致河床普遍发生淤积，即高低滩、深槽、过渡段浅滩总体趋于淤积状态，而枯水期含沙量较小的水流，在城陵矶水位较低、下荆江比降增大的情况下，可能使枯水河床普遍发生冲刷，包括深槽的冲刷和横向拓展、潜（低）边滩的冲刷以及过渡段浅滩产生的冲刷。这一冲淤特性在年际间则使下荆江凹岸冲刷，凸岸淤积而展现向凹岸平面摆动的变形特征。当然，这种由基准面引起并结合来水来沙条件的河床冲淤也并不是在整个河道内强度都差不多，而一般都是自下向上发展的，即高水顶托时是一个溯源淤积过程，低水消落时是一个溯源冲刷过程。从这可以衬托出下荆江河曲形成受基准面影响的最初阶段也是从监利以下开始而后发展到监利以上的整个下荆江。

另一方面，从下荆江蜿蜒型河道的形成和发展来看，在塞支强干、多汊变少汊和两侧分流到一侧四口分流的过程中，下荆江主干逐渐成为流量不断增大的河道。每一次支汊归并，都带来流量的增加和水位的抬高，比降的增大（之后又调减），下荆江主干河道增加的能量都应在基准面衔接以上的河段消耗而使 VJ 趋小，这就促使河道进一步向河长增加的蜿蜒型方向发展。

以上是对蜿蜒型河道形成和发展过程中水流泥沙运动因素进行宏观分析。其实，在河道形成过程和演变中，水流泥沙运动中的一个十分重要的特性是它必须趋于纵向输沙的平衡。下荆江蜿蜒型河道是力求保持凹岸冲刷量和凸岸淤积量的相对平衡，从而在持续蜿蜒的河道演变中宏观上保持弯道段的极大曲率和边滩相应的极大展宽的发育。这就不仅要求水流挟沙力与含沙量之间相均衡，在一个水文年内或一段水文过程内保持冲淤相对平衡，还应与年际间河道增长的量变和自然裁弯的突变的周期演变特性相适应。

不仅如此，要做到凹岸冲刷、凸岸淤积，断面横向平面移动的变形，必须是河槽深泓靠岸侧枯水位以下的近岸中细沙或中粗沙河床，中水位至枯水位之间中细沙或粉细沙岸坡和中水位以上的河漫滩黏性泥沙都要被冲刷或崩坍，深泓另一侧边滩部位即枯水位以下河床、中水位至枯水位之间的边滩河床上都要产生有推移质但主要是悬移质中的床沙质粗细颗粒泥沙的淤积，中水位以上则需产生冲泻质的淤积。这就是说，在下荆江河道中，推移质、悬移质中的粗细颗粒的泥沙运动都应参与蜿蜒型河道形成与演变的过程，而且在冲刷和淤积中都需保持相应均衡的数量。

1.7.2.3　河道边界条件

下荆江河道边界条件是来水来沙条件长期作用和河流冲积过程的产物，是在古荆江卵石堆积再通过悬移质粗细颗粒堆积的基础上，随着云梦泽的解体、逐渐由堆积过程转为冲积造床过程、从网状多汊变为少汊、由两侧分流到一侧分流再到四口分流、直至下荆江蜿蜒型河道形成过程的结果。下荆江蜿蜒型河道形成的边界条件是在 $20\sim40\mathrm{km}$ 宽的河曲带内，除右岸有少数山矶、阶地对河道起控制作用外，其河岸均为上层由黏性土、下层由中细沙组成的二元结构，中枯水河床均为中细沙，早期堆积的卵石层深埋在床面以下而对河道造床基本不起作用。可见，下荆江蜿蜒型河道的这一边界条件既是河流自身造床作用的结果，又成为与其河型形成和演变相适应的边界条件。这一边界条件与其来水来沙特性和基准面特性构成了相应的水流泥沙运动，促进着下荆江蜿蜒型河道的形成与发展。

下荆江的边界条件具有这样一个特性，即它具有较大的可冲性，能使得河道可以在河曲带内自由蠕动，可以在一个弯段内进一步复凹，同时它又具有一定的抗冲约束性，能在相应的水流泥沙运动支配下使河道崩岸拓宽的速度与凸岸边滩淤宽的速度可以保持相对的均衡。也就是说，它使得河道的水流挟沙能力和来沙条件在一个时段内能保持基本平衡，而与水流泥沙运动相辅相成。下荆江的边界条件恰到好处的是，不具有可冲性相对弱而限制河曲发展，也不具有可冲性相对强而向宽浅分汊发展。

1.7.3　小结

总之，下荆江蜿蜒型河道形成条件是一个综合系统，在形成和发展中与江湖关系有着紧密的联系，各方面的因素之间也都是互相关联的。由来水来沙条件、边界条件、基准面条件形成的河道形态及其演变特性与以上条件及其形态构成的水流泥沙运动之间是息息相关的。其中，河道的基准面条件是下荆江河型形成的内在因素，河流在与基准面衔接处必然要使其单位水体在单位长度内的耗能率趋于最小，蜿蜒型河道是通过延伸河长来满足这一规律的。基准面的水位变幅愈大，蜿蜒型河道长度可能愈长，曲折率可能愈大；在通过蜿蜒性河道来达到耗能率最小的前提下，河道因江湖分流减少而使流量增大可能更有利于蜿蜒性河道的发育，即曲折率可能更大，河道冲淤变化更剧烈，自然裁弯机会更多。在来水来沙条件和基准面特性作用下蜿蜒型河道在长期造床和形成过程中塑造了与其形态相应的边界条件，而这一边界条件的可冲特性与上述各种条件构成的水流泥沙运动又互为因果关系，通过其相互作用又展示了蜿蜒型河道演变最基本的特性——河道延伸增长、曲折率增大，平面蠕动的量变过程和自然裁弯突变阶段组成的周期性。

参考文献

[1]　姚琢之. 下荆江河道过度弯曲原因的初步探讨 [J]. 武汉水利学院学报，1957 (2).

[2]　林承坤，陈钦銮. 下荆江自由河曲形成与演变的探讨 [J]. 地理学报，1959 (4).

[3]　唐日长，潘庆燊，等. 蜿蜒性河段成因的初步分析和造床试验研究 [J]. 人民长江，1964 (2).

[4]　尹学良. 弯曲性河流形成原因及造床试验初步研究 [J]. 地理学报，1965 (4).

[5]　谢鉴衡. 下荆江蜿蜒型河段成因及发展前景初探 [C] // 长江三峡工程泥沙研究论文集. 北京：中国科学技术出版社，1989.

[6]　余文畴，卢金友. 长江河道演变与治理 [M]. 北京：中国水利水电出版社，2005.

[7]　杨怀仁，唐日长. 长江中游荆江变迁研究 [M]. 北京：中国水利水电出版社，1999.

[8]　荆州市长江河道管理局. 荆江堤防志 [M]. 北京：中国水利水电出版社，2012.

[9]　长江流域规划办公室水文局. 长江中下游河道基本特性 [R]. 1983.

[10]　侯晖昌. 河流动力学基本问题 [M]. 北京：水利出版社，1982.

[11]　余文畴. 长江河道认识与实践 [M]. 北京：中国水利水电出版社，2013.

第 2 章　长江中下游河床地貌
划分方法研究的进展

2.1　长江中下游河床地貌划分方法初步研究概述

作者在《长江河道认识与实践》一书中曾对长江中下游河道河床地貌进行过较为系统的研究，文中对于河床地貌的划分提出了一个初步的方法，即特征水位法。研究认为，在长江中下游河床地貌中首先从稳定的成型淤积体堆积地貌与年际年内河床都处于冲淤变化的枯水河槽之间，是以平均枯水位即多年月平均水位中最低 3 个月的平均值作为分界。在该水位以上有河漫滩、江心洲（属河漫滩相）、边滩、心滩以及拦门沙（属河床相）等地貌；在枯水河槽内有潜心滩与潜边滩、深槽与浅滩、沙埂与沙嘴，以及倒套与拦门沙浅滩等地貌。在平均枯水位以上的堆积地貌中，因河岸地质资料的局限性和二元结构的复杂性，不易识别河漫滩相堆积地貌与河床相堆积地貌之间的分界，故以多年平均水位作为二者划分的特征水位。鉴于平滩的河岸地貌条件千差万别，不易确定某一河段的平滩水位，因而按多年月平均水位最高 4 个月的平均值替代平滩水位，称为平滩洪水位。以上 3 个水位称为河床地貌划分的特征水位。由于我们先要弄清的是，在自然条件下不受河道整治影响的长江中下游河床地貌划分的特征水位，因而取下荆江人工裁弯前和汉江丹江口水库蓄水前的干流河道水位进行统计比较恰当。表 2 - 1 列出了 1950－1967 年长江中下游各主要水文（水位）站上述三个特征水位的统计值。在各河段河床演变分析中，我们可根据其与上下游水位站的距离插补确定其特征水位，再按地形图的具体情况确定相应的特征等高线对其划分的地貌变化进行分析。作者在完成以上初步研究时就曾考虑到对上述地貌划分方法需在以下几个方面做进一步研究：

（1）由于在初步研究中确定的上述特征水位方法并未进行过全面系统的检验，因此，需要选择离上述水文（水位）站较近的河段，就自然条件下的特征水位与相应地形图上的地貌进行分析，以检验上述方法在各河段应用中的合理性，并确定提供河床演变分析中运用的特征等高线。

（2）通过检验上述方法可以用于大通以上的径流河段（非感潮河段），那么，它下游主要仍受径流影响的感潮河段还能否应用上述方法应予研究，如能用这一方法则下延至哪个河段也需研究。

（3）初步研究中对枯水位以下的深槽形态并没有明确的划定，仅指出在枯水河槽内以某一高程较低的特征等高线构成较深的河床部分为深槽，因此，如何在一般情况下相对合理地确定深槽的特征等高线是需要进一步分析的问题。

此外，在分汊河段内主支汊的堆积地貌与枯水河槽的划分是一致的，但深槽的特征等高线是否应当有所区别也有待研究。

以上是本章首先要研究的内容。

表 2 - 1　　　　　　　　自然条件下长江中下游河床地貌特征水位　　　　　　　　单位：m

站名	最高 4 个月平滩洪水位	多年平均水位	最低 3 个月平均枯水位
宜昌	46.47	42.25	38.08
沙市	37.94	34.80	31.49
监利	29.79	26.31	22.62
螺山	25.79	21.16	15.89
汉口	21.13	16.98	12.33
九江	14.82	11.22	6.77
大通	9.91	6.82	3.08
芜湖	6.91	4.71	2.14
南京	4.91	3.32	1.46
江阴	1.88	1.32	0.64
徐六泾	1.23	0.86	0.44

注　85 或黄海基面。

　　在初步研究中还认为，长江口河床地貌划分有其特殊性：一是长江口受巨大径流和潮汐动力的双重作用，其河床平面形态和河床地貌与仅受径流作用的长江下游河道应有较大的差异，河床地貌成因与演变特性均会有显著的不同；二是长江口的潮位在年际间最高潮位与最低潮位之差仅 6～7m，而日潮差一般又有 2～3m 的变化幅度，徐六泾多年平均水位最高 4 个月的平均值（为 1.23m）与最低 3 个月的平均值（为 0.44m）之差仅 0.79m，多年平均水位为 0.86m，与以上两个高、低水位平均值之间分别相差 0.37m 和 0.42m。这三个水位间相差如此之小，因而不应也不可能借鉴长江中下游以特征水位的方法来划分长江口的河床地貌。初步研究表明，长江口河床地貌之间是直接采用表达形态特征的等高线而进行划分的[1]。长江口河床地貌划分中没有"枯水河槽"的概念，代之以我们定义的"基本河槽"，它在径流的各种来水来沙条件和口外各种潮汐动力条件共同作用下形成的水流泥沙运动中都会产生冲淤影响以至河床变形；"堆积地貌"则是在河道造床过程和演变中形成的成型淤积体。上述二者是直接以特征等高线 -5m 划分的。-5m 线以上为堆积地貌，包括河漫滩相（河漫滩与江心洲）和河床相（边滩和心滩），它们之间又以特征等高线 0m 来划分；0m 与 -5m 之间的边滩、心滩，虽然总体上为单向淤积的河床相堆积地貌，但在长江口涨、落潮流和风浪作用下，仍然是有可能受到冲刷的河床地貌；0m 以上才为细颗粒泥沙即河漫滩相堆积，包括两岸的河漫滩和平滩河槽内的江心洲（岛），平滩特征等高线定为 2m。在 -5m 以下的基本河槽内，有潜边滩、潜心滩、沙嘴、沙埂、深槽与浅滩、拦门沙浅滩与倒套等地貌。根据最近进一步研究表明，在长江口河段（包括近河口段即澄通河段），潜边滩和潜心滩以及依附的沙嘴和沙埂在河床演变中是冲淤变化十分活跃的河床地貌。一方面它们是河床演变中的淤积体，在形态上具有一定程度的稳定性，还有可能进一步发展为边滩和心滩，所以也称其为准堆积地貌；另一方面在来水来沙和边界条件变化下又易发生冲刷并对河势变化产生影响。因此，在基本河槽内将它们的特征等高线定为 −10m 能够较好地表达其形态及其冲淤变化；而将深槽的特征等高线定为 −15m（及以下）；−15m 深槽之间的纵向隆起呈马鞍形态的部位为浅滩，滩脊高程低于 −10m，深槽两侧 −15～−10m 的河床部分称边槽。长江口河道横断面宽度和面积很大，水深在不同的主、支汊内差别较大，以致在支汊内可以形成尺度较小、高程较高的河床地貌，其特征等高线视支汊的具体情况而定。

　　以上就是长江口直接以特征等高线划分河床地貌的方法，我们称为特征等高线法。显然，这一分析方法对于长江口河段而言是值得肯定的。然而，这一方法是否能上延到江阴以上的河段，还需待研究。如果可以的话又上延到哪个河段合适，也有待研究。这是本章研究的第二个方面的内容。

　　在对长江下游河床地貌划分方法进行检验的基础上，就长江下游若干河段近期河床地貌变化进行简要分析。最后，对按河床地貌研究途径进行河床演变分析提出建议。

2.2　长江下游河床地貌划分特征水位法的检验与特征等高线法

　　作者原本想对中下游接近各主要水文（水位）站的宜昌河段、沙市河段、监利河段、螺山河段、武汉河段、九江河段、大通河段、芜湖河段、南京河段、扬中河段（包括江阴段）等的地貌划分作较全面的分析，但因精力有限，本章仅对长江下游九江、大通、芜湖、南京、扬中等河段作了分析，并衔接了以往对长江口河床地貌所做的工作，求得对长江下游河床地貌划分的连贯性。

2.2.1　长江下游九江至大通河段河床地貌划分方法分析

1. 九江河段[2]

　　九江河段位于长江下游的起端，河床地貌分析范围自大树下至八里江口，实际上是九江河段的上半段，长约 55km（图 2−1）。九江站洪水期最高 4 个月平滩洪水位为 14.82m，多年平均水位为 11.22m，平均枯水位为 6.77m。通过分析，在 1965 年和 1966 年该河段地形图上，分别取与上述特征水位相近的等高线 15.0m、11.5m 和 7.0m，作为河床演变分析的特征等高线，经分析，能够较好地概括该河段的河床地貌特征。

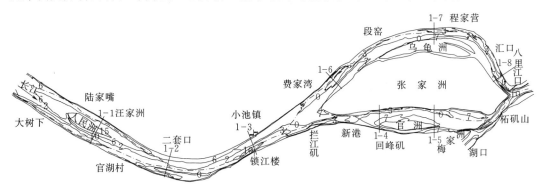

图 2−1　长江九江河段河势（1965 年 9 月、1966 年 5 月）

（1）以7.0m等高线作为枯水河槽与堆积地貌之间的界限，可以较好地反映河床内两大地貌形态。其中，对7.0m以上河漫滩河岸，11.5m等高线以上为二元结构的黏性土上层，至15.0m平滩特征等高线之间的厚度为3.5m，与一般地质钻探的二元结构上层为黏性土的实际情况比较相符；自7.0～11.5m厚4.5m的河漫滩二元结构的沙性土下层也与实际情况比较相符，同时也表达了江心洲、心滩、边滩和依附于江心洲的边滩和洲头滩的形态。

（2）在7.0m等高线以下的枯水河槽内，在地形图上可以表达出潜边滩和潜心滩以及依附于边滩、心滩和洲头滩的沙嘴和沙埂；在确定深槽的特征等高线之后，可以表达过渡段浅滩和交错浅滩，在支汊内可以表达拦门沙浅滩和倒套等。

（3）在7.0m以下的枯水河槽内，以－3.0m作为深槽的特征等高线较为恰当。自－3.0～7.0m之间的10m高差范围内的河床是枯水河槽的主体部分，也是潜边滩和潜心滩发育的空间。可以认为，随潜边滩的冲刷可能影响到枯水位以上的河床稳定；潜心滩的冲淤与汊流变化有密切的关系，当潜心滩冲刷殆尽，河槽就成为单一的而不是复式河槽，当潜心滩淤积拓展并淤高时，河槽便向愈益分汊的趋向发展。

（4）在以－3.0m为深槽的特征等高线下，在有的支汊进口存在纵剖面隆起的正常浅滩，在断面上则表现为较浅的凹槽，有的支汊进口和出口还存在交错浅滩中的沙埂；支汊出口可能存在倒套和洲尾沙嘴。

上述洪、中、枯特征等高线与特征水位分别仅相差0.18m、0.28m、0.23m，而且其相应的特征等高线均能较好地表达河床内的各种地貌，说明了特征水位法用于该河段对河床地貌进行划分是合理的，河床演变分析中采用上述特征等高线也是合适的。

以下就九江河段内一些代表性断面，按特征等高线对其河床地貌进行具体的分析（图2-2）。

断面1-1位于九江河段上段人民洲顺直型汊道内。两岸为河漫滩，由河漫滩相①和河床相②（以11.5m等高线为界）堆积组成二元结构；河槽内有江心洲，洲体上部为河漫滩相堆积③，下部为河床相堆积并成为洲两侧河槽的边滩④。右汊为主汊，特征等高线7.0m以下为枯水河槽⑦，两侧为潜边滩⑧，－3.0m以下为深槽⑩；左汊为支汊，7.0m以下为枯水河槽，河底为汊内浅滩部位⑪。

断面1-2位于人民洲汊道汇流与张家洲分流前之间的单一河道过渡段，断面形态较为复杂。除两侧为河岸二元结构组成与断面1-1相同之外，7.0m以下的枯水河槽左有潜边滩（与左岸之间有小沟槽⑯），右侧看似潜心滩，但实际上为依附于右侧潜边滩向上游延伸的沙嘴⑫，沙嘴与岸之间为上倒套⑮；中部有尺度较窄的深槽⑩。

断面1-3处于张家洲汊道进口节点部位，断面形态规则单一。7.0m等高线以上两岸为二元结构的河漫滩；以下为受潜边滩约束的枯水河槽，其中右侧潜边滩为河岸的基础，左侧潜边滩为边坡较缓的凸岸，－3.0m以下为宽而深的深槽，体现了节点的地貌特征。

断面1-4位于张家洲右汊内官洲分汊（第二级分汊）的进口段，右岸为二元结构的河漫滩，左侧为张家洲。官洲左槽为主泓，7.0m以下枯水河槽两侧为潜边滩，－3.0m以下为深槽，其尺度之所以很小是因为它是在汊道内又处在紧邻进口浅滩的下深槽上端；官洲右槽为支泓，凹形槽表示该支泓进口处的正常浅滩；断面中部看似心滩，实际上为官洲向上延伸的洲头滩⑥。

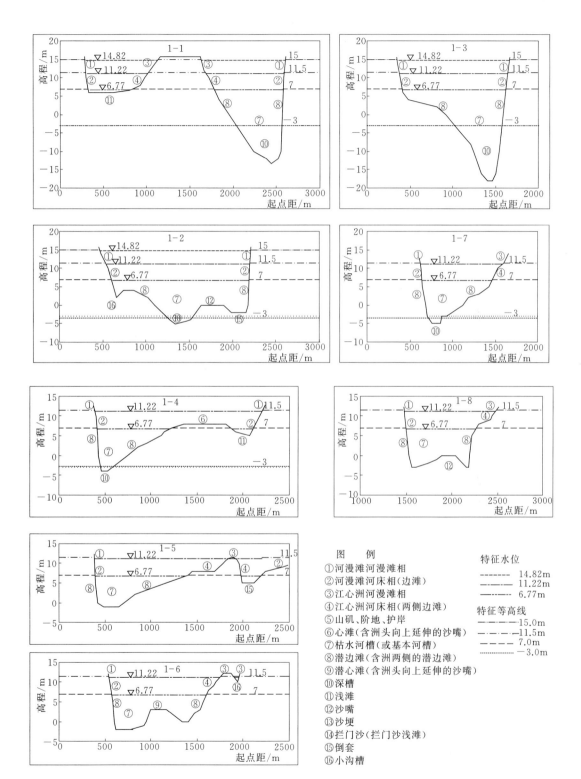

图 2-2　长江九江河段典型断面

图　　例
①河漫滩河漫滩相
②河漫滩河床相(边滩)
③江心洲河漫滩相
④江心洲河床相(两侧边滩)
⑤山矶、阶地、护岸
⑥心滩(含洲头向上延伸的沙嘴)
⑦枯水河槽(或基本河槽)
⑧潜边滩(含洲两侧的潜边滩)
⑨潜心滩(含洲头向上延伸的沙嘴)
⑩深槽
⑪浅滩
⑫沙嘴
⑬沙埂
⑭拦门沙(拦门沙浅滩)
⑮倒套
⑯小沟槽

特征水位
——————　14.82m
—·—·—·—　11.22m
—··—··—　6.77m

特征等高线
——————　15.0m
—·—·—·—　11.5m
—··—··—　7.0m
············　-3.0m

断面1-5位于张家洲右汊内官洲的尾部。显然，官洲洲尾仍有河漫滩相堆积，洲体左侧的主泓断面处于弯顶部位，呈偏V形态，枯水河槽内无−3.0m深槽；洲右侧为官洲右泓出口的倒套。

断面1-6位于张家洲左汊口门附近。在枯水河槽中有一潜心滩⑨。

断面1-7位于张家洲左汊弯顶附近，枯水河槽内有小深槽。

断面1-8位于左汊尾部深泓线由左向右交错过渡的部位，因而枯水河槽内有一形似潜心滩而实际为依附于江心洲边滩向下延伸的长条形沙嘴，其左侧为主流深槽，右侧为下一交错深槽的上端。

2. 大通河段[3]

大通水文站是长江下游潮区界。大通河段（图2-3）基本上只受径流来水来沙的作用，而基本不受潮汐的影响。大通站的平均枯水位、多年平均水位和平滩洪水位分别为3.08m、6.82m和9.91m。根据上述特征水位，通过比较分析，取枯水河槽与堆积地貌之间界限的特征等高线为3.0m（比平均枯水位低0.08m），河岸二元结构分界的特征等高线为7.0m（比多年平均水位高0.18m），平滩特征等高线为10.0m（比平滩洪水位高0.09m），能够较好地划分该河段的河床地貌。就堆积地貌而言，枯水河槽至平滩的滩槽高差7.0m左右，比九江河段小1.0m左右，仍属一个较厚的河漫滩堆积层，并且二元结构上部黏性土层厚3.0m，也基本表达了河漫滩河岸与江心洲上层黏性土层厚度的实际情况，体现了长江下游在径流作用下洲滩边界的一般特性。就枯水河槽内的深槽而言，−7.0m作为深槽的特征等高线也是合适的。

大通河段属弯曲型分汊河段，平面形态规则单一，河床地貌并不复杂（图2-3）。以下就大通河段几个代表性断面，按特征等高线对其河床地貌进行分析（图2-4）。

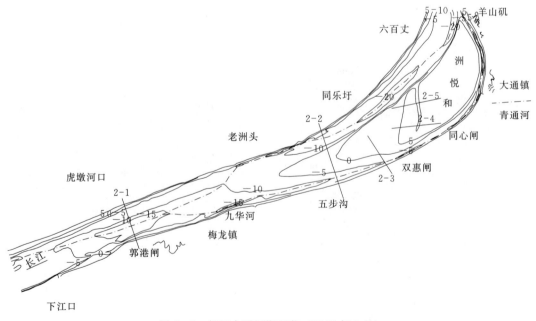

图2-3　长江大通河段河势（1966年5月）

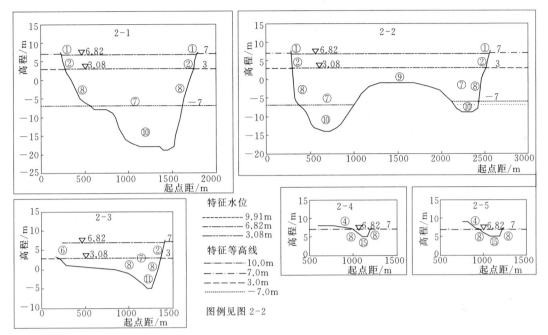

图 2-4　长江大通河段典型断面

断面 2-1 位于汊道进口束窄段节点部位。特征等高线 3.0m 以上两岸为二元结构的河漫滩，3.0m 以下的枯水河槽左侧为潜边滩，右侧潜边滩成为河岸的基础；枯水河槽内深槽非常发育，体现了节点地貌的特征。

断面 2-2 位于江心洲头部位。两岸地貌同于断面 1-1，枯水河槽中部的潜心滩实际上为向上延伸的洲头滩，其左侧为主汊，右侧为支汊，两汊进口都有深槽。

断面 2-3 位于右汊的口门。枯水河槽右侧潜边滩为河岸的基础部分，左侧潜边滩为江心洲的潜边滩，河底为正常浅滩的滩脊槽部。

断面 2-4 和断面 2-5 为滩面切割的倒套典型断面，两侧的潜边滩右陡左缓，表明该倒套有向下游平移的趋势。

总之，通过对以上两个河段自然条件下长江下游河床地貌特征水位法的分析可以认为，河床地貌划分对于九江至大通的下游河段采用特征水位法是合理的，所确定的特征等高线在分析中也是合适的。通过以上分析还获得以下认识：

（1）长江下游大通以上的非感潮河段取用平滩洪水位附近的特征等高线作为河道的平面形态和河岸线的表达是合理的。就是说，当需要描述河岸的平面变化或岸线变化时，要用平均水位以上尽可能用接近平滩洪水位的等高线作为分析用的特征等高线，而不宜用低于平均枯水位的等高线，甚至枯水期施测的水边线进行分析，在岸坡很缓时与实际岸线相差甚大。

（2）在河槽中确定江心洲，除了用枯水位的特征等高线表示外，还要用接近多年平均水位的特征等高线表示江心洲的形态，以表明有河漫相细颗粒泥沙堆积，特别是对一些无堤的小江心洲，这样表达可以有别于心滩。

（3）正如平滩河槽可以表达河道平面形态的重要性一样，枯水河槽在表达河道滩槽关系时也是至关重要的，其特征等高线的选取自然是接近平均枯水位的等高线。这一特征等高线构成的枯水河槽必然是全河段贯通的。在河床内略高于平均枯水位的特征等高线在平面图上的封闭线为心滩（或江心洲）；在断面图上该特征等高线以上两侧为边滩，在凹岸与河漫滩上层相连接构成河岸，在凸岸即为坡度平缓的大边滩，以上再与河漫滩上层相接。

（4）江心洲两侧多年平均水位与平均枯水位之间的河床在汊道河槽内仍属于边滩，洲头向上延伸部分应视为江心洲的洲头滩。依附于边滩或洲头滩的沙嘴或沙埂在断面图上可能表现为心滩型式，这一点往往会引起对河床地貌形态的误判。

（5）深槽的特征等高线可在枯水河槽内一定深度的等高线中选取，它必须是封闭的，并在上、下深槽之间构成正常浅滩。浅滩的形态为等高线不闭合的马鞍形，即在两深槽间的纵剖面是隆起的，而在两侧潜边滩之间的横断面是下凹的，浅滩的滩脊高程显然低于枯水河槽特征等高线。在基本平行的左、右两深槽之间构成交错浅滩，其中间的河床地貌为沙埂或沙嘴。当浅滩发生在支汊的口门附近则构成拦门沙浅滩，其滩脊高程如高于枯水河槽则成为拦门沙。

以上对初步研究提出的长江中下游河床地貌划分方法进行的检验，表明特征水位法对大通以上的长江下游非感潮河道是适用的。有了上述两个重要河段的分析，其间的河段都可用水位站特征水位计算或特征水位插补，再根据地形图的具体情况，选定合适的特征等高线划分地貌或直接用特征等高线插补的方法划分地貌，进行河床演变分析。

2.2.2　长江下游大通以下河床地貌划分方法分析

大通以下为感潮河段，愈往下游受潮汐的动力作用愈大。在大通至徐六泾长达570km河道内，我们对于河床地貌划分方法采取以下的研究途径。首先从距长江口较近的江阴段并扩展到整个扬中河段入手，分析该河段特征水位法区分地貌的分析方法相差的程度，如果相差甚远，就采用长江口特征等高线法进行分析。如扬中河段采用长江口的特征等高线法可行，就跨过镇扬河段再对南京河段进行分析并与扬中河段的河床地貌划分方法进行了比较。如果南京河段也与扬中河段类似，仍基本上可用与长江口相同的特征等高线法进行河床地貌的划分方法，那么，再跨过马鞍山河段对芜湖河段河床地貌划分进行分析；直至某河段不宜用特征等高线法而基本可以沿用大通河段地貌划分的方法为止。这种"试分析"应是一条符合逻辑的技术路线。

1. 扬中河段（含江阴段）[4]

扬中河段自五峰山至鹅鼻嘴长87km（图2-5）。江阴水位站位于该河段与澄通河段交接附近。经统计，江阴水位站平均洪水位和平均枯水位分别为1.88m和0.64m，二者相差仅1.24m，多年平均水位为1.32m，与平均洪水位相差仅0.56m，与平均枯水位相差也仅0.68m。从以上水位算出的河漫滩厚度太小，与实际情况相差甚远，所谓二元结构上层的厚度也太薄。以上表明，它们之间水位差如此之小，以致不可能用特征水位相近的等高线明显地区分滩、槽地貌界限和二元结构之间的界限。同时，平均枯水位的河床高程又基本上处于河岸上层范围内，平均枯水位以下的河槽太大，也完全失去了枯水河槽的含义。显然，该河段不可能借鉴受径流作用的大通以上河段按特征水位划分河床地貌的方

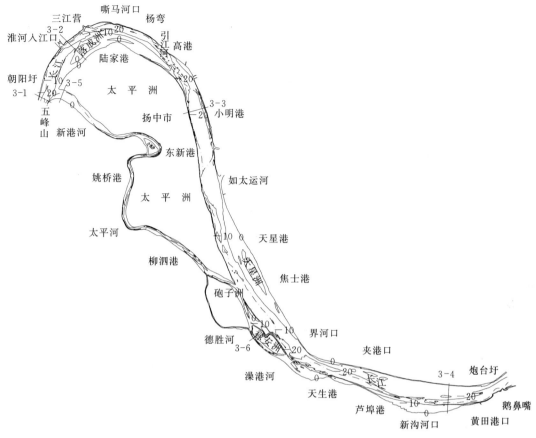

图 2-5　长江扬中河段河势（1966 年 5 月）

法，而应当寻求与长江口划分河床地貌相类似的方法。经分析，与长江口一样，取 −5m
等高线为基本河槽与堆积地貌之间的界限，0m 等高线为堆积地貌中河床相与河漫滩相之
间的界限；鉴于长江口平滩特征线取为 2.0m，根据实际地形情况，本河段取为 3.0m；
与长江口河床地貌将深槽特征等高线定为 −15m 一样，扬中河段的深槽特征等高线也定
为 −15m，在 −5～−15m 等高线之间的河床是潜边滩、潜心滩、沙埂、沙嘴、浅滩等河
床相地貌发育的空间；对于扬中夹江的河槽和录安洲右汊（支汊）而言，将深槽特征等高
线定为 −10m。经分析，按照上述的特征等高线能够较好地表达扬中河段的各类河床
地貌。

扬中河段河道形态比较复杂。在太平洲左汊上段有落成洲，下段有鳊鱼沙，左侧还有
天星洲；太平洲右汊夹江为蜿蜒形态，除转折处有小泡洲外，大部分为沿程槽、滩相间的
单一河段，出口有砲子洲；以下还有录安洲。扬中河段下段为江阴微弯段，河床内潜心滩
较多，但右侧槽部相对稳定。以下对该河段几个代表性断面按上述特征等高线法对河床地
貌进行分析（图 2-6）。

断面 3-1 位于汊道进口五峰山节点处。−5m 以上左岸为河漫滩，右岸为山体控制
⑤；−5m 以下的基本河槽内，左侧为潜边滩，右侧仍为山体⑤；−15m 以下为该节点处
的深槽。可见，节点处深槽非常发育。

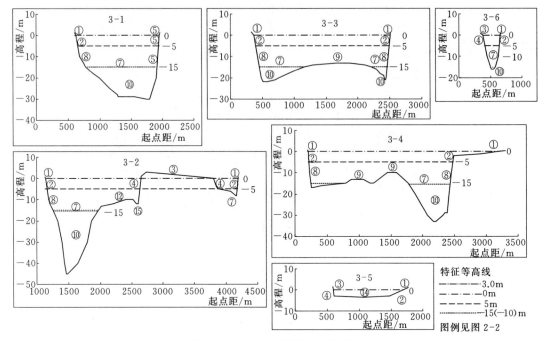

图 2-6　长江扬中河段典型断面

断面 3-2 位于落成洲汊道中上部。右汊为支汊，在 20 世纪 60 年代基本河槽尺度很小；落成洲中部有河漫滩相堆积；左汊为主汊，-15m 以下深槽发育，左侧为河漫滩河岸、潜边滩，右侧为落成洲潜边滩向下游延伸的沙嘴和倒套。

断面 3-3 位于鳊鱼沙汊道上部，左侧为主汊，右侧为支汊，两汊有深槽但尺度均较小。中部鳊鱼沙为宽阔的潜心滩；两岸基本为二元结构（有夹沙互层）的河漫滩，基本河槽特征等高线以下均为潜边滩，成为两岸河漫滩的基础。

断面 3-4 位于江阴微弯段的下部，基本河槽特征等高线以上为两岸河漫滩，以下右侧为主槽，-15m 以下深槽发育，左侧为支槽，有深槽但不发育，中部有两个潜心滩，体现了河床冲淤变化较大的特点。

断面 3-5 位于太平洲右汊进口，为主流分流至右汊内的口门段，河底高程在基本河槽特征等高线以上，为滩脊凹槽的拦门沙浅滩地貌。

断面 3-6 位于录安洲汊道的右汊上段。-5m 特征等高线以上右岸为河漫滩，左岸为江心洲的河漫滩堆积。汊内基本河槽发育，-10m 深槽在汊内贯通。

综上所述，可以认为，扬中河段河床地貌的划分，基本上可按长江口直接以特征等高线划分的方法。

2. 南京河段[5]

既然扬中河段河床地貌的划分采用长江口直接以特征等高线划分的方法比较适当，那就需对扬中以上的河段分析其是否还能继续采用上述同样的方法。鉴此，我们跨过镇扬河段，进一步对南京河段的地貌划分方法进行分析。南京河段研究的范围自下三山至三江口长约 60km（图 2-7）。南京水文站位于下关、浦口束窄段。该站平均枯水位为 1.46m，

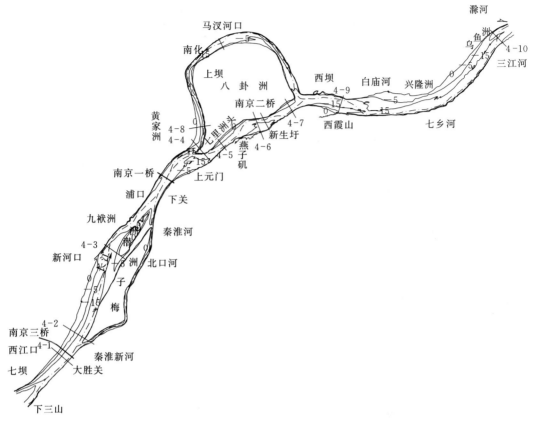

图 2-7 长江南京河段河势（1970 年 12 月）

与平均洪水位 4.91m 相差仅 3.45m；在这样小的高差区间内，河漫滩的厚度显得很小；多年平均水位为 3.32m，与平均洪水位相差仅 1.59m，作为二元结构上层黏性土的厚度与实际两岸地质条件相比也过于偏小。由于南京站平均枯水位仅比江阴站高 0.82m，因而对南京河段河床地貌的划分有可能借鉴扬中河段的划分方法，仍以 −5m 作为基本河槽与堆积地貌的分界，0m 作为堆积地貌中河床相堆积与河漫滩相堆积的分界，深槽也以 −15m 为特征等高线，分流比较小的支汉深槽取 −10m 为特征等高线，而鉴于平均洪水位 4.91m 比实际平滩高程偏高，故采用 4.00m 作为平滩特征等高线。分析表明，这一划分也较好地表达了平滩河槽内各种河床地貌。以下对该河段内一些代表性断面的河床地貌进行分析（图 2-8）。

断面 4-1 位于下三山节点以下的大胜关单一弯段。受水流顶冲作用断面为偏 V 型，两岸河漫滩发育，河槽右岸为护岸工程，左岸边滩与潜边滩比较发育，−5m 以下的基本河槽与 −15m 以下的深槽均比较宽深，体现了该段对水流与河势具有较强的控制作用。

断面 4-2 处于梅子洲头部。左汉为主汉处于弯道水流的中段，仍然呈现基本河槽与深槽均较宽深且左岸边滩、潜边滩均较发育的特点；右汉进口洲头附近受水流顶冲有局部冲刷槽，因分流比很小，基本河槽尺度很小。

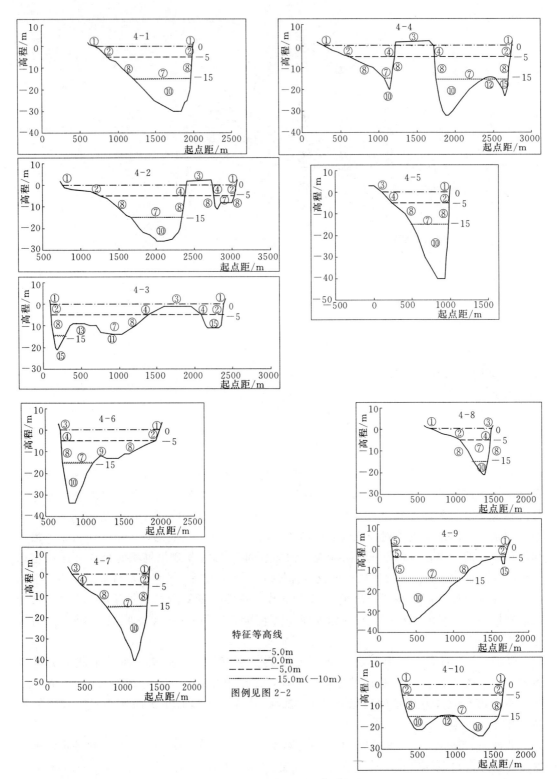

特征等高线

———— 5.0m
—·—·— 0.0m
------- -5.0m
········· -15.0m(-10m)

图例见图2-2

图2-8　长江南京河段典型断面

断面 4-3 位于潜洲头部。潜洲左侧为主槽，傍左岸为倒套，内有-15m 深槽；中部凸出部位是上游依附于左岸边滩向下延伸的沙埂⑬，因而中间槽部实际为上、下深槽之间、两侧潜边滩之间的浅滩之凹槽；潜洲右侧为分流比很小的支槽倒套上端，有基本河槽，还有很小部分-10m 深槽。

断面 4-4 位于八卦洲头的原七里洲头（现已被冲刷殆尽）。由于水流顶冲洲头，使得左、右汊进口均为深槽，左汊分流比小，-15m 深槽尺度较小，右汊分流比大，深槽尺度很大，两汊河槽靠洲体部位岸坡陡，均为河漫滩及其基础潜边滩；左汊左侧为坡度很缓的边滩和潜边滩；右汊右侧为倒套，中部为潜边滩向下延伸的沙嘴。

断面 4-5、断面 4-6、断面 4-7 分别位于八卦洲右汊上部、中部、下部，三个断面都有一个共同的特征：形态都是偏 V 形，-15m 深槽均发育，边滩和潜边滩也十分发育，共同组成右汊河道内犬牙交错的 3 个潜边滩。

断面 4-8 位于八卦洲左汊进口段，弯道曲率甚大，断面也属偏 V 形态，凸岸边滩和潜边滩十分发育，但因分流比小，-15m 以下的深槽尺度很小。

断面 4-9 位于八卦洲两汊汇流后的龙潭段首端。左岸为护岸工程控制，右侧傍岸有沙嘴和倒套，-15m 以下深槽十分发育，右侧潜边滩也很发育。

断面 4-10 位于龙潭弯道末端主流由三江口向对岸滁河口过渡的部位。两岸均为河漫滩和潜边滩，两侧均有深槽，中间为左岸边滩向下游延伸的沙嘴，将左、右两深槽隔开。

上述南京河段自下三山至三江口，由于主汊形成良好的微弯衔接河势，基本河槽中河床地貌最突出的特点是深槽和边滩、潜边滩非常发育。以上分析表明，南京河段与江阴以上的扬中河段一样，河床地貌划分方法可以采用长江口河床地貌划分方法，即直接用特征等高线的方法。

然而，南京河段按上述划分方法也有一个明显的不足，这就是自基本河槽（高程为-5m）与河漫滩滩面实际高程 4.00 之间高差有近 9m 之大，二元结构分界以上的河漫滩相厚达 4m 之多，这都与实际的边界条件相比有点偏大。但如果按照特征水位调整特征等高线的方法，将平均枯水位 1.46m 调为 1.5m 等高线（相差 0.04m）作为堆积地貌与枯水河槽的分界，将多年平均水位 3.41m 调为 3.5m 等高线（相差 0.09m）作为河漫滩二元结构的分界（即河漫滩相与河床相分界），那就形成了 2.5m 的河漫滩厚度和二元结构上层 0.5m 的厚度，这与实际边界条件相比又明显偏小。不仅如此，后者在河床地貌划分的分析中还存在以下问题：一是 1.5m 作为枯水河槽的等高线高程太高，实际上已经属于岸坎的范畴；二是河漫滩相厚度太薄，枯水河槽范围太大，边滩只有很小一点的显示（如黄家洲边滩、龙潭弯道的凸岸边滩等），更加不符合实际情况；三是也不能典型地显示潜边滩、潜心滩、浅滩的形态特点。这样，采用特征水位划分的方法对刻画河床地貌特征显得非常不合理。因此，南京河段的河床地貌划分仍以同于扬中河段的划分方法，即长江口的特征等高线的划分方法为好，虽然有其不足，但能较好地表达河床地貌的实际情况。这也许是体现出潮汐动力对该河段河床形态影响的特性。

3. 芜裕河段[6]

以上分析认为南京河段河床地貌的划分可基本采用特征等高线法。为了分析长江下游划分河床地貌是按特征水位法还是按特征等高线法之间的界限，我们再跨越马鞍山河段，对芜裕河段进行分析。芜裕河段自三山河口至东梁山，长48km（图2-9）。芜湖水位站位于弋矶山附近。该站平滩洪水位和平均枯水位分别为6.91m和2.14m，二者高差为4.77m，多年平均水位为4.71m，与平均洪水位之间差为2.20m，较为接近河漫滩堆积层的厚度和二元结构上层的厚度。因此，有可能与大通河段一样，河床地貌的划分采用特征水位的方法。根据上述特征水位和1970年地形图，芜裕河段取2.0m作为枯水河槽与堆积地貌之间划分的特征等高线（相差0.14m），以5.0m作为堆积地貌中二元结构分界的特征等高线对河漫滩相与河床相进行划分（相差0.29m），以7.0m作为平滩高程（相差0.09m）；然后，与大通河段一样，取枯水河槽与堆积地貌分界线以下10m，即取−8m等高线为深槽线。分析表明，上述划分能较好地表达该河段各种河床地貌。以下对该河段断面的河床地貌进行分析（图2-10）。

断面5-1位于河段进口节点下的微弯段。断面右岸为河漫滩及其潜边滩基础；左

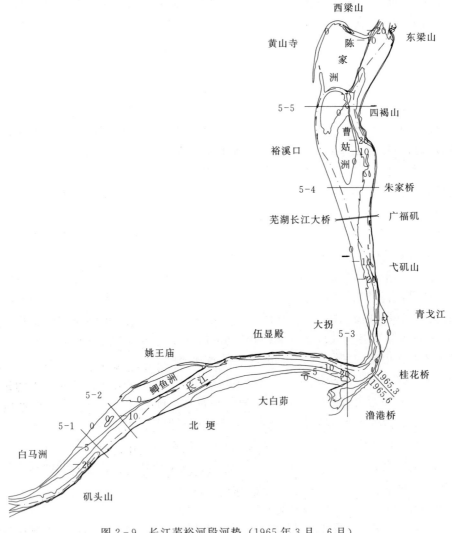

图2-9 长江芜裕河段河势（1965年3月、6月）

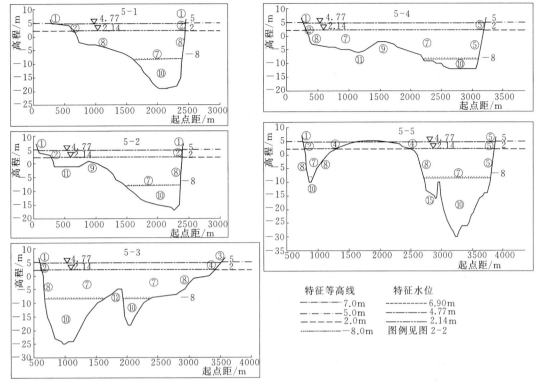

图 2-10　长江芜裕河段典型断面

侧为边滩和潜边滩充分发育的凸岸，边滩与潜边滩之间不连续处为水流开始展宽的分汊部位。枯水河槽内的 −8m 深槽非常发育。

断面 5-2 位于鲫鱼洲进口分汊处，中部偏左河床的突起部位为鲫鱼洲向上延伸的洲头滩，其左侧为左汊口门浅滩；右侧为主汊，枯水河槽和深槽的尺度很大。

断面 5-3 位于大拐弯道的尾端。左岸为河漫滩及其基础潜边滩，已实施护岸工程，右岸为淤废的汊道和新长的边滩、潜边滩；中部为上述潜边滩淤长下移的沙嘴，其左侧为主槽，右侧为淤废的支槽。

断面 5-4 位于曹姑洲汊道进口段。右侧为主汊，右岸受到阶地控制；左侧为支汊，左岸为河漫滩；中部为曹姑洲头上延的洲头滩；洲头左侧槽部河床为左汊进口的浅滩脊槽。

断面 5-5 位于曹姑洲和陈家洲之间的心滩部位，该心滩与曹、陈二洲之间均有横向小汊，该区域成为左汊向右汊洪、中、枯水过流的通道，因而右汊（主汊）河槽断面面积比上断面 5-4 要大得多，而左汊河槽断面面积比上断面 5-4 要小得多；右汊河槽左侧浅槽为曹捷水道出口。断面右岸受山体控制，左岸为河漫滩。河槽中部突出部位是尺度很大的江心滩。

以上分析表明芜裕河段用特征水位法对河床地貌也作了较好的划分。

通过对大通以下河床地貌划分方法的分析认为：

（1）南京至江阴河段（含南京河段）基本上都可以按照长江口的特征等高线法统一划

分，即以−5m 等高线作为基本河槽与堆积地貌之间的界限，0m 等高线作为堆积地貌中河床相与河漫滩相之间的界限；深槽特征等高线取−15m，−15～−5m 之间为潜边滩、潜心滩、沙嘴、沙埂、浅滩等冲淤变化的空间，分流比较小的支汊深槽特征等高线可取−10m 或−5m。江阴以下的长江口河段，河道相对宽浅汊多，除深槽特征等高线取−15m 之外，−10m 可取为潜边滩和潜心滩以及依附它们的沙嘴、沙埂等的特征等高线；深槽之间的过渡隆起段为浅滩，高程在−15～−10m 之间；分流比较小的支汊，深槽特征等高线可取−10m 或−5m。可以看出，在江阴以上至南京河段与江阴以下长江口河段在深槽−15m 线以上至基本河槽−5m 之间的河床地貌划分有一定的区别。

（2）南京以上除对九江河段、大通河段采用特征水位法进行了检验以外，还对芜裕河段进行了分析，认为大通至芜裕河段均可按特征水位法划分，即平均枯水位可作为枯水河槽与堆积地貌的分界，多年平均水位可作为堆积地貌中河床相与河漫滩相分界，平均洪水位可作为河漫滩的平滩水位，根据这些特征水位和实际地形图再作适当调整，以确定河演分析中采用的各特征等高线；深槽也同于九江至大通河段的划分，即在该河段平均枯水位以下 10m 所处等高线考虑，较小支汊可以平均枯水位以下 5m 所处等高线考虑。

（3）芜裕河段与南京河段之间的马鞍山河段，可采用同于芜裕河段的划分方法，即特征水位法。

2.3 长江中下游河床地貌划分方法总结

通过对九江河段、大通河段河床地貌划分方法的检验和大通以下有关河段河床地貌划分方法的分析，认为以往初步研究中以特征水位划分河床地貌的方法得到了很好的检验，即以平均枯水位划分枯水河槽与堆积地貌，以多年平均水位划分堆积地貌中的河床相与河漫滩相；在这个基础上，再结合河道地形图作适当调整确定该河段河床演变分析的特征等高线；深槽的特征等高线可按设计枯水位相应等高线以下 10m 考虑。当然，还可根据各河段的实际情况，有利于更好地描述河床地貌特点而作适当的调整。遵照这一方法并通过进一步分析，对大通以下仍按特征水位划分的方法可向下游延伸到马鞍山河段。

南京以下直至长江口各河段，河床地貌划分方法是以−5m 作为划分基本河槽与堆积地貌的特征等高线，以 0m 作为划分河漫滩相堆积地貌与河床相堆积地貌的特征等高线。基本河槽内以−15m 作为深槽特征等高线。鉴于江阴以下河道相对宽浅多汊和潜边滩、潜心滩、沙嘴、沙埂等冲淤多变的特点，将−10m 作为其特征等高线，深槽之间的过渡段浅滩脊高程在−15～−10m；而江阴以上基本河槽内，−15～−5m 都在潜边滩和潜心滩河床区域，它们是基本河槽的边界，又是堆积地貌的基础，同时依附它们的沙嘴、沙埂和深槽之间的浅滩也在这个区域内。对分流比较小的支汊，深槽特征等高线可定为−10m 或−5m。当然，根据地形图的具体情况和工程要求，以及为分析方便，特征等高线作适当调整是可以的。

表 2-2 是自然情况下长江下游九江河段至长江口河段划分河床地貌的特征水位（国家 85 基准）和各河段相应的特征等高线。表 2-3 是南京河段以下直至长江口河床地貌分区。

表 2-2　　　　　　　自然条件下长江下游特征水位和特征等高线　　　　　单位：m

河段	站名	平滩洪水位 （特征等高线）	多年平均水位 （特征等高线）	平均枯水位 （特征等高线）	划分方法
九江	九江	14.82（15.0）	11.22（11.5）	6.77（7.0）	特征水位法
大通	大通	9.91（10.0）	6.82（7.0）	3.08（3.0）	
芜裕	芜湖	6.91（7.0）	4.71（5.0）	2.14（2.0）	
南京	南京	4.91（4.0）	3.32（0.0）	1.46（−5.0）	特征等高线法
扬中	江阴	1.88（3.0）	1.32（0.0）	0.64（−5.0）	
长江口	徐六泾	1.23（2.0）	0.86（0.0）	0.44（−5.0）	

注　特征水位均为 1950—1967 年统计值。

表 2-3　　　　　　　　　南京河段至长江口河段河床地貌分区

地貌类型	特征等高线	河床地貌		支汊地貌
河漫滩相堆积地貌	0m	河漫滩、江心洲		拦门沙
河床相堆积地貌	−5m	边滩、心滩		拦门沙浅滩
基本河槽	−10m	江阴以下	江阴以上	汊内深槽特征线可分别为 −10m 或 −5m
		潜边滩、潜心滩、沙嘴、沙埂	潜边滩、潜心滩、沙嘴、沙埂、浅滩	
		浅滩		
	−15m（以下）	深槽		

2.4　长江下游若干河段河床地貌变化简析

将上述五个河段在三峡工程蓄水后 2006 年的河床地貌，与 20 世纪 80 年代后期（1986 年或 1987 年）的河床地貌相比较，可以评估其河势的稳定情况，并可看出很多有代表性的地貌变化情况。

1. 九江河段（上半段）

历史上九江河段左岸有黄广大堤费家湾和刘佐口两处著名险工，20 世纪 50—60 年代，人民群众自力更生在张家洲右缘（右汊内）修建短丁坝群遏制了崩岸，保障了洲堤安全；60—70 年代，安徽宿松在张家洲左汊实施了同马大堤汇口丁坝工程，70—80 年代初，在江西九江人民洲右汊实施了永安堤护岸工程。通过以上护岸工程的实施，基本遏制了两岸河漫滩的崩岸，张家洲得以相对稳定。由于上述护岸工程标准普遍偏低，在 1983 年洪水作用下，多处丁坝发生险情甚至"抄后路"，几经加固；直到 1998 年洪水后，九江河段的崩岸才得以全面治理，实施了多处新护工程，原有的护岸工程也得到加固。

随着两岸的河漫滩和张家洲体南缘逐步稳定，九江河段（上半段）的河床演变主要表现在平滩河槽内各种地貌的冲淤变化。60—80 年代中后期是长江中下游来水来沙相对稳定的时期，该河段上段人民洲 60 年代洲头向上伸展较远，右汊 60—80 年代一直为主汊，大树下以下有 −10m 深槽；左汊 60 年代 6m 等高线贯通，到 1987 年，枯水河槽 7m 等高线在进口已不贯通，洲头滩与进口左侧边滩相连，可见其左汊在这期间处于淤积萎缩态势。张家洲汊道在这期间的分流区、左汊滩槽形态、右汊二级分汊形态、张南水道上浅区的正常浅滩、下浅区的宽浅交错浅滩等均变化不大（图2-1、图2-11）。

从图2-11和图2-12对比分析可知，自1987年至三峡工程蓄水后2006年的20年间，九江河段（上半段）两岸平滩岸线变化很小，张家洲洲滩岸线变化也很小，即稳定性程度较高的河漫滩和江心洲汊道形态均较稳定，表明了九江河段的总体河势已趋基本稳定。在左汊乌龟洲通过堵支并入张家洲和在右汊新洲附近实施航道整治工程后，张家洲汊道的稳定性又有进一步的增强。

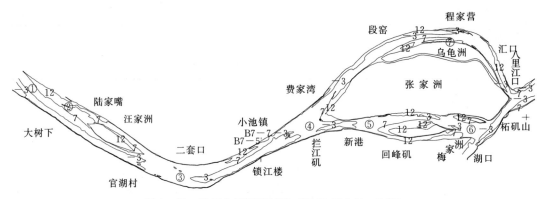

图2-11 长江九江河段河势（1987年5月、7月）

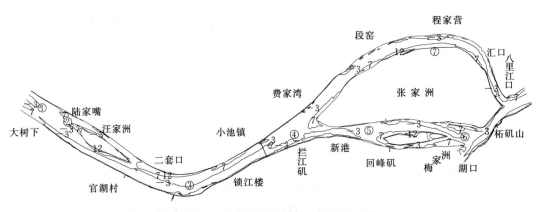

图2-12 长江九江河段河势（2006年5月）

另一方面，通过近期20年的河床演变，九江河段（上半段）河床地貌有以下几处发生了明显变化（对照图2-11和图2-12，文中标号①、②、…即图内所在部位，下同）：

①大树下附近进口段河势发生变化。1987年，进口段-3m深槽由左径直进入人民洲右汊并与其-3m深槽连通，至2006年，-3m深槽左移并在汊道进口段已与右汊深槽断开，进口段右侧形成7m心滩。

②1986年人民洲左汊口门有7m边滩、洲头滩以及它们之间的浅滩，至2006年均被冲刷，口门被冲开，汊内出现-3m深槽，表明进口主流左摆，左汊处于发展态势。

③人民洲顺直汉道汇流段与张家洲汉道进口段之间的衔接部位（二套口段），1986 年为上、下－3m 深槽之间过渡的浅区，2006 年已变为深槽贯通段，同时深槽拓宽，表明该段河槽冲刷非常显著。

④张家洲汉道进口段－3m 深槽，1987 年与两汉口门深槽均呈间断态势，2006 年已变为与右汉－3m 深槽基本贯通，表明右汉明显冲刷发展并与上游河势衔接更好。

⑤张家洲右汉进口段－3m 深槽与中段左侧深槽之间的过渡段，在 1987 年尚为正常浅滩，至 2006 年由于进口段深槽前端南偏，张南水道上浅区已由正常浅滩变为交错浅滩。

⑥张南水道下浅区原为严重碍航浅滩，这期间由于右汉分流比有所增大，水流顶冲下移使－3m 深槽随之下移，航道条件得到很大改善。

⑦张家洲左汉内小支汉阻塞，乌龟洲并入张家洲，使该汉中下段成为滩槽分明的单一河道。

以上分析表明，由于进口段主流偏左，使原本趋于淤衰的人民洲左汉（支汉）转而向冲深发展；张家洲汉道右汉也稍有发展，且深槽偏南有利于第二级分汉的支汉即官洲右泓向冲刷发展，张南水道上浅区浅滩性质的转化而使通航条件相对较差。就整体河势而言，九江河段（上半段）总体河势已趋基本稳定。张家洲汉道在稳定性增强的同时，右汉内官洲右泓有所发展；人民洲汉道因左汉有所发展而变得相对不稳定。以上变化产生的利弊影响值得关注。

2. 大通河段

大通河段属顺直微弯分汉型河道，右岸为凹岸，受到阶地控制；左岸为凸岸，系河漫滩地貌。历史上和悦洲以上洲滩常受切割形成心滩，然后淤积成江心洲，即铁板洲。和悦洲与铁板洲之间的串沟发展成汉，并向和悦洲一侧冲刷平移发展直至衰亡，二洲合一统称为和悦洲。因此，大通河段的主要演变特征是在和悦洲的洲头冲淤和洲滩之间的串沟发生周期性变化，具有较强的规律性。1959 年，和悦洲洲头又产生串沟，随着串沟冲刷发展，上游形成铁板洲雏形并淤高淤大，至 1976 年达 3m 高程，1986 年达 5m 高程，成为新的铁板洲。与此同时，原和悦洲以上的滩头向上延伸，－7m 沙嘴上延至九华河附近（图 2－13）。20 年来岸线变化不大。平滩以下河床地貌形态比较单一，江心洲汉道形态和主、支汉格局也较稳定。该河段总体河势基本稳定。

大通河段 1986—2006 年总体河势变化不大，其河床地貌变化，可概括为以下几个方面（图 2－13 和图 2－14）：

①进口段左侧，长而顺直的 3m 边滩和－7m 潜边滩有所淤积展宽和向下游延伸，说明整体河势近期有右偏的趋向。

②正由于存在上述变化，这期间和悦洲－7m 以上的洲头沙嘴有所冲刷后退，但仍保持平缓的纵坡形态，说明上游河势右偏产生的量变过程是很缓慢的。

③铁板洲滩面以 3m 表示的河床相和以 7m 表示的河漫滩相都在持续淤积，洲面已出现 10m 的平滩高程线，说明该江心洲的稳定性有所提高。

④和悦洲与以上铁板洲之间的支汉在拓展并向下游平移冲刷发展，和悦洲洲头后退，其间倒套溯源冲刷。

⑤右汉下段目前尚无大的变化。

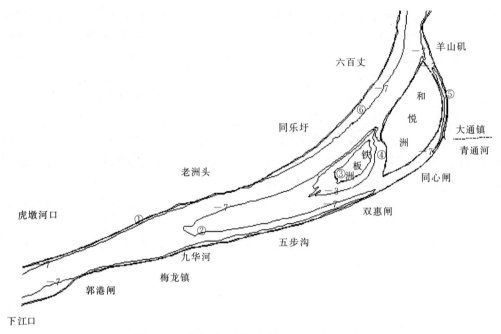

图 2-13 长江大通河段河势（1986 年 10 月）

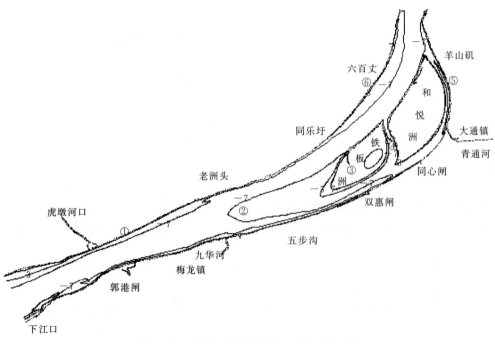

图 2-14 长江大通河段河势（2006 年 5 月）

⑥左汊和悦洲对岸六百丈潜边滩也有所淤宽。

分析表明，大通河段总体河势基本稳定。进口段左侧的长边滩向右淤宽，说明进口段河势有整体向右偏的趋势，但发展速度较为缓慢，尚未影响到汊道滩槽格局；相应地，分汊段江心洲头低滩虽然有所后退，但洲头低滩形态没有大的变化。与此同时，和悦洲以上的铁板洲已淤积成为较稳定的江心洲，它们之间的小支汊呈溯源冲刷发展并有向下游缓慢平移的趋势，若任其发展，将有可能夺右汊下段之流，成为和悦洲汊道的中汊。为确保河势不发生大的变化，宜尽早堵塞该小支汊，使之成为较稳定的双汊河段；或者尽快对和悦洲头左缘进行护岸，也可抑制小支汊的发展。

　　3. 芜裕河段

　　20 世纪 80 年代前，芜裕河段由两个分汊河段组成：鲫鱼洲汊道和陈家洲汊道。鲫鱼洲在向左岸平移过程中其右缘受主流冲刷，洲体不断减小，于 80 年代中后期被冲刷殆尽。与此同时，在右岸又淤涨潜边滩，之后切割成潜心滩，到 1986 年仍然为依附于右岸的潜心滩。陈家洲汊道在 20 世纪 60—70 年代为曹姑洲和陈家洲顺列、中间有心滩的顺直多汊河段。1981 年，陈家洲与心滩并为一体，仍称陈家洲，至 1986 年，曹姑洲尾继续下移有与陈家湾上侧淤并之势，与此同时，曹姑洲头的低滩受切割又形成一个小心滩（图 2-15）。

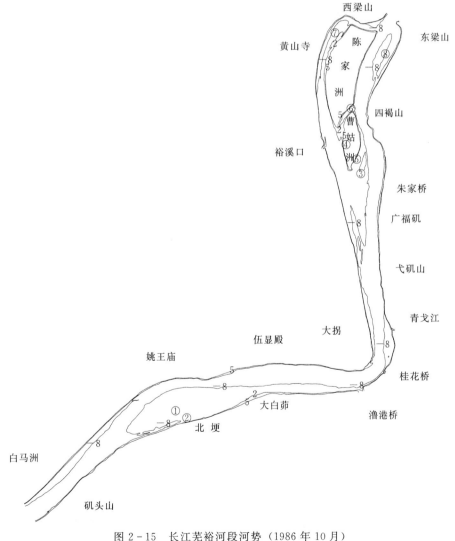

图 2-15　长江芜裕河段河势（1986 年 10 月）

自1986—2006年的近20年内，芜裕河段大拐以上左、右岸崩岸处均受到护岸工程控制，大拐以下右岸为山矶和阶地，左岸为河漫滩，崩岸处也受到无为大堤护岸工程控制。因此，总体河势可谓相对稳定。然而，该河段洲滩呈周期性冲淤变化，对河势稳定产生一些不利影响（对比图2-15和图2-16），表现在：

　　①大拐以上的顺直微弯段，北埂处1986年的−8m潜边滩先变为具有河床相堆积的心滩（以2m等高线表示），然后又有河漫滩相泥沙堆积（以5m等高线表示），到2006年已经成为一个小江心洲。

　　②与此同时，小江心洲的右汊发展，2006年汊内已出现−8m深槽。

　　③大拐以下曹姑洲头右侧的小江心滩向上游和左侧拓宽伸展，2006年已成为一个有河漫滩相泥沙淤积的小江心洲，并有继续淤涨之势。

　　④曹姑洲头受冲刷后退，洲尾淤积继续下延，洲体呈缩短之势。

　　⑤曹姑洲与其上游新生的小心洲之间串沟，2006年已发展为自左汊进入右汊的横向支汊，该汊向下游平移是纵、横向水流作用的结果。

　　⑥曹姑洲尾与陈家洲之间串沟趋于萎缩，两洲有合并之势。

　　⑦陈家洲左汊虽然总体呈缓慢淤积态势，但其中下段已成为滩槽分明的弯道段。

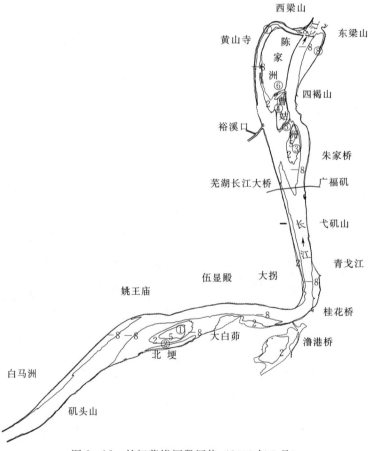

图2-16　长江芜裕河段河势（2006年5月）

⑧陈家洲右汊下段内右侧的−8m潜心滩，在陈家洲右缘防护趋于稳定情况下，是逐渐变为依附于右岸的潜边滩，还是继续淤高成为心滩有待观察。

分析表明，大拐以上北埂潜边滩通过切割成心滩已进一步演化为江心洲，双汊河段形态已成定局。该江心洲的前身为原鲫鱼洲，按历史演变的周期性规律，其右汊将不断发展并左移，最终成为主汊，左汊将缓慢淤积并最终变为支汊；江心洲右缘将被新主汊冲刷，左缘则逐渐淤积，整个洲体向左侧移动。在江心洲运移过程中，洲体先增大后变小，直到洲体被冲刷殆尽。与此同时相应的变化是右侧新的潜边滩又将滋生。但在今后含沙量极度减小的条件下，该江心洲的变化不大可能重复原鲫鱼洲的演变过程，或周期性变化规律将可能受到"清水"下泄的影响，江心洲和两汊的冲淤将发生新的变化。在大拐以下的陈家洲汊道中，新的小江心洲为原曹姑洲头切割形成且它们之间串沟不断冲刷发展，曹姑洲尾与陈家洲头之间的串沟不断淤积，但在含沙量显著减小的条件下，两洲不一定能很快相并，在相当长时段内可能仍将保留汊的形式而维持中、高水过流。曹姑洲与以上的新江心洲之间将成为新的汊道。陈家洲左汊下段将缓慢淤积；右汊内右侧原来的潜心滩为洲右缘崩岸河道展宽所形成，但在陈家湾右缘护岸稳定后，该潜心滩可能会变成右岸的潜边滩，但在含沙量显著减小的情况下也可能会成为心滩。总之，芜裕河段由洲滩冲淤产生的河势变化仍然具有复杂的一面。

4. 南京河段

南京河段自20世纪50—80年代，先后实施了下关、浦口、大厂镇沉排护岸，七坝、大胜关、梅子洲头、九袱洲、八卦洲头、燕子矶、天河口、西坝和栖霞龙潭等抛石护岸，对河势与汊道稳定起了有效的控制作用。按图2-17和图2-18的比较可以看出，自1986—2006年的20年内，两岸岸线十分稳定，洲滩形态基本稳定。南京河段的河势控制工程，在保障两岸防洪安全和经济社会持续发展发挥了十分重要的作用，南京河段的整治堪称长江中下游河道治理的一个典范。另外，20年来，南京河段河床地貌也有一些值得关注的变化（对照图2-17和图2-18）：

①由梅子洲左汊向下延伸的−15m深槽与九袱洲处深槽之间的浅区已被冲刷，变成−15m贯通的深槽。

②由于梅子洲左缘−15m深槽有下延之势，潜洲段主流右移，潜洲受到一定的冲刷，洲体宽度减小，潜洲右汊是否有缓慢发展之势，值得关注。

③八卦洲左汊口门淤积态势受到抑制，−15m深槽在北汊口门处已贯通，说明左汊进口枯水分流减弱的趋势已受到遏制。

④八卦洲右汊内原有的犬牙交错边滩中，右岸燕子矶下的边滩已被冲刷，基本河槽有所拓宽。

⑤栖霞龙潭弯道左岸潜边滩已淤高，成为−5m高程以上的边滩，左侧倒套缓慢发展，有逐渐成为心滩之势。

分析表明，南京河段自七坝以下的河势控制工程取得了良好效果，20年来河势基本稳定。基本河槽在近期有冲刷趋向；潜洲段附近河床的冲刷若持续发展，可能引起河势较大变化，应予以关注。

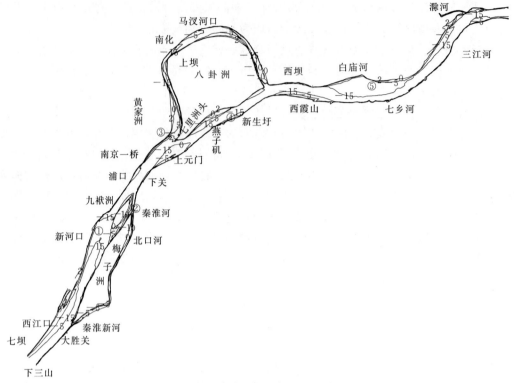

图 2-17 长江南京河段河势（1986年10月）

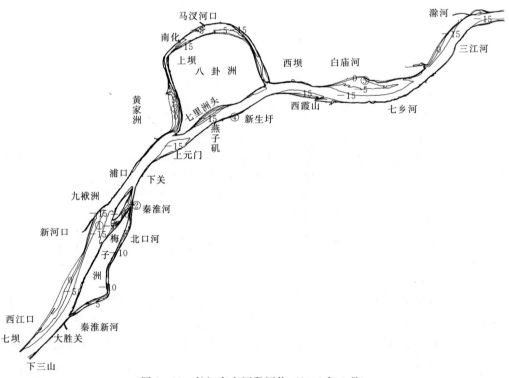

图 2-18 长江南京河段河势（2006年5月）

5. 扬中河段

扬中河段是长江下游河床演变较为复杂的河段，也是河道整治比较薄弱的河段之一。它由一个大江心洲（即太平洲）分为左、右汊。左汊为主汊，其中又包含一个弯曲型落成洲汊道和一个顺直型鳊鱼沙汊道；右汊为蜿蜒型支汊，该汊出口还有顺列的砲子洲和录安洲；其下至鹅鼻嘴为微弯的单一河道。该河段内成规模的整治工程只有嘶马丁坝群护岸，其他为鳊鱼沙左、右汊内断续的护岸。自 1986—2006 年的 20 年内，两岸岸线变化不大，但江心洲、滩变化较大，总的来说，河道平面形态变化不大，但河势不稳定的因素较多（图 2-19、图 2-20）。

①由于上游五峰山节点以下主流向右移动，1986 年三益桥附近河床内的正常浅滩至 2006 年变为上、下深槽交错的浅滩。

②与此同时，落成洲头冲刷后退，洲头左缘上段潜边滩冲刷，下段形成小心洲已并入落成洲尾；落成洲右汊口门受冲刷，1986 年－5m 线在进口处为边滩形态，至 2006 年已被冲开且－5m 槽基本贯通右汊，右汊处于进一步发展的趋势。

③落成洲右汊出口受冲刷，汊尾展宽，右侧心滩淤高成小江心洲，其右侧小汊也受冲刷而扩大。

④同样，也因上游主流向右移动，长期较稳定的太平洲右汊进口段－5m 拦门沙浅滩被冲刷，口门段汊内河床形成－10m 深槽。

⑤天星洲左小汊进口－5m 拦门沙浅滩受冲刷。

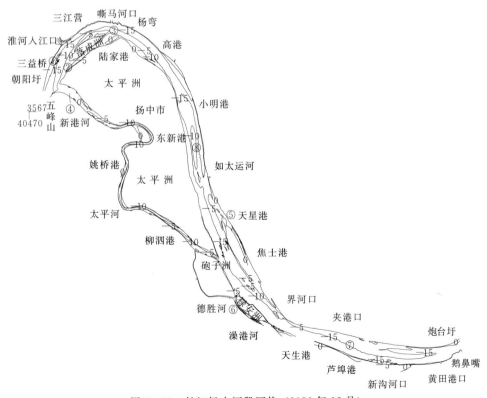

图 2-19　长江扬中河段河势（1986 年 12 月）

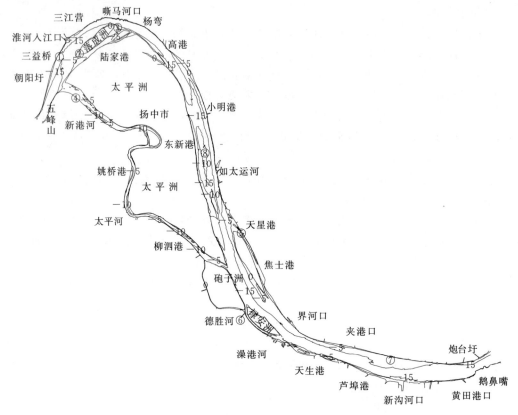

图 2-20　长江扬中河段河势（2006 年 5 月）

⑥由于砲子洲尾冲刷后有利于录安洲右汊进流，使得右汊持续冲刷，-15m 深槽几乎贯通，右汊明显发展。

⑦江阴微弯段左侧潜边滩和潜心滩发育，冲淤变化较大。

⑧鳊鱼沙汊道近期稳定性有所增强，但由于该沙基本为心滩，高程低，冲淤变化大，仍影响着左、右汊河床的冲淤及其稳定。

分析表明，扬中河段河岸变化不大，但洲滩相对不够稳定。由于嘶马段实施了护岸工程，不但制止了河道崩岸，而且杨湾段成为窄段，使其上、下段成为两个宽窄相间的分汊河段。杨湾以上河段为弯曲型的落成洲汊道。该汊道在 1986—2006 年的 20 年内，落成洲右汊发展，洲体冲淤变形，右汊出口拓宽，并形成新的小江心洲；太平洲右汊进口也在缓慢冲刷发展。究其原因，与和畅洲左汊分流比急剧增大、出口水流向右岸顶冲增强，汊道进口主流动力向右移有关。虽然受到右岸山体对水流的控制，但动力作用右移的内在因素始终存在。杨湾以下为顺直型的鳊鱼沙汊道，其心滩呈长条形，高程低，冲淤变化大，但近期洲体和分流稳定性有所增强。太平洲尾以下天星洲左汊有所发展，录安洲右汊发展较明显。江阴微弯段凹岸深槽相对稳定，但左侧潜边滩、潜心滩冲淤变化较大，形态不够稳定。总之，扬中河段河漫滩河岸和大江心洲等大的地貌形态相对稳定，但江心洲的局部和小江心洲、边滩、心滩冲淤变化较大，表明河床不够稳定，由此对河势造成一定的影响。

以上对长江下游五个有代表性的河段近 20 年的河势与河床地貌作了简要分析。就河道平面形态（包括河岸与洲滩形态）、动力轴线（或深泓线）和汊道分流与冲淤变化情况对以上五个河段的河势进行评价，表明河势稳定性由高到低的排序显然是南京河段、大通河段、九江河段、芜裕河段、扬中河段。南京河段的河岸河漫滩、江心洲、深泓线、主、支汊河床地貌等均较稳定，梅子洲、八卦洲两汊道分流也相对稳定，仅梅子洲左汊内潜洲附近冲淤变化较大。大通河段河岸稳定，和悦洲及其以上铁板洲的平面形态总体相对稳定；由于进口水流缓慢右移，左岸长边滩有所淤积，和悦洲（铁板洲）洲头低滩有所冲刷；对河势来说不够稳定的因素是两洲间串沟可能会发展成为支汊并继续向下平移，且有可能袭夺右汊下段部分水流之势，但整治并不困难，整治力度也较小。九江河段两岸均较稳定，除人民洲汊道进口主流有所左偏外，全河段深泓线均较稳定；张家洲汊道稳定性得以增强。该河段不稳定的因素有二：①人民洲左汊发展；②张家洲右汊内官洲右泓也在发展，对局部河势有一定影响。芜湖河段两岸稳定；大拐上段新洲如仍延续原鲫鱼洲的周期性变化，则洲体将向左摆动调整，左汊仍作由兴变衰、右汊仍作由小变大的冲淤变化，但这种周期性重复的可能性在含沙量显著减小的情况下有待观察；大拐以下主要是曹姑洲头的滩槽变化，自左汊进入右汊的新汊发展和平移可能引起局部河势变化。扬中河段两岸岸线稳定，但江心洲稳定性较差，总体来说河势尚属相对稳定。由于该河段进口深槽右偏，对落成洲左汊深槽右移、洲头和左缘冲刷、右汊的冲刷发展，对太平洲头左缘崩岸和右汊进口冲刷等多方面，均产生较大影响；鳊鱼沙洲体尚不稳定，天星洲左汊和录安洲右汊冲刷发展以及江阴微弯段左侧潜心滩、潜边滩冲淤多变等的不稳定因素较多。可以说，扬中河段是河势稳定性较差的河段。

2.5　结语和建议

2.5.1　河床地貌划分方法研究进展

作者曾在《长江河道认识与实践》一书中对长江中下游河道演变与整治中的河床地貌进行了系统研究，包括河床地貌的分类、形成条件与过程、各种河床地貌的稳定性，不同河型的地貌结构、地貌形态转化与河型的关系，以及洪水河床、平滩（中水）河床和枯水河床整治中地貌的变化与调整等方面的问题进行了初步探讨。其中，就河床地貌特征的划分方法是凭作者对长江河道的认识，在实践经验的基础上提出的，即依据特征水位进一步确定其特征等高线对河床地貌进行划分。至于这一划分的合理性是需要通过实践检验的。本章对这一遗留问题进一步做了分析。通过对九江河段（上半段）、大通河段、芜裕河段、南京河段（七坝以下）和扬中河段在自然条件下统计的特征水位值和 20 世纪 60 年代中期的河道地形图进行分析，表明：

（1）根据特征水位选取河床地貌特征等高线能够很好地刻画各种河床地貌形态，并在河床演变分析中能清楚地表达各河床地貌的变化及其原因和影响。这一方法能用于长江下游九江河段直至大通河段的非感潮河段，还可向下游延用于芜裕河段、马鞍山河段等感潮河段。

（2）南京河段至扬中河段可直接采用特征等高线法，即与长江口河段采用相同等高线的方法对河床地貌进行划分。

因此，本章是对长江中下游河床地貌研究的一个补充和进展。遗憾的是，由于作者精力有限，长江中游河床地貌划分的检验工作没能完成，在这方面的继续研究是作者的一个期盼。

2.5.2　河床地貌研究方法在河床演变分析中的初步运用

作者运用河床地貌研究方法对上述五个河段自 1986—2006 年河床演变中的地貌变化进行了概要分析，综合出其演变有以下共同特性：

（1）枯水河槽或基本河槽在这段期间受到一定的冲刷。作者虽然没有对枯水河槽的宽度和容积作进一步的统计，但从深槽之间浅滩受到明显的冲刷可以定性地感受到这一变化特点。例如，九江河段二套口附近的浅滩受到冲刷而使 -3m 深槽贯通，南京河段九袱洲上、下两 -15m 深槽之间的浅滩也被冲刷而使深槽贯通。浅滩的冲刷，意味着枯水河槽和深槽也一定会有所冲刷。

（2）在诸汊道的演变中，较多支汊表现为冲刷发展。例如，九江河段的人民洲左汊、张家洲右汊内官洲右泓，大通河段和悦洲与铁板洲之间的小汊，南京河段潜洲右汊、八卦洲左汊口门段，扬中河段太平洲右汊进口段、落成洲右汊、天星洲左汊和录安洲右汊等，都有发展的态势；也有主汊内受到冲刷的情况，如九江河段张家洲右汊内和扬中河段落成洲左汊内因枯水河槽或基本河槽冲刷拓宽使上、下深槽呈交错状态，它们之间出现的沙埂对浅区通航不利，南京河段八卦洲右汊内燕子矶边滩也被完全冲刷。以上变化固然与河势变化有关，但也可能与这期间来水来沙条件的变化有一定的关联。资料表明，从 20 世纪 80 年代后期开始，长江中下游含沙量就有一定幅度的减小，加之 2003 年三峡水库蓄水后，长江中下游含沙量更加明显地减小，这有可能是枯水河槽和基本河槽受到冲刷和较多支汊受冲刷来自水沙方面的因素。

（3）芜裕河段上、下段两个汊道是否将分别沿袭原鲫鱼洲和原曹姑洲演变的规律而仍将保持原周期冲淤变化的特性值得研究。由于 2006 年以后中下游河道含沙量还将显著减小，上段小江心洲发育和左、右汊冲淤很有可能会改变其变化速率和变化特征，汊道段可能会维持比以前相对较宽的形态；下段曹姑洲以上小江心洲的淤积和新汊的冲刷位移以及其周期变化特性都有可能受到含沙量显著减小的影响。

2.5.3　采用河床地貌研究途径进行河床演变分析的建议

（1）确定特征水位和特征等高线。在邻近上述水文站或水位站的河段，可以直接引用表中的特征水位，其他河段的特征水位可以插补。据此，再按地形图确定其特征等高线。为以后经常分析之需，建议结合某专题研究，将中下游各河段代表各河床地貌的特征等高线通过分析固定下来。南京河段以下河道采用的特征等高线（0m、-5m 和 -15m）基本是既定的，只有平滩等高线有所不同，南京河段、扬中河段和长江口河段分别为 4m、3m 和 2m。

（2）河漫滩与江心洲是河床地貌中最稳定的形态。这二者表达了河道的平面形态，它们总体上发生变化就意味着河势的变化，局部变化意味着局部河势不够稳定。河床演变分析中可用平均水位相应的特征等高线分析河漫滩和江心洲滩的变化（该等高线的存在就意味着滩面上存在河漫滩相泥沙的堆积），以评价河岸和洲滩以及河道平面形态的稳定性。河道两岸和江心洲的特征等高线基本无变化，表明河道的平面形态基本稳定。当弯道凹岸该特征等高线后退时则说明发生了崩岸，持续的崩岸表明河流对河岸的侧蚀，即河道的平面变形，其原因肯定是水流动力作用的横向移动，导致了河道的平面形态发生变化；如凹岸该特征等高线前移则说明原本处于水流冲刷的河岸整体发生了淤积，这只有在河势发生变化，至少局部河势有变化时（如撇弯）才有可能。当凸岸该特征等高线向前推移或后退，则表明河宽束窄或拓宽及其可能会产生的相关影响。江心洲也一样，在河势基本稳定下该特征等高线变化不大，而滩面会有极为缓慢的单向淤积抬高之势；特征等高线有较大后退时则说明江心洲受到冲刷而形态不稳定。以上二者特征等高线的变化都影响着河势的稳定，变化愈大，意味着河床冲淤对河势稳定的影响愈大。另外，当遇到河漫滩和江心洲的滩面受到水流冲刷切割形成冲沟、倒套并发展的特殊情况时，河道平面形态将产生大的变化甚至可能发生质的变化（如下荆江的自然裁弯、镇扬河段 20 世纪 70 年代中期和畅洲左汊凸岸鹅头切滩裁直等）。因此，不可忽视滩面地形这一特殊的局部变化。补充说明一点，在河道分析中，平均水位与平滩水位之间任一等高线也都可表示河岸和江心洲的形态，但不宜用比平均水位更低的等高线，更不宜用枯水期施测的水边线表示。总之，岸线和平面形态的变化表征着河势的稳定情况，是河床演变分析中首先要阐述的问题。

（3）边滩和心滩也属于成型淤积体，它位于河漫滩相与枯水河槽之间，其冲淤变化有可能表达枯水河槽的冲淤变化对它的连带影响，也有可能直接表达中、洪水来水来沙条件的变化对它产生的冲淤变形。用枯水河槽特征等高线或稍高一点的等高线可表示河岸和江心洲向枯水河槽伸展的边滩，当其自身封闭且圈内无平均水位特征等高线时则为心滩。在平面上分析其形态上的冲淤变化，可以了解这一堆积地貌的稳定性和是否有向冲刷或淤积转化的趋势。在河势较为稳定情况下，水流动力轴线也较稳定，边滩和心滩特征等高线一般变化不大，滩面可能会有缓慢地持续淤积；如该特征等高线表明边滩或心滩年际间受到明显的单向冲刷或淤积时，即堆积地貌转为明显的冲刷或较大幅度的淤积时则表明河势发生了一定的变化，如边滩受到水流切割形成心滩则表明河势将发生较大的变化。这都要通过边滩和心滩的变化，进一步分析对河道平面形态的演变趋势。

（4）枯水河槽与深槽的变化。枯水河槽是承受洪水、中水、枯水期全部来水来沙作用时都可能发生冲淤变化的河床部分，也是水流动量最集中和输沙率最大的部位。在河道演变分析中对于枯水河槽首先要分析其平面的变形及枯水河槽河宽的变化，对枯水河槽处于的冲淤发展状态有一个基本评估。在相对平衡的情况下，枯水河槽年内、年际冲淤交替也将保持一个相对平衡的态势。当年际间枯水河槽整体呈现不断拓宽并有趋直走向时，就有可能影响河道平面形态的变化；如其局部有向岸坡坡脚摆动时，就需采取防护和加固措施，确保岸坡的稳定和有关涉水工程的安全；如枯水河槽向相反的方向即凸岸边滩一侧拓宽摆动时则说明局部河势开始有变化。当枯水河槽年际间呈现不断淤积变窄的趋势，就必须从各方面分析淤积的原因及对河势的影响。分析深槽的变化，可按前面阐述的，在单一段和分汊段的主汊内取低于平均枯水位 10m、分汊段支汊以低于平均枯水位 5m 的等高线，作为深槽的特征等高线较为合适。根据深槽的冲淤变化，可以分析年际和年内水流的顶冲作用是否下移或上提，是否近岸或离岸，以及其走向的变化。局部深槽的变化可以更集中反映弯顶以下深槽年内和年际的冲淤变化和水流对护岸险工、水工建筑物局部冲淤的影响。对于深泓线的变化，要分析它在平面上摆动的幅度。目前，河床演变分析中用深泓线来表达水流动力轴线与河岸的相互关系，以及年际间主流的摆动，这是一种简便常用的分析方法。但在河势变化情况下还要结合河床冲淤变化分析其平面摆动的意义。综合以上枯水河槽、深槽、深泓线等三方面的分析，再根据以上对岸滩变化所做的分析，可以评价水流动力与河道形态的相互关系和河势的稳定性。

（5）河道纵剖面的变化。在来水来沙条件改变的情况下有必要对平滩河槽、中水河槽和枯水河槽平均河底高程的纵剖面变化进行较长距离的分析；在实施河道整治工程时有必要对中水河槽和枯水河槽平均河底高程的纵剖面，在实施航道整治工程时有必要对枯水河槽平均河底高程纵剖面和深泓纵剖面，进行工程影响河段河道纵剖面的年际和年内变化分析。对一般的局部岸段岸线利用问题（如码头港区、取排水工程、穿越工程等），不必进行河道纵剖面变化分析。在绘制河道纵剖面图时，要注意到河道实际长度的变化，而不是两固定断面连线的长度，更不能仅仅以固定断面平均河底高程和最深点高程的连线就作为纵剖面。就是说，深泓纵剖面既要表现高程的变化又要反映长度的变化。在不需要做长河段的深泓纵剖面变化分析时，如有必要，可根据不同地貌的冲淤变化特性和工程实际要求，绘制局部的深泓纵剖面图，如弯道和护岸险工段、航道整治中的浅滩段、分汊河段分流区至主、支汊口门段等。在现有的一般河床演变泛泛分析的深泓纵剖面变化没有实际意义。更不要将河道的纵剖面说成是"锯齿形"。

（6）河道横断面变化。河道演变分析中可绘制必要的有代表性的断面图，如在分汊河段的节点段、汊道分流段、汇流段，主、支汊内和单一河段的不同地貌特征段，崩岸与护岸险工段，冲淤变化较大部位，以及拟建和已建专项工程等处的断面，结合上述平面变化进一步分析河床地貌的冲淤变化。

（7）河床冲淤的计算分析。计算平滩河槽形态特征变化是必要的，可以分析整个河段河床冲淤量和冲淤强度以及形态变化。关于河相关系 $\sqrt{B}/H$ 值在单一河段中可按其平面形态的变化分 2～5 段统计，如在分汊河段中可分为节点束窄段、进口展宽段、主汊与支汊、汇流段（也可能就是下一河段的节点束窄段），在单一顺直段可按宽、窄段或上、下两段进行统计，分别计算各段的平均河宽 B、平均断面面积 A、平均水深 $H=A/B$ 和平均宽深比 $\sqrt{B}/H$。但不必计算许多代表性不强的断面 $\sqrt{B}/H$ 值，混淆的分析反而不能说明什么问题。

计算平均枯水位至平均水位之间河床冲淤量值，可以定量分析河床演变中在洪、中水期来水来沙作用下，边滩与心滩等河床相堆积地貌产生的冲淤变化量。

计算枯水河槽的面积和容积，以分析枯水河槽的冲淤量和平均冲淤厚度以及冲淤变化特性，这对深入了解来水来沙条件变化对枯水河槽产生的影响和评价河道、航道整治工程实施的效果十分必要。

（8）在专题研究和河道整治、航道整治中，有必要对枯水河槽中的地貌变化进行深入研究。枯水河槽内深槽、浅滩、潜边滩、潜心滩、沙埂、沙嘴和洲头滩都是平均枯水位以下属于同一范畴的地貌。其中深槽与浅滩是核心，要分析它们在纵剖面上的起伏和平面形态的变化；它们在动力轴线必经之处，是年际、年内冲淤变化最敏感且冲淤幅度最大的部位。浅滩（无论是正常浅滩还是深槽交错的浅滩）的特征等高线可在深槽等高线和平均枯水位之间根据需要（如通航水深）选取，由于浅滩地形为马鞍形，所以浅滩特征等高线在平面图上不闭合，浅滩的纵剖面则呈隆起状态。周围的潜边滩、潜心滩、沙埂、沙嘴、洲头低滩都是深槽与浅滩的直接边界，它们之间存在相互依存、相互影响的密切关系；它们上层的地貌都是堆积地貌，也都是其宏观的边界条件。支汊口门处与洲头低滩之间为冲淤关系十分密切的浅滩，随着分流比的减小而淤积，当滩脊高程达到平均枯水位以上支汊枯水期断流时，称为拦门沙浅滩；当其高程达平均水位以上时称为拦门沙，意味着河床已具备悬移质细颗粒泥沙淤积的条件，该江心洲将逐步完成其并岸（或并洲）过程。

（9）在以上分析基础上概括河床演变特点与趋势，包括河床地貌冲淤特性、变化的规律性、河床演变存在的主要问题和河床演变趋势，最后对研究的河段作河势稳定性评价。长江上游山区性河段的河势一般都处于稳定或基本稳定状态，长江中下游河道河势评价，建议分为河势基本稳定、总体河势相对稳定、河势稳定性较差和河势尚不稳定等 4 种情况。

参考文献

[1]　余文畴. 长江河道认识与实践 ［M］. 北京：中国水利水电出版社，2013.

[2]　周本立，陶英，包伟静. 长江下游张家洲河段河床演变分析 ［R］. 长江中下游河床演变分析文集. 长江水利委员会水文局，1992 年 7 月.

[3]　郑璎，孙泉. 长江下游大通河段河床演变分析 ［R］. 长江中下游河床演变分析文集. 长江水利委员会水文局，1992 年 7 月.

[4]　王志昆，吴文浩，陶英. 长江下游扬中河段河床演变分析 ［R］. 长江中下游河床演变分析文集. 长江水利委员会水文局，1992 年 7 月.

[5]　石厚光. 长江下游南京河段河床演变分析 ［R］. 长江中下游河床演变分析文集. 长江水利委员会水文局，1992 年 7 月.

[6]　詹中逊，周本立，李善波. 长江下游芜裕河段河床演变分析 ［R］. 长江中下游河床演变分析文集. 长江水利委员会水文局，1992 年 7 月.

第3章 长江中下游比降与河床演变、河道整治关系的探索

3.1 概述

一条冲积平原河流的比降，表达了水流在克服阻力和输送泥沙以及在塑造河床形态过程中所消耗的势能的坡度。在一定的来水来沙、边界和侵蚀基准面（以下简称"基准面"）条件下，河道会形成一定的河型及其相对平衡的纵、横剖面形态，与之相应，河流也会有其一个相对平衡的比降。比降在河流系统中是一个十分重要的因素，与其他水力因素、形态因素具有密切的关系。我们大致可以用多年平均水位下的比降来表达河道的相对平衡比降。一般来说，堆积性的宽浅河流具有较大的比降，而纵向输沙相对平衡或准平衡的窄深河流具有较缓的比降。在河床演变中，比降又是一个十分活跃的因素。在周期性变化的水文过程中，河流比降也呈周期性变化，并作为水流动力作用的变化对河床演变施加影响，与此同时，比降也在河床演变中不断自行调整。在实施河道整治工程时，因边界条件的改变而使原有的纵、横比降产生变化，从而改变河道水流结构与河床冲淤机制，对河床演变产生影响。可见，比降在河流理论研究、河床演变分析和河道整治工程实践中的重要性。然而，迄今在长江中下游河床演变和河道整治的研究中，人们尤其是工程技术界很少提及水流比降的作用及其影响，很少根据比降这一要素来解释河床演变的现象与揭示其本质，更少将其运用于河道整治工程模型研究、规划设计和工程技术的实践中。

人们之所以在分析研究中很少注重比降，究其原因有以下三个方面。一是人们在认识和实践中更多地注意到直接与河床演变和河道整治有关的河床地形冲淤变化和水深、流速等水力因素的作用，在感性中不易认识到比降的作用；二是长江中下游的比降很小，特别是长江下游更为平缓，比降之小而不足以使人们认为它有多大的作用和影响，人们宁愿更多地关注水文站水位的变化，从实用的角度关注建筑物附近的水位变化及其可能的影响，而不愿更多涉及比降大小的问题，甚至忽视它的存在；三是影响比降变化的因素十分复杂，除非在深入研究某些敏感的重要问题时涉及比降，一般情况下人们往往回避比降的问题，即使有长系列的资料也仅做些统计而很少作进一步分析，在认识上不去做深入研究。虽然如此，但比降的研究无论在学科理论上还是在工程技术方面都已经显示出是十分重要并得到一定的运用。众所周知，最小能耗率（VJ）理论已被用于河型成因、水流泥沙运动和河床演变研究的诸多方面。

作者认为，作为与河宽、水深、流速一起的四要素之一的比降，在来水来沙、边界和基准面条件等变化的情况下会产生什么样的变化和调整，而比降的变化和调整又会对水流泥沙运动和河床冲淤产生什么样的作用和影响，都是河床演变中十分重要而需要进一步研

究的课题；比降的变化及其作用更是河道整治中应重视而需要深入研究的问题。

　　本章首先概述了长江中下游干流河道比降情况，分析了影响长江中下游比降的因素；在研究相对平衡条件下比降与水流、泥沙、河床形态因素关系的基础上，进一步研究了来水来沙条件变化下的河床调整方向和基准面变化下的河床冲淤趋向，并就三峡蓄水后水沙条件变化下的河床演变作了初步预估；对横比降在单一河道和分汊河道的不同河型中与水流运动的关系和比降的变化对河床演变的影响进行了较新的研究；最后分析了河道整治中比降的变化及其重要作用。

3.2　长江中下游河道自然条件下的比降及其特点

3.2.1　水面比降概况

3.2.1.1　平均水面比降

　　本节主要描述自然条件下（即系统裁弯前和大规模实施护岸工程前的河道情况）长江中下游比降。

　　根据 1956—1967 年资料统计，长江中下游宜昌—大通段多年平均水面比降为 $0.295×10^{-4}$，总体表现为自上游至下游沿程减小，宜昌—城陵矶段为 $0.424×10^{-4}$，城陵矶—汉口段为 $0.238×10^{-4}$，汉口—湖口段为 $0.214×10^{-4}$，湖口—大通段为 $0.183×10^{-4}$（图 3-1 为长江中下游水位沿程变化）。

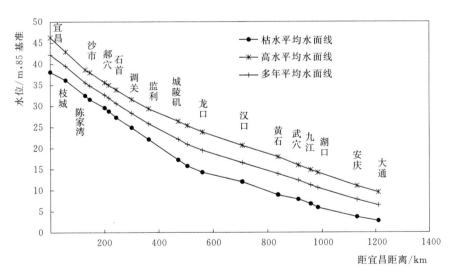

图 3-1　长江中下游宜昌至大通水面线沿程变化

　　从各河段来看（图 3-2），宜昌至石首段水面比降在 $0.400×10^{-4}$～$0.541×10^{-4}$，其中枝城至陈家湾段受芦家河浅滩段的影响，"坡陡流急"，比降最大为 $0.541×10^{-4}$，沙市至郝穴段则由于河床坡降较缓，水面比降最小，为 $0.400×10^{-4}$。

　　石首以下的下荆江，受到洞庭湖出流顶托影响，比降沿程变小，由石首—调关段的

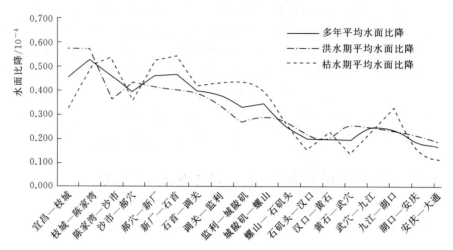

图3-2 长江中下游宜昌至大通水面比降沿程变化

$0.409×10^{-4}$减小至监利—城陵矶段的$0.341×10^{-4}$。

受洞庭湖出流汇入、流量增大等作用，城陵矶—螺山段水面比降增大至$0.353×10^{-4}$；螺山以下至汉口则受汉江汇入、顶托及河床形态等影响，水面比降也呈沿程减小，嘉鱼龙口至汉口段水面比降为$0.205×10^{-4}$。汉口至黄石、黄石至武穴段水面比降变化不大，在$0.200×10^{-4}$左右。

武穴至九江、九江至湖口段水面比降又增大至$0.250×10^{-4}$左右；湖口以下的长江下游水面比降逐渐变缓，湖口至安庆、安庆至大通段水面比降分别为$0.191×10^{-4}$、$0.169×10^{-4}$。

另据有关研究对长江下游1950—1981年资料统计，大通至芜湖段、芜湖至南京段、南京至镇江段、镇江至江阴段水面比降沿程减小，平均比降分别为$0.152×10^{-4}$、$0.144×10^{-4}$、$0.0974×10^{-4}$、$0.0968×10^{-4}$。

3.2.1.2 洪水水面比降

洪水期，长江中下游宜昌—大通段平均水面比降为$0.304×10^{-4}$，大于平均比降，且总体表现为沿程减小，宜昌—城陵矶段为$0.421×10^{-4}$，城陵矶—汉口段为$0.244×10^{-4}$，汉口—湖口段为$0.232×10^{-4}$，湖口—大通段为$0.207×10^{-4}$。其中，除荆江河段大部分和九江—湖口段明显受洞庭湖和鄱阳湖顶托影响洪水比降小于枯水比降外，其他各段均大于枯水比降。

从各河段来看，洪水期宜昌至陈家湾段水面比降在$0.6×10^{-4}$左右，陈家湾至沙市段则明显减缓至$0.374×10^{-4}$，沙市至郝穴段则增大至$0.443×10^{-4}$。郝穴以下则由于受洞庭湖出流顶托影响，洪水水面比降沿程减小，监利—城陵矶段减小为$0.273×10^{-4}$；城陵矶—螺山、螺山—石矶头段受洞庭湖汇入、流量增大影响，水面比降分别增大至$0.300×10^{-4}$、$0.277×10^{-4}$。

受汉江等支流来水入汇顶托影响，石矶头以下水面比降逐渐减小，石矶头—汉口、汉口—黄石段比降分别减小为$0.218×10^{-4}$、$0.206×10^{-4}$；受西塞山至田家镇山矶连续束窄的影响，黄石—武穴段增大至 0.267×10^{-4}，武穴至湖口受鄱阳湖来水汇入顶托等影响；湖口以下水面比降沿程减小，安庆—大通段水面比降仅为 0.190×10^{-4}。

大通以下河段洪水比降也沿程减小，大通至芜湖段、芜湖至南京段、南京至镇江段、镇江至江阴段洪水比降分别为 $0.190 \times 10^{-4} \sim 0.296 \times 10^{-4}$、$0.180 \times 10^{-4} \sim 0.295 \times 10^{-4}$、$0.100 \times 10^{-4} \sim 0.252 \times 10^{-4}$、$0.108 \times 10^{-4} \sim 0.233 \times 10^{-4}$。

3.2.1.3　枯水水面比降

枯水期，长江中下游宜昌—大通段平均水面比降为 0.292×10^{-4}，总体表现为沿程减小。其中，宜昌—城陵矶段为 0.442×10^{-4}，城陵矶—汉口段为 0.222×10^{-4}，汉口—湖口段为 0.219×10^{-4}，湖口—大通段为 0.138×10^{-4}。从各河段来看，以新厂—石首段的 0.557×10^{-4} 为最大，陈家湾—沙市段的 0.552×10^{-4} 次之；以安庆—大通段的 0.116×10^{-4} 为最小，湖口—安庆段的 0.150×10^{-4} 次小。

枯水期，宜昌至枝城段水面比降较为平缓，水面比降为 0.333×10^{-4}；枝城—陈家湾段受芦家河浅滩"坡陡流急"影响，水面比降增大至 0.510×10^{-4}；陈家湾至沙市段可能受太平口水位消落的影响，水面比降增大至 0.552×10^{-4}；沙市至郝穴段则明显减小至 0.361×10^{-4}。

受洞庭湖出流流量减小、水位下降消落等影响，郝穴—石首枯水水面比降增大，郝穴—新厂段、新厂—石首段比降分别增大至 0.538×10^{-4}、0.557×10^{-4}。

石首—调关段水面比降减小至 0.422×10^{-4}，调关—城陵矶段比降则有所增大，调关—监利段、监利—城陵矶段比降分别为 0.437×10^{-4}、0.451×10^{-4}。

城陵矶—汉口段枯水水面比降沿程减小，由城陵矶—螺山段的 0.424×10^{-4} 减小至石矶头—汉口段的 0.155×10^{-4}。

汉口—黄石段枯水比降较大，为 0.236×10^{-4}，黄石—武穴段则减小至 0.136×10^{-4}；武穴以下则随着鄱阳湖枯水期出流逐渐减小、顶托作用减弱，枯水比降较大，武穴—九江段、九江—湖口段比降分别增大至 0.241×10^{-4}、0.340×10^{-4}。湖口以下的长江下游则沿程减小，湖口—安庆段、安庆—大通段枯水平均比降分别为 0.150×10^{-4}、0.116×10^{-4}。

大通以下河段枯水比降沿程减小更为明显，大通—芜湖段、芜湖—南京段、南京—镇江段、镇江—江阴段枯水比降分别为 $0.0366 \times 10^{-4} \sim 0.0824 \times 10^{-4}$、$0.025 \times 10^{-4} \sim 0.0724 \times 10^{-4}$、$0.0073 \times 10^{-4} \sim 0.0563 \times 10^{-4}$、$0.0034 \times 10^{-4} \sim 0.0626 \times 10^{-4}$。

3.2.2　水面比降时空变化

3.2.2.1　年内周期性变化

取长江中下游各主要水位站 1956—1967 年月平均比降作为分析各段比降变化特性的依据，并认为分析月平均比降的变化可以综合时空方面的随机因素。实践表明，这一分析方法可较为简便明了地表达比降变化的特征。表 3-1 为长江中下游各段 1956—1967 年自然状态下月平均比降统计值。

表3-1　1956—1967年长江中下游月平均水面均面降比降沿程变化统计值

单位：10^{-4}

河段名称	间距/km	1月	2月	3月	4月	5月	6月	7月	8月	9月	10月	11月	12月	年均	高水平均	枯水平均
宜昌—枝城	57.9	0.339	0.324	0.336	0.371	0.466	0.536	0.587	0.591	0.596	0.561	0.463	0.386	0.464	0.586	0.333
枝城—陈家湾	72.5	0.502	0.513	0.514	0.512	0.524	0.545	0.600	0.600	0.590	0.561	0.521	0.499	0.541	0.588	0.510
陈家湾—沙市	16.8	0.555	0.562	0.540	0.500	0.448	0.423	0.341	0.354	0.387	0.437	0.482	0.522	0.462	0.374	0.552
沙市—郝穴	54.3	0.355	0.359	0.369	0.376	0.388	0.416	0.449	0.456	0.444	0.424	0.392	0.370	0.400	0.443	0.361
(陈家湾—郝穴)	(71.1)	(0.402)	(0.407)	(0.409)	(0.405)	(0.402)	(0.418)	(0.423)	(0.432)	(0.431)	(0.427)	(0.413)	(0.406)			
郝穴—新厂	15.1	0.546	0.549	0.520	0.491	0.439	0.435	0.401	0.438	0.423	0.438	0.480	0.517	0.473	0.420	0.538
新厂—石首	26.6	0.545	0.566	0.561	0.527	0.455	0.451	0.398	0.415	0.411	0.440	0.477	0.514	0.479	0.413	0.557
石首—调关	57.2	0.437	0.422	0.407	0.392	0.376	0.393	0.386	0.405	0.403	0.422	0.429	0.433	0.409	0.398	0.422
调关—监利	63.2	0.457	0.439	0.416	0.382	0.339	0.348	0.336	0.356	0.361	0.380	0.407	0.436	0.389	0.351	0.437
监利—城陵矶	108.6	0.477	0.451	0.392	0.306	0.251	0.272	0.266	0.287	0.309	0.341	0.375	0.428	0.341	0.273	0.451
城陵矶—螺山	34.0	0.421	0.436	0.397	0.346	0.307	0.291	0.285	0.287	0.296	0.299	0.329	0.379	0.353	0.300	0.424
螺山—石矶头	55.0	0.268	0.293*	0.261	0.249	0.279	0.305	0.282	0.285	0.235	0.203	0.181	0.240	0.256	0.277	0.275
石矶头—汉口	146.0	0.185	0.179	0.192	0.191	0.197	0.194	0.225	0.221	0.230	0.226	0.220	0.195	0.205	0.218	0.155
汉口—黄石	132.0	0.202	0.209*	0.201	0.197	0.201	0.208	0.206	0.213	0.195	0.186	0.182	0.199	0.200	0.206	0.236
黄石—武穴	75.0	0.137	0.127	0.141	0.164	0.205	0.211	0.284	0.278	0.272	0.242	0.202	0.166	0.203	0.267	0.136
武穴—九江	45.0	0.264	0.222	0.222	0.238	0.203	0.216	0.267	0.236	0.293	0.282	0.291	0.263	0.255	0.249	0.241
九江—湖口	25.8	0.334	0.322	0.271	0.181	0.230	0.173	0.198	0.299	0.190	0.223	0.258	0.348	0.246	0.239	0.340
湖口—安庆	146.3	0.150	0.151	0.167	0.192	0.212	0.219	0.221	0.214	0.209	0.204	0.188	0.167	0.191	0.217	0.150
安庆—大通	79.3	0.111	0.102	0.129	0.171	0.177	0.175	0.207	0.187	0.209	0.204	0.197	0.148	0.169	0.190	0.116

* 为资料系列中缺少三年，统计存在误差。有阴影者为年内最大4个月的月平均比降值。

纵观长江中下游河道各段月平均比降统计值，可见比降在年内是作周期性变化的。这一周期变化特征基本分为两类：一类为基本不受湖泊出流顶托、消落影响，随来水条件呈周期变化的特性，即具有洪水期比降大、枯水期比降小的周期变化特性（以下简称为"洪大枯小"特性），如宜枝河段、郝穴以上荆江河段、螺山以下至九江和湖口以下的下游段；另一类为主要受到湖泊出流的顶落和消落影响，在年内表现为洪水期比降小、枯水期比降大的周期性变化（以下简称为"洪小枯大"特性），如郝穴以下的荆江河段直至螺山和九江至湖口段。

在城陵矶以上的宜枝河段和荆江河段中，自宜昌—陈家湾，最大 4 个月比降在汛期 7 月、8 月、9 月、10 月，月平均比降范围达 $0.561 \times 10^{-4} \sim 0.600 \times 10^{-4}$，最小 4 个月比降为枯季 1 月、2 月、3 月、4 月（个别为 12 月），月平均比降范围为 $0.324 \times 10^{-4} \sim 0.513 \times 10^{-4}$，沙市—郝穴段，比降最大的 4 个月为 7—10 月，最小 4 个月为 12 月至次年 3 月，均表现出年内"洪大枯小"的周期变化特性，属于上述比降周期性变化的第一类。自郝穴—城陵矶，受洞庭湖出流顶托和消落以及藕池口分流的影响，比降最大的 4 个月都在枯季 12 月至次年 3 月（个别为 11 月）；受汛期顶托作用，下段监利—城陵矶最先受到影响，其次为调关—监利，这两段比降最小的 4 个月都在 5—8 月；而石首—调关还要受到藕池口分流的影响，4 月就出现较小的比降；郝穴—石首比降最小发生在 7—9 月，有的还发生于 6 月或 10 月。以上均表现出年内比降变化呈"洪小枯大"的周期性变化特点，属于周期性变化的第二类。

自城陵矶—九江，除城陵矶—螺山段受洞庭湖出流和三对天然山矶节点控制（白螺矶—道仁矶、杨林山—龙头矶、螺山—鸭栏矶）对上游壅水使该段比降也呈现"洪小枯大"特性（即第二类）外，以下其他各段比降均表现为"洪大枯小"周期性变化特点，基本属于周期变化的第一类。各段的具体表现是：①螺山—石矶头段，水面比降以 6 月的 0.305×10^{-4} 为最大，7 月、8 月也较大，分别为 0.282×10^{-4} 和 0.285×10^{-4}，最小为 9—11 月，分别为 0.235×10^{-4}、0.203×10^{-4} 和 0.181×10^{-4}。②石矶头—汉口段，水面比降最大的 4 个月为 7—10 月，其中 9 月和 10 月最大，分别为 0.230×10^{-4} 和 0.226×10^{-4}。这一方面表明螺山—石矶头段和石矶头—汉口段基本上都具有汛期比降大的共性；但另一方面，最小比降前者发生在汛后的 9—12 月，后者发生在汛前 1—4 月，前者可能是受到后者 9 月、10 月汉江入流顶托的结果。这进一步表明该段比降除主要受来水条件作用外，汉江出流也有一定的影响。③在汉口—黄石和黄石—武穴上、下两段中，基本上都具备汛期比降大的特点，但由于下段受山矶卡口控制，河道狭窄，洪水期对上段产生壅水和本段河床自身冲刷，使得上段比降在汛期趋缓和汛后枯季趋陡的特点，以致上段最大月平均比降（为 0.213×10^{-4}），与月最小平均比降（0.182×10^{-4}）之差仅为 0.031×10^{-4}，是长江中下游年内周期性变化中月平均比降变幅最小的河段。这两段的比降变化表明受到来水条件和下游束窄段的综合影响但仍以来水条件作用为主的特性，基本体现为第一类的特性。④武穴—九江段仍然沿袭了上游河段比降为第一类周期变化特点，月平均比降最大的月份基本上在汛期和汛后落水期即 7—11 月，说明该段主要受上游径流影响，而月平均比降最小发生的 5 个月为 2—6 月，说明受到鄱阳湖水系汛期涨水对长江干流顶托的影响；而九江—湖口段比降则受鄱阳湖年内"吞吐"影响很大，因 12 月、1 月、2 月湖水位很低，使得该 3 个月比降年内最大，4—6 月则因鄱阳湖汛期来水影响，使得 4 月和 6 月因对上游壅水而比降最小，同时也对武穴—九江段产生一定程度的影响，使其比降 5 月和 6 月最小。因此，九江—湖口段基本属于第二类，即受湖泊出流影响，具有枯季月平均比降最大，而在鄱阳湖水系汛期（5 月和 6 月）比降最小的特点。

长江下游各段比降的变化：湖口—大通非感潮河段，水面比降年内周期性变化表现为"洪大枯小"的特点。其中，湖口—安庆段水面比降年内变化在一定程度上受鄱阳湖汛期较早、出流较大的影响，最大的 4 个月为 5—8 月，最小的 4 个月为 12 月至次年 3 月；安庆—大通段，基本上只受径流条件的影响，水面比降呈现"洪大枯小"的特点。大通以下的感潮河段，河型为宽窄相间的分汊型河道，河宽沿程增大，仅有个别束窄段对比降存在局部影响，沿程均为小支流入汇，即使对局部也不会有明显影响。因此，大通以下直至江阴，宏观的比降在年内的变化主要受径流的影响，均呈"洪大枯小"的周期性变化。就是在江阴以下的河段，比降变化也是这个特点。

可以认为，以上对长江中下游比降年内周期性变化的特征，根据来水条件、河道边界条件和湖泊、支流入汇顶托消落条件基本归结为两类是一种科学的概括，合理地描述了比降沿程变化的规律。

3.2.2.2　比降时空变化的特殊性

综上所述，影响长江中下游比降的因素概括起来为河道的径流条件（主要指上游流域内的来水条件），沿程各支流汇入和分流入湖构成的基准面条件，以及主要包括控制河道平面形态在内的河床边界条件，这是研究比降时空变化的三个要素。

一条冲积河流的水面比降，一般具有上游大于中游、中游又大于下游的特征，而且在径流作用下具有洪水期比降大于中水期更大于枯水期比降的特性。在流域来水条件年内作周期性变化的前提下，如果沿流程遇到较大水系、支流的汇入，分流入湖或湖泊吞吐，连续山矶卡口束窄河道时，就有可能对比降产生程度不同的影响，有的可能对洪枯期比降带来一定的量变，并且不同程度波及上下游一定范围，影响大的甚至能使年内比降的周期性发生质的变化。这是我们首先要分析研究的自然条件下的比降问题。进而言之，当上游兴建水库调节径流、拦截泥沙的情况下，那就得研究水沙条件的改变对比降和河床冲淤的影响以及在变化中的相互关系和变化的趋势。以下是自然条件下长江中下游比降时空变化的特点。

1. 宜昌—郝穴段

该段总长 201.5km，其中宜昌—枝城、枝城—陈家湾和沙市—郝穴三段共长 184.7km，月平均比降最大的 4 个月是 7—10 月，期间三段月平均比降的范围分别为 $0.596\times10^{-4}\sim0.561\times10^{-4}$、$0.600\times10^{-4}\sim0.561\times10^{-4}$ 和 $0.456\times10^{-4}\sim0.424\times10^{-4}$；比降为最小的 4 个月略有不同，分别为 1—4 月，12 月至次年 4 月和 12 月至次年 3 月，期间三段月平均比降范围分别为 $0.324\times10^{-4}\sim0.371\times10^{-4}$、$0.499\times10^{-4}\sim0.513\times10^{-4}$ 和 $0.355\times10^{-4}\sim0.370\times10^{-4}$；表现出该河段具有长江出山谷后向平原过渡的河流和其下游的平原河流，其比降主要受上游径流作用表现为"洪大枯小"的特征。但在陈家湾—沙市长 16.8km 的短河段却表现出受下游顶托影响的特征，月平均比降最大的 4 个月是在枯季 12 月至次年 3 月，比降的范围为 $0.562 \times 10^{-4} \sim 0.522 \times 10^{-4}$；比降为最小的 4 个月在洪季 6—9 月，比降的范围为 $0.341 \times 10^{-4} \sim 0.423 \times 10^{-4}$。显然，陈家湾—沙市段在短流程内比降具有局部影响的因素（可能是虎渡河受湖内水位顶托和消落产生的影响）。以往，我们一直将洞庭湖出口基准面的顶托以郝穴为界。若将陈家湾—沙市段与上段枝城—陈家湾段比降综合起来，计算出枝城—沙市段 89.3km 的月平均比降，比降最大 4 个月仍为 7—10 月，最小 4 个月为 12 月至次年 3 月，但年内比降值相差不大，略显示主要受到下游顶托作用的影响，但下段（沙市—郝穴段）却明显与陈家湾以上的两段性质一样，因此，夹在中间的枝城—沙市段年内分布特性显得不合理。但将陈家湾—沙市段与下段沙市与郝穴段比降综合起来，比降最大 4 个月也为汛期 7—10 月，比降最小 6 个月为 12 月至次年 5 月，基本上与陈家湾以上的两段性质一样，即陈家湾—郝穴段基本上体现了以径流作用为主的年内比降分布特性，年内月平均值变幅较小也说明由径流作用为主到以洞庭湖出口基准面顶托作用为主之间的过渡，再次说明以郝穴为自然条件下洞庭湖出口顶托的界限相对合理性。总之，本段比降变化总体呈现"洪大枯小"的特性，主要受径流的影响，并在陈家湾—郝穴段较长的河段内受到基准面顶托的一定影响，呈现过渡状态的特性。

2. 郝穴—城陵矶段

郝穴—城陵矶 270.7km 长的河段，明显受到洞庭湖出口基准面的影响，具有洪季比降小、枯季比降大的鲜明特点。该段月平均比降最小的 4 个月一般为 5—8 月，也有于 9 月甚至 4 月、10 月发生小比降的，这是由基准面顶托所致；月平均比降最大的 4 个月为枯季 12 月至次年 3 月，有时 11 月和 4 月也发生较大比降，这是由基准面消落产生。洞庭湖出口基准面顶托和消落作用的程度和最大最小比降发生时间的错综复杂是因为长江上游径流过程和洞庭湖水系来水过程及其组合的不同。在洪季最小月平均比降 4 个月的平均值，郝穴—新厂、新厂—石首、石首—调关、调关—监利和监利—城陵矶等五段分别为 0.425×10^{-4}、0.424×10^{-4}、0.387×10^{-4}、0.345×10^{-4} 和 0.269×10^{-4}，显示出洪季洞庭湖出流基准面对上游的顶托影响达到郝穴并波及郝穴以上，而这种影响溯流向上是逐渐减弱的；另一方面，藕池口以上的新厂—石首段和以下的石首—调关段，洪季比降没有特别的跌落，说明洪季藕池口虽然分流加大，但同样也受到湖内水位的顶托影响。在枯季月平均比降最大 4 个月的平均值，上述五段分别为 0.533×10^{-4}、0.550×10^{-4}、0.430×10^{-4}、0.437×10^{-4} 和 0.437×10^{-4}，可见石首以上的比降显著大于石首以下的下荆江，而且石首以下三段比降值均相差甚小，说明洞庭湖出口基准面在枯季的水位消落对上游比降的增大以石首为界分为两部分：对石首以下的下荆江各段，影响相差不大；但对石首以上的两段，除受洞庭湖出口汇流基准面水位消落影响比降增大外，还受到藕池河内洞庭湖湖面水位的消落也使石首水位进一步降低，从而使石首以上比降显著大于石首以下的比降。同时，石首水位的降低也削弱了石首以下洞庭湖出流基准面水位消落而影响下荆江比降的效应。

总之，本段比降变化受洞庭湖出流基准面顶托和消落作用而呈现"洪小枯大"的特性，还受到藕池口洪季和枯季来自湖内水位顶托和消落的影响。

3. 城陵矶—湖口段

长江中游城陵矶—湖口段，长 512.8km。总体来说，该长河段比降基本属于"洪大枯小"的变化特性，即主要受径流的影响，但由于河段内有大小支流的汇入，山矶卡口的阻塞以及湖泊"吞吐"等因素，比降变化又存在其复杂性。

自城陵矶—螺山长 34km 河段内，连续受到三处对峙天然节点的控制，阻力甚大，比降变化本应具有"洪大枯小"的特性，而且洞庭湖出流基准面作用也表现为城陵矶水位在洪季江湖遭遇相互顶托时抬高，枯季则消落，城螺段比降更应表现出"洪大枯小"的特性，但是该段比降偏偏又呈现"洪小枯大"的特点：洪季月平均比降最小 4 个月为 6—9 月，与监利至城陵矶 5—8 月基本对应，其比降值略大；枯季最大 4 个月为 12 月至次年 3 月，与监利—城陵矶段完全对应，其比降值略偏小。我们应该这样来理解：洞庭湖出口以下的三对节点在洪水期有较大的阻水作用，它们与下荆江的基准面一起共同对下荆江进行顶托减小了下荆江比降，而节点束窄段在洪水期对河床的刷深，增大了枯水河槽的泄流能力，水位的降低与洞庭湖基准面消落作用一起共同使下荆江和城螺段比降均增大。

自螺山至九江段，长 453km，比降基本表现为"洪大枯小"的特点，但月平均比降最大和最小的月份却有差异。石矶头—汉口段和黄石—武穴段最大的 4 个月均为 7—10 月，最小的 4 个月均为 1—4 月；螺山—石矶头段和汉口—黄石段比降最大 3 个月都是 6—8 月，另一个却都出现在 2 月，而比降最小的 4 个月都出现在汛后至枯季，即 9—12 月（11 月）；武穴—九江段最大 4 个月为 7 月、9—11 月，最小 4 个月出现在枯季至汛前 2 月、3 月、5 月、6 月。这些差异的产生一般都与沿江支流特别是汉江入汇和边界的约束条件有关。其中，黄石至武穴段有长 50 多 km 的连续山矶束窄的控制，使上游洪季比降减小、枯季比降增大，从而使年内月平均比降变化幅度减小至仅为 0.031×10^{-4}。可以看出，黄石至武穴长束窄段的作用在相当程度上减小年内月平均比降相差的幅度，但不能像洞庭湖出流基准面完全改变上游的动力性质，使具备径流比降"洪大枯小"的特性质变为"洪小枯大"的特性。

九江—湖口段，长 25.8km，比降变化受鄱阳湖影响较大。鄱阳湖自身要接纳赣、抚、信、饶、修等支流来水并汇入长江，又对长江洪水有吞吐的作用，而且还受张家洲汊道演变的影响。枯季 12 月至次年 2 月，湖内水位最低，是该段比降为最大的 3 个月；4—6 月为鄱阳湖水系汛期，湖内水位较高，对上游产生顶托，使本段和上游武穴—九江段分别于 4 月、6 月和 5 月、6 月比降最小。从以上分析可以看出，九江—湖口段月平均比降的年内分布虽然比较复杂，但也表现出上述两个明显特点。

4. 湖口以下的长江下游段

湖口—安庆段长 146.3km，据鄱阳湖水系和长江干流径流特性，该段月平均比降最大 4 个月为 5—8 月，4 个月比降平均值 0.217×10^{-4}，月平均比降最小 4 个月为 12 月至次年 3 月，比降平均值 0.159×10^{-4}，表现出"洪大枯小"特性，比降主要受径流支配，并显示鄱阳湖汛期较早的影响。

安庆—大通段长 79.3km，该段有 5 个月平均大比降在汛期，即 5 月、7—10 月，月平均比降最小 4 个月为 12 月至次年 3 月，基本上表现出"洪大枯小"的特性。

大通以下无大支流汇入，也无湖泊构成的基准面，河道形态总体呈宽窄相间的分汊型河道，河道流量沿程有所递增，河道宽度总体上有所变宽，平均比降的变化都将取决于径流的特性，总体均表现为洪水比降大于中水比降更大于枯水比降，在年内表现为"洪大枯小"的周期性，比降在定量上将沿流程逐渐变小，水面线趋于展平。

3.2.3　影响比降变化的自然因素及其对河床冲淤的作用

1. 径流和来沙条件的影响

长江中下游河道的比降也与很多冲积平原河流一样，与流量具有密切的关系。在大多数河段（除荆江河段受洞庭湖出口基准面顶托与消落作用外），比降年内的周期变化为：在流量较小的枯水期比降较小，涨水时随流量的增加而增大，直至洪水期达到较大值，然后随流量减小而变小；涨水期与落水期比较相差不大。河流在多年平均水位下的比降，应基本上代表了河流的平衡比降。洪水期大流量下的大比降应具有较平均流量对应比降流量下更大的能量，水流的动力作用形成较大的挟沙力，对河道演变、河床形态塑造将产生较大的影响，而同期输沙量与含沙量也较大，因而洪水期的河道往往处于挟沙力与含沙量均为较高水平下的相互作用，从而对河床往往产生大冲或大淤。相反，枯水期小流量下的较小比降显示出较小的水流挟沙力，同时其输沙量与含沙量也较小，因而水流泥沙运动在挟沙力与含沙量的相互作用处于较低水平，河床冲刷或淤积的强度和幅度一般也较小。但在特殊条件下，也存在枯水期小流量下河道局部水流比降较大、局部河床冲淤变化较为剧烈的情况。

2. 边界条件的影响

在由山矶和堤防约束构成洪水河床河宽很窄的节点，在中、洪水期的壅水作用使得上游较长河段的比降变缓，这有利于江心洲汊道河床和滩面的淤积，有助于历史演变中多汊变为少汊，有助于并洲并岸过程。中下游分汊河段进出口藕节状节点形成的比降在河床演变中局部影响较明显。节点附近河床年内的冲淤变化，由于两岸堤防束窄，洪水期比降变陡，加之流量大，对河床会产生较大的冲刷；平滩河床也因节点河宽变窄、比降较大，在造床流量（或平滩流量）作用下，节点河床冲刷作用较强，对分汊河段滩槽也有较强的造床作用；而在枯水期，节点处因前期河床受到冲刷，泄流能力增强而比降变缓，但上游宽段比降相对增大，流量小、水流归槽，枯水河槽常产生冲刷，节点处河床则发生回淤。这是分汊河道周期性演变重要特性之一。需要强调的是，本章所说的长江中下游边界条件对比降的作用，主要是指河道受到两岸连续的天然山矶形成的束窄，在较长河段内对比降的影响较大。如长江中游黄石以下的西塞山至半壁山长达 50 余 km 的窄段，在洪水期的比降达 0.314×10^{-4}，中、枯水期分别为 0.187×10^{-4} 和 0.107×10^{-4}，使束窄段河床产生"洪冲枯淤"变化，而对上游来说洪水期壅水作用增大，而枯水期具有一定的消落作用，使上游汉口—黄石洪水期比降减小、枯水期比降增大，以致形成洪、中、枯水期比降相差不大（分别为 0.223×10^{-4}、0.219×10^{-4}、0.222×10^{-4}）的特性[1]。这一特性可能使上游在较长距离内产生"洪淤枯冲"的周期性变化。

3. 基准面顶托和消落影响

对于基准面的影响，以往人们只注意到它的顶托作用而忽视其水位降低时的消落作用。无论在河型研究还是在河床演变分析中我们经常说的一句话，就是"洞庭湖出流的顶托作用"或"城陵矶的顶托作用"，很少说到消落作用及其影响。我们这里分析基准面对比降的影响主要是指在荆江河段影响江湖关系中基准面的作用（而不涉及长江口潮汐河段的基准面，也不涉及鄱阳湖作吞吐型调节形成的基准面）。广义来说，洞庭湖出流与下荆江干流交汇对荆江河道形成的基准面，是指汛期在七弓岭以下形成的广阔水域和枯期在城陵矶莲花塘汇流处构成的基准面；还有三口分流河道进入洞庭湖后由湖面构成的基准面。狭义来说，仅指前者的基准面（以下简称"洞庭湖出口基准面"），是江湖关系中主要研究的问题。洞庭湖出口基准面，从历史演变来看，是下荆江蜿蜒型河道形成的决定性因素，我们已在《关于下荆江蜿蜒型河道成因再探讨》一文中进行过论述，这里就不再重复。本章主要分析在自然条件下，洞庭湖出口基准面对荆江河段河床演变的影响。据统计，城陵矶站年内水位变幅的多年平均值（1952—1967 年）达 13.26m，年水位变幅如此之大的周期性变化会给荆江带来什么样的影响？据荆江河床实验站 1955 年对宜昌至城陵矶的比降观测计算[1]，当年洞庭湖出口基准面水位变化的顶托和消落作用可以达到郝穴，即汛期比降变缓和枯期比降变陡的上溯距离可以达到 262km，对河床演变的影响，可能在含沙量较大的汛期对整个下荆江（还有一部分上荆江）河床总体上产生淤积（如根据监利、城陵矶和螺山站 1954—1959 年输沙观测资料，7—8 月监利—城陵矶段淤积泥沙平均为 200 万 t），而在含沙量较小的枯期总体上可能会产生水流归槽冲刷（上述年分枯水期11 月至次年 4 月则冲刷泥沙平均约 870 万 t）和发生崩岸。这不仅对浅滩而言表现"洪淤枯冲"的特征，而且对深槽而言也可能会表现"洪淤枯冲"的特征，凹岸更偏于崩岸的单向冲刷而边滩更偏于单向淤积的特征，与下荆江蜿蜒型河道在平面上单向弯曲蠕动变形是一致的。这是下荆江河床演变总的规律，在不同的来水来沙条件下和不同的具体河段，也可能会表现出一些特殊的冲淤现象。

4. 分流和汇流的影响

一般来说，河道分流将会减小下游河段的比降并减少其流量而加大上游河段的比降；分流的进一步增加与减小将会分别在进一步减小下游河段比降的同时加大上游河段比降和使上游河段比降有所加大的同时使下游河段比降又有所减小。相反，河道的汇流将会减小上游河段的比降，影响的程度与汇入水流的流量和比降（即 QJ 的相对值）有关。就长江中下游河道来说，主要是荆江的四口分流与洞庭湖出流的汇入，还有鄱阳湖出流汇入和江水倒灌入湖。荆江的四口分流历史上是在荆江河道形成过程中，由云梦泽淤积解体成网状多汊河道与两岸湖泊相通，再由两侧分流向南岸一侧分流最终形成四口分流的格局。这一过程分流的不断减小和四口分流格局形成后分流的继续减小，总体上增大了荆江河道的流量，同时使洞庭湖出流减少。正是由于遵循最小率能耗的规律，结合其来水来沙条件，形成了下荆江的蜿蜒河型。在自然条件下（人工裁弯前），随着四口分流持续减小和干流河道流量的增加，下荆江将愈发形成河床冲淤和平面变形更为剧烈，河道"九曲回肠"特性愈加显著，自然裁弯更为频繁的蜿蜒型河道。鄱阳湖对于赣、抚、信、饶、修等五河来说本身就是基准面，河口水位既受长江干流又受自身来流的影响，在与长江干流长期造床过程中已经形成在湖口附近汇入干流张家洲右汊的河势格局。在自然条件下，当鄱阳湖水系汛期来水较大时，对上游干流河段有一定的顶托，使湖口以上河段比降有所减小，并使张家洲右汊分流有所减小；当长江汛期上游来水较大时，其倒灌作用使上游比降有所加大，并使右汊分流有所增大。鄱阳湖出流在大多数情况下均较平稳地进入长江干流河道，对上、下游比降影响均较小。

5. 潮汐的影响

潮汐水流是一种能量传递的作用。在河口海平面发生的潮汐波会在平均纵比降极小、径流量很大的情况下形成水流的正比降和负比降，这种潮汐的能量溯河流而上，对河床演变将产生很大的作用。就长江口而言，潮汐波逆流而上，使水位和比降呈周期性变化，流速也呈周期性变化。长江下游江阴以下的近河口段平均比降为 0.094×10^{-4}，而长江口徐六泾以下正、负比降在周期性变化过程大部分时间都大于 0.1×10^{-4}。据徐六泾—杨林站在各种水情下的统计，负比降的最大值均大于正比降；径流量愈大，产生的正、负比降也愈大，如 1998 年洪水期，其大潮时正、负比降分别为 0.299×10^{-4} 和 -0.532×10^{-4}；加之，长江口巨大的涨落潮流量，其能耗率 QJ 要比其上游河段大得多，对河床冲淤及其形成的断面形态影响更大。另外，在纵向正、负比降大的水流作用下，形成的河床洲滩形态多呈长条形；在众多的支汊和泓道之间由于潮流过程相位的差异而产生横比降，由此又导致纵、横向水流对洲滩进行冲刷切割或淤积，以致形成汊道交织的复杂形态[2]。

综上所述，河流的比降是在上游来水来沙、下游基准面条件和河道形态下形成的一个水动力因素。它在水流与河床长期相互作用下具有一相对平衡的均值，表征着该河段单位水体在单位长度内水流能量损失的大小，它与河床的形态因素和其他水力因素构成一个综合体，彼此之间在河床变化中相互影响、相互调整；同时又在年内周期性的来水来沙和基准面变化过程中呈周期性变化，对河床冲淤产生周期性影响。另外，当自然条件的演化或实施河道整治时使比降成为一个主导的变化因素时，它作为水流主动力条件的变化而使河道中其他因素产生变化，而变化的总趋势都使比降的变化不断舒缓地朝相反的方向发展。下一节主要研究来水来沙和基准面条件的变化对比降以及相应其他因素产生的影响，相对平衡状态下比降的变化对河床冲淤的影响和作用；研究横比降与局部水流结构及其作用。

3.3　比降与水流泥沙运动的关系

长江中下游干流河道在经过漫长岁月的自然演变和人类开发利用形成一定河型后，就进入一种相对平衡状态（或称均衡状态）。就是说，河道构成了一个来水来沙条件年内和年际呈周期性变化、河道边界条件与水流泥沙运动相适应、河床冲淤变形与该河型演变规律相适应以及由海洋和湖泊为基准面的综合系统。在这个系统中不同河段演变遵循各自河型演变的规律，一般表现为年内呈周期或准周期冲淤变化、年际间相对均衡变化的特性；长远来说，具有年际趋向性变化的特性和由量变过程到质变阶段的年际周期性变化特性。上荆江弯曲型河道、下荆江蜿蜒型河道和中下游分汊型河道都具有这一自然属性。

本节主要分析河床演变处于相对平衡状态下各有关因素的相互影响，着重研究比降与水流泥沙运动的关系。在一定的来水来沙、边界和基准面条件下，河道会形成一定的河床形态和相应的水流泥沙运动。由于近半个多世纪来长江中下游实施了一系列河道整治工程，河道边界均得到较大规模的防护而渐趋稳定，并假定处于自然状态下的河漫滩河岸和洲滩没有变化，故本节的研究只涉及来水来沙条件和基准面条件在水流泥沙运动和河床形态中的作用和影响。

3.3.1　来水来沙条件对比降和河床冲淤的影响

钱宁等在论述冲积河流自动调整中，先后列述了 G. K. Gilbert、E. W. Lane、D. B. Simons、S. A. Schumm 等人的研究成果[3]，揭示出来水来沙条件与河宽、水深、比降等因素的综合关系，提出了一些水沙条件与各因素之间的关系式。其中，G. K. Gilbert 的表达式说明了比降的变平与断面趋于窄深相关，比降的变陡与断面变宽浅相关。E. W. Lane 的表达式认为，如果河床质来量和组成的变化，能够通过流量和比降的变化得到补偿，河流将保持相对平衡；D. B. Simons 等考虑了冲泻质泥沙对挟沙力的影响而对以上作者的表达式作了一些修正。最有代表性的是 S. A. Schumm 提出了以下形式的关系

$$Q \sim \frac{B, h, L_m}{J} \tag{3-1}$$

和

$$G \sim \frac{B, L_m, J}{h, s} \tag{3-2}$$

即将河宽（B）、水深（h）、河弯跨距（L_m）、弯曲系数（s）和比降（J）与流量（Q）、输沙率（G）的关系作为判断河床调整发展趋向的指标。李保如根据长江、黄河、永定河以及实验室中自然模型小河的资料建立了比降与流量、输沙率及其粒径之间的经验指数关系[4]。本节在建立比降与水流泥沙运动平衡关系的基础上，分析了来水来沙条件变化对比降及河床冲淤的影响。

3.3.1.1　来水来沙条件下比降与水流泥沙运动的均衡关系

一条平衡的冲积河流在边界条件和基准面条件等外部环境基本不变的情况下，由其来水来沙条件支配的河道水流泥沙运动应满足：

水流连续律：

$$Q = BhV \tag{3-3}$$

水流运动方程：

$$V = \frac{1}{n} h^{\frac{2}{3}} J^{\frac{1}{2}} （以曼宁公式表达） \tag{3-4}$$

或

$$V = C\sqrt{hJ} （以谢才公式表达） \tag{3-5}$$

也可写成

$$V = c\sqrt{ghJ} （满足量纲要求的谢才公式） \tag{3-6}$$

以上式中：Q、B、h、J 表达的量同上；V 为流速；n 为糙率系数；C 和 c 为谢才系数和公式变换的谢才系数；g 为重力加速度。

挟沙力方程：

$$s = k \frac{V^3}{g\omega h} （以维里堪诺夫公式表达） \tag{3-7}$$

窦国仁公式也是这一形式[5]；原长江流域规划办公室水文处河流研究室曾根据 1956—1957 年宜昌、陈家湾、沙市、新厂、监利等站的实测资料求得上述河床质挟沙力公式中的 k 值[6]。

挟沙力方程以张瑞瑾公式表达为[7]

$$S = k \left(\frac{V^3}{g \omega h} \right)^m \qquad (3-8)$$

式（3-7）还可写成以体积表达含沙量的满足量纲的形式：

$$S_v = k \frac{V^3}{a g \omega h} \qquad (3-9)$$

式中：S 和 S_v 分别为挟沙力和以泥沙体积表达的挟沙力；k 和 m 为挟沙系数和指数；ω 为沉速；$a = \dfrac{\rho_s - \rho}{\rho}$，$\rho_s$、$\rho$ 分别为泥沙和水的密度。

将式（3-6）与式（3-9）联立得

$$\frac{a S_v \omega}{VJ} = k c^2 \qquad (3-10)$$

式（3-10）表明，单位质量水体中悬移质泥沙的悬浮功率 $a S_v \omega$ 与水流能耗率 VJ 之比，等于无量纲谢才系数 c 的平方与挟沙力系数 k 之乘积。

为分析简便起见，本节中采用通用的曼宁公式（3-4）和维里堪诺夫公式（3-7）。显然，要求解河宽（B）、水深（h）、流速（v）和比降（J）等四个未知数，只有式（3-3）、式（3-4）、式（3-7）三个方程是不够的。以往的研究中均以补充一个条件，得出符合某一特定条件下的解析解。本节的分析中拟采用以流速 V 为参数而求得 B、h、J 等因素的表达式。这些表达式可以反映平衡条件下河床形态与水力泥沙因素间的关系，又可用来分析来水来沙条件对比降等因素的影响。

3.3.1.2　来水来沙条件变化对比降的影响分析

1. 来水条件不变下来沙条件变化对比降与形态的影响

来水条件集中表现为流量（Q），来沙条件集中表现为含沙量（S）和粒径（沉速 ω）的变化。据式（3-7），可得水深与来沙条件的关系

$$h = \frac{k}{g} (S\omega)^{-1} V^3 \qquad (3-11)$$

可见，水深随含沙量及其沉速的减小而增大，就是说，与平衡状态相比，在流量不变的情况下，当来沙中含沙量减小和（或）颗粒粒径变细（即沉速减小），小于水流挟沙能力，河床将产生冲刷，河道的水深将增大；反之，当来沙中含沙量增大和（或）颗粒粒径变粗（即沉速增大），河床将产生淤积，水深将减小。这是一种假定流速不变条件下极端情况的表达式。在来沙条件 $S\omega$ 减小（增大）情况下，水深不可能为流速不变下的最大值（或最小值），它将在河床冲刷（或淤积）趋势下随流速的减小（或增大）而呈现一个冲刷（或淤积）过程中愈来愈接近平衡的水深值。

将式（3-4）与式（3-7）联立，可得比降与来沙条件的关系

$$J = \left(\frac{g}{k} \right)^{\frac{4}{3}} n^2 (S\omega)^{\frac{4}{3}} V^{-2} \qquad (3-12)$$

可见，比降随含沙量及其沉速的减小而调平，同时水深将增大，就是说，与平衡状态相比，在流量不变的情况下，含沙量和（或）沉速的减小使水深增大，水深增大又使比降

调平；相反，含沙量和（或）沉速增大，大于水流挟沙能力，河床产生淤积，水深变小，从而使比降变陡。显然，式（3-12）也是一种假定流速不变条件下极端情况的表达式，即比降在来沙条件 $S\omega$ 减小（增大）下不可能达到其最小（最大）值。它只可能在冲刷（淤积）的趋势下随水深的增大（减小）、流速的减小（增大）而呈现一个愈来愈接近平衡的比降值。

2. 只考虑来水条件变化对比降的影响

假设来沙条件不变，只考虑来水条件变化产生的影响，将式（3-3）与式（3-4）联立，可得流量与比降成反比关系

$$J = n^2 B^{\frac{4}{3}} Q^{-\frac{4}{3}} V^{\frac{10}{3}} \qquad (3-13)$$

就是说流量的增大和河宽的变小（即断面窄深）一般可使比降调平。

综上所述，可以在定性上认识到，一条河流在自然条件下，比降的增大常常与来沙条件 $S\omega$ 的增大、来水条件 Q 的减小相联系，主要使河床淤高；相反，比降的减小，常常与来沙条件 $S\omega$ 的减小、来水条件 Q 的增大相联系，主要使河床冲深。

3. 来水来沙条件变化对比降的影响

所谓来水来沙条件的变化，是指流量与悬移质含沙量及其粒径都发生变化。将式（3-3）、式（3-4）与式（3-7）联立，并令断面调整后的河相关系为 $\zeta = \dfrac{\sqrt{B}}{h}$，可得

$$J = n^2 \left(\frac{g}{k}\right)^{\frac{4}{3}} (S\omega)^{\frac{4}{3}} Q^{-2} B^3 \zeta^{-2} \qquad (3-14)$$

可以看出，加上了一个河相关系的条件，比降与来水来沙条件的关系显得很清晰，即比降的增大（减小）与流量的减小（增大）、含沙量和粒径的增大（减小）、河宽的增大（减小）、阻力的增大（减小）、挟沙力系数的减小（增大）相联系。显然，这是一个系统的综合关系，其中任何一个因素的变化都可能引起比降及其他水力与形态因素的变化，甚至参数 k 和 n 值的变化，这就必须对具体的变化因素作具体的分析。

3.3.1.3　来水来沙条件变化中冲积河流的反馈作用

所谓河流的"反馈作用"，系指冲积河流是一个具有自动控制和调整特性的系统，任何一个或多个因素的起始改变，都会引起河流其他因素变化，并产生与这个改变起相反作用的倾向，使不平衡逐渐向新的平衡发展。在流量不变的情况下，当来沙条件含沙量和泥沙沉速减小，与平衡状态下原挟沙力相比，将使河床产生冲刷，水深增加、比降减小；通过流速的降低，又逐步使水流挟沙力不断减小，达到挟沙力与含沙量及泥沙沉速的来沙条件相适应，河床又处于新的相对平衡状态；相反，含沙量和泥沙沉速的增加，与平衡状态相比，河床将产生淤积，水深减小、比降增大，通过流速的增大，逐步使水流挟沙力不断增大，最后达到挟沙力与含沙量和沉速的来沙条件相适应，河床又处于新的平衡状态。可以看出，以上在来沙条件发生改变，河床发生冲刷或淤积的情况下，都是先通过河床形态变化而使水流动力作用产生变化，具体来说就是再通过流速的变化和比降的调整而完成反馈作用，建立起新的平衡状态。

在来沙条件含沙量和泥沙沉速减小的情况下，如流量增大则水流动力增强，与平衡状

态相比，水流挟沙力增大而含沙量减小粒径又变细，这两个方面的作用将使河床产生更大的冲刷，从而使比降更加显著地调平。另一方面，在含沙量和沉速增大的情况下，若流量减小则水流动力减弱，与平衡状态相比，水流挟沙力减小而来沙量又增多、粒径又变粗，这就使河床产生更大的淤积，从而使比降更加显著地变陡。总之，它们都是通过水流泥沙运动因素的不断调整达到河床的冲淤平衡及相应的河床形态。

但是，当含沙量和沉速增大而流量也增大或者含沙量和沉速减小而流量也减小的情况下，来水条件中的动力作用的增强或减弱与来沙条件中含沙量和沉速的增大或减小的作用是相逆而行。这就需要具体分析来水条件和来沙条件的影响哪个更占优势的问题，其反馈机制十分复杂。

来水来沙条件变化情况下河床形态调整的趋向见表 3-2。表中，符号"＋"和"－"分别表示增大和减小，"＋＋"和"－－"分别表示增大的强度与幅度均较大和减小的强度与幅度均较大，"/"表示没有变化，"?"表示不能确定而需要根据不同的水沙条件和边界条件变化进行分析。

表 3-2　　　　　　　　　来水来沙条件变化下河床形态调整的趋向

来沙条件	来水条件	河宽/B	水深/h	比降/J
含沙量减小 粒径变细	流量不变	－	＋	－
	流量增大	＋	＋＋	－－
	流量减小	－	?	?
含沙量增大 粒径变粗	流量不变			＋
	流量减小		－－	＋＋
	流量增大	＋	?	?
来沙条件不变	流量不变		/	/
	流量增加	＋	＋	＋
	流量减小			

3.3.1.4　三峡工程蓄水前后长江中下游来水来沙变化分析及其可能的影响

当上游建水库拦沙并调节流量改变河道来水来沙条件的情况下，为分析其影响，我们可以将来水来沙过程概化为几个特征流量，如造床流量、中水流量和枯水流量及相应的来沙量。其中，以造床流量最重要，由它可以确定河道平面形态中主要尺度的变化；其次是中、枯水流量，由它可以确定中、枯水河槽形态的变化。本章主要分析造床流量和枯水流量的变化及其影响。现以月平均流量最大 4 个月平均值的洪水流量代表造床流量，以枯水期最小 4 个月的平均值代表枯水流量，并取相应时段的平均含沙量和泥沙粒径（取沉速 ω 值）进行三峡蓄水前后来水来沙条件特征的分析。以宜昌站、沙市站（早期为新厂站）、监利站、螺山站、汉口站、大通站的水沙统计资料，分别代表长江中游宜枝段、上荆江、下荆江、城汉段、汉九段和下游段（非感潮河段）的来水来沙条件；按蓄水前 1950—1990 年、1991—2002 年和蓄水后 2003—2012 年等三个时段，年内按洪水期（6—9 月）和枯水期（12 月至次年 3 月）对其平均流量和平均含沙量进行统计（表 3-3）；并令 Q、Q' 为前后两个时段的平均流量，S、S' 为前后两个时段的平均含沙量，将对应时段的 Q'/Q 和 S'/S 值进行统计（表 3-4）。

表 3-3　　　　长江中下游各时段洪、枯水期平均流量和平均含沙量统计

年份			1950—1990	1991—2002	2003—2012
宜昌	洪水期	流量/（m³/s）	25350	24700	22400
		含沙量/（kg/m³）	1.59	1.27	0.182
	枯水期	流量/（m³/s）	4500	4815	5318
		含沙量/（kg/m³）	0.085	0.021	0.004
沙市	洪水期	流量/（m³/s）	21695	21927	19867
		含沙量/（kg/m³）	1.563	1.232	0.270
	枯水期	流量/（m³/s）	4610	5168	5793
		含沙量/（kg/m³）	0.221	0.093	0.038
监利	洪水期	流量/（m³/s）	18514	20402	18812
		含沙量/（kg/m³）	1.409	1.113	0.310
	枯水期	流量/（m³/s）	4577	5184	5794
		含沙量/（kg/m³）	0.320	0.179	0.078
螺山	洪水期	流量/（m³/s）	33140	34702	30207
		含沙量/（kg/m³）	0.847	0.622	0.204
	枯水期	流量/（m³/s）	8025	9407	9400
		含沙量/（kg/m³）	0.340	0.196	0.104
汉口	洪水期	流量/（m³/s）	36052	37664	33610
		含沙量/（kg/m³）	0.770	0.554	0.220
	枯水期	流量/（m³/s）	9358	10744	11247
		含沙量/（kg/m³）	0.197	0.141	0.085
大通	洪水期	流量/（m³/s）	42783	47135	40288
		含沙量/（kg/m³）	0.693	0.464	0.222
	枯水期	流量/（m³/s）	12696	15446	14909
		含沙量/（kg/m³）	0.142	0.111	0.094

表 3 - 4 长江中下游各时段洪、枯水期平均流量比值和平均含沙量比值统计

站名		水沙比值	三峡蓄水前 1991—2002 年 与 1950—1990 年相比	三峡蓄水后 2003—2012 年 与三峡蓄水前 1991—2002 年相比
宜昌	洪水期	Q'/Q	0.974	0.907
		S'/S	0.799	0.143
	枯水期	Q'/Q	1.07	1.104
		S'/S	0.247	0.190
沙市	洪水期	Q'/Q	1.010	0.906
		S'/S	0.788	0.219
	枯水期	Q'/Q	1.121	1.121
		S'/S	0.421	0.409
监利	洪水期	Q'/Q	1.102	0.922
		S'/S	0.790	0.279
	枯水期	Q'/Q	1.133	1.118
		S'/S	0.559	0.436
螺山	洪水期	Q'/Q	1.047	0.870
		S'/S	0.734	0.328
	枯水期	Q'/Q	1.172	0.999
		S'/S	0.576	0.531
汉口	洪水期	Q'/Q	1.045	0.892
		S'/S	0.719	0.397
	枯水期	Q'/Q	1.148	1.047
		S'/S	0.716	0.603
大通	洪水期	Q'/Q	1.102	0.855
		S'/S	0.670	0.478
	枯水期	Q'/Q	1.217	0.965
		S'/S	0.782	0.847

1. 来水条件变化分析

三峡工程蓄水运用后，由于三峡水库调度和降水量等方面的因素，长江中下游洪水期平均流量普遍小于蓄水前 1991—2002 年时段，也小于 1950—1900 年时段（仅监利站与 1950—1990 年相当，但也小于 1991—2002 年时段），荆江河段小 8%～11%，城陵矶以下则小 11%～15%；枯水期平均流量则一般都大于蓄水前 1991—2002 年时段，更大于 1950—1990 年时段，其中，荆江河段比前一时段大 10%～12%，而城陵矶以下明显大于 1950—1990 年时段，但与前一时段相比，城汉段变化不大，汉九段增大约 5%，下游段则有所减小。

从来水条件沿程变化来看，荆江河段在三峡蓄水前的两个时段，洪水期流量逐段沿程递减，在洞庭湖入汇后开始进入城陵矶以下河段时，平均流量增大70%～79%，并且沿程递增；枯水期荆江河段平均流量第一时段沿程变化不大，第二时段沿程有所增大，而在城陵矶以下则增加75%～84%，两个时段均沿程增大；在三峡蓄水后，荆江河段洪水期流量仍沿程减小，枯水期则沿程有所增大，而进入城陵矶以下，洪水期和枯水期平均流量分别增加61%和62%。在以上三个时段下荆江监利站流量与江湖汇合后的螺山站流量之比，洪水期分别为0.559、0.588和0.623，枯水期分别为0.570、0.551和0.616，说明荆江河道流量与洞庭湖出流相比无论是洪水期还是枯水期均相对占优并呈发展的趋势，也意味着从流量来看洞庭湖出流对荆江河道的顶托作用呈减弱态势，而长江对洞庭湖的顶托作用则有所加强。三峡蓄水前城陵矶以下至汉口再至大通，洪水期平均流量分别沿程逐渐增大9%和19%～25%，枯水期分别增大14%～17%和36%～44%；三峡蓄水后洪水期平均流量分别增大11%和20%，与三峡建库前相比沿程增大百分数变化不大，枯水期则沿程逐段增大20%和33%，与三峡蓄水前相比城汉段略有增大，下游段略有减小。

2. 来沙条件变化分析

从来沙条件看，三峡蓄水前1991—2002年时段与前一时段1950—1990年相比，长江中下游来沙量就已经明显减小，洪、枯水期荆江河段含沙量比前一时段分别减小了21%和40%～75%，城陵矶以下洪、枯水期分别减小了27%～33%和22%～42%。三峡蓄水后10年比蓄水前1991—2002年时段又进一步显著减小，荆江河段洪、枯水期分别减小了72%～86%和56%～81%；城陵矶以下洪、枯水期分别减小52%～67%和15%～47%。可见，长江中下游河道的含沙量在三峡蓄水前就有减小趋势，三峡水库蓄水后又大幅度减小。从含沙量沿程变化来看，三峡蓄水前的两个时段，荆江河段洪水期均为沿程减小趋势，但幅度不大，而枯水期则沿程明显增大，有沿程冲刷之势；三峡蓄水后荆江河段无论洪、枯水期，含沙量沿程都为明显递增。城陵矶以下的中下游河道，三峡蓄水前的两个时段，无论洪、枯水期，含沙量均为沿程递减；蓄水后10年自螺山以下洪水期含沙量略有递增，枯水期城汉段有所减小，汉九段以下略有增大。这就表现出长江中下游河道在三峡蓄水后，改变了含沙量沿程分布的态势，体现出荆江河段受到较强冲刷、城陵矶以下河道也有冲刷的特征。

3. 三峡工程蓄水后来水来沙条件变化对中下游河道冲淤可能产生的影响分析

除以上令Q'/Q和S'/S分别表示后一时段与前一时段的流量比值和含沙量比值外，再令ω'/ω、h'/h、J'/J、B'/B、V'/V、n'/n、k'/k分别为后一时段与前一时段的沉速、水深、比降、河宽、流速、糙率系数、挟沙系数等的比值，根据式（3-11）、式（3-12）和式（3-14）可得以下的表达式：

$$\frac{h'}{h} = \frac{k'}{k}\left(\frac{S'}{S}\right)^{-1}\left(\frac{\omega'}{\omega}\right)^{-1}\left(\frac{V'}{V}\right)^{3} \tag{3-15}$$

$$\frac{J'}{J} = \left(\frac{n'}{n}\right)^{2}\left(\frac{k'}{k}\right)^{-\frac{4}{3}}\left(\frac{S'}{S}\right)^{\frac{4}{3}}\left(\frac{\omega'}{\omega}\right)^{\frac{4}{3}}\left(\frac{V'}{V}\right)^{-2} \tag{3-16}$$

$$\frac{B'}{B} = \left(\frac{n'}{n}\right)^{-\frac{2}{3}}\left(\frac{k'}{k}\right)^{\frac{4}{9}}\left(\frac{S'}{S}\right)^{-\frac{4}{9}}\left(\frac{\omega'}{\omega}\right)^{-\frac{4}{9}}\left(\frac{Q'}{Q}\right)^{\frac{2}{3}}\left(\frac{J'}{J}\right)^{\frac{1}{3}}\left(\frac{\zeta'}{\zeta}\right)^{\frac{2}{3}} \tag{3-17}$$

假定前后两个时段的 n、k 不变，蓄水前的两个时段 ω 也不变，蓄水后宜昌站悬移质中值粒径由蓄水前的 0.009mm 变为 0.005mm[2]，其沉速之比在 5～25℃ 之间 $\dfrac{\omega'}{\omega}=0.31$。那么蓄水前两时段式（3-15）～式（3-17）成为

$$\frac{h'}{h}=\left(\frac{S'}{S}\right)^{-1}\left(\frac{V'}{V}\right)^{3} \tag{3-18}$$

$$\frac{J'}{J}=\left(\frac{S'}{S}\right)^{\frac{4}{3}}\left(\frac{V'}{V}\right)^{-2} \tag{3-19}$$

$$\frac{B'}{B}=\left(\frac{S'}{S}\right)^{-\frac{4}{9}}\left(\frac{Q'}{Q}\right)^{\frac{2}{3}}\left(\frac{J'}{J}\right)^{\frac{1}{3}}\left(\frac{\zeta'}{\zeta}\right)^{\frac{2}{3}} \tag{3-20}$$

蓄水后 10 年与前一时段 1991—2002 年相比，式（3-15）、式（3-16）和式（3-17）成为

$$\frac{h'}{h}=3.23\left(\frac{S'}{S}\right)^{-1}\left(\frac{V'}{V}\right)^{3} \tag{3-21}$$

$$\frac{J'}{J}=0.21\left(\frac{S'}{S}\right)^{\frac{1}{3}}\left(\frac{V'}{V}\right)^{-2} \tag{3-22}$$

$$\frac{B'}{B}=1.68\left(\frac{S'}{S}\right)^{-\frac{4}{9}}\left(\frac{Q'}{Q}\right)^{\frac{2}{3}}\left(\frac{J'}{J}\right)^{\frac{1}{3}}\left(\frac{\zeta'}{\zeta}\right)^{\frac{2}{3}} \tag{3-23}$$

显然，当 $(V'/V)=1$ 所得的结果是一个象征性的极端数值。由于随着冲刷过程的发展 (V'/V) 都应是不断小于 1 的，而且很多因素的调整都应是纾缓这一变化而趋向于新的平衡。当我们在取得进一步实测资料，能对前后两个时段得出 n、k 率定值以及河相关系变化特征的情况下，就可以进一步分析趋于稳定状态下的河床形态 B、h 和 J 值。在这里我们可以从定性上分析长江中下游在三峡蓄水前后水深、河宽和比降的变化。

从以上两组表达式可得到以下认识：①很显然，后一组三峡蓄水后表达式与蓄水前相比较，不仅由于三峡蓄水后的 S'/S 比蓄水前显著的小，而且还因为悬移质粒径的变细（ω 减小），蓄水后所产生的影响应比三峡蓄水前两个时段的变化更加显著，就是说三峡蓄水拦沙对水深的增加和比降的调平应具有更大影响。②式（3-18）和式（3-21）式表明，通过 (V'/V) 逐渐减小可使得 h'/h 由最大值朝减小的方向发展，式（3-19）和式（3-22）表明，通过 (V'/V) 逐渐减小可使 J'/J 由最小值朝增大的方向发展，均体现了上述的反馈作用。③(Q'/Q) 的变化体现出对河宽的影响，该比值大于 1 有可能使河槽拓宽。

根据表 3-4 所列长江中下游各站的 Q'/Q 和 S'/S 值，可以定性分析，三峡蓄水前荆江河段枯水期含沙量减小较大，宜昌、沙市、监利三站 S'/S 值分别为 0.247、0.412 和 0.559，加之枯水期流量增大，上述三站 Q'/Q 值分别为 1.104、1.121 和 1.118，应该说三峡蓄水前的来水来沙条件的变化促使荆江河段枯水河槽产生冲深而且有一定的拓宽；城陵矶以下洪、枯水期 Q'/Q 都有增大，S'/S 都有减小，洪、枯水河槽也可能有一定的冲深和拓宽。

三峡蓄水后 10 年与前一时段（1991—2002 年）比较，荆江河段洪、枯水期 S'/S 都明显减小、粒径也变细，但洪水期 Q'/Q 减小 10% 左右，而枯水期 Q'/Q 则增加 10%～

12％，可以认为，平滩河槽以下均有冲刷，特别是枯水河槽既有冲深而且会有明显的拓宽；城陵矶以下含沙量 S'/S 洪、枯水期也在减小，但逊于荆江河段的变化，且流量一般也在减小，因而其冲刷情况应明显不如荆江河段那么显著。

在上述分析中，三峡蓄水后 10 年来水来沙条件的变化对坝下游荆江河段的影响是直接的；城陵矶以下的中下游河道也将受到三峡蓄水的影响，但其来水来沙条件还涉及两湖支流和汉江等众多支流来水来沙条件的变化。

实测资料表明，2002 年 10 月至 2012 年 10 月，宜昌至湖口河段平滩水位以下河床累计冲刷泥沙 11.88 亿 m^3，且以枯水河槽冲刷为主，其冲刷量占总冲刷量的 89％。从沿程来看，宜昌至城陵矶河段冲刷较为剧烈，其冲刷量为 7.66 亿 m^3，占总冲刷量的 65％，深泓平均冲深 1.6m，枯水河槽河宽均有所增大；城陵矶到湖口河段冲刷量为 4.22 亿 m^3，占总冲刷量的 35％。

需要说明的是，以上仅解释了水沙条件变化下河道冲淤和河床形态变化的一个趋向，还不能用来做定量的分析。实际上 n、k 值在河道内不同的水力和输沙条件下都是一个变化的数值，都是在一定的水沙资料范围内求得的。本章只做了三峡工程蓄水前 1991—2002 年与 1950—1990 年和蓄水后 2003—2012 年与 1991—2002 年两个时段的对比，是对一种研究方法的尝试。在进一步分析三峡工程蓄水前代表性更强的水沙条件和延长蓄水后的水沙条件的基础上，补充中水 4 个月的对比，再在计算实践中找出 n、k 值的变化规律，就有可能逐步完善这一途径的分析研究方法。

3.3.2　基准面变化的影响

显然，在以上分析中，比降（J）是在一定的来水来沙条件下与河床形态因素（B、h）和水力因素（V）同时形成的另一从变量，它是河流均衡系统诸多因素中的一个因子，可以随来水来沙条件的变化而调整，也可以随着系统中一些因素的变化而变化。而基准面水位的变化则是使河流比降变化的直接因素，是来自水流动力条件方面的、影响河床冲淤的主导因素。在这种情况下，式（3-24）和式（3-25）也可表达比降对水力因素和挟沙力的影响：

$$Q = \frac{1}{n} Bh^{5/3} J^{1/2} \tag{3-24}$$

$$S\omega = \frac{k}{gn^3} hJ^{3/2} \tag{3-25}$$

从式（3-24）和式（3-25）可以看出，在河床演变中比降是一个极其活跃的主导因素。由于它的变化可以引起水流挟沙力的增大或减小，从而使河床产生冲刷或淤积；同时，可以引起河道过流能力的增大或减小。进而可以说，由基准面水位升降而产生的比降变化将导致其他水力、泥沙因素发生调整、河床冲淤产生新变化。基准面水位的降低，使上游河段比降变陡，首先使上游河段水面线以下的水深变小，流速增大，水流挟沙力增加，河床得到冲深；而河床的冲深又反过来使流速逐渐变小。随着这一过程的持续，水深逐步增大，流速逐渐减小，以致降低其挟沙力，逐渐与上游来沙相适应达到新的输沙平衡，使得上游的比降在水位降低的同时又逐步调平。当基准面抬高使上游比降变缓时，上游河段水深增大，水流挟沙力减小，河床产生淤积；随着淤积过程的持续，水深减小，又使流速不断增大，以致挟沙力逐渐增大，直至与上游来沙相适应达到新的输沙平衡。随之，比降又逐渐变陡。

对于长江中下游基准面的变化有以下几种情况可导致比降的变化及其可能对河床冲淤带来的影响：

（1）洞庭湖出流在汛期高水位时对上游顶托，比降减小，可使上游河段河床普遍产生淤积；洞庭湖出流的枯期低水位对上游河段的消落作用，使比降增大，其上游河段归槽水流对枯水河槽产生冲刷；我们通常所说的城陵矶基准面的作用主要是指基准面水位的顶托和消落对下荆江河道产生的冲淤影响。

（2）下荆江自然裁弯和人工裁弯使新河基准面整体降低，在各级水位下对上游较长的河段洪、中、枯水河床均产生由下而上的溯源冲刷；对下游一定河段内将产生淤积。如1966—1981 年上、下荆江分别冲刷泥沙 1.44 亿 m^3、2.02 亿 m^3，而城陵矶—汉口段则淤积泥沙 1.13 亿 m^3。

（3）长江中游黄石以下西塞山—半壁山 50 多 km 的束窄段在汛期的壅水作用，使上游比降变缓，上游一定范围的河段可能产生淤积，束窄段自身比降增大而使河床产生较大幅度的刷深；汛后冲深的河槽断面面积较大，泄流能力较大，水位降低使上游比降增大而在一定范围的河段可能产生冲刷，而束窄段本身则可能产生淤积。在宜枝河段内虎牙滩附近为束窄段，1998 年大水期间其对上游壅水作用明显，河床淤积量达 0.34 亿 m^3。

（4）鄱阳湖在长江汛前 4—6 月出流量较大，会对上游产生壅水，比降变小，可能会引起张家洲汊道分流有利于左汊的变化；而长江倒灌期间湖口以上比降增大可能会引起张家洲汊道分流有利于右汊的变化。从而使张家洲年内左、右汊动力条件具有一定周期性变化的特点，进而影响河床的冲淤变化。

应当指出，以上比降变化产生的影响是一般性的。对于不同时期的具体河段还要结合来水来沙条件，针对性地分析其河床冲淤的性质和强度。

本节涉及的基准面主要是洞庭湖出流与干流相汇形成的基准面，分析其在三峡水库蓄水前、后对下荆江河段构成的顶托和消落作用的变化及其对河床演变可能产生的影响。

3.3.2.1　城陵矶基准面江湖汇流变化

三峡蓄水后与三峡蓄水前相比，从城陵矶汇口处的江湖径流量来看，1950—1990 年时段七里山站与监利站平均流量分别为 9510m^3/s 和 11060m^3/s，比值为 0.86；1991—2002 年时段水量较丰，上述两站流量分别为 9040m^3/s 和 12090m^3/s，比值为 0.75，可见洞庭湖出流顶托作用相对减弱；2003—2012 年两站流量分别为 7230m^3/s 和 11500m^3/s，洞庭湖出流显著减小，而下荆江流量在该时段则与多年平均流量相差不大，二者的比值为0.63。由此可见，城陵矶处江湖汇流的相互作用，洞庭湖的出流相对于下荆江的径流是逐渐减弱的，这将使基准面的顶托和消落作用通过比降的变化而对下荆江冲淤产生影响。

3.3.2.2　城陵矶基准面变化对下荆江比降的影响

上述洞庭湖出流相对于下荆江的径流逐渐减弱势必影响到下荆江比降的变化。表 3-

5 为下荆江在各不同时段的月平均比降和江湖汇流之比的统计（表中 Q_1、Q_2 分别表示七里山站和监利站月平均流量，J 为监利—城陵矶月平均比降）。从表 3-5 中可以看出，三峡蓄水前第一时段（1959—1990 年）Q_1/Q_2 值最大发生在 3—6 月，最小发生在 10 月至次年 1 月，第二个时段（1991—2002 年）最大、最小分别发生在 2—5 月和 9—12 月，比第一个时段提前了 1 个月。三峡蓄水后，Q_1/Q_2 值最大发生在 3—6 月，而 Q_1/Q_2 值最小则在 9—12 月。蓄水前两个时段 Q_1/Q_2 各月比较，除了 1 月、2 月增大之外，其他 10 个月都明显减小；而自监利—七里山下荆江的比降 J 值 12 个月都是明显地减小，说明三峡蓄水前基准面在洪水期的顶托作用似在进一步增大，在枯水期的消落作用在减弱。从三峡蓄水后（2003—2012 年）与前一时段（1991—2002 年）相比，Q_1/Q 值除了 6 月有所增大之外，其他 11 个月都为明显地减小，与蓄水前总趋势一致；而比降 J 值除了 1 月、3 月有些许减小外，其他 10 个月都是明显地增大，比降的变化与蓄水前两个时段之间变化显示出完全相反的特性。三峡蓄水前一个时段（即 1991—2002 年）一方面虽表达了三峡蓄水前的现状，但另一方面又因系列较短可能存在一些特殊性，以致影响上述分析的结果。为此，对三峡蓄水后与前 50 多年（即 1950—2002 年）长系列的平均情况作比较。结果表明，三峡蓄水后 Q_1/Q_2 值 12 个月全部比蓄水前均显著减小；而三峡蓄水后的比降 J 值，在 5—10 月的汛期，除 6 月稍小于蓄水前 J 值之外，其余 5 个月均明显大于蓄水前 J 值，在 11 月至次年 4 月的非汛期，三峡蓄水后的 J 值明显小于蓄水前 J 值，尤其是 12 月至次年 3 月的 4 个月更为显著。综上所述，三峡蓄水后 Q_1/Q_2 与蓄水前相比在 12 个月中都是在减小是无疑的；蓄水后比蓄水前 J 值在非汛期减小与蓄水前两个时段相比是一致的，而在汛期为增大则与蓄水后跟前一时段相比则是一致的。这里，我们倾向于三峡蓄水后（2003—2012 年）与（1950—2002 年）长系列相比的成果。根据这一成果，三峡蓄水后 Q_1/Q_2 值在年内各月平均都处于减小态势，而 J 值处于汛期增大、枯期减小的态势，就是说三峡蓄水后基准面对下荆江的影响是，随着洞庭湖出流与下荆江干流河道泄流之比的减小，下荆江洪水期比降增大，基准面的对上游的顶托作用减弱；枯水期比降减小，基准面对上游的消落作用也减弱。

表 3-5　　　　　三峡蓄水前后洞庭湖出口江湖汇流之比与下荆江比降统计

时段	月份 汇流因素	1	2	3	4	5	6	7	8	9	10	11	12
1950— 1990 年	Q_1/Q_2	0.554	0.854	1.231	1.519	1.438	1.081	0.837	0.745	0.680	0.661	0.672	0.547
	$J/10^{-4}$	0.479	0.448	0.396	0.320	0.283	0.283	0.278	0.303	0.330	0.345	0.381	0.456
1991— 2002 年	Q_1/Q_2	0.702	0.928	1.229	1.282	1.063	0.846	0.791	0.697	0.577	0.484	0.464	0.511
	$J/10^{-4}$	0.360	0.321	0.293	0.244	0.264	0.267	0.264	0.280	0.297	0.319	0.339	0.370
2003— 2012 年	Q_1/Q_2	0.543	0.698	0.983	0.976	0.968	0.906	0.579	0.535	0.456	0.405	0.454	0.416
	$J/10^{-4}$	0.356	0.342	0.292	0.290	0.301	0.269	0.316	0.322	0.359	0.369	0.360	0.381
1950— 2002 年	Q_1/Q_2	0.591	0.873	1.231	1.460	1.346	1.021	0.826	0.733	0.656	0.621	0.623	0.539
	$J/10^{-4}$	0.452	0.420	0.373	0.303	0.278	0.278	0.274	0.298	0.323	0.339	0.371	0.437

图 3-3（a）表明了三峡工程蓄水前、后下荆江比降与江湖汇流比值关系的变化。显然这一关系呈绳套形，枯水期比降在蓄水前显著大于洪水期比降，但在蓄水后由于枯水期比降大大减小和洪水期比降也有增大而使洪、枯比降差随之减小；同时 Q_1/Q_2 的显著减小表明，三峡蓄水后洞庭湖出流与下荆江干流的相对态势也明显减弱。所以，三峡蓄水后的绳套形在纵、横向变化幅度上都大为减小。还可看出，虽然蓄水前后都为绳套曲线，但蓄水前在相同的汇流比值下绳套上下比降相差较大，枯水期 12 月、1 月、2 月、3 月的比降明显大于汛期和汛后 5 月、6 月、7 月、8 月的比降，蓄水后在相同的汇流比值下，绳套上下曲线相差很小；不仅如此，蓄水后最大比降发生在 9 月、10 月、11 月、12 月，相应的 Q_1/Q_2 值最小；最小比降出现于 3 月、4 月、5 月、6 月，相应的 Q_1/Q_2 值最大；也就是说基准面的顶托和消落作用不仅减弱，而且比降最大在年内分布的月份也大大提前，即由 12 月至次年 3 月提前到 9—12 月。从图 3-3（b）可知，1991—2002 年时段的绳套形曲线也不完全分布于 1950—1990 年和 2002—2012 年两个时段之间，虽然在一定程度上表达了三峡蓄水前后三个时段变化的过程，但也体现了 1991—2002 年时段的复杂性。

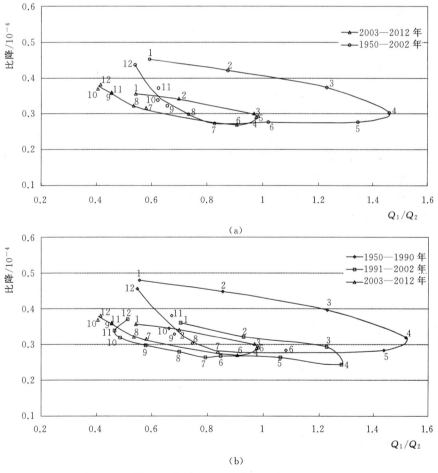

图 3-3　下荆江监利—城陵矶比降与江湖汇流比值的关系

现结合下荆江干流河道来水作进一步分析。下荆江流量最大的 4 个月为 6—9 月，最小的 4 个月为 12 月至次年 3 月；比降最小的 4 个月为 5—8 月，最大的为 12 月至次年 3 月。可以说，二者洪水期流量大与比降小和枯水期流量小与比降大对应关系很好。洞庭湖出流与下荆江来水之比最大的 4 个月为 3—6 月，基本为涨水至汛期阶段，最小的 4 个月为 10 月至次年 1 月，基本为落水至枯期阶段，与以上二者月份均错开，加之该比值颇大，说明洞庭湖调节作用显著。三峡蓄水后，比降最小和江湖汇流比值最大 4 个月均为 3—6 月，比降最大和江湖汇流比值最小的 4 个月均为 9—12 月，对应甚好，但与原有比降特性相比有较大的变化，对其所产生的影响应予特别的关注。本章不作进一步分析。

以上分析表明了三峡水库蓄水前后江湖关系在汇流基准面的变化，并非着眼分析三峡水库蓄水直接对基准面的影响。

3.3.2.3　基准面变化对河床演变的影响

以上基准面顶托和消落作用的变化对下荆江河道冲淤将带来新的影响。如果将 1950—1990 年时段代表蓄水前江湖汇流处水沙条件的平均情况，那么三峡蓄水后（2003—2012 年）与蓄水前（1950—1990 年）相比，下荆江洪水期（4 个月）平均流量分别为 $18812\text{m}^3/\text{s}$ 和 $18514\text{m}^3/\text{s}$，二者相差不大，而同时期的平均比降分别为 0.317×10^{-4} 和 0.298×10^{-4}。比降的增大，与城陵矶附近汛期顶托利于淤积的原有特性相对比，是不利于下荆江河道汛期淤积的，更由于含沙量由蓄水前的 1.42kg/m^3 大幅度的减小为 0.31kg/m^3，下荆江河道洪水期可能不仅不会淤积，而是完全有可能产生冲刷的；下荆江枯水期（4 个月）的平均流量，蓄水前、后分别为 $4577\text{m}^3/\text{s}$ 和 $5790\text{m}^3/\text{s}$，平均含沙量分别为 0.32kg/m^3 和 0.078kg/m^3，其相应平均比降分别为 0.445×10^{-4} 和 0.344×10^{-4}，虽然比降的减小与原特性相比相对来说不利于冲刷，但是其枯水期流量和含沙量分别均有较大幅度的增大和减小，下荆江在枯期也应当是显著地冲刷，并因流量增大而使枯水河槽可能拓宽。实测资料表明，2003—2013 年下荆江枯水河槽平均河宽增大了 $20\sim80\text{m}$。对于河型而言，由于基准面洪水期的顶托和枯水期的消落作用均减弱，应减弱原下荆江的有利于蜿蜒河道发展的成因条件，有碍于其向蜿蜒河型方向发展；同时因含沙量大幅减小和枯水流量的增大，枯水河槽在冲深的同时也在变宽，且因水流弯曲半径趋大，有可能冲刷和切割弯段边滩和形成潜心滩而使枯水河槽朝展宽的方向发展。

实测资料初步表明，三峡工程蓄水后，下荆江凸岸边滩大多发生明显冲刷，如石首北门口以下南碾子湾、调关附近、监利河弯右岸、反咀、七弓岭对岸、七姓洲等边滩均冲刷明显，有的甚至有切割心滩之势；特别是下荆江弯曲半径较小的弯道段，如调关、莱家铺、尺八口等出现了"凸冲凹淤"现象，枯水河槽的河宽大幅度增加。由此证实了三峡水库蓄水后来沙大幅减小对下荆江河床的冲刷影响是主要因素，基准面变化不利于河床冲刷处于次要因素。

3.3.3　水流运动中的横比降

一条河道中，常将断面上最大流速点或最大垂线平均流速在平面图上的连线称为主流线，将最大单宽流量的连线称为动力轴线。本书对上述统称为动力轴线。围绕动力轴线周边流速较大的水体组成河道中纵向水流的主体,称为主流带,其两侧虽为流速较小的边流带,但也是与主流带一起流动。作者曾在以往研究中,将断面流速等值线图上较大的流速集中部位称为"流核",与上述主流带意义基本相同。纵向水流在断面上的流速分布,在窄深断面上受到边界的约束,只形成一个流速集中区,而在较宽河道中,流速在断面上并不能表现为理想的均匀分布,而是形成两个(甚至多于两个)流速集中区。这就意味着纵向水流中随着河道的展宽将产生两个主流带,其流路显示出由集中到分支过渡的特征。综上所述,纵向水流应有动力轴线不分支和分支之区别。

在冲积平原河流中,纵向水流在输沙、河床冲淤以及河道平面形态的塑造中起着主导的作用。河道之所以顺直微弯、弯曲、蜿蜒、分汊,是因为它除了主要受纵比降控制的纵向水流作用之外,还在横向上受到横比降的作用。河道中的水流实际上是一种由纵、横比降共同作用,而纵比降起着主导作用的流动。

水流中形成的横比降有两种:一是由河床地貌的形态阻力对上游壅水产生横向水位差形成的横比降;二是由纵向水流的离心惯性力形成的横比降。二者横比降的性质不同,前者是自下游向上游的影响,对上游的纵向水流产生横向分力的作用,甚至形成横向水流运动,而后者形成环流结构,迭加到纵向水流中形成螺旋流,是自上游向下游的影响。

长江中下游河道中的水流结构是与河型相联系的。纵向水流中受横比降作用的组合流可归纳为 4 种类型:

(1)顺直河道中的微弯水流。这是在纵比降的主导作用下,由河床横向的阻力不同(通常是边滩的形体阻力)对上游区段形成壅水产生的横比降,促使主流带由一侧弯向另一侧。在水位较低时,纵向水流直接受形体的约束而沿枯水河槽作微弯运动;随着水位的不断升高,受河床形体阻力作用形成的横比降仍使水流作微弯运动,但随形体淹没后水位继续升高时,横比降的作用减弱,纵向水流的运动则相对趋直。

(2)弯曲河道中的水流。这就是类似早期法格描述的水流,即在一个单元弯道中,纵向水流在进口段是顺直的,然后随着平滩河宽沿程的增大,水流受边滩形体阻滞作用,纵向水流曲率沿程增大,到弯顶后曲率达到最大。显然,这一弯曲水流是受到边滩形体阻力对上游壅水形成横比降的作用。在水位较低时,纵向水流挫弯沿枯水河槽作弯曲运动;在水位接近平滩时,边滩的阻滞将纵向水流压向弯道凹岸侧;在水位再高时,横比降较弱,纵向水流离弯趋中,但在弯道末端水流仍顶冲凹岸,各种水位下水流顶冲末端是弯道向下游蠕动的动力因素。对于曲率沿程变化的数学表达式,法格提出采用双纽线方程。这个表达式不仅满足曲率半径在进口处无限大和弯顶处最小的特性,而且其线型符合长江中下游弯道段的实际形态,也表达了弯道向下游蠕动变形的趋势。图 3-4 为长江中下游武汉至安庆间较为典型的单一弯道段和分汊河道中的支汊单一弯道段的平面形态。因此,作者认为在河道整治规划中河势控制的治导线采用正弦曲线表达弯曲型河道不是很恰当。

(3)在蜿蜒型河道中,由于弯道曲率很大,纵向水流顶冲凹岸时由离心惯性力形成横比降和横向环流:由于水流的顶冲,在断面上凹岸一侧水位升高且在水面以下形成一个"滞点",其下为弯道的横向环流与纵向水流一起构成的螺旋流,这个螺旋流即我们常说的对蜿蜒型河道演变起控制作用的弯道环流;其上为一个小尺度的反向环流,也与纵向水流构成强度较弱的反向螺旋流(图 3-5,图中 x 为"滞点")[8]。

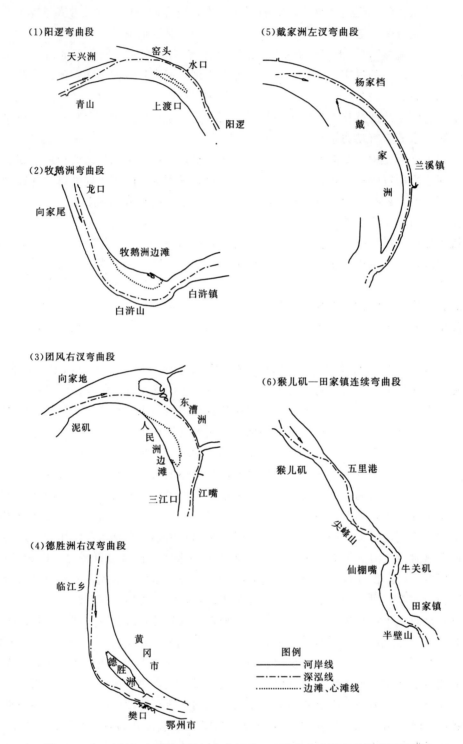

图 3-4（a）　长江中下游武汉至安庆间单一弯道段和分汊弯道段的平面形态

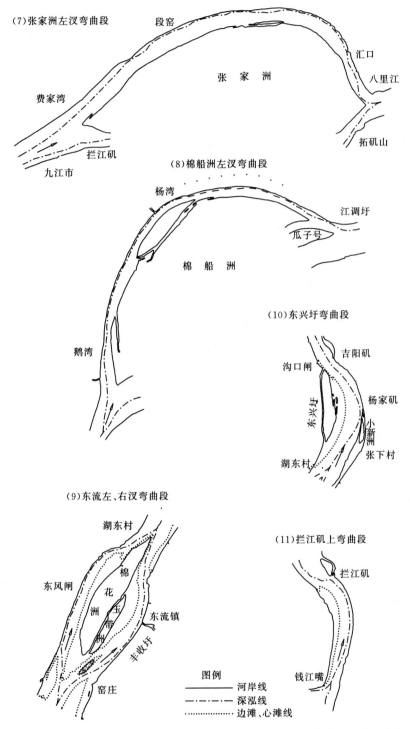

图 3-4（b）   长江中下游武汉至安庆间单一弯道段和分汊弯道段的平面形态

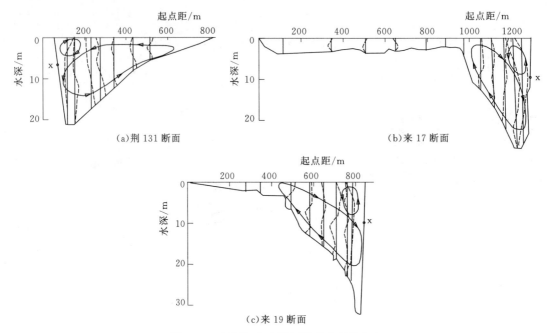

图 3-5　下荆江来家铺河段弯道环流分布

在以上三种类型的横比降中，第一种河床地貌为尺度较小的边滩，横比降相对较小，对纵向水流影响相对较弱而形成微弯水流。第二种河床地貌边滩尺度较大，横比降相对较大，对纵向水流的作用沿程递增，曲率也递增，并形成有向下游蠕动趋势的弯曲水流。以上两类都是靠边滩一侧的水面高，形成压向另一岸的横向流动之势。第三种横比降作用的性质不同（是惯性力作用的结果），是弯道环流中的表流由凸岸向下游斜向凹岸的流动（而不是常描述的在横断面上形成水往高处流的环路），而底流由凹岸斜向凸岸边滩的下侧。

（4）在分汊河道中，分汊水流的横比降是由江心滩或江心洲产生的、由其形体阻力形成上游壅水的横向作用，使纵向水流向两侧分之。这种分流横比降形成的机理最简单，其性质同于第一、第二类。汊道分流区更多的是因各汊阻力不同、对上游壅水不同而形成的横比降，往往在洲头及其上游分流区产生横向水流，其水流结构更为复杂。

在长江中下游河道除下荆江蜿蜒型河段中曲率相当大的弯道段水流为离心惯性力产生的横比降和横向环流与纵向水流构成螺旋流以外，其余大都为纵向水流在纵比降为主导作用下和因河床阻力不同产生的横比降辅助作用下形成的水流结构。在下荆江中的顺直过渡段，也主要为纵比降控制下的水流结构。关于横比降在河床演变与河道整治中的作用，在第 4 节中还将详述。

3.4　比降与河床演变的关系

将河床沿程最深点的连线称为深泓线（也称为溪线）。人们常认为，深泓线不能代表水流的动力轴线。其实不然，对于河势变化不大的河道，深泓线位于枯水河槽内，而枯水河槽是洪、中、枯水期水流作用很强的河床部分，是整个河床的基础部分。深泓线之所以最深就是因为受到水流消耗能量而做功最大的缘故。洪水期弯道水流动力轴线趋中，与深泓线的确有一定差异，但这只是"短期行为"，在一个水文年内大部分时段水流归槽，二者是相应重合的。洪水期的动力轴线趋中，反映了水流动力轴线顶冲下移的特性，在弯道下段与深泓线更是相应重合。因此，深泓线及其深槽和枯水河槽均应看成是水文过程中水流动力作用的结果，由深泓线表达水流动力轴线是恰当的，即使在深槽交错的河段，深泓线也都名副其实的表达主流带作用的结果。但在河势变化较大时应注意到，有时深泓线在平面上看似摆动不大，而深槽已显著淤积，这就要具体分析断面流速分布和单宽流量发生变化对河床冲淤产生的结果。我们应当重视深泓线在河床演变分析中的重要性，也不可忽视处于倒套中的深泓线。本章涉及的深泓（线）都是代表了主流（线），并用来分析水流变化及河床演变。

3.4.1　不同河型河道水流与比降的内在联系

1. 顺直型河道

在长江中下游一些顺直型河道中，河道内深泓线常呈微弯形态，表明水流的动力轴线呈微弯形态。在顺直型河道中，水流为什么会作弯曲流动呢？有关研究表明[9,10]：自然河流选择的流动路径是使单位质量水流能耗率取最小值，在顺直型河道中，水流必须以弯曲流动的形式而减小其坡降。就是说，弯曲水流本来就是水流运动的内在属性，是由水流最小能耗率原理所决定的。现在要问，水流在顺直型河道中既然要寻求自身弯曲的流路以表现其能耗率最小的特性，那么在纵向水流内部又是通过什么机制使其走弯呢？在没有泥沙输移情况下的水流内部结构形成弯曲的机制有待进一步揭示，但在顺直型河道内有泥沙输移条件下形成的犬牙交错边滩，它所具有的阻滞作用应是纵向水流作弯曲运动的内部机制。

冲积河流顺直型河道犬牙交错边滩的河床地貌与微弯水流具有互为因果的关系。该边滩的形成可能既是微弯水流内部结构作用的结果，同时又因它的存在和阻力对上游一定范围内产生壅水，由此引起上游段形成一定的横比降，而使纵向水流作微弯运动，所以又是使水流微弯、来自河床形态作用的因素。总而言之，微弯水流与犬牙交错边滩二者是相辅相成的。需要说明，由下游边滩壅水产生的这一横比降在顺直型河道中只能在横向形成一定的压力差，使纵向水流形成一定的偏角而向另一岸斜向过渡，以致形成微弯水流，而不可能形成环流。我们不可在顺直微弯河段中，一遇到有横向水位差就认为一定是弯道环流，但迄今在许多论文、报告、甚至著作中这一说法却屡见不鲜。

丁君松教授在《河床演变及整治》一书中，对顺直段内一个边滩的水流情况作了阐述[4]。在高、中、枯三级流量中，高水位相当于平滩高程，中水位稍高于边滩高程，枯水位水流则在枯水河槽内。从滩头与滩尾水位形成的纵比降来看，显然，稍高出边滩滩面的中水位下落差最大，说明中水位边滩一侧纵比降大于高水位比降，中水位边滩阻力大于边滩淹没水深较大的高水位下的阻力；同时，高水位和中水位下滩头部位断面形成的横比降，也是后者大于前者，也说明边滩的阻力作用与淹没水深有关。以上定性地论证了顺直型河道中边滩对纵向水流的壅水与它在滩头部位形成横比降的特性。

2. 弯曲型河道

对于这一类型的河道，以往在河型研究范畴内，均不分其曲折率和弯段曲率的大小，有人统称为弯曲型，也有人统称为蜿蜒型。作者认为，弯曲型河道指曲率适度的平面形态，应区别于平面形态为蛇曲或复弯（即在一个大弯道内还包含有曲率半径更小的弯段）和具有狭颈的名副其实的蜿蜒型河道。这两种河型的共性是它们的形成都遵循最小耗能率的原理而力求弯曲。一般来说，在无分流、汇流的条件下，弯曲型河道处于河流中下游，而蜿蜒型河道处于趋近侵蚀基准面的下游段或河口段[10]。

对弯曲型河道，有不少学者通过研究认为理论上应是正弦曲线形态；但实际上受河床边界条件的影响，可能有各种不同的弯曲形态，有很多学者将其定义为限制性弯曲型，以示与河曲蜿蜒的弯曲型河道相区别。从长江中下游上荆江浣市、沙市、公安等弯曲河段（主汊）和城陵矶以下分汊河段中的单一弯曲段和弯曲支汊来看（图 3-4），弯道的上段一般为曲率很小或几乎为直段，向下沿程曲率递增，到弯道中下段为曲率较大的弯顶部位和末端，并非正弦曲线形态。其实对于弯曲型河道形态，早在 1908 年法格（O. Fargue）根据在法国加隆河上的观察，提出河弯的一些基本规律，钱宁等是这样描述的[3]：河弯的溪线迫近凹岸，在凸岸泥沙淤积形成边滩；凹岸深槽的水深和凸岸边滩的宽度，均应随河弯的曲率半径沿程减小而加大；并指出上述特性仅适用于河弯长度与河宽的比值比较适中的情况。显然这一描述既不是顺直型，也不是蜿蜒型，而是弯曲型河道的形态与特性。加布莱希特（G. Garbrercht）指出[11]，法格描述弯曲型河道为曲率半径在弯道的起点为无穷大，其曲率半径沿流程减小，至弯顶达最小值；河宽则沿程增大，弯顶处最大河宽为起点最小河宽的 7/6～8/6；弯道曲线的数学表达式为双纽线。因此，对于弯曲型河道平面形态为正弦曲线的理论研究并作为治导线规划的治河原则值得商榷。加布莱希特从理论上研究的弯道稳定的平面形态用双曲线表达，并得到弯段河长 S 为平滩河宽 B 的（8～12.5）倍，弯曲半径 R 为河长 S 的（0.4～0.45）倍，与作者根据实际资料统计的单一弯曲型 $S=(3.85\sim16.6)B$ 和 $R=(0.1\sim0.44)S$ 较为接近。弯道的这一平面形态表达了弯曲水流向下游蠕动的特性。这一向下游发展的蠕动特性与蜿蜒型河段基本上以过渡段为"共轭点"的蠕动也是有区别的。

在这种弯曲度较为平顺适中的弯曲型河段内，自进口顺直段开始，随着边滩的发育，沿程受到边滩愈来愈大的阻滞作用，弯顶以上靠凸岸一侧的水位均可能高于凹岸一侧，此时的横比降对水流的挤压作用使水流愈来愈向凹岸集中，使之在弯顶附近和弯道下端形成深槽。由于弯顶以下曲率的增大和深槽水流集中、近岸流速梯度大形成的崩岸使得弯道向下游蠕动。

典型弯道段进口为窄深段，其下为顺直段，有浅滩（或河宽较大时为心滩），以下为边滩，弯顶及以下为边滩和深槽最发育部位。水流的纵比降在弯道段内具有周期性变化的规律。有关资料表明，顺直段浅滩和弯曲段深槽的比降随流量增大（或水位升高）分别呈减小和增大、而随流量减小（或水位降低）分别呈增大和减小的特征（图 3-6）[3]。

3. 蜿蜒型河道

蜿蜒型河道具有蜿蜒曲折的平面形态。长江中游下荆江蜿蜒型河道的平面形态非常有趣，它不是由一连串的蛇形河曲构成，而是由曲率很大的弯段（有的是连续的复凹段）和

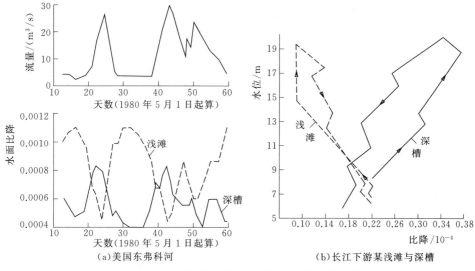

图 3-6　弯道内深槽和浅滩比降年内周期性变化

它们之间的长顺直（或长微弯）过渡段构成全河段曲折率很大的平面形态。与河道的平面形态相应，其深泓线也是这种"畸形"状态。只有熊家洲至城陵矶为三个连续河弯的蛇曲段，它们之中的单元弯段进出口转折角均很大。据作者的研究，其弯曲段是进、出口断面法线方向的转折角至少为 130°，转折角较大的为 180° 的蜿蜒河曲。之所以说下荆江河道为一种"畸形"平面形态，是因为它的许多弯段与洪水流向呈大交角，有些弯段甚至是逆洪水流向，一些长顺直段河道走向也与洪水流向呈较大交角，使下荆江洪水阻力很大，河道泄洪非常不畅。下荆江蜿蜒型河道成因研究表明，它是在云梦泽消亡解体后，河湖分离、两侧分流减小，河道流量与比降增大，在洞庭湖汇流区成为基准面的作用下形成的。就是说，基准面以上的河道受最小耗能率规律的控制，在其来水来沙条件和边界条件长期相互作用下，下荆江是以不断延续河道长度和调平比降、发展成蜿蜒型河道而与上述规律相适应的。在洪水期基准面顶托时，下荆江比降减小，阻滞洪水下泄，同时使滩、槽基本处于淤积过程；"畸形"的河道形态也成为泄洪不畅的又一因素。然而，在枯水期基准面消落时，比降增大，下荆江水流归槽，中、枯水河床处于冲刷过程，这又是下荆江河道纵、横向变形均非常强烈的时段。

有的学者认为，下荆江蜿蜒型河道是弯道环流作用形成的。作者认为不然，弯道环流并不是蜿蜒型河道的成因条件，而恰恰相反，首先是基准面因素以及来水来沙条件和边界条件形成了愈来愈弯曲的下荆江"畸形"的蜿蜒型河道，过度弯曲段的平面形态造就了它才具有弯道环流。在这个前提下，应该说下荆江从弯曲至蜿蜒的演变过程中弯道环流起到了促进作用，而且这个作用也是愈演愈烈的。有关学者的研究也认为，弯道断面环流是河弯发展的产物，又是进一步发展的条件，而不是河型的成因[10]。

有关研究表明，蜿蜒型河道的水流运动，如前所述，受到离心惯性力的作用，特别是在曲率很大的急弯段，凹岸受水流顶冲作用特别强烈。水流方向对河岸作用的交角大，在水面壅高的同时于水面以下某处形成"滞点"（确切地说是滞流区）和相应的上、下两个环流，"滞点"以下是大尺度环流，即上层流向凹岸下侧、底层流向凸岸下侧的曲面大环流，这种次生流的内部结构与纵向水流一起构成主轴螺旋流；"滞点"以上是一个方向相反的小环流，尺度小，强度弱，与纵向水流一起形成一个小的螺旋流。如来家铺荆 131 断面、来 17 断面、来 19 断面的环流都是如此结构（图 3 - 5，图中 x 为"假想"滞点）。前者主轴螺旋流对蜿蜒性河道演变起主导作用，其以下降流对凹岸的岸坡和坡脚产生冲刷，造成凹岸岸坡变陡而持续崩岸，同时将泥沙自凹岸斜向输送至凸岸边滩的下侧部位，造成边滩的持续淤积；后者即上部的小螺旋流，在凹岸是以上升水流作用于河岸，冲刷作用小，且该处河岸为二元结构的上层黏性土，抗冲能力强，因而不会造成上部河岸的侵蚀，况且小螺旋流强度很弱，流向下游运行不远就耗散消失了。

由上可见，蜿蜒型河道中的横比降与顺直型河道、弯曲型河道的横比降在本质上是不同的。前者属于离心惯性力作用产生的横比降，其次生流（环流）迭合到纵向水流中构成螺旋流，并通过它形成螺旋流输沙结构对河床冲淤和河床演变产生影响；后者是受到沿程和局部阻力引起对上游产生壅水形成横比降，对纵向水流施加横向力作用形成弯曲水流和相应的输沙结构，从而对河床冲淤和河床演变产生影响。以上也表明了河型与水流泥沙运动的关系，不同河型具有不同的水流泥沙运动机制。

4. 分汊型河道

如果说，顺直微弯型河道水流是纵向水流与弱横向水流结构的组合，弯曲型河道中是纵向水流与较强横向水流结构的组合，蜿蜒型河道内是纵向水流与环流结构相组合（即螺旋流），那么，分汊型河道则是纵向分汊流与横向水流结构的组合。在分汊型河道中，各汊大多数为单一河道，水流情况均可按以上三类情况进行分析，而其特殊性在于它还具有洲头的纵、横向分汊水流结构和洲尾的汇合水流结构，特别是洲头水流关系到分水分沙特性以致影响到汊道的格局与各支汊的河床冲淤变化以及汊道兴衰发展趋势。

分汊前的纵向水流是从节点处流速等值线分布由只有一个流核、水流比较集中、被称之为单一水流开始，经过展宽段变为具有两个或两个以上流核的分汊纵向水流[14]，分别进入各支汊。与此同时，在各种水文条件下由各支汊内的沿程阻力和局部阻力的不同而形成不同的水面线，在江心洲、江心滩的两侧（自然条件下）、口门附近和进口段形成一定的横比降和相应的越滩水流或洲头附近的横向水流。

一般来说，分汊前纵向水流中尺度较大、动力较强（即流速较大）的流核进入大支汊（也称主汊），尺度较小、动力较弱（即流速较小）的流核进入小支汊（也称支汊），从而基本确定汊道的分流比；进入两汊的输沙量基本上也是由分汊前水流中的断面含沙量所决定，从而也确定了汊道的分沙比。这是分流分沙一个基本的模式。然而分汊前的水流结构还不只这么单一，往往还同洲头分汊形态与其以上分汊段的长度和展宽率有关。当进口段很长、展宽率很小，洲头不受水流顶冲时，洲头以上往往存在一个较长的洲头滩、沙埂或沙嘴，此时洲头附近的横向水流较为复杂，可能存在不同的越滩水流。有的情况下由于受阻力影响壅高水位在洲头以上形成横比降产生的横向水流，与纵向水流一起由支泓一侧向主泓一侧过渡；有的情况则因来水量大、水位高形成横比降在洲头以上产生的横向水流，与纵向水流一起由主泓一侧向支泓一侧过渡。当进口段较短、展宽率较大时，水流直接顶冲洲头，情况更为复杂，除了研究洲头形态对于主流核的反作用影响分流分沙外，还要分析在宽度较大情况下可能形成其他流核部分进入某汊产生对分流分沙的影响。这只是分汊水流的一个方面，是属于与上游进口河势有关的方面。此外，下游对上游产生影响的，主要表现为两汊阻力对比在洲头分汊区形成壅水的差别产生的横比降，造成横向水流由一侧向另一侧过渡。水位较高时，在横比降作用下可能在洲头较高的滩面过渡，水位较低时，则可能在洲头滩与纵向水流一起形成横向越滩流，或直接通过洲头处的深槽由分汊前的一侧进入另一侧。在河床演变中，横比降形成的横向水流不仅影响着汊道的分流分沙，从而影响各支汊的河床冲淤、分流格局的变化以及出口汇流态势的变化，而且对洲头以上不同类型的低滩带来冲淤影响，以致影响浅滩的变化，造成各种碍航问题。

如前所述，水流进入各支汊后，按顺直、弯曲还是鹅头型的不同形态分析不同的水流状态。前二者属于微弯和弯曲水流，这里不予赘述，只是后者鹅头支汊在曲率很大处有可能存在局部环流或切滩水流，对切滩水流产生的影响需要格外注意。

汊道出口交汇水流没有分流区那么复杂。影响出口水流交汇的因素主要是两汊的交角及其与汇流后河势的关系，以及两汊分流比变化的态势。当两汊交角较大、水流掺混强时，在交汇处往往形成较深的局部冲刷坑，并形成宽深比较小的窄深段，一般成为本分汊河段的出口节点和下一分汊河段的进口节点；同时，还具有一个流核的稳定形态，对下游河势控制较强。在这种交角较大的情况下，当某一支汊分流比不断增大，通过交汇掺混后，将会逐渐改变交汇后水流方向，以致增强彼岸的顶冲，若不适时控制，将使下游河段河势产生较大的变化，任其发展，甚至会发生主流摆动、河道平面迁徙易位的"颠覆"性后果。当两汊交角较小时，在水流交汇处掺混作用较弱，即不形成局部冲刷坑，在两汊水流向下游各自沿程扩散的同时，可能存在横比降，致使一汊出口有横向水流向下游另一汊进流过渡。在节点处形成相对宽浅段，对下游段河势控制较弱。如果分流比占较大优势的主汊与下游河势衔接较好，对下游段河势控制将起主导作用；而其分流比很小的支汊，在汇流后对下游河势的影响则较为有限。

综上所述，支配河道中水流和泥沙运动的主要是纵比降作用下的纵向水流，形成微弯和弯曲水流应该是由河床地貌阻力产生局部横比降的作用，相对而言，后者形成横比降的作用强于前者。在分汊河道中，由各汊纵向阻力不同，在洲头附近和分流区域形成的横比降对河床演变具有更显著的影响。蜿蜒型河道中的螺旋流是纵向水流叠加了弯道环流的结果，其中纵向水流仍起主导作用，弯道环流为次生流结构。弯道环流不应是蜿蜒型河道的成因，而是该河型所具有的水流特性，只是体现了在该河型河道中离心惯性力的作用。

3.4.2　不同河型河床演变与比降的关系

3.4.2.1　顺直型与弯曲型河道

（1）顺直型河道中，主要由推移质泥沙形成的犬牙交错边滩具有向下游移动的趋向，这在长江中下游许多支流河道中、上游较为多见。作者研究曾表明[2]，在比降和流速较大的水流作用下，犬牙交错边滩在支流中不仅顺直微弯河道内有，在弯曲河段内也有，边滩不只位于凸岸，有的也位于凹岸。这些河流由于枯水期流量很小，在边滩的约束下，水流在枯水河槽内作微弯流动，洪水期比降大、流量大，边滩上的漫滩水流将推移质输向下游，使得边滩整体向下游移动，因此边滩的变化是由推移质输移条件决定的。而长江中下游只有顺直型河段中才有犬牙交错的边滩,其主要是由悬移质泥沙形成的,这类犬牙交错边滩的演变特性与支流不同,支流的影响因素比较单一,而长江中下游顺直型河道内的边滩及其演变受到边界条件限制的程度、年内年际来水水来沙变化过程、上下游河势的衔接情况等因素的影响,表现出各种不同的演变形式:

1)边滩年内呈周期性冲淤变化。如武汉河段白沙洲左汊顺直型河道,左岸有荒五里边滩和汉阳边滩,分别处于中部宽段和下部窄段,两边滩之间的右侧有潜心滩,构成交错形态。年内冲淤变化的规律是,汛前和汛期荒五里边滩形成、发展,汛后和枯期冲刷变小甚至消失,而汉阳边滩在汛前和汛期冲刷变小甚至消失,汛后和枯期淤积发展(图3-7)。

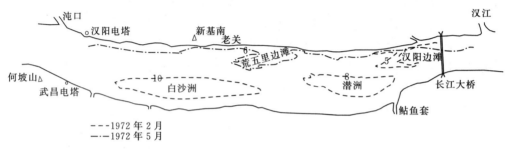

图3-7 武汉河段白沙洲左汊边滩年内变化

2)年际呈周期性变化。以上武汉河段白沙洲左汊内荒五里边滩形成后经过一个汛期就移动到下端成为汉阳边滩;而比降比中游较小的马鞍山河段,其江心洲左汊顺直型河道的交错边滩,都是逐年逐段向下游移动(但移动速度较小),经过若干年的周期变为两岸边滩基本相反的排列。可见,在较平缓的比降和较小的流速下由悬移质中的河床质淤积而成的边滩,在河床中具有相对较高的稳定性。

3)边滩位置比较固定。如南京河段八卦洲右汊顺直型河道内的交错边滩,位置长期固定,年内在一定幅度内作周期性冲淤变化,但年际间随着分流比增大(该汊比降和流量均增大)而冲刷,边滩高程降低,尺度有所减小(图3-8)。

4)犬牙交错的"边洲"。在长江下游比降更为平缓、流速更小的顺直支汊内,在犬牙交错的边滩前缘还有悬移质中的冲泻质产生淤积而形成更加稳定的依附于两岸犬牙交错的"边洲",如镇扬河段20世纪60—70年代世业洲左汊内形成鹰膀子和新冒洲,只是后来随着分流比增大产生强烈的冲刷(图3-9)。

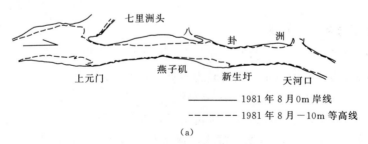

(a)

图3-8(一) 南京河段八卦洲右汊交错边滩变化

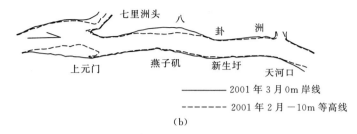

—————— 2001 年 3 月 0m 岸线

------- 2001 年 2 月 −10m 等高线

（b）

图 3−8（二）　南京河段八卦洲右汊交错边滩变化

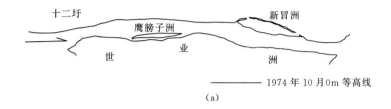

—————— 1974 年 10 月 0m 等高线

（a）

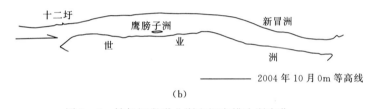

—————— 2004 年 10 月 0m 等高线

（b）

图 3−9　镇扬河段世业洲左汊交错边洲变化

5）顺直型边滩转化为微弯型。马鞍山河段江心洲顺直型左汊，20 世纪 70—80 年代为交错边滩型（含心滩），近期因上游进口段河势发生变化，江心洲左缘滩岸受到持续的冲刷，该汊已由交错边滩形态变为具有完整边滩的微弯段（图 3−10）。

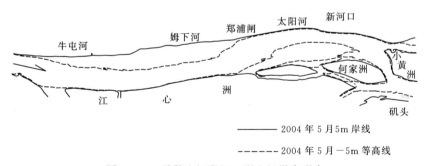

—————— 2004 年 5 月 5m 岸线

------- 2004 年 5 月 −5m 等高线

图 3−10　马鞍山河段江心洲左汊微弯形态

总之，顺直型河道两岸边界虽总体变化不大，但河床不稳定，边滩冲淤变化较大，包括有年内周期性的变化和年际周期性的变化；自中游至下游随着比降变得更为平缓，河床内边滩平面位置的稳定性有所加强，甚至成为交错的"边洲"；当分流比增大即比降、流量加大时，边滩遭受冲刷甚至消失；在上游河势变化的影响下，边滩交错的顺直型有可能转化为微弯型河道。

（2）从上述弯曲型河道形态反映出弯道水流的特点是，弯道进口承接上游水流后在顺直段扩散，因水深小、流速小，泥沙落淤形成浅滩（或心滩），然后沿程随弯道曲率增加而形成深槽和边滩。在弯曲型河段中，顺直段的纵比降高水时小、低水时大（图3-5），一般形成浅滩的"洪淤枯冲"周期性变化特点，而在深槽段的纵比降是高水时大、低水时小（图3-5），一般形成深槽的"洪冲枯淤"的周期性变化特点。显然，这一弯道水流是与边滩形态息息相关的，随着边滩沿程发展，对纵向水流形成阻力而产生横比降，横向上的压差迫使水流沿程愈来愈向凹岸集中形成深槽，使得凹岸产生崩坍后退，凹岸的崩退反过来又促使边滩淤积增宽；在弯道顶点与以下附近形成曲率最大、边滩最宽、水深最大的部位；然后，随着曲率逐渐减小、边滩变窄，直至与下一弯段连接。弯道顶点及其以下附近岸段是水流冲刷较强特别是洪水趋直顶冲最强的部位，在纵向水流作用下崩岸较强，使得弯道向下游蠕动发展（如镇扬河段世业洲右汊和六圩弯道，图3-11）。

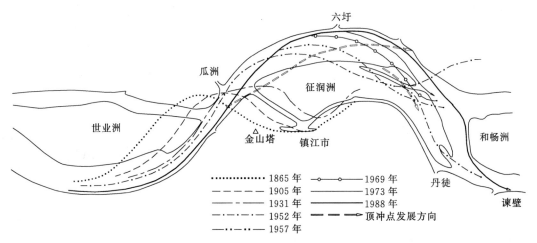

图3-11 长江下游镇扬河段六圩弯道顶冲和蠕动发展

总之，弯道平面形态与弯道水流是相互适应的，也互为因果关系；弯道凹岸的崩坍后退与凸岸淤积增宽也是相互促进的；深槽与边滩的形态是在纵比降驱使的纵向水流为主导作用、同时还辅有边滩阻力形成横比降的共同作用下形成的；弯道顶点及其以下附近岸段流量集中，近岸横向流速梯度大产生崩岸，导致弯道向下游蠕动发展。

3.4.2.2 下荆江蜿蜒型河道

关于自然条件下（指人工裁弯前约20年内）下荆江蜿蜒型河道的河床演变，荆江水文水资源勘测局（以下简称荆江局）根据实测资料做了许多分析工作，提出了许多研究成果。其中，在比降与下荆江河床冲淤关系的分析研究成果是很有启发性的。

根据1955年宜昌以下至城陵矶莲花塘各站水位的观测资料进行统计分析可知[1]，该年城陵矶附近基准面的顶托和消落影响可上溯达郝穴。郝穴以上至宜昌河段，洪水期6—9月的平均比降分别为0.571×10^{-4}、0.609×10^{-4}、0.617×10^{-4}、0.563×10^{-4}，枯水期12月至次年3月的平均比降分别为0.437×10^{-4}、0.460×10^{-4}、0.455×10^{-4}、0.456×10^{-4}，可见该段河道比降年内变化的特点是"洪大于枯"，即比降与流量基本呈正变关系，也就是说，比降随河道流量的增大（减小）而增大（减小），遵循平原河流自然条件下比降年内变化的规律；而郝穴以下各段直至城陵矶的比降变化完全相反，洪水期6—9月的平均比降分别为 $0.324×10^{-4}$、$0.293×10^{-4}$、$0.304×10^{-4}$、$0.308×10^{-4}$，枯水期12月至次年3月的平均比降为 $0.504×10^{-4}$、$0.505×10^{-4}$、$0.493×10^{-4}$、$0.465×10^{-4}$，可以看出，下荆江枯水期比降不仅显著大于洪水期，甚至还大于上荆江枯水期的比降。以上说明整个下荆江还包括邻近的上荆江末段都受洞庭湖出口基准面洪水期顶托和枯水期消落的影响，鲜明地体现了下荆江比降变化的特殊性。

多年来，我们对下荆江演变的轮廓认识基本上归纳为"凹岸冲刷、凸岸淤积"，"浅滩洪淤枯冲、深槽洪冲枯淤"，"大水取直、小水走弯"等概念。在这个基础上，荆江局对于比降变化对下荆江年内冲淤变化的影响做了进一步研究[13]。单剑武等在分析监利河段（塔市驿—城陵矶）河床演变中指出，"该河段年内冲淤变化的规律为：汛期随水位上涨河床普遍淤高，枯季水位下降河床冲刷"，认为其原因是"汛期下游城陵矶水位抬高，河段所受顶托作用大，故河段比降减小，流速和水流挟沙力变小，导致泥沙落淤；枯季下游水位降低，顶托影响减弱（实际是消落作用——作者注），比降增大，流速和水流挟沙力变大，导致河床冲刷。"图3-12为该河段三个断面河底平均高程与水位关系，表明河床随水位的升高（降低）而发生淤积（冲刷）的特点。这一分析成果对"深槽洪冲枯淤"的传统观点有一定的修正。就是说，下荆江河道的深槽主要受基准面顶托和消落的影响，一般的弯曲型河道深槽"洪冲枯淤"的特性在下荆江蜿蜒型河道内是不宜套用的。

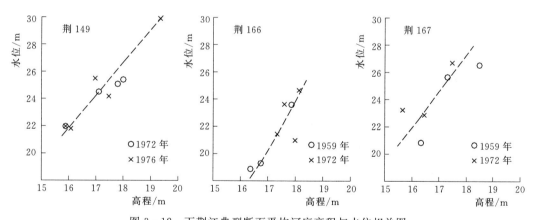

图 3-12　下荆江典型断面平均河底高程与水位相关图

确切地说，下荆江蜿蜒型河道年内冲淤演变主要受洞庭湖出口基准面变化的影响，其次也受来水来沙条件的影响。一般来说洪水期由于基准面抬升，顶托作用增强，比降趋小，在较高水位和较大含沙量的情况下河床内槽与滩常产生淤积；枯水期由于洞庭湖出口水位逐渐降低产生的消落作用，比降趋大，在低水位和较小含沙量情况下，水流归槽，对枯水河槽常产生冲刷并引发凹岸崩坍，使河道平移变形。因此总体上，深槽部位"枯冲洪淤"并产生单向的平面变形，边滩部位主要在洪水期淤积并产生单向淤高淤宽的平面变形；年际间就体现出"凹岸冲刷，凸岸淤积"的河道平面位移的特点。浅滩段或顺直过渡段河床也基本遵循"洪淤枯冲"的演变模式，年际间不产生单向变化而维持冲淤相对平衡并保持相对稳定的平面形态。

总之，下荆江蜿蜒型河道的演变与比降的关系最为密切。下荆江的比降取决于各时段下荆江干流来量与洞庭湖出流之和，即总量愈大城陵矶水位愈高，顶托作用愈大，总量愈小水位愈低，消落作用也愈大；比降还取决于上述二者来量之比例，干流来量相对于洞庭湖出流比例愈大，基准面的作用则较弱，反之，洞庭湖出流相对于干流来量比例愈大，基准面作用则相对较强。这是影响下荆江比降变化的直接因素。下荆江在自然条件下河床演变处于量变过程时，河道平均比降随蜿蜒长度的不断增大而不断趋小；在自然裁弯发生的质变阶段时，新河以上比降骤然增大，其上游河段产生强烈的溯源冲刷，在一段时间内上下游河段均发生剧烈的平面变形，河势变化很大。之后，河道又处于较为平缓的量变过程中，比降也相对缓慢地调平。

3.4.2.3　中下游分汊型河道

以上表明了比降在单一河道中不同河型河道演变中的作用和特点。长江中下游分汊河道的河床演变与比降具有更为复杂的关系。以下针对分汊河道中顺直分汊型、弯曲分汊型和鹅头分汊型三个亚类的河床演变与比降的关系，就其各自具有的主要特点进行分析。

1. 顺直分汊型比降的作用及其特点

（1）江心洲滩顺列多汊河段成因与比降的关系——以东流河段为例。

东流河段位于长江下游，自华阳河口至吉阳矶，全长 32.5km，属顺直多汊河型。在 20 世纪 80 年代的河道中顺列有 10m 高程的天心洲、玉带洲和棉花洲，还有高程为 5m 和 0m 的几个心滩，江心洲之间或洲滩之间为纵向、斜向和大致为横向的小支汊或串沟，成为长江下游洲滩最多的河段。显然，这种顺列多汊河段的成因与处于不同部位的纵、横向水流的分割作用有关。凡是基本顺水流方向的支汊，大多受纵向水流的作用而形成，凡是与水流方向成斜交的串沟则是受纵、横比降共同作用下形成的斜向水流而产生，凡是与纵向水流方向大致成垂直交角的串沟则表明受横比降的作用占优。东流河段的形态之所以演变成多支汊串沟、多洲滩顺列的多汊河型，与其历史演变中比降的作用相关。自从北岸莲花洲并岸后，东流河段就成为河宽不很大的顺直河段，平滩河槽中的洲滩发育在横向受到一定的控制。江中滩体（以 0m 线为特征线）呈窄长形态，滩面高程均较低；靠南岸原是河道的主汊，逐渐变成支汊后仍为窄深形态，深槽线达 -15m 且尾部与下游贯通，其泄流能力强；而天心洲左汊过渡段为宽浅形态，阻力大，加上各洲滩的形态阻力，因而在整个河段形成自左至右的横比降，总体上造成对滩面多处的横向、斜向水流，以致形成江心洲、滩顺列，支汊、串沟自左汊至右汊横向分布的多汊河段（图 3-13）。从 20 世纪 80 年代的河势来看，天心洲左汊为主汊，右汊为支汊且口门处有拦门沙浅滩；左汊进口 -5m 线深槽与该汊中部 -5m 线深槽之间的纵向隆起部位为长而宽的过渡段。该河段在玉带洲以上有 3 条串沟或支汊：一是天心洲以上有两个 5m 的心滩，这两个心滩之间有一横向串沟，二是天心洲以上与心滩之间的支汊，三是天心洲与玉带洲之间有一斜向支汊。这三条串沟或支汊都是自左汊向右汊的分流，因而可以将天心洲、玉带洲等洲滩对于纵向水流的

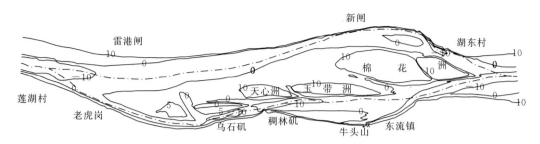

图 3 - 13　长江下游东流河段由纵横向水流形成的洲滩顺列多汊型河道（20 世纪 80 年代）

作用视为形成左汊上半段的形体阻力。可以认为，这两个洲滩以及其上游第二个 5m 的心滩既是具有横比降的水流切割之结果，又是构成横向水流的边界因素。玉带洲以下河道稍宽，它与棉花洲之间呈顺列分布，棉花洲与左侧 0m 心滩呈并列分布，汊流基本上为纵向微弯和弯曲水流，棉花洲的下段则为横向水流所切割。需要指出的是，上述所有的斜向和横向汊流一般都呈倒套形态，表明所有支汊和串沟的冲刷切滩都是自下游向上游发展的，但并不表明它们当时都处于发展的状态，有的可能在继续发展，有的可能处于淤积萎缩状态。这种顺直多汊河段内由纵、横比降形成的水流动力作用构成了汊道演变的复杂性，给整治也带来极大困难。从宏观的河势控制而言，在整治中必须尽可能消除横（斜）向水流及其支汊（串沟）带来的不利影响。

（2）洲头滩串沟由横向水流切割而形成并向下游作平移变形——以芜裕河段陈家洲汊道为例。

芜裕河段位于长江下游，上起三山河口下至东梁山，全长 49.8km。蛟矶以下为该河段下段，河道内有曹姑洲与陈家洲顺列形成曹姑洲陈家洲汊道（以下简称陈家洲汊道）。该汊道因左汊为一小鹅头形，故历来该汊道曾被看作鹅头分汊型。实际上，由于它具有很长的进口段和两江心洲的纵向排列并总体呈窄长形态，对研究进口段的演变来说，将该汊道定义为顺直分汊型更为恰当。陈家洲汊道在 20 世纪 50 年代初曾有两个江心洲，即曹姑洲和陈家洲，但陈家洲上部滩面低，在横向水流作用下又被切割出一新洲（说明存在自左汊至右汊的横比降），新洲与曹姑洲和陈家洲之间分别形成曹捷水道和陈捷水道，由于它们的分流使得陈家洲左汊发生淤积，以致汊内的裕溪口港产生严重淤积［图 3 - 14（a）］。后来，随着陈捷水道于 20 世纪 70 年代中期淤死，新洲又并入陈家洲；曹捷水道也逐渐淤积而分流减小。此时虽然对裕溪口港有利，但左汊总入流仍呈减小趋势，特别是中枯水河槽淤积更显著。在上述两水道分流萎缩的趋势下，左汊总的阻力在增大，于是左汊口门壅水在曹姑洲头形成愈来愈大的横比降，终于在 1981 年开始在洲头低滩部位产生切滩，0m 等高线形成一倒套的特征，至 1986 年该倒套发展为 0m 线贯通、宽达 200～300m 的串沟［图 3 - 14（b）］。该串沟形成后，在纵向水流和横比降的作用下不断发展并向下游平移冲刷曹姑洲［图 3 - 14（c）］，到 2007 年已发展到宽为 600～700m 的新汊，与 1986 年比较向下游平移了 1000m 左右［图 3 - 14（d）］。可见，串沟是由横比降支配下的横向水流切割产生的，串沟在形成后在纵横向比降作用下具有不断发展且具有向下游平移变形的特点。

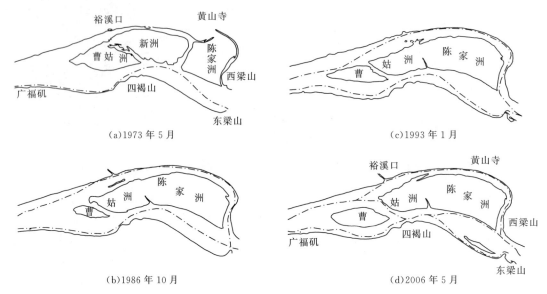

图 3 - 14　长江下游芜湖河段曹姑洲汊道洲头切滩过程

（3）洲头前较长过渡段的横向水流及其浅滩——以界牌河段南门洲汊道为例。

界牌河段位于长江中游，上起杨林山，下至赤壁山，全长 51.1km，上距洞庭湖出口城陵矶约 21.4km。该河段属典型的顺直分汊型，进口段很长，右岸为边滩，左侧长期为主流；以下为新淤洲和南门洲顺列，长期以来其右汊为主汊，左汊为支汊。20 世纪 80 年代以前主流常在南门洲头以上某部位由左岸深槽向右岸深槽过渡，导致这一过渡的原因很复杂，既有河床地貌形态的因素，如进口段左侧河槽内边滩、心滩较多，断面一般较宽浅，而右汊则是一条较长的深槽，这一深槽甚至向上延伸成为进口边滩的倒套，泄流能力较强；也有南门洲左汊相对于右汊阻力更大的因素。在水位较高时，滩面水流以纵向水流为主，水流从左至右的过渡尚不太明显，左汊的分流比也比枯水期相对大。但在汛后随着流量减小和水位下降，由横比降形成的横向或斜向水流成为河槽中间长条形边滩或沙埂较大范围内的越滩水流，形成较强的冲刷作用。当水沙条件使这个越滩过渡水流以较大的横比降（如 1973 年 1 月 9 日横比降达 0.90×10^{-4}，远大于纵比降 $0.15 \times 10^{-4} \sim 0.35 \times 10^{-4}$）较为集中地冲刷出一条主槽，那么就实现了良好的过渡［图 3 - 15（a）、（b）］；如果分散地冲出 2 条甚至 2 条以上的沟槽，就将产生严重的碍航浅滩［图 3 - 15（c）］。

（4）洲头在水流顶冲下的汊道分流——以马鞍山河段小黄洲汊道为例。

长江下游马鞍山河段，上起东梁山，下至慈姆山，全长 36km。由于上段江心洲右汊形态弯曲，从总体看该汊道属于弯曲分汊型。然而实际上江心洲左汊分流占 90%，为顺直型，右汊分流仅占 10% 左右，在河床演变中有边缘化趋向。这样，江心洲左汊与小黄洲汊道一起就构成顺直分汊型，并对小黄洲汊道演变起主导作用。江心洲左汊内分布有边滩、心滩以及沙埂，历来深槽交错、边滩活动频繁。20 世纪 60 年代初，在小黄洲的进口段，主流靠江心洲尾部何家洲边滩进入小黄洲右汊［图 3 - 16（a）］，顶冲右岸恒兴洲江岸，一度导致马钢水泵房岸滩崩坍，1964 年曾为此实施了江岸防护工程。但此后，进口水流迅即顶冲下移，小黄洲洲头前滩地遭受冲刷并持续后退以致影响小黄洲堤防的安全。

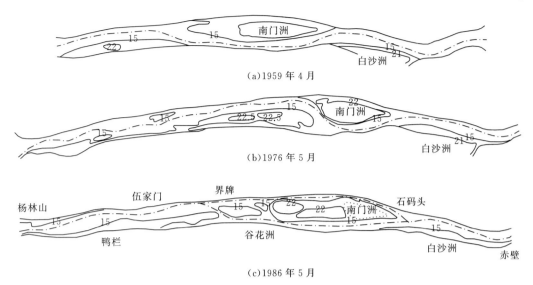

(a)1959 年 4 月

(b)1976 年 5 月

(c)1986 年 5 月

图 3-15　长江中游界牌河段南门洲以上主流的过渡

1970 年开始至 1972 年对小黄洲头及洲头右侧进行了抛石加固 [图 3-16 (b)]。从此，洲头受水流顶冲的态势以及洲右侧滩岸对水流顶冲下移进行控制的河势一直延续至今，时逾 40 余年，洲头及其右侧一直为深槽紧贴部位 [图 3-16 (c)]。

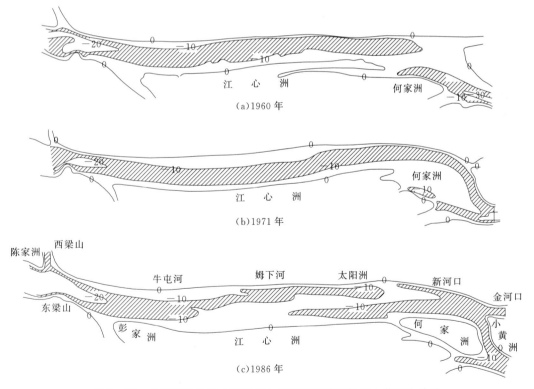

(a)1960 年

(b)1971 年

(c)1986 年

图 3-16　长江下游马鞍山河段江心洲左汊滩槽态势与小黄洲头关系

马鞍山河段小黄洲汊道主流由江心洲左汊经洲头分流后主流贴洲头右侧进入小黄洲右汊，最稳定的状态为 20 世纪 70—80 年代期间，尽管江心洲左汊边滩有冲淤变化和深泓也有摆动，但深槽自左向右过渡的河势都变化不大。此时影响小黄洲汊道分流因素较为简单：一是因为进口形态不复杂；二是因为小黄洲左、右汊冲淤变化较小，两汊相对阻力变化不大，左、右汊对洲头壅水形成的横比降变化不大，使过渡段的水流较为稳定，分流比主要受水文条件周期性变化的影响。可见，在这种情况下洲头防护成为该河道稳定的关键工程。然而实践表明，对于马鞍山河段演变较为复杂的情况，仅仅整治小黄洲头及其右侧的河势控制是不够的。由于没有进行全面的河势控制，经过 20 世纪 90 年代至 21 世纪初的演变，出现了一些新的不利因素影响着小黄洲分流与河势稳定。从进口段来看，除何家洲与江心洲尾之间夹槽过流有增大之势外，河槽内又滋生三个心滩，它们之间滩槽冲淤变化将构成洲头分流前河势不够稳定的状态（图 3-10）；从小黄洲右汊看，它现已形成一个沿程展宽形态，最宽处河床将不可避免地会进行调整而形成新的地貌形态，左汊尾段则因大黄洲的较大幅度崩退使洲尾北偏，河道趋直，两汊阻力对比态势的变化必然引起进口横比降和横向水流的变化，由此对汊道分流的影响需要进一步分析；出口节点则变化更大，不仅河宽增大，而且小黄洲尾与以下新生洲头有水下沙埂相连，已初步形成小黄洲右汊与新生洲右汊和小黄洲左汊与新生洲左汊直接贯通之势，节点调节作用大为削弱，小黄洲汊道分流还将受到新生洲汊道自下而上的影响。因此，今后对于小黄洲汊道分流及演变应作更深入的研究。

2. 鹅头型汊道演变与比降变化的周期性——以团风河段为例

团风河段是作者研究较多的河段之一，从丰富的实测资料中，可以清晰地了解它演变周期的全过程。在接触它的整治研究之前，人们以为该分汊河道是具有江心洲左、右汊交替兴衰的周期演变特性，然而对 20 世纪 20—40 年代英国人测的水道图直至新中国成立后实测的河道地形图进行分析，可以看出右边滩切滩形成的新生汊具有冲深、平移发展变为中汊、然后又转为平移淤积衰萎、直至消亡、洲滩趋于合并的鲜明特性[2]。与此过程同时，右边滩又开始切滩形成新生汊并重复上述过程（图 3-17）。研究表明，团风河段这个周而复始的变化周期大约 40 年左右，每个周期都对涉及的江心洲滩"扫荡"一次（图 3-18 为右汊在平移中直至变为新中汊其深泓线作平移摆动的全过程）。本节主要就团风河段鹅头型汊道周期性演变中有关比降的作用进行分析。

（1）比降是新生汊形成与发展的动力因素。团风河段在 1948 年右汊向左平移时，罗霍洲受水流顶冲发生强烈崩岸。由于自泥矶至黄柏山水流转折角很大，形成水流的弯曲半径很小，使右侧淤长一个大边滩 [图 3-17（b）]。该边滩处的河宽很大，形成的边滩宽度也很大，它在右汊中具有较大的形体阻力，对上游一定范围内产生壅水，使边滩部位形成较大的纵比降。在宽度较大的边滩上具有较大的纵比降，在一般水文年的洪水作用下边滩尾部常常形成沙嘴和相应的倒套。在 1954 年洪水的大流量作用下，在边滩根部趋直途径形成的更大比降，对该边滩根部产生强烈的冲刷切割形成江心滩 [图 3-17（c）]。在大比降水流的持续冲深下形成新生汊 [图 3-17（d）]。可以说，洪水作用下水流取直的纵比降是切滩成槽形成新生汊的动力因素。

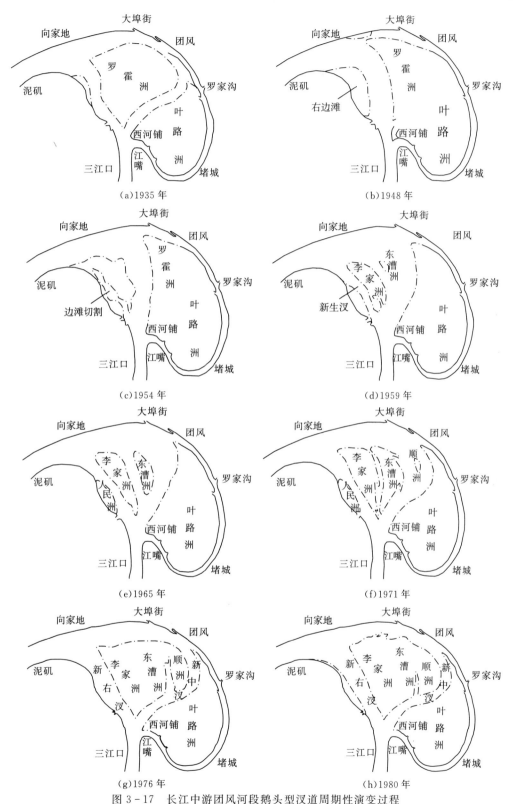

图 3-17 长江中游团风河段鹅头型汊道周期性演变过程

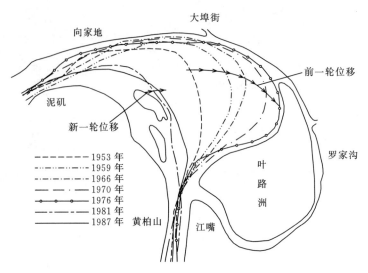

图 3-18　长江中游团风河段深泓平面变化

（2）新生汊发展为主汊是分流增大比降不断调平的阶段。从图 3-17（d）可知，1954 年洪水时边滩发生切滩，1959 年完全切滩成槽形成新右汊，此时切槽的断面形态尚较宽浅（图 3-19）。此后到 1976 年，该槽冲刷一直是向纵深发展，其宽度变化不大而河槽冲深了 10 余 m，被切割的滩体淤高形成李家洲，断面形成窄深形态。1976 年以后随着流量增大新生汊开始迅速拓宽发展并形成弯道形态，到 1982 年分流比达 60％以上，显然已经成为主汊。自 1976—1987 年左侧李家洲崩岸幅度达 1000 余 m，并在近岸继续冲深形成弯道的深槽（图 3-19）。在这个过程中，随着新生汊河床的冲深、过流能力的增强，分流比的增加，其比降也应显著调平，并相应降低上游右汊进口附近的水位，形成更有利于右汊发展新的横比降。

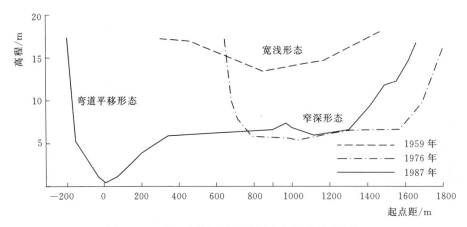

图 3-19　长江中游团风河段新生右汊横断面变化

（3）新主汊平移发展、原主汊平移变为支汊直至衰亡过程中比降的作用。

20 世纪 80 年代初，新生的右汊分流比已经超过 60％，原来的右汊已转化为趋于衰亡的支汊（新中汊）。该支汊（新中汊）的平面形态不断弯曲而向鹅头形发展，汊道长度不断增长，断面不断淤小，可见阻力不断增大，而比降也应变大，于是对上游的壅水将愈来愈大；与之相应，发展中的右汊不仅长度短，而且断面宽深，泄流能力强，比降调平又使进口附近水位降低。这样，在汊道进口分流区附近，显然会形成自左向右的较大横比降和横向水流，进一步促使新右汊的发展。

（4）鹅头型汊道演变过程中比降的周期性变化。

综上所述，团风河段鹅头型汊道演变具有很强的周期性，这就是在边滩受切割后形成倒套而进一步形成新生汊，该汊先由宽浅向纵深发展成窄深断面，继而横向拓宽平行移动，发展成宽深断面并形成弯曲河槽成为主汊。与这一新主汊发展的同时，原主汊更加弯曲而呈淤积趋势。当新主汊分流达 70% 以上时，新的主汊内右侧又滋生边滩，又孕育形成再新的支汊并开始新一轮的周期性演变过程。在这个过程中比降也有一个周期性变化：①在右汊边滩局部形成较大的纵比降，在大洪水时以更大的比降切滩，形成新生汊雏形；②随着新生汊冲深和流量增大，其比降变小调缓；③新生汊拓宽平移、分流增大成为主汊，比降进一步调平；④在以上新生汊发展、比降调平的过程中，原右汊已成为支汊（新中汊），由于阻力增大，在分流口门处水位壅高，形成有利于新生汊分流的横比降和横向分流，使新生汊的分流进一步增大；⑤当新生汊分流比达最大值后转而减小的同时，其平面形态不断弯曲，阻力转而增大，比降转而随之逐渐增大；⑥当分流比进一步减小成为支汊后（此时更新的右汊已成为主汊），河道更为弯曲，河床淤积更甚，阻力更大，比降也进一步增加，以致在分汊口门形成更大的壅水；⑦此时形成的横比降都有利于更新的主汊发展，有时横向水流还可能形成对洲头滩产生切割的现象，例如团风河段东漕洲头目前存在被横向水流切割的心滩；⑧当分流比极小，支汊进口形成拦门沙，枯水断流；随着该汊拦门沙转化为河漫滩相堆积，江心洲就开始并岸了（即并向叶路洲）。此时，该支汊也就彻底边缘化，不再参与其他主、支汊之间"新陈代谢"的冲淤演变，仅在洪水漫滩下作有限的过洪和调蓄。

以上可以看出团风河段在周期性演变过程中其纵、横比降作用的两重性和相互转化及其与河床演变的关系。

根据以上演变的特点，团风河段"因势利导"的整治应是，当新生汊的分流比达 70% 左右时，其李家洲和东漕洲滩岸尚未大幅度崩退下按研究的治导线进行守护，然后在新中汊不断淤积下，新生汊会进一步发展，此时右汊（即新生汊）会形成一个曲率适度的、良好的稳定弯道。在这种情况下，根据需要采取一定的工程措施保持双汊河型也可，进一步整治为单一河型也可。当然，抓住时机守护是至为关键和重要的，护早了将限制主汊快速和充分的发展，护迟了则因河宽较大，易形成分汊，在来沙不足的情况下更易生心滩；同时还需注意防止洲头在横比降下横向水流的切滩。这方面就不一一论述了。

3. 弯曲型汊道

作者曾在长江中下游干支流河道平面形态指标的研究中，对不同河型的河道在适应经济社会发展方面曾经作过一般评价，认为顺直的单一型和分汊型河道中浅滩、心滩、边滩可能较多，深泓不稳定，对航运、引水不利；鹅头分汊型大部分为多汊河段，既不稳定也不利于各部门的发展要求；蜿蜒型河道曲折率大，不利于泄洪和航运。只有弯曲单一型和弯曲分汊型，不仅 B/S 和 $B_汊/S$（宽长比，B 和 $B_汊$ 分别为单一和分汊河段内最大河宽，S 为河长）统计的指标较优，可维持较大水深，而且形态较稳定，S/L（弯曲率，L 为河段直线长）较适中，有利于航运和开发利用。相对而言，对适应经济社会发展更为有利，将城陵矶以下的分汊河道整治为稳定的弯曲型双汊河段，可能是今后长江中下游分汊河道治理的方向。本节主要就弯曲双汊型河道的演变与比降的关系进行研究。

（1）弯曲双汊型主、支汊的不同形态与河势。

长江中下游弯曲双汊型河段分流态势的影响因素主要有两个：一是进口河段的河势，即进口段平面形态、深泓与洲头和两汊的相互关系，是稳定还是不稳定？二是两支汊（或为主、支汊）相互关系，主要是指自身冲淤变化及其形成的阻力，是相对稳定还是不稳定？纵观长江城陵矶以下早期尚处于自然状态的双分汊河段，其演变大致可分为三类：①是进口段河势稳定、两支汊相对稳定的汊道段，即在长时段内进口段深泓较稳定，洲头不受顶冲且洲头滩向上延伸不长，或受顶冲但经防护已稳定，两汊平面形态和分流比变化不大的汊道段，如南阳洲、嘉鱼、白沙洲、铁板洲、张家洲、梅子洲、世业洲、福姜沙、通州沙等弯曲双汊河段；②是进口段河势有一定变化，愈来愈有利于某汊发展，弯曲支汊单向淤积并日益严重，如天兴洲、马当棉船洲、八卦洲、和畅洲等弯曲双汊河段；③是进口段河势有变化、顺直主汊不稳定的汊道段，即进口段主流不稳定，主汊为较宽的顺直段，河床冲淤变化较大，并影响两汊分流比，如戴家洲、成德洲、马鞍山江心洲、新生洲、新潜洲、太平洲等弯曲双汊河段。需要指出，在上述三类弯曲双汊型河段中，各类都包含了具有其他的一些不同的特点。这里我们只就以下三个主要方面进行深入分析：一是相对稳定的弯曲双汊河段有哪些基本特征；二是进口段河势的变化如何影响汊道分流的；三是汊道的比降变化怎样作用于分流态势和产生何种演变影响？

（2）相对稳定的双汊河段基本特征——以镇扬河段世业洲汊道为例。

20世纪70年代以前的镇扬河段世业洲汊道，上起三江口，下迄瓜洲。全长24.7km。右汊为主汊，长15.8km，为弯曲型，深槽长而边滩完整，滩槽分明；左汊为支汊，长13.5km，为顺直型，在中部宽段两侧有交错窄长的小江心洲（新冒洲和鹰膀子），是由交错的边滩发展起来的。观测表明，该汊道岸线与河宽、平面形态均稳定，当时被认为是长江下游最稳定的分汊河段之一。它的稳定特征表现在：

1）具有十分稳定的进口段。世业洲汊道进口段为仪征弯道段，是受到左岸陡山节点控制的微弯段。自20世纪50—70年代，它的凹岸岸线基本稳定，深槽与深泓线的平面位置没有大的变化，断面上冲淤变化不大，多年来处于平衡状态，滩槽关系相对稳定。

2）洲头形态稳定。水流不顶冲洲头，历年深泓分流点都在洲头以上一定范围内移动，没有顶冲上提和下移的单向变化。主流从仪征弯道段稳定地进入主汊（右汊）后，靠右岸而行；汊流进入支汊（左汊）后深泓也较稳定。

3）两汊形态基本稳定。世业洲左汊平面形态一直处于稳定状态，基本无崩岸现象，右汊除下段龙门口处有些崩岸外，总体上也处于稳定状态。两汊内河床基本处于冲淤平衡态势，没有此盛彼衰的现象。

4）主、支汊水流交汇后形成节点处的局部冲刷深槽，该深槽也较稳定。

5）分流比稳定。世业洲左、右汊分流比的变化与长江中下游许多汊道一样，也具有支汊汛期较大、枯期较小、年内呈周期性变化的特性。但它长期总是维持左、右汊分流为1：4的均衡态势。

有了进口段、洲头形态和两汊平面形态的稳定，又有了两汊冲淤保持相对均衡的状态，加之分流比的稳定，说明世业洲汊道在那个时段处于较高程度的稳定状态。人们曾经将它称之为"模范河段"，是我们在 20 世纪 80 年代实施的镇扬河段一期整治中没有将它列为整治范围的缘故。

世业洲汊道之所以能长期维持稳定，作者认为，其原因应该是两个主要方面：①进口段河势长期稳定，就是说，进口段仪征弯道的水流，其主流能长期保持良好的过渡状态进入世业洲的主汊。进口段水流如果顶冲持续下移，则既破坏了原有进入右汊的衔接状态，相应影响右汊内水流弯曲状态并影响右汊形态的变化，同时顶冲下移又改变了世业洲头分流的态势，也会对两汊相对均衡态势带来不利影响；水流顶冲持续上提对两汊的稳定同样会产生不利影响。②主汊（右汊）与支汊（左汊）的长度之比为 1：0.83，面积之比为 1：0.24，主流顺畅地进入右汊说明它有较强的过流能力，与其相适应的纵比降可以相对较小，而左汊因过水面积小，阻力大，需要较大的比降与其适应。在瓜洲节点水位控制下，左汊短以较大比降在口门处产生的壅水与右汊长而以较小的比降在口门处分流段产生的壅水在不同水文条件下，都使上游主流以弯曲的形式进入右汊。进而言之，虽然在不同水文条件下两汊纵比降与分流比都会有周期性变化，但综合作用结果也使两汊保持了较长时段的稳定均衡状态。

（3）进口段河势变化对汊道分流的影响——以武汉河段天兴洲汊道为例。

弯曲型双汊河段上游进口段河势变化对分流影响最为典型的应数天兴洲汊道。长江中游武汉河段天兴洲汊道段上起龟蛇山节点，下迄阳逻，全长 35km，属弯曲型双汊河段。约 19 世纪中后叶，武汉河段的主流在龟蛇山节点以上位于江南侧，经节点后过渡到天兴洲北侧，天兴洲南汊为支汊，称为青山夹水道（图 3-20）。1912 年前后，节点以上主流开始向北侧过渡，20 世纪 20—30 年代，节点以上主流已完全过渡至北侧，形成白沙洲的左汊，并为主汊，但主流经过节点后还在天兴洲北侧（左汊），至 50 年代初主流仍在天心洲的左汊。直到 50 年代后期，深泓线才由白沙洲左汊经过节点后过渡到天兴洲的右汊。这一过程说明了上游河势主流（主汊）相应的易位变化对节点以下也带来主流（主汊）相应易位的结果，但是由于龟蛇山节点的控制和调节的作用，上游变化对于下游变化有一个滞后的影响，就是说下游的响应在时序上是一个滞后的过程。这充分表明，上游河势的变化影响着节点下游流场在断面上的重分布，如果说在深泓分汊后存在两个流核的话，则说明在它们之间发生了强弱的转化，逐渐将天兴洲分汊前纵向水流的主流流核自左向右产生了转移。

白沙洲左汊形成主汊后其分流比一直朝不断增大发展，相应地天兴洲右汊分流比也不断增大，至 20 世纪 60 年代初分流比超过 50%，体现了进口段纵向水流中右部流核（或右部流量）不断增大而左部流核（或左部流量）不断减小的结果。随着后来 20 世纪 70—21 世纪初白沙洲左汊分流继续增加，主流经节点后一直傍靠右岸，径直进入天兴洲右汊，使其枯水期分流比达到 95% 以上，左汊分流则不断减小，汊内河床严重淤积，口门拦门沙淤积严重，已与左岸边滩和洲头边滩连成一体，使左汊在枯季近于断流的局面。以上就是武汉天兴洲汊道进口段河势变化对汊道分流及其河床演变的影响。可能人们会提出，左汊比右汊长会不会有阻力因素的影响。在上游进口段河势变化已经影响到纵向水流流速场

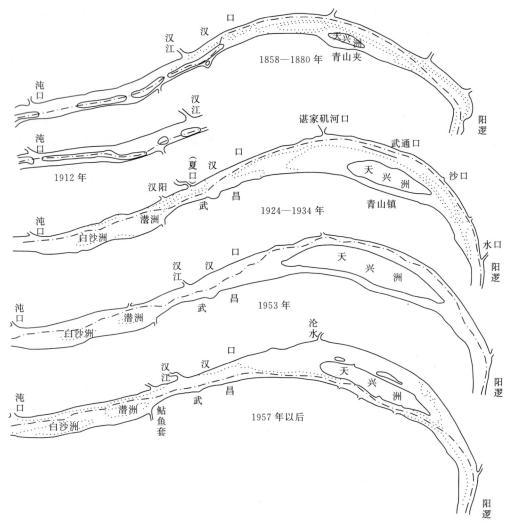

图 3 - 20　长江中游武汉河段天兴洲汉道历史演变

的重分布，对右汉产生的有利影响将持续，同时在左汉河床开始淤积的情况下，左汉淤积河床阻力增大与右汉冲刷、河床阻力减小的对比肯定会加速上述变化的进程，在发展过程中不能不认为也是一个影响因素。但是，在初始阶段两汉长度差别并不大（左汉长度稍比右汉大）但左汉断面尺度比右汉大得多的情况下，不能认为左汉的阻力比右汉大（可能正恰恰相反），在这种情况下应当认为上游进口段河势变化的作用和影响是唯一的，或退一步说是主导的，至少可以说是占优的。从这里分析的目的是让我们注意到上游河势影响的深远意义，它应是一个长期都施加影响的因素。

（4）比降的变化对汉道分流的影响——以镇扬河段和畅洲汉道为例。

比降变化对汉道分流及河床演变的影响在最近几年来愈来愈为人们所重视。和畅洲汉道在近半个多世纪的变化生动说明了这一点。长江下游镇扬河段和畅洲汉道上起六圩弯道末端沙头河口，下至五峰山与扬中河段相接，全长约 18.5km。在 20 世纪 50 年代初为弯曲双分汉河道，两汉都为弯曲形态，两汉分流在 50％左右，可谓"平分秋色"。之后，随着六圩弯道的不断发展，和畅洲汊道分流也在相应变化，其右汊分流比逐渐增大成为主汊，到 60 年代末，六圩弯道已发展成一个曲率适度、顶点以下成为曲率较大控导形态的弯道，使其主流平顺地进入和畅洲右汊，和畅洲头不仅不再受顶冲，而且洲头以上与洲头右侧淤出一片滩地。到 1974 年，和畅洲右汊分流比接近 75％，左汊则已由弯曲形态变成长度较长且曲率较大的鹅头型支汊。此时整个镇扬河段呈现有史以来最好的河势，即其主流上自仪征弯道段向左微弯，然后进入向右弯曲的世业洲右汊，与左汊（支汊）汇合后又进入向左弯曲的六圩弯道，以下主流再向右进入向右弯曲的和畅洲右汊，与左汊（支汊）汇合后再顺接大港弯道段，形成连续的 S 形弯道（图 3－21）。

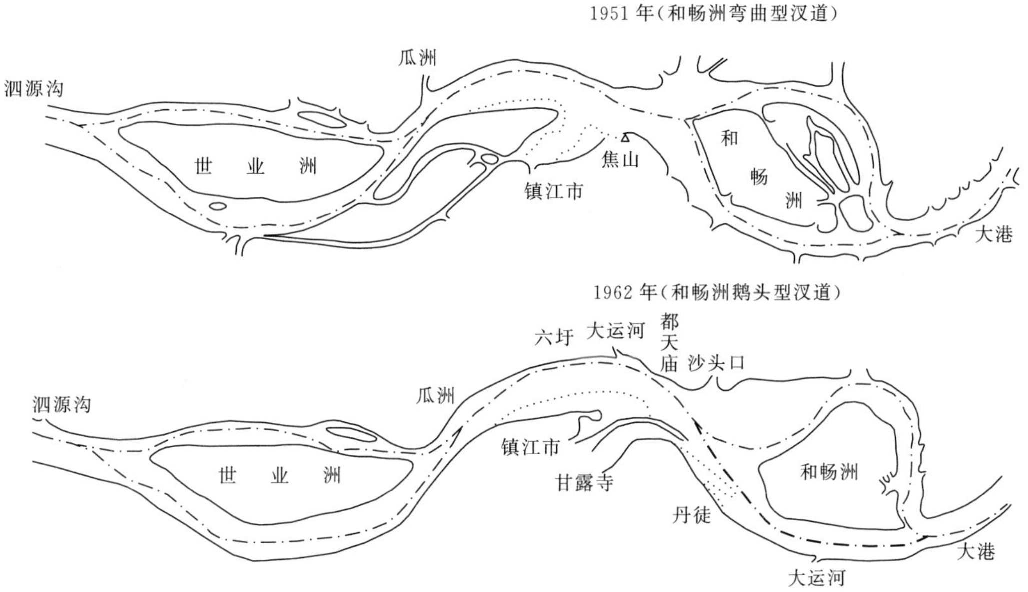

图 3－21　长江下游镇扬河段 20 世纪 50—60 年代河床演变图

以上是镇扬河段和畅洲汊道自 20 世纪 50 年代初至 70 年代初变化的过程，该汊道已从一个弯曲型变为鹅头型。可以说，20 世纪 60 年代末至 70 年代初整个镇扬河段呈现稳定而且对各方均较有利的河势。假如在那个时候将当时的河势能稳定下来，则可避免后来发生的大规模崩岸而保住扬州邗江的大片土地，可维护镇江港新开辟的焦南航道正常运行，满足和畅洲右汊南岸工业各部门岸线利用要求[2]。可以认为，此时和畅洲汊道的进口段河势与左、右汊阻力形成的比降之间处于均衡而稳定的关系。从动态意义来看，六圩弯道崩岸在继续，弯道还存在向下蠕动的态势；同时，和畅洲左汊已成为鹅头型，不仅长度大，断面小，沿程阻力大，而且弯曲的鹅头使其形体阻力也大，其纵向比降也应大于右汊，两汊形成对上游壅水在汊道进口段自然是左侧大于右侧。这一向上游壅水的作用正好抗衡上游主流向下蠕动发展的惯性作用，综合作用的结果是使主流平顺弯向右汊而不顶冲洲头，使分流区受到来自上游和下游动力作用的均衡而呈相对稳定态势。

可是，这种自然条件下形成的均衡河势毕竟是脆弱的。这一良好河势格局维持的时间不长，1974—1975 年和畅洲左汊鹅头型边滩上的倒套串沟被切滩水流裁直贯通，彻底破坏了以上均衡态势。裁直后的新河与鹅头曲折河长之比为 1∶3，新河比降骤然增大，使左汊产生突变：由于新河扩大泄流，左汊分流比猛增；新河迅速扩大并取直，流程缩短，更加增大其分流比；左汊分流的迅猛增大和河床急剧冲刷使其进口水位降低，给分流区的流速场及河势带来巨大的变化。由于左汊口门水位降低，原来在分流区形成的均势被自右至左横向水位差形成的横比降改变的流速场所取代：分流区深泓北偏，纵向水流整体朝左移动，洲头前新淤的滩地被冲刷殆尽，洲头也遭受水流持续的强烈冲刷而后退；由于主流远离南岸，焦南航道迅速淤积而放弃运行，招致镇江港废弃；更有甚者，由于均势遭受破坏，上游弯道崩岸迅猛向下发展，进口段河势变得更加有利于左汊拓展。以上变化的结果，使得和畅洲左汊分流比在 8 年内以每年增大 3.5 个百分点的速度发展。1984 年实施洲头及其右侧防护工程后，一度舒缓了左汊发展的速率，但不久又迅速发展，至 1987 年施测三次左汊的分流比均达 50% 左右，可见无论洪、中、枯期水文条件下左汊分流比均在猛增，至 90 年代末分流比已达 70% 以上。

除上述变化之外，作者还进一步认为，和畅洲左汊的突变还影响到世业洲汊道的变化，这就是世业洲左汊为什么近二三十年来不断发展，其原因应当与和畅洲汊道的演变联系起来。当我们在 1987 年进一步分析世业洲河床演变时，诧异地发现 1976 年比 1969 年世业洲左汊明显地冲刷发展，使得我们认识到过去一直认为长期处于稳定的世业洲汊道正在发生变化，当时我们在河演分析报告中明确作出了世业洲左汊处在缓慢发展的结论，并在后来的河道观测中证明了左汊进一步发展。关于世业洲左汊发展原因，有的认为是上游龙潭栖霞弯道顶冲下移所引起，有的认为是右汊尾端龙门口对岸淤积、河宽束窄形成卡口以致对右汊产生抑制作用相应使左汊发展。作者认为，和畅洲 1974 年左汊突变使左汊泄流能力迅猛增大，左汊进口水位的降低整体上使分流区水位降低，经过比降很缓的六圩弯道传递到世业洲汊道出口瓜洲附近，水位也有一定程度的降低，这就势必加大世业洲汊道的比降。由于该汊道左汊长度短于右汊，因而加大左汊的比降比右汊更显著。正因为这一动力因素的对比发生了更加有利于左汊的冲刷发展，所以这才应是左汊发展的根本原因。这一从下游影响上游通过比降变化来阐述世业洲左汊发展与和畅洲汊道演变相联系的观点在若干年以前得不到认可，现在看来也未必为较多的业内同行所接受。

总之，从目前对河床演变认识来看，上游河势对下游的影响已为业内界广泛认同，但其中弯道如何有效控导及其作用的积极意义仍未引起足够的重视；而下游对上游的影响，仅限于基准面的顶托作用，忽视它的消落作用；下游对上游的影响基于阻力和比降的概念还远远未被业内界认同，特别是对分汊河段演变和整治更为重要的从机理上认识还有待做更多的工作。

3.5　河道整治中的比降变化及其影响

迄今，在长江中下游实施的河道整治工程中对河床演变影响较大的有以下 4 类：①河势控制护岸工程。虽说一般的护岸工程对河岸边界仅仅是一种防护，但通过它控制河道的平面变形，对改变河道的平面形态和断面形态从而调整其水流流势仍具有一定的作用；而旨在调整河势的护岸工程，对于改善和控制河势将具有更大的作用。②裁弯工程，通过人工系统裁弯及裁后的河势控制，将蜿蜒型河道整治为弯曲型河道，在长江这条大江大河上实乃改造河型的壮举。③堵汊工程，乃是历史上和现今长江中下游分汊河道多汊变少汊、河道渐趋稳定的整治措施，既符合河道演变历史发展的规律，也是人类社会经济发展的需要。④进一步稳定江心洲汊道分流、控制其河势的整治工程。本节主要分析研究实施上述四类河道整治工程中比降的变化及其对河床演变的影响。

3.5.1　河势控制护岸工程

纵观长江中下游的护岸工程，大部分防洪护岸工程都是在河道经长年累月的变化已经趋于某种相对稳定形态下实施的，客观上都有稳定现有河道河势的作用。而从河势控制出发而实施的护岸工程，对防护岸段形成合理的平面形态以有利于自身的稳定和与上下游河段河势的平顺衔接则更具有主观能动的积极作用。

自 1975 年长江中下游第一次护岸经验交流会以来，长江中下游各省市在护岸工程实施中就注意到护岸工程要发挥河势控制的作用。通过实践，人们可以得到以下方面的认识：①对于顺直型河段，最好能进行一定程度的平面形态调整，成为微弯形态，利于对河势的控制。对犬牙交错边滩形态，如八卦洲右汊，在洲头、燕子矶、天河口一带的深槽特别是主流微弯过渡的末端进行控制性护岸，也取得了河势趋于稳定的效果。②对于弯道崩岸的抑制与河势的控制，不宜从上游至下游"追着崩岸的足迹"防护，而应先控制弯道末端顶冲的下移，由下而上地防护。③凹进的宽度要考虑与下游河势控制相衔接。就南京河段来说，梅子洲左汊 20 世纪 50 年代为主汊，是顺直型河道，边滩和心滩的冲淤变化导致下关、浦口频繁发生崩岸险情。经过 60 年代的自然演变和 70 年代初的护岸，梅子洲左汊顺直型河道已变成与上、下游河势平顺衔接的两个微弯段，直至 21 世纪初河势仍基本保持稳定。为什么南京河段能长期维持较稳定的河势呢？这是因为，除了梅子洲左汊上述河势转化和控制之外，对七坝以上弯道的护岸和对西坝头开始形成弯道时的护岸均为自下而上实施，控制了弯段顶冲的下移，取得了控制河势并与下游河势相衔接的效果。

为什么强调顺直型河段尽可能适度变弯后再防护和弯曲型河段崩岸控制应自下而上防护呢？因为顺直型河段适度变弯后，水流比降在该河段内能适度调平，水流在该河段内得到进一步耗能，不仅将凹岸段向下蠕动、边滩、心滩向下移动所消耗的能量转化为向岸凹进做功需消耗的能量，而且比降的调平和流速的减小符合水流 VJ 趋小的内在规律。另外，在一条弯道的自然形成中都遵循着从上游至下游不断弯曲、不断向岸凹进、不断顶冲下移而蠕动的发展模式，以完成其平面变形的过程。在这个过程的某一阶段如需控制河势，就必须当时在弯段的末端（拐点）先控制弯道顶冲段的下移，而不能从上游至下游逐段防护，不能崩到哪里护到哪里。显而易见，前者首先遏制了弯道继续向下游蠕动，而后者是跟着蠕动不断向前防护但河势不易控制。弯道末段是流量分布集中或流速横向梯度较大部位，是能量消耗大的部位，有邻近它上游的岸段崩退，就有利于分散其能量的消耗，再向上游邻近岸线进一步崩坍凹进，直至形成比原岸线更大幅度的凹进，造成做功更分散、能量更多的消耗，形成与下游河势衔接良好的控导岸线。这样，通过拐点以上形成弯道长度更长、崩进幅度更大并且受到控制的新岸线边界，对原顶冲下移的水流方向有个较大的上提，从而对下游起着河势控制的作用。也就是说，通过拐点以上比降的调平，流速的减缓，使得在拐点附近集中而促使弯道向下蠕动所消耗的能量，能转移到拐点以上凹进弯段需要消耗的能量，这也符合水流能耗功率趋于最小的原理。

3.5.2　裁弯工程

3.5.2.1　下荆江系统裁弯工程概况

下荆江系统裁弯包括中洲子、上车湾人工裁弯和沙滩子自然裁弯以及后续的河势控制工程。中洲子人工裁弯于 1966 年 10 月开工，1967 年 5 月完工，引河经过 1967 年汛期冲刷于冬季成为主航道。上车湾人工裁弯 1968 年 12 月至 1969 年 6 月实施，引河过流后经过一个汛期的冲刷至冬季尚不能通航；为了不形成两河并存均不能通航的局面，遂实施第二期疏挖工程，至 1971 年 5 月新河成为主航道。原规划实施的沙滩子裁弯于 1972 年 7 月发生自裁，因对河势影响较大，于当年冬季即开始进行河势控制。下荆江系统裁弯使河道长度缩短了 78km，三个裁弯均分别降低各段的侵蚀基准面，对上游河道带来长距离的冲刷，据分析，裁弯后不久其水位的影响已达砖窑（距石首约 182km）[12]。下荆江系统裁弯工程扩大了荆江泄量，缩短了航程，裁除了浅滩，取得了显著的防洪、航运效益。

3.5.2.2　下荆江系统裁弯上游水位降低

下荆江系统裁弯后，荆江河段普遍发生冲刷。据 1965—1993 年资料统计，荆江河段枯水河槽、中水河槽和平滩河槽分别冲刷了 5.65 亿 m^3、6.81 亿 m^3 和 9.52 亿 m^3，即枯水河槽、枯水位至平均水位之间河床和平均水位至平滩水位之间河床分别冲刷了 5.65 亿 m^3、1.16 亿 m^3 和 2.71 亿 m^3。这是因为三个裁弯段的洪、中、枯水期基面均降低而产生溯源冲刷的结果。下荆江系统裁弯使上游水位普遍降低，降低值自下游向上游递减。其中 1966—1972 年石首、新厂、沙市的洪水位降低值分别为 1.06m、0.65m、0.50m[12]，相应分别扩大泄量 11700 m^3/s、8000 m^3/s 和 4500 m^3/s；流量为 4000 m^3/s 下的枯水位石首、沙市、陈家湾站 1978 年比 1965 年分别下降了 1.80m、1.40m 和 1.20m[14]。据研究，裁弯后水位影响的范围现已上溯超过枝江站（距郝穴站 142km），远远大于下荆江河道缩短的长度。

3.5.2.3　裁弯实施后比降的变化

1. 裁弯新河比降的变化

研究表明[14]，裁弯新河刚过流时，其进出口水位即原来老河相应位置的水位，新、老河比降之比近似为裁弯比的倍数。如果说，中洲子和上车湾的裁弯比分别为 8.5 和 9.3，那么，其新河刚过流时的起始比降就是接近老河比降的 8.5 倍和 9.3 倍。显然，具有这么大比降的水流将会对新河河床产生剧烈的冲刷。中洲子新河自 1967 年 5 月过流后，至 10 月份历经汛期 5 个月，其过水断面积就达 6800 m^2，分流比达 67%，到第二年 5 月经历了汛期和枯期一整年，其过水断面积达 10000 m^2，分流比则达 80%～90%，到 1968 年 10 月又经过一个汛期，分流比达 97%，可见冲刷之迅猛！相应地，随着断面的增大和过流能力的增强，其比降也在迅速的调缓，其新河比降（J_1）与新河下游河道比降（J）之比值由过流后不久的 6.0 迅即减为同年 10 月的 1.6，到第二年 5 月该比值 J_1/J 又减为 1.3，不过到年底又升为 1.7，可见新河仍然还保持较大的比降［图 3 - 22 (a)］。上车湾新河虽然冲刷相对较缓，但也处在快速发展的状态。自 1969 年过流后到 1971 年汛后断面积达到 8000m²，枯期分流比则已达 97%；到 1973 年底断面积达 11200m²，这期间分流比汛期只有 83%，可见在高水位时老河还有一定过流能力。与新河冲刷发展相应，其比降调缓也

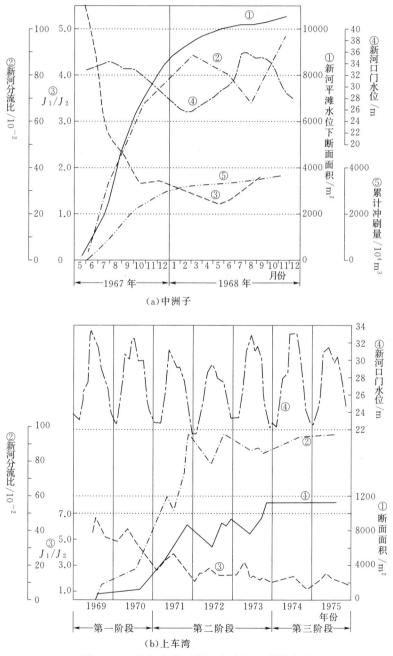

图 3 - 22　长江中游下荆江裁弯新河冲刷发展

109

较快，J_1/J 由过流时 1969 年的 5.1～6.8，到 1972 年减为 2.3～3.0，到 1975 年又进一步减为 1.7～2.3 [图 3-22（b）]。综上所述，中洲子新河冲刷与上车湾新河相比发展更快，比降的调缓也更快；同时也表明，两裁弯新河在上述时段末仍具有比原河道更大的比降，此后仍将继续调整并对上游河段产生影响。

2. 裁弯对荆江河道比降的影响

研究表明[13]，在枝城流量分别为 5000m³/s、20000m³/s、50000m³/s 和城陵矶水位分别为 20m、27m、31m 的同流量、同水位下，裁弯后 1973—1988 年与裁弯前 1953—1966 年相比，比降沿程变化的特性基本没有改变，即郝穴以上仍为比降随流量增加而变大，郝穴以下仍为比降随流量增大而变小；但整个荆江的平均比降在裁弯后均有程度不同的增大，其中枝城至郝穴段上述 3 种同流量同水位下的比降分别由 0.477×10^{-4}、0.483×10^{-4}、0.545×10^{-4} 增大到 0.549×10^{-4}、0.560×10^{-4}、0.616×10^{-4}；郝穴至七里山则分别由 0.480×10^{-4}、0.404×10^{-4}、0.358×10^{-4} 增大到 0.622×10^{-4}、0.489×10^{-4}、0.475×10^{-4}（见表 3-6）。应当说明，上述比降的变化还受到裁弯后河道的缩短、三口分流的变化以及洞庭湖出口基准面变化等方面的影响，这里不一一分析。可以看出，裁弯后的荆江河段直至 20 世纪 80 年代末河床仍处于冲刷调整中。

表 3-6　　　　　系统裁弯前后荆江河段水面比降变化（10^{-4}）

时段 河段	$Q=5000, Z=20$		$Q=20000, Z=27$		$Q=50000, Z=31$	
	1953—1966	1973—1988	1953—1966	1973—1988	1953—1966	1973—1988
枝城—砖窑	0.577	0.737	0.573	0.662	0.686	0.894
砖窑—陈家湾	0.409	0.465	0.539	0.599	0.700	0.617
陈家湾—沙市	0.561	0.579	0.410	0.485	0.242	0.394
沙市—郝穴	0.359	0.416	0.410	0.494	0.551	0.559
平均	0.477	0.549	0.483	0.560	0.545	0.616
郝穴—新厂	0.574	0.805	0.526	0.614	0.404	0.538
新厂—石首	0.532	0.633	0.433	0.498	0.359	0.380
石首—调弦口	0.429	0.453	0.407	0.414	0.408	0.400
调弦口—姚圻脑	0.424	0.698	0.367	0.554	0.343	0.656
姚圻脑—七里山	0.439	0.520	0.287	0.363	0.277	0.401
平均	0.480	0.612	0.424	0.489	0.358	0.475

注　Q—枝城流量，m³/s；Z—七里山水位，m。

3. 裁弯引河口门的横比降

在裁弯工程研究中人们都注意到其纵比降的变化特性，而对于引河口门附近的横比降和横向水流以及它的影响都未见报道，但人们可以想象得到，在引河过流后的发展过程中，口门附近是具有横比降并应在上溯一定距离内都应有横向水流。如上所述以中洲子裁弯为例，刚裁弯时，引河口门与老河在同一断面上水位基本上是相同的，新河过流的瞬时比降应为老河比降的 8.5 倍（即裁弯比 α）。过流后不久，新河比降很快地减小，与下游干流比降之比值约为 6.0[13]。然后，随着引河的不断冲刷扩大，其比降便不断调平变缓。由此看出，在裁弯新河发展的初期存在一个引河口门水位骤跌而形成自老河口门至新河口门的横比降。

现假定河道裁弯前老河比降与下游河道比降相同，令为 J，α 为裁弯比，新河口门在刚通水时（t_0）的瞬时比降为 J_0，则此时 $J_0/J = \alpha = 8.5$；当新河通水后与下游河道比降之比（β_1）为 6.0 时（t_1），即 $J_1/J = \beta_1 = 6.0$，则有 $J_0/J - J_1/J = \alpha - \beta_1 = 2.5$；令新河长度为 l，在 t_0 和 t_1 时的落差分别为 Δh_0 和 Δh_1，则有 $\Delta h_0 - \Delta h_1 = (\alpha - \beta_1)Jl$；若裁弯前比降 $J = 0.4 \times 10^{-4}$，中洲子新河长度 $l = 4300\text{m}$，则 $\Delta h_0 - \Delta h_1 = 2.5 \times 0.4 \times 10^{-4} \times 4300\text{m} = 0.43\text{m}$，说明新河刚通水的阶段在口门处老河对新河的水位落差达 0.43m。若新、老河之间宽度以 1000m 计，则口门处存在 4.3×10^{-4} 的横比降。

当中洲子新河迅速发展到同年的 10 月时（t_2），新河与下游河道比降比值 $J_0/J = \beta_2$ 已大幅降为 1.7，则 $\Delta h_1 - \Delta h_2 = (\beta_1 - \beta_2)Jl = 4.3 \times 0.4 \times 10^{-4} \times 4300\text{m} = 0.74\text{m}$，相应地横比降为 7.4×10^{-4}。可见，在中洲子新河发展的第一年汛期，在裁弯新河口门处会存在多么大的横比降！

在新河口门以上一定范围内由横比降形成的横向水流，势必对新老河的分流区域的河床带来很大的冲刷，特别是对口门分流"鱼嘴"部位会造成更大的冲刷。从引河过流 5 月 28 日至 9 月 24 日约 4 个月期间，新河口门宽展了 1000m，而新河内扩宽只有 400～500m，洲头"鱼嘴"部位除纵向水流冲刷之外，还受到横向水流的冲刷。

从中洲子裁弯发展中新河比降与下游河道比降之比的变化和分流比变化的过程可知，从 1967 年 5—10 月这一阶段，比降比由 J_1/J 为 6.0 减至 J_2/J 为 1.7，分流比由百分之几升至 67%，平均每月增加 13.4 个百分点；而自 1967 年 10 月至 1968 年 5 月（t_3）期间，比降比由 J_2/J 为 1.7 减至 J_3/J 为 1.3，可得 $\Delta h_3 - \Delta h_2 = 0.07\text{m}$，横比降减为 0.7×10^{-4}，而此时分流比增加为 80%，平均每月增加 1.8 个百分点。由此说明这一期间横比降的作用和分流比的增速都大大减小了，口门部位局部水流的影响逐渐处于次要的地位，此后新河的冲刷发展及其上游河床的冲刷主要应受纵比降增大的纵向水流的持续作用。

分流比还受到年内水文因素周期性变化的影响，如 1968 年汛期 8 月，引河分流比减小为 68%，到枯期 11 月增大到 97%，说明中洲子裁弯经历一年的演变，其老河在枯期基本断流，但洪水期仍有一定的泄洪作用。

3.5.3　堵汊工程

长江中下游分汊河道的堵汊工程是指在汊道河段的主汊或支汊内，采取建挡水坝工程措施，调整分流比或完全堵塞汊道，达到防洪、航运、水土资源综合利用的目的。历史上，长江中下游大都为多分汊河段，通过自然演变和人类开发利用，大多数都转化为双分汊河段，也存在少数的三分汊河段甚至个别还有四分汊河段。总之，长江中下游分汊河道历史演变遵循一条由多汊变少汊，江心洲并洲并岸，河道宽度不断束窄的规律。在人类历史进入到 21 世纪的今天，人们在保护长江、利用长江方面提出了新的要求，在长江中下游分汊河道治理中，似不宜强调将分汊河道非整治成单一河道不可，对于多汊河段宜通过堵汊工程整治为稳定的双汊河段；对于已有的双汊河段，宜稳定或调整其分流比，整治为更稳定的双汊河段。这样将更有利于两岸和江心洲经济社会多方面的发展，最大限度地满足综合利用的需要。对于新近生成的、影响河势稳定的小支汊以尽早堵塞为宜。

在长江中下游分汊河道整治史中，不管是过去，还是现在，甚至将来，堵汊工程都是一种有效的工程措施。长江中下游堵汊工程有三类：一是将支汊完全堵塞的堵坝工程，我们称之为洪水整治工程，这在实践中为大多数；二是将坝高程定为枯水位至平滩水位之间的锁坝工程，称之为中水整治工程；三是将坝高程定为枯水位以下的潜锁坝工程，称之为枯水整治工程。必须说明：①完全堵塞的汊道必须是支汊，而且是小支汊；②中水整治的锁坝也只能在支汊内实施，避免带来大的河势变化；③潜锁坝用于调整枯水分流比，一般也在小支汊内实施，但也可在分流比较大的支汊内甚至可在主汊内实施。作为特例，在长江下游和畅洲左汊内分流比达 75% 且仍在发展的情况下实施潜锁坝工程表明是可以调整分流比的。

3.5.3.1　堵汊工程作用和影响的共性

1. 壅高上游水位和减缓上游比降

长江中下游无论是堵坝，还是锁坝或潜锁坝，工程实施后对上游水位都有不同程度的壅高。由于长江中下游自然比降很缓，壅水的范围向上游可能延伸较长，壅水的高度取决于坝的高度和拦截的断面积。

由于堵汊工程抬高了上游水位使上游比降变缓而对汊道分流产生影响，要获得较好的分流效果，关键在于工程对口门水位壅高的程度，所以堵汊工程在汊内位置的选择很重要。一般来说，从初始的效果看，坝址布置在上段好于中段、更好于下段，因为下段的壅水作用大多发生在汊内，大大减小了口门水位的壅高，因而分流作用较弱；而在上段靠近口门处的堵汊工程壅水效果更为显著。如果河流的含沙量较大，堵汊工程建于下段，泥沙在汊内将充分产生淤积。由于坝上游河床高程的抬高，对后期的壅水和分流效果会更好些。显然，对于长江中下游含沙量不是很大而在今后更趋减小的情况下，堵汊工程建于上段为好。

2. 洲头附近与分流区的横比降和横向水流

堵汊工程使进汊水流上游的纵比降减小，在洲头附近和分流区形成横比降，如前所述，此处的横比降在性质上不是弯道水流离心惯性力形成的，不可能形成类似弯道的环流，而是由下游汊道的阻力对上游的壅水作用形成的。在汊道口门横比降较大处，可能造成洲头滩面横向水流的冲刷和洲头滩的切割，或加强洲头前深槽部位的横向过流；在上游分流区部位则由纵比降支配的纵向水流和横比降支配的横向水流共同作用下影响其流场的重分布，即影响流场中质点流速的大小和方向，也即影响上游壅水范围的流束和动力轴线向彼汊的转向，从而调整其分流。图 3-23 为镇扬河段和畅洲左汊实施潜锁坝对上游水位影响的二维数模研究成果[15]。

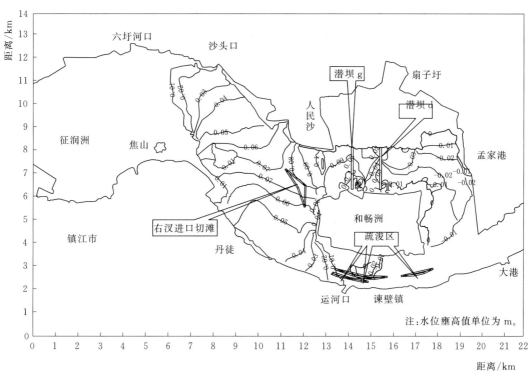

（a）平滩水位流量 $Q=48150\text{m}^3/\text{s}$

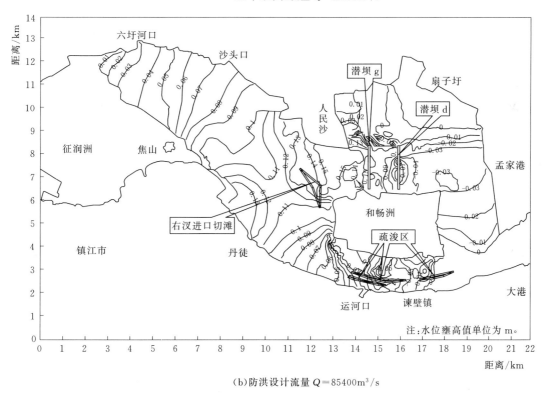

（b）防洪设计流量 $Q=85400\text{m}^3/\text{s}$

图 3-23　镇扬河段和畅洲左汊潜坝二维水流计算水位壅高等值线

3. 动力轴线的调整

堵汊工程实施后，在横比降的作用下，原自上游进入本汊道段的动力轴线会发生不同程度的偏移，有可能形成以下各种现象：①水流原来顶冲洲头并形成洲头冲刷坑的纵向水流可能向外偏移，离开洲头而进入彼汊，洲头险工脱流，冲刷坑回淤（如安庆河段官洲西江的堵汊）。②在河道沿程展宽率较大的分流区，被堵支汊的纵向水流在横比降的作用下，其水流的偏移往往是就近分布，若江心洲另一侧为深槽和动力轴线紧靠，则深槽将会向外拓宽，主流顶冲部位将下移（同上）；若江心洲另一侧为边滩，则边滩将可能被水流冲刷切割成倒套或串沟或甚至形成新的小支汊（如南京河段兴隆洲的堵汊）。③在河道沿程展宽率较小较为顺直的分流区，洲头滩或沙埂向上延伸较长，另一汊的深槽与上游深槽呈交错关系时，较大的横比降有利于洲头滩或沙埂的切割，越滩水流径直进入彼汊的深槽。由于彼汊深槽泄流能力强，水位较低，横向水流的流速也较大，有利于浅滩的冲刷。

4. 堵汊后河势调整相关影响

在分汊河段自然演变中或在实施整治工程的作用下，支汊分流处于减小趋势，此时主汊因分流比的增大和动力轴线的调整，河势也必发生相应的调整。一般来说，水流弯曲半径将增大，水流顶冲向下游发展，以致影响出口节点的稳定。如团风河段近期东漕洲主汊（右汊）分流增大弯道下段向下游发展，使节点左岸遭受冲刷；芜湖河段曹姑洲右汊（主汊）分流增大，下段陈家洲右侧崩岸也向下游节点处发展，使马鞍山河段江心洲汊道进口左岸和边滩上端发生冲刷。因此，在堵汊工程特别是堵塞支汊的堵坝工程实施后，一是由于纵向水流动力轴线的变化，二是因为分流比的变化，三是支流出口的顶托作用被消除，主汊内水流顶冲将下移、河弯半径将增大、出口水流将偏移，主汊的河势将发生调整，这种调整将波及汊道的出口节点段乃至下游河段，值得重视。

3.5.3.2　堵坝工程

历史上，人们采取的江心洲并岸、并洲措施均为将支汊完全堵死的堵坝工程，即坝的高程基本上修至与两岸堤防相同的高程，至少与洲堤同高程，这往往是人们结合围垦增加土地并缩短防洪堤线的整治措施。在近半个世纪来实施的堵汊工程中，有的通过堵汊消除汊内的崩岸，有的是结合灭螺消灭血吸虫病害，甚至有的还作为电厂的堆灰场。在目前长江中下游河道整治中，只有对于多汊河段中分流比很小的支汊才可以考虑实施封堵，这对防洪影响相对较小，对可能引起的河势变化也是可控的；但必须是有利于综合利用、有利于经济发展、对防洪没有不利影响的前提下才可以考虑实施。对汊内尚有重要设施的支汊不仅不能封堵，还应采取其他整治措施维护它的存在；如该支汊在整个河床演变中不利于河势稳定或堵之也基本不影响河势稳定，也不宜实施堵汊，可以考虑采取建闸控制措施，使其在河床演变中处于边缘化地位，同时又不影响该支汊内的岸线利用。

堵坝工程的位置选择主要取决于整治的目的。选择在洲头附近的上段建坝（特别是利用拦门沙的较高地形以节省工程量），有利于其壅水而形成对纵比降的减小和形成较显著的横比降，可较大程度地调整主汊的动力轴线，按照规划的治导线控制河势。而且，其坝上游淤积形态往往与上游河岸边界衔接，形成新的与上下游河势衔接较好的控导岸线。选择在支汊下段建坝则可考虑分期实施，使汊内河床淤积更为充分，特别是枯水位至平滩水位之间采取透水结构先促使泥沙更有效地淤积，之后再行封堵，从长远来看能够获得更多的土地。如从湿地利用和养殖考虑，堵坝可建在上游洲头部位，下游洲尾可设栅栏式透水建筑物，汊尾河床因回流产生的淤积可适时疏挖清淤。

3.5.3.3　锁坝工程与潜锁坝工程

中水整治的锁坝工程是在支汊内将坝的高程做在枯水位至平滩水位之间，也就是说，当水位在坝高程以下，其支汊所占的分流比全部被拦截而进入主汊，这一般都是在对江心洲需进行并岸、并洲的整治或对河势需作较大的调整时才有必要实施的整治。中水河床整治的锁坝工程对行洪将会带来不同程度的影响，分流比较大的支汊和坝高程较高时影响较大，分流比较小的支汊，坝高程较低时影响相对较小。枯水河床整治的潜锁坝工程是在主汊或支汊内将坝高程设在枯水位以下，主要用于调整枯水期分流比。在堵塞支汊的整治中，作为初期工程采用的潜锁坝，可以做成透水的结构型式，有利于支汊内河床泥沙淤积。枯水期分流比的增大，都将使枯水河床受到冲刷，在主汊内做潜锁坝，使支汊分流比增大带来的冲刷影响将更显著。用潜锁坝对枯水河床进行整治时，对中水河床也可能产生一些波及的影响，即枯水期分流比的增加可能使中水河床也有所冲刷，从而也使中水期分流比有所增加；枯水期分流比的减小，可能也使中水河床分流比有所减小和有所淤积。然而，枯水河床内的潜锁坝对行洪的影响是较小的。

如果在潜锁坝调整枯水期分流比的基础上也期望调整一下中水期的分流比，可以在尽可能提高潜坝顶高程的同时，将坝设计为变坡断面，使得潜锁坝在枯水位以上的过流河槽内也有一定的束流功能。在长江下游受潮汐动力作用较强的感潮河段，枯水位以下的断面积在全断面上占比相对较大的情况下，在枯水河槽内就应当将潜锁坝设计为变坡断面，调整枯水期分流比的效果可能更好，并且其影响会更有效地波及中水河床。

关于锁坝群作用的叠加问题，目前在长江中还没有这方面的整治实践和经验，我们在有关试验研究基础上作了进一步分析。长江下游镇扬河段和畅洲左汊口门附近的潜锁坝工程，是在该汊分流比已达 75% 并仍有增大趋势的情况下实施的。坝位距和畅洲头 440m，与汊内中坝位比较，其壅水分流效果更好。断面处深槽高程 −52m，坝顶高程为 −20m，长 242m，顶宽 10m，上、下游边坡分别为 1∶2.5 和 1∶3.0，断面两侧设计为变坡，坝体总长 1102m。坝身结构采用塑料土枕叠集，枕的尺寸长为 10m，直径有 1.2m 和 1.9m 两种，质量达 20～30t，坝上、下游为抛石护底，于 2002—2003 年实施完成了该工程。迄今 10 余次观测资料表明，该潜锁坝工程取得了减少分流比 2～3 个百分点的效果。2013年对坝体又进行了一次全面加固。近年来，南京以下 12.5m 深水航道整治工程安排在和畅洲左汊原潜坝下游 1300m 和 2600m 处各再建一道潜锁坝。潜锁坝顶高程为 −18.0m，两侧也为变坡，坝体总长分别为 1738m 和 1816m。试验表明，在右汊进口右侧滩岸疏挖和汊内边滩拓宽下，两道新潜坝实施后，左汊又减小了分流比 8.1～9.2 个百分点[15]，预计对航道条件的改善将会取得满意的效果。以上表明，和畅洲左汊内潜锁坝的作用是非常显著的。如果说，第一条潜锁坝取得了调整分流比 2～3 个百分点的效果，那么可以说，第 2 条和第 3 条潜锁坝又进一步增加了 8～9 个百分点，叠加的效果似乎更好。为什么第 2 座、第 3 座潜锁坝能取得右汊分流比增加比第 1 座潜锁坝分流比增加更加显著的效果呢？因为第 1 座潜锁坝是在克服许许多多导致左汊分流比迅速增大的因素综合起来施加的阻力影响，即工程的作用首先要与上述诸多因素产生的负面影响相抗衡，如不足以相抗衡的话，左汊仍然会处于发展状态，分流比仍然处于增加而充其量减小其增大速率而已；增加了 2～3 个百分点说明了在上述相抗衡的基础上，工程的力度还能使分流比有明显的增加。之所以后面接着兴建的第 2 座、第 3 座潜锁坝在工程量相当的情况下能进一步取得更多分流比的增加，一方面是因为第 1 座潜锁坝已经为后续工程扫除了障碍；另一方面和畅洲右汊口门右侧拐角的切滩和汊内左侧边滩的疏浚也起到了减阻作用，也是右汊分流比更多增大的因素。在分流比增加如此之大的情况，右汊河床必然受到冲刷。右汊由于流量的增大而且随着近年含沙量的减小，其河床的变形必然朝着既拓宽又刷深的方向发展。第 2 座、第 3 座潜锁坝的壅水减小了第 1 座潜锁坝下游的冲刷，有利于第 1 座潜锁坝的稳定。

　　显然，从纵、横比降的变化分析，左汊在原潜锁坝的基础上又增建了两道潜锁坝，大大壅高了在分流区原进入左汊纵向水流的水位，使其上游纵比降变缓的同时横比降增大，促使纵向水流的一部分加入右汊；右汊两个部位的疏浚，扩大了右汊泄量，使右汊比降调平，相应降低了口门水位，使分流区横比降进一步增大。当右汊开始冲刷发展时，分流的增大，过流能力的增强，使纵比降进一步调平；而同时左汊流量的减小，阻力相对增大，使分流区水位进一步壅高。这二者的综合作用将持续增加分流区的横比降，即增大了纵向水流进入右汊的驱动力，构成有利于右汊不断发展的良性循环机制，整治的前景应是较为乐观的。

3.5.4　江心洲整治工程

3.5.4.1　洲头整治工程

　　在长江中下游分汊河道的整治中，除了着眼于洪、中、枯水河床整治的堵坝、锁坝和潜锁坝工程之外，还有直接着眼于江心洲的整治，包括洲头部位、汊内和洲尾的防护。实践表明，江心洲头的整治应是江心洲及其分流态势稳定的关键。

　　1. 洲头整治工程型式及其效果

　　(1) 平顺防护工程。在洲头受到水流顶冲发生崩坍而后退时，往往会影响到两汊分流格局与河势稳定。这是因为：①洲头的后退将引起汊内比降的变化，在水流动力条件方面有利于短汊的发展；②洲头的后退将改变洲头口门形态及其与上游流势的相互关系，从而改变汊道的入流条件；③洲头受水流顶冲后退使汊内水流动力轴线相应蠕动下移，引起汊内的河势发生变化。洲头平顺防护工程的作用，是以平顺护岸型式维护洲头现有平面形态的稳定，抑制上述的变化朝不利方向发展，保持分流和现有河势的稳定。长江下游小黄洲、梅子洲、八卦洲等的洲头防护工程均取得了较好的效果。

　　(2) 洲头鱼嘴工程。这种型式是在洲头平顺防护的基础上，迎着来流方向将洲头防护工程向上游适当延伸，形成一个状如鱼嘴的形态。洲头鱼嘴工程在长江中下游并无典型的工程实例，但从曾在实验室内进行的八卦洲和和畅洲的鱼嘴方案试验来看，虽然在水流顶冲洲头形成的深槽中为形成鱼嘴而堆积了较庞大的工程数量，然而与洲头平顺防护工程相比，并无明显有利的效果。实践表明，对于比降很平缓、水深很大、弗汝德数很小的长江中下游江心洲头治理，鱼嘴形成的洲头局部冲刷坑尺度很大很深，工程量颇大，附加的效果甚微，似不宜采用。

（3）鱼骨坝与梳齿坝工程。这是近20年来长江航道整治中采用的一种新型洲头防护工程，多用于洲头有一向上延伸的、纵向坡度相对较缓的洲头滩。工程布置纵向为脊坝，坝根或连于河漫滩（岸）或接于洲堤，脊坝两侧设有横向齿坝为鱼骨坝，仅一侧有齿坝为梳齿坝，主要目的为固滩并稳定分流。当改变脊坝的方位（角度）时也可适当调整分流。显然，洲头的脊坝主要是控制洲头部位因横比降产生的横向水流，横向布置的齿坝主要是对纵向水流产生影响，从而也可适当调整其分流。这一防护型式的局部水流结构很复杂，对脊坝坝头和坝根以及齿坝可能产生的局部冲刷部位都加强了防护。在水流顶冲洲头和洲头前有深槽的情况下工程实施的难度较大。

（4）洲头圈围工程。在江心洲头不仅具有一向上延伸、纵向坡度较缓的洲头滩，而且滩的横向尺度也相对较宽，采用圆纯型式的圈围工程，不仅可在较大范围内稳定洲头，而且洲头前沿水流较为平顺，并可适应来流方向的变化。洲头圈围工程堤顶高程可平河漫滩，堤前和堤后要加强防护，堤内滩地可促淤或吹填；堤顶高程也可以较低形成潜堤，堤前堤后都需加强防护。这种防护型式对纵向水流干预不大，对洲头附近横比降形成的横向水流有一定的抑制作用；这种型式可成为洲头导流坝"生根"的基础（后述）。

以上四种洲头整治措施主要是维护洲头形态与河势的稳定，对调整分流作用较为有限。以下介绍的洲头导流坝在洲头分流区附近将有可能较大程度地改变其纵、横向水流结构，达到调整和改变分流比的整治效果。

（5）洲头导流坝工程。导流坝工程一般是指依附于河岸、期望将水流导向另一岸或另一汊的目的，它应比丁坝具有更大的长度，有足够长的着流硬边界，以便形成足够长度的导流岸壁，达到改变水流方向的目的。此处的洲头导流坝，与上述导流坝不同，它依托于洲头，坝长方位基本是斜向上游，而且对上游一定范围内的来流具有横向的拦截作用，壅高上游部分流束的水位形成横比降和横向水流，达到调整汊道分流的目的。导流坝的坝根与洲头河漫滩的滩岸相接（或与洲头圈围工程相接），或与洲头堤防相接。前者在水位高于平滩时，河漫滩水流在纵、横比降作用下，可能对洲头滩面产生冲刷甚至切割，为确保坝根处不被"抄后路"，需对附近滩面进行防护；后者拦截了在洪水期横比降作用下的横向水流，既防止了滩面受水流冲刷切割，也可调整洪水期的分流比。对于河道整治中的河势控制和航道整治中的洲头导流坝多属前者的范畴。

2. 洲头导流坝横比降的功能

洲头导流坝一般都有两个基本部分并分别具有两种功能：①其纵向部分（即基本平行于来流方向）的纵向坝（相当于鱼骨坝的脊坝），生根于洲头高滩或洲堤，或接于洲头圈围工程，其作用是拦截或削弱洲头部位横比降形成的横向水流，可在一定程度上调整分流比，并为导流坝前端的横向坝段提供依托；②在纵向坝前端与纵向水流成一定交角甚至基本垂直于来流方向的横坝部分，可以拦截一部分纵向流束，局部壅高上游水位，在分流区形成横比降，可在一定幅度内调整分流比。纵、横向部分长度和方位要按洲头具体地形布置，它们之间以曲线坝段衔接，避免造成局部冲刷。

对于洲头导流坝的功能，决不能从感官布置上来认识。洲头导流坝向上游的布置，如果与水流交角不大，即迎着来流方向只有一点偏角，看起来似乎有导流作用，但实际上基本对分流不起什么作用，即使向上游延伸较长，作用也不会显著。洲头导流坝起分流作用的关键部位是它的横向坝长对纵向水流拦截的程度，拦截的部分愈多，上游水位壅高愈显著，在分流区形成的横比降愈大，分流的效果就愈好。洲头导流坝要注重自身的稳定，加强局部冲刷的防护，同时顾及局部水流流态可能对航道造成的影响。

洲头导流坝与汊道口门处的锁坝作用在壅高上游水位形成横比降和横向水流的功能是类似的。不同的是，锁坝系在汊内，可以在全断面上壅高水位，可以在分流区形成该汊对另一汊的横比降和横向水流，而洲头导流坝是在洲头附近形成水位的壅高，它所形成的横比降使拦截的一部分纵向水流进入另一汊使其分流比增大，但坝头附近拦截的另一部分纵向水流仍归入原汊。

3. 导流坝的有效型式

迄今，长江中下游洲头整治工程以平顺防护较多，如马鞍山小黄洲头，南京梅子洲头、八卦洲头，镇扬世业洲头、和畅洲头，安庆官洲洲头，九江张家洲头，团风东漕洲头，武汉天兴洲头等，均取得稳定分流和河势的作用；鱼骨坝在航道整治中被广泛应用；圈围潜堤工程近几年被应用于澄通双涧沙头、通州沙头，长江口白茆沙头、新浏河沙头、中央沙头。而洲头导流坝则应用较少，除长江口深水航道整治中九段沙头分流坝、白茆沙头导流坝（与梳齿坝相结合）、双涧沙头导流坝之外，仅有南京新生洲头正在实施的一条导流坝，实践经验并不多。在目前正在研究的南京八卦洲汊道整治中，对洲头导流坝做了大量的物模试验和数模计算研究工作，表明了导流坝布置可以有效拦截纵向水流的作用；作者曾在1971年团风河段整治河工模型试验研究中，在李家洲头左侧滩面上布设长导流坝试验，表明其方向上挑、正挑和下挑为不同的角度而在垂直水流的横向投影上长度相同时，其分流效果是相同的，也说明导流坝需要垂直水流布置才有好的效果。以上二者不同的是，前者八卦洲头导流坝布置在深水部位，而后者李家洲头导流坝是布置在滩面上。

总之，导流坝的有效型式应具备调整洲头分流区的纵、横比降和纵、横向水流的功能，要根据洲头形态可以采用单个导流坝或与洲头圈围相结合的导流坝，要在方案对比试验的基础上进行设计和施工，在实践中还要取得更多的经验。

3.5.4.2 汊内控制工程

从南京河段八卦洲汊道整治来看，洲头的崩坍后退，使主、支汊的长度均相应变短，对于长度短、断面大的主汊而言，沿程阻力的减小比长度长、断面小的支汊阻力减小要显著得多，这样更加有利于主汊的发展，更加促使主汊分流比的增加。洲头的防护遏制了这一趋势的发展，使两汊相对阻力、比降及其对洲头分流区的壅水变化以及汊道河势的变化均处于舒缓的态势。所以说，洲头的整治是控制河势的关键。以上再一次强调了江心洲头防护的重要性。然而，对于长江中下游江心洲汊道的稳定，洲头的整治固然重要，但从全局而言，汊道内的控制工程也不应忽视。八卦洲汊道除了洲头防护以外，主、支汊内的防护也做了相应的控制工程。在右汊（主汊）内，对洲头以下右缘（右汊左岸）、燕子矶（右岸）、天河口（左岸）等受水流顶冲、深泓迫近的岸段实施了平顺护岸工程，既抑制了崩岸、遏制了主汊的冲刷发展、比降的调平变化和分流增大的趋势，又控制了顺直段内两岸水流顶冲的下移，稳定了汊内的河势；左汊（支汊）及时对洲头以下左缘较长的凹入岸线和左岸受水流顶冲的大厂镇进行了平顺护岸，使左岸河长不再增加，沿程阻力不再增大，比降不再变陡，上游壅水不再增加，从而遏制了支汊的萎缩，也控制了汊内的河势变化。通过对洲头和主、支汊内实施必要的防护控制工程，八卦洲汊道在近 30 多年来河势基本稳定，分流比的变化速率愈来愈小而处于相对稳定态势。

作为比较，马鞍山河段小黄洲汊道的情形就不同了。小黄洲头于 20 世纪 70 年代初就已对洲头及其右侧实施了平顺护岸工程，至今已有 40 余年，洲头控制主流进入右汊的河势没有改变，但因客观条件限制对汊内没有及时进一步实施控制工程，以致给目前的整治带来很大困难。一是主汊（右汊）内小黄洲右缘没有防护，在水流冲刷下汊内中下段直至洲尾呈喇叭型展宽；二是支汊（左汊）出口左岸大黄洲段发生大幅崩岸后退（直到 2000年才实施护岸工程），使得出口节点拓宽，小黄洲尾与下游新生洲头以沙埠相连，节点基本上失去了控制河势的作用。由于小黄洲与新生洲汊道的演变具有密切的联系，看来今后跨省的两河段河道整治需要全面规划，有必要统一研究治理措施。

3.5.4.3　汊尾与出口节点的控制

维持汊道出口节点的稳定在长江中下游分汊河道整治中是一个重要的问题。研究表明，具有河宽较窄、宽深比较小且有一定长度的汊道出口节点，对于控制下游河段河势的作用是很大的，而节点的稳定又与汊道出口段的两汊汇流交角、分流比的对比以及洲尾主流的河势等因素有关。一般来说，两汊汇流交角大，有利于节点处形成窄深段，对下游河势的控制较强；两汊分流比相对稳定，有利于节点的稳定，这方面在有关研究中曾作过论述[2]。以下的分析主要涉及分流比的变化和洲尾主流的河势与出口节点稳定的关系。

南京河段八卦洲汊道在 20 世纪 30 年代左汊为主汊，与右汊交汇以后水流顶冲右岸乌龙山一带，随着右汊不断发展成为主汊并且分流比持续增大（至 60 年代分流比已达80%），交汇后的水流转而顶冲左岸西坝，乌龙山前形成边滩并使右岸原栖霞山水位站和炼油厂取水口先后淤废。为了维护汊道出口节点的稳定并控制下游龙潭弯道的河势，遂于70 年代初开始实施西坝护岸工程。这就是由于交汇两汊的分流比变化使节点不稳定进而可能影响下游河势稳定而实施的控制工程。对于江心洲尾的河势控制以铜陵河段太阳洲尾为例，在该处实施护岸后维持了主流自洲尾向右岸金牛渡至顺安河口的过渡，从而控制住了顶冲下移的河势。对于汊道洲尾河势未加控制以安庆河段官洲洲尾为例，20 世纪 70 年代尚有官洲尾滩将主流自左向右岸杨套弯道上端过渡，然后通过杨套弯道中下段又将主流自右向左岸过渡形成良好的河势。80 年代因官洲洲尾全部崩失殆尽，水流顶冲下移冲刷节点左岸广成圩外滩，杨套弯道相应产生水流顶冲下移，上段河岸产生淤积，护岸工程脱流，主流北偏使节点以下河势难以控制。因此，不管节点处的变化是来自分流比的变化还是主汊内主流顶冲下移，都必须将洲尾与出口节点的控制统一考虑。在洲尾河势还未影响节点的稳定时，应抓住时机对洲尾实施控制工程以维持原有主流过渡的河势；在分流比的变化或洲尾失去控制顶冲下移时，一定要抓紧对节点处实施控制工程。在节点段采取控制弯道顶冲下移的措施，先护末端，然后依次向上逐段防护，并形成一定的凹进幅度，通过节点凹进的弯段控制主流顶冲的下游，维护原来主流过渡的河势。

3.6　小结

（1）本章首先指出比降在河流理论研究、河床冲淤演变分析和河道整治工程实践中的重要性，认为作为与河宽、水深、流速一起的四要素之一的比降，在来水来沙、边界条件和基准面条件等变化的情况下会产生怎样的变化和调整，而比降的变化与调整又会对河道的水流泥沙运动和河床冲淤产生什么样的作用和影响，是河床演变中十分重要而需要进一步研究的课题；指出比降的变化及其作用更是河道整治中应重视而需要深入研究的问题。以往这方面的研究成果甚少，作者在这方面做了初步的研究工作。

（2）本章描述了长江中下游自然条件下比降概况，分析了比降年内变化的周期性，合理地解释了比降时空变化的特殊性，进一步揭示了来水来沙条件、边界约束条件、基准面的顶托和消落作用、分流和汇流以及潮汐作用对比降的影响和对河床冲淤的作用。

（3）冲积河流的比降是在上游来水来沙、下游基准面条件和河道形态下形成的一个水动力因素。比降在水流与河床长期相互作用下具有一相对平衡的均值，表征着该河段单位水体在单位长度内水流能量的损失，它与河床的形态因素和其他水力因素一起构成一个综合体，彼此之间在河床变化中相互影响、相互调整；比降同时又在年内周期性的来水来沙和基准面变化过程中呈周期性变化，对河床冲淤产生周期性影响。

（4）在比降与水流泥沙运动关系中，根据水流连续律、水流运动方程、挟沙力方程，并采用以流速为参数的处理方式，分别求得比降与来水、来沙条件的关系，在假定调整后的河相关系下求得比降与来水来沙条件和河床形态的综合关系。根据上述关系解析了来水来沙条件变化中冲积河流的反馈作用和比降、河宽、水深调整的趋向。

（5）为分析三峡工程蓄水后来水来沙变化对中下游可能产生的影响，采用了洪水期 4 个月的平均流量代表造床流量和枯水期 4 个月的平均流量代表枯水流量，以及同期相应的平均含沙量，进行了三峡前、后的对比计算，表明三峡蓄水前两个时段（1950—1990 年和 1991—2002 年）相比，荆江河段枯水河槽发生冲深且有一定的拓宽，城陵矶以下因流量有所增大和含沙量有所减小，洪枯河槽也可能有一定的冲深和拓宽。三峡工程蓄水后（2003—2012 年）10 年与前一时段（1991—2002 年）相比，荆江河段平滩河槽以下河床均有冲刷，特别是枯水河槽既有冲深而且会有明显的拓宽；城陵矶以下也为冲刷，但显然不如荆江河段那么显著。

（6）洞庭湖基准面变化对下荆江河道冲淤将带来新的影响。三峡蓄水后与蓄水前相比，洪水期比降增大，与城陵矶附近汛期顶托利于河道淤积的原特性相比，是不利于下荆江汛期淤积的，但由于含沙量大幅度减小，下荆江河道洪水期不仅不会淤积，而是有可能产生显著的冲刷；枯水期比降的减小与原特性相比也不利于下荆江河道冲刷，但其流量和含沙量分别有大幅度的增大和减小，下荆江河道枯水河槽更应为显著地冲深和拓宽。三峡水库蓄水初期荆江河段的河床变形证明了这一点。

（7）就河型而言，由于基准面洪水期顶托作用和枯水期的消落作用均减弱，有利于下荆江蜿蜒发展的成因条件也应相应地减弱，有碍于其向蜿蜒河型方向发展；而且因含沙量大幅度减小和枯水流量的增大，枯水河槽在冲深拓宽的同时，水流弯曲半径趋大，有可能冲刷和切割弯段边滩和形成潜心滩而使枯水河槽朝展宽的方向发展。

（8）在长江中下游河道中，除下荆江蜿蜒型河段中曲率相当大的弯道段为纵向水流与离心惯性力产生的横比降和横向环流构成的螺旋流（即弯道环流）以外，其余大都为纵比降和纵向水流为主导的作用下与因河床阻力不同产生的横比降辅助作用下形成的水流结构。在下荆江中的顺直过渡段，也主要为纵比降控制下的水流结构。

（9）不同河型河道水流与比降是息息相关的。河道中的水流实际上是由纵、横比降共同作用而纵比降起着主导作用的流动。顺直型河道犬牙交错的边滩既是微弯水流内部结构作用的结果，同时又是因其阻力对上游形成横比降使水流作微弯运动的因素。弯曲型河道应是在河型成因的综合因素作用下由顺直微弯河道进一步发展而形成的，在其河床内的深槽与尺度较大的边滩也是与弯曲水流相辅相成的；显然，随着边滩沿程展宽，纵向水流受到边滩愈来愈大的阻滞作用，由凸岸向凹岸的横比降对水流挤压而形成弯曲水流和相应的深槽；在弯道顶点以下，深槽水流集中、近岸流速梯度大、局部比降大，是弯道向下游蠕动的动力因素。蜿蜒型河道则是在曲率很大的弯段内由水流离心惯性力产生横比降，形成环流叠合到纵向水流中构成螺旋流。分汊型河道水流是纵向分汊流与横比降形成的横向水流结构的组合；分流区水流结构既受到上游顺河势的纵向水流惯性与洲头附近河床形态相互关系的影响，又受到来自各支汊阻力差别在上游分流区形成横比降的影响。

（10）不同河型河床演变与比降的关系：顺直型河道内交错边滩的冲淤变化，有年内呈周期性位移的，也有年际呈周期性位移的，与比降的关系有待进一步研究；愈往下游，比降愈小的边滩愈较稳定，其平面形态变化不大，有的犬牙交错边滩甚至还有悬移质细颗粒（即河漫滩相）泥沙沉积，为依附于两岸的"边洲"；有的支汊随着分流比增加，流量增大和比降增大，边滩受到冲刷，高程降低，在分流比显著增强的支汊，边滩甚至"边洲"也可能被冲刷殆尽。在弯曲型河道内，深槽段高水时纵比降大，低水时纵比降小，河床为"洪冲枯淤"；进口顺直段则相反，纵比降"高小低大"，河床"洪淤枯冲"。自然状态下的下荆江为蜿蜒型河道，其比降主要受洞庭湖出口基准面顶托与消落影响，表现为枯水期比降不仅大于洪水期比降，甚至还大于上荆江枯水期比降，河床演变表现为汛期随水流上涨普遍淤高，枯季水位下降普遍冲刷，对深槽"洪冲枯淤"的传统观点可能需进行修正。

（11）长江中下游分汊型河床演变与比降的关系更为复杂，是本章内容较丰富的部分，以汊道的实际资料进行了具体分析，以下分述之。

1）在顺直分汊型河道比降与河床演变的关系中，阐述了比降在顺直多汊河型形成过程中的作用，包括洲头滩切割串沟的形成和平移与纵、横向水流的关系，洲头前长过渡段的纵、横向水流及其浅滩，以及顺直段江心洲头的分流等河床演变问题。

2）以团风河段为例，详尽分析了鹅头型汊道中比降在滩槽冲淤、支汊兴衰演变中的变化和作用，指出：水流在边滩上的切割、冲刷发展形成新生汊，边滩上较大的比降是其动力因素；新生汊发展为主汊的过程是比降不断调平的过程，从而降低水位，在口门处又形成更有利于新生汊发展的横比降和横向水流；原主汊在不断平移变为支汊的衰亡过程中，阻力不断增大形成更大的纵比降，在口门处增大其对新生汊的横比降和横向水流，也有利于新生汊的发展甚至切割洲头滩；支汊消亡成为鹅头形态后便被"边缘化"了，仅汛期以极其平缓的比降漫流过洪。文中总结了鹅头型汊道演变过程中比降周期性变化的规律。

3) 弯曲型汊道是一种相对稳定的分汊河型。文中以世业洲汊道为例，首先分析了相对稳定的双汊河段基本特征，以及保持长期稳定的各种因素；继而以武汉河段天兴洲汊道为例，分析了进口段河势对汊道分流的影响，再以镇扬河段和畅洲汊道为例，分析了比降对汊道分流的影响，表明在纵、横比降作用下分流区受到来自上游和下游动力作用的均衡而呈相对稳定态势；最后以和畅洲鹅头型支汊的切滩使和畅洲分流受到"颠覆性"变化，使六圩弯道遭受剧烈崩坍，并波及世业洲汊道，使其分流与河床冲淤受到很大影响。在这个过程中，纵、横比降的变化起着决定性作用。

（12）在长江中下游河势控制护岸工程的实施中，对于顺直型河段要尽可能使其适度变弯后再防护，对犬牙交错顺直河道要对深槽段的岸坡进行防护；对弯曲段首先抑止弯道顶冲的下移，从拐点部位开始顺序向上游延护，并使岸段形成一定的凹进幅度，以此调平弯道比降，使拐点附近集中的能量更多地均匀耗散，并考虑与下游河势相衔接形成控导岸线。

（13）下荆江裁弯工程，新河比降调平很快，可见其向上溯源冲刷降低上游水位发展很快。据分析，裁弯后整个荆江的比降均有不同程度的增大，直至 20 世纪 80 年代初仍处于冲刷调整中。本章还分析了裁弯初期新河口门处具有极大的横比降，形成的横向水流应是新河口门拓宽、洲头冲刷后退、分流增大的辅助动力因素。裁弯后的河势控制工程已使下荆江被裁弯的蜿蜒部位逐渐成为微弯型河段。

（14）堵汊工程，不管是汊道完全阻塞的堵坝工程，还是抑制汊道发展和调整分流比的锁坝、潜锁坝工程，都会对比降产生以下影响：壅高上游水位，减缓上游纵比降；在洲头附近形成新的横比降与横向水流；分流区在纵比降支配下的纵向水流和横比降支配的横向水流共同作用下形成流场的重分布；在横比降的作用下纵向水流的动力轴线将发生调整；主汊分流比增加和流量的增大使水流弯曲半径变大将对河势产生影响。作者看好镇扬河段和畅洲左汊即将实施两座航道整治潜锁坝工程的前景，它将对整个和畅洲汊道乃至全河段河势产生积极的影响。

（15）江心洲汊道的整治，洲头防护是关键。在调整分流比的工程措施中，认为洲头导流坝的效果相对较好。江心洲全面整治，也需对汊内进行必要的防护和河势控制。洲尾防护与下游河势的衔接也是至关重要的。

参考文献

[1]　长江流域规划办公室水文局. 长江中下游河道基本特性 [R]. 1983.
[2]　余文畴. 长江河道认识与实践 [M]. 北京：中国水利水电出版社，2013.
[3]　钱宁，张仁，周志德. 河床演变学 [M]. 北京：科学出版社，1987.
[4]　谢鉴衡，丁君松，王运辉. 河床演变及整治 [M]. 北京：水利电力出版社，1990.
[5]　窦国仁. 窦国仁论文集 [M]. 北京：中国水利水电出版社，2003.
[6]　长江流域规划办公室水文处河流研究室. 荆江河道特性初步研究 [J]. 泥沙研究，1959 (2).
[7]　张瑞瑾，谢鉴衡，王明甫，等. 河流泥沙动力学 [M]. 北京：水利电力出版社，1989.
[8]　余文畴，卢金友. 长江河道崩岸与护岸 [M]. 北京：中国水利水电出版社，2008.

［9］ 国际泥沙研究培训中心. 杨志达研究论文选译集［R］. 1995.

［10］ 侯晖昌. 河流动力学基本问题［M］. 北京：水利出版社，1982.

［11］ G. 加布莱希特. 论河道治导线（英文）［M］// 第二次河流泥沙国际学术讨论会论文集. 北京：水利电力出版社，1983.

［12］ 长江流域规划办公室水文处水文计算科. 下荆江系统裁弯对水文因素影响的分析报告［R］. 1973.

［13］ 单剑武，李以香. 长江中游监利河段河床演变分析. 长江中下游河床演变分析文集（第二辑）［R］. 长江水利委员会水文局，1989.

［14］ 余文畴，卢金友. 长江河道演变与治理［M］. 北京：中国水利水电出版社，2005.

［15］ 长江勘测规划设计研究有限责任公司. 长江南京以下 12.5m 深水航道二期工程和畅洲水道整治工程防洪评价报告［R］. 2014.

［16］ 刘载生. 长江汉口河段河床演变分析［R］. 长江中下游河床演变分析文集（第一辑），长江流域规划办公室水文局. 1989.

第2篇　中下游河道篇

第4章 长江中游宜昌至枝城河段演变规律与三峡蓄水后变化特征

长江宜枝河段上起宜昌市镇川门，下迄枝城，全长约59km，是长江出三峡后由山区河流向冲积平原河流转变的过渡性河段（长江中下游干流河道治理规划河段的划分见附图1）。其中，镇江阁至虎牙滩为宜昌河段，长约19.4km，虎牙滩至枝城水文站为宜都河段，长约39.6km。宜枝河段在红花套以上受宜都褶曲构造影响，河道顺直微弯，红花套以下河谷较宽，有宜都、白洋两个弯道，与上荆江首端关洲汊道相连，在宜都有清江入汇。图4-1为该河段河道形势及固定断面布置。

本章主要阐述宜枝河段特有的地质地貌与边界条件、河型与河床地貌和三峡水库蓄水前后水沙条件的变化，重点分析该河段在三峡工程兴建前的河床演变特性和三峡水库蓄水后运用初期河床演变的特点。

4.1 地质地貌与河道边界条件[1]

4.1.1 地质构造

长江在宜昌以上横切黄陵背斜形成陡峻峡谷，流经宜都隆起丘陵区，在枝城以下进入江陇凹陷形成冲积平原。该河段地质构造比较简单。自宜昌至红花套是由白垩系至第三系的碎屑岩构造组成向东南倾斜的单斜构造，河道顺直发育，流向东南；红花套至枝城段河道呈弯曲形态，是因为受宜都西南褶曲构造的影响（图4-2）。

4.1.2 地貌

宜枝河段两岸地貌类型主要是低山丘陵，河流阶地和高河漫滩。葛洲坝至虎牙滩段河床右岸是低山丘陵，山顶高程约200.00m；左岸是长江一级、二级堆积阶地，地势相对平缓，临江沿线地面高程为50.00～60.00m。万寿桥溪沟口以上分布有少量河漫滩地，临江岸一带一般为一级阶地，其后缘为二级阶地。一级阶地高程53.00～57.00m（黄海高程，下同），阶地宽100～200m。二级阶地高程60.00～70.00m，宽度100～1000m，二级阶地地层主要为第四纪更新世沉积物。临江坪段系长江高河漫滩，平面上呈狭长的三角形，最宽处360m，高程在50.00m左右，后方为基岩组成的剥蚀丘陵分布，自然坡度45°左右，最陡处大于75°。胭脂坝为河漫滩相堆积的江心洲。

虎牙滩至枝城河段自第四纪以来，地壳长期间歇性上升，形成五级阶地，地层发育齐全，岸线受到阶地控制。河漫滩有两处，分别位于宜都和枝城的对岸。图4-3为宜枝河段地貌图。

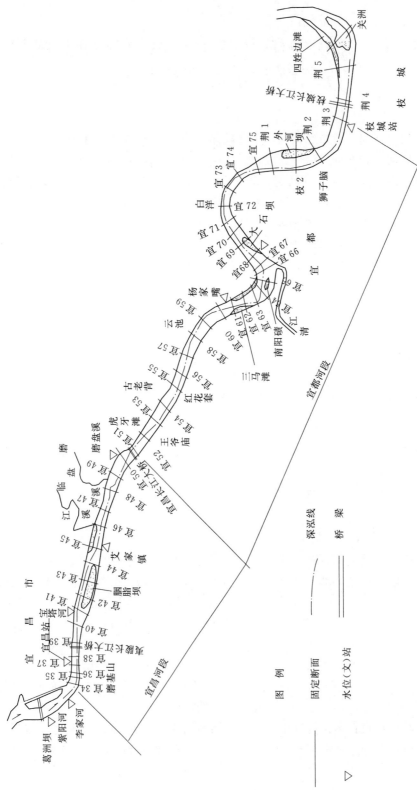

图 4 - 1 宜枝河段河道形势与固定断面分布

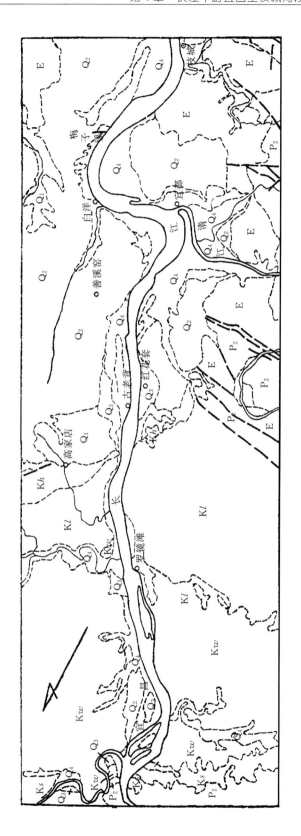

图4-2 宜枝河段地质图

Q₄—全新统冲积砂砾石及亚黏土层　　E—下第三系泥岩与砂岩夹泥灰岩　　　Q₂—中更新统冲积洪积黏土砾石层　　Q₁—下更新统冲积砾石层

Q₃—上更新统冲积亚黏土及砾石层　　Kl—上白垩统红花套组粉砂岩类砾　　Kl-上白垩罗镜滩组砾岩　　　Kw—下白垩五龙组砂岩 粉砂岩夹砾岩

Ks—下白垩统石门组砾岩夹砂岩　　　Kh—岩砂岩　　　P₂—古生界灰岩 页岩 砂岩　　　——断层　　－－－－地层界线

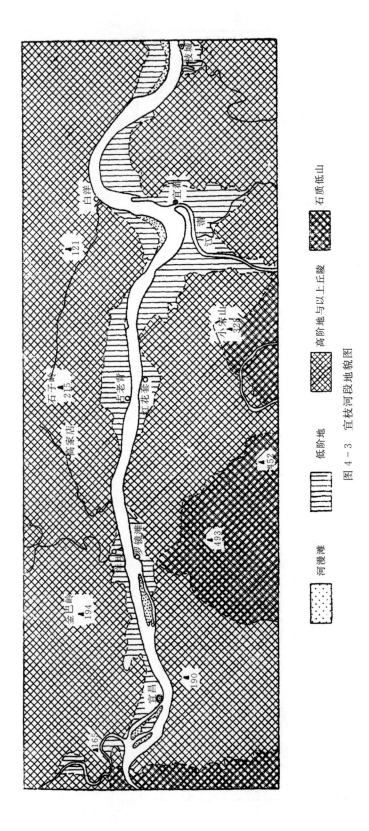

图 4 - 3　宜枝河段地貌图

由以上地质地貌可知，宜枝河段两岸受到丘陵和阶地的较强控制，这一边界条件不仅规定了河道早期的河谷走向，而且对于该河段河道平面形态、河床地貌形成和河床演变特性都是一个主导的因素。

4.1.3　河岸边界条件

宜枝河段河岸边界条件据地质地貌结构可归纳为四类岸坡：①基岩类岸坡，由白垩系至第三系砾岩或砂岩构成；②土石质岸坡，为第四系更新统黏性土和砾石层组成；③硬土质岸坡，下部为晚更新统黏性土，上部为全新统黏性土，一般位于一级阶地或高河漫滩前沿；④软土质岸坡，由松软的淤泥质黏性土组成，局部有细沙夹层。总体来说，宜枝河段处于丘陵地区，近岸带地质构造简单，基本由白垩系、第三系砾岩或砂岩和第四系更新统黏土砾石层组成，具有较强的抗冲条件，使得第四纪以来河道没有大的变迁，这也是塑造该段河道形态的先决条件。

4.1.4　河床组成

宜枝河段河床组成以沙质为主，沿程粗细相间砾卵质。其中，镇江阁至艾家镇段（宜34—宜45），为砂夹卵石河床，基本上是砂和砾卵相间，局部有基岩和细沙；艾家镇至三马滩段（宜45—宜60），为砂夹砾质河床，以中细砂砾为主，局部有卵石区；三马滩至狮子脑段（宜60—枝2），以细沙为主，其次为砂加卵石，卵石区主要分布在南阳碛、大石坝等区域；狮子垴至枝城段（枝2—荆3）为砂夹砾质河床，以中细沙为主。具体来说，葛洲坝至虎牙滩段河床床砂粒径范围较广，其中，细沙中值粒径为 0.23mm，砂砾石中值粒径为 23.0mm，卵石中值粒径为 50mm。虎牙滩至枝城段主要为沙质河床，床沙中值粒径绝大部分在 0.15～0.30mm 范围内；局部河床存在砂卵石堆，砂卵石中值粒径约为 28.0mm，其中个别处存在胶结砾石层。

4.2　河型与河床地貌

宜枝河段为山区河流向平原河流过渡的河段，具有山区河流比降大、水流冲刷能力强的特点，又在河谷中沿程形成冲积层的特点。该河段由于受到地质地貌及其边界条件的较强控制，通过长期的造床过程，在云池以上形成的河型为顺直型，云池以下为弯曲型[2]。

在云池以上河段中，胭脂坝因局部河谷较宽形成卵石堆积的江心洲，经历史演变中自行调整而基本并靠右岸，河道总体平面形态为顺直型略有微弯；云池以下河谷稍有展宽，但主要仍受地质地貌及其边界条件的控制，在水流长期作用下形成了弯曲型河道，在河谷更宽处则形成了含江心滩（南阳碛）的弯曲型河段。宜枝河段的河道形态自第四纪以来在河谷内不断堆积和冲积而没有发生大的变迁，近百年来河道形态没有大的变化。

宜枝河段的河床地貌为：上段自宜昌至云池两岸基本无河漫滩，除右岸有靠岸的胭脂坝为卵石江心洲外，均为单一河槽。河槽内主要的堆积地貌为依附于两岸的边滩，所以该段河型亚类为边滩顺直型；云池以下的弯道凹岸受边界条件控制，两岸有一部分为河漫滩，岸滩上建有堤防但外滩甚窄，河槽内除清江出口段有南阳碛为分汊段外，总体为单一河槽，边滩发育，其河型亚类属边滩弯曲型。南阳碛为不甚发育的江心洲，而实际为江心滩，该段河型亚类为江心滩弯曲型。

宜枝河段平滩河槽内的河床地貌除上述的主要为边滩外，云池以上无心滩，枯水河槽内深槽很发育，深槽之间的过渡段浅滩高程均较低，不构成碍航，还有一些潜边滩、潜心滩、沙嘴等。云池以下平滩河槽内有边滩、心滩，拦门沙浅滩常与洲滩相连；河床内还有潜边滩和潜心滩，一般均不影响通航。

有关研究指出，在宜枝河段河槽内有临江坪、三马溪、向家溪、大石坝等 4 个主要边滩以及上述的胭脂坝、南阳碛等 2 个江心洲（滩）被视为节点，对宜枝河段水位具有较强的控制作用。

4.3　三峡工程蓄水前后水沙条件

宜昌至枝城河段水沙主要来自宜昌以上长江干流，其中虽有清江入汇，但其多年平均来水、来沙量分别只有宜昌站的 3.0% 和 1.7%。宜昌水文站位于葛洲坝水利枢纽下游约 6km，三峡水利枢纽工程下游约 44km 处，具有 100 多年的水文观测资料。枝城站位于本河段下游出口，但由于资料系列较短且不连续（1961—1990 年曾改为水位站），故以宜昌水文站作为河段水沙特性研究的代表站。

4.3.1　蓄水前水沙特征[2]

4.3.1.1　径流

宜昌站多年平均径流量在葛洲坝蓄水前为 4481 亿 m^3（1890—1980 年），蓄水后多年平均径流量为 4353 亿 m^3（1981—2002 年），各时段流量特征值统计见表 4-1。宜昌站 100 多年的年径流量变化过程见图 4-4，可见宜枝河段来水量没有明显变化。

表 4-1　　　　　　　　　　　宜昌水文站径流量特征值

时段	流量/(m³/s)							径流量/亿 m³				
	平均流量	最大流量			最小流量			平均年径流量	最大年径流量		最小年径流量	
		流量	相应水位/m	日期	流量	相应水位/m	日期		径流量	年份	径流量	年份
1890—1980 年	14200	70600	55.92	1896-9-4	2770	38.87	1937-4-3	4481	5751	1954	3307	1900
1981—2002 年	13800	70800	55.38	1981-7-18	2820	38.31	1987-3-15	4353	5232	1998	3474	1994
1890—2002 年	14100	70800	55.38	1981-7-18	2770	38.87	1937-4-3	4455	5751	1954	3307	1900

葛洲坝水利枢纽为径流式电站。葛洲坝蓄水前后宜昌站多年平均径流量年内分配无明显变化。汛期 5—10 月年径流量约占全年来水量的 78%～80%，枯期 1—4 月及 11—12 月来水量占 20%～22%。主汛期 7—9 月径流量约占全年来水量的 48%～52%。

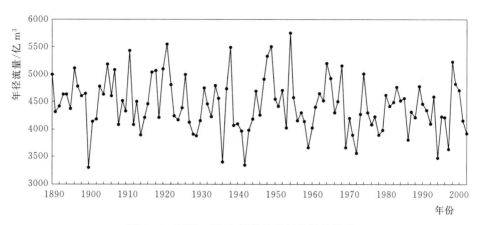

图 4－4　1890—2002 年宜昌站年径流量变化

4.3.1.2　泥沙

1. 悬移质泥沙

长江水量丰沛，径流量大，占世界河流第 4 位，悬移质泥沙输移量也很大，占世界河流第 5 位。统计表明（表 4－2），葛洲坝蓄水前宜昌站多年平均年输沙量为 51500 万 t；葛洲坝蓄水后，该站多年平均年输沙量为 45900 亿 t，为蓄水前的 88%。

表 4－2　宜昌站悬移质泥沙特征值

统计年份	平均含沙量 /(kg/m³)	最大含沙量/(kg/m³)		最小含沙量/(kg/m³)		平均输沙量/万 t	最大输沙量/万 t		最小输沙量/万 t	
		含沙量	日期	含沙量	日期		输沙量	年份	输沙量	年份
1950—1980	1.18	10.5	1959－7－26	0.008	1973－2－6	51500	75400	1954	36800	1976
1981—2002	1.05	7.99	1984－7－26	0.004	1995－3－21	45900	74300	1998	21000	1994
1950—2002	1.13	10.5	1959－7－26	0.004	1995－3－21	49200	75400	1954	21000	1994

葛洲坝蓄水前（1950—1980 年），宜昌站 95% 以上悬移质泥沙集中在汛期 5—10 月，主汛期 7—9 月输沙量占全年 72% 以上，枯期来沙量仅占全年 5% 左右。葛洲坝蓄水后至三峡蓄水前，汛期来沙量所占的比例有所增大，5—10 月输沙量占 98%，较蓄水前增大了 3%，主汛期 7—9 月输沙量占全年 78% 以上，较蓄水前增大了 6%，说明来沙更集中于汛期。

分析表明，从 20 世纪 90 年代起，宜昌站年输沙量总体上有减小的趋势。1998 年情况特殊，库区内淤积的泥沙冲刷出库，使该年输沙量较大，其他年份来沙均属于中沙、小沙年（图 4－5）。

2. 推移质泥沙

（1）沙质推移质。葛洲坝蓄水前宜昌站沙质推移质多年平均值为 878 万 t（表 4－3），蓄水后减小为 139 万 t，较蓄水前减少了 84.1%，表明蓄水后大量沙质推移质已经在葛洲坝库区落淤。

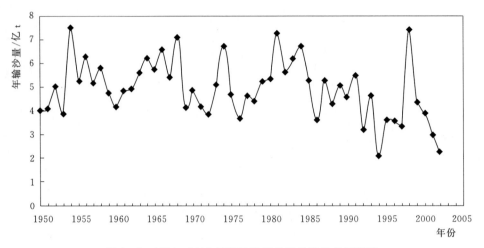

图 4 - 5　1950—2002 年宜昌站年悬移质输沙量过程线

表 4 - 3　　　　　　　　　　宜昌站沙质推移质特征值

| 时段 | 输沙率/(kg/s) | | | | 输沙量/万 t | | | | |
| | 多年平均值 | 最大值 | | | 多年平均值 | 最大年值 | | 最小年值 | |
		输沙率	日期	相应流量		输沙量	年份	输沙量	年份
1960—1980 年	279	7920	1976 - 7 - 22	49300	878	1230	1976	505	1960
1981—2002 年	44.2	3423	1987 - 7 - 24	59600	139	315	1998	24.9	2002
1960—2002 年	156	7924	1976 - 7 - 22	49300	491	1230	1976	24.9	2002

　　沙质推移质的输沙量主要集中在汛期，蓄水前 5—10 月宜昌站输沙量约占全年输沙量的 94% 以上。

　　（2）卵石推移质。葛洲坝蓄水前宜昌站卵石推移质多年平均输沙量为 75.8 万 t（表 4 - 4），蓄水后减小为 19.7 万 t，较蓄水前减少了 74%。

表 4 - 4　　　　　　　　　　宜昌站卵石推移质特征值

| 时段 | 输沙率/(kg/s) | | | | 年输量/万 t | | | | |
| | 多年平均值 | 最大值 | | | 多年平均值 | 最大年值 | | 最小年值 | |
		输沙率	相应流量	日期		输沙量	年份	输沙量	年份
1973—1980 年	24.0	2740	61600	1974 - 8 - 13	75.8	227	1974	30.8	1977
1981—2002 年	6.23	426	50800	1982 - 8 - 2	19.7	190	1982	0.10	1994
1973—2002 年	10.5	2470	61600	1974 - 8 - 13	33.2	227	1974	0.10	1994

　　葛洲坝蓄水后卵石推移量迅速减少且减幅较大，1992—1997 年卵石几乎停止运动，过坝卵石大幅度减少。1998 年大洪水后，库区淤泥层被冲刷，卵石又恢复运动。2000 年后水库逐年淤积，坝下卵石运动又逐步减少。

　　可见，葛洲坝蓄水前后宜枝河段来水特征变化不大，来沙特征有较大变化，各级泥沙均有不同程度减少。来沙量的减小对宜枝河段冲刷起着重要作用。

4.3.2　蓄水后水沙条件变化[3]

4.3.2.1　来水条件

三峡水库蓄水后，2003—2015 年径流量为 2847 亿～4649 亿 m³，平均为 4006 亿 m³。三峡水库蓄水运用前后径流量年内分配有一定的变化，枯水期径流量所占比例有所增大，汛期径流量占全年比例有所下降，汛期 5—10 月径流量占全年的 75% 左右（表 4-5）。

表 4-5　　　　　　　　　　　　宜昌站流量年内分配

时段	项目	各 月 平 均												汛期平均	年平均
		1月	2月	3月	4月	5月	6月	7月	8月	9月	10月	11月	12月		
1882—1980年	流量/(m³/s)	4320	3940	4440	6690	12000	18800	29800	28300	26700	19600	10500	6000	22500	14300
	径流量/亿 m³	116	96.2	119	173	321	487	798	758	692	525	272	161	3581	4518
	占全年/%	2.6	2.1	2.6	3.8	7.1	10.8	17.7	16.8	15.3	11.6	6.0	3.6	79.3	
1981—2002年	流量/(m³/s)	4380	4000	4560	6800	11100	18300	31300	26900	24600	17300	9690	5880	21600	13800
	径流量/亿 m³	117	96	122	176	297	474	838	720	637	463	251	157	3429	4348
	占全年/%	2.7	2.2	2.8	4.0	6.8	10.9	19.3	16.5	14.6	10.6	5.8	3.6	78.9	
2003—2015年	流量/(m³/s)	5320	5180	5720	7280	11900	16800	26900	23300	21000	12200	8820	5780	17300	12500
	径流量/亿 m³	145	128	155	194	320	434	721	626	563	329	231	159	2993	4006
	占全年/%	3.6	3.2	3.9	4.9	8.0	10.8	18.0	15.6	14.0	8.2	5.8	4.0	74.7	

注　汛期系指 5—10 月。

4.3.2.2　来沙条件

葛洲坝蓄水前、后悬移质输沙量（以下简称输沙量）分别为 5.15 亿 t（1950—1980 年，为天然时期）和 4.59 亿 t（1981—2002 年），蓄水后悬移质来量减少约 11% 左右。三峡水库蓄水后，宜昌站 2003—2015 年输沙量变化为 374 万～11000 万 t，多年平均为 4040 万 t，分别仅为天然时期和葛洲坝运用后的 7.8% 和 8.8%，来沙量减少非常显著（表 4-6）。

表 4-6　　　　　　　　　　　　宜昌站悬移质泥沙年内分配

时段	项目	各 月 平 均												汛期平均	年平均
		1月	2月	3月	4月	5月	6月	7月	8月	9月	10月	11月	12月		
1950—1980年	含沙量/(kg/m³)	0.067	0.042	0.109	0.363	0.861	1.19	1.90	1.75	1.39	0.756	0.459	0.189	1.413	1.176
	输沙量/万 t	75.5	37.8	121	609	2760	5470	14800	13000	9300	3780	1220	297	49100	51500
	占全年/%	0.2	0.1	0.2	1.2	5.3	10.6	28.8	25.3	18.1	7.3	2.4	0.6	95.3	
1981—2002年	含沙量/(kg/m³)	0.023	0.018	0.019	0.119	0.388	1.025	1.942	1.625	1.254	0.649	0.245	0.037	1.310	1.054
	输沙量/万 t	27.0	18.9	22.7	217	1160	5010	16300	11700	8260	3000	637	58.8	44900	45900
	占全年/%	0.06	0.04	0.05	0.5	2.5	10.9	35.4	25.5	18.0	6.5	1.4	0.1	97.8	
2003—2015年	含沙量/(kg/m³)	0.004	0.003	0.004	0.005	0.012	0.029	0.214	0.199	0.171	0.024	0.006	0.004	0.134	0.101
	输沙量/万 t	5.5	4.3	5.5	10.1	37.0	128	1544	1246	961	80.1	13.2	6.3	4000	4040
	占全年/%	0.1	0.1	0.1	0.3	0.9	3.2	38.2	30.8	23.8	2.0	0.3	0.2	98.9	

注　汛期系指 5—10 月。

从年内输沙量来看，葛洲坝蓄水前、后汛期 5—10 月平均输沙量分别为 4.91 亿 t、4.54 亿 t，三峡蓄水后则为 0.40 亿 t，减幅分别为 91.9%、91.2%，而且逐年减小。相应地，水流含沙量的减小也非常显著，葛洲坝蓄水前、后汛期平均 0.756～1.90kg/m³、0.388～1.94kg/m³ 减小至 0.014～0.214kg/m³，减小的幅度非常之大。三峡水库蓄水后宜昌站输沙量和含沙量的极度减小，被称为"清水"下泄。

4.3.3 三峡工程蓄水后来水来沙变化特点

三峡水库蓄水后，直接改变了宜枝河段进口的水沙条件，但对来水和来沙的改变程度存在差异，主要表现为：

（1）来水总量略偏枯，年际间仍呈周期性变化，年内来水过程变化较大。受上游水情偏枯的影响，三峡水库蓄水后宜昌站 2003—2015 年平均年径流量较蓄水前 1981—2002 年偏小 7.9%；三峡水库调度影响下，宜昌站枯水期径流量所占比例有所增大，汛期径流量占全年比例有所减小。

（2）沙量显著减小，泥沙颗粒级配明显细化，汛期输沙减幅更大。三峡水库运行后，上游来沙大量被拦截在水库内，三峡水库蓄水后宜昌站 2003—2015 年平均年输沙量较蓄水前 1981—2002 年减少 91.2%，悬移质泥沙 $d < 0.031$mm 颗粒沙重百分数由多年平均值 73.9% 增至 2015 年的 83.2%；受三峡水库削峰调度等的影响，汛期宜昌站输沙量年内占比有所增大。

4.4 三峡工程蓄水前河床演变

4.4.1 平面形态及其变化

如上所述，宜枝河段的边界条件为 4 种类型的岸坡，其中基岩质、土石质、硬土质岸坡为抗冲性很强的河岸，制约着河道的平面变形，只有软土质岸坡为冲积物组成，形成局部河漫滩。宜枝河段的平面形态就是在这一地质地貌及其边界条件下通过长期的水流作用而形成的。自宜昌至云池河道顺直略有微弯，局部岸线不平顺，甚至岸边有石嘴，虎牙滩一段两岸陡峻。云池至枝城河道由宜都、白洋二弯道及其间过渡段构成弯曲型河段。

三峡水库蓄水前河道平面变形不大。河道宽度沿程变化情况是：自进口宜 34 至宜 39 断面长约 3.1km 的磨基山段为窄段，平均河宽为 835m，平均宽深比 $\sqrt{B/H}$ 为 1.32；自宜 39 至宜 50 长约 14.9km 为较宽段，平均河宽为 1233m，平均 $\sqrt{B/H}$ 为 2.00；自宜 50 至宜 54 长约 6.2km 的虎牙滩段为窄段，平均河宽 1066m，平均 $\sqrt{B/H}$ 为 1.67；自宜 54 至宜 61 断面长约 10.5km 为较宽段，平均河宽 1126m，平均 $\sqrt{B/H}$ 为 1.84；自宜 61 至宜 71 长约 10.2km 为宽段，平均河宽 1479m，平均 $\sqrt{B/H}$ 为 2.54；自宜 71 至宜 75 断面间长约 4.5km 为白洋弯道窄段，平均河宽 901m，平均 $\sqrt{B/H}$ 为 1.33；自宜 75 至荆 3 断面长约 9.3km 为较宽段，平均河宽 1260m，平均 $\sqrt{B/H}$ 为 2.22（表 4-7）。

表 4 - 7 宜枝河段河床形态特征（平滩水位）

断面号	平均河底高程/m	最低河底高程/m	水深/m	河宽/m	宽深比 $\sqrt{B}/H$	备注
宜 34	28.30	18.00	22.9	800	1.24	窄段（磨基山段）
宜 35	29.00	23.40	22.1	915	1.37	
宜 36	30.30	22.20	20.7	900	1.45	
宜 37	28.70	19.30	22.3	785	1.26	
宜 38	28.10	18.10	22.9	715	1.17	
宜 39	28.80	23.80	21.1	895	1.42	
宜 40	32.10	28.00	18.7	1095	1.77	较宽段
宜 41	35.10	23.90	15.6	1310	2.32	
宜 42	34.90	25.20	15.8	1450	2.41	
宜 43	35.30	24.50	15.3	1480	2.51	
宜 44	32.90	19.80	17.6	1170	1.94	
宜 45	33.30	26.90	16.1	1355	2.29	
宜 46	31.80	25.40	18.5	1210	1.88	
宜 47	29.80	25.40	20.4	1055	1.59	
宜 48	30.60	23.60	19.5	1095	1.7	
宜 49	31.00	26.60	19	1110	1.75	
宜 50	31.40	29.10	18.5	1125	1.81	
宜 51	30.40	25.90	19.4	975	1.61	窄段（虎牙滩段）
宜 52	29.90	25.70	19.8	1075	1.66	
宜 53	31.90	29.00	17.7	1305	2.04	
宜 54	27.40	22.40	22.1	910	1.36	
宜 55	28.70	25.00	20.7	1010	1.54	较宽段
宜 56	30.40	22.80	18.9	1100	1.75	
宜 57	31.00	22.00	18.2	1065	1.79	
宜 58	31.40	26.70	17.7	1110	1.88	
宜 59	31.40	27.10	17.6	1210	1.98	
宜 60	31.20	13.80	17.7	1200	1.96	
宜 61	31.60	17.80	17.3	1190	1.99	
宜 620	34.20	26.60	14.6	1470	2.63	宽段
宜 63	33.80	30.40	14.9	1605	2.69	
宜 64						
宜 65	32.60	29.30	16	1615	2.51	
宜 66	33.80	30.90	14.7	1825	2.91	
宜 67	32.50	23.90	16	1490	2.41	
宜 68	35.00	26.10	13.4	1435	2.83	
宜 69	34.20	26.40	14.1	1400	2.65	
宜 70	32.50	28.10	15.7	1310	2.31	
宜 71	30.90	26.10	17.3	1160	1.97	
宜 72	22.00	1.30	26.1	910	1.16	窄段（白洋弯道）
宜 73	27.00	17.00	21	955	1.47	
宜 74	25.30	3.00	22.6	785	1.24	
宜 75	26.30	19.40	21.5	955	1.44	
荆 1	31.00	28.30	16.7	1330	2.18	较宽段
荆 2	29.30	23.60	18.1	1120	1.85	
荆 3	33.50	20.60	13.1	1330	2.66	

为了分析三峡水库蓄水前宜枝河段岸线变化，将河道左右岸1975年和2002年平滩水位（或平均水位）相近等高线（35m）作了对比（图4-6）。分析表明，三峡水库蓄水前宜枝河段岸线变化很小。

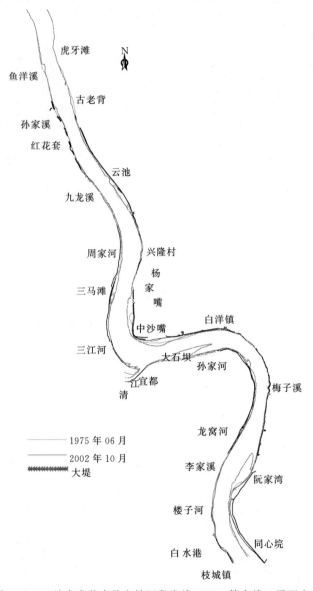

图4-6 三峡水库蓄水前宜枝河段岸线（35m等高线）平面变化

4.4.2 洲滩变化

4.4.2.1 江心洲、滩

1. 胭脂坝

胭脂坝上距葛洲坝约10km。中高水时洲体淹没，枯水时出露。滩体右侧为一小支汉，在水位低于 38m 左右时断流；左侧为主汉。胭脂坝的演变主要表现为洲头向上延伸展宽与回缩以及洲尾向下延长与后缩的冲淤交替变化。1980—1996 年宜昌河段处于累积冲刷阶段，胭脂坝洲体也有所冲刷，据分析，1996 年 40m 等高线以上面积为葛洲坝蓄水前的 90%。1998 年洪水将葛洲坝库区淤积的泥沙大量冲刷下泄，胭脂坝洲头部位淤积扩展，洲体有所延长，滩面上的淤积使两个 40m 的淤积体连成一片，面积达到 1.706km²。1999 年后胭脂坝又呈冲刷态势，至 2002 年又略有淤积。胭脂坝洲滩长、宽和面积变化见表 4-8。

表 4-8　　　　　　　　　　胭 脂 坝 变 化

统计日期	洲顶高程/m	最大洲长/m	最大洲宽/m	洲滩面积/km²
1980 年 10 月		4260	730	1.640
1996 年 10 月	48.60	3200	680	1.473
1998 年 10 月	49.50	4240	680	1.706
2001 年 10 月	49.20	3200	720	1.395
2002 年 9 月	49.40	3382	722	1.406

注　高程为 1985 国家高程基准面。

2. 南阳碛

南阳碛心滩位于宜都河段分汊段，距葛洲坝约 43km，滩面主要为卵石组成。1980 年因淤积使心滩与右岸边滩相连，面积大增（以 33m 等高线计），其中包含了边滩的面积。1980—1996 年滩长和滩体面积大为减小；1996 年以后直至 2002 年，滩体长、宽、面积均逐年增大，滩顶高程淤高，但与 1980 年相比，长、宽、面积均明显减小（表 4-9）。

表 4-9　　　　　　　　　　南 阳 碛 变 化

统计日期	洲顶高程/m	最大洲长/m	最大洲宽/m	洲滩面积/km²
1980 年 11 月	35.90	2540	1075	1.75
1996 年 11 月	35.50	1510	350	0.340
1998 年 10 月	35.70	1620	340	0.370
2001 年 10 月	36.70	1660	588	0.510
2002 年 9 月	37.80	1700	715	0.820

注　高程为 1985 国家高程基准面。

以上分析表明，宜枝河段两江心洲、滩的变化特点略有不同。1996 年后胭脂坝滩体缩窄，面积有萎缩趋势，而南阳碛 1996 年后呈淤积扩大趋势。

4.4.2.2　边滩

1. 临江溪边滩

临江溪边滩位于胭脂坝下游左岸，距葛洲坝约 17km，滩面大部分裸露砾卵石，滩尾为沙夹淤泥组成。其演变总体来看，1980 年以来边滩长、宽和面积均呈减小之势。至 2002 年，边滩长、宽、面积仅分别为葛洲坝蓄水前的 1/3、2/5 和 1/4（表 4-10）。

表 4 – 10　　　　　　　　　　　　　宜枝河段内主要边滩变化

边滩名称（等高线）	统计日期	最大滩长/m	最大滩宽/m	面积/km²
临江溪边滩 （35m）	1980 年 1 月	5775	580	1.24
	1996 年 1 月	4550	240	0.53
	1998 年 1 月	4650	520	1.05
	2001 年 1 月	4390	298	0.63
	2002 年 9 月	1879	218	0.33
三马溪边滩 （35m）	1980 年 1 月	4600	570	1.34
	1996 年 1 月	2940	260	0.45
	1998 年 1 月	4050	470	1.26
	2001 年 1 月	3987	255	0.58
	2002 年 9 月	2510	250	0.44
向家溪和 曾家溪边滩 （35m）	1980 年 1 月	7560	390	1.15
	1996 年 1 月	5986	385	1.29
	1998 年 11 月	7000	370	2.08
	2001 年 1 月	6985	480	1.76
	2002 年 9 月	6830	485	1.72
大石坝边滩 （35m）	1980 年 1 月	4400	515	0.94
	1996 年 1 月	3800	550	1.06
	1998 年 1 月	3970	550	1.14
	2001 年 11 月	3861	546	1.08
	2002 年 9 月	3840	538	1.05

2. 三马溪边滩

三马溪边滩位于宜都弯道的上游过渡段，距葛洲坝约 39km。其演变的总体趋势与临江溪边滩类似。1980 年后边滩长、宽、面积均显著减小，至 2002 年分别减小为 1980 年的 1/2、2/5 和 1/4（表 4 – 10）。

3. 向家溪与曾家溪边滩

向家溪边滩与曾家溪边滩相连，位于宜都弯道凸岸，距葛洲坝约 40km，滩面裸露卵石，局部为中砂覆盖。该边滩总体冲淤变化不大，1998 年后面积有所减小（表 4 – 10）。

4. 大石坝边滩

大石坝边滩位于白洋弯段以上过渡段凸岸，距离葛洲坝约 47km，除滩头局部裸露第三系红色粉砂岩外，均为卵砾石层覆盖。1998 年前面积有所增大，之后面积有所减小。总体来看，1980—2002 年，边滩长度和宽度变化均不大，面积的变幅也较小（表 4 – 10）。

根据以上 4 个边滩变化分析可以看出，除了大石坝边滩冲淤变化不大处于相对稳定状态之外，其他三个边滩在 1996 年滩宽和面积与 1980 年和 1998 年相比都显著偏小，说明 1980—1996 年和 1996—1998 年 2 个时段内分别处于明显冲刷和明显淤积阶段，这一特殊现象很可能与前一时段的河床冲刷（还有采砂）有关，后一时段可能与 1998 年大水葛洲坝出库泥沙大幅增加导致的淤积有关。1998 年后边滩演变总的趋势还是滩体冲刷萎缩。

4.4.3　深泓变化

宜枝河段岸线由丘陵阶地组成，抗冲力强，加上沿程基岩节点控制，多年来总体河势稳定，主流线摆动较小。三峡水库蓄水前，宜枝河段深泓线在平面上基本呈微弯和弯曲形态。在云池以上的顺直型河道内，胭脂坝左汊为主泓，深泓线总体稳定，仅在洲头附近有小幅摆动。主流出胭脂坝后在艾家镇附近与右汊汇流，至磨盘溪处摆向左岸，又在宜 52 处摆向右岸，之后在云池摆向左岸而下。可见，在顺直型河道内主流仍呈微弯运动。在云池以下的弯曲型河道内，深泓在三马滩附近开始摆向右岸，进入宜都弯曲段，在南阳碛摆向右侧，南阳碛左汊为主泓，与右汊汇合后又向左摆，进入白洋弯道贴岸而下，在宜 75 断面至枝 2 断面附近摆向右岸，最后进入洋溪弯道。可见，在云池以下主流基本与河道形态相应呈弯曲运动。葛洲坝蓄水前后，根据 1981—2002 年间几次深泓线平面变化分析，宜枝河段年际间深泓线摆动不大（图 4-7）。深泓线在年内中洪水期基本无变化，主流运动基本稳定，低水期由于主流随滩槽的冲淤变化而略有摆动。

从深泓纵向变化来看，1981—1991 年冲淤交替，深泓变化有升有降，但冲刷大于淤积。1991—1998 宜昌河段为累积性淤积期，1998 年河床高程均高于葛洲坝蓄水前，尤其以胭脂坝以下河段最为明显，滩槽均发生淤积；宜枝河段总体则为冲刷。1998—2002 年宜昌河段以冲刷为主，大公桥以下是主要冲刷河段，其中胭脂坝河段冲深 5~10m；宜都河段则以淤积为主，白洋弯道和枝城为主要淤积河段。

总体来看，自 1981 年葛洲坝水利枢纽蓄水后运行以来，宜枝河段河床深泓普遍下切，平均下切 1~2m 左右，局部下切达 10 余 m，以胭脂坝河段下切最为显著（图 4-8）。

4.4.4　典型横断面变化

宜枝河段断面布置如图 4-1 所示。三峡蓄水前其典型断面冲淤变化情况如下（图 4-9）：

宜 37 断面在宜昌水文站附近，距葛洲坝 5.9km。自葛洲坝运行以来，该断面处于累积冲刷态势，整个河槽均受到冲刷，边滩冲刷相对较大，冲刷幅度约 5m。1998 年洪水，葛洲坝库区冲刷下泄大量泥沙，宜昌边滩出现大幅淤积，淤厚达 5~7m，使边滩高程超过蓄水前，1999—2002 年断面连续冲刷，基本恢复到 1991 年的断面形态。

宜 43 断面位于胭脂坝中部，距葛洲坝 12.8km，断面形态为不对称的 W 形，左槽为主汊，断面冲淤变化主要在主汊河槽内。胭脂坝洲体及右汊变化不大。葛洲坝水库运用后，左槽不断冲深拓宽；1998 年洪水后左槽明显回淤，1999 年后又冲刷，到 2002 年底断面形态与 1987 年大致相当。

宜 51 断面位于虎牙滩卡口处，距葛洲坝 24.3km，断面形态近似 U 形。该断面冲淤变化主要在右岸虎牙滩边滩。自 1980—1996 年一直冲刷，幅度约 2~5m；1996—1998 年右边滩大幅回淤；1999—2002 年右边滩逐步冲刷，滩面高程下降明显，断面形态更接近 U 形。

宜 65 断面处于宜都弯道，距葛洲坝 43.2km，断面横跨南阳碛，形态为 W 形。1998 年以前，该断面为累积性冲刷，左、右槽冲刷均较明显，洲顶部位冲淤变化不大。1998 年洪水左、右槽均继续冲刷。之后左右槽均有所回淤，尤以右槽回淤最为明显，滩面则明显冲刷。

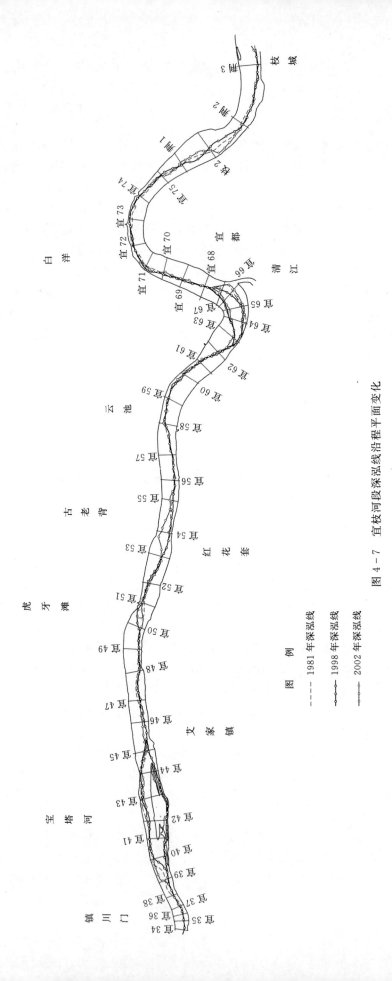

图 4-7 宜枝河段深泓线沿程平面变化

图 例

—---- 1981 年深泓线

—○— 1998 年深泓线

—○— 2002 年深泓线

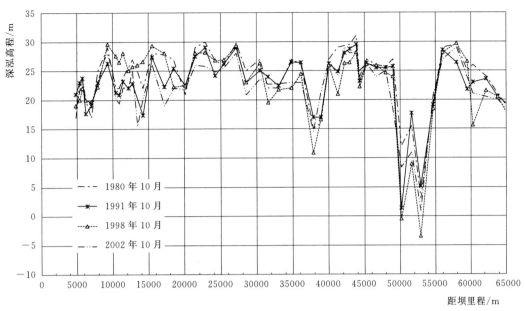

图 4-8 宜枝河段深泓纵剖面变化

宜 74 断面位于白洋河湾的弯道下段，距葛洲坝 53.2km，断面形态呈偏 V 形。主泓紧靠左岸，岸线和深槽部位一直很稳定。1987 年前主槽略有冲刷，右边滩略有淤积，冲淤变化不大。1991 年主槽出现了较大淤积。1998 年洪水后河槽冲刷明显，右边滩高程也明显降低，至 2002 年边滩明显淤高。

荆 3 断面为枝城水文站断面，距葛洲坝约 61.0km，断面形态呈偏 V 形。主泓靠右岸，多年来岸线和深槽部位较稳定。葛洲坝蓄水运行以来，左边滩呈累积性冲刷态势。

综合以上断面冲淤变化的分析，大多数断面在"98"洪水之前呈冲刷态势，在"98"洪水葛洲坝下泄大量泥沙的情况下发生淤积，之后又冲刷。总体来看，宜昌至枝城河段断面冲淤变化的主要部位是枯水河槽和边滩中低水部分，高水以上部分变化相对较小，总体呈冲刷态势，但断面形态变化不大。

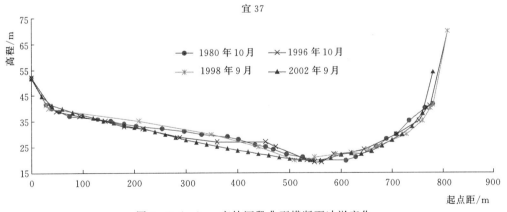

图 4-9（一） 宜枝河段典型横断面冲淤变化

143

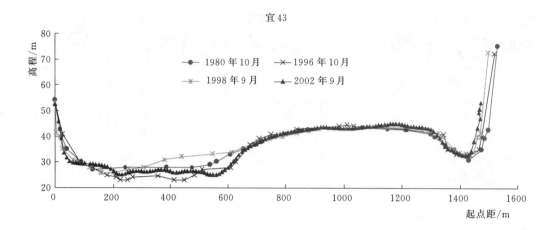

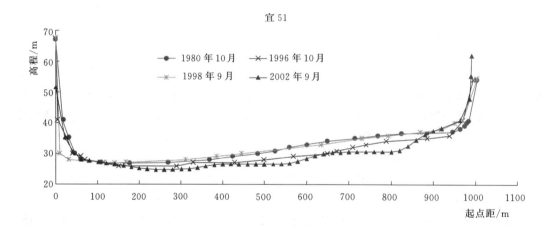

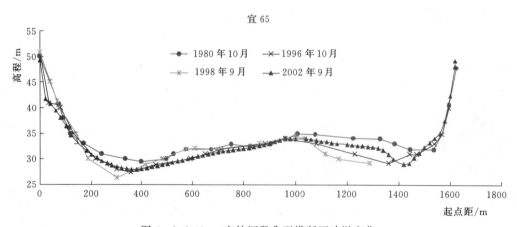

图 4-9（二）　宜枝河段典型横断面冲淤变化

144

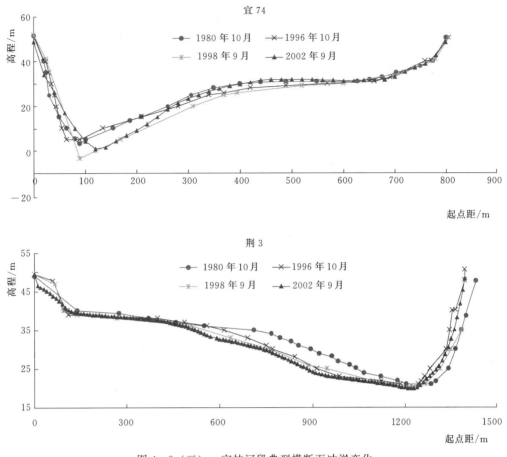

图 4 - 9（三）　宜枝河段典型横断面冲淤变化

4.4.5　河床冲淤变化

长江出峡谷后，河道纵坡趋于平缓，河宽逐步展宽，过水面积明显增大。在天然条件下，宜枝河段总的变化是年内具有"汛淤枯冲，大水淤小水冲"的特点，年际变化则表现为"大水年淤，小水年冲"。1981 年葛洲坝水库蓄水运用后，近坝河段河床的冲淤演变经历了"冲刷—淤积—冲刷"的过程。

1980 年 10 月至 1987 年 10 月为宜枝河段累积冲刷期，平滩河槽以下总冲刷量为 4396 万 m^3。其中，宜昌河段冲刷 1176 万 m^3，主要冲刷镇川门至龙盘湖段；宜都河段冲刷 3220 万 m^3，主要冲刷宜都至枝城段。冲刷部位以枯水河槽为主，中水位以上河床略有淤积。1987 年 10 月至 1996 年 10 月为冲淤交替期，但仍以冲刷为主，河段平滩河槽总冲刷量 3022 万 m^3，其中宜昌河段冲刷 1724 万 m^3，主要在胭脂坝至磨盘溪段；宜都河段冲刷 1298 万 m^3，主要在云池至白洋段。冲刷部位仍以枯水河槽为主。

1996 年 10 月至 1998 年 10 月为淤积期。该时段宜枝河段平滩河槽以下淤积 3454 万 m^3，其中宜昌河段淤积 3863 万 m^3，宜都河段则冲刷 409 万 m^3。宜昌河段主要淤积在胭脂坝以上河段，1998 年洪水库区大量泥沙冲刷出库是其产生淤积的主要原因；宜都河段以冲刷为主但幅度不大。

　　1998 年 10 月至 2002 年 9 月为累积冲刷期。宜枝河段平滩河槽以下共冲刷 4149 万 m³，其中宜昌河段冲刷 4140 万 m³，宜都河段仅冲刷 9 万 m³。可见，该时段主要冲刷宜昌河段。

　　综上所述，1980 年 10 月至 2002 年 9 月即葛洲坝蓄水后至三峡工程蓄水前此期间，宜枝河段平滩河槽以下冲刷 8113 万 m³，其中，宜昌河段冲刷 3177 万 m³，主要在庙咀至龙盘湖段，局部冲刷深度可达 5～10m；宜都河段冲刷 4936 万 m³，主要冲刷在宜都弯道以下。据表 4-11 统计，宜枝河段冲刷的主要部位都集中在枯水河槽。其中，宜昌河段枯水河槽以上河床甚至有所淤积；宜都河段低滩部分也有所冲刷，但中水位以上则有所淤积。

表 4-11　　　　　　　　　　　　　　宜昌至枝城河段河槽冲淤变化

起止日期	河段	宜昌河段		宜都河段		宜枝河段	
	断面起止	宜 34—宜 51		宜 51—荆 3		宜 51—荆 3	
	间距/km	19.4		39.6		59.0	
	项目	冲淤量/万 m³	冲淤率/(万 m³/km)	冲淤量/万 m³	冲淤率/(万 m³/km)	冲淤量/万 m³	冲淤率/(万 m³/km)
1980 年 10 月至 1987 年 10 月	枯水河槽	−1264	−65.2	−3443	−177.5	−4707	−242.6
	平均河槽	−1268	−65.4	−3561	−183.6	−4829	−248.9
	平滩河槽	−1176	−60.6	−3220	−166.0	−4396	−226.6
	洪水河槽	−1031	−53.1	−3106	−160.1	−4137	−213.2
1987 年 10 月至 1991 年 10 月	枯水河槽	−730	−37.6	1272	65.6	542	27.9
	平均河槽	−616	−31.8	1410	72.7	794	40.9
	平滩河槽	−583	−30.1	1272	65.6	689	35.5
	洪水河槽	−625	−32.2	1163	59.9	538	27.7
1991 年 10 月至 1993 年 10 月	枯水河槽	609	31.4	−2213	−114.1	−1604	−82.7
	平均河槽	639	32.9	−2250	−116.0	−1611	−83.0
	平滩河槽	380	19.6	−2337	−120.5	−1957	−100.9
	洪水河槽	397	20.5	−2351	−121.2	−1954	−100.7
1993 年 10 月至 1996 年 10 月	枯水河槽	−1394	−71.9	−602	−31.0	−1996	−102.9
	平均河槽	−1543	−79.5	−641	−33.0	−2184	−112.6
	平滩河槽	−1521	−78.4	−233	−12.0	−1754	−90.4
	洪水河槽	−1496	−77.1	−192	−9.9	−1688	−87.0
1996 年 10 月至 1998 年 9 月	枯水河槽	3513	181.1	−276	−14.2	3237	166.9
	平均河槽	3767	194.2	−349	−18.0	3418	176.2
	平滩河槽	3863	199.1	−409	−21.1	3454	178.0
	洪水河槽	4006	206.5	−376	−19.4	3630	187.1

起止日期	河段	宜昌河段		宜都河段		宜枝河段	
	断面起止	宜 34—宜 51		宜 51—荆 3		宜 51—荆 3	
	间距/km	19.4		39.6		59.0	
	项目	冲淤量/万 m³	冲淤率/(万 m³/km)	冲淤量/万 m³	冲淤率/(万 m³/km)	冲淤量/万 m³	冲淤率/(万 m³/km)
1998 年 9 月至 2002 年 9 月	枯水河槽	−4176	−215.3	−159	−8.2	−4335	−223.5
	平均河槽	−4269	−220.1	−133	−6.9	−4402	−226.9
	平滩河槽	−4140	−213.4	−9	−0.5	−4149	−213.9
	洪水河槽	−4085	−210.6	−42	−2.2	−4127	−212.7
1980 年 10 月至 2002 年 9 月	枯水河槽	−3442	−177.4	−5421	−279.4	−8863	−456.9
	平均河槽	−3290	−169.6	−5524	−284.7	−8814	−454.3
	平滩河槽	−3177	−163.8	−4936	−254.4	−8113	−418.2
	洪水河槽	−2834	−146.1	−4904	−252.8	−7738	−398.9

注　表中"＋"表示淤，"－"表示冲。

4.4.6　河势与河床稳定性

据以上分析可以认为，三峡水库蓄水前宜枝河段河床演变特性可作如下概括：

（1）在平面形态方面，由于受到河岸边界条件的较强控制，岸线变化不大，深泓摆动较小，年际间滩槽关系相对稳定，可以认为宜枝河段在三峡水库蓄水前河势基本稳定。

（2）在洲滩演变中，主要是边滩年内呈周期性冲淤变化，年际间大多有冲刷态势，交错边滩平面位置较为稳定，没有向下游运动的趋势，低滩部位呈冲刷态势；弯曲段洲滩平面形态保持相对稳定，年际间洲滩有一定的冲淤变化。

（3）宜枝河段河床总体呈冲刷态势。冲刷部位主要在枯水河槽，宜昌河段枯水位以上有所淤积，宜都河段中水位以上有所淤积，断面总体朝窄深发展，河床相对稳定性有所增强。

4.5　三峡蓄水后河床演变特点[4,5]

4.5.1　河床累积冲刷并呈现趋缓之势

自 2003 年三峡水库蓄水运行以来，坝下游宜枝河段平滩河槽（相当于宜昌站流量 30000m³/s 的水面线以下河床）累积冲刷量达到 1.59 亿 m³。其中，宜昌河段为 0.18 亿 m³（占总冲刷量的 11.3%），而宜都河段为 1.41 亿 m³（占总冲刷量的 88.7%），可见冲刷主要发生在宜都河段。平滩以上河床（30000～50000m³/s 水面线之间的河床）略有淤积。在宜枝河段平滩河槽中冲刷的主要部位是在枯水河槽（5000m³/s 水面线以下河床），其冲刷量为 1.46 亿 m³，占平滩河槽总冲刷量的 91.7%，可见洲滩冲刷量仅占 8.3%（表 4-12）。

表 4-12　三峡水库蓄水以来宜昌—杨家脑河段历年冲淤量

单位：万 m³

时段	河段	Q=5000m³/s			Q=10000m³/s			Q=30000m³/s			Q=50000m³/s		
		宜昌河段	宜都河段	宜枝河段	宜昌河段	宜都河段	宜枝河段	宜昌河段	宜都河段	宜枝河段	宜昌河段	宜都河段	宜枝河段
	长度/km	19.4	39.6	59.0	19.4	39.6	59.0	19.4	39.6	59.0	19.4	39.6	59.0
2002 年 9 月至 2006 年 10 月	冲淤量	-825	-5945	-6770	-828	-6254	-7082	-1391	-6747	-8138	-1401	-6614	-8015
	占总量/%	12.2	87.8		11.7	88.3		17.1	82.9		17.5	82.5	
	冲淤强度	-42.5	-150.1	-114.7	-42.7	-157.9	-120.0	-71.7	-170.4	-137.9	-72.2	-167	-135.8
2006 年 10 月至 2008 年 10 月	冲淤量	-165	-2252	-2417	-162	-2124	-2286	-107	-2123	-2230	-110	-2150	-2260
	占总量/%	6.8	93.2		7.1	92.9		4.8	95.2		4.9	95.1	
	冲淤强度	-8.5	-56.9	-41.0	-8.4	-53.6	-38.7	-5.5	-53.6	-37.8	-5.7	-54.3	-38.3
2008 年 10 月至 2015 年 11 月	冲淤量	-277.4	-5099.6	-5377	-291.3	-5339.8	-5631	-291.8	-5224.8	-5517	-280.6	-5101.7	-5382
	占总量/%	5.2	94.8		5.2	94.8		5.3	94.7		5.2	94.8	
	冲淤强度	-14.3	-128.8	-91.1	-15	-134.8	-95.4	-15	-131.9	-93.5	-14.5	-128.8	-91.2
2002 年 9 月至 2015 年 11 月	冲淤量	-1267.4	-13296.6	-14564	-1281.3	-13717.8	-14999	-1789.8	-14094.8	-15885	-1791.6	-13865.7	-15657
	占总量/%	8.7	91.3		8.5	91.5		11.3	88.7		11.4	88.6	
	冲淤强度	-65.3	-335.8	-246.8	-66	-346.4	-254.2	-92.3	-355.9	-269.2	-92.4	-350.1	-265.4
2013 年 10 月至 2014 年 10 月	冲淤量	-29.6	-1248.3	-1277.9	-67.7	-1319	-1386.7	-75.9	-1319.2	-1395.1	-70.8	-1315.5	-1386.3
	冲淤强度	-1.5	-31.5	-21.7	-3.5	-33.3	-23.5	-3.9	-33.3	-23.6	-3.6	-33.2	-23.5
2014 年 10 月至 2015 年 5 月	冲淤量	-88.5	84	-4.5	-101	86.5	-14.5	-108	128.7	20.7	-107.8	153.1	45.3
	冲淤强度	-4.6	2.1	-0.1	-5.2	2.2	-0.2	-5.6	3.2	0.4	-5.6	3.9	0.8
2015 年 5 月至 2015 年 11 月	冲淤量	49.5	-224.2	-174.7	62.4	-226.5	-164.1	65.1	-229.6	-164.5	68.2	-226.7	-158.5
	冲淤强度	2.6	-5.7	-3.0	3.2	-5.7	-2.8	3.4	-5.8	-2.8	3.5	-5.7	-2.7
2014 年 10 月至 2015 年 11 月	冲淤量	-39	-140.2	-179.2	-38.6	-140	-178.6	-42.9	-100.9	-143.8	-39.6	-73.6	-113.2
	冲淤强度	-2	-3.5	-3.0	-2	-3.5	-3.0	-2.2	-2.5	-2.4	-2	-1.9	-1.9

比较三峡水库 135～139m 运行期、145～156m 运行期及 175m 试验性蓄水运行期，宜枝河段的冲淤分布有明显不同。

（1）135～139m 运行期（2002 年 9 月至 2006 年 10 月）：宜枝河段平滩河槽下累积冲刷量达 8138 万 m³，年平均冲刷量达 2035 万 m³/a。其中，宜昌河段累积冲刷 1391 万 m³，冲刷强度为 17.9 万 m³/(km·a)；宜都河段累积冲刷 6747 万 m³，冲刷强度为 42.6 万 m³/(km·a)。宜都河段的主要冲刷带在白洋—枝城段一线，其次为红花套—宜都段。

（2）145～156m 运行期（2006 年 10 月至 2008 年 10 月）：该时段宜枝河段平滩河槽下累积冲刷量为 2230 万 m³，年平均冲刷量为 1115 万 m³/a，比上一时段减弱。其中，宜昌、宜都河段分别冲刷 107 万 m³ 和 2123 万 m³，冲刷强度分别为 2.8 万 m³/(km·a) 和 26.8 万 m³/(km·a)。可见，主要冲刷带仍在宜都河段。

（3）175m 试验性蓄水运行期：2008 年汛后三峡水库进入 175m 试验性蓄水运行期后，宜枝河段平滩河槽下累积冲刷量为 5517 万 m³，年平均冲刷量为 788 万 m³/a，可见该时段河段年平均冲刷量又进一步减小。其中，宜昌河段和宜都河段冲刷量分别为 292 万 m³ 和 5225 万 m³，冲刷强度分别为 2.2 万 m³/(km·a) 和 18.8 万 m³/(km·a)。

（4）在试验性蓄水运行期的最近几年，宜枝河段冲刷量进一步减少。2013—2014 年和 2014—2015 年两个时段，宜昌河段平滩河槽冲刷量分别为 76 万 m³ 和 43 万 m³，宜都河段分别为 1319 万 m³ 和 101 万 m³。可见后一时段冲刷减小很多，而且在河槽内还产生淤积的情况。总之，三峡水库蓄水后 13 年内宜枝河段的冲刷速率是明显趋缓的。

宜枝河段上、下段年内河床冲淤特性不同：宜昌河段为枯水期冲刷走沙、汛期河床淤积；宜都河段则相反，为枯水期泥沙淤积、汛期冲刷走沙。

4.5.2　岸线变化很小，河势保持基本稳定

宜枝河段两岸受到山丘阶地控制，部分河岸受到护岸工程的防护，三峡水库蓄水前河岸变化不大。三峡水库蓄水后，虽然宜枝河段河床冲刷十分强烈，但平滩河槽内的冲刷主要发生在枯水河槽，枯水位以上的中水河床冲刷变形较小，而且冲刷趋势渐缓。根据 2002 年和 2013 年地形图，以两岸 35m 等高线对比，可看出岸线变化不大，云池以上顺直型河道岸线变化很小，云池以下弯曲型河道岸线变化也不大，说明宜枝河段平面形态总体变化较小，河势仍保持基本稳定（图 4-10）。

4.5.3　洲滩与边滩冲刷显著

4.5.3.1　胭脂坝洲

三峡水库蓄水后，2003 年胭脂坝坝体受到明显的冲刷，坝头向下游冲刷后退约 170m，面积也相应减小；2008 年年初对胭脂坝洲头实施防护工程后，胭脂坝洲体有所回淤，面积增加 4%，洲顶高程也有所淤高；近两年来胭脂坝洲体没有发生明显冲刷（表 4-13）。预计今后洲体形态将保持相对稳定，不会出现较为明显的冲刷现象。

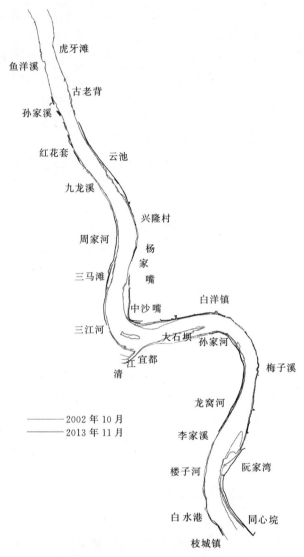

图 4-10 宜枝河段岸线（35m）平面变化

表 4-13　　　　　　　　胭脂坝河段洲体（39m 等高线）变化

日期	量测等高线/m	洲顶高程/m	最大洲长/m	最大洲宽/m	洲滩面积/km²
2002 年 9 月	39	49.40	4478	772	1.889
2003 年 1 月	39	49.40	4328	756	1.76
2004 年 11 月	39	49.40	4401	785	1.807
2006 年 1 月	39	49.70	4390	802	1.809
2007 年 8 月	39	49.70	4338	862	1.747
2007 年 12 月	39	49.70	4378	863	1.767
2008 年 1 月	39	50.10	4389	888	1.83
2009 年 4 月	39	50.20	4435	886	1.737

续表

日期	量测等高线/m	洲顶高程/m	最大洲长/m	最大洲宽/m	洲滩面积/km²
2010 年 5 月	39	50.00	4359	892	1.758
2010 年 1 月	39	50.00	4439	896	1.804
2011 年 5 月	39	50.00	4430	898	1.798
2011 年 1 月	39	50.00	4428	800	1.828
2012 年 5 月	39	50.00	4437	888	1.782
2013 年 1 月	39	50.00	4425	892	1.825
2014 年 5 月	39	50.00	4422	889	1.738
2015 年 5 月	39	50.10	4407	893	1.729

4.5.3.2　南阳碛心滩

三峡水库蓄水运行后，南阳碛冲刷萎缩，尤其是三峡蓄水运行之初的 2003 年汛后，南阳碛洲滩因冲刷面积减小一半，冲刷部位为近右岸部分滩体，而靠江中的滩体则基本稳定。至 2013 年，南阳碛心滩已被冲成一个较小的长心滩和一些散乱心滩（图 4 - 11）。

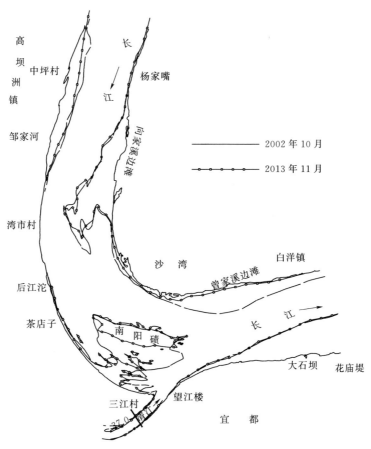

图 4 - 11　南阳碛心滩（33m 等高线）平面变化

4.5.3.3　边滩

临江溪边滩：受三峡水库清水下泄的影响，边滩整体处于缓慢的萎缩状态，边滩作用已经不明显，面积基本稳定在 $0.32km^2$ 附近。

方家岗边滩：在三峡水库蓄水前边滩变化的特点为大水年滩头冲刷萎缩，小水大沙年淤积上延。三峡水库蓄水运行后，边滩面积有逐年减少趋势，长宽也都有所减少。

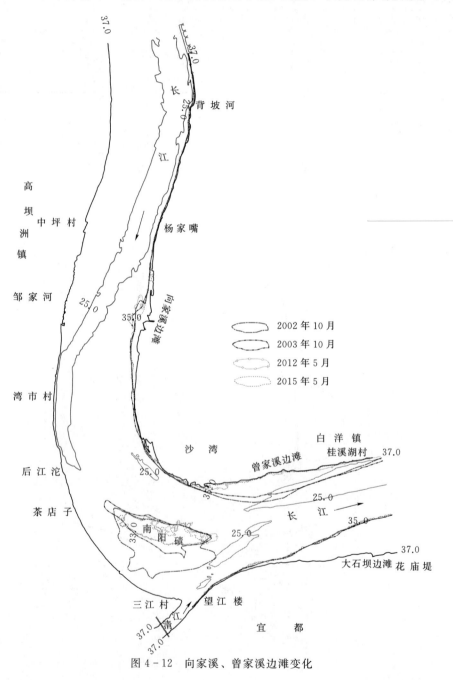

图 4-12　向家溪、曾家溪边滩变化

向家溪及曾家溪边滩：向家溪边滩和曾家溪边滩分别与南阳碛洲头、洲尾形成沙埂，为宜都浅滩上、下两个浅区。三峡建库前，上、下浅区有"涨淤落冲"的变化规律。三峡水库"清水"下泄后南阳碛上游的向家溪边滩变化不大，基本保持稳定；下游的曾家溪边滩受冲刷而处于持续萎缩的状态，至 2012 年曾家溪边滩已基本消失（图 4 - 12）。

大石坝边滩：三峡水库蓄水运行后，该边滩基本稳定，边滩前沿线没有明显的扩展与回缩，至 2015 年大石坝边滩仍没有变化（图 4 - 12）。

4.5.4 深槽与深泓线冲刷下切

宜枝河段 25m 等高线以下的深槽从上至下有卷桥河深槽、胭脂坝深槽、艾家镇深槽、虎牙滩深槽、红花套深槽、云池深槽、白洋弯道深槽和狮子脑深槽等。由表 4 - 13 可知，2002 年、2003 年、2004 年宜枝河段 25m 等高线以下深槽的总面积分别为 9.801km²、11.905km²、14.106km²；不包括卷桥河深槽面积，2004 年、2006 年宜枝河段 25m 高程线以下深槽的总面积分别为 12.773km²、13.943km²。由此可看出，三峡工程蓄水运用以来，宜枝河段深槽面积均表现为逐年增大，2006 年与 2004 相比，其增幅明显减小。根据新近的统计，虎牙滩和红花套二深槽面积 2008 年分别为 0.233km² 和 5.32km²，2013 年分别为 0.252km² 和 5.55km²，可见近期仍有所冲深（图 4 - 14）。

表 4 - 14　　　　　　　　　宜枝河段深槽（25m 等高线）变化

深槽名	距坝里程/km	统计日期	槽底高程/m	最大长/m	最大宽/m	面积/km²
卷桥河	3.6	2002 年 9 月	16.1	5124	195	1.053
		2003 年 10 月	15.3	5122	245	1.276
		2004 年 11 月	14.8	5024	367	1.333
胭脂坝	10.3	2002 年 9 月	15.0	2359	364	0.663
		2003 年 10 月	14.2	4853	461	1.320
		2004 年 11 月	12.7	4777	465	1.341
		2006 年 6 月	12.8	4870	465	1.414
艾家镇	16.4	2002 年 9 月	16.2	3856	265	0.975
		2003 年 10 月	16.5	3680	340	1.029
		2004 年 11 月	15.9	3681	372	1.082
		2006 年 6 月	15.7	3904（主）	367（主）	1.244
虎牙滩	24.3	2002 年 9 月	17.1	1478	309	0.252
		2003 年 10 月	17.0	1092	311	0.213
		2004 年 11 月	17.1	1236	311	0.242
		2006 年 6 月	17.4	1182（主）	273（主）	0.294
红花套	28.6	2002 年 9 月	19.2	6337	515	1.925
		2003 年 10 月	15.0	6940	464	2.237
		2004 年 11 月	15.1	7280	379	2.815
云池	34.9	2002 年 9 月	13.8	4899	271	1.068
		2003 年 10 月	11.3	5229	340	1.380
		2004 年 11 月	11.2	5713	310	1.435

续表

深槽名	距坝里程/km	统计日期	槽底高程/m	最大长/m	最大宽/m	面积/km²
红花套、云池		2006 年 6 月	11.3	12482	645	4.498
宜都弯道	41.5	2002 年 9 月	19.4	1693	83	0.122
		2003 年 10 月	19.5	1148	95	0.087
		2004 年 11 月	18.0	1842	157	0.215
		2006 年 6 月	18.5	2539	192	0.358
清江口	44.5	2002 年 9 月	24	615	24	0.035
		2003 年 10 月	23.7	836	135	0.091
		2004 年 11 月	23.8	867	99	0.084
		2006 年 6 月	24.2	121	16	0.017
白洋弯道	49.2	2002 年 9 月	−0.3	6868	482	2.388
		2003 年 10 月	0.8	8116	331	2.742
		2004 年 11 月	−2.5	10094	473	3.717
		2006 年 6 月	−2.7	10520	610	4.270
狮子脑①	58.2	2002 年 9 月	12.1	4237	362	1.320
		2003 年 10 月	12.8	5462	368	1.530
		2004 年 11 月	11.8	6082	407	1.842
		2006 年 6 月	11.6	6090	410	1.848

①　狮子脑深槽由于资料所限只量算到荆 3 下游 150m。

　　三峡水库正常蓄水以来，宜枝河段深泓普遍下切，主要冲深部位在宜都河段，总体来看，愈往下游冲深愈大（图 4 - 14）。2003 年是三峡工程 135m 蓄水运行第一年，清水下泄使河床剧烈冲刷，与 2002 年相比从镇川门至艾家镇深泓线普遍冲深。2004 年与 2003 年相比，胭脂坝以上以淤为主，胭脂坝以下以冲为主，冲淤变化幅度不大；2005 年深泓变化不大，2006 年沿程有冲有淤，2007 年宜昌河段深泓以冲刷为主，2007—2008 年该段深泓略有淤积；2008—2015 年三峡水库 175m 试验性蓄水阶段，宜昌河段深泓平均冲深约 0.9m，且冲刷主要集中在 2008—2009 年，2009 年之后变化较小。

　　宜都河段深泓以累积性冲刷为主。2003 年与 2002 年相比，深泓冲刷明显，红花套—云池段、三马滩—宜都段刷深较多，至 2004 年该河段深泓较为稳定，仅三马滩—白洋及狮子脑一带段冲刷明显；2004—2005 年红花套—宜都、宜都—枝城等段深泓冲刷明显；至 2006 年深泓总体变化不大，沿程冲淤相间，以微冲为主；2006—2007 年宜都至白洋及外河坝至枝城，深泓冲深较大，其他段以微冲为主；2007—2008 年该段深泓略有淤积。2008—2015 年三峡水库 175m 试验性蓄水后，宜都河段再次大幅度下切，平均下切幅度为 2.4m，且冲刷主要集中在 2008—2010 年。总之，三峡水库蓄水运行以来，宜都河段深泓普遍下切，主要冲刷云池—白洋段及外河坝至枝城段，最大冲深达 14.2m（图 4 - 14）。

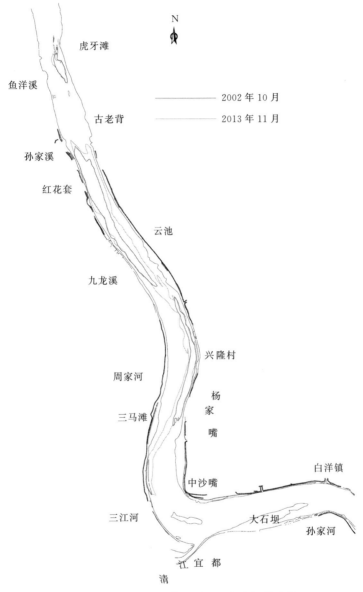

图 4 - 13　宜枝河段虎牙滩、红花套深槽变化

4.5.5　断面形态调整沿程增大

自三峡工程蓄水运行以来，宜昌河段总体为冲刷，其断面变化有如下特点：两岸边坡一般保持稳定，主要冲刷部位在枯水河槽，枯水流量下平均过水面积累积扩大，自 2002 年 9 月的 6782m² 增大至 2015 年 11 月的 7613m²，过水面积扩大率达到 12.2%，主要扩展年份为蓄水后的第一年，过水面积扩大 8.2%，此后虽然河段过水面积仍呈累积性扩展，但幅度明显减小。从断面形态来看，宜昌河段变化较小，冲深使得宽深比 $\sqrt{B/H}$ 有所减小，但总体来看断面形态变化不大（图 4 - 15）。

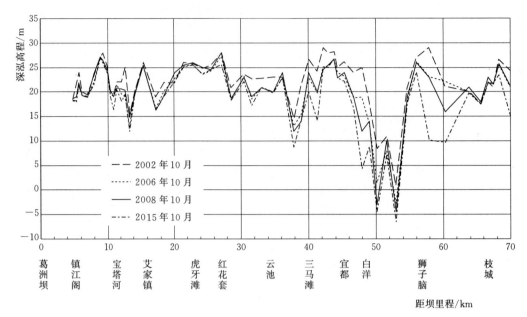

图 4-14　三峡水库蓄水后宜枝河段深泓纵剖面变化

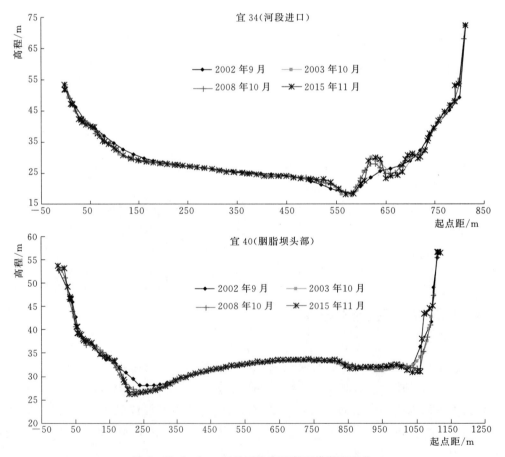

图 4-15（一）　宜昌河段典型断面横断面变化

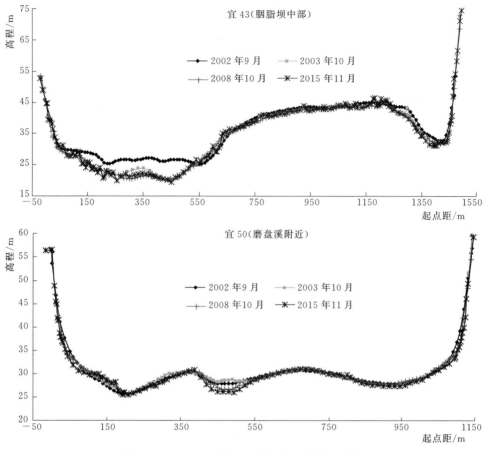

图 4-15（二）　宜昌河段典型断面横断面变化

宜都河段断面冲刷的特点是：冲刷的主要部位仍在枯水河槽，特别是在深槽内；而边滩和心滩也有冲刷，但幅度很小。枯水河槽过水面积由 2002 年 9 月的 7650m² 增至 2015 年 11 月的 10579m²，扩大率达到 38.3%。过水面积扩展时期主要在 135～139m 围堰发电期，扩大率达到 17.7%；其次是 175m 试验性蓄水运行期，过水面积扩大率达到 6.2%。至 2015 年河段横断面仅少数主槽局部有冲淤变化外，其余区域变化不大（图 4-15）。总之，断面形态变化较明显，深槽明显冲刷，所以其形态朝窄深方向调整（表 4-15）。对比宜昌河段和宜都河段断面的变化可以看出，以深槽冲深为变化特征的形态调整愈往下游愈大。

从以上对三峡水库蓄水后的宜枝河段河床演变的全面分析，可以清楚地表明，由于受到地质地貌边界条件的控制，蓄水前河段的河势基本稳定，蓄水后岸线和滩槽关系变化不大，河势仍然保持基本稳定。由于三峡水库兴建后的"清水"下泄，宜枝河段产生了累积性冲刷，其中，宜都河段的冲刷强度显著大于宜昌河段；在蓄水后的 15 年里河床冲刷的速率逐渐趋缓。通过河床的冲刷，大部分边滩和洲滩萎缩变小，也有的表现为渐趋稳定。平滩河槽中冲刷的主要部位是枯水河槽，其中又以深槽部位的冲深和深泓线的下切为著，断面形态的冲深调整沿程增大，河床形态向宽深比减小的方向发展。预计宜枝河段将随着冲刷强度的继续减小，河道将向相对稳定的态势发展，河床的稳定性与蓄水初期相比将相对增强。

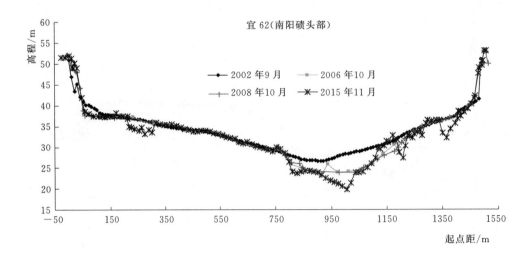

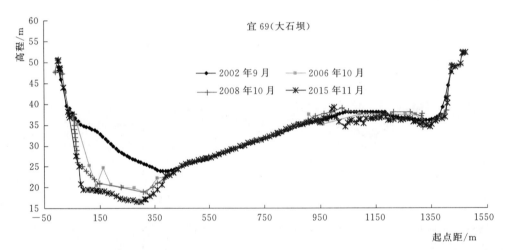

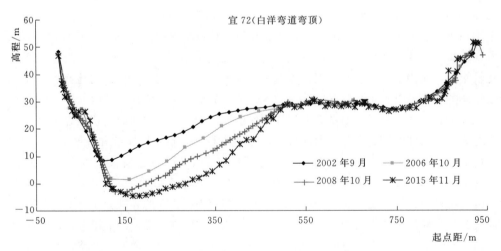

图 4-16（一）　宜都河段典型横断面变化

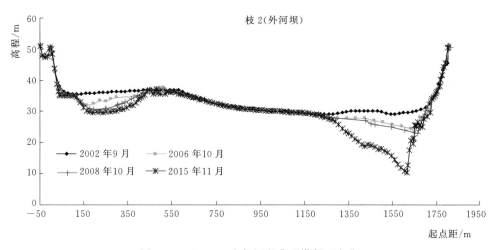

图 4-16（二）　宜都河段典型横断面变化

表 4-15　　　　　　　　　宜都河段典型横断面要素变化（平滩水位）

断面	计算水位/m	日期	断面面积/m²	河宽 B/m	平均水深 H/m	$\sqrt{B}/H$	平均河底高程/m	最深点高程/m
宜50	40.50	2002 年 1 月	11897	1080	11	3	29.5	26
		2006 年 5 月	11610	1074	10.8	3	29.7	26.1
		2008 年 11 月	12059	1086	11.1	3	29.4	26
		2013 年 11 月	11860	1084	10.9	3	29.6	26
宜56	40.22	2002 年 1 月	11589	1013	11.4	2.8	28.8	22.8
		2006 年 5 月	13497	1015	13.3	2.4	26.9	19.1
		2008 年 11 月	13900	1023	13.6	2.4	26.6	19
		2013 年 11 月	13635	1112	12.3	2.7	28	19
宜60	40.03	2002 年 1 月	12804	1090	11.7	2.8	28.3	13.7
		2006 年 5 月	13812	1092	12.7	2.6	27.4	12.3
		2008 年 11 月	14922	1094	13.6	2.4	26.4	12
		2013 年 11 月	15214	1112	13.7	2.4	26.4	7.5
宜72	39.43	2002 年 1 月	13016	870	15	2	24.5	7.6
		2006 年 5 月	15100	864	17.5	1.7	22	0
		2008 年 11 月	17022	872	19.5	1.5	19.9	-3.6
		2013 年 11 月	18863	872	21.6	1.4	17.8	-4.2
枝2	39.18	2002 年 1 月	11310	1728	6.5	6.4	32.6	29
		2006 年 5 月	12626	1737	7.3	5.7	31.9	24
		2008 年 11 月	14206	1751	8.1	5.2	31.1	24
		2013 年 11 月	18124	1770	10.2	4.1	28.9	12.1

4.6　关于宜昌站枯水位下降问题[3、6、7]

宜枝河段位于葛洲坝水利枢纽下游,距三峡工程约 40km,最先受到三峡工程蓄水运用的影响,由于三江航道闸底板高程较高,为 34.5m(冻结基面),宜昌站枯水位的变化直接影响三江航道的正常通航。三峡工程蓄水运用以来,宜枝河段发生了明显冲刷,宜昌站的水位也随之发生变化,对三江航道的通航会产生一定的影响。

近些年来,宜昌站水位流量关系随葛洲坝水利枢纽与三峡水利枢纽工程的蓄水运用对下游河床产生冲刷而发生较大的变化。到 2015 年汛后,宜昌站各中、枯流量级相应的水位仍有不同程度的下降:7000m³/s 流量相应水位为 39.83m,较 2014 年下降 0.06m,较2002 年累积下降了 0.85m,较 1973 年设计线累积下降了 2.14m;6000m³/s 流量相应水位为 39.36m,较 2014 年下降 0.07m,分别较 2002 年、1973 年累积下降了 0.67m、1.98m,见表 4-16;自 2009 年后宜昌最小流量均高于 5500m³/s,对 5000m³/s 流量相应水位进行外延估算,2005 年 5000m³/s 流量相应水位为 38.92m,较 1973 年设计线累积下降了 1.77m,较 2002 年累积下降了 0.51m,较 2014 年下降 0.07m,见表 4-17。

表 4-16　　　　　宜昌站不同时期汛后枯水水位流量关系(冻结基面,m)

年份	$Q=4000\text{m}^3/\text{s}$		$Q=4500\text{m}^3/\text{s}$		$Q=5000\text{m}^3/\text{s}$		$Q=5500\text{m}^3/\text{s}$		$Q=6000\text{m}^3/\text{s}$		$Q=6500\text{m}^3/\text{s}$		$Q=7000\text{m}^3/\text{s}$	
	水位/m	累积下降值/m	水位/m	累积下降值/m	水位/m	累积下降值/m	水位/m	累积下降值/m	水位/m	累积下降值/m	水位/m	累积下降值/m	水位/m	累积下降值/m
1973	40.05	0.00	40.31		40.67	0.00	41.00	0.00	41.34	0.00	41.65	0.00	41.97	0.00
1997	38.95	−1.10	39.19	−1.12	39.51	−1.16	39.80	−1.20	40.10	−1.24	40.37	−1.28	40.65	−1.32
1998	39.48	−0.57	39.76	−0.55	40.14	−0.53	40.49	−0.51	40.85	−0.49	41.19	−0.46	41.52	−0.45
2002	38.81	−1.24	39.06	−1.25	39.41	−1.26	39.70	−1.30	40.03	−1.31	40.33	−1.32	40.68	−1.29
2003	38.81	−1.24	39.07	−1.24	39.46	−1.21	39.80	−1.20	40.10	−1.24	40.39	−1.26	40.68	−1.29
2004	38.78	−1.27	39.07	−1.24	39.41	−1.26	39.70	−1.30	40.03	−1.31	40.33	−1.32	40.63	−1.34
2005	38.77	−1.28	39.07	−1.24	39.35	−1.32	39.65	−1.35	39.93	−1.41	40.21	−1.44	40.49	−1.48
2006	38.73	−1.32	39.00	−1.31	39.31	−1.36	39.60	−1.40	39.88	−1.46	40.12	−1.53	40.36	−1.61
2007	38.73	−1.32	39.00	−1.31	39.31	−1.36	39.61	−1.39	39.90	−1.44	40.14	−1.51	40.40	−1.57
2008		—		—	39.31	−1.36	39.60	−1.40	39.88	−1.46	40.12	−1.53	40.39	−1.58
2009	—		—		39.02	−1.65	39.37	−1.63	39.71	−1.63	40.01	−1.64	40.31	−1.66
2010	—		—		—		39.36	−1.64	39.68	−1.66	39.96	−1.69	40.28	−1.69
2011	—		—		—		39.24	−1.76	39.52	−1.82	39.80	−1.85	40.08	−1.89
2012	—		—		—		39.24	−1.76	39.51	−1.83	39.75	−1.90	39.99	−1.98
2013	—		—		—		39.24	−1.80	39.48	−1.86	39.71	−1.94	39.99	−1.98
2014	—		—		—		39.43	−1.91	39.67	−1.98	39.89	−2.08
2015									39.36	−1.98	39.59	−2.06	39.83	−2.14

注　宜昌站基面换算关系:
　　表内水位(冻结基面以上 m 数)−0.364m=吴淞基面以上 m 数;
　　表内水位(冻结基面以上 m 数)−2.070m=85 基准以上 m 数。

表 4 - 17　　宜昌站不同时期汛后流量 $Q=5000\text{m}^3/\text{s}$ 对应水位值（冻结基面，m）

年份	水位/m	累积下降值/m
1973	40.67	0.00
1997	39.51	−1.16
1998	40.14	−0.53
2002	39.41	−1.26
2003	39.46	−1.21
2004	39.41	−1.26
2005	39.35	−1.32
2006	39.31	−1.36
2007	39.31	−1.36
2008	39.31	−1.36
2009	39.02	−1.65
2010	39.01	−1.66
2011	38.93	−1.74
2012	39.01	−1.66
2013	38.90	−1.77
2014	38.97	−1.70
2015	38.92	−1.77

注　自 2009 年后宜昌最小流量均高于 $5500\text{m}^3/\text{s}$，因此 $5000\text{m}^3/\text{s}$ 对应的水位值均为外延估算，仅此作为参考。

据 2008 年以来宜昌站枯水期水位流量关系可知，汛后流量 $6000\text{m}^3/\text{s}$ 及以上对应水位都有持续的小幅下降（图 4 - 17），其原因不仅在于沿程枯水位控制节点多数不断发生冲刷下切，下游河床沿程普遍冲刷应是同等重要的原因。

关于节点的控制作用以往也做过不少研究[8,5]，近期研究表明，宜昌河段重要节点是相对稳定的，但宜都河段主要控制节点河床则长期处于持续冲刷下降过程中，冲刷较大的大石坝和外河坝在三峡水库运用后其累计冲刷下降已达 10m 以上，相应过水面积亦增大 50% 左右（表 4 - 18）。作者认为，在节点控制枯水位的研究中，枯水河槽面积颇大的窄深断面因泄流能力加强，不一定对低水位下降有节点的控制作用，不宜在很深的槽部建工程量颇大的锁坝。建议对宜枝河段枯水位以下过水面积沿程变化的纵剖面作进一步分析，不管断面形态如何，凡是该面积极小的断面都应视作节点。其中，枯水河槽断面积很小而其形态为宽浅的断面，实施束窄护底工程，对枯水位下降应有较强的控制作用。

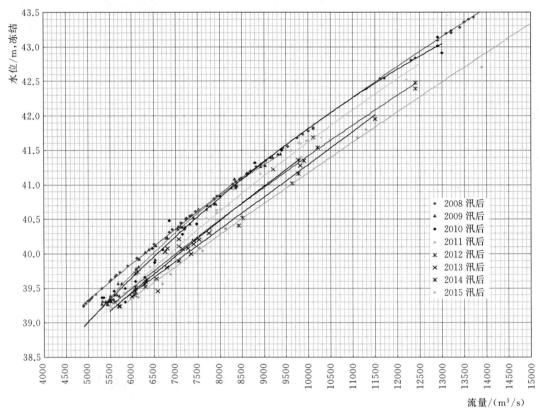

图 4－17　2008 年以来汛后宜昌站枯水水位流量关系

表 4－18　　　　宜昌—杨家脑河段沿程枯水控制节点断面过水面积及深泓变化

实测时间			2002 年 10 月		2003 年 10 月		2006 年 10 月		2008 年 10 月		2012 年 10 月		2013 年 10 月		2014 年 10 月		2015 年 11 月	
河段名称	断面	距离 /m	面积 /m²	高程 /m	面积 /m²	高程 /m	面积 /m²	高程 /m	面积 /m²	高程 /m	面积 /m²	高程 /m	面积 /m²	高程 /m	面积 /m²	高程 /m	面积 /m²	高程 /m
胭脂坝头	宜 40	9260	5206	28.0	5634	25.9	5234	26.3	5268	26.6	5462	26.1	5626	26.1	5386	26.1	5410	26.1
胭脂坝尾	宜 45	15500	6006	26.1	6171	25.5	6058	25.4	6180	25.4	6511	25.3	6666	25.3	6516	25.4	6460	25.5
虎牙滩	宜 50	22860	8081	25.8	8023	25.5	7582	25.6	7811	26.0	8412	25.4	8147	25.5	8241	25.8	8398	25.5
古老背	宜 53	27168	7575	28.0	7653	27.5	7940	27.3	7684	28.0	9222	26.2	9154	25.0	9296	25.9	9261	25.6
南阳碛上口	宜 62	40086	5533	26.7	6069	25.3	6416	23.0	6257	24.0	7238	19.6	7219	20.4	7444	19.6	7625	20.0
大石坝	宜 69	46700	5710	24.0	4988	24.6	7607	18.8	7994	18.9	9407	16.6	9188	16.9	9351	16.7	9347	16.6
外河坝	枝 2	57891	5887	29.0	6290	27.9	7715	23.1	8391	23.0	12051	9.4	12007	9.7	12255	8.9	12023	10.2

参考文献

［1］　长江流域规划办公室水文局. 长江中下游河道基本特征［R］. 1983 年 10 月.

［2］　长江水利委员会水文局. 宜昌至枝城河段河道基本特征（2002 年前）［R］. 2005 年 12 月.

［3］　长江水利委员会水文局. 2015 年度坝下游河道演变及宜昌枯水位变化分析 ［R］. 2016 年 4 月.

［4］　周银军，陈立，闫涛，江磊. 宜昌至杨家脑河段河床形态冲刷调整特点分析 ［J］. 水利发电学报，2012 年 6 月. 31（3）

［5］　长江水利委员会水文局. 2015 年度长江葛洲坝下游关键性控制节点河势河床演变分析 ［J］. 2016 年 4 月.

［6］　李云中. 长江宜昌河段低水位变化研究 ［J］. 中国三峡建设. 2002（5）.

［7］　葛华，李义夫，朱玲玲，等. 三峡水库初期宜昌枯水位稳定机理初步分析 ［J］. 四川大学学报（工程科学版），2009，41（1）

［8］　李义天，葛华，孙昭华. 葛洲坝下游局部卡口对宜昌枯水位影响的初步分析 ［J］. 应用基础与工程科学学报，2007，15（4）

第 5 章　长江中游上荆江河床演变

长江中游上荆江河道经过历代不断整治和新中国成立后的大力治理，防洪能力不断增强，也使河道的自然特性发生一定的变化。三峡水库蓄水后，"清水"下泄对上荆江河床产生强烈的冲刷。本章主要阐述上荆江在三峡工程兴建前半个多世纪内河床演变过程[1,2]，重点分析三峡水库蓄水后河床演变呈现的特性，并对上荆江先后经历的裁弯工程、葛洲坝水利枢纽运行及三峡水库蓄水等不同类型工程影响下的演变特性进行了对比。

5.1　上荆江河道概况

荆江贯穿于江汉平原与洞庭湖平原之间，两岸河网纵横，湖泊密布。河道南岸有松滋口、太平口、藕池口和调弦口（调弦口于 1959 年建闸）分汇水沙入洞庭湖。四口分流对于调节荆江水沙、减轻荆江防洪负担具有重大作用。洞庭湖接纳四口分流和湘、资、沅、澧四水后于城陵矶汇入长江，对荆江河道演变产生影响，江湖关系十分复杂，防洪问题非常突出，有"万里长江，险在荆江"之称。荆江径流充沛，历代水患频繁，是长江中下游重点防洪地区。

上荆江河段上起枝城（上距三峡大坝约 105km），下迄藕池口，长 171.7km，为含洲、滩的弯曲型河道（附图 2、附图 3、附图 4）。左岸建有著名的荆江大堤和矶头群护岸工程，保护着江汉平原约 1000 万人口、1000 万亩农田和下游重要城镇的安全；右岸有荆南干堤和松滋江堤，保护着洞庭湖平原的安全。本节主要介绍上荆江河道地质地貌、河岸边界条件、河床组成，河型与河床地貌，以及河道整治等基本情况。有关水文泥沙的基本特征在第 2 节中阐述，以便与三峡水库蓄水后的水沙条件作比较。

5.1.1　地质地貌与河床边界条件[2,3]

5.1.1.1　地质地貌

荆江流经江汉盆地的西南部，是燕山运动断裂形成的内陆断陷盆地。喜马拉雅运动时期，盆地边缘隆起，主要表现为差异升降和断裂变动。新构造运动时期继承了上述不均匀沉陷，形成丘陵环绕平原的地貌景观。江汉平原的第四纪沉积中心在沙市、藕池与仙桃（沔阳）之间的三角形地区，最大沉积厚度 160m 左右。上荆江基本发育在江陵凹陷的轴部。松滋口以上河段，属于宜都隆起区，呈现丘陵地形，阶地发育；松滋口至涴市河段为枝江凹陷区，上第三系厚 430～550m，第四系一般厚 42～76m；涴市至江陵河段为八岭隆起区，两侧有断层，呈现丘陵地形；沙市至郝穴河段经江陵凹陷与华容隆起的过渡带，河道及其左侧属江陵凹陷，上第三系厚 366～810m，第四系厚 82～145m。图 5-1 为荆江河段地质构造和纵剖面图。

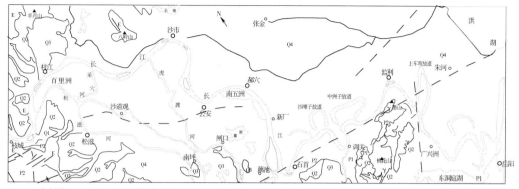

（a）地质构造图

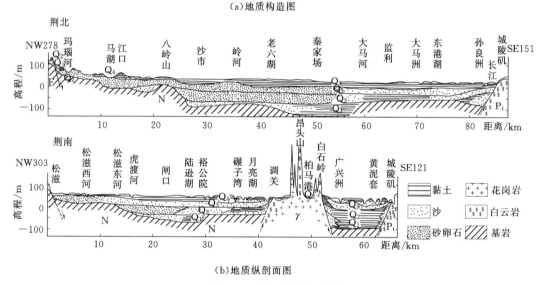

（b）地质纵剖面图

图 5-1　荆江河段地质图

5.1.1.2　河岸边界条件

　　上荆江河岸土层结构在不同河段有显著差异。松滋口以上为土—砾—岩三层结构；上覆土层厚 3~14m，为粉质或砂质黏土；砾层厚薄不等或缺失，含泥质重；下伏基岩主要为下第三系细碎屑岩。松滋口至蛟子渊为土—砂—砾三层结构，以下为土—砂二相结构；土层一般厚 8~16m，以粉质壤土为主，夹粉质黏土和砂壤土，其中公安河弯有厚层黏土和重黏土；砂层一般厚 30m 以内，以细砂为主，有极细砂和中砂。可见，上荆江河岸抗冲性均较强，一般来说，松滋口以下，除公安河弯以外，抗冲性较弱于松滋口以上河段。

5.1.1.3　河床组成

　　上荆江枝城—江口段为卵石夹砂河床，河床中分布卵砾石洲滩，江口—藕池口段为沙质河床。上荆江床沙特征如下：①床沙纵向变化总趋势按河段自上而下变细，枝江河段为卵砾河床；沙市河段为粗沙和中沙河床；公安河段虽在荆 61 断面出现卵石（实为其附近冲刷坑上翻之物），整个公安河段为中沙河床（表 5-1）；②据 2002—2003 年度枯水期荆江洲滩床沙坑测结果分析，洲滩床沙组成沿程变化与水下固断床沙组成沿程变化基本一致，相应河段在洲滩上的表现为泥沙粒径粗者更粗，细者更细（表 5-2）；③横向变化，床沙粒径沿程由宽级配向窄级配变化；对于同一断面，其横向变化表现为主流深泓部位床沙粗（表 5-3）。

表 5-1　　　　　　　　　　　　上荆江各河段床沙特征值

河　段		枝江 （梅子溪—杨家脑）	沙市 （杨家脑—观音寺）	公安 （观音寺—藕池口）
河段长/km		64	49.7	54.3
取样起止断面		荆 1—荆 25	荆 25—荆 52	荆 52—荆 82
取样断面个数		15	16	17
取样点数		30	59	52
河段 d_{50}/mm		0.238（25.6）	0.193	0.192（37.1）
断面 d_{50}/mm	最大值	0.375（39.7）	0.271	0.259（37.1）
	断面号	董 10（荆 25）	浣 15	荆 61（荆 61）
	最小值	0.14（0.304）	0.145	0.125
	断面号	荆 21（董 12）	荆 42	荆 57
河段 d_{cp}/mm		0.272（26.2）	0.202	0.195（37.8）
断面 d_{cp}/mm	最大值	0.668（41.5）	0.27	0.249（37.8）
	断面号	荆 5（荆 25）	浣 15	荆 61（荆 61）
	最小值	0.15（2.47）	0.151	0.111
	断面号	荆 21（董 12）	荆 42	荆 80
河段 d_{max}/mm		9.4（59.3）	2	1（48.6）
断面 d_{max}/mm	最大值	9.4（59.3）	2	1（48.6）
	断面号	荆 5（荆 15）	荆 28	荆 61（荆 61）
	最小值	0.355（20.9）	0.355	0.355
	断面号	荆 21（董 12）	荆 42	公 2

注　括号内为卵砾特征值或相应断面号。

表 5-2　　　　　　　　　　　　上荆江各河段洲滩床沙特征值

河段	枝江 （梅子溪—杨家脑）	沙市 （杨家脑—观音寺）	公安 （观音寺—藕池口）
河段长/km	64	49.7	54.3
起止代表固断	荆 1—荆 25	荆 25—荆 52	荆 52—荆 82
取样洲滩个数	4	6	3
取样探坑点数	21	22	13

河段		枝江 （梅子溪—杨家脑）	沙市 （杨家脑—观音寺）	公安 （观音寺—藕池口）
河段洲滩床沙 d_{50}/mm 均值		35.7	0.212	0.185
洲滩床沙 d_{50}/mm	最大值	66.2	0.276	0.199
	洲滩名	关洲	太平口边滩	马家寨边滩
	最小值	20.2	0.159	0.157
	洲滩名	董市洲	火箭洲	金城洲
河段洲滩床沙 d_{max}/mm		211	1	1
洲滩床沙 d_{max}/mm	最大值	211	1	1
	洲滩名	关洲	太平口边滩	突起洲
	最小值	113	0.5	0.5
	洲滩名	芦家河口	火箭洲	蛟子渊

表 5-3 　　　　　　　　　　荆江各河段床沙横向变化特征值

河段		枝江 （梅子溪—杨家脑）	沙市 （杨家脑—观音寺）	公安 （观音寺—藕池口）
河段长/km		64	49.7	54.3
起止代表固断		荆 1—荆 25	荆 25—荆 52	荆 52—荆 82
粒径范围		0.063～211	0.063～2	0.063～1
d_{50}/mm	滨岸区	0.144～0.234	0.116～0.177	0.0124～0.181
	缓流区	0.254～0.326	0.165～0.21	0.115～0.244
	主流区	0.261～39.7	0.163～0.334	0.219～0.329

5.1.2　河型与河床地貌[3]

在以往不少研究中将上荆江与下荆江都称为弯曲型河道或都称为蜿蜒型河道，或将上荆江称为微弯型而将下荆江称为弯曲型。作者在有关河型研究中将弯曲型与蜿蜒型加以区分，明确指出上荆江属于弯曲型，下荆江属于蜿蜒型。根据上荆江弯曲型河段平滩河槽内洲滩形态的不同，又分为不同的亚类。在洋溪、浣市、沙市、公安等弯曲型河段内分别有关洲、马羊洲、三八滩与金城洲、突起洲等江心洲，称为江心洲弯曲型；在枝江弯曲型河段内，有董市洲、柳条洲、江口洲和芦家河心滩称为含洲、滩弯曲型；郝穴河段南五洲已并岸，其外缘为凸岸边滩，称为边滩弯曲型。

上荆江河岸河漫滩十分发育，但由于荆北平原早期荆江大堤及其护岸工程的兴建和南岸堤防的兴建，在弯道水流长期作用下，形成洪水河床中堤外的河漫滩十分狭窄，甚至有的岸段为无滩的险工段。在 5 个较为典型的弯曲型河段中，其上游一般为较长的展宽段（如洋溪、浣市、公安等河段），有的为较长的平直段（如沙市河段），这都体现了弯曲型河道平面形态特征；其下游的江心洲一般均位于弯段内，不管其河漫滩相泥沙堆积发育如何，其洲缘边滩均较发育，滩体仍较大，显示其弯道凸岸的特征。在上荆江各弯道的分汊段，表征河道动力轴线的主汊深泓线一般呈弯曲形态，深槽断面窄深；而支汊有的已淤衰并岸（如南五洲），有的呈淤积并岸态势（如马羊洲），有的口门有拦门沙浅滩（如突起洲），有的主、支汊则呈交替冲淤变化（如三八滩、金城洲）。中水河槽内有边滩、心滩、沙嘴与倒套；枯水河槽内有潜心滩。枝江河段河床地貌比较复杂，平滩河槽河宽较大，曲率相对较小，边滩较发育，江心洲面积小，心滩多而散乱，枯水河槽内深槽狭窄而短，浅滩分布较多。至 2002 年统计，上荆江洲滩数共有 20 个，包括 9 个江心洲、8 个边滩和 3 个心滩，面积总计约 44km² （表 5－4）。

表 5－4　　　　　　　　　　　　2002 年上荆江洲滩形态特征统计

编号	洲滩名称	所属河段	位置	等高线/m	面积/km²	洲长/m 最大	洲长/m 平均	洲宽/m 最大	洲宽/m 平均	洲顶高程/m	形态
1	四姓边滩	枝江	荆 1 下 750m—董 2	35	3.51	18130	5755	610	195	47.5	左边滩
2	关洲	枝江	荆 5 下 360m—荆 7 上 500m	35	4.87	4530	3270	1490	1075	47.0	江心洲
3	偏洲边滩	枝江	董 5 上 1850m—董 8	35	0.86	5300	1230	700	160	37.7	右边滩
4	芦家河心滩	枝江	董 5 下 200m—荆 12 下 70m	35	0.80	2155	1345	595	370	36.8	心滩
5	董市洲	枝江	董 10 上 57m—董 11 下 650m	35	0.92	2300	1705	540	400	41.8	江心洲
5	董市洲	枝江	董 12 上 700m—荆 14 上 300m	35	0.24	1510	1020	235	160	45.3	江心洲
6	柳条洲	枝江	江 3 上 547m—荆 18 下 915m	35	1.44	3870	2880	500	370	43.8	江心洲
7	江口洲	枝江	荆 18 下 807m—荆 19 上 850m	35	0.12	5340	900	133	20	45.3	江心洲
8	火箭洲	枝江	荆 25 下 1700m—荆 26 上 2610m	35	1.75	3315	2095	835	530	45.2	江心洲
9	马羊洲	沙市	荆 26 下 470m—荆 29 上 1330m	35	7.48	6480	4180	1790	1155	44.4	江心洲
10	太平口心滩	沙市	荆 31 下 540m—荆 31 下 1334m	30	0.05	820	525	95	60	30.3	心滩
10	太平口心滩	沙市	荆 31 下 2345m—荆 32 上 600m	30	0.06	480	375	160	125	30.5	心滩
10	太平口心滩	沙市	荆 32 上 500m—荆 35 上 30m	30	0.74	2965	1975	375	250	34.3	心滩
11	太平口边滩	沙市	荆 32—荆 41	30	6.41	7900	4060	1580	810	41.8	右边滩

编号	洲滩名称	所属河段	位置	等高线/m	面积/km²	洲长/m 最大	洲长/m 平均	洲宽/m 最大	洲宽/m 平均	洲顶高程/m	形态
12	三八滩	沙市	荆42上1100m—荆42上1000m	35	0.005	115	85	60	45	35.2	心滩
13	金城洲	沙市	荆46下422m—荆50下1040m	30	4.62	6870	3880	1190	670	34.7	右边滩
14	文村夹边滩	公安	荆56—荆58下400m	30	0.34	1890	1155	295	180	35.1	左边滩
15	突起洲	公安	荆56上282m—荆59上630m	35	3.13	4065	2795	1120	770	41.8	江心洲
15	突起洲	公安	荆56下1392m—1778m	35	0.04	430	285	140	95	36.5	江心洲
16	二圣洲边滩	公安	荆61上583m—荆64下570m	30	1.17	5810	3545	330	200	37.1	左边滩
17	马家嘴边滩	公安	荆52上200m—荆55下1500m	30	1.74	6400	4195	415	270	40.8	右边滩
18	南五洲边滩	公安	荆67上380m—荆77	27	3.48	16430	8700	400	210	36.9	右边滩
19	蛟子渊心滩	公安	荆77上1550m—荆77上320m	27	0.15	1280	810	185	115	28.1	心滩
19	蛟子渊心滩	公安	荆77下1330m—荆79下138m	27	0.85	2950	2025	420	290	29.8	心滩
20	蛟子渊边滩	公安	荆79上588m—荆81下548m	27	4.21	5820	3880	1085	725	36.5	左边滩

5.1.3　河道整治概况

5.1.3.1　荆江大堤历史沿革与两岸堤防概况[4,5]

荆江两岸堤防的历史就是劳动人民与洪水作斗争的历史。早在战国时期，广大人民群众就开始在沿江滨湖地区进行人工围垦。据《江陵县志》记载，当时有"大垸四十八，小垸百余"。唐宋至元明之际，云梦泽完全解体，穴口减少，形成"九穴十三口"与内湖相通。明嘉靖年间（1522—1566年），荆江大堤自堆金台至拖茅埠长124km的堤段连成一线，历史上称之为江陵万城堤，1918年改名为荆江大堤。荆江大堤原长124km，1951年划进阴厢城堤8.35km，1954年大水后将监利城南以下50km之堤段划入荆江大堤，全长182.4km。

新中国成立后，在中央"确保荆江大堤，江湖两利，蓄泄兼筹，以泄为主，上下荆江统筹考虑"的治水方针指导下，对荆江大堤的治理做了大量的加固工程。除上荆江大堤以外，长江南北干堤还有松滋江堤、下百里洲江堤和荆南长江干堤（表 5－5）。

表 5－5 长江中游上荆江堤防工程调查

地 名	堤防名称	岸别	长度/km	堤顶高程/m
湖北省松滋市	松滋江堤	右岸	51.2	48.50～44.50
湖北省枝江市	下百里洲江堤	左岸	37.37	47.50～46.50
湖北省荆州、沙市、江陵、监利	荆江大堤	左岸	182.35	46.50～37.70
湖北省松滋市、荆州区、公安县、石首市及湖南省华容县	荆南长江干堤	右岸	189.32	44.50～37.50

5.1.3.2 荆江分洪工程

荆江分洪工程于 1952 年兴建完成。进口控制闸—北闸位于长江右岸太平口下游 1.3km 处，54 孔，每孔尺寸为 18m×5.5m（宽×高），设计流量为 8000m³/s；出口节制闸—南闸位于公安县黄山头镇虎渡河上，32 孔，每孔尺寸为 9m×10m（宽×高），设计流量为 3800m³/s。1954 年大洪水期间，运用北闸分洪后，沙市水位降低了 1m 左右，为保障荆江大堤安全发挥了重要的作用。同时，北闸运用分泄了上荆江流量，使沙市河段以下的河势和洲滩格局没有遭受大的影响。

5.1.3.3 护岸工程

荆江护岸工程历史悠久。荆江大堤护岸工程早在公元 1465 年（明成化初年），在沙市盐卡附近的黄滩堤就兴建了少量护岸石工。1788 年在沙市附近修建了杨林矶、黑窑厂矶和观音矶。1852 年修建郝穴矶、渡船矶、铁牛下矶、铁牛上矶、龙二渊矶、柴纪矶、箭堤矶和杨二月矶。1928 年在监利城南修建了一矶、二矶、三矶。护岸型式均为抛石矶头群工程。

由于修建年代不同，上荆江的护岸工程结构类型各有不同。清朝年代以条石矶、石板坦坡为主；新中国建立前夕以块石矶、浆砌块石护坡和竹篓装石、柳枕、抛石护脚为主，城区有驳岸和浆砌条石等型式；新中国建立后则以干砌块石护坡、水下抛石护岸为主，也有水下抛枕和块石护坡相结合的。

目前，上荆江大多采用平顺护岸，即护岸后基本不改变水流方向，使岸线与水流之间相平顺，这样不致因岸线过分突出影响近岸水流结构和形成大的冲刷坑，对护岸工程自身稳定和航运都有好处。同时，对原有护岸段进行了改造，对某些突出阻水、碍航的矶头削除了其低水位以上部分或全部岸嘴。如沙市段的刘大巷矶和康家桥矶、灵黄段的无名双矶和黄林垱矶、监利城南段的一矶，都经削矶改造，使流态得到改善，有利于河岸的稳定。

经历年新护和加固，至 2002 年，上荆江护岸总长达 193.3km，完成抛石量 1031 万 m³，其中荆江大堤护岸段完成 585.4 万 m³。

5.1.3.4　航道整治工程

在航道整治方面，2002 年之前主要是采取疏浚工程。进入 21 世纪以来，上荆江实施了规模宏大的航道整治工程。在这些整治工程中，有抑制支汊发展以维护主汊的主航道地位、促使滩槽稳定的护滩带、护底带工程，有维护汊道河势稳定的江心洲滩防护工程，有促使河势稳定从而保障航道稳定的护岸工程，还有防止对堤岸稳定造成不利影响，客观上也保持原有河势稳定的护岸及其加固工程；整治目的是稳定滩槽关系、改善枯水航道条件（包括航深、航宽和弯曲半径），调整汊道分流比、维护分汊河段主支汊河床相对稳定，不对防洪工程安全和行洪产生不利影响。十多年来，上荆江几乎所有的航道整治都以河道观测、河床演变分析为基础，采用实体模型试验和数学模型计算为研究途径，进行工程前后水流泥沙运动与河床变形研究和工程技术方面的实验室和现场试验研究，取得了许多成果。工程的实施为维护航道标准、满足航运要求做出了贡献，对防洪安全、行洪能力和河势未产生不利影响。上荆江航道整治工程实践表明，在三峡水库蓄水后，大多数河势变化不大的河段，枯水航道整治取得了良好的效果；但对于河势变化很大的河段，如沙市河段太平口心滩至三八滩汊道，实现整治目标还需作更大的努力。

5.2　荆江河段水沙条件变化[2]

荆江河段径流主要来自宜昌以上干流，宜昌以下有两条支流清江和沮漳河汇入，另有松滋口、太平口、藕池口和调弦口（1959 年建闸控制）分流入洞庭湖，洞庭湖接纳上述四口和湘江、资水、沅江、澧水后于城陵矶汇入长江，形成了荆江河段复杂的水文泥沙特性。本节对整个荆江河段（包括上、下荆江）三峡工程兴建前后的水沙条件及其变化特点作较全面的阐述。

5.2.1　三峡水库蓄水前各时段水沙条件变化

5.2.1.1　水位与比降

1. 水位及其变幅

荆江河段各站水位特征值见表 5-6。受荆江的水文及边界条件控制，水位年平均变幅沿程和沿时程变化表现出一定的规律性（图 5-2）。1972 年裁弯以前，荆江干流各站的水位年变幅波动范围相对较小，自 1973 年开始，上述各站的水位年变幅明显扩大。年变幅在几个统计时段内的平均值随时程顺序明显增大，显然主要是受到裁弯后河床冲刷枯水位下降的影响。从沿程来看，以郝穴为界，上荆江主要受上游葛洲坝以及清江梯级建坝影响，多年水位变幅均值沿程逐渐减小，下荆江受洞庭湖出流顶托和消落影响，各站仍表现为沿程逐渐增大，而郝穴的多年水位变幅均值在各个时段内均为最小。

荆江河段各站月平均水位年内变化过程基本一致。石首以上各站三个统计时段月平均水位沿时程减小，而石首以下各站在葛洲坝建坝后，月平均水位较上一个时段（下荆江裁弯后）有所抬高。

表 5-6 荆江基本水文（水位）站水位特征值

河名	站名	统计时段	多年平均水位/m	历年最高			历年最低			最大年变幅	
				水位/m	相应流量/(m³/s)	出现日期	水位/m	相应流量/(m³/s)	出现日期	高差/m	年份
长江	宜都	1981—2002 年	41.17	51.99		1998-8-17	36.85		1999-3-13	14.99	1998
		2002 年以前	41.17	51.99		1998-8-17	36.85		1999-3-13	14.99	1998
	枝城	1972 年以前	41.54	50.61	71900	1954-8-7	37.34	—	1960-2-9	12.74	1954
		1973—1980 年	41.26	49.99	—	1974-8-13	37.01	—	1979-3-9	12.54	1974
		1981—2002 年	40.87	50.74	—	1981-7-19	36.90	3260	1999-3-13	13.58	1998
		2002 年以前	41.21	50.74	—	1981-7-19	36.90	3260	1999-3-13	13.58	1998
	马家店	1981—2002 年	37.96	47.77		1998-8-17	33.06		1999-3-13	14.55	1998
		2002 年以前	37.96	47.77		1998-8-17	33.06		1999-3-13	14.55	1998
	陈家湾	1972 年以前	37.55	44.72		1954-8-7	33.28		1960-2-12	10.86	1954
		1973—1980 年	36.84	44.29		1974-8-13	32.04		1979-3-9	11.37	1979
		1981—2002 年	36.35	45.40		1998-8-17	31.51		1999-3-14	13.75	1998
		2002 年以前	36.90	45.40		1998-8-17	31.51		1999-3-14	13.75	1998
	沙市	1972 年以前	36.91	44.67	—	1954-8-7	32.40	—	1960-2-15	11.73	1954
		1973—1980 年	36.09	43.84	—	1974-8-13	31.21		1979-3-10	11.89	1974
		1981—2002 年	35.62	45.22	53700	1998-8-17	30.28	3360	1999-3-14	14.69	1998
		2002 年以前	36.29	45.22	53700	1998-8-17	30.28	3360	1999-3-14	14.69	1998
	郝穴（二）	1972 年以前	34.46	41.14		1962-7-11	30.16		1972-3-11	10.20	1962
		1973—1980 年	33.51	40.44		1980-8-30	29.00		1978-3-18	10.75	1980
		1981—2002 年	33.19	42.00		1998-8-17	27.93		1999-3-14	13.85	1999
		2002 年以前	33.72	42.00		1998-8-17	27.93		1999-3-14	13.85	1999
	新厂（二）	1972 年以前	33.44	40.35	43200	1962-7-12	29.00	3310	1972-3-2	10.49	1962
		1973—1980 年	32.34	39.66	46500	1980-8-30	27.58	2920	1978-3-18	11.38	1980
		1981—2002 年	32.14	41.14		1998-8-17	26.37		1999-3-14	14.56	1999
		2002 年以前	32.66	41.14	—	1998-8-17	26.37	—	1999-3-14	14.56	1999
	石首（二）	1972 年以前	32.43	39.89		1954-8-19	27.50		1972-2-9	11.19	1954
		1973—1980 年	31.09	39.05		1980-8-30	26.39		1978-3-18	12.34	1980
		1981—2002 年	31.26	40.94		1998-8-17	25.37		1999-3-15	15.41	1999
		2002 年以前	31.71	40.94		1998-8-17	25.37		1999-3-15	15.41	1999
	调弦口	1972 年以前	30.47	38.44		1954-8-8	24.84		1972-2-9	11.91	1968
		1973—1980 年	29.83	38.02		1980-8-30	24.89		1974-3-7	12.64	1980
		1981—2002 年	30.19	40.00		1998-8-17	24.51		1999-3-15	15.21	1999
		2002 年以前	30.25	40.00		1998-8-17	24.51		1999-3-15	15.21	1999
	监利	1972 年以前	28.38	36.62	35600	1954-8-8	23.57	—	1963-2-15	12.48	1954
		1973—1980 年	28.09	36.19	39500	1980-8-30	22.74	3480	1974-3-7	12.52	1980
		1981—2002 年	28.57	38.31	46300	1998-8-17	22.84	3300	1999-3-15	15.46	1999
		2002 年以前	28.42	38.31	46300	1998-8-17	22.74	3480	1974-3-7	15.46	1999
	盐船套	1981—2002 年	26.71	36.99		1999-7-21	20.99		1987-3-16	15.77	1999
		2002 年以前	26.71	36.99		1999-7-21	20.99		1987-3-16	15.77	1999

河名	站名	统计时段	多年平均水位/m	历年最高			历年最低			最大年变幅	
				水位/m	相应流量/(m³/s)	出现日期	水位/m	相应流量/(m³/s)	出现日期	高差/m	年份
松滋河（西支）	新江口	1972 年以前	38.25	45.77	—	1954-8-7	34.75	1.7	1972-3-7	10.60	1954
		1973—1980 年	37.96	45.23	5900	1974-8-13	34.05	0	1979-4-22	10.34	1974
		1981—2002 年	37.75	46.18	6500	1998-8-17	34.81	1.45	1996-3-6	11.26	1998
		2002 年以前	37.98	46.18	6500	1998-8-17	34.05	0	1979-4-22	11.26	1998
松滋河（东支）	沙道观（二）	1972 年以前	37.42	44.62	—	1954-8-7	34.06	0.29	1958-3-29	10.18	1954
		1973—1980 年	37.04	44.57	3000	1974-8-13	河干	0		—	
		1981—2002 年	36.80	45.52	2620	1998-8-17	河干	0		—	
		2002 年以前	37.09	45.52	2620	1998-8-17	河干	0		—	
虎渡河	弥陀寺（二）	1972 年以前	36.61	44.15	—	1954-8-7	31.81	0.35	1970-2-23	11.37	1954
		1973—1980 年	36.03	43.65	2690	1974-8-13	31.57		1978-4-20	11.16	1974
		1981—2002 年	35.82	44.90	3000	1998-8-17	31.98	0	1988-5-8	12.69	1998
		2002 年以前	36.17	44.90	3000	1998-8-17	31.57	0	1978-4-20	12.69	1998
藕池河	藕池（管二）	1973—1980 年	32.94	39.50	—	1954-8-8	29.40	0	1960-2-13	9.73	1962
		1981—2002 年	32.13	38.73	6500	1980-8-30	29.02	0	1978-4-26	9.01	1980
		1981—2002 年	32.32	40.28	6160	1998-8-17	28.64	9.36	1988-5-6	10.16	1998
		2002 年以前	32.54	40.28	6160	1998-8-17	28.64	9.36	1988-5-6	10.16	1998
安乡河	藕池（康三）	1972 年以前	—	38.92	1520	1966-9-7	河干	0		—	
		1973—1980 年	—	38.96	627	1980-8-30	河干	0		—	
		1981—2002 年	—	40.44	586	1998-8-17	河干	0		—	
		2002 年以前	—	40.44	586	1998-8-17	河干	0		—	

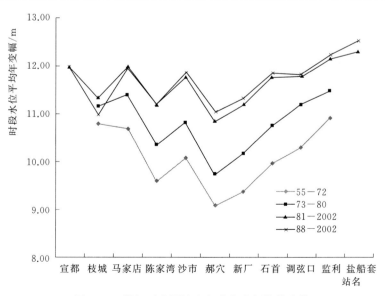

图 5-2 荆江干流测站多年水位变幅均值变化

2. 比降

荆江河段多年平均水面比降变化受河道裁弯以及上游兴建水利工程影响，按 1972 年前、1973—1980 年以及 1981—2002 年三个时段进行对比（表 5-7）。上荆江河段多年平均水面比降在三个阶段中变化较小，如沙市—郝穴段三个阶段的多年平均水面比降分别为 0.427×10^{-4}、0.452×10^{-4}、0.425×10^{-4}；但第三阶段多年年平均水面比降较第二阶段多年年平均水面比降有所减小，说明上荆江河段水面比降主要受上游来水条件变化影响。下荆江河段多年平均水面比降的变化沿时程表现出一致性，且时段间变化显著。以郝穴为界，下荆江三个时段平均比降分别为 0.378×10^{-4}、0.467×10^{-4}、0.416×10^{-4}，可见，第一阶段的多年平均水面比降最小；中间阶段最大，说明下荆江三次裁弯后加大了下荆江的泄流能力，大部分河段水面比降均随之迅速增大；第三阶段年平均比降随着溯源冲刷后有所减小。同时，下荆江多年平均比降呈沿程减小态势。

表 5-7（1）　　　　1972 年前荆江河段沿程各区间水面比降特征值

河段	间距/km	统计时段	汛期比降/(10^{-4})		枯期比降/(10^{-4})		多年平均比降/(10^{-4})
			范围	幅度	范围	幅度	
宜昌—枝城	57.9	1951—1972 年	0.469~0.594	0.125	0.325~0.462	0.137	0.462
枝城—陈家湾	72.5	1954—1972 年	0.533~0.611	0.078	0.506~0.529	0.023	0.549
陈家湾—沙市	16.8	1954—1972 年	0.342~0.479	0.137	0.486~0.556	0.070	0.462
沙市—郝穴	54.3	1955—1972 年	0.414~0.509	0.095	0.360~0.407	0.047	0.427
郝穴—新厂	15.1	1955—1972 年	0.468~0.485	0.017	0.524~0.585	0.061	0.515
新厂—石首	26.6	1955—1972 年	0.359~0.468	0.109	0.455~0.589	0.133	0.471
石首—调关	57.2	1952—1972 年	0.335~0.411	0.077	0.404~0.446	0.042	0.410
调关—监利（城南）	63.2	1951—1969 年	0.299~0.341	0.042	0.354~0.422	0.068	0.355
监利（城南）—城陵矶	108.6	1953—1969 年	0.249~0.327	0.078	0.301~0.459	0.157	0.333

注　1. 汛期比降范围系指 5—10 月水面比降变化范围；

　　　2. 枯期比降范围系指 11—12 月、1—4 月水面比降变化范围。

表 5-7（2）　　　　1973—1980 年前荆江河段沿程各区间水面比降特征值

河段	间距/km	统计时段	汛期比降/(10^{-4})		枯期比降/(10^{-4})		多年平均比降/(10^{-4})
			范围	幅度	范围	幅度	
宜昌—枝城	57.9	1973—1980 年	0.484~0.604	0.120	0.334~0.451	0.123	0.467
枝城—陈家湾	72.5	1973—1980 年	0.577~0.648	0.071	0.579~0.613	0.034	0.609
陈家湾—沙市	16.8	1973—1980 年	0.396~0.481	0.085	0.536~0.598	0.062	0.505
沙市—郝穴	54.3	1973—1980 年	0.439~0.503	0.054	0.408~0.452	0.032	0.452
郝穴—新厂	15.1	1973—1980 年	0.482~0.599	0.118	0.651~0.716	0.099	0.615
新厂—石首	19.9	1973—1980 年	0.605~0.666	0.061	0.743~0.856	0.173	0.746
石首—调关	32.3	1973—1980 年	0.450~0.538	0.088	0.529~0.581	0.052	0.518
调关—监利（城南）	36.2	1974—1980 年	0.363~0.425	0.062	0.478~0.585	0.107	0.462
监利（城南）—城陵矶	84.2	1974—1980 年	0.489~0.620	0.101	0.633~0.761	0.156	0.359

表 5-7（3）　　　　1981—2002 年前荆江河段沿程各区间水面比降特征值

河段	间距/km	统计时段	汛期比降/(10^{-4})		枯期比降/(10^{-4})		多年平均比降/(10^{-4})
			范围	幅度	范围	幅度	
宜昌—宜都	38.7	1988—2002 年	0.433~0.529	0.096	0.297~0.419	0.121	0.419
宜都—枝城	19.2	1988—2002 年	0.429~0.571	0.142	0.245~0.390	0.145	0.410
枝城—马家店	34.5	1982—2002 年	0.637~0.685	0.048	0.733~0.900	0.167	0.744
马家店—陈家湾	38.0	1982—2002 年	0.501~0.597	0.096	0.452~0.490	0.038	0.512
陈家湾—沙市	16.8	1981—2002 年	0.359~0.471	0.112	0.510~0.598	0.087	0.492
沙市—郝穴	54.3	1981—2002 年	0.426~0.476	0.051	0.382~0.407	0.025	0.425
郝穴—新厂	15.1	1981—2002 年	0.440~0.531	0.092	0.537~0.614	0.078	0.533
新厂—石首	19.9	1981—2002 年	0.420~0.570	0.150	0.563~0.665	0.103	0.560
石首—调关	32.3	1981—2002 年	0.446~0.465	0.018	0.430~0.485	0.055	0.460
调关—监利（城南）	36.2	1981—2002 年	0.329~0.400	0.071	0.380~0.492	0.112	0.408
监利（城南）—盐船套	34.4	1985—2002 年	0.327~0.413	0.086	0.303~0.468	0.165	0.379
盐船套—城陵矶	49.8	1985—2002 年	0.286~0.328	0.042	0.264~0.393	0.129	0.325

　　荆江月平均水面比降年内变化表现出两个特点：①基本以郝穴为界，以上洪水期比降大于枯水期比降，裁弯前后都是这一特性；②洞庭湖出流在 20 世纪 80 年代之前，汛后 11 月使下荆江比降增大的消落作用和汛前 5 月使下荆江比降减小的顶托作用的时段在 80 年代后都明显提前（表 5-8）。

表 5-8（1）　　　　1972 年前荆江沿程各河段月均水面比降　（10^{-4}）

河段	间距/km	1月	2月	3月	4月	5月	6月	7月	8月	9月	10月	11月	12月
宜昌—枝城	57.9	0.339	0.325	0.328	0.381	0.469	0.520	0.578	0.594	0.594	0.555	0.462	0.381
枝城—陈家湾	72.5	0.509	0.519	0.521	0.522	0.533	0.553	0.611	0.611	0.599	0.571	0.529	0.506
陈家湾—沙市	16.8	0.551	0.556	0.535	0.493	0.479	0.420	0.342	0.358	0.393	0.439	0.486	0.529
沙市—郝穴	54.3	0.360	0.368	0.374	0.391	0.414	0.446	0.496	0.504	0.509	0.468	0.407	0.379
郝穴—新厂	15.1	0.585	0.583	0.558	0.528	0.481	0.468	0.470	0.471	0.469	0.485	0.524	0.555
新厂—石首	26.6	0.571	0.589	0.583	0.525	0.453	0.461	0.468	0.374	0.359	0.393	0.455	0.523
石首—调关	57.2	0.446	0.436	0.422	0.404	0.385	0.388	0.335	0.393	0.405	0.411	0.426	0.436
调关—监利（城南）	63.2	0.422	0.411	0.386	0.354	0.312	0.314	0.299	0.317	0.312	0.341	0.372	0.403
监利（城南）—城陵矶	108.6	0.459	0.437	0.382	0.301	0.249	0.261	0.253	0.266	0.290	0.327	0.360	0.430

表 5-8（2）　　　　1973—1980 年荆江沿程各河段月均水面比降　（10^{-4}）

河段	间距/km	1月	2月	3月	4月	5月	6月	7月	8月	9月	10月	11月	12月
宜昌—枝城	57.9	0.328	0.334	0.334	0.396	0.484	0.543	0.571	0.588	0.604	0.566	0.451	0.381
枝城—陈家湾	72.5	0.608	0.611	0.613	0.598	0.577	0.609	0.640	0.637	0.648	0.618	0.585	0.579

河段	间距/km	1 月	2 月	3 月	4 月	5 月	6 月	7 月	8 月	9 月	10 月	11 月	12 月
陈家湾—沙市	16.8	0.598	0.597	0.574	0.536	0.479	0.433	0.396	0.423	0.439	0.481	0.546	0.580
沙市—郝穴	54.3	0.411	0.408	0.415	0.441	0.449	0.478	0.481	0.492	0.503	0.480	0.439	0.419
郝穴—新厂	15.1	0.716	0.714	0.617	0.651	0.553	0.523	0.482	0.516	0.545	0.599	0.675	0.707
新厂—石首	19.9	0.873	0.874	0.935	0.812	0.684	0.673	0.623	0.641	0.645	0.666	0.761	0.847
石首—调关	32.3	0.569	0.570	0.558	0.518	0.447	0.464	0.439	0.502	0.526	0.524	0.542	0.553
调关—监利（城南）	36.2	0.585	0.545	0.517	0.478	0.391	0.392	0.363	0.392	0.414	0.425	0.480	0.549
监利（城南）—城陵矶	84.2	0.484	0.440	0.392	0.328	0.251	0.280	0.283	0.325	0.352	0.350	0.377	0.455

表 5-8（3）　　　　1981—2002 年荆江沿程各河段月均水面比降（10^{-4}）

河段	间距/km	1 月	2 月	3 月	4 月	5 月	6 月	7 月	8 月	9 月	10 月	11 月	12 月
宜昌—宜都	38.7	0.313	0.297	0.322	0.360	0.433	0.493	0.529	0.522	0.503	0.484	0.419	0.355
宜都—枝城	19.2	0.259	0.245	0.270	0.347	0.429	0.518	0.571	0.549	0.532	0.488	0.390	0.307
枝城—马家店	34.5	0.879	0.900	0.859	0.772	0.673	0.637	0.648	0.652	0.674	0.685	0.733	0.822
马家店—陈家湾	38.0	0.462	0.479	0.488	0.490	0.501	0.539	0.597	0.570	0.561	0.531	0.473	0.452
陈家湾—沙市	16.8	0.594	0.598	0.566	0.521	0.468	0.428	0.359	0.400	0.434	0.471	0.510	0.569
沙市—郝穴	54.3	0.382	0.385	0.389	0.404	0.426	0.454	0.476	0.469	0.464	0.454	0.407	0.383
郝穴—新厂	15.1	0.608	0.614	0.586	0.537	0.498	0.487	0.440	0.465	0.484	0.531	0.566	0.581
新厂—石首	19.9	0.665	0.662	0.620	0.563	0.527	0.490	0.420	0.476	0.519	0.570	0.593	0.630
石首—调关	32.3	0.485	0.477	0.450	0.430	0.446	0.455	0.448	0.459	0.461	0.465	0.466	0.475
调关—监利（城南）	36.2	0.491	0.454	0.414	0.380	0.380	0.350	0.329	0.364	0.377	0.400	0.452	0.492
监利（城南）—盐船套	34.4	0.436	0.387	0.334	0.303	0.327	0.348	0.354	0.374	0.394	0.413	0.438	0.468
盐船套—城陵矶	49.8	0.388	0.364	0.306	0.264	0.286	0.297	0.303	0.313	0.325	0.328	0.342	0.393

5.2.1.2　流量特征

荆江河段径流主要来自长江上游，河段上游有支流清江入汇，其多年平均年径流量约为宜昌来水量的 3%，荆州学堂洲上游左岸有沮漳河入汇，其多年平均年径流量约为宜昌来水量的 0.6%。河段右岸分别在枝城下游有松滋口、陈家湾下游有太平口、黄水套下游有藕池口分流入洞庭湖。

主要受下荆江裁弯和葛洲坝修建影响，三口分流中除松滋河的新江口站过流量占上游来水量比例变化较小以外，其余四站（松滋河沙道观站、虎渡河弥陀寺站、藕池河管家铺站和康家岗站）自 1966 年起均大幅减小，至 1986 年以后趋于稳定；同期，荆江干流沙市站、监利站过流量占上游来水量比例相应增大。干流枝城、沙市两站流量过程基本一致，监利站由于受洞庭湖基准面影响，其流量过程与上述两站的过程有一定的差别；三口站流量过程基本相似。荆江河段流量特征值见表 5-9，年径流量变化见图 5-3。

表 5 - 9　　　　　　　　　　　　荆江河段水文站流量特征值

河名	站名	统计时段	多年平均流量 /(m³/s)	历年最大			历年最小		
				流量 /(m³/s)	相应水位 /m	出现日期	流量 /(m³/s)	相应水位 /m	出现日期
长江	枝城	1972 年以前	14700	71900	50.52	1954 - 8 - 7	2720	37.18	1937 - 4 - 3
		1981—2002 年	13800	68800	50.61	1998 - 8 - 17	3260	36.90	1999 - 3 - 13
		2002 年以前	14200	71900	50.52	1954 - 8 - 7	2720	37.18	1937 - 4 - 3
	沙市	1981—2002 年	12700	53700	45.22	1998 - 8 - 17	3320	30.37	1993 - 2 - 16
		2002 年以前	12700	53700	45.22	1998 - 8 - 17	3320	30.37	1993 - 2 - 16
	新厂（二）	1972 年以前	12200	49500	39.63	1968 - 7 - 18	2900	29.54	1960 - 2 - 10
		1973—1980 年	12300	51100	39	1974 - 8 - 13	2920	27.58	1978 - 3 - 18
		1981—2002 年	13000	55200	39.4	1989 - 7 - 12	3180	27.76	1987 - 3 - 16
		2002 年以前	12700	55200	39.4	1989 - 7 - 12	2900	29.54	1960 - 2 - 10
	监利	1972 年以前	10000	37800	—	1968 - 7 - 8	2650	—	1937 - 4 - 3
		1973—1980 年	11400	40000	36.16	1980 - 8 - 30	2810	23.48	1979 - 3 - 10
		1981—2002 年	12200	46300	38.31	1998 - 8 - 17	3260	22.86	1999 - 3 - 14
		2002 年以前	11100	46300	38.31	1998 - 8 - 17	2720	—	1937 - 4 - 3
松滋河（西支）	新江口	1972 年以前	1020	6400	45.53	1954 - 8 - 6	1.7	34.75	1972 - 3 - 7
		1973—1980 年	1020	6040	45.16	1974 - 8 - 13	0		1979 - 4 - 5
		1981—2002 年	925	7910	45.86	1981 - 7 - 19	0		2000 - 1 - 8
		2002 年以前	978	7910	45.86	1981 - 7 - 19	0		1979 - 4 - 5
松滋河（东支）	沙道观（二）	1972 年以前	483	3730	—	1954 - 8 - 6	−30	38.98	1967 - 5 - 9
		1973—1980 年	332	3050	44.54	1974 - 8 - 13	0		1974 - 4 - 5
		1981—2002 年	250	3120	45.3	1981 - 7 - 19	0		1981 - 1 - 1
		2002 年以前	351	3730	—	1954 - 8 - 6	−30	38.98	1967 - 5 - 9
虎渡河	弥陀寺（二）	1972 年以前	648	3210	43.74	1962 - 7 - 10	0		1954 - 2 - 1
		1973—1980 年	507	2730	43.54	1974 - 8 - 13	0		1973 - 4 - 4
		1981—2002 年	418	3040	44.88	1998 - 8 - 17	0		1981 - 1 - 1
		2002 年以前	524	3210	43.74	1962 - 7 - 10	0		1954 - 2 - 1
藕池河	藕池（管二）	1973—1980 年	1960	12800	—	1948 - 7 - 21	−0.29	29.74	1966 - 3 - 11
		1981—2002 年	748	7730	38.18	1974 - 8 - 13	−22	30.5	1974 - 4 - 22
		1981—2002 年	547	7760	38.78	1981 - 7 - 19	0	30.42	1981 - 1 - 1
		2002 年以前	1270	12800	—	1948 - 7 - 21	−22	30.5	1974 - 4 - 22
安乡河	藕池（康三）	1972 年以前	281	6810		1937 - 7 - 24	0	—	1934 - 1 - 8
		1973—1980 年	35.8	874	38.45	1974 - 8 - 13	−64.6	35.35	1979 - 6 - 28
		1981—2002 年	31.7	757	39.1	1981 - 7 - 19	−6.75	33.5	1988 - 6 - 22
		2002 年以前	150	6810	—	1937 - 7 - 24	−64.6	35.35	1979 - 6 - 28

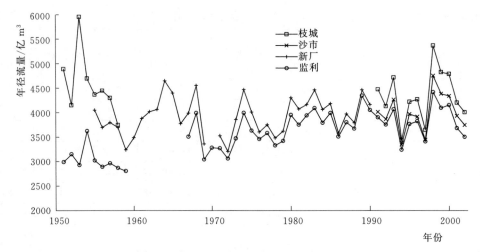

图 5-3 荆江干流水文站年径流量变化过程

荆江河段汛期径流量约占全年径流量的 75％～80％，汛期又以 7 月、8 月、9 月三个月所占比例最大，三口汛期约占 93％以上。

5.2.1.3 三口分流

受干流来水、裁弯工程、分流口门河床演变以及分流洪道演变影响，三口分泄长江干流洪水入洞庭湖的能力逐渐减弱。对比 1954 年洪水与 1998 年洪水一日洪量可知，三口分流比（占枝城来量百分数，下同）由 1954 年的 37.0％递减为 1998 年的 28.4％。与 20 世纪 50 年代相比，20 世纪 90 年代平均每年入洞庭湖水量大约减少 600 亿 m^3。其中，以藕池口递减率最大、太平口次之、松滋口递减率最小。1956—2002 年，三口分流比由 31.7％减少到 13.0％。三口分流变化幅度在不同的历史时期是不同的。其中，松滋口和太平口变化较小，而藕池口的变化较大，尤其是裁弯期（1967—1972 年）和葛洲坝截流前（1973—1980 年）变化幅度最大，时段平均分流比相对于 1956 年分别减小 35.5％、60.5％。

5.2.1.4 悬移质泥沙

荆江河段泥沙主要来源于宜昌以上干流，宜昌多年平均输沙量为 4.59 亿 t（1981—2002 年）。清江（长阳站）1981—2002 年多年平均输沙量仅为宜昌站的 1.4％，经过 1990 年代梯级建坝，输沙量大幅减小。荆江河段悬移质泥沙特征值见表 5-10。年输沙量变化见图 5-4。

5.2.1.5 三口分沙

荆江三口分沙量总体表现为沿时程逐步减少。下荆江裁弯对三口尤其是藕池口分流分沙影响较大。荆江三口分沙量沿时程减少明显，其中以藕池口递减率最大、太平口次之、松滋口递减率最小。1956—2002 年，三口分沙比由 34.4％减少到 15.5％。三口分沙变化幅度在各不同的时期也有不同的特点，其中松滋口和太平口变化较小，而藕池口的变化较大，尤其是下荆江裁弯期（1967—1972 年）和葛洲坝截流前（1973—1980 年）变化幅度最大，时段平均分沙比随着分流比变化而相应变化，两时段分沙比相对于 1956 年分别减小 20.4％和 39.0％。

表 5－10　　　　　　　　　　荆江河段悬移质泥沙特征值

河名	站名	年输沙量/10⁶t				含沙量/(kg/m³)						统计时段
		历年最大		历年最小		历年最大			历年最小			
		输沙量	年份	输沙量	年份	含沙量	相应流量	出现日期	含沙量	相应流量	出现日期	
长江	枝城	701	1998	233	1994	4.36	38000	1995－8－17	0.01		1998－3－1	1992—2002 年
	沙市	604	1998	205	1994	4.79	33100	1995－8－17	0.018		1994－3－18	1991—2002 年
	新厂	656	1968	342	1960	13.1	23200	1975－8－11	0.022		1961－3－15	1955—1990 年
	监利	549	1981	198	2002	11	21500	1975－8－11	0.039		1998－3－16	1951—1969 年 1975—2002 年
清江	长阳	35.8	1975	0.018	1994	60.9	—	1975－8－9	0	0		1975—1997 年 1999—2000 年
松滋河（西支）	新江口	56.1	1998	11.5	1994	13.4	2770	1975－8－10	0	0		1954—2002 年
松滋河（东支）	沙道观	26.6	1968	2.56	1994	9.08	1110	1959－7－27	0	0		1954—2002 年
虎渡河	弥陀寺（二）	31	1968	6.21	2002	10.6	1460	1975－8－10	0	0		1950—2002 年
藕池河	藕池（管二）	135	1964	4.82	1994	12.7	2600	1975－8－11	0	0		1950—2002 年
安乡河	藕池（康三）	14.7	1956	0.203	1994	11.2	265	1959－7－28	0	0		1950—2002 年

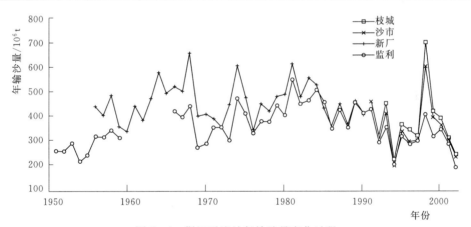

图 5－4　荆江干流站年输沙量变化过程

5.2.1.6　悬移质泥沙组成

荆江河段悬移质泥沙组成，从 1986 年前的统计值（表 5－11）来看，以 0.05mm 为界，小粒径占比上、下荆江沿程减小，而大粒径占比沿程增大；从 1986—2002 年的统计值（表 5－12）来看，上、下荆江悬移质泥沙粒径明显大于枝城站；以 0.062mm 为界，也是小粒径占比上、下荆江沿程减小，而大粒径占比沿程增大。这一特性表明，荆江河段悬移质泥沙组成沿流程有粗化之势，而沿时程有细化之势。三口分沙中悬移质泥沙组成均较上、下荆江为细。

表 5-11　　　　　长江中下游各站悬移质泥沙多年平均颗粒级配（1986 年前）

河名	站名	小于某粒径沙重百分数								中值粒径		平均粒径		最大粒径	统计年份
		0.007	0.01	0.025	0.05	0.1	0.25	0.5	1	d_{50}	变化范围	d_{cp}	变化范围		
长江	新厂	21.0	29.1	50.8	69.9	87.9	97.0	100		0.024	0.009~0.046	0.054	0.030~0.095	0.999	1956—1957 1959—1985
	监利	22.0	29.1	48.4	67.2	87.6	98.3	100		0.026	0.009~0.038	0.054	0.032~0.060	1.01	1956—1957 1966—1969 1975—1985
清江	搬鱼嘴	16.0	24.3	43.4	66.0	91.4	97.0	99.4	100	0.032	0.022~0.042	0.052	0.043~0.063	1.740	1960—1965 1967
松滋河（西支）	新江口	18.1	25.9	52.2	81.3	96.0	99.0	100		0.023	0.015~0.040	0.037	0.031~0.052	1.16	1960—1985
松滋河（东支）	沙道观（二）	12.4	20.2	43.4	72.7	94.7	98.3	100		0.030	0.017~0.045	0.042	0.034~0.053	0.790	1960—1965
虎渡河	弥陀寺（二）	12.8	20.1	42.9	73.4	96.4	99.5	100		0.030	0.023~0.037	0.038	0.035~0.041	0.829	1960—1965
藕池河	藕池（管二）	15.7	22.5	44.5	70.1	93.4	99.5	100		0.027	0.018~0.044	0.045	0.029~0.052	1.00	1960—1974 1976—1985
安乡河	藕池（康三）	9.5	16.4	40.6	72.9	93.9	99.5	100		0.032	0.020~0.038	0.042	0.036~0.051	1.00	1960—1965

注　采用粒径计法。

表 5-12　　　　长江中下游各站悬移质泥沙多年平均颗粒级配（1986—2002 年）

河名	站名	小于某粒径沙重百分数 /%								中值粒径		平均粒径		最大粒径	统计年份
		0.004	0.008	0.016	0.031	0.062	0.125	0.25	0.5	d_{50}	变化范围	d_{cp}	变化范围		
长江	枝城	33.7	46.4	60.4	74.5	86.8	93.1	98.3	100	0.009	0.006~0.011	0.034	0.014~0.042	0.702	1992—2002
	沙市	28.2	41.1	54.3	68.8	81.7	90.2	97.2	100	0.012	0.005~0.015	0.044	0.014~0.052	0.694	1991—2002
	新厂	30.5	42.9	55.4	69.0	80.0	88.8	97.0	100	0.012	0.011~0.053	0.046	0.025~0.082	0.497	1986—1990
	监利	34.2	46.2	58.6	71.2	81.4	90.4	98.1	100	0.009	0.008~0.053	0.041	0.014~0.082	0.694	1986—2002
松滋河（西支）	新江口	34.6	48.4	62.7	77.7	90.8	95.7	98.0	100	0.008	0.007~0.053	0.029	0.014~0.082	0.694	1986—2002
松滋河（东支）	沙道观（二）	39.4	54.5	68.9	83.2	93.2	96.8	98.1	100	0.007	0.005~0.012	0.024	0.010~0.028	0.986	1990—2002
虎渡河	弥陀寺（二）	40.6	56.1	70.7	84.9	95.1	98.7	99.6	100	0.006	0.005~0.012	0.018	0.010~0.024	0.711	1990—2002

续表

河名	站名	小于某粒径沙重百分数/%								中值粒径		平均粒径		最大粒径	统计年份
		0.004	0.008	0.016	0.031	0.062	0.125	0.25	0.5	d_{50}	变化范围	d_{cp}	变化范围		
藕池河	藕池（管二）	31.4	44.2	57.6	72.6	87.7	96.5	99.5	100	0.010	0.005～0.053	0.029	0.014～0.082	0.694	1986—2002
安乡河	藕池（康三）	32.3	46.2	60.5	75.6	92.1	98.3	99.8	100	0.009	0.005～0.013	0.024	0.014～0.024	0.711	1990—2002

注　采用粒径计和移液管结合法。

5.2.1.7　三峡水库蓄水前水沙条件变化特点

（1）三峡水库蓄水前荆江河段各时段来水来沙条件的变化见表 5-13。可以看出，在来水条件中，上荆江除 1967—1972 年时段平均年径流量偏小外，在裁弯后有沿时段增大之势，占枝城比例也有增大之势；下荆江自 20 世纪 50—60 年代后，在自然条件下和裁弯影响下各时段平均年径流量和占枝城的比例都是沿时程明显增大，只在最后一个时段（1999—2002年）有趋缓之势；相应地三口分流均呈明显减小之势。以上均体现了裁弯对上、下荆江和三口来水条件的影响。从来沙条件来看，除 1967—1972 年因来水偏小、平均年输沙量偏小外，宜昌站和枝城站平均年输沙量各时段均呈减小趋势，体现了上游来沙量年际间有减小趋势；然而，沙市站在 1973—1980 年和监利站 1973—1980 年、1981—1998 年两时段平均年输沙量均相对较大，应是上、下荆江受裁弯冲刷的影响；至于 1999—2002 年时段干流四站和三口平均年输沙量均较小，则说明主要原因是上游来沙的减小。

表 5-13　　　　　　　　　　宜昌至城陵矶河段各时段水沙条件

测站	时段	平均年径流量		平均年输沙量		含沙量/(kg/m³)
		数值/亿 m³	占枝城站百分数/%	数量/亿 t	占枝城站百分数/%	
宜昌	1955—1966 年	4405	97.6	5.46	98.7	1.240
	1967—1972 年	4163	96.8	4.93	97.8	1.184
	1973—1980 年	4302	96.9	4.99	97.3	1.160
	1981—1998 年	4342	97.8	4.87	99.2	1.122
	1999—2002 年	4403	98.9	3.38	97.7	0.768
枝城	1955—1966 年	4515	100.0	5.53	100.0	1.225
	1967—1972 年	4302	100.0	5.04	100.0	1.172
	1973—1980 年	4441	100.0	5.13	100.0	1.155
	1981—1998 年	4438	100.0	4.91	100.0	1.106
	1999—2002 年	4454	100.0	3.46	100.0	0.777
沙市	1955—1966 年	3894	86.2	4.50	81.4	1.156
	1967—1972 年	3726	86.6	4.64	92.1	1.245
	1973—1980 年	3885	87.5	4.68	91.2	1.205
	1981—1998 年	4026	90.7	4.23	86.2	1.051
	1999—2002 年	4095	91.9	3.36	97.1	0.821

测站	时段	平均年径流量		平均年输沙量		含沙量 /(kg/m³)
		数值/亿 m³	占枝城站百分数/%	数量/亿 t	占枝城站百分数/%	
监利	1955—1966 年	2909	64.4	3.10	56.1	1.066
	1967—1972 年	3358	78.1	3.55	70.4	1.057
	1973—1980 年	3604	81.2	3.94	76.8	1.093
	1981—1998 年	3850	86.8	3.93	80.0	1.021
	1999—2002 年	3855	86.6	2.90	83.8	0.752
三口分流分沙	1955—1966 年	1332	29.5	1.959	35.4	1.471
	1967—1972 年	1021	23.7	1.419	28.2	1.390
	1973—1980 年	834	18.8	1.109	21.6	1.330
	1981—1998 年	699	15.8	0.930	18.9	1.330
	1999—2002 年	625	14.0	0.567	16.4	0.907

（2）从悬移质泥沙粒径级配来看，除极细粒径组之外，以 0.05mm 或以 0.062mm 为界，上、下荆江有沿流程粗化和沿时程细化的趋势，仍然表明河床冲刷的影响和上游来沙量减少的同时还有细化现象。

（3）三峡水库蓄水前半个世纪以来，由于下荆江裁弯工程的实施和葛洲坝水利枢纽的兴建，荆江河段沿程各站水位均有不同程度的降低，比降普遍增大。一般情况下，中、洪水期水位下降幅度小于枯水期，因而比降变化也随流量的增大而逐渐减小。由表 5-14 可知，下荆江裁弯后至 20 世纪 70 年代末，石首河段枯水位有较大幅度降低，且水位下降值自下而上逐渐减小，主要是下荆江裁弯后引起的溯源冲刷导致的。20 世纪 80 年代中后期，受葛洲坝水利枢纽蓄水的影响，中、枯水位继续保持下降的趋势，自沙市站至石首站水位下降值自上而下逐渐减小，如当流量为 4000m³/s 时，沙市、郝穴、新厂、石首各站水位分别降低 1.00m、0.75m、0.55m 和 0.15m，减幅明显小于下荆江裁弯工程对该河段的影响，比降较裁弯后有所减缓。

表 5-14　　　　　　　　　　　　　流量为 4000m³/s 时各测站水位变化

水位下降时段及下降值	枝城	陈家湾	沙市	郝穴	新厂	石首
时段	1966—1978 年					
下降值/m		1.20	1.40	1.40	1.80	1.80
水位下降时段及下降值	枝城	陈家湾	沙市	郝穴	新厂	石首
时段	1970—1994 年	1978—1994 年				
下降值/m	0.65	0.95	1.00	0.75	0.55	0.15

5.2.2　三峡水库蓄水后水沙条件变化[6]

5.2.2.1　径流量与悬移质输沙量

三峡水库运用前，宜昌站、枝城站、沙市站、监利站多年平均年径流量分别为 4369

亿 m³、4450 亿 m³、3942 亿 m³、3576 亿 m³，多年平均年输沙量分别为 4.92 亿 t、5.00 亿 t、4.34 亿 t、3.58 亿 t，多年平均含沙量分别为 1.126kg/m³、1.124kg/m³、1.101kg/m³、1.001kg/m³。三峡水库蓄水后改变了荆江河段的来水来沙条件。

（1）蓄水运用对来水条件的影响主要表现为洪峰流量削减，枯水期流量增大，以及汛前增泄与汛末蓄水减泄，年内流量过程相对调平，流量变差系数有所减小。三峡水库蓄水后 2003—2014 年时段，主要因为上游来水量的减小，宜昌站、枝城站、沙市站的年均径流量与三峡水库运用前相比，分别减少 8.2%、7.6%、4.4%；2015 年，上述 3 站的年径流量与三峡水库运用前比较，分别减少 9.0%、11.1%、7.5%，但监利站略有增大。

（2）蓄水后荆江河段来沙减少十分显著。宜昌站、枝城站、沙市站、监利站的年均输沙量（2003—2014）与三峡水库运用前比较，分别减少了 91.2%、89.5%、85.4%、78.0%；2015 年，该 4 站的输沙量与三峡水库运用前比较，分别减少了 99.2%、98.9%、96.7%、90.8%；宜昌站、枝城站、沙市站、监利站的年均含沙量（2003—2014）与三峡水库运用前比较，分别减少了 90.4%、88.7%、84.7%、78.4%；2015 年，该 4 站的含沙量与三峡水库运用前比较，分别减少了 99.2%、98.7%、90.8%、96.5%（表 5-15）。

表 5-15　　　宜昌至城陵矶河段主要水文站径流量、输沙量与含沙量比较

项目		宜昌	枝城	沙市	监利
径流量 /亿 m³	2002 年以前	4369	4450	3942	3576
	2003—2014 年	4010	4111	3770	3647
	2015 年	3926	3955	3645	3590
输沙量 /万 t	2002 年以前	49200	50000	43400	35800
	2003—2014 年	4350	5240	6340	7880
	2015 年	371	568	1420	3310
含沙量 /(kg/m³)	2002 年以前	1.126	1.124	1.101	1.001
	2003—2014 年	0.108	0.127	0.168	0.216
	2015 年	0.009	0.014	0.039	0.092

（3）可见，荆江河段因三峡水库运用及长江上游其他干支流水库的建设运用，来水过程发生了一定的变化，而输沙量和含沙量极度减小，这就是三峡工程兴建后"清水"下泄的含义。现在的荆江河段已由一条自然条件下的中沙河流演变成受人类活动影响下的少沙河流。

5.2.2.2　水位流量关系

三峡工程自 2003 年 6 月蓄水运用以来，进入中下游的水沙条件发生了很大变化，尤其是下泄的泥沙量大幅度减少，粒径也明显变细。三峡水库下游河道发生强烈冲刷，并逐步向下游发展，导致沿程水位流量关系发生变化。

（1）为了反映三峡水库蓄水运用以来荆江河段同流量下水位的变化，根据蓄水前后（2002—2010 年）的实测资料分析了上荆江枝城、沙市以及新厂站同流量下水位变化，

见表 5-16。由表可知，截至 2010 年，枝城站在枯水流量为 5000m³/s 时水位下降幅度较小，为 0.21m，但在流量为 10000m³/s 时下降幅度较大，下降约 0.60m。在流量为 20000m³/s 时水位下降又较小，而流量在 30000m³/s 时该站水位有所抬高。沙市站流量为 5000m³/s 时水位下降约 0.81m，流量在 10000m³/s 以下水位下降 0.57m，在 20000m³/s 以上水位略有下降，而在 30000m³/s 时略有抬升。新厂站与沙市站枯水位下降规律基本一致，10000m³/s 以下下降幅度略小于沙市站，但 20000m³/s 以上的水位下降大于沙市站。以上水位下降，特别是流量小于 10000m³/s 时水位的下降与河床冲刷特别是枯水河槽的冲刷密切相关。

表 5-16　　　　三峡工程蓄水后荆江主要测站同流量下水位的变化（单位：m）

(1) 枝　城　站

流量/(m³/s) \ 时段	2002—2003 年	2003—2005 年	2005—2007 年	2007—2010 年	2002—2010 年
5000	-0.01	-0.03	-0.14	-0.03	-0.21
10000	-0.03	-0.15	-0.20	-0.22	-0.60
20000	-0.04	-0.04	-0.04	-0.06	-0.18
30000	-0.02	0.16	0.04	-0.01	0.17
40000	0	0.08	0.04	0.07	0.19

(2) 沙　市　站

流量/(m³/s) \ 时段	2002—2003 年	2003—2005 年	2005—2007 年	2007—2010 年	2002—2010 年
5000	-0.25	-0.30	-0.15	-0.11	-0.81
10000	-0.12	-0.10	-0.12	-0.23	-0.57
20000	-0.03	-0.08	0.14	-0.06	-0.03
30000	-0.01	-0.04	0.05	0.05	0.05

(3) 新　厂　站

流量/(m³/s) \ 时段	2002—2003 年	2003—2005 年	2005—2007 年	2007—2010 年	2002—2010 年
5000	-0.21	-0.26	-0.10	-0.04	-0.61
10000	-0.10	-0.10	-0.10	-0.12	-0.42
20000	-0.04	-0.06	0.04	-0.10	-0.16
30000	-0.03	-0.03	0.04	-0.03	-0.05

（2）2010 年以来，上述各站枯水位又持续下降。至 2015 年，当流量为 7000m³/s 时枝城站枯水位又累积降低 0.18m，当流量为 10000m³/s 时，水位累积降低 0.35m。沙市站在 2010—2015 年期间，在流量为 6000m³/s、7000m³/s、10000m³/s 和 14000m³/s 时，水位分别下降了 0.73m、0.82m、0.78m 和 0.72m。另从沙市站历年实测最小流量和最低水位变化过程来看，三峡水库枯水期补水作用使沙市站最小流量有所增大，但由于河床冲刷下切更甚，最低水位仍有所下降。

5.2.2.3　三口分流分沙

根据有关史志记载，荆江四口分流在近代 20 世纪 30—40 年代就呈现衰萎之势。自 20 世纪 50 年代至三峡水库蓄水前的半个多世纪，受洞庭湖圈围、下荆江系统裁弯、葛洲坝工程兴建等影响，荆江河床冲刷下切、同流量下水位下降，荆江三口分流分沙能力一直处于衰减之中（表 5-17 和表 5-18）。1956—1966 年荆江三口分流比在 29.5% 左右；在 1967—1972 年裁弯期间和裁弯后的 1973—1980 年，荆江河床大幅冲刷，三口分流能力衰减速度加大；1981 年葛洲坝水利枢纽修建后，衰减速率则有所减缓。至 1999—2002 年，荆江三口年平均分流量和分沙量分别为 625.3 亿 m³ 和 5670 万 t，与 1956—1966 年相比，分流、分沙量分别减小了 53% 和 71%；其分流比和分沙比也分别由 29% 和 35% 减小至 14% 和 16%。

表 5-17　各测站分时段多年平均径流量与三口分流比　　　　单位：亿 m³

时段		枝城	新江口	沙道观	弥陀寺	康家岗	管家铺	三口合计	三口分流比/%
起止年份	编号								
1956—1966	一	4515	322.6	162.5	209.7	48.8	588.0	1331.6	29
1967—1972	二	4302	321.5	123.9	185.8	21.4	368.8	1021.4	24
1973—1980	三	4441	322.7	104.5	159.9	11.3	235.6	834.3	19
1981—1998	四	4438	294.9	81.7	133.4	10.3	178.3	698.6	16
1999—2002	五	4454	277.7	67.2	125.6	8.7	146.1	625.3	14
2003—2013	六	4069	235.6	52.9	90.0	4.3	101.7	484.4	12
2014		4568	273.0	64.08	91.85	3.313	121.3	553.5	12
2015		3955	194	31.25	51.12	0.8772	75.16	352.4	9

表 5-18　各测站分时段多年平均输沙量与三口分沙比　　　　单位：万 t

时段		枝城	新江口	沙道观	弥陀寺	康家岗	管家铺	三口合计	三口分沙比/%
起止年份	编号								
1956—1966	一	55300	3450	1900	2400	1070	10800	19590	35
1967—1972	二	50400	3330	1510	2130	460	6760	14190	28
1973—1980	三	51300	3420	1290	1940	220	4220	11090	22
1981—1998	四	49100	3370	1050	1640	180	3060	9300	19
1999—2002	五	34600	2280	570	1020	110	1690	5670	16
2003—2013	六	5602	439	134	156	15	339	1083	19
2014		1220	150	60.6	49.4	2.1	145	407	33
2015		568	56.2	15.1	12.6	0.397	22	106	19

三峡工程蓄水运用后，因荆江河道发生冲刷，三口分流比和分流量继续保持下降趋势。由表 5-17 可见，2003—2013 年与 1999—2002 年相比，长江干流枝城站水量减少了

385 亿 m³, 偏小 9%; 三口分流量减小了 141 亿 m³, 减幅为 23%, 分流比也由 14% 减小至 12%。2014 年和 2015 年, 枝城站年径流量分别为 4568 亿 m³ 和 3955 亿 m³, 年输沙量分别为 1220 万 t 和 568 万 t, 分别比 1999—2002 年偏大 3% 和偏小 11%; 荆江三口分流量分别为 553.5 亿 m³ 和 352.4 亿 m³, 分流比分别为 12% 和 9%; 三口分沙量分别为 407 万 t 和 106 万 t, 分沙比分别为 33% 和 19%。可见, 今后, 三口分流分沙在总体缓慢衰减的态势下, 其分流量和分沙量主要取决于荆江干流的来水来沙量; 其分流比将持续缓慢减小, 分沙比可能会有所增大。

5.2.2.4 悬移质泥沙级配

三峡工程蓄水运用前后, 坝下游宜昌、枝城、沙市、监利等站悬移质泥沙级配变化见表 5-19。由表可见:

(1) 三峡水库蓄水后, 宜昌站粒径大于 0.125mm 的粗颗粒和粒径在 0.031~0.125mm 之间的泥沙, 经三峡水库拦截, 所占百分数均减小, 而小于 0.031mm 的细沙比例则显著增大。

(2) 经过宜枝河段的冲刷, 至枝城站, 蓄水后的 2003—2014 年, 粗颗粒比例明显增大, 而两组较细颗粒泥沙比例则减小, 而在 2015 年偏枯年份, 细颗粒泥沙占比又增大, 粗颗粒泥沙占比显著减小。

(3) 经过上、下荆江的冲刷, 沙市站和监利站, 粗颗粒泥沙占比沿程增大, 而细颗粒泥沙占比沿程减小, 变化的规律性很强; 同时在 2015 年受上游偏枯水年影响, 悬移质泥沙均有偏细的特点。

表 5-19　　　　三峡水库坝下游主要控制站不同粒径级沙量百分数对比

范围	测站 时段	沙量百分数/%			
		宜昌	枝城	沙市	监利
$d \leqslant 0.031$ /mm	多年平均	73.9	74.5	68.8	71.2
	2003—2014 年	86.4	73.6	60.7	48.3
	2015 年	83.2	66.8	42.4	24.0
$0.031 < d \leqslant 0.125$ /mm	多年平均	17.1	18.6	21.4	19.2
	2003—2014 年	8.0	11.0	13.1	18.7
	2015 年	14.3	24.8	18.7	13.7
$d > 0.125$ /mm	多年平均	9.0	6.9	9.8	9.6
	2003—2014 年	5.6	15.4	26.4	34.2
	2015 年	2.5	8.4	38.9	62.3
中值粒径 /mm	多年平均	0.009	0.009	0.012	0.009
	2003—2014 年	0.006	0.009	0.015	0.037
	2015 年	0.009	0.018	0.046	0.180

注　1. 宜昌、监利站多年平均统计年份为 1986—2002 年; 枝城站多年平均统计年份为 1992—2002 年; 沙市站多年平均统计年份为 1991—2002 年。

　　2. 2010—2015 年长江干流各主要测站的悬移质泥沙颗粒分析均采用激光粒度仪。

5.2.2.5　推移质输沙

1974—1979 年宜昌站卵石年平均输沙量 81 万 t；沙质推移质年平均输沙量为 1057 万 t。1981—2002 年宜昌站卵石推移质年平均输沙量减小至 17.46 万 t，减幅为 78.4%；沙质推移质年平均输沙量减小至 137 万 t，减幅达 87%。三峡水库蓄水后，坝下游推移质泥沙继续大幅减小。2003—2009 年宜昌站卵石推移质年平均输沙量减小至 4.4 万 t，较 1974—2002 年平均值减少 60.4%；之后除 2012 年的砾卵石推移质输沙量为 4.2 万 t 外，其他年份均未测到砾卵石推移质输沙；2003—2013 年宜昌站沙质推移质输沙量减小至 14.8 万 t，较 1981—2002 年平均值减小了 89%。枝城站沙质推移质也呈现减小趋势，至 2013 年，枝城站年输沙量仅为 15.6 万 t，而沙市站在 2009—2013 年间则维持在 140 万～200 万 t 之间。

5.3　三峡水库蓄水前上荆江河床演变特征

5.3.1　上荆江河道历史演变[5,7]

据史料考证，200 多年前，洋溪弯道段内有雷子洲、郭洲、关洲三个小洲。当时主泓沿北山脚而下，北汊为主泓。1866 年，枝江镇（现枝城市）北门口基子板大矶头被冲毁，河道南移，这时雷子洲、郭洲被冲失，关洲南岸原有的一条沟通大江的小汊逐渐冲开并发展，而北汊逐渐淤积，此后不断演变成今日的关洲汊道。关洲汊道这一历史演变，使其主泓向南平面迁徙约 2km。

据《枝江县志》记载："明嘉靖中，江流冲断为上、下百里洲。"外江为江，内江为沱，百里洲夹江、沱之间，道光十年（1830 年）以前尚如故。这一阶段即为"南江北沱"时期，冲断后的下百里洲位于江口一带。1830 年大水后，外江沙洲淤张，壅塞江中，洪流渐行内江，沱胜于江，经逐年冲刷，河道向董市方向发展，演变成"北江南沱"的格局，一直保持至今，下百里洲则并入左岸。1861 年前后，汛期居中走直的主流切割江口弯道的凸岸边滩，形成了江口心滩，以后逐年淤积转化为江口洲，右汊发展为主汊。历经多年的演变，形成了现今董市与江口河段分汊的微弯形态。

由于弯道水流的作用，凹岸崩退，凸岸边滩淤积，河面增宽，在大水年份，边滩往往被水流切割成江心滩，然后逐渐淤积成江心洲。1935 年大水后，涴市河弯凸岸边滩被切割，形成马羊洲；由于地质边界条件以及汊道口门的迎流条件，决定了涴市弯道分汊段主流走右汊，主支汊关系长期保持相对稳定。

沙市河弯在 200 多年前就具有分汊形态特征。长期以来，其演变主要表现在洲滩的消长与变迁。明末清初，沙市河弯御路口上游的窖金洲形成并不断扩大，阻遏江流，逼水流趋向北岸，御路口一带岸线崩塌凹进，河面展宽，左岸岸线进一步弯曲。19 世纪末 20 世纪初，受上游涴市河弯河势的影响，沙市至上游万城段近岸河床开始淤积，逐渐形成学堂洲。学堂洲形成后，江中又出现了散乱的江心滩群，20 世纪 30 年代中后期，滩群逐步合并，形成后来的三八滩。金城洲形成于清末，其位置和形态多变，时而为江心滩，时而与右岸合并成为边滩。

公安和郝穴河段近几百年来河泓虽有明显的摆动，但河道外形基本上保持弯曲型河道。据考证，400 多年前，大江尚在北岸的青安二圣洲处，此后主流不断南移，形成向南弯曲的河势，较当时河道南移约 4km。19 世纪初期，郝穴河弯由 5 个江心洲将河道分为左右两汊，左汊为主汊，右汊为支汊，即黄水套；1852 年起，郝穴一带开始护岸，5 个江心洲逐渐淤高合并，形成现在的南五洲。

综上所述，上荆江河道历史演变主要表现在江心洲形成及其并岸并洲、主流迁徙摆动与河势调整、洲滩消长演变等过程，以致形成弯曲河型和江心洲分汊格局。

5.3.2　20 世纪 50—60 年代自然条件下的演变特征[2、3、7]

20 世纪 50—60 年代，处于自然条件下的上荆江，影响其河床演变除水沙条件之外，河床边界的抗冲条件是一个重要因素。上荆江河段河岸边界条件可以划分为两个地区：一是江口以上为低山丘陵阶地区，为西部上升区与东部下沉区之间的过渡地带，有由东湖系砂砾岩组成的低山与丘陵及由第四纪堆积物组成的五级阶地。河岸主要由丘陵或阶地基座组成，一般抗冲能力强。其次由阶地的卵石层组成的河岸，像"天然堤"一样限制了河床的摆动；由阶地的土层所组成的河岸一般黏性较大，抗冲性较强，河岸也较稳定。河岸卵石层的高度分布，西部在平均河底高程以上，东部在平均河底高程以下。该段河床地貌的主要特点是洲滩较多。洲滩主要为卵石组成，其上覆盖有砂土层。有些洲滩的滩头部分卵石直接出露，为受水流冲刷形成，但洲滩演变缓慢。二是江口以下至藕池口地区为近代沉降区，河流两岸无阶地，河流流经宽广的冲积平原。由于左岸筑堤围垸比右岸早，右岸堤内地面一般比北岸高出 5m 左右。河床沉积的卵石，已埋于砂层以下，仅个别地方，如采石洲及护岸建筑物局部冲刷坑中，河床出露卵石。河漫滩的沉积物为粉质黏土、粉质壤土以及沙壤土等。此外，还有少数的湖相沉积。河岸组成的主要特点是最下部为卵石层，中部为砂层，上部为黏性土。该区洲滩较多，面积较大，冲淤变化较大，河道近代发生的变迁较江口以上为大。

在 20 世纪 50—60 年代期间，上荆江河段径流量丰沛，来沙量甚多且年内和年际变幅均较大，对岸线变化、主流摆幅、主支汊交替、洲滩冲淤均有不同程度的影响；两岸的河漫滩，除了位于弯道凹岸距堤较近的险工段建有部分护岸工程外，基本上处于自然状态，洲滩也完全处于自然状态。上荆江在自然条件下河道演变按上述边界条件不同分为两段，呈现出不同的特性：

（1）江口以上河段因河岸抗冲性较强，其平面变形相对较小，但因年内径流与输沙过程的差异，主流流路在枯水流量、中水流量与洪水流量下有一定范围的摆幅，有的汊道呈现周期性的冲淤变化，局部河势发生一定程度的调整，洲滩冲淤演变较为活跃但幅度不大，个别汊道河床年内冲淤幅度达 10m 以上，如芦家河沙泓区域。

（2）江口以下河岸抗冲性相对较差，但因沙市、公安、郝穴等河弯凹岸段实施了部分护岸工程，对抑制这些凹岸段的崩退和平面变形起到了控制作用，但多数岸段崩岸时有发生。该河段年内主泓摆幅与河床冲淤相对较大，长直过渡段很不稳定，主、支汊冲淤交替，洲滩消长频繁。其中，沙市河弯（含三八滩、金城洲）和公安河弯（含突起洲）汊道冲淤和洲滩年际和年内变化较大，涴市河弯（含马羊洲）和郝穴河弯（含南五洲）相对稳定。

5.3.3　荆江河段河道整治后上荆江河床演变

三峡水库蓄水前半个世纪，荆江河段内的河道整治，有荆江大堤护岸加固、下荆江系统裁弯与河势控制，"98"洪水后的护岸加固和新护，还有葛洲坝枢纽工程对下游河道的作用。这些工程都对处于自然条件下的荆江河道产生影响，本节将综合分析 20 世纪 60 年代末直至三峡水库蓄水前上荆江河床演变特性。

5.3.3.1　河道平面变形

前已述，上荆江属含洲、滩的弯曲河型，河段内自上而下由洋溪、江口、涴市、沙市、公安、郝穴 6 个弯曲段组成，其中江口、沙市、郝穴段为北向弯曲段，洋溪、涴市、公安河段为南向弯曲段。平面形态的基本特征是：河道河弯曲度适中（曲折率为 1.72），外形宏观上较为稳定，弯道处多有江心洲。如洋溪河弯有关洲、江口河弯有柳条洲和江口洲，涴市河弯有马羊洲，沙市河弯有三八滩，公安河弯有突起洲等；还有董市洲、杨家脑附近的火箭洲、沙市河弯以下的金城洲、公安河弯以下的采石洲等小江心洲。河道两岸为河漫滩，随着河道稳定性增强，河漫滩滩面有逐年单向缓慢淤积抬高趋势。

上荆江河段内最小河宽为 1030m，最大河宽约为 4520m，上荆江全河段平均河宽顺直段为 1320m，弯曲段为 1700m。从河弯的弯曲半径看，弯曲半径最小的为马家嘴河弯，约 3040m；弯曲半径最大的为郝穴河弯，约 10300m。曲折率最大是洋溪河弯的 2.23，最小为涴市河弯的 1.23。河弯中心角最大是沙市河弯的 156°，最小是江口河弯的 64.5°。

上荆江 6 个河弯的凹岸，要么地质条件抗冲性强，要么受到护岸工程的控制，在半个多世纪内平面变形很小。弯顶的蠕动下移均受到控制，使得上荆江弯曲型河道的平面形态总体保持相对稳定。岸线变化的部位主要发生在凸岸边滩或江心洲边滩，还有河道分汊段或顺直段，如上百里洲边滩、火箭洲洲尾边滩、马羊洲外边滩、腊林洲外边滩、三八滩外边滩、金城洲外边滩、马家嘴边滩、突起洲外边滩、青安二圣洲外边滩和南五洲外边滩，绝大多数都具有冲淤交替性；也有个别岸段发生局部崩岸现象，如 70 年代柳口附近、90 年代末文村夹附近，但都及时采取了护岸措施而稳定。

5.3.3.2　深泓平面变化

上荆江在三峡水库蓄水前半个世纪内，其深泓平面变化与平面变形相应，总体来看变化不大。自枝城至杨家脑，深泓基本稳定在洋溪河弯主槽（右汊）内，在松滋口以下，深泓在董市洲附近先弯向右岸后又转向左岸，年际间摆动变化不大；杨家脑至郝穴深泓基本均靠弯道凹岸，但在太平口顺直段、三八滩分汊段、马家嘴展宽段摆动较大，体现其年际间河床冲淤变化较大与局部河势较不稳定。

5.3.3.3　河道纵剖面

由于河床形态、边界条件与沿程来水来沙条件的不同和支流入汇等因素的影响，以及荆江河床组成差异和深泓线所处河段河型及位置不同，纵剖面具有不同波形的起伏。河流进入上荆江后，在洋溪附近形成曲率较大的河弯，河底河床相对低凹。水流出关洲后，深泓左右摆动，加上松滋河分流和河道放宽，芦家河浅滩段的河底河床抬高。枝江以下至涴市河弯，水流集中，河宽狭窄，河槽下凹。浣市以下有太平口分流，沙市河弯和公安河弯三八滩和突起洲将河床分为两汊，水流分散，纵剖面为上凸形。公安至郝穴，河床束窄，水流集中，于荆江大堤护岸段近岸河床处形成冲刷坑，纵剖面呈凹形。郝穴至石首，河道展宽，江心多滩，又有藕池口分流，河床深泓又呈上凸形。

从荆江深泓纵剖面（图 5-5）看，上荆江河段深泓高程总体沿程降低，河段内深泓的最深点多出现在河湾或矶头附近，分流口门以下河道深泓一般较高。松滋口以下由于分流作用，深泓凸起，最大到 29m 高程，为整个河段的最高点，其次在太平口分流以下，深泓高点为 24m，藕池口分流口附近 21m；其他深泓的高点主要分布在分汊段内，如火箭洲达到 24m，突起洲 22m 等。上荆江平均深泓高程为 18.5m，比宜枝河段低约 4m。从图 5-6 看，荆江的河底平均高程与深泓沿程走势规律相似，河床冲深下切更为鲜明。深泓纵剖面和平均高程纵剖面变化均表明，1966—2002 年深泓及河底平均高程总体呈现下切态势。

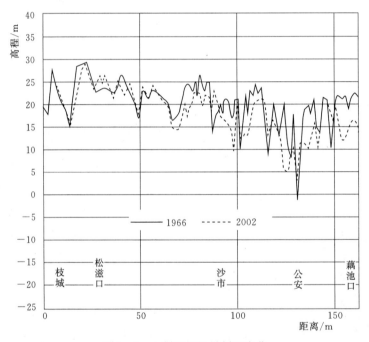

图 5-5　上荆江深泓纵剖面变化

5.3.3.4　河道横断面

上荆江河道横断面形态与其所在河段的平面形态及河床组成密切相关。上荆江河道有 4 种代表性的断面形态：一是偏 V 形断面，一般处于弯道段或汊道进口窄深段，年际间形态比较稳定，如枝城荆 3 断面，公安弯道尾部荆 62 断面 ［图 5-7（a）］；二是平面形态相对稳定的江心洲汊道呈较宽的 W 形断面，年际间主汊深槽相对稳定或其凸岸有一定冲淤变化而支汊河床冲淤变化相对较大，如关洲分汊段荆 6 断面和突起洲尾部荆 58 断面，后者支汊呈发展态势 ［图 5-7（b）］；三是江心洲汊道滩槽冲淤颇大的 W 形复式断面，年际间主支汊易位，主槽平面变形甚大，如三八滩荆 42 断面 ［图 5-7（c）］；四是 U 形断面，

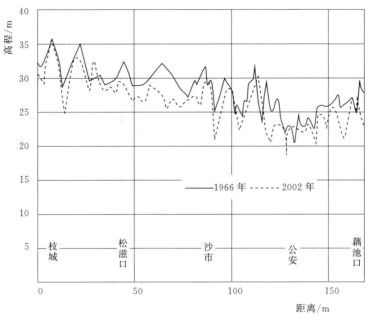

图 5-6　上荆江河底平均高程纵剖面变化

如郝穴镇荆 74 断面，凸岸处于冲刷态势，水流动力作用向左偏移，断面形态朝 U 形转化，表明局部河势发生变化［图 5-7（d）］。从以上断面变化可以看出它们都有一个共性，就是自 20 世纪 60 年代至三峡水库蓄水前，河床总体上都具有冲刷的特征。

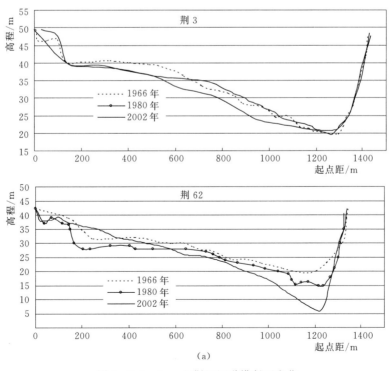

（a）

图 5-7（一）　上荆江河道横断面变化

191

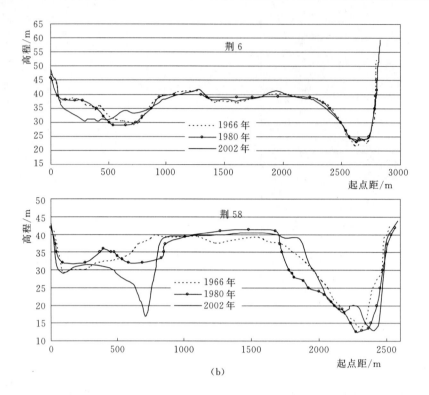

（b）

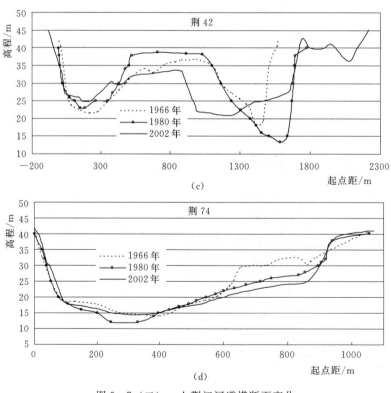

（c）

（d）

图 5 - 7（二）　上荆江河道横断面变化

5.3.3.5 宽深比变化

三峡水库蓄水前半个多世纪，经过河道整治后，平面变形受到控制，河势稳定性得以增强，宽深比明显减小。由于弯道凹岸受护岸工程控制，凸岸总体上继续淤积，使河宽总体上有所变窄，而宽深比减小的主要原因是裁弯后河床冲深。据统计，自 1966—2002 年，上荆江平均河宽由 1436m 减小为 1418m，平均水深由 10.0m 显著增加为 12.2m，断面河相关系 $\sqrt{B}/H$ 由 4.03 减小为 3.24。可见，上荆江河道在三峡水库蓄水前断面形态总体朝窄深方向发展。

5.3.3.6 汊道分流分沙

上荆江较为典型的汊道有关洲、三八滩和突起洲汊道。由表 5-20 可知，关洲汊道分流分沙比与流量有良好的相关性，以枝城流量 20000m³/s 左右为界，小于该流量时，右汊分流分沙比大于左汊，右汊为主槽，而当大于该流量时，左汊的分流分沙比大于右汊。其变化显示出较强的周期性。

表 5-20　　　　关洲汊道主要断面分流分沙　　单位：流量 m³/s，输沙量 10³t

日期 /（年-月-日）	关 09（左汊）				关 10（右汊）			
	流量	分流比/%	输沙量	分沙比/%	流量	分流比/%	输沙量	分沙比/%
1984-7-14	22080	60.0	4129	66.0	14720	40.0	2127	34.0
1984-11-28	1043	19.0	4	16.0	4447	81.0	19	84.0
1985-8-26	9372	47.0	848	50.0	10568	53.0	848	50.0
1985-10-26	6665	43.0	482	54.0	8835	57.0	411	46.0
1986-8-28	9820	49.0	1110	51.0	10220	51.0	1067	49.0
1986-11-11	3853	38.0	104	41.0	6287	62.0	149	59.0
1987-8-20	14310	53.0	1028	55.3	12690	47.0	831	44.7
1987-11-13	2873	32.1	35	31.1	6077	67.9	77	68.9
1988-8-27	15613	57.4	1547	61.1	11587	42.6	985	38.9
1988-11-30	1200	20.1	4	17.3	4770	79.9	20	82.7
1990-8-14	6634	43.5	583	48.6	8616	56.5	616	51.4
1991-9-1	12005	49.2	1452	54.4	12395	50.8	1217	45.6
1995-8-20	13736	56.7	1875	63.1	10490	43.3	1097	36.9
1995-10-21	10189	51.1	813	55.7	9751	48.9	646	44.3
1996-1-18	1128	23.8	3	22.5	3612	76.2	9	77.5
1997-12-8	1280	25.7	4	21.7	3700	74.3	14	78.3
1999-9-9	19712	56.0	3215	60.6	15488	44.0	2090	39.4
1999-12-28	736	13.2	5	24.8	4842	86.8	16	75.2
1999-3-16	1408	20.7	5	20.0	5392	79.3	20	80.0
2001-5-26	1817	28.0	22	11.2	4673	72.0	176	88.8
2001-9-8	27192	66.0	3734	69.7	14008	34.0	1623	30.3
2001-12-11	2059	30.1	15	26.1	4781	69.9	44	73.9
多年平均	6637	40.2	605	42.0	9882	59.8	837	58.0

沙市河弯三八滩分汊河段左汊最小分流分沙比分别为 30.1％和 37.6％；最大分流分沙比分别为 86.1％和 93.5％，多年平均分流分沙比分别为 60.4％和 67.8％，所以一般将左汊定为主汊。但从分时段来看，1982—1991 年平均左汊分流分沙比分别为 70.5％和 75.2％，大于多年平均值，而 2001—2002 年时段平均左汊分流分沙比分别为 46.8％和 57.9％，小于多年平均值，呈现减小的态势（表 5 - 21）。

表 5 - 21　　　　　　　　　　　　　　三八滩汊道分流分沙

日期 /(年-月-日)	左汊				右汊			
	流量 /(m³/s)	分流比 /％	输沙量 /万 t	分沙比 /％	流量 /(m³/s)	分流比 /％	输沙量 /万 t	分沙比 /％
1982 - 12 - 20	4990	69.3	89	82.3	2210	30.7	19	17.7
1983	10700	60.8	513	75.2	6900	39.2	169	24.8
1984 - 5 - 20	6940	66.0	278	69.4	3580	34.0	123	30.6
1985 - 6 - 9	13000	70.3	617	70.5	5480	29.7	258	29.5
1986 - 5 - 23	8400	71.4	453	68.3	3370	28.6	210	31.7
1986 - 8 - 6	10200	59.7	1391	61.5	6880	40.3	873	38.5
1987	6640	69.1	435	70.7	2970	30.9	181	29.3
1988 - 4 - 22	4970	86.1	37	93.5	804	13.9	3	6.5
1989 - 4 - 22	6680	64.4	172	71.0	3690	35.6	70	29.0
1990 - 10 - 26	11000	78.2	597	84.2	3060	21.8	112	15.8
1991 - 10 - 16	11000	80.4	804	80.6	2680	19.6	194	19.4
2001 - 4 - 9	2020	41.1	25	64.3	2890	58.9	14	35.7
2001 - 5 - 10	6080	53.3	137	60.1	5360	46.7	91	39.9
2001 - 5 - 17	4340	47.9	41	45.1	4730	52.1	50	54.9
2001 - 6 - 11	9900	58.9	507	67.5	6880	41.1	245	32.5
2001 - 6 - 28	10500	58.1	575	60.0	7580	41.9	383	40.0
2001 - 8 - 30	13100	63.7	1754	65.3	7460	36.3	933	34.7
2002 - 1 - 9	1760	36.7	29	57.4	3040	63.3	22	42.6
2002 - 9 - 29	3480	31.7	174	37.6	7500	68.3	289	62.4
2002 - 12 - 17	1470	30.1	43	64.1	3410	69.9	24	35.9
1982—1991 年平均	8593	70.5	490	75.2	3784	29.5	201	24.8
2001—2002 年平均	5850	46.8	365	57.9	5428	53.2	228	42.1
多年平均	7359	59.9	433	67.4	4524	40.1	213	32.6

注　1982—1989 年为沙 5 断面，1990—2002 年为荆 42 断面，1992—2000 年无资料。

突起洲左汊为支汊，枯水期多年平均分流比为 16.2％，洪水期多年平均为 36.7％，符合支汊分流随流量增大而增加的一般特性。20 世纪 90 年代以来，左汊分流比有增大态势。

由以上分析可见，上荆江江心洲分汊河段支汊分流比一般具有洪水期大于枯水期的特性，而且与上游动力轴线变化关系密切。在河势不稳定的情况下，主、支汊分流分沙比变化很大，如三八滩甚至有可能发生主支易位的现象。

5.3.3.7　河床冲淤变化

三峡水库蓄水前上荆江河床冲淤变化可按枝江河段、沙市河段和公安河段分别进行分析。总体看来，三河段均处于冲刷态势。根据表 5 - 22 统计，枝江河段 1957—2002 年平滩河槽（流量 30000m³/s，下同）冲刷量为 1.23 亿 m³。其冲刷的主要部位是枯水河槽（流量为 5000m³/s 以下河床，下同）达 1.19 亿 m³，占 96.7%，中水河槽冲刷很小，平滩以上河床甚至淤积；枝江河段平滩河槽冲刷强度最大的时段是 1980—1985 年、1991—1993 年和 1998—2002 年，其主要原因是葛洲坝工程对下游的影响和 98 大洪水的作用，下荆江系统裁弯的影响较小。

表 5 - 22　　　　　　　　　　枝江河段 1957—2002 年河床冲淤量

流量级 /(m³/s)	各时段冲淤量（淤：＋；冲：－）/万 m³								
	1957—1966 年	1966—1975 年	1975—1980 年	1980—1985 年	1985—1991 年	1991—1993 年	1993—1996 年	1996—1998 年	1998—2002 年
5000	−1087	692	−1865	−3003	−351	−1350	−1273	−1270	−2361
10000	66	1559	−3180	−3666	−284	−1582	−1285	−1322	−2601
30000	2063	−1901	−1030	−4284	−471	−1612	−745	−1301	−2992
50000	3780	−2398	−1230	−3841	−546	−1905	−562	−1276	−3068
流量级 /(m³/s)	各时段年平均冲淤量（淤：＋；冲：－）/（万 m³/a）								
	1957—1966 年	1966—1975 年	1975—1980 年	1980—1985 年	1985—1991 年	1991—1993 年	1993—1996 年	1996—1998 年	1998—2002 年
5000	−121	77	−373	−600	−59	−675	−424	−635	−590
10000	7	178	−636	−733	−47	−791	−428	−661	−650
30000	229	−211	−206	−857	−78	−806	−248	−650	−748
50000	420	−266	−246	−768	−91	−953	−187	−638	−767

沙市河段自 1966—2002 年河床总体为持续冲刷，冲刷量为 1.13 亿 m³，中水位（流量为 10000m³/s，下同）以下河槽冲刷量为 1.26 亿 m³，枯水河槽占 97.6%，中水位以上河床淤积。从时段上看，1966—1975 年为下荆江系统裁弯期，沙市河段冲刷量达 0.22 亿 m³；1975—1980 为下荆江系统裁弯后期，河床依然呈现冲刷状态，冲刷量为 0.18 亿 m³；1980—1991 年为冲槽淤滩，冲刷量为 0.17 亿 m³；1991—1998 年冲刷量为 0.39 亿 m³，1998—2002 年期间，表现为冲槽淤滩。从年均冲刷量来看，以 1975—1980 年和 1991—1998 年期间的冲刷强度最大，主要是受裁弯和 98 洪水的影响；1980—1991 年受葛洲坝水利枢纽运行的影响相对较小（表 5 - 23）。

表 5 - 23　　　　　　　　　　沙市河段河床冲淤量

流量级 /(m³/s)	各时段冲淤量（淤：＋；冲：－）/万 m³				
	1966—1975 年	1975—1980 年	1980—1991 年	1991—1998 年	1998—2002 年
5000	−2165	−2542	−3159	−2715	−1800
10000	−877	−3244	−3062	−3655	−1780

续表

流量级 /(m³/s)	各时段冲淤量（淤：＋；冲：－）/万 m³				
	1966—1975 年	1975—1980 年	1980—1991 年	1991—1998 年	1998—2002 年
30000	−787	−2679	−1515	−3465	−1980
50000	−2259	−1804	−1715	−3935	−1600

流量级 /(m³/s)	各时段年平均冲淤量（淤：＋；冲：－）/（万 m³/a）				
	1966—1975 年	1975—1980 年	1980—1991 年	1991—1998 年	1998—2002 年
5000	−241	−508	−287	−388	−450
10000	−97	−649	−278	−522	−445
30000	−87	−536	−138	−495	−495
50000	−251	−361	−156	−562	−400

三峡水库蓄水前，公安河段包括公安河弯和郝穴河弯，自 1966—2002 年平滩河槽分别冲刷了 1.01 亿 m³ 和 0.69 亿 m³，主要冲刷部位在枯水河槽（表 5 - 24）。其中，公安河弯枯水河槽冲刷占 74.7%，中水河床也发生冲刷，占 25.3%；而郝穴河弯枯水河槽冲刷量 0.76 亿 m³，中水河床则淤积 0.07 亿 m³。从各时段冲淤情况来看，显然，系统裁弯是一个重要的因素。在裁弯初期（1966—1975 年），两个河弯枯水河槽均为淤积，而枯水位以上中水河床发生强烈冲刷，可以看出裁弯对上游河床变形的影响在中水河床的冲刷拓宽；而在裁弯继续溯源冲刷发展时（1975—1980 年），两个河弯枯水河槽强烈冲刷，而枯水位以上的中水河床则发生强烈的淤积。可见，裁弯对上游河段溯源冲刷引起的河床调整过程是比较复杂的。同时，从年平均冲刷看，裁弯和 98 洪水的作用都是十分显著的。

表 5 - 24　　　　　　　　　　　　　公安河段河床冲淤量

河段	河床	各时段冲淤量（淤：＋；冲：－）/万 m³				
		1966—1975 年	1975—1980 年	1980—1993 年	1993—1998 年	1998—2002 年
公安河弯段	枯水河槽	1724	−4177	−2950	−52	−2077
	平滩河槽	−3753	291	−3751	924	−3783
郝穴河弯段	枯水河槽	4326	−7929	−2331	−528	−1127
	平滩河槽	−4078	−9	−1879	−170	−748

河段	河床	各时段年平均冲淤量（淤：＋；冲：－）/（万 m³/a）				
		1966—1975 年	1975—1980 年	1980—1993 年	1993—1998 年	1998—2002 年
公安河弯段	枯水河槽	192	−835	−227	−10	−519
	平滩河槽	−417	58	−288	185	−946
郝穴河弯段	枯水河槽	481	−1586	−199	−106	−282
	平滩河槽	−453	−2	−144	−34	−187

5.3.3.8　三峡水库蓄水前上荆江各河段演变特点

上荆江各河段在三峡水库蓄水前的来水来沙条件下，由于边界条件和形态的不同而具有不同的演变特点。本节按枝江河段、沙市河段和公安河段（含公安河弯和郝穴河弯）三部分作概括性阐述。

1. 枝江河段

枝江河段上起枝城镇（荆 3），下至杨家脑（荆 25），全长 56.5km，为含江心洲（滩）的弯曲河型。受地质构造控制，河道平面位置和走向与断凹区内构造格局一致。三峡水库蓄水前河床演变特点为：

（1）岸线与深泓线平面变化不大，河势基本稳定。河段两岸土质抗冲性较好，加之人工护岸工程的作用，使得岸线稳定少变，仅少数部位的河岸略有崩塌。枝江河段深泓线总体稳定，但随不同水文年洪枯水位的变化，局部作周期性摆动，总体呈现平面形态长期稳定少变的态势。

（2）江心洲滩冲淤变化较大。枝江河段平滩河槽内有关洲、芦家河心滩、柳条洲、董市洲和江口洲。其中，关洲洲体最大，平面形态变化不大，但在高水位时洲滩受到切割；芦家河心滩冲淤变化较大，常被水流切割成 3～4 个小心滩，滩体甚不稳定；柳条洲和董市洲有冲刷变小之势；而江口洲冲刷变化最大，滩面趋近消失。

（3）汉道分流比受上游河势影响较大，年内呈周期性变化。关洲汉道分流比以枝城流量 20000m³/s 左右为界，年内周期性变化特性较强，而芦家河汉道虽然也具有年内高水走石泓低水走沙泓的周期性变化特性，但由于进口段年际深泓摆幅大，加之滩体形态散乱多变和两泓河床组成差异较大等因素，常使得左汉沙泓航道汛后不能及时冲开而造成碍航的局面。

2. 沙市河段

沙市河段为含江心洲的弯曲河型，上起杨家脑（荆 25），下至观音寺（荆 52），全长约 33km。三峡水库蓄水前河床演变特点为：

（1）沙市河弯岸线变化不大，但汉道主流摆动较大。沙市河段河岸多呈三元结构，抗冲能力较强，同时河弯受护岸工程控制，河岸线变化不大。在涴市弯道内由于马羊洲基本并岸，主流动力轴线较为稳定。在太平口心滩和三八滩分汉河段内动力轴线摆动较大，在金城洲汉道少数年份内主流不够稳定，但江心洲汉道格局尚能保持。可以认为，沙市河段其总体河势处于相对稳定，三八滩汉道段河势调整较大。

（2）江心洲、滩冲淤较大。马羊洲基本并左岸，其外边滩即涴市弯道的凸岸边滩，在年际和年内均有一定的冲淤变化，但幅度不大。太平口心滩、三八滩和金城洲冲淤变化均较大，它们的面积总体有冲刷变小的态势。3 个洲、滩的冲淤对河势产生程度不同的调整。太平口心滩是由边滩切割而生，心滩面积的减小和动力轴线的左、右摆动直接影响三八滩汉道的河势。三八滩在 20 世纪 70 年代以来，洲体受冲刷而变小，自 1998 年起，洲体高滩部分急剧冲刷萎缩，低滩部分受到切割，右泓发展为中泓主流，并流经原三八滩中脊部位，洲滩变得散乱，可以说，洲体形态在 1998 年和 1999 年洪水作用下变得面目全非。金城洲多数年份连靠右岸，右泓为倒套，左泓为主汉，由于滩面高程较低，洲体冲淤变化较大。

（3）分流比变化不稳定。在陈家湾以上的马羊洲汉道，左汉为支汉并逐年淤积，枯水期基本断流，仅在汛期有 12 个百分点的分流比。三八滩分流比变化较大，与上游太平口边滩成为心滩后的冲淤有关。20 世纪 90 年代之前，左汊为主汊，但有的年份，当流量小于 5000m³/s 时，右汊分流比大于左汊；90 年代后，右汊随着三八滩头冲刷和口门冲深而有所发展。1998 年洪水后直至 2002 年，右汊发展迅速，枯水期分流比达 60% 以上，已经成为主汊。预计随着太平口心滩及其分流的不稳定，三八滩汊道分流比还会发生新的变化。

3. 公安河段

公安河段上起观音寺，下至新厂，全长 54.2km，属含江心洲弯曲型河道，由公安、郝穴两个反向河弯组成。河段内有突起洲和南五洲汊道，其中突起洲右汊和南五洲左汊为主汊，南五洲基本并右岸。三峡水库蓄水前河床演变特点为：

（1）河岸线变化不大，深泓线大部变化不大。公安河段左、右岸分别有荆江大堤护岸工程和荆南干堤护岸工程控制，两岸岸线长期均较稳定；深泓线除突起洲进口段和公安河弯与郝穴河弯之间的过渡段年际间有变化之外，大部均长期贴近凹岸；汊道格局变化不大。因此，在三峡水库蓄水前公安河段河势是基本稳定的。

（2）洲滩冲淤与水流动力轴线变化密切相关。突起洲汊道进口段右岸雷家洲边滩消长、突起洲洲头和两汊口门河床冲淤，都与观音寺以下深泓线摆动直接相关，相互之间的冲淤交替变化都具有一定的周期性；20 世纪 90 年代后期，突起洲表现为左缘冲刷、右缘淤积态势，在 1998 年洪水作用下，突起洲右缘边滩发生切滩并形成倒套，呈现切割之势。自公安河弯至郝穴河弯首尾之间左岸马家寨边滩随杨家厂以下过渡段水流年际间顶冲下移而下延。

（3）分流比与上游河势变化关系密切。南五洲基本并右岸，不存在分流比变化问题。只有突起洲汊道，当上游进口段深泓线右移时，左汊分流比减小，当深泓线左移时，左汊分流比增大；左汊年内变化表现为汛期分流比大于枯期，体现了分汊河段分流比变化的共性。从突起洲分流比变化趋势来看，20 世纪 60—80 年代左汊是逐渐减小的，甚至枯期断流；后来又逐渐增大，到 90 年代末期甚至接近 50%，这除了河势变化因素之外，可能还与来沙量的减小有关。

5.4　三峡水库蓄水后上荆江河床演变

5.4.1　"清水"下泄对上荆江河床冲淤的影响[7]

5.4.1.1　河床冲淤量和冲淤强度

三峡工程蓄水运用以来，自 2002 年 10 月至 2015 年 10 月，上荆江河段平滩河槽累计冲刷泥沙 4.78 亿 m³，年平均冲刷量为 0.367 亿 m³，远大于三峡水库蓄水前 1972—2002 年年平均冲刷量 0.137 亿 m³。三峡水库蓄水后上荆江每年冲淤量见表 5-25。可以看出，三峡水库刚开始蓄水的围堰发电期间，自 2003 年 10 月至 2005 年 10 月的两年中，由于"清水"下泄，上荆江年平均冲刷量达 4981 万 m³，之后 3~4 年内年平均冲刷量明显减小；到三峡 175m 试验性蓄水期 2009—2014 年，上荆江年平均冲刷量增大至 5187 万 m³，说明三峡水库蓄水位抬高和优化调度对上荆江河道增强冲刷的作用。2014—2015 年，上荆江年冲刷量又减至 3169 万 m³，应与该年来水偏小有关，并不表明冲刷强度有减缓的趋势。三峡水库蓄水后上荆江各河段不同时段河床冲刷强度变化见图 5-8。可见，冲刷强度最大是沙市河段，其次为枝江河段，再次是公安河段。冲刷强度最大可达 30 余万 m³/(km·a)。

表 5-25　　　　　　　　三峡水库蓄水运用后上荆江河段河床冲淤量　　　　　　单位：万 m³

时　段	上　荆　江		
	枯水河槽	基本河槽	平滩河槽（冲淤强度）/万 m³/(km·a)
2002 年 10 月至 2003 年 10 月	−2300	−2100	−2396（−14.0）
2003 年 10 月至 2004 年 10 月	−3900	−4600	−4982（−29.0）
2004 年 10 月至 2005 年 10 月	−4103	−3800	−4980（−29.0）
2005 年 10 月至 2006 年 10 月	895	807	676（3.9）
2006 年 10 月至 2007 年 10 月	−4240	−4347	−3996（−23.3）
2007 年 10 月至 2008 年 10 月	−623	−574	−250（−1.5）
2008 年 10 月至 2009 年 10 月	−2612	−2652	−2725（−15.9）
2009 年 10 月至 2010 年 10 月	−3649	−3779	−3856（−22.5）
2010 年 10 月至 2011 年 10 月	−6210	−6255	−6305（−36.7）
2011 年 10 月至 2012 年 10 月	−3394	−3941	−4290（−25.0）
2012 年 10 月至 2013 年 10 月	−5840	−5831	−5853（−34.1）
2013 年 10 月至 2014 年 10 月	−5167	−5385	−5632（−32.8）
2014 年 10 月至 2015 年 10 月	−3054	−3095	−3169（−18.5）
2002 年 10 月至 2015 年 10 月	−44197	−45552	−47758

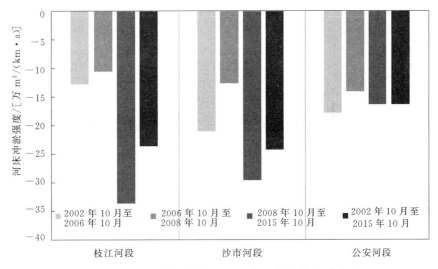

图 5-8　三峡水库蓄水运用后上荆江各河段不同时段
河床冲淤强度变化（平滩河槽）

5.4.1.2　河床冲淤分布

三峡水库蓄水后自 2002—2015 年上荆江冲刷量为 4.78 亿 m³，从宏观上的沿程分布是枝江、沙市、公安三河段分别为 1.84 亿 m³、1.71 亿 m³、1.23 亿 m³，分别占上荆江冲刷量的 38.5%、35.8%、25.7%。2014 年 10 月至 2015 年 10 月冲刷主要集中在沙市河段，冲刷量为 1562 万 m³，枝江河段和公安河段分别冲刷 1072 万 m³ 和 535 万 m³，三段分别占上荆江冲刷量的 49%、34% 和 17%。

根据 2015 年对枝城至沙市段输沙试验观测，2015 年 7—9 月枝城至沙市段河床冲刷量为 1654 万 m³，占该年（2014 年 10 月至 2015 年 10 月）该段冲刷量 2478 万 m³ 的 66.7%，由此可见汛期内"清水"下泄对河床冲刷的作用更为强烈。

在上荆江平滩河槽中，枯水河槽的冲刷占主要地位，自 2002 年 10 月至 2015 年 10 月，枯水河槽冲刷量为 4.42 亿 m³，占平滩河槽冲刷量 92.5%，而枯水位以上的冲刷量为 3561 万 m³，仅占 7.5%。就是说，在两岸大部分已实施护岸工程的情况下，枯水位以上的洲滩总体冲刷量是不大的。当然，这并不意味着洲滩没有冲刷变形，而实际上从时程来看（表 5-25），诚然在大多数年份，上荆江枯水河槽总体冲刷量占平滩河槽冲刷量为 90% 以上，但在 13 年中有 3 年占比为 80% 左右，有 2 年枯水位以上河床明显淤积，还有 1 年枯水河槽淤积而枯水位以上河床为冲刷。因此，表中统计的数值表明了上荆江平滩河槽宏观的变化情况，在三峡水库蓄水后枯水河槽总体上处于冲刷强烈的状态，而枯水位以上的洲滩在不同时段和不同部位可能处于冲淤幅度和强度很小的状态，也可能处于时空下冲淤幅度较大的交替变化和交错分布的状态。所以，在河床演变分析中，不能简单地见平滩河槽下都是负值（表示冲刷）就一"字"以蔽之，都是"冲"的概念，还应多分析洲滩的冲淤情况和枯水河槽内可能产生的淤积。

5.4.2　上荆江河床形态变化

5.4.2.1　岸线与河宽

从岸线年际间整体变化来看，在单一河道内基本保持稳定，变化主要在分汊河段的洲滩附近。在三峡水库蓄水前 1980—2002 年，两岸岸线基本稳定，冲淤变化表现在以下部位：关洲左汊岸滩和洲滩有小幅冲淤；董市洲、柳条洲等洲滩受冲变小；火箭洲洲尾先淤后冲；腊林洲上段持续后退；太平口心滩持续冲刷下移；三八滩冲刷下移，98 洪水后洲滩都切割；金城洲附近时而与岸边相连，时而为心滩；突起洲上段雷家洲边滩冲淤频繁；突起洲右缘淤积，南五洲左缘有小幅冲淤等。以上都对河岸、滩岸及河宽产生一定影响。

三峡水库蓄水后，上荆江两岸岸线基本保持稳定，部分岸段岸线年际间的平面变化幅度较小。洲滩以冲刷萎缩为主，重点集中在滩体的头部及凸岸侧的边缘处。如关洲左缘边滩、马羊洲右缘边滩、太平口心滩、三八滩、金城洲左缘边滩、突起洲头及左右缘、青安二圣洲边滩、南五洲边滩等。变化最大的部位是太平口心滩至三八滩汊道段，不仅洲滩冲刷强烈，而且主支汊易位，导致河势不稳定。

三峡水库蓄水后的上荆江平均河宽比蓄水前相比略有增大，体现出上荆江两岸岸线与河宽总体上变化不大。表 5-26 为三峡水库蓄水前后枝江、沙市、公安三河段平均河宽的变化。

表 5 - 26　　　　　　　　　　　　三峡水库蓄水前后上荆江河床形态变化

河段	枝江		沙市		公安	
	蓄水前 （2002 年）	蓄水后 （2015 年）	蓄水前 （2002 年）	蓄水后 （2015 年）	蓄水前 （2002 年）	蓄水后 （2015 年）
平均河宽 B/m	1486	1491	1488	1498	1286	1300
平均断面积 A/m²	17971	21121	16839	20222	14776	17020
平均水深 H/m	12.09	14.17	11.32	13.50	11.49	13.09
宽深比 $\sqrt{B}/H$	3.19	2.73	3.41	2.87	3.12	2.75

5.4.2.2　深泓变化

1. 深泓线平面摆动

三峡水库蓄水前上荆江深泓平面变化已在 5.3.3.2 节中作了描述，认为上荆江深泓线在半个世纪内总体变化不大，摆动较大处为太平口心滩、三八滩和马家嘴展宽段。三峡水库蓄水后，上荆江深泓线在平面上总体虽没有太大的变化，但主流摆动变化的部位增多，较为明显的几处有：关洲汊道进口主流左摆；芦家河心滩左汊沙泓冲刷，而主流动力有右移之势；三八滩右汊已成主泓且不断左移；突起洲公安河弯出口段深泓线左摆；马家寨附近过渡段主泓摆幅相对较大，郝穴河弯出口主流右移。以上与河势变化均有一定的关联性。

2. 深泓纵深变化

图 5 - 9 为 2002 年 10 月至 2015 年 10 月上荆江枝城至石首河段深泓纵剖面冲淤变化图，表 5 - 27 为荆江各典型河段深泓纵剖面冲深幅度统计情况。可以看出，三峡水库蓄水后，上荆江深泓发生了强烈的冲刷，平均冲刷深度为 2.41m。其中，枝江、沙市、公安河段深泓平均冲深分别为 2.85m、3.38m 和 1.33m；三段最大冲深分别为 11.2m、13.2m 和 7.5m。以上三段年平均冲深分别为 0.22m、0.26m 和 0.10m。2014 年 10 月至 2015 年 10 月上荆江河床总体冲刷量虽相对较小，但深泓冲深却较大，三段平均冲深分别为

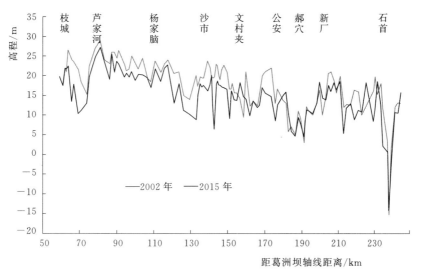

图 5 - 9　三峡水库蓄水运用后荆江河段深泓纵剖面冲淤变化

0.44m、0.43m 和 0.33m，显著大于三峡水库蓄水后的平均值。可以认为，上荆江河床近期还将较强地持续冲深。

表 5-27　　　　　　三峡水库蓄水运用后荆江河段河床纵剖面冲淤变化

河段名称	时　段	深泓冲刷深度/m	
		平均值	冲刷坑（冲刷深度，断面）
枝江	2014 年 10 月至 2015 年 10 月	−0.44	董市州附近（−3.8，荆 13）
	2002 年 10 月至 2015 年 10 月	−2.85	关洲汊道（−11.2，关 09）
沙市	2014 年 10 月至 2015 年 10 月	−0.43	三八滩滩头（−7.5，荆 35）
	2002 年 10 月至 2015 年 10 月	−3.38	三八滩滩头（−13.2，荆 35）
公安	2014 年 10 月至 2015 年 10 月	0.33	铁牛矶（−3.5，荆 66）
	2002 年 10 月至 2015 年 10 月	−1.33	新厂水位站（−7.5，公 2）
石首	2014 年 10 月至 2015 年 10 月	0.10	调弦口（−6.5，荆 123）
	2002 年 10 月至 2015 年 10 月	−2.9	调弦口（−14.4，荆 120）
监利	2014 年 10 月至 2015 年 10 月	0.29	乌龟洲（−6.4，荆 145）
	2002 年 10 月至 2015 年 10 月	−0.73	乌龟洲（−9.3，荆 144）

5.4.2.3　断面形态与宽深比

1. 断面冲淤部位

取以下代表性断面进行分析（图 5-10）。

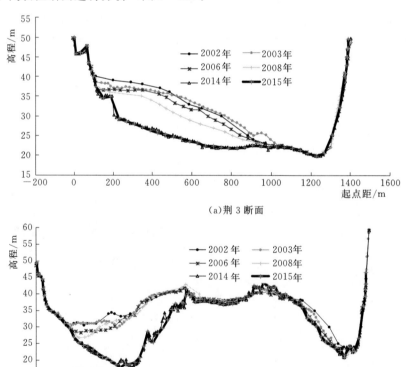

(a)荆 3 断面

(b)荆 6

图 5-10（一）　三峡水库蓄水后上荆江典型断面变化

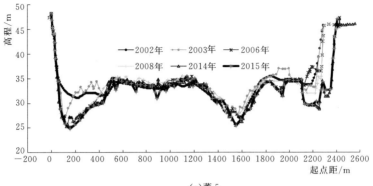

(c)董 5

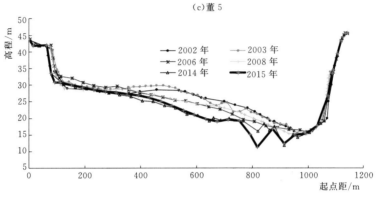

(d)荆 27

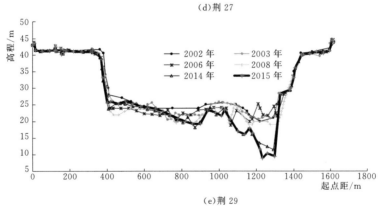

(e)荆 29

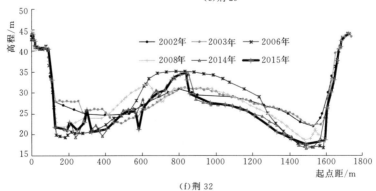

(f)荆 32

图 5-10（二） 三峡水库蓄水后上荆江典型断面变化

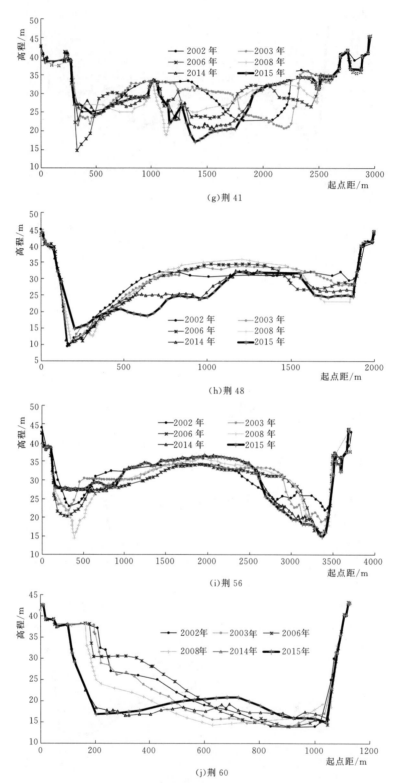

(g)荆 41

(h)荆 48

(i)荆 56

(j)荆 60

图 5-10（三）　三峡水库蓄水后上荆江典型断面变化

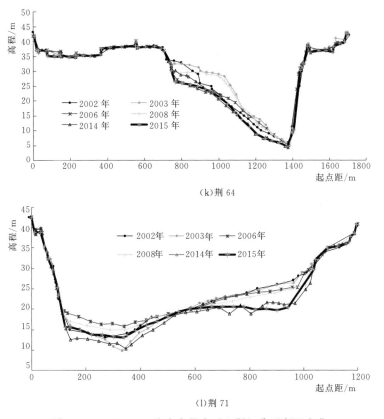

(k)荆 64

(l)荆 71

图 5-10（四）　三峡水库蓄水后上荆江典型断面变化

（1）关洲汊道：荆 3 断面处于关洲汊道进口。蓄水前 2002 年荆 3 为偏 V 形，蓄水后左侧边滩发生持续冲刷，至 2015 年，断面形态接近偏 U 形，其冲刷与进口水流动力向左偏移直接相关。荆 6 断面位于关洲中下部。可以看出，三峡水库蓄水后原为主泓的右汊洲滩发生冲刷，但幅度不大，而原为相对宽浅的左汊产生大幅度冲刷，有成为主泓之势。

（2）枝江弯段：董 5 断面位于芦家河心滩。左侧沙泓在蓄水后冲刷明显，但 2015 年又显著淤积；而右侧石泓冲深幅度不大，但冲刷范围较宽，右岸上百里洲崩岸较大，河槽明显拓宽。荆 18 断面位于柳条洲。蓄水后左、右二汊均有一定幅度的冲深，左汊处于冲深发展态势，右汊柳条洲滩冲刷后退，河槽小幅展宽。

（3）马羊洲汊道：荆 27 断面位于马羊洲汊道段。右汊蓄水前为中部略有隆起的 V 形断面，在蓄水后 2002—2015 年，河槽中间心滩冲刷使断面形态变为偏 V 形，显然这与水流动力右移有关。马羊洲左汊为支汊，三峡水库蓄水后进口与汊内河床有所冲刷。荆 29 断面位于马羊洲汇流后陈家湾附近。蓄水前断面为有潜心滩的 W 形，蓄水后至 2015 年，潜心滩及其两侧深槽均冲深，而且右侧大幅度冲深，这将对太平口心滩稳定产生大的影响。

（4）太平口心滩段：荆 32 断面位于太平口心滩中下段。蓄水前断面为 W 形，蓄水后心滩和左右两槽冲淤变化均较大。心滩 2002—2006 年大幅淤积，心滩左侧大幅冲深；之后至 2015 年心滩大幅冲刷，30m 以上滩体被冲刷得所剩无几；左槽总体冲深展宽，而右槽冲深拓宽更大，这一变化将直接对三八滩演变产生大的影响。

（5）三八滩分汊段：荆 41 断面位于三八滩中下部。经 98 洪水冲刷后，断面形态变化极为复杂。三峡水库蓄水后至 2015 年，左汊河槽有冲有淤，冲刷向三八滩一侧发展，河宽增大；右汊 2003 年以后大幅向左侧三八滩体冲刷发展，右侧成为大边滩形态；三八滩由于两侧均大幅冲刷，至 2015 年 30m 滩体所剩无几，形成右主左支的格局。

（6）金城洲分汊段：荆 48 断面位于金城洲中部。金城洲处于河弯右侧边滩部位，蓄水后至 2006 年，其左汊槽部冲淤变化不大，中部洲滩淤高；右汊至 2008 年呈冲深态势，金城洲滩面有所淤高。至 2014—2015 年，金城洲滩面发生持续严重冲刷，滩面大幅降低，左汊朝右侧滩体大幅拓宽发展；相应地原左、右二槽河床均有所淤高。这应与上游河势变化有关。

（7）突起洲汊道：荆 56 断面位于突起洲上段，为典型 W 形断面。蓄水前，两汊和洲滩冲淤变化很大，蓄水后左汊 2008 年前冲刷，之后淤积；右汊总体为冲深，2008 年前河槽变窄，后拓宽，与 2002 年相比面积大幅增加；洲滩总体淤高。荆 60 断面位于突起洲两汊汇流后单一河弯的上段。蓄水前断面为偏 V 形。蓄水后至 2015 年左侧边滩大幅冲刷，左岸大幅后退，原右汊深槽部位淤高，断面形态变为 W 型，主槽易位于潜心滩的左侧，表明河势发生了较大变化。

（8）郝穴河弯：荆 64 断面位于公安河弯出口，也是郝穴河弯进口，郝穴河弯的河势与该断面冲淤变化具有关联性。三峡水库蓄水前，主流经公安河弯过杨家厂后向冲和观—祁家渊过渡，然后流经郝穴河弯凹岸。这一河势在较长时段内均较稳定。三峡水库蓄水后，该断面左侧边滩总体上冲刷，2015 年与 2003 年相比，边滩上部冲深约 6~8m，说明水流动力左移。由于公安河弯边滩束流作用减弱，使祁家渊以下水流顶冲下移并具有趋直之势。荆 71 断面位于郝穴河弯出口段，蓄水前为偏 V 形，蓄水后直至 2015 年，右侧边滩发生大幅单向冲刷，左侧深槽河床冲淤交替，断面形态逐渐向 U 形转化，这也意味着郝穴河弯河势发生变化。

综上所述，三峡水库蓄水后，上荆江河床在总体冲刷的前提下，断面上的冲淤部位是不同的，从而派生断面形态的变化。总的来看，在单一段的边滩和一些江心洲的洲缘边滩产生显著的冲刷，而且年际间多为单向持续地冲刷，这是上荆江断面冲淤变形的一个特点，如关洲汊道进口段边滩（荆 3）、关洲左汊内洲缘边滩（荆 6）、突起洲汇流后弯段边滩（荆 60）和郝穴河弯出口段边滩（荆 72）等的冲刷使断面形态由偏 V 形向 U 形转化，表达了局部河势已经有了一定的变化或有变化的态势；还有的汊道进口段和汇流单一顺直段，蓄水前河槽中部有隆起的 W 形断面（荆 27、荆 29），蓄水后冲刷成为接近 V 形断面，这是单一段断面形态转化的另一种形式。三峡水库蓄水后，汊道内的冲淤变化较为简单的是突起洲汊道，其洲滩滩面总体淤高，2006 年前左汊（支汊）冲而右汊淤，2006 年之后左汊淤右汊冲（荆 56），总体趋于稳定，这与近期航道整治控制左汊发展有关。江心洲滩与左、右汊都有较大冲淤变化的情况较为复杂：芦家河心滩表现为蓄水后除滩、槽都有冲淤变化外，还有河岸的崩坍，河槽的展宽（董 5）；金城洲汊道除两汊有冲淤变化外，江心洲滩面也有冲淤变化，而总体是滩面冲刷大幅降低，突出表现了洲滩与两汊的不稳定（荆 48）；太平口心滩和三八滩，江心洲滩和左、右汊冲淤都很大，特别是江心洲滩的高滩部位被冲刷得所剩无几，表现出河势很不稳定（荆 32、荆 41）。可以看出，在三峡水库蓄水后，上荆江洲滩与汊道都发生了较大的变化。根据以上断面分析总体来看，三峡水库蓄水后枝江河段和公安河段的河势都有一定的变化，沙市河段自陈家湾至观音寺河势变化较大，特别是太平口心滩和三八滩洲滩变化太大，将给整治带来很大的难度。

2. 断面积和水深

三峡水库蓄水前，在自然演变和裁弯等整治工程作用下，上荆江各级流量下各段过水断面积均呈增大的特征；三峡水库蓄水后，各级流量下各段的过水断面积仍继续保持增大的趋势，且 2008 年之后的增加幅度相较于 2008 年之前偏大。表 5 - 26 示出三峡水库蓄水后 2002—2015 年上荆江枝江、沙市、公安三河段平均断面积的变化，其面积分别增大了17.5％、20.0％和 15.2％。显然，"清水"下泄产生冲刷使上荆江平均断面积的增加与其他方面的冲刷变形相类似，同样是沙市河段最大，枝江河段次之，公安河段再次之。

从以上分析还可看出，上荆江在三峡水库蓄水后，河宽变化不大，而断面积显著增加，平均水深增加也是显著的。表 5 - 26 示出在三峡水库蓄水后上荆江河道平均水深的变化，以上三河段水深分别增加 2.08m、2.18m 和 1.60m，自 2002—2015 年分别增大17.2％、19.3％和 13.9％。

3. 宽深比

由于三峡水库蓄水前上荆江河道断面在自然条件下具有平均水位至平滩水位之间的面积在总过水断面积中占比最大特性，但随着自然演变的发展和裁弯等整治工程的实施，枯水河槽面积占比不断增大，至 20 世纪 90 年代，枯水河槽的占比就已经赶上并超越平均水位至平滩水位之间面积的占比，平均宽深比相应减小，河道总体河势的相对稳定性有所增大。三峡水库蓄水后，随着"清水"下泄产生的冲刷，特别是枯水河槽的强烈冲刷，枯水河槽面积占比增大更快，其宽深比明显减小，自 2002—2015 年，上荆江枝江、沙市、公安三河段 $\sqrt{B/H}$ 值分别由 3.19、3.41 和 3.12 减小至 2.73、2.87 和 2.75，减小的幅度也是沙市河段最大，枝江河段次之，公安河段相对较小。一般情况下宽深比的减小表征河道稳定性的增强，这里是不是仍然可以认为，随着宽深比的减小，河床的稳定性会有所提高呢？不然。$\sqrt{B/H}$ 的减小只反映三峡水库蓄水后上荆江在"清水"下泄产生冲刷下河道形态的宏观调整，而实际上在形态调整过程中河床内相应地貌的冲淤变形幅度和强度都是很大的。断面为偏 V 形的弯曲段，不是深槽部位更大的冲深，而是边滩的持续冲刷，断面形态向 U 形发展；顺直单一段断面为 W 形的不是冲刷为 U 形，而是成为强烈冲深的W 形或转化为接近 V 形；分汊段洲滩和汊道变化更大，有的支汊发展，甚至有主、支易位态势，有的支汊冲刷河宽增大，有的洲滩高程冲刷降低，有的江心洲被冲刷得面目全非。因此，三峡水库"清水"下泄后的上荆江绝不可以 $\sqrt{B/H}$ 的减小就认为上荆江河床稳定性会有所增强，而是处于一种很不稳定的剧烈调整过程。

5.4.3 "清水"下泄对水位和比降的影响

5.4.3.1 枯水位变化特征

在 5.2.2 节中分析表明，上荆江枝城、沙市、新厂等 3 个水文站在三峡水库蓄水初期随着"清水"下泄、河床冲刷，同流量下水位均降低，特别是小于 10000m³/s 流量下的河槽水位降低十分显著。本节主要就枝城站和沙市站的枯水位变化特征作进一步的分析。

1. 枝城站

2003年三峡水库蓄水运行以来，随着宜都及枝江河段河床的持续冲刷，枝城站枯水位有所下降（图5-11、表5-28）。由表可知，2003—2015年，当流量为7000m³/s时，枝城站水位累积降低0.59m，当流量为10000m³/s时，水位累积降低0.85m，表明水位下降随流量增大而变大。下降主要发生在2005—2007年、2008—2009年和2010—2012年等时段，2013年后水位下降有趋缓之势。

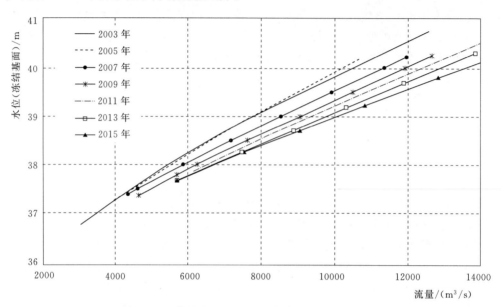

图5-11　枝城站2003—2015年低水水位流量关系

表5-28　　　　　　　　三峡水库蓄水运用以来枝城站同流量水位变化　　　　　　　　单位：m

流量级 /(m³/s)	2003—2004年	2003—2005年	2003—2006年	2003—2007年	2003—2008年	2003—2009年	2003—2010年	2003—2011年	2003—2012年	2003—2013年	2003—2014年	2003—2015年
5000	0.01	0.00	−0.10	−0.13	−0.13	−0.27	−0.29					
7000	0.00	−0.02	−0.18	−0.25	−0.25	−0.41	−0.41	−0.49	−0.54	−0.58	−0.59	−0.59
10000	0.10	0.09	−0.19	−0.30	−0.33	−0.50	−0.50	−0.62	−0.72	−0.75	−0.85	−0.85

2. 沙市站

沙市站水位—流量关系受到洪水涨落影响，中高水位级水位—流量关系曲线为绳套曲线，低水位以下基本可单一定线。根据沙市站2003—2015年枯水期水位流量关系（图5-12）。当流量为6000m³/s时，水位下降约1.43m。随着流量增大，差值逐渐减小，当流量分别为7000m³/s、10000m³/s和14000m³/s时，水位分别下降1.32m、1.13m和0.89m左右（表5-29）。还可看出，沙市水位降低主要发生在2008—2009年、2010—2011年和2014—2015年。2013年后枯水位仍保持较快的下降速率。

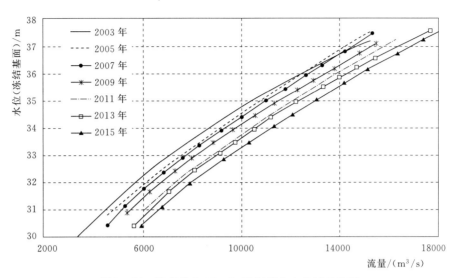

图 5-12　沙市站 2003—2015 年低水水位流量关系

表 5-29　　　　　　　　三峡水库蓄水运用以来沙市站同流量水位变化　　　　　　　单位：m

流量级/(m³/s)	2003—2004 年	2003—2005 年	2003—2006 年	2003—2007 年	2003—2008 年	2003—2009 年	2003—2010 年	2003—2011 年	2003—2012 年	2003—2013 年	2003—2014 年	2003—2015 年
6000	−0.31	−0.31	−0.44	−0.48	−0.43	−0.76	−1.01	−1.28	−1.30	−1.50	−1.60	−1.74
7000	−0.32	−0.31	−0.40	−0.44	−0.36	−0.73	−0.82	−1.15	−1.20	−1.34	−1.43	−1.64
10000	−0.34	−0.23	−0.30	−0.38	−0.28	−0.66	−0.69	−0.99	−1.09	−1.11	−1.28	−1.47
14000	−0.25	0.16	0.04	0.02	−0.23	−0.38	−0.42	−0.65	−0.75	−0.84	−0.95	−1.14

两站比较，同流量沙市站水位下降显著大于枝城站，枝城站枯水位下降随流量增加而变大，沙市站枯水位下降则随流量增加而变小。2013 年之后枝城站枯水位下降趋缓，而沙市站仍然保持较快的下降速率。

5.4.3.2　比降变化分析

从深泓线纵深变化来看，自 2002—2015 年，枝江、沙市、公安三河段深泓平均冲深 2.85m、3.38m、1.33m，三河段河床平均高程分别下降了 2.08m、2.18m、1.60m，说明上荆江河底纵坡降上段有变陡之势，而下段有变缓之势。

根据三峡水库蓄水后上荆江水位流量关系的变化，在流量为 7000m³/s 和 10000m³/s 时，自 2003 年至 2015 年，枝城站水位下降分别为 0.59m 和 0.85m，沙市站水位下降分别为 1.64m 和 1.47m，可见，其平均比降均变陡，而流量愈小比降变陡愈大；从表 5-16 看，2002—2007 年沙市站与新厂站的比较来看，流量为 5000m³/s 和 10000m³/s 时，沙市站水位下降分别为 0.70m 和 0.34m，而新厂站为 0.57m 和 0.30m，都是前者下降值大于后者，而且在 3 个同样的时间段（2002—2003 年、2003—2005 年和 2005—2007 年）内也是前者下降值大于后者，表明其平均比降的变缓。从以上两个方面的分析，表明了枯水位下降的变化与河床冲刷强弱相应，上段比降变陡可能与河床抗冲性较强、河床阻力较大有关，中下段比降变缓反映了"清水"下泄河床冲刷使比降调平的特性。

5.4.3.3 水位下降的溯源效应

以上分析表明，沙市站直至 2015 年流量在 14000m³/s 以下的水位仍以较大速率的趋势持续下降，如果说枝城枯水位下降趋缓的话，则枝城至沙市的比降仍将继续增大；如果这种比降的增大主要发生在局部比降增大的叠加，那么该局部河段的整治就显得十分重要。随着冲刷不断向下游发展，预计比降的调平还要不断地使沙市站水位降低，目前可以肯定的是，在沙市河段不仅枯水位要持续下降，接踵而来是中水位、平滩水位也将下降。这将对沙市站以上产生进一步的溯源效应，带来比降还要继续增大的影响。对下游而言，由于断面的冲刷扩大，同流量下泄流能力增强，对下游水位在一定时段内可能会有一定程度的抬高，最初是枯水位，然后是中水位，但随着冲刷向下游发展，水位又会降低，理论上讲直至长距离冲刷的末端。

5.4.3.4 三口淤积与断流时间的变化

多年以来，三口洪道以及三口口门段的逐渐淤积萎缩造成了三口通流水位抬高，松滋口东支沙道观、太平口弥陀寺、藕池（管）、藕池（康）四站连续多年出现断流，且年断流天数增加。三峡水库蓄水运用后，随着干流河道水位的下降、三口分流比的减小和口门段的淤积，三口断流时间也有所增加。图 5-13 表示上述四站断流天数的历年变化。可以看出，上述四站在三峡水库蓄水前随着三口分流的减小断流天数呈增加趋势；三峡水库蓄水后，除弥陀寺站断流时间增多趋势不明显或者说趋势有所减小之外，其他三站断流天数都有一定的增大趋势；三口断流天数的变化特点与其分流比变化特性一致，即随枝城径流量的减小、分流量和分流比的减小而使断流天数增多。图中也反映了三口分流口门枯水河床处在冲淤变化交替的状态。其中，以松滋河东支增加最多，1981—2002 年的平均年断流天数为 178 天，蓄水后（2003—2010 年）增加到 198 天。

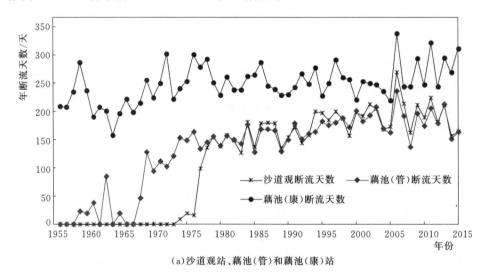

(a)沙道观站、藕池（管）和藕池（康）站

图 5-13（一） 荆江三口各控制站年断流天数历年变化

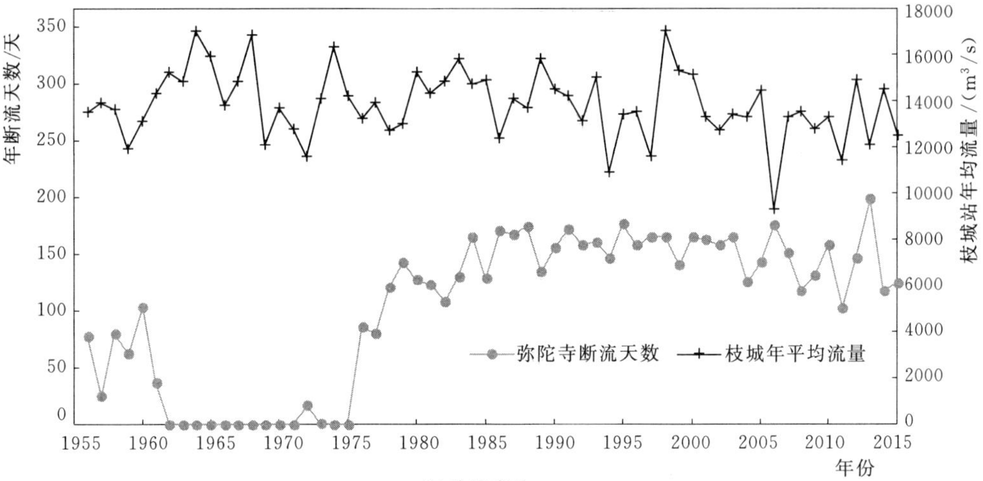

(b)弥陀寺站

图 5-13（二）　荆江三口各控制站年断流天数历年变化

5.4.4　三峡水库蓄水后上荆江各河段的演变特点

在本章第 2 节中已就三峡水库蓄水前后荆江河段的来水来沙条件及其变化特点做了全面分析，在本节以上几部分中又对上荆江在三峡水库蓄水后河床冲淤、河道形态在宏观层面上进行了分析，本节主要阐述上荆江各河段在三峡水库蓄水后主要的变化特点。

5.4.4.1　枝江河段

本河段上起枝城，下止杨家脑，按洋溪河弯段（关洲汊道）、芦家河心滩段（芦家河汊道）、枝江微弯段（董市洲汊道）和江口弯曲段（柳条洲汊道）分别进行阐述（附图 2）。

1. 洋溪河弯段

洋溪河弯段即关洲汊道。三峡水库蓄水前，关洲平面形态变化不大，只洲面有时在高水位漫滩时受到冲刷切割，左、右两汊分流比年内呈周期变化，河势总体格局较为稳定。三峡工程蓄水运用后，关洲左汊年际间出现持续性冲刷，尤其是三峡枢纽正常蓄水运用后（2008 年以后，下同）冲刷幅度更大。2008 年 10 月 28 日至 2011 年 11 月 6 日关洲左汊深泓平均冲深 7.67m，局部最大冲深达 18.2m，冲刷部位主要在中、下段，上段进口为砂卵石河床，冲刷较小。这说明蓄水后汊道河势有一定变化，即其进口水流动力轴线左摆并有趋直态势。

2. 芦家河心滩段

芦家河心滩段由江中卵石碛坝将河道分为左、右两汊，左汊为沙泓，右汊为石泓，三峡水库蓄水前半个多世纪，年内沙、石两泓为交替航道，枯期沙泓常因得不到充分冲刷而碍航。这是该段河床演变最突出的问题。三峡水库蓄水运用初期，芦家河心滩段河床冲刷下切，左汊（沙泓）以冲深为主，航道条件有所改善，而右汊（石泓）冲刷主要表现为横向拓宽发展，冲刷上百里洲岸滩，引起偏洲前缘（林家垴地段）岸线大幅度崩退，河道横向增宽是其新的演变特点，并构成新的不稳定因素。

3. 枝江微弯段

枝江微弯段董市洲右汊为主汊，左汊为支汊，三峡水库蓄水前洲体有冲刷变小态势。三峡水库蓄水运用初期，董市洲左、右汊均冲刷，其中，右汊冲刷幅度大于左汊；董市洲上段右缘冲刷后退。三峡水库正常蓄水运用后，河床平均冲深1.08m，局部最大冲深5.0m，冲刷较大部位在汊道进口的尹家河近岸河床，影响该段岸坡的稳定。

4. 江口弯曲段

江口弯曲段为柳条洲、江口洲分汊段，右汊为主汊，左汊为支汊。三峡水库蓄水前，两洲体受冲而缩小，但主、支汊格局尚属稳定。三峡水库蓄水运用初期，柳条洲洲头和右缘冲刷崩退；江口洲右缘逐年崩退，洲体大幅缩小，主流在江口洲段呈现复凹坐弯态势。随着江口洲的大幅崩塌，左岸龙潭寺至大埠街段迎流顶冲点上提，龙潭寺段近岸河床发生较强冲刷，岸坡变陡。该段下游近岸河床有所淤积。三峡枢纽工程正常蓄水运用后，该段近岸河床进一步冲刷。2013—2014年张家桃园、吴家渡、七星台一带实施了护岸工程，控制了主流线的平面摆动。

5.4.4.2　沙市河段

本河段上起杨家脑，下止观音寺，按浣市河弯段、太平口心滩段、三八滩分汊段和金城洲分汊段分别进行阐述（附图3）。

1. 浣市河弯段

三峡水库蓄水前近50年来，该段马羊洲洲体变化较小，主支汊关系较稳定，左汊为支汊，高水期过流，中枯水期断流。三峡枢纽工程正常蓄水运用后，右汊上段水流动力居中，河床中隆起部位被冲刷，进口段似有顶冲下移之势。左汊进口冲刷较明显，汊内呈微冲态势。

2. 太平口心滩段

太平口心滩段为长直过渡段，主、支泓在心滩两侧交替变化，深泓线最大摆幅达600m。2004年，主泓走左槽，引起学堂洲近岸河床冲刷、河岸崩塌。2006年后，主流又回到右槽。太平口心滩随长直过渡段主流线左右摆动而冲淤消长，具有交替发展的演变特点。三峡枢纽工程蓄水运用以来，左岸学堂洲岸段实施了新护岸和护岸加固工程，限制了主流向左岸摆动；右岸的腊林洲上段受右槽的冲刷而发生崩塌现象。2013年以来，又对腊林洲岸段进行了护岸，使该段岸线基本稳定。太平口心滩与左、右槽冲淤变化很大，主流的摆动直接影响三八滩河势变化和滩槽的稳定。

3. 三八滩分汊段

三八滩分汊段在20世纪近半个世纪都处于洲滩冲淤和两汊交替冲淤的变化状态，但1998年以前该汊道一直保持具有江心洲的双汊格局。1998年以后三八滩洲体受强烈冲刷，滩面高程普遍大幅降低，洲滩切割和左、右汊形态已变得面目全非了。三峡水库蓄水后的2002—2015年，三八滩中下段30m以上的滩体已被冲刷所剩无几；左汊仍在冲淤调整，右汊宽阔，河床地貌十分复杂，目前仍处于剧烈的调整变化中。

4. 金城洲分汊段

自1998年以来，金城洲分汊段主、支汊格局相对稳定，左汊为主汊，右汊为支汊，实为倒套。三峡水库蓄水后，2002—2010 年，左汊相对稳定，右汊冲深，金城洲滩面高程降低；自 2010—2014 年，洲面高程大幅冲刷降低，左、右槽均淤高；至 2015 年，金城洲左侧滩体继续出现大幅度的冲刷。

5.4.4.3　公安河段

本河段上起观音寺，下迄藕池口，按公安河弯段和郝穴河弯段分别阐述（附图 4）。

1. 公安河弯段

三峡水库蓄水前该段河床演变特点是，受突起洲上游长顺直展宽过渡段主流摆动影响，马家嘴边滩、突起洲头、文村夹边滩呈此冲彼淤的变化规律。突起洲的左汊在早前呈衰萎之势，但在 20 世纪 90 年代直至 2004 年呈发展之势。2004 年后，在突起洲头和突起洲左汊实施了护滩带和枯水潜锁坝工程，遏制了左汊的发展，在左岸文村夹实施了护岸工程，相对稳定了突起洲汊道的河势。但在突起洲尾和汇流后的单一弯段，由于主流偏离右岸，使得突起洲洲体下段和青安二圣洲边滩受到强烈冲刷，岸线崩退，并对下游郝穴河弯产生影响。

2. 郝穴河弯段

郝穴河弯在三峡水库蓄水前较长时段内，主流经杨家厂自右向左祁家渊—冲和观一带过渡，然后经左岸险工地段较稳定进入郝穴镇以下的展宽段。三峡水库蓄水后，在"清水"下泄河床产生冲刷的同时，又受上游河势的影响，杨家厂凸岸导流作用减弱，马家寨边滩受冲，自右向左过渡的主流在祁家渊以下有趋直态势，致使南五洲滩岸发生冲刷。直至河弯出口附近，右侧边滩仍受到冲刷，说明主流动力右移，也对下游宽段河床冲淤变化产生更为复杂的影响。

5.5　三峡水库蓄水后上荆江河床演变的新特点[7、8]

本章概括了三峡水库蓄水前上荆江河床演变的特性，指出上荆江河势总体处于基本稳定，表现在河道岸线和深泓线基本稳定、洲滩形态和汊道分流比相对稳定；由于河床具有一定的冲深；宽深比有所减小，认为河床稳定性有所增强。在此基础上，重点分析了三峡水库蓄水后上荆江河床演变的新特点。

（1）河床产生了强烈的冲刷。上荆江在三峡水库蓄水后的冲刷幅度和强度远大于蓄水前的河床变形；冲刷分布以沙市河段冲刷量最大，枝江河段次之，公安河段再次之；在平滩河槽内冲刷部位主要在枯水河槽。

（2）河床形态变化大。蓄水后河床冲刷对弯道单一段的影响主要是边滩大幅冲刷；对分汊段影响一般来说是使洲体面积缩小、洲滩高程降低，进口分汊段和出口汇流段主流摆动；河道冲刷厚度最大部位表明纵向沿程有趋直态势；平均断面积和平均水深显著增大，平均宽深比明显变小；河床平均高程和深泓纵剖面显著降低，并使河道坡降具有上段变陡下段变缓之势。

（3）河势发生较大调整，河床愈发呈现不稳定性。三峡水库蓄水后，上荆江河势以沙市河段的变化最大，其中又以太平口心滩段至三八滩汊道段为著；枝江河段关洲汊道左汊发展，有主、支易位态势，芦家河心滩右汊（石泓）向右岸上百里洲滩岸冲刷拓宽；公安河段末端弯道、自杨家厂至祁家渊过渡段、直至郝穴河弯，主流冲刷都有偏离凹岸之势。三峡水库蓄水前，系统裁弯的溯源冲刷使河道宽深比 $\sqrt{B}/H$ 减小，河床的稳定性有所增强；但蓄水后上荆江河道 $\sqrt{B}/H$ 虽然也明显减小，但在冲刷的同时河床内洲滩产生急剧的冲淤变化，河床呈现高度的不稳定性。

总体而言，上荆江在三峡水库蓄水后，虽然两岸因其地质条件和历年防护较稳定，但滩槽关系和洲滩变化的部位较多，河势变化较大并处于强烈的调整过程中，今后仍将随"清水"下泄持续的冲刷作用继续调整。蓄水后河道宽深比的减小，并不意味着河床稳定性有所增强，相反，在河床受到强烈冲刷下，平滩河槽内各种地貌正在发生剧烈的变化。可以认为，今后在"清水"下泄持续的条件下，只有在通过不断调整建立新的平衡形态之后，河床才能达到相对的稳定性。

最后，裁弯和"清水"下泄对上荆江河床演变的深刻影响需强调以下几点：

（1）二者对上荆江影响的共同点是都产生了强烈的冲刷，但冲刷的机理本质上是不同的。裁弯是下荆江三处局部侵蚀基准面降低产生的冲刷，而"清水"下泄是来水来沙条件中输沙量和含沙量极度减小产生的冲刷。

（2）冲刷过程的不同。裁弯是自下而上的溯源冲刷效应，而"清水"下泄是自上而下的沿程冲刷。

（3）冲刷幅度和强度的不同。裁弯冲刷的幅度和强度相对较小，到后期逐渐稳定；而"清水"下泄是在裁弯已持续冲刷 30 余年河床上的再冲刷，而且冲刷的幅度和强度比裁弯时期更大，预计今后仍要继续冲刷一段时期并同时向下游发展。

（4）冲刷后河床形态变化的不同。裁弯后对下荆江的影响是河道仍向蜿蜒型发展，但在河势控制工程实施的河段（北碾子湾—熊家洲）平面形态变化不大，上荆江因有护岸工程裁弯后平面形态变化不大，滩槽关系变化也不是很大，河槽冲深使宽深比 $\sqrt{B}/H$ 减小，河床稳定性有所增强；而"清水"下泄中含沙量减小使水深增大主要表现为弯段边滩和洲滩的大幅冲刷，大多 V 形断面转化为 U 形，河床变形有纵向趋直之势，河槽内地貌冲淤变化大，河床形态处于不稳定的调整过程中。

（5）水位下降对比降的影响不同。裁弯冲刷的结果是随水位的降低，比降先增大后减小，最后仍大于裁弯前的比降；而"清水"下泄对上荆江的冲刷其水位降低使上段比降增大，下段比降减小，预计随着冲刷不断向下游发展，水位的降低可能使上段比降进一步有所增大，下段比降继续减小。

以上分析表明，三峡水库蓄水后的"清水"下泄比裁弯具有更大、更深远的影响。作者的这一归纳可供进一步研究参考。

参考文献

［1］　长江水利水电科学研究院河流研究室. 荆江特性研究［C］//中国地理学会编：中国地理学会 1981 年地貌学会学术讨论会论文集. 北京：科学出版社，1981.

［2］　长江水利委员会水文局. 宜昌至枝城河道基本特征（2002 年前）［R］. 2005 年 12 月.

［3］　长江流域规划办公室水文局. 长江中下游河道基本特征［R］. 1983 年 10 月.

［4］唐日长. 荆江大堤护岸工程初步分析研究［R］. 湖北省水利学会第一次年会论文选编，1962 年 12 月.

［5］荆州市长江河道管理局. 荆江堤防志［M］. 北京：中国水利水电出版社，2012.

［6］长江水利委员会水文局. 三峡工程 175 水位坝下游河段河势河型变化及其对重点险工护岸工程的影响［R］. 2015 年 4 月.

［7］余文畴，卢金友. 长江河道演变与治理［M］. 北京：中国水利水电出版社，2005.

［8］长江水利委员会长江科学院，等. 三峡水库运用后荆江河道再造过程及影响研究［R］，2016 年 12 月.

第6章 长江中游下荆江演变规律与 三峡蓄水后变化特征

长江中游下荆江是条"九曲回肠"的蜿蜒型河道。它在自然状态下,平面变形十分剧烈,河床冲淤非常复杂,自然裁弯、切滩、撇弯频发,河势极不稳定;由复凹的大弯、曲率半径很小的急弯以及长顺直微弯过渡段构成蜿蜒曲折的平面形态,使得河道泄洪不畅,并对航运造成极为不利的影响。20世纪60年代末至70年代初对下荆江实施了系统裁弯工程,缩短河长78km,扩大了河道的洪水泄量,改善了航道;之后又实施了河势控制工程,使得下荆江的河势得到初步稳定。三峡工程蓄水以来,受"清水"下泄影响,下荆江河床产生了强烈冲刷。本文在分析总结下荆江自然演变规律的基础上,对裁弯工程后下荆江河床演变特性进行重点分析,并就三峡蓄水以来下荆江出现的新变化和可能发展的趋势提出了初步看法。

6.1 下荆江河道概况

下荆江是长江中游河道演变最为剧烈的河段,经历了从分流分汊型发展为蜿蜒型河道的历史演变过程[1]。魏晋南北朝时期,江心沙洲连绵,两岸穴口众多,属于分流分汊河道,或称网状水系;唐宋至元明时期,荆江穴口减少,形成"九穴十三口"分、汇江流入湖;至明中后期,分流穴口大多淤塞,江心沙洲逐渐消失或靠岸形成河漫滩,汊流相应减少。元明之际,下荆江主干河道的蜿蜒段开始在监利东南江段出现,然后逐渐向上游发育河曲,至明中叶,监利东南江段典型的河曲弯道已发育完成。至明末清初,石首河段河曲开始发育,至清道光年间(1821—1850年),下荆江蜿蜒河型已上溯发展至石首。清后期,自1860年以后,下荆江蜿蜒河型已全线发展,河道愈加蜿蜒曲折,横向位移明显,仅19世纪初以来西部摆幅形成的河曲带达20km,东部则在30km以上。

下荆江在河曲发育过程中,不断发生自然裁弯;20世纪60年代末,相继实施了中洲子和上车湾两处人工裁弯工程,加之1972年发生的沙滩子自然裁弯,实现了下荆江蜿蜒型河道系统裁弯规划。之后,1994年石首河弯又发生了向家洲切滩小裁弯[2](表6-1)。

表6-1 下荆江自然裁弯和人工裁弯发生时间

裁弯地段	裁弯年代	裁弯地段	裁弯年代
东港湖	明末	尺八口(熊家洲)	1909年
老河	明末	碾子湾	1949年
西湖	1821—1850年	中洲子	1967年(人工裁弯)
月亮湖	1886年	上车湾	1969年(人工裁弯)
街河	1886年	沙滩子	1972年
大公湖	1887年	向家洲	1994年(切滩小裁弯)
古丈堤	1887年		

216

人工系统裁弯以后，相继实施了河势控制工程与相关的护岸工程，下荆江已成为限制性的蜿蜒型河道。之所以仍称其为蜿蜒型河道，是因为：①尽管系统裁弯裁去了极其蜿蜒的三个回旋河曲，但仍然还有石首、调关、荆江门、七弓岭、观音洲等河曲段和曲率很大的中洲子、监利、熊家洲等弯段；②尽管裁去了上述三个回旋河曲中的过渡段，河长缩短约 78km，仍然存在北碾子湾、塔市驿、盐船套等长顺直（微弯）过渡段。以上两方面依然构成下荆江蜿蜒型河道的平面形态。由于它已受到河势控制工程的限制，平面变形的特性也受到控制，所以将它称为"限制性的蜿蜒型河道"是非常恰当的。但不宜将其称为限制性的弯曲型河道或限制性的微弯型河道。

6.1.1　河道边界条件

6.1.1.1　地质构造

下荆江在华容隆起构造内发育。石首至监利河段基本顺石首东西向发育，石首至朱河为一条东西向断裂带。其南侧为墨山地垒，乃华容隆起之中心，呈现低山丘陵地形，裸露板溪群变质岩系和燕山期花岗岩体。河道覆盖的第四系厚 80m 左右，以下埋藏第四系初期的山前剥蚀台地，台地北为一北东向断裂。北侧为藕池洼地东延部分，第四系厚达 160m 左右，成为第四纪沉降中心。

监利至城陵矶河段横贯广兴洲地堑，西侧为十家烟铺至良心堡的断裂带，东侧为沙湖至湘阴的大断裂带，呈北北东走向，第四纪厚度超过 140m。

下荆江砾石层顶板高程具有分层性。蛟子渊至古长堤河段在 −14m 左右，成埋藏砾石平台，局部冲深处在 −19m 以下，乃中更新统上部砾石层。藕池附近 −80m 以上没有砾石层，表明荆江砾石输移没有越过藕池洼地到达下荆江河曲带。石首以下河曲带平原在 −30m 以下为下更新统或中更新统下段砾石层，来源于墨山。墨山丘陵周围山前平原 −20m 左右，亦属中更新统下段砾石层顶板，乃砂层中的夹层，厚仅 2～7m。洪水港 −4.4m 和城陵矶对岸荆河脑 −12.6m 代表上更新统坡积砾石层。荆江门至城陵矶河段两岸平原第四系可能没有砾石层。

6.1.1.2　河床边界条件

1. 河岸组成

下荆江河岸为土—砂二元结构，上层为黏性土层，下层为中细沙。老滩土层厚达 25～40m，现代洲滩上层一般厚 3～12m，以粉质黏土和粉质壤土为主，并伴有夹层砂壤土。砂层厚 30m 以上，一般为上部细沙，下部中沙，含粉沙泥质较重。其中下荆江右岸的石首、调关、塔市驿、洪水港、荆江门和城陵矶等地，老黏性土层下伏砾石层和基岩，成为限制河床右摆的局部抗冲边界。

在水流作用下，下荆江二元结构的河岸具有较弱的抗冲性，以致河曲能自由发展；同时其抗冲性又不太弱，以致与对岸边滩的淤长具有相对均衡的速度。在河型成因中，如果河岸抗冲性太弱，岸线后退过快，对岸边滩来不及淤长，河宽变大，水流结构在断面上将出现 2 个以上的流速集中区，江中将产生江心滩，河道进而成为江心洲（滩）汊道河段；假若抗冲性很强，崩岸较弱，对岸边滩相对发育较快，河宽变窄，则河型可能成为弯曲型或成为稳定的河漫滩蜿蜒型，体现不出明显的动态蜿蜒特征。上述河岸适度的可冲性正好维持下荆江平面变形的动态特征，又保持悬移质纵向输沙的相对平衡。在这方面也包含了以往不少学者提出的观点，即下荆江的二元结构边界条件是有利于其蜿蜒型河道形成的因素。

必须指出，下荆江的上述边界条件，毕竟是在塑造蜿蜒河型的过程中，与水流动力条件、泥沙运动条件相互作用的产物，是长期造床作用的结果。下荆江河床边界条件总体上表现出：与上荆江弯曲型河道相比其抗冲性为弱；而与长江中下游分汊河道，特别是下游江心洲十分发育的分汊型河道相比其抗冲性为强的宏观特征。可以认为，下荆江河道抗冲性适度（或可冲性适度）的二元相结构的河床边界条件是其蜿蜒型河道成因的条件，是在造床过程中与水流泥沙运动相辅相成的条件。

2. 河床组成[3]

下荆江均为沙质河床，大部分河岸由疏松沉积物组成，并且常常呈层状。河床主要由细沙（0.10～0.25mm）组成，小于 0.1mm 和大于 0.5mm 的含量很少，且床沙粒径变化不大，变幅也较小。

6.1.2　河道形态

6.1.2.1　平面形态

下荆江在裁弯前共有 15 个弯道组成，为典型的蜿蜒型河道。人工裁弯前，河道平面形态的基本特征是：河道蜿蜒曲折，曲折率为 2.83（1965 年）。下荆江只有监利河弯有乌龟洲将河道分为两汊外，其余均为单一河道，河道平面摆幅较大。裁弯后由 11 个弯道组成，分别为石首、沙滩子、调关、中洲子、监利、凤凸岭、荆江门、熊家洲、七弓岭、观音洲、捉鱼洲等河湾，曲折率为 1.93（1975 年）。裁弯后的几十年来，由于在下荆江实施了大量的河势控制工程与其他护岸工程，已成为限制性的蜿蜒型河道，除监利河段有乌龟洲为汊道段外，下荆江仍均为单一河道。

在人工系统裁弯前的自然状态中，下荆江河弯附近凸岸都存在着十分发育的边滩，如石首河弯的向家洲边滩，石首以下的碾子湾边滩，沙滩子至调关附近的六和甲边滩、下三合垸边滩，季家嘴边滩、杨苗洲边滩；中洲子河弯的莱家铺边滩，监利河弯的青泥湾边滩，上车湾附近的大马洲边滩、荆江门河弯的广兴洲边滩，熊家洲附近的瓦房洲边滩，七弓岭河弯的八仙洲边滩，观音洲河弯的七姓洲边滩等。下荆江边滩的形态系数（长/宽）平均约为 8.08。下荆江河段内最小河宽为 830m，最大河宽约为 3580m，全河段平均河宽顺直段为 1390m，弯曲段为 1300m。从下荆江的河弯形态特点看，河弯的最大弯曲半径是熊家洲的 5770m，最小的是七弓岭仅为 1260m；河弯的中心角均超过 100°，最小的为凤凸岭的 106°，最大的为七弓岭的 190°；河弯的弯长比最小为 1.65（监利），最大为 5.07（上车湾）。河弯的弯曲半径小、中心角大、弯长比大，体现了蜿蜒形态的典型特征。

6.1.2.2　横断面形态

下荆江河段的横断面形态主要与其所在河段的平面形态密切相关。下荆江河道蜿蜒曲折，弯道段横断面多为偏 V 形，随着弯道平面变形和蠕动平移，但断面形状变化不大；顺直过渡段断面近似于 U 形，年内有冲淤变化，但年际平面变形不大；在个别有江心洲的分汊弯段，断面呈 W 形。迄今，表达断面特征的是其宽深比 $\sqrt{B}/H$。表 6-2 列出了上、下荆江自然条件下的 $\sqrt{B}/H$ 统计特征值。

表 6-2　　　　　　　　　　自然条件下上、下荆江宽深比

河段	顺直段			弯道段		
	平滩河宽 B/m	平均水深 H/m	$\sqrt{B}/H$	平滩河宽 B/m	平均水深 H/m	$\sqrt{B}/H$
上荆江	1320	12.9	2.82	1700	11.3	3.65
下荆江	1390	9.86	3.78	1300	11.8	3.06

可见，下荆江的宽深比弯曲段小于顺直段，上荆江则是弯曲段大于顺直段。另一方面，弯曲段的宽深比，下荆江小于上荆江，而顺直段的宽深比，下荆江大于上荆江。这也体现出上荆江为弯曲型河道、下荆江为蜿蜒型河道两种河型在断面形态上的差异。

另外，对自然条件下的下荆江中、枯水河槽断面形态进行统计（表 6-3）。可以看出，各段除个别外均表现出枯水河槽 $\sqrt{B}/H$ 值大于中水河槽，当然更大于平滩河槽。

表 6-3　　　　　　　下荆江中、枯水河槽断面形态特征（1966 年）

河段	枯水河槽			中水河槽		
	断面面积 A/m²	平均河宽 B/m	宽深比 $\sqrt{B}/H$	断面面积 A/m²	平均河宽 B/m	宽深比 $\sqrt{B}/H$
石首—碾子湾	3861	766	5.49	7490	998	4.21
碾子湾—金鱼沟	3347	738	5.98	7141	1050	4.77
金鱼沟—八十丈	4261	553	3.05	7172	821	3.28
八十丈—来家铺	3905	662	4.36	7443	968	4.05
来家铺—姚圻脑	3843	736	5.20	7429	877	3.50
姚圻脑—天字一号	3536	793	6.31	8014	1181	5.06
天字一号—洪水港	4281	685	4.19	8516	984	3.63
洪水港—城陵矶	4305	664	3.98	8563	950	3.38

6.1.2.3　纵剖面形态

下荆江深泓最高点高程为 22.0m，深泓高点沿程是逐渐降低的，高点主要出现在较顺直、宽浅的河段及分汊段中，如寡妇夹、塔市骆至监利河弯、洪水港以下以及熊家洲以下顺直段等。深泓低点主要分布在河弯处，历年深泓最低点高程：石首河弯 -11.40m，调关 -11.0m，中洲子河弯 -7.0m，上车湾 -13.6m，荆江门 -24.0m，观音洲 -10.0m 等。从整个荆江河段的深泓纵剖面变化看，下荆江的起伏大于上荆江，上荆江的深泓趋势沿程变化线较下荆江陡，下荆江的深泓高程平均值明显小于上荆江，滩槽高差愈往下游愈大（图 6-1 为 1966 年荆江纵剖面形态图）。这也体现了上、下荆江在纵剖面形态上的不同。

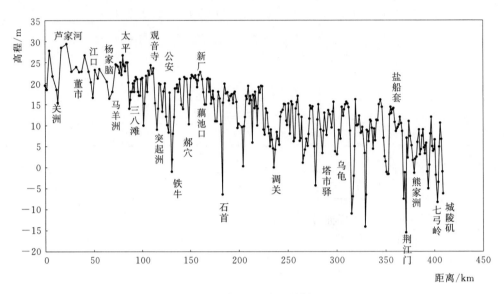

(a)荆江河段深泓纵剖面

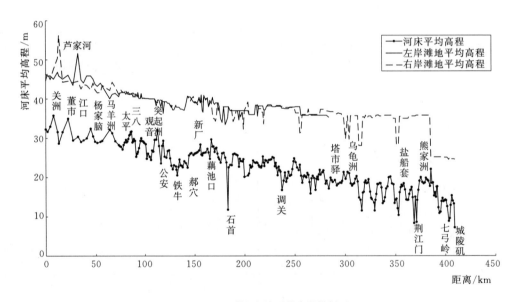

(b)荆江河床平均高程纵剖面

图 6-1　1966 年荆江纵剖面形态

6.1.2.4　河弯形态

下荆江裁弯前的曲折率为 2.83，系统裁弯后曲折率为 1.97；下荆江各弯段在裁弯初期的曲折率均有所减小（表 6-4）。发展到 2002 年，下荆江河弯弯曲半径仍普遍较小，中心角仍较大（表 6-5），仍然呈蜿蜒形态。

表 6-4　　　　　　　　　　　下荆江各河弯段曲折率变化

河弯名称	1965 年	1975 年	河弯名称	1965 年	1975 年
石首	2.52	1.93	监利	1.65	1.62
碾子湾		1.67	大马洲	2.35	
沙滩子	2.39		上车湾	5.07	
调关	4.55	3.20	荆江门	1.84	1.60
中洲子	3.16	1.52	熊家洲	1.81	1.98
来家铺	2.23		七弓岭	3.27	3.19
塔市驿		1.17	观音洲	3.18	3.14

表 6-5　　　　　　　　　　　2002 年下荆江河弯特征值

河弯名称	曲率半径 R/m	中心角 $\varphi/(°)$	弧长/km
石首	1457	109	2.77
沙滩子	1999	100	3.49
调关	929	165	2.68
中洲子	1572	120	3.29
监利	2721	147	6.98
上车湾	1891	90	2.97
洪山头	793	90	1.25
荆江门	994	140	2.43
熊家洲	2079	105	3.81
七弓岭	4368	175	4.37
观音洲	1261	163	3.59
荆河脑	1301	128	2.91

6.1.3　河床地貌

下荆江冲积平原的全新世沉积较上荆江深厚，晚更新世砾石层已深埋于河床高程之下，河床发育于全新世沉积层中，除了南岸少数几处由基岩或阶地砾石层和黏性土层构成的局部不可冲边界之外，河岸均为由下部中细沙层和上部黏性土层组成的二元结构。下部中细沙层较上荆江厚，一般超过 30m，上部黏性土层为粉质黏土或粉质壤土，厚度较上荆江薄，一般只有数米，因此砂层的顶板常出露于枯水位以上。河底部分均由比较均匀的细沙组成。这种河岸与河底物质组成，在一定的水沙条件下，有利于自由河曲的形成与发展。

下荆江右侧为由岩浆岩和变质岩组成的丘陵带，丘陵外缘还有由更新世砾石层和黏土层组成的两级阶地，在石首等河弯的右岸形成不可冲河岸，限制了荆江南移，也阻挡着河弯的蠕动，促进了反向河弯向北摆动，过渡段伸长，河曲带展宽。河曲带的横向摆幅，在西端达 20km，东端达 30km。

下荆江两岸多为河漫滩，弯道凸岸为边滩，形态宽短，河床变形以横向扩展为主。蛟子渊以下的下荆江主要洲滩共有 23 个，其中江心洲、滩 5 个，边滩 18 个。江心洲滩比上荆江少，而边滩却比上荆江多，成为下荆江河床地貌的主要类型。边滩的形态比上荆江宽，宽长比平均约为 1∶8，而上荆江约为 1∶17，这是因为下荆江河床横向摆动大，边滩有横向展宽的余地。洲滩的物质组成一般为中细沙与黏性土的二元结构，有的高程较低的心滩缺失上层黏性土层，全由沙层组成。

6.1.4　河道整治概况

"万里长江，险在荆江"。新中国成立后，党和人民政府十分重视荆江的防洪问题，兴建了荆江分洪工程，加高加固了荆江大堤和两岸其他堤防，并实施了下荆江系统裁弯工程，从而增强了两岸堤防的抗洪能力和河道的稳定性，增大了荆江泄量，取得了 1954 年、1981 年和 1998 年抗洪斗争的胜利。1998 年大洪水后，国家又加大了堤防建设力度，在下荆江实施了荆南长江干堤防渗护岸工程、下荆江河势控制工程、监利长江干堤加固工程和岳阳市长江干堤加固工程，荆江河段的抗洪能力得到进一步增强。

6.1.4.1　堤防与早期护岸工程

荆江两岸堤防的历史就是人民群众防止洪水灾害、保障生命财产安全、发展经济社会的历史。早在战国时期，人们就开始在沿江滨湖地区进行人工围垦。据《江陵县志》记载，当时有"大垸四十八，小垸百余"，各成系统，互不相连。东晋永和年间（约 345年），荆州刺史温令陈遵监造"金堤"。两宋时期（960—1279 年）的熙宁中期（约 1075年）筑沙市堤，为沙市有堤之始；乾道年间（1165 年前后）荆南知府张孝祥为防水护城筑"寸金堤" 20 余里，与沙市堤相连；南宋末（1200 年前后）先后堵塞獐卜穴、郝穴、杨林穴、小岳穴、调弦口、柳子口、赤剥口（今尺八口）等穴口（后除獐卜穴外都相继扒开）。宋朝时期不仅兴建了大量垸堤和若干江堤，对旧有堤防也进行了较大规模的培修，荆江大堤已具雏形。

至明初（1370—1380 年），两岸穴口尽塞，只剩郝穴、虎渡口和调弦口 3 处。明嘉靖二十一年（1542 年）堵塞郝穴，加固新恺堤（今郝穴堤）。至此荆江大堤自堆金台至拖茅埠长 124km 的堤段连成一线，形成了一道完整的大堤。历史上称为"江陵万城堤""荆州万城堤"。1918 年改名为"荆江大堤"。

荆江大堤原长 124km（桩号 678＋000～802＋000），1951 年划进阴厢城堤8.35km（桩号 802＋000～810＋350），1954 年大水后因监利城南以下 50km 之堤段（桩号 628＋000～678＋000）有同等重要性，又划入荆江大堤，全长达 182.4km（桩号 628＋000～810＋400）。

新中国成立后，在中央"确保荆江大堤，江湖两利，蓄泄兼筹，以泄为主，上下荆江统筹考虑"的方针指导下，对荆江大堤的治理做了大量的加固工程。目前，堤顶高程已全线超过设计洪水位 2m，护岸坡度基本在 1∶1.5～1∶2.5 以上，抛石厚度一般达 5～9m，重要险段坡脚外还有护底工程。

下荆江护岸工程由来已久。据史料记载[1]，早在宋初便实施过抛石护岸，"石首宋初江水为患，堤不可御，至谢麟为令，才迭石障之，自是人得安堵。"之后直到清朝，多是荆江大堤各个矶头护岸的记载，下荆江护岸记载甚少。至民国 16 年，监利上车湾被列为护工重点，实施了崩岸段防护和挽筑月堤等工程。上车湾自清代以来，"江流冲刷堤岸，年挽年崩"，部分崩至堤面，于 1927 年修建石矶 3 座、柴矶 1 座、柴埽 2 座以及抛石护脚和挽筑月堤等，1933 年又进行了抢险加固。民国十七年（1928 年），监利城南修建了一、二、三矶头，以块石铺护，消减水流对堤岸冲刷。1945 年汛后城南二矶至一矶间出险，1948 年、1949 年对一矶上、下腮加固，对窑集垸、井家渊实施护岸工程。新中国成立后加大了整治力度，1952 年起对石首河段重点堤段实施了护坡工程，1963—1967 年工程规模逐渐扩大，由点到面进行整治[1]。荆江门至长沟子岸段，新中国成立以来长期遭受水流顶冲，成为一个急弯段，弯曲半径已减小至 1750m，自 1967 年开始实施护岸工程，使崩岸得到抑制[4]。据不完全统计，从 1950—1980 年共完成石方工程量 435.94 万 m³，下荆江护岸总长度达到 54.36km。

6.1.4.2　系统裁弯工程

下荆江河道蜿蜒曲折，长约 240km，为典型的蜿蜒性河段，洪水宣泄不畅，上、下荆江泄量不平衡。河岸抗冲能力极差，年崩岸率一般为数十米至百余米，最大达 600 余 m。河道横向摆幅大，河曲带宽达 20～30km。弯道凹岸崩坍，凸岸淤积，弯曲半径变小，在一定的水流和河床边界条件下，则发生自然裁弯。下荆江历史上自然裁弯发生频繁，近百年来即发生了古长堤（1887 年）、尺八口（1909 年）、碾子湾（1949 年）等处的自然裁弯。这些自然裁弯的发生，给河道河势变化带来严重影响。

为了扩大泄量，减轻荆江河段的防洪压力，原长江流域规划办公室（简称长办，即现长江水利委员会，简称长江委）经过详细的规划、研究和设计，于 1960 年提出了下荆江系统裁弯规划，选定由沙滩子、中洲子和上车湾三处主要裁弯工程组成的南线系统裁弯方案（见图 6-2），并于 1966 年和 1969 年分别实施了中洲子和上车湾两处人工裁弯，沙滩子裁弯工程由于种种原因而未能按计划实施，于 1972 年 7 月发生自然裁弯。三处裁弯共缩短下荆江河道长度 78km，取得了显著的防洪、航运等方面的效益。同时，裁弯工程也使上、下荆江经历了较长时间的河床调整过程。

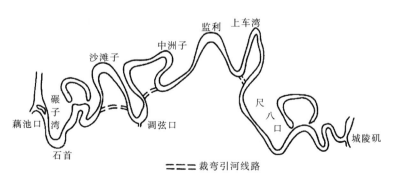

图 6-2　下荆江裁弯工程布置示意图

6.1.4.3　下荆江河势控制工程

20 世纪 60 年代后期至 70 年代初期先后在下荆江实施中洲子、上车湾人工裁弯和发生沙滩子自然裁弯，当时仅对引河凹岸等局部岸段进行护岸，裁弯段上下游河段的河势因受裁弯影响发生剧烈变化，江岸冲淤位置改变，崩岸增多，已经缩短的河曲又有所增长，影响到裁弯效益的持续发挥。

为巩固裁弯成果，长办于 20 世纪 70 年代开始进行下荆江河势控制规划工作，指导思想为：控制有利河势，全面规划，统筹安排，按照"先急后缓，保证重点，集中力量，分段建成，全面照顾"的原则，进行工程的规划、设计与施工。工程规划的要求是：有足够的断面可以畅泄洪水，河宽不小于 1300～1500m；应整治为有利于防洪和航运的微弯河道，航槽最小宽度 80m，弯曲半径大于 1500m。长办于 1983 年提出《下荆江河势控制规划报告》，1984 年水利电力部批复：近期先实施沙滩子自然裁弯段、中洲子人工裁弯段、上车湾人工裁弯段和盐船套至荆江门段的河势控制工程，其余首、尾两个河段的裁弯方案尚待进一步研究。通过 1983 年以来工程的陆续实施，为适应河势的新变化，长江委于 1991 年编制了《下荆江河势控制工程初步设计》。关于下荆江尾段孙良洲至楼西湾河段的裁弯规划，长办于 1986 年提出了补充报告；1986 年水利电力部批示工程方案尚需继续研究，同意近期对熊家洲、七弓岭、观音洲三个河弯进行守护；关于石首人工裁弯段的河势控制，由于 1994 年向家洲发生了切滩变化，长江委于 1996 年编制了石首河段可行性研究报告，重新提出了该河段的整治工程方案。1998 年长江发生流域性洪水后，国家加大了对大江大河的治理力度，下荆江河势控制工程得以全面实施。在长江重要堤防隐蔽工程中，对下荆江茅林口、鱼尾洲、北门口、送江码头、向家洲、古丈堤、范家台、北碾子湾、寡妇夹、金鱼沟、六合垸、连心垸、调关矶头、八十丈、中洲子、鹅公凸、章华港、铺子湾、天星阁、盐船套、熊家洲、观音洲（以上岸段属湖北）、新沙洲、天字一号、洪水港、荆江门、七弓岭（以上岸段属湖南）等段实施了河势控制护岸与加固工程。

自新中国成立以来截至 2002 年，据不完全统计，下荆江护岸长度达 146km，护岸石方总量达 1616 万 m^3，平均每公里抛石量达 11 万 m^3（见表 6-6）。其中，在 1998—2002 年的短短五年内，新护与加固总长为 77.5km，石方量为 508 万 m^3，可见隐蔽工程中的下荆江护岸工程规模空前之大，河道稳定性大大加强。可以说，到 2002 年三峡蓄水前，下荆江是一条受到较强控制的蜿蜒型河道。

表 6-6　　　　　　　　　　下荆江历年护岸工程量统计

序号	地名	护岸长度 /m	石方量		抛柴枕 /(个/10m)	施工时段
			总量/m³	断面方量/(m³/m)		
1	茅林口—古长堤	7750	661893	85		1975—2001 年
2	向家洲	3900	213162	54.6	46.6	1994—2001 年
3	送江码头	3600	286938	79.7	62.5	2000 年
4	丢丢垸—三义寺	1340	51824	38.7		1970—1992 年
5	北门口	3000	377837	126	47.8	1994—2001 年
6	鱼尾洲	6600	1005891	165	5.7	1971—2001 年

续表

序号	地名	护岸长度 /m	石方量		抛柴枕 /(个/10m)	施工时段
			总量/m³	断面方量/(m³/m)		
7	北碾子湾	6000	603588	100.6	63.75	2001 年
8	寡妇夹	3000	230935	77	78	2001—2002 年
9	金鱼沟	5120	392160	76.59	19.94	1977—1994 年
10	连心垸	2500	443685	177.5		1974—2001 年
11	调关	1700	339943	200		1952—2001 年
12	沙湾	780	105831	135.7		1969—2001 年
13	芦席湾	2490	177243	71.2		1962—2001 年
14	八十丈	2750	201920	73.4		1961—2001 年
15	中洲子	5210	646018	123.9	25.4	1968—2000 年
16	鹅公凸	1550	231040	149		1969—2001 年
17	茅草岭	1310	285188	217.7		1975—2001 年
18	章华港	4200	319181	76		1971—2001 年
19	新沙洲	14600	1333954	98.8		1969—2001 年
20	铺子湾	10591	813748	76.8	27.6	1977—2002 年
21	天字一号	4250	501400	118		1969—2000 年
22	集成垸	3390	330130	97.4		1983—2001 年
23	天星阁	4410	417600	94.7	27.2	1982—1986 年
24	洪水港	7700	1060000	137.7		1962—2002 年
25	盐船套（团结闸）	2220	144679	65.2		1978—2000 年
26	熊家洲	12990	1111541	85.6	28	1970—2001 年
27	荆江门	6500	1100617			1969—2001 年
28	七弓岭	13000	2169002	166.8		1985—2002 年
29	观音洲	5460	600426	109.9	36.2	1969—1991 年
合计		146045	16163372	110.7	512.89	1952—2002 年

注 统计长度包括已崩失或淤废的河段；统计石方量包括失效石方，1998 年以后石方为水下抛石和护坡石之和。

根据 1998 年水利部批准的《长江中下游干流河道治理规划报告》[5] 和《长江流域防洪规划简要报告》（2002 年），下荆江河段河势控制规划方案如下：

（1）上段石首弯道，应利用目前自然切滩撤弯之势，因势利导，适当调整并控制河势，使石首河弯形成一个曲率适中，并有利于石首港区发展的新河弯。

（2）中段从寡妇夹至熊家洲段继续实施河势控制工程，南碾子湾至寡妇夹顺直段，应结合上游石首弯道的河势变化，逐步形成微弯水道，与金鱼沟弯道平顺衔接，从而促使金鱼沟主流顶冲部位上提，延长金鱼沟至连心垸反向弯道间的过渡段，改善弯曲半径过小的不利河势，减轻调关矶头受水流顶冲的挑流强度。调关至塔市驿段因主流位置较稳定，可维持河势现状。监利弯道继续保持两汊分流状况，并抓住有利时机，采取工程措施，稳定主流走右汊。天字一号卡口影响泄洪，应适当拓宽。盐船套顺直段左岸崩岸段暂不进行守护，待其自然形成向左凹进的微弯河型，再适当加以控制。荆江门 11 矶突出江中，影响泄洪和航行条件，应进行削矶改造。

（3）下段熊家洲至城陵矶三个反向弯道，近期应加强守护，抑制河道的进一步弯曲，待条件成熟时实施裁弯工程方案。

6.1.4.4　航道整治工程[6]

下荆江河道蜿蜒曲折，急弯处弯道半径小，顺直过渡段长而多；心滩、浅滩冲淤变化频繁，航槽不稳定；枯水期航深、航宽不足，疏浚、维护十分困难。河道内有藕池口、碾子湾、窑监、铁铺、尺八口等多处碍航险滩，是长江干线航道维护最为困难的河段。下荆江碍航的主要特点是：弯道间长顺直段受上下弯道的影响，泥沙落淤，易出浅；河道展宽段水流分散，易形成沙埂碍航。下荆江河段航道整治工程经历了几个时期：

（1）1956—1957 年的航道建设与整治。1953 年国家制订了长江干线《航道标准水深》，规定汉宜线通航水深为 2.9m，1955—1957 年对姚圻脑等水道的沉船进行了清除，使航行条件得到初步改善。

（2）1958—1964 年的航道建设。在下荆江重点对藕池口附近的天星洲水道采用沉树、沉船、堵流吹填的方法进行整治，使通航条件得到一定改善。

（3）1965—1975 年的航道建设。1971—1972 年和 1972—1973 年的枯水期，对监利水道连续进行了疏浚、挖泥。

（4）1978 年以后加强了航道的维护与重点治理。自 20 世纪 70 年代初期将长江中下游航道水深标准提高以后，航道维护工作量大为增加。由于下荆江河床演变复杂，河势难以稳定，整治难度大。为了保持航深与航槽的稳定，每年枯水期都要进行紧张的维护工作。20 世纪 70 年代末至 80 年代，长江出现几次低枯水位，航道部门加强了维护工作，克服了许多困难，保证了航道通行条件。

1）1978—1979 年枯水期中游航道的维护。1978—1979 年枯水期，长江出现了特枯水位，宜昌、沙市出现有记录以来的最低水位值。干流中游航道变化十分剧烈，浅情严重，相继有 20 多处水道情况恶化。其中监利水道淤浅最为突出，乌龟洲南、北两槽均严重淤积。1978 年 9 月，在北槽浅区挖泥、爆破，11 月 6 日"东方红 33 号"客轮在北槽搁浅，将航道堵塞，槽口淤填，采用爆破方法才恢复通航。但随后水位又下降，遂采用开挖新槽和疏浚相结合的方法维护水深。

2）80 年代葛洲坝枢纽工程截流蓄水以后，引起坝下游河段水流条件、洲滩演变与岸线等一系列变化，分别在尺八口、大马洲、窑集垴、藕池口等各主要浅水道挖泥浚深，拓宽航道，以维护各水道的正常通航。

3）1983—1984 年枯水期航道的维护。1983 年汛后，水位迅速下降，11 月中下旬，下荆江一些水道相继出现浅情，对碾子湾、大马洲、铁铺等处进行了疏浚维护。

4）1984—1985 年枯水期航道的维护。1984 年为中水丰沙年，汛后水位急速下降，众多浅滩、沙埂冲刷不及，航槽水深普遍较浅，对碾子湾、塔市驿、大马洲等水道进行疏浚和爆破。

近 10 余年来，特别是受上游来水来沙条件变化和三峡工程蓄水运用等影响，长江航务部门对下荆江重点水道大力开展了航道整治。以下对下荆江几个有代表性的航道整治工程作简要介绍。

1. 周天水道

周天河段上自郝穴镇，下至古长堤，全长 28km，河段自上而下逐渐展宽，上端最窄处宽仅 750m，往下展宽至 4000m，是荆江河段最宽处。该河段以胡汾沟为界，郝穴镇至胡汾沟为周公堤水道，为进口受郝穴矶头限制的微弯展宽河道；胡汾沟至古长堤为天星洲水道，为顺直展宽并有藕池口分流的喇叭型河道（图 6 - 3）。

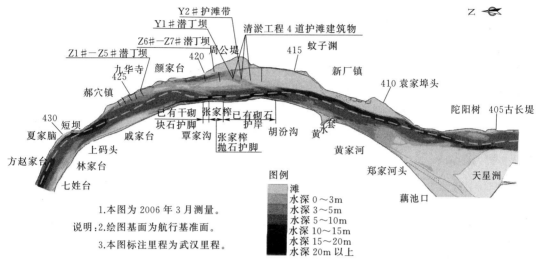

图 6 - 3　周天河段水道整治工程示意图

天星洲水道位于上下荆江交界处的藕池口，为中游段历史上最浅险的一个水道，有"瓶子口"之称。天星洲的形成是河道过于展宽、泥沙淤积的结果，洲头附近的沙埂形成浅区。据 1945—1955 年逐年枯水统计，天星洲水道共出浅 912 天，平均每届枯水期出浅 70 天，出浅时间最长的 1950—1951 年枯水期，长达 123 天，实测最浅水深是 1952 年 1 月仅有 1.83m。

据有关研究，形成天星洲水道浅滩的主要因素有：①藕池口分泄长江流量，使进入天星洲左汊（主汊）的水量减少，泥沙淤积；②从新厂至天星洲头，河道逐渐放宽，洪水期水流减缓，泥沙淤积；③河段形态顺直且较长，水流易摆动，深槽难以稳定；④受下游石首弯道段水流顶托的影响，也促使泥沙淤积。

天星洲水道在 1953 年前枯水期水流分散，水深不足，航道变化剧烈。为了维护天星洲水道的水深，从 1953 年起，航道部门不断采取挖泥、拖耙、爆破等手段疏浚航道，1956—1958 年，又曾两次进行试验性沉树工程，但航道水深仍不能达到航道设标水深。为使航道水深长期达标，1960 年航道部门在郑家河头以上建成一重型丁坝，但仅在 1960—1961 年枯水季维持了 3.1m 水深；而至1961—1965 年的 4 届枯水期，航道水深又重新减至 2.7～2.8m。图 6 - 4 为天星洲水道整治工程示意图。

1998 年、1999 年洪水后，于 2001—2002 年枯季采用疏浚与整治相结合的措施，对周公堤水道过渡段浅埂

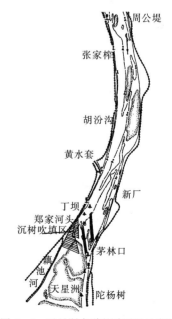

图 6 - 4　天星洲水道整治工程示意图

进行疏浚；在蛟子渊边滩中上段修建1~4号四道护滩建筑物。

三峡工程蓄水运用后，周天河段河势总体保持稳定，但其洲滩有不稳定的发展趋势：周公堤水道过渡段主流有左摆迹象，心滩滩面有所冲刷，新厂边滩滩缘冲刷后退，天星洲滩体低滩部分普遍冲刷后退。

2006年开始实施了周天河段航道整治控导工程，整治的目标是：通过工程措施，巩固现有较为有利的滩槽形态。同时，适当提高航道尺度和保证率，并为本河段的航道整治工程全面实施奠定良好基础。工程主要在周公堤水道进口左岸九华寺一带建5道潜丁坝，其作用是限制枯季主流左摆下移，维持周公堤水道过渡段形态；在原工程上游建2道潜丁坝，主要作用是稳固蛟子渊边滩，促进滩头的完整和稳定；在右岸张家榨已有干砌块石护岸的下游840m范围内进行抛石护脚，与已建护岸工程相衔接，有利于张家榨一带岸线的稳定。

2. 碾子湾水道

碾子湾水道全长18km，在其上游石首弯道切滩前，该水道为一过长的顺直段，滩槽形态不稳定。1994年石首弯道切滩撇弯后，大量泥沙下泄，深槽淤积，沙埂滩脊刷低，碾子湾浅滩演变成交错滩型，浅滩段河床向宽浅方向发展，成为严重碍航浅滩，每年枯季均需进行重点维护。

1994年石首弯道发生自然切滩后，碾子湾水道发生超常淤积，枯水期航道形势急剧恶化，加上超吃水深度船舶在航道内搁浅造成局部淤积，堵塞航道，使得该水道1995年2—4月两次出现严重浅情，虽经全力维护，仍有28天未能达到计划维护尺度，给长江航运造成了重大损失，并产生极为不良的社会影响。紧接着的1995—1996年、1996—1997年和1997—1998年三届枯水期，航道形势仍很严峻，每年汛后都要对该河段进行重点观测、分析和研究，并专门成立现场领导小组，派驻挖泥船守槽、挖泥。

1998年汛后，随着北门口和鱼尾洲以下北碾子湾崩岸的发展，碾子湾河段河势发生了很大变化，浅滩形势也发生转化：下边滩形态变得完整，倒套内淤积萎缩，浅滩由交错型转为正常型，航道条件好转（图6-5）。与此同时，仍存在过渡段航槽继续下移、下边滩头部冲刷后退、北碾子湾至寡妇夹一带崩岸等不利之势。为了保证航道维护的正常进行，2000—2003年先后实施了以下航道整治工程：一是在左岸建7道丁坝及2道护滩带、

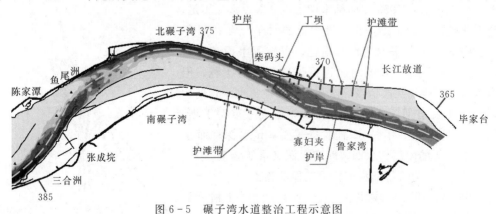

图6-5 碾子湾水道整治工程示意图

右岸建 5 道护滩带，以稳定过渡航槽的平面位置，防止上、下深槽交错；二是在右岸南堤拐（即寡妇夹）一带布置 2km 护岸，防止过渡段向下游发展；三是在左岸柴码头一带布置 500m 护岸，与北碾子湾河势控制工程相衔接（图 6-5）。

　　3. 监利水道

　　监利弯道乌龟洲南、北两汊呈周期性冲淤变化，洲滩和汊道平移，素不稳定。20 世纪 60 年代上车湾、中洲子裁弯后，由于流程缩短、水面比降加大，致使乌龟洲右槽逐渐受到冲刷，1971 年冬发展成主航道。但 1972—1973 年枯水期，航道恶化，航槽变化不定，经常出现浅情，1972—1973 年枯季疏浚泥沙 50.2 万 m³。1975 年冬，主泓又出现由南归北迹象，航道部门在北槽进口拓宽、浚深，形成北槽航道。

　　监利河段航道整治一期工程的主要目的是稳定河道基本格局（图 6-6），工程于 2008—2009 年施工。工程实施后，乌龟洲洲头心滩得到守护，洲头及右缘崩退得到遏制。2010 年和 2011 年枯水测图表明，工程河段枯水期航道条件明显改善，已取得初步整治效果。

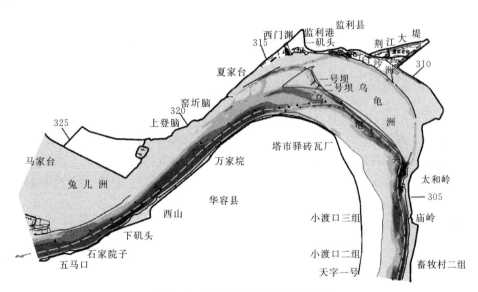

图 6-6　监利水道整治工程示意图

6.1.5　演变趋势研究概述

　　在"七五"和"八五"期间对三峡建成下游河道长期冲刷后，下荆江河型是否变化，以及如何变化，有三种不同的看法。

　　第一种看法认为，下荆江将来在冲刷后会继续蜿蜒，曲折率会加大。在三峡水库下泄低含沙量水流条件下，深切较之侧蚀有助于减小三口流量，加大下荆江流量，从而较难制约冲刷的发展。因此，如果认为河流自动调整是以较快速度取得平衡，则在自动调整过程中侧蚀将有相当的发展，曲折系数不应该减小，而应该是加大，或者至少具有加大的趋势。按照这种概念和河型判别的经验关系，认为当曲折率大于 1.5 时即为蜿蜒型，小于 1.25 为游荡型，而在 1.25～1.5 之间为过渡型。而按此经验关系，求得下荆江目前的曲折率为 2.16，将来长期冲刷后（约 50 年）为 2.41。需要说明的是，此处曲折率不是由实际资料得到的，而是由河型判别指标按经验关系间接推出的[7]。

第二种看法认为冲刷后，下荆江可能向微弯分汊河型发展。这种看法的理由为：在冲刷过程中，深蚀与侧蚀虽然同时进行，但是由于在凹岸冲刷的同时，水库下泄泥沙减少，凸岸淤积得不到相应发展，河道将展宽，水流逐渐分散，到一定程度，主流易摆动，难以形成单一弯道，甚至向微弯分汊河型发展。其次，从坡降调整看，将来是通过床沙粗化，河床拓宽，发展分汊以加大阻力来进行，不一定要增加河长[8]。

第三种看法认为河型基本维持现状。具体说既不进一步蜿蜒（曲折率加大）；也不可能转为分汊河型。其理由是，一方面下荆江径流扩大，水流动力轴线曲率半径不会减小，曲折率难以加大；另一方面，三峡水库主要拦截 $d>0.025\text{mm}$ 的泥沙，且削峰机会很少，故高漫滩淤积的泥沙并不减少，凸岸还滩并不会很难，发展微弯分汊河型并不可能。至于将来冲刷过程中坡降的富余不是靠河长增加，主要是靠藕池口与城陵矶之间的落差减小，当然床沙变粗等加大阻力也有一定作用[9]。

韩其为等认为，三峡水库建成后下荆江冲刷也有两种机理，一种是水库下泄低含沙量水流，经过河道要力图恢复含沙量（恢复到新的挟沙能力）而引起冲刷；其次是三口分流因干流冲刷大而继续减少，下荆江径流量继续加大，导致扩大断面而冲刷。由于下荆江冲刷量最大，加之城陵矶水位还要受洞庭湖影响，因此当冲刷后城陵矶水位降低少，藕池口水位降低多，也就是下荆江落差将要减小。从汉江下游泽口以下蜿蜒型河道在冲刷过程中的变化看，其河型基本稳定，因此对照下荆江，三峡水库建成后，下荆江长期冲刷，河性会有一定变化，但是河型—蜿蜒型（弯曲型）能维持。更确切地说，能维持弯曲型，其意义是不排斥曲折率有所减小；也会有所展宽，但河相系数不会加大[10]。

谢鉴衡认为，在 16 世纪、17 世纪以至 18 世纪内，下荆江逐渐由微弯河型变成蜿蜒河型，下荆江河曲的形成是北岸穴口堵塞，荆江流量增大的直接结果。三峡建库后，下荆江造床流量加大、来沙量减小，河床处于严重的次饱和输沙状态，河流将发展深蚀和侧蚀；下荆江由于沙质覆盖层较厚，河岸为二元结构，河岸的侧蚀将有所加强，河道的曲折系数将进一步加大，下荆江的蜿蜒河型将更加蜿蜒曲折[11]。

以上各家和学者从各个方面对下荆江在三峡工程兴建后河型是否转化和可能怎样转化的问题提出了很好的见解，都为后人提供了进一步研究的基础。

6.2　三峡水库蓄水前半个多世纪来下荆江河床演变

本节分三个阶段对下荆江蜿蜒型河道的演变做重点分析。一是 20 世纪 50—60 年代裁弯前自然演变的阶段；二是 60 年代末至 80 年代初即裁弯后至葛洲坝工程兴建前的阶段；三是 80 年代初至三峡水库蓄水前（2003 年）的阶段。以下分别阐述。

6.2.1　20 世纪 50—60 年代（系统裁弯前）自然演变特征

本节在以往荆江特性研究的基础上，重点分析了下荆江平面形态独有的特点，并对其人工裁弯前的自然演变特征进行了高度概括，在某些方面提出了作者的新观点。

6.2.1.1　下荆江蜿蜒型河道平面形态特点

1. 下荆江蜿蜒型与上荆江弯曲型河道河型的区别

作者在新近的一些研究中，曾提出蜿蜒型河道的河型不等同于弯曲型河道[2,12]，下荆江蜿蜒型河道也应区别于上荆江的弯曲型河道。上荆江在宏观上由 6 个连续的反向弯道，即洋溪河弯（右弯）、江口河弯（左弯）、涴市河弯（右弯）、沙市河弯（左弯）、公安河弯（右弯）、郝穴河弯（左弯）等组成，除洋溪河弯右岸和江口河弯上半段左岸受山体阶地控制外，杨家场以下 4 个弯段两岸都为冲积平原，基本上都有明显的弯曲型河道的共性，这就是它们的上段都为曲率较小的平直形，下段都为曲率较大的弯曲形（只有郝穴以下为与下荆江和藕池口分流相衔接的顺直展宽段）；而下荆江则由曲率很大的弯段、有复凹的大弯段和长顺直微弯过渡段构成，为蜿蜒曲折的平面形态（图 6-7）。上、下荆江河型不能混为一谈，既不能都称为弯曲型河道，更不能都称为蜿蜒型河道。所以，称上荆江为蜿蜒型河道和下荆江为弯曲型河道均不很恰当。从曲折率统计表明[13]，自然状态下1965 年的下荆江河道，自石首至观音洲 14 个弯段的曲折率为 1.65～5.07，平均为 2.83；而上荆江河道，洋溪至郝穴 6 个弯段的曲折率为 1.23～2.23，平均为 1.62（表 6-7）。河弯半径的统计表明，下荆江 12 个弯段为 1260～5770m（局部最小可达 750～950m），平均为 2594m，而上荆江为 3040～10300m，平均为 4592m。河弯长度统计表明[13]，下荆江平均为 4.30km，上荆江平均为 12.83km。可见，在自然条件下其平面弯曲的形态和曲折率、河弯半径及河弯长度的量值，上、下荆江都存在显著的区别。从河床地貌来看，上荆江在河道走向弯曲的部位都存在一个江心洲，为含江心洲的弯曲型河道，而下荆江河道边滩极其发育，绝大多数弯曲段和顺直段都有宽边滩，属边滩蜿蜒型河道。因此，从平面形态和河床地貌来看，上、下荆江应属不同河型，前者为弯曲型，后者为蜿蜒型。

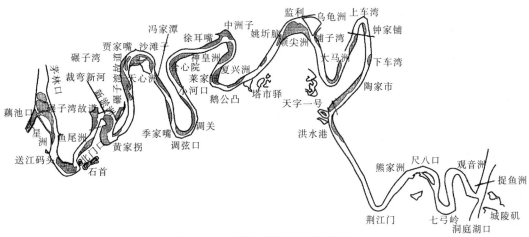

图 6-7　下荆江蜿蜒型河道形势图

表 6-7　　　　　　　　　　　　上下荆江各河弯段曲折率（1965 年）

上荆江						下荆江											
洋溪	江口	涴市	沙市	斗湖堤	郝穴	石首	沙滩子	调关	中洲子	来家铺	监利	大马洲	上车湾	荆江门	熊家洲	七弓岭	观音洲
2.23	1.46	1.23	1.90	1.58	1.32	2.52	2.39	4.55	3.16	2.23	1.65	2.35	5.07	1.84	1.81	3.27	3.18

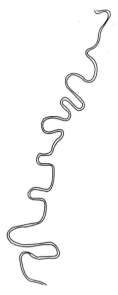

图 6-8　美国北部
雷德河蛇曲河弯

2. 下荆江蜿蜒型与规则的蛇曲蜿蜒型的差别

钱宁等将河弯分为三种类型：一是自由河弯；二是深切河曲；三是限制性河弯[14]。他对自由河弯是这样描述的，"自由河弯具有宽阔的河漫滩，弯道发展不受限制，中、枯水流受弯道约束，流路弯曲，不断引起凹岸坍塌和凸岸淤涨，洪水时水流漫滩，流路趋直，对弯道的造床作用反而比较小。"显然，下荆江无疑属于钱宁所指的"自由河弯"范畴，且被其描绘为"畸弯"，并指出汉江属于外形比较规则的蜿蜒型河道。而作者认为，典型的自由河弯，形状应比较规则，可称之为蛇曲河弯，如美国北部的雷德河（图 6-8），河弯平面形状多为 U 形，而非 S 形，弯曲系数为 2；下荆江河道除熊家洲以下的七弓岭、观音洲、捉鱼洲三个弯段为形状较为规则的蛇曲河弯外，绝大部分由曲率半径很小的急弯段、复凹组成的回旋大弯段和长顺直微弯段构成，弯段曲折率大多远大于 2，说明下荆江蜿蜒型河道在平面形态上弯曲的发育比具有蛇曲河弯的蜿蜒型河道更为强烈（作者命之为"畸形"），形成"狭颈"的型态更显著，更易造成自然裁弯的急剧变化。

3. 下荆江"畸形"蜿蜒型河道形态的特点

从 20 世纪 60 年代初的下荆江河道地形图可以看出下荆江河道"畸形"特点（图 6-7）：

（1）它具有 15 个曲率半径很小的急弯，计有石首、黄家拐、沙滩子、调关、徐耳嘴、中洲子、来家铺、监利、天字一号、上车湾、荆江门、熊家洲、七弓岭、观音洲、捉鱼洲，其中调关、中洲子、上车湾、七弓岭、观音洲河弯的曲折率均超过 3，分别为 4.55、3.16、5.07、3.27、3.18；同时徐耳嘴和中洲子还构成复凹形态（所谓"复凹"，是指一个大弯段中至少包括两个同向或不同向的凹岸段）。

（2）与此相应，下荆江边滩十分发育，在弯段往往形成宽阔的边滩。下荆江河道内边滩计有 17 处，大部分宽度均在 800m 以上。在蜿蜒型河道中，下荆江与河漫滩发育而边滩尺度相对较小的河漫滩蜿蜒型河道不同（如汉江下游城隍庙至河口段）[15]，属于边滩蜿蜒型河道，其中、枯水河槽形态愈加蜿蜒曲折。

（3）下荆江弯段之间顺直微弯过渡段长度一般均较大，其中有 8 个长达 10km 左右，构成的河曲带宽达 20～30km。

（4）以上急弯段、复凹段和长过渡段形成的蜿蜒曲折形态又形成调关（冯家潭处）、中洲子和上车湾等三个弯道的"狭颈"，其滩面冲沟成为自然裁弯的先兆。上述形态不仅使得中、枯水流流路蜿蜒曲折，而且使得洪水期漫滩水流流向与河道走向很不一致，大部分弯段形态阻力很大，甚至有的弯段走向与洪水流向相反；大部分过渡段与洪水水流之间的交角较大。因此，我们将下荆江这种过度蜿蜒与泄洪极不适应的形态称为"畸形"蜿蜒型。

综上所述，下荆江河道平面形态有其鲜明的特点：首先，从河型来看，它不应看成是弯曲型，而是蜿蜒型，它的弯曲形态与曲折率、河弯半径和河弯长度都显著区别于上荆江；从河床地貌形态来看，下荆江边滩非常发育，属于边滩蜿蜒型河道，演变十分剧烈，又区别于汉江下游稳定性较强的河漫滩蜿蜒型河道。第二，与典型的蛇曲河弯不同，下荆江不存在规则的河曲，而它具有复凹的弯段与长顺直过渡段，使其曲折率更大于蛇曲河弯。第三，它的独特之处是平面形态呈"畸形"蜿蜒曲折，与洪水流向夹角均较大，甚至有的弯段部分走向逆洪水流向，对泄洪极为不利。显然，下荆江并不是洪水水流"流路趋直，对弯道的造床作用反而比较小"的问题，而是洪水的水流阻力大加之汇流基准面的顶托，以致对下荆江河道基本不提供弯曲造床的动力。总之，下荆江是一条特殊的蜿蜒型河道。

6.2.1.2　下荆江蜿蜒型河道自然演变特点

1. 弯道的单向平面位移构成蜿蜒曲折的形态是下荆江蜿蜒型河道自然演变的主要特征

在冲积平原河流中，河漫滩产生的平面变形，表明在水流与河床相互作用下稳定性相对最高的河床地貌发生变化。它在河道平面形态成因和河床演变中具有重要的意义。关于下荆江的平面变形，在《荆江河道特性》一文中做了代表性的描述[16]，指出"下荆江河床演变过程突出地表现在横向变形上"，即"凹岸不断崩坍，凸岸不断淤高，弯顶不断向下游移动""在经常性的凹岸崩坍和凸岸淤积的量变过程中，河长逐渐增长"。有关下荆江河床演变的其他研究成果也表明了上述特征[17,18]。本节对 1951—1965 年下荆江平面变形做了进一步分析。自陀阳树至城陵矶的蜿蜒型河段中，系统裁弯前的平面形态和平面变形，以塔市驿为界分为两段，上、下段演变有一定的差别。其中，上段变化相对较大（图6-9、图 6-10）。分析来看：①大多数弯段的河岸都是单向平面凹进，曲率半径变小，上段有石首、沙滩子、调关、冯家潭、中洲子、来家铺等弯段，均为单向平面变化；下段有乌龟洲、天字一号、何王庙、荆江门、孙良洲、七弓岭、观音洲等弯段，基本上均为弯段崩岸的单向变化，何王庙弯段为明显撇弯，形成顶冲下移。②各弯段之间的过渡段平面变形相对较小。上段陀阳树至向家洲和碾子湾裁弯后的长顺直段整体向左摆动，新码头顺直段向右摆动，张智垸微弯过渡段受冯家潭弯段顶冲下移而右摆，以下芦席湾、杨坡坦、

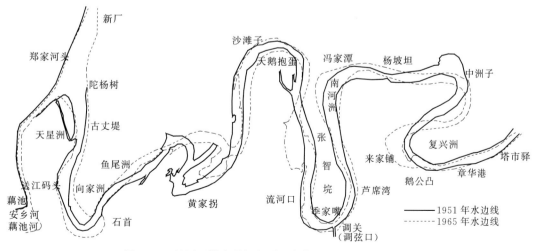

图 6-9　新厂至塔市驿河段平面变化图（1951—1965 年）

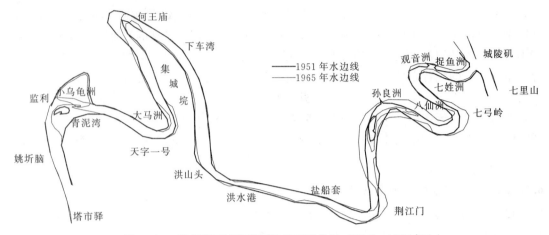

图 6 - 10　塔市驿至城陵矶河段平面变化图（1951—1965 年）

三分村等过渡段长度均较短，其中两个为共轭点（段），一个为复凹的过渡，变化都不很大；章华港至塔市驿直至姚圻脑的微弯段则较稳定；下段弯道之间的 8 个过渡段，基本上为顺直或微弯段，除荆江门—孙良洲和孙良洲—七弓岭二个较短的过渡段有明显的平面变形外，大多数过渡段均较长，平面变化均很小。

通过以上分析，我们进一步强调指出，在下荆江各弯段的平面位移中总体上都是作单向变形，塔市驿以上河段，由于受 1949 年碾子湾裁弯影响，有些过渡段也有单向的平面位移。正是各弯段的单向平面位移，形成的河道长度愈来愈长、曲折率愈来愈大，从而构成了下荆江"九曲回肠"的蜿蜒形态，这是下荆江河床演变的主要特征。此外还需强调，除了上段受碾子湾自然裁弯的波及影响和局部河势变化相关影响外，下荆江河道一般并不具备"一弯变，弯弯变"的普遍性，即不是由一处的变化而引起其他各段的"连锁反应"，而是每个弯段在弯道水流作用下都具有各自产生单向平面变形的特性。这是因为，在上弯道的螺旋流经过长过渡段的调节而不存在使下弯道会反向旋转的力学条件；同时，过渡段浅滩的演变在年内具有"洪淤枯冲"周期变化特性而年际在平面上保持相对稳定，具有自身演变的规律性。长期以来"一弯变，弯弯变"的说法可能是出自各个弯段都处于单向平面变形而且变形十分剧烈而直观得出的概念，但不能证明弯段之间都有蠕动的直接关联性。少数较短的过渡段（共轭点），上弯道平面变形引起中、枯水流流路的变化，对下弯道可能存在一定的关联影响。

2. 撇弯和切滩是在特定的弯道形态和水流泥沙运动下产生并对局部河势产生影响

下荆江凹岸撇弯和凸岸切滩是伴随着弯道单向平面变形在特定形态下产生的另一种反向平面变形，是在曲率半径很小的弯道中形成的凹岸淤积、凸岸冲刷的现象。二者虽然都是因水流流速场变化和调整而发生，但在水流泥沙运动方面却有很大的差别。在凹岸受到冲刷不断崩岸形成过度的弯曲形态时，一方面在水文条件变化水流动力轴线撇开原冲刷的河岸而趋中时，往往在凹岸部位形成回流，造成近岸河床的淤积，而凸岸边滩部位将产生一定的冲刷；另一方面则由于水流顶冲方向下移而形成新的崩岸，其对岸又淤长出新的边滩，造成局部河势的变化（图 6 - 11）。以上就是撇弯现象，往往发生在河湾向下游蠕动时河弯的上半部。

切滩是指在凹岸冲刷、凸岸淤积的过程中，往往因水流冲刷的主导作用，凹岸冲刷总是先于凸岸淤积[17]。当边滩发展很宽、河宽增大的情况下，洪水期边滩部位水流比降较大，往往在边滩滩面甚至根部产生切割，以致形成串沟或倒套，这就是切滩现象。之后，如果凹岸崩坍趋缓甚至停滞，则切滩部位的串沟或支汊有可能充分淤积，那么，凸岸仍可成为完整的边滩，对局部河势影响不大；如果凹岸崩坍强度持续增大，凸岸边滩得不到充分淤积，则该串沟或倒套就可能持续冲刷发展成为支汊，以致形成心滩或继而形成小心洲。这就是切滩，它将使下游河势产生较大的变化。

由此可见，以往将撇弯与切滩混为一谈是不全面的。严格来说，由撇弯引起的边滩冲刷称为"刷滩"为好，是由水流动力偏离凹岸而产生，是

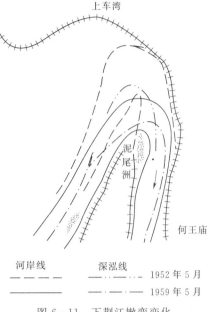

图 6-11　下荆江撇弯变化

一种渐变现象；而水流对边滩滩面产生的切割称为"切滩"则名副其实，是因河宽的增大为水流分汊提供了条件，即切滩为比降较大的分支水流而形成，近乎一种突变现象。目前，习惯上将二者统称为"撇弯切滩"也不是不可以，但实质上二者有一定区别。

3. 年际崩岸幅度大和年内崩岸速率大是下荆江河床演变剧烈的体现

下荆江是长江中下游崩岸最剧烈的河段。据 1956 年统计，在河长 236.5km 的河道内，崩岸长达 136.4km，占岸线总长的 28.4%。上荆江的崩岸长度为 42.6km，下荆江崩岸长为上荆江的 3.2 倍。下荆江河道崩岸，以来家铺弯道荆 132 号断面为例（图 6-12），自 1951—1962 年岸线后退了 1080m，其中 1958—1960 年后退了 250m，可见其年际崩岸幅度之大。在长江中下游护岸工程实践中，平面变形的强度往往以崩岸速率表达，即在单位时间内河岸崩坍后退的宽度，一般以年崩率来表达（m/a）。实践经验总结认为，在长江中下游河道自然条件下年崩率在 20m/a 以下为弱崩，在 20~50m/a

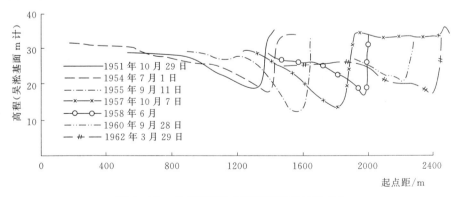

图 6-12　来家铺弯段典型断面崩岸年际变化

之间为较强崩，在 50～80m/a 之间为强崩，80m/a 以上为剧崩。下荆江河道一般都为较强崩和强崩，个别弯段为剧崩。下荆江的年崩率以六合甲为最大，1962 年达 600m/a，成为长江中下游崩岸强度之最。年内月崩岸来家铺弯道平均达 23.7m/月，1963 年7—9 月崩岸达 70m（图 6-13）。在刚发生自然裁弯的新河及其上下游邻近的岸段，崩岸速率都是很大的。

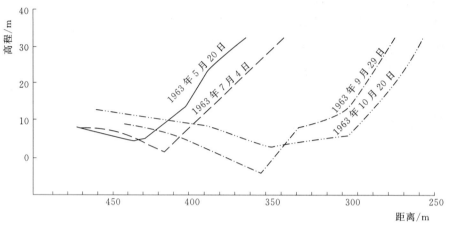

图 6-13 来家铺弯道崩岸年内变化

4. 弯道段深槽与边滩和过渡段浅滩冲淤变化具有较强的规律性

下荆江河床地貌主要特征是，由河漫滩组成的边界，包括凹岸、凸岸和过渡段等的平槽河岸，构成蜿蜒曲折的河道平面形态（河型）；平滩河槽内主要堆积地貌是凸岸侧的边滩以及过渡段的浅滩；还有个别的心滩和江心洲，但后者在河床演变中均处于次要的地位。据荆江局统计，下荆江河床内边滩计有 17 处，江心洲和心滩分别只有 2 处和 1处（表 6-8）。下荆江的边滩特别发育，宽度一般均很大，超过 800m 的有 13 处，占76%，其中大部分边滩宽度在 1000m 以上；长宽比平均为 8.08，显著小于上荆江的平均长宽比 17.38[13]。对于下荆江过渡段的浅滩，以往仅指碍航浅滩，裁弯前计有观音阁、八里窑、姚圻脑、监利、大马洲、吴家庄、张马套、铁铺、八仙洲等 9 处[19]。

表 6-8 下 荆 江 洲 滩 统 计 表

编号	洲滩名称	地段	长/m	宽/m	高程/m	面积/km²	形态			
							左边滩	江心洲	心滩	右边滩
1	向家滩	石首对岸	3750	850	32.30	1.63	√			
2	北门滩	东岳山—马口	15900	1560	36.00	14.21				√
3	碾子湾边滩	碾子湾	4000	1700	33.00	3.26	√			
4	六合甲边滩	六合甲	6300	2040	32.90	9.08				√
5	季家嘴边滩	马家嘴	5300	1160	31.90	3.15	√			
6	下三合垸边滩	下三合垸	5500	900	32.50	2.51				√
7	杨苗洲边滩	九分沟	7600	330	30.90	1.26	√			

编号	洲滩名称	地段	长/m	宽/m	高程/m	面积/km²	形态			
							左边滩	江心洲	心滩	右边滩
8	来家铺边滩	来家铺	8100	1070	32.60	4.88	√			
9	监利边滩	监利	6400	1050	30.80	3.56	√			
10	乌龟洲	监利	4370	1250	33.80	3.24		√		
11	青泥湾边滩	青泥湾	9600	1190	28.60	5.91				√
12	大马洲	天字一号	3800	500	23.00	1.01			√	
13	洪山边滩	砖桥	5400	1020	28.70	2.46				√
14	韩家洲边滩	韩家洲	5700	430	28.90	1.25	√			
15	广兴洲边滩	广兴洲	13200	1830	29.90	10.23				√
16	反嘴边滩	反嘴	3300	570	29.90	0.89	√			
17	瓦房洲边滩	孙梁洲对岸	18600	2100	29.80	21.3				√
18	孙梁洲	孙梁洲对岸	5400	1500	29.80	5.45		√		
19	八仙洲边滩	八仙洲	6000	620	27.90	1.64	√			
20	七姓洲边滩	观音洲对岸	9800	800	27.50	3.43				√

以往研究认为，下荆江弯道水流具有"枯水顶冲上提、洪水顶冲下移""小水走弯、大水趋中"的特点，并认为具有深槽"洪冲枯淤"、浅滩"洪淤枯冲"的特性。本书作者认为，洪、枯水流顶冲下移、上提和趋直、走弯的描述都是一致的，表达了弯道水流运动的规律，即水流动力轴线弯曲半径随流量增大而增大，这都为实际资料所证实。只是滩槽的冲淤特性可能表述不够全面。在洞庭湖出口基准面洪水期顶托、枯水期消落，洪水期流量、含沙量大而枯水期流量、含沙量小的年内周期变化下，下荆江浅滩无疑会总体遵循"洪淤枯冲"的规律，这一周期冲淤变化特性是可以肯定的。而弯道段在洪水期受基准面顶托作用虽然流量大，但在漫滩和平滩水流水位高、比降小、含沙量大以及蜿蜒曲折河道形态阻力很大的情况下，宏观上边滩和深槽都有可能处于淤积的状态；在枯水期受基准面消落作用虽然流量小，但水位低、比降大、含沙量小、归槽水流弯曲半径小而使弯道深槽产生较大的冲刷，同时致使枯水期弯道发生大量崩岸。因此，对于弯段而言，枯水期弯道凹岸冲刷并单向后退和洪水期弯道凸岸淤积并单向展宽应是下荆江平面变形中的主要特征和表现形式。

在下荆江河道中，平面变形不大的过渡段，其浅滩年内呈"洪淤枯冲"周期性变化，而在年际则保持纵向的冲淤基本平衡；但有时受上一弯段河势变化的波及影响、平面有所变化的过渡段，在具有"洪淤枯冲"特性的同时，还应进一步分析平面变化中的复杂性。以上分析表明，下荆江蜿蜒型河道影响河床冲淤变化仍然是纵向水流泥沙运动起主导作用，弯道环流及其横向输沙无疑起着促进作用。

5. 弯道在平面移动增长的量变过程中，河床断面冲淤保持相对平衡

下荆江在平面变形中，弯道凹岸冲刷后退、深槽平移和凸岸边滩淤积展宽均保持了均

衡的速率，使之横断面在单向平面变形中均能保持偏 V 形态，既不因边滩淤积速率跟不上崩岸速率而使河槽向展宽、出现心滩（断面为 W 形）的方向发展，也不因边滩淤涨速率大于崩岸速率而使河槽向窄深断面（U 形）转化，表征其挟沙能力与来水来沙过程相适应，即纵向输沙平衡。

研究表明，洞庭湖出口的基准面条件、下荆江的来水来沙条件及其相应塑造的二元结构边界条件是下荆江蜿蜒型河道成因的三要素。基准面的洪水期顶托和枯水期消落使下荆江的河床演变表现为洪水期总体淤积和枯水期总体冲刷构成弯道单向平面变化的特性，水流挟沙能力与来水来沙条件基本相适应的特性，以及凹岸冲刷后退和凸岸边滩淤积展宽过程相应、速度基本相当的特性，这三者使得下荆江河道不断弯曲、增长，以实现"最小能耗率原理"。换言之，下荆江河道不断弯曲、增长的量变过程是基准面条件、来水来沙条件和边界条件共同作用的结果。

6. 自然裁弯缩短河长体现了下荆江河道由量变到质变的转化，标志新一轮量变过程的开始

下荆江弯段平面变形形成"狭颈"后就具备了自然裁弯的可能性。当比降较大的漫滩水流溯源冲刷切穿"狭颈"处河漫滩上层—黏性土层后，裁直的新河便会以较快的冲刷速度拓展。1967 年中洲子人工裁弯前，在沙滩子弯道附近冯家潭就有"自裁"之势。为了确保系统裁弯规划的南线方案，避免系统裁弯实施中发生北线的"自裁"，在该"狭颈"滩面做了一道隔堤，防止漫滩水流对滩面的冲刷切割，并在"狭颈"持续崩岸处实施护岸，遏制其进一步变得更为狭窄，并确保隔堤的安全，从而在南线方案中洲子人工裁弯实施之前，避免了打乱整个系统裁弯"南线"规划方案的部署。"狭颈"处的自然裁弯将下荆江河长突然缩短数十公里，这一质变立即对附近上、下游河段带来剧烈变化：上游比降骤然增加很大，造成河道纵向和横向的迅猛冲刷；下游因出口水流方向正面顶冲，平面变形将产生剧烈的变化。碾子湾自 1949 年自然裁弯至 1951 年，新河由宽 360m、水深 7～9m 发展为宽 1130m、水深 15.4m，两年内就接近下荆江河弯段的平均值，新河及其下游崩岸剧烈，河势变化很大，平面变形还波及黄家拐弯道以下的长过渡段。可见自然裁弯的突变阶段，新河及其下游邻近河段河势将会受到很大影响。

总而言之，下荆江是由不断弯曲的平面变形、相对长期的量变过程和自然裁弯短期内质变阶段构成一个演变周期，而自然裁弯标志着新一轮量变的开端。如果说，下荆江是通过其自身不断弯曲、增加河长、增大其阻力的量变过程来满足水流消耗的功率达到最小，那么，自然裁弯使局部河段的阻力骤然减小和局部比降增大就破坏了这一进程，就必然会带来河道新一轮的剧烈调整。在河道成因三要素保持基本不变的情况下，下荆江的量变过程随着河道长度的不断增大，总体上处于一种长期的缓慢的堆积过程，而它的质变阶段则是随着河长的裁弯缩短，总体上处于一种短期的较快的侵蚀阶段。下荆江蜿蜒型河道就是在这种量变过程和突变（质变）阶段的周期不断往复循环下而存在并体现它的演变特性。处于江湖关系发生变化的下荆江，在荆江四口分流分沙不断减小、河道下泄流量不断增大的趋势和基准面有所变化的情况下，自然条件下下荆江的河床形态与演变特性也将进一步发生调整。

以上 6 个方面，基本上概括了自然条件下下荆江河床演变的宏观特性。

6.2.2　下荆江裁弯后的河床演变

下荆江近半个多世纪来发生了碾子湾和沙滩子两处自然裁弯，实施了中洲子和上车湾人工裁弯。裁弯后，裁弯段及其上、下游河段河势发生了不同程度的调整，尤其是自然裁弯后，河势变化更大。以下分述裁弯后几个主要方面的河床演变。

6.2.2.1　裁弯新河和老河的演变

1. 新河冲刷发展过程

新河冲刷发展过程从一个方面反映了水流与河床相互作用的过程和河床自动调整的规律。下荆江系统裁弯实践表明，新河的土质条件、裁弯比和上下游河势条件，是影响新河发展的重要因素。两处人工裁弯和一处自然裁弯的上述条件虽然都有一定差别，但其发展过程和规律基本上是一致的。

实测资料分析表明，新河冲刷发展过程可分为普遍冲刷阶段、弯道形成阶段和弯道正常演变阶段。新河普遍冲刷阶段的特征是，在引河过流初期，由于水面比降很大，势能迅速转化为动能，流速急剧增大，加之引河开挖的河底高程均较高，进入引河的水流为表层水流，泥沙浓度较小且粒径较细，挟沙能力较大，使得在较短的新河内普遍发生冲刷，分流比迅速增大，河道冲深拓宽。弯道形成阶段的特征是，随着新河的冲刷发展，水面比降迅速调平，流速迅速减小，进入引河的泥沙浓度和粒径也因上游河床的冲刷而逐渐增大，新河挟沙能力转而减弱，河床冲刷也逐渐减弱，引河进出口水流的交角条件使新河在拓宽的同时，逐渐形成弯曲性河道。弯道正常演变阶段的特征是，当新河断面扩大至与上下游河道基本相当时，水面比降调缓而略大于下游河段比降并平顺衔接，新河挟沙能力与来水来沙条件基本平衡，标志新河已进入弯道正常演变阶段。新河发展过程中横断面的扩大，对于可冲性强的引河边界（如中洲子裁弯），在第一阶段因比降大和分流比增大，河床的拓宽与冲深都很剧烈；第二阶段主要是新河的展宽（图 6-14）；而对于边界抗冲性较强的引河（如上车湾裁弯），一般先冲刷中细砂组成的河底，然后拓展河宽。新河平面变化由初期的两侧展宽迅速转为凹岸单侧展宽，凹岸岸线朝弯曲方向发展。

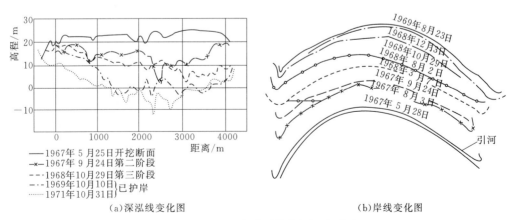

（a）深泓线变化图　　　　　　　　　　　（b）岸线变化图

图 6-14（一）　中洲子裁弯新河冲刷过程

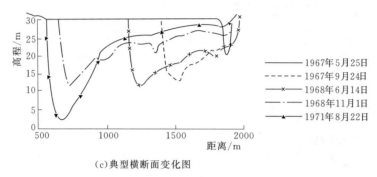

（c）典型横断面变化图

图 6-14（二）　中洲子裁弯新河冲刷过程

纵观新河发展的全过程，一般都是初期水流、泥沙和河床冲刷变化的强度很大，之后逐渐减弱，最后达到相互适应的平衡状态。而在发展的过程中，水流泥沙、边界条件和河床形态因素的变化是相互关联的。

2. 老河淤积衰萎过程

随着新河的不断发展，老河分流减少而不断淤积、衰萎，直至成为牛轭湖，其淤积衰萎过程从另一个方面也反映了水流泥沙运动的结果和自动调整的规律。老河淤积特性与新河的冲刷发展是息息相关的。

就上车湾裁弯来看，老河的淤积过程也可分为三个阶段。第一阶段特征，主要为弯道段深槽部位的淤积，即在引河分流初期，上游水位降低较缓，老河比降和流速的减小均较慢，分流比仍保持较大，进入老河的泥沙浓度和粒径与干流河道相差不是很大，水流挟沙能力的降低，对弯道段深槽部位更敏感，因而在这一阶段深槽产生显著的淤积，而顺直段淤积厚度相对来说较小，甚至下段还有冲淤交替现象（图 6-15）。第二阶段的特征为老河全段淤积，即新河流量增大，老河分流显著减小，水流挟沙能力显著降低，老河全程发生大幅度淤积，顺直段的淤积厚度大于弯道段，上段的淤积大于下段，淤积后的深泓纵剖面坡降大于原河道纵坡降（图 6-15）。第三阶段的特征为牛轭湖形成阶段，即经过一定时间的淤积，最后老河上口门形成拦门沙，下口为回流淤积至河漫滩高程，被裁的江心洲并岸，老河的中下段形成牛轭湖。

在新河冲刷和老河淤积过程中，由于新河开挖断面积仅为老河断面积的 1/30～1/17，新河长度约为老河长度的 1/9，各时段的老河淤积量均大于新河冲刷量。中洲子裁弯老河淤积量与新河冲刷量的比值为 1.6～16.4，上车湾裁弯则为 4.8～5.5（见表 6-9）。新河冲刷量与老河淤积量比值的大小与新河土质组成、来水来沙条件、新河与老河长度比等因素而主要与新河土质的可冲性有关。由表可知，中洲子裁弯第一、二时段上述比值分别为 1.59 和 2.36，而第三时段达 16.40，说明前两个时段（基本上为前两个阶段）新河冲刷发展剧烈，后一时段（基本上为第三阶段）老河淤积猛增；上车湾裁弯在第一、二、三时段上述比值分别为 4.75、5.42 和 5.47，表明了新河冲刷和老河淤积的速率都不是很大的情况，这就意味着裁弯初期可能形成新、老河并存而不利于通航的局面。对于土质难冲的引河设计，引河的开挖最好达到能够通航的断面尺度。

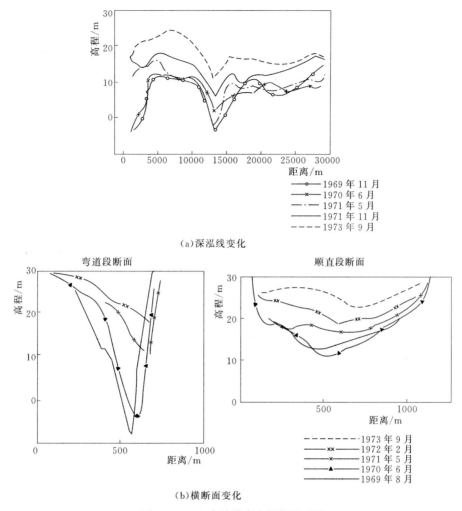

（a）深泓线变化

弯道段断面　　　　　　顺直段断面

（b）横断面变化

图 6-15　上车湾裁弯老河淤积过程

表 6-9　　　　　　　　中洲子和上车湾裁弯新河冲刷量与老河淤积量

河段	日期	新河冲刷量/万 m³	老河淤积量/万 m³	新河日均冲刷量/（万 m³/d）	老河日均淤积量/（万 m³/d）	老河淤积与新河冲刷比值
中洲子裁弯	1967-5-27—1967-10-29	2504.1	3958.9	22.4	35.5	1.59
	1967-10-30—1968-6-15	882.3	2282.6	5.37	12.7	2.36
	1968-6-16—1968-11-04	359.6	7449.0	3.48	57.1	16.4
上车湾裁弯	1969-8-7—1969-10-29	171.8	810.7	2.87	13.6	4.75
	1969-10-30—1970-10-21	506.4	2798.4	1.99	10.8	5.42
	1970-10-22—1971-11-15	1587.6	8923.9	5.70	31.2	5.47

6.2.2.2　水位与比降变化

1. 同流量下水位降低

下荆江裁弯后，河床冲刷，同流量的水位较裁弯前降低，且枯水期降低值大于洪水

241

期。实测资料分析表明：下荆江裁弯后，荆江沿程各站水位流量关系均迅速发生调整，而这个调整一般于20世纪80年代初即基本结束，此后保持相对稳定；裁弯段上游水位降低的范围至少到达距沙滩子裁弯进口约170km的砖窑站，但枝城站（距沙滩子裁弯进口约210km）水位没有明显变化。从各站同流量下水位变化来看，枯水期同流量水位下降幅度最大的时段为1967—1978年，流量4000m³/s时石首（沙滩子新河上游19.6km）水位下降1.8m；洪水期同流量下降值较枯水期小，流量为50000～60000m³/s时沙市（沙滩子新河上游113.6km）水位较裁弯前降低0.3～0.5m，监利同流量的水位也有所降低。

2. 水位流量关系调整呈溯源发展

水位流量关系调整自下游向上游逐渐发展，同流量的水位降低值亦自下而上逐渐减小。当流量为4000m³/s时，陈家湾、沙市、新厂、石首各站1980年水位较1966年分别下降1.10m、1.25m、1.55m、1.60m；裁弯段内的调弦口站水位降低早于姚圻脑站，20世纪70年代中期两站水位略有回升，但回升后的水位仍低于裁弯前水位，其中调弦口站中、枯水水位降低1.2～1.6m，高水期降低1.0～1.4m。姚圻脑站中、枯水位降低0.3～0.9m，高水期水位降低约0.4m；裁弯段下游河段水位下降值最小，中、枯水期水位裁弯初期有所降低，此后又回升到裁弯前水平；沿程各站中、枯水期水位下降值较高水期大。

3. 荆江三口分流对裁弯后水位降低的影响

由于荆江三口分流减少，进入荆江河段的流量，尤其是下荆江的流量增加，相应抵消了部分水位降低值。因此，下荆江裁弯后，在上游枝城来流量相同的条件下，沿程各站水位降低值较本站同流量的水位下降值要小一些。

4. 裁弯后增大了下荆江河道泄洪量

裁弯工程并不改变河道的来水来沙条件，但由于荆江南岸存在三口分流入洞庭湖，裁弯后荆江河床冲刷、水位降低，使三口分流分沙减少速率加大，从而进入荆江的水沙量有所增加，下荆江汛期设防水位的时间有所增加。如裁弯前1954年洪水，上荆江经过3次运用荆江分洪工程，沙市最高洪水位44.67m（不分洪时水位将达45.63m），洪峰流量约50000m³/s；下荆江经过上车湾扒口分洪，降低监利洪水位约0.7m，监利最高洪水位达到36.57m，洪峰流量35600m³/s。

裁弯前后沙市、监利站和城陵矶站实测同水位的流量对比分析表明（表6-10），下荆江裁弯后，扩大了荆江泄洪流量。为更明确地分析监利流量加大的总趋势，利用该站1954—1959年、1980—1987年日平均流量资料，计算不同时间频率对应流量（表6-11）。从中可看出，1980—1987年较之1954—1959年最大流量加大10500m³/s，1%频率（相当于每年出现3.65天）对应的流量加大8500m³/s；10%频率（相当于每年出现36.5天）对应的流量加大7200m³/s。此外，下荆江裁弯后，槽蓄作用减小，洪峰出现的时间有所提前。

表6-10　　　　　　　下荆江裁弯前后沙市和监利站同水位实测流量

站名	时段	实测日期	水位/m	城陵矶水位/m	流量/(m³/s)	扩大泄量/(m³/s)
沙市（新厂）	裁弯前	1958-8-26	43.88	30.60	46500	
	裁弯后	1974-8-13	43.84	30.69	51100	4600

续表

站名	时段	实测日期	水位/m	城陵矶水位/m	流量/(m³/s)	扩大泄量/(m³/s)
监利 （姚圻脑）	裁弯前	1954 - 7 - 25	35.82	33.73	26600	
	裁弯后	1980 - 9 - 2	35.83	33.67	32900	6300

注　城陵矶系莲花塘站。

表 6 - 11　　　　　　　　　　监利站同频率下对应流量　　　　　　　　单位：m³/s

时段　　　频率	最大	1%	5%	10%	50%	最小
1954—1959 年	35200	29400	23200	18800	7810	3140
1980—1987 年	45700	37900	29200	26000	9080	3150

5. 裁弯后下荆江水面比降的变化

下荆江裁弯后，缩短河长 78km，占下荆江河长的 1/3。裁弯段基面的降低，裁弯后河道水流流程的减小，使下荆江水面比降增大。由表 6 - 12 可见，新厂—石首河段汛期各月平均水面比降在下荆江裁弯期迅速增大，增大幅度在 14.6%～26.0% 之间，尤其是在 7月、8 月、9 月三个月，增大幅度在 23.0% 以上。20 世纪 80 年代有所减小，但仍然明显大于裁弯前的比降。由于下荆江裁弯后河床冲刷的持续影响和水面线的连续性，整个荆江河段比降直至 80 年代都明显增大（表 6 - 13）。由表可见，下荆江裁弯后，高、中、低水比降均有不同程度的增大，其中调弦口—姚圻脑和姚圻脑—洪山头两河段比降增值最大，但荆江河段的比降特性并未改变，即以郝穴为界，其上段仍主要受径流影响，年内比降随流量增大而变大；其下段主要受洞庭湖出口基面的顶托与消落影响，年内比降枯水期大于洪水期。

表 6 - 12　　　　　新厂—石首河段分时段汛期月平均比降变化统计　　　　单位：10⁻⁴

时段	5 月	6 月	7 月	8 月	9 月	10 月
1955—1966 年	0.4568	0.4486	0.3932	0.4059	0.4001	0.4298
1967—1972 年	0.5236	0.5242	0.4842	0.4997	0.5041	0.5066
1973—1980 年	0.4980	0.4896	0.4524	0.4661	0.4689	0.4844

表 6 - 13　　　　　　下荆江裁弯前后荆江河段比降变化　　　　　　单位：10⁻⁴

河段	$Q=5000\text{m}^3/\text{s}$, $Z=20\text{m}$			$Q=20000\text{m}^3/\text{s}$, $Z=27\text{m}$			$Q=40000\text{m}^3/\text{s}$, $Z=29\text{m}$		$Q=50000\text{m}^3/\text{s}$, $Z=31\text{m}$		
	1953— 1966 年	1967— 1972 年	1973— 1988 年	1953— 1966 年	1967— 1972 年	1973— 1988 年	1953— 1966 年	1973— 1988 年	1953— 1966 年	1967— 1972 年	1973— 1988 年
枝城—砖窑	0.577	0.603	0.737	0.573	0.594	0.662	0.631	0.698	0.686	0.693	0.894
砖窑—陈家湾	0.409	0.425	0.465	0.539	0.594	0.599	0.623	0.745	0.700	0.745	0.617
陈家湾—沙市	0.561	0.498	0.579	0.410	0.413	0.485	0.370	0.388	0.242	0.276	0.394
沙市—郝穴	0.359	0.419	0.416	0.410	0.468	0.494	0.478	0.575	0.551	0.554	0.559
郝穴—新厂	0.574	0.722	0.805	0.526	0.517	0.614	0.440	0.500	0.404	0.364	0.538
新厂—石首	0.532	0.674	0.633	0.433	0.535	0.498	0.383	0.529	0.359	0.429	0.380

续表

河段	$Q=5000\text{m}^3/\text{s}$, $Z=20\text{m}$			$Q=20000\text{m}^3/\text{s}$, $Z=27\text{m}$			$Q=40000\text{m}^3/\text{s}$, $Z=29\text{m}$		$Q=50000\text{m}^3/\text{s}$, $Z=31\text{m}$		
	1953—1966 年	1967—1972 年	1973—1988 年	1953—1966 年	1967—1972 年	1973—1988 年	1953—1966 年	1973—1988 年	1953—1966 年	1967—1972 年	1973—1988 年
石首—调弦口	0.429	0.437	0.453	0.407	0.416	0.414	0.454	0.416	0.408	0.308	0.400
调弦口—姚圻脑	0.424	0.755	0.698	0.367	0.595	0.554	0.415	0.672	0.343	0.718	0.656
姚圻脑—七里山	0.439	0.426	0.520	0.287	0.298	0.363	0.305	0.416	0.277	0.344	0.401

注 Q 为枝城流量；Z 为七里山水位。

6.2.2.3 裁弯后下荆江河道冲刷与调整

1. 裁弯后下荆江河床冲刷特点

裁弯后，由于上游河段水位下降的程度沿程增大，在石首以上的荆江河道产生溯源冲刷，即愈近下游，冲刷量愈大（见表 6-14）。裁弯后，上荆江河道冲刷范围可上达枝城（沙滩子新河上游约 210km）。自 1965—1987 年新厂至石首段（沙滩子新河上游 19.6～46km）单位河长冲刷量为 6348m³/m，河床平均冲深 2.95m；向上游各段的单位河长冲刷量和平均冲深分别是：郝穴至新厂段为 3627.8m³/m 和 2.26m，沙市至郝穴段为 2116m³/m 和 1.42m，陈家湾至沙市段为 2112.5m³/m 和 1.07m；砖窑至陈家湾段因汊道的支汊和洲滩淤积较多，单位河长冲刷量仅为 35.7m³/m。以上体现出溯源冲刷的规律。由于裁弯河段均位于下荆江，对上荆江而言都有溯源冲刷的共同效应，但对下荆江来说，河床冲淤特性则较为复杂。以下是对下荆江裁弯后的河床冲刷特点所作的进一步分析。

表 6-14 　　　　　　　　　　　　裁弯段上游河道冲刷量

河段	河段长度 /km	1965 年 5 月—1975 年 6 月		1975 年 6 月—1980 年 6 月		1980 年 6 月—1987 年 5 月		1965 年 5 月—1987 年 5 月	
		冲刷量 /亿 m³	单位河长冲刷量 /(m³/m)	冲刷量 /亿 m³	单位河长冲刷量 /(m³/m)	冲刷量 /亿 m³	单位河长冲刷量 /(m³/m)	冲刷量 /亿 m³	单位河长冲刷量 /(m³/m)
枝城—砖窑	32	−0.107	−334.4	−0.175	−546.9	−0.173	−540.6	−0.455	−1421.9
砖窑—陈家湾	42	−0.090	−214.3	−0.166	−395.2	+0.241	+573.8	−0.015	−35.7
陈家湾—沙市	16	−0.188	−1175.0	−0.117	−731.3	−0.033	−206.3	−0.338	−2112.5
沙市—郝穴	53	−0.569	−1073.6	−0.256	−483.0	−0.323	−609.4	−1.148	−2116.0
郝穴—新厂	18	−0.156	−866.7	−0.281	−1561.1	−0.216	−1200.0	−0.653	−3627.8
新厂—石首	25	−0.374	−1496.0	−0.951	−3804.0	−0.262	−1048.0	−1.587	−6348.0

（1）裁弯后下荆江河床冲刷的时空分布。20 世纪 60 年代以来，荆江河段 1966—1993 年枯水河槽、平滩河槽冲刷量分别为 5.65 亿 m³、9.52 亿 m³（含下荆江 3 处裁弯引河冲刷量），且以裁弯段上游枝城至碾子湾河道冲刷最为剧烈，冲刷量分别为 3.98 亿 m³、5.04 亿 m³，分别占全河段冲刷量的 70%、53%，冲刷分布呈溯源冲刷特点。裁弯工程段（碾子湾至天星阁）枯水河槽和平滩河槽冲刷量分别为 0.99 亿 m³、2.20 亿 m³，裁弯段以下的下游段（天星阁至城陵矶）冲刷量分别为 0.68 亿 m³、2.28 亿 m³。

从冲刷量沿时程分布来看，以上三段情况有所不同。上游段以 1970—1980 年冲刷最为剧烈，平滩河槽冲刷量为 3.64 亿 m^3，占总冲刷量的 72%；裁弯段则以 1965—1975 年冲刷最为剧烈，平滩河槽冲刷量为 2.47 亿 m^3，其中新河冲刷是主要的，之后，冲刷逐渐减弱，1980—1993 年则转为淤积，淤积量为 0.44 亿 m^3；裁弯下游段以 1965—1970 年冲刷最大，冲刷量为 1.45 亿 m^3，这主要与裁弯后老河迅速淤积与崩岸剧烈有关，1970—1980 年则随着裁弯段及上游段的剧烈冲刷而表现为淤积。此外，下荆江上车湾新河下游至城陵矶河段，在裁弯初期河床总体未发生明显冲刷，以后则由于荆江过流量增大，洞庭湖出流顶托相对减弱，河床冲刷增大。

（2）裁弯后下荆江河床冲刷部位与滩槽变化。裁弯后随着荆江河床冲刷，三口分流入湖水量明显减少，荆江过流量增大，引起整个上、下荆江河床断面冲刷扩大；同时洞庭湖出流减少，对下荆江的顶托作用相对减弱，加大了下荆江河床冲刷。根据实测资料计算，1966—1993 年上、下荆江各时段河床冲淤情况见表 6 - 15。可以看出：1975 年前，各时段河床有冲有淤，其后各时段直至 1987 年均系冲刷；裁弯后上荆江强烈冲刷发生在 1970—1985 年，而下荆江则发生在 1966—1980 年，历时达 15 年，之后冲刷渐趋缓慢；相应宜昌流量 10000 m^3/s 下的低水河床和 50000 m^3/s 下的高水河床，上荆江冲刷量基本接近，而下荆江的冲刷量前者为后者的 47.2%。说明上荆江的溯源冲刷是以冲槽为主，而下荆江则滩槽均受冲刷。

表 6 - 15　　　　　　　　　　裁弯后荆江河床冲淤量

项目			1966—1970 年	1970—1975 年	1975—1980 年	1980—1985 年	1985—1987 年	1987—1993 年	1966—1993 年
上荆江（枝城—新厂）	基本河槽	冲淤量/亿 m^3	0.060	−0.557	−1.013	−0.616	−0.269	−0.212	−2.607
		年均冲淤量/亿 m^3	0.015	−0.111	−0.203	−0.123	−0.135	−0.035	−0.097
	高水河槽	冲淤量/亿 m^3	−0.522	−0.588	−0.995	−0.023	−0.481	0.013	−2.596
		年均冲淤量/亿 m^3	−0.131	−0.118	−0.199	−0.005	−0.241	0.002	−0.096
下荆江（新厂—城陵矶）	基本河槽	冲淤量/亿 m^3	−1.427	0.418	−0.357	−0.321	−0.773	0.495	−1.965
		年均冲淤量/亿 m^3	−0.357	0.084	−0.071	−0.064	−0.387	0.083	−0.073
	高水河槽	冲淤量/亿 m^3	−1.886	−0.199	−1.221	−0.32	−0.144	−0.398	−4.168
		年均冲淤量/亿 m^3	−0.472	−0.040	−0.244	−0.064	−0.072	−0.066	−0.154

注　基本、高水河槽分别指宜昌流量为 10000 m^3/s、50000 m^3/s 时对应水面线以下的河槽。

（3）裁弯对下游河段的影响。在下游河段，河道无单向淤积现象。新河冲刷发展过程中，由于各时段的新河冲刷量均小于老河淤积量，裁弯段下游河道未发生累积性淤积。同时，随着由三口进入洞庭湖的分流量减小，裁弯段下游河道流量增大，河道过水断面还较裁弯前增大，平滩水位下的断面积 1991 年较 1965 年增大约 15%。此外，新河流路短于老河流路，改变了洪峰向下游传播的过程，影响到下游洪峰提前到达，防汛历时延长。

2. 下荆江河床断面形态调整

荆江河床断面形态的调整，可以相应的沿程水位（接近平滩水位）下河槽宽深的变化表示（表 6 - 16）。由表可见，由于上荆江两岸基本上已有护岸工程保护，裁弯后至 1993

年上荆江河道拓宽不大，主要是平均水深增大，相对增幅为 15.9%，河床以下切为主，河床宽深比减小；下荆江则由于两岸护岸工程薄弱，河床下切与展宽同时发生，且下切与展宽的相对增幅分别为 11.1% 和 9.9%，河床宽深比略有减小。

表 6 - 16   上、下荆江河床形态特征值

年份	上荆江			下荆江		
	平均河宽 B/m	平均水深 H/m	宽深比 $\sqrt{B}/H$	平均河宽 B/m	平均水深 H/m	宽深比 $\sqrt{B}/H$
1965	1460	9.66	3.96	1265	9.36	3.80
1975	1494	9.71	3.98	1351	9.23	3.98
1991	1503	10.52	3.69	1395	9.70	3.85
1993	1500	11.20	3.45	1390	10.4	3.58

3. 河势变化

下荆江裁弯后，荆江河道演变仍遵循原有的规律，顺直段和长微弯段河势变化不大，弯道段仍有一定变化，但裁弯河段的河势发生了较剧烈的调整。

随着引河的发展，上游河段水位、主流和深泓线发生变化，其趋势是与引河平顺衔接。这种变化对河势和浅滩的变化会产生一些影响，有可能改变汛期险工出险的部位和减小枯水位下个别浅滩航深。

在裁弯段上游，由于比降加大，河床冲刷，主流趋直，弯道凹岸水流顶冲部位下移，从而产生或加速了水流切滩撇弯与汊道段主支汊的易位。石首河弯紧靠沙滩子裁弯段上首，裁弯后进口段主流逐渐趋直，至 1980 年已撇开凹岸，紧贴向家洲一侧，使该洲大幅度崩退，原凹岸上段淤成大片滩地（图 6-16）；1969 年上车湾人工裁弯后，1970 年上游监利汊道右汊发展，1971 年成为主汊，至 1980 年左汊复为主汊；80 年代后期右汊又逐渐发展，左汊淤积萎缩（图 6-17）。

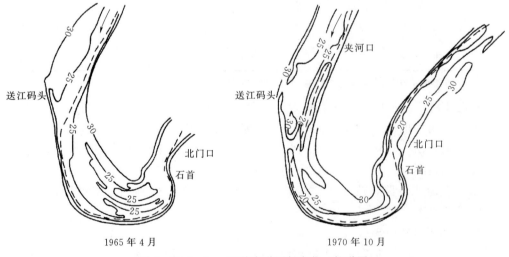

1965 年 4 月   1970 年 10 月

图 6-16 （一）   石首弯道历年变化（航道图）

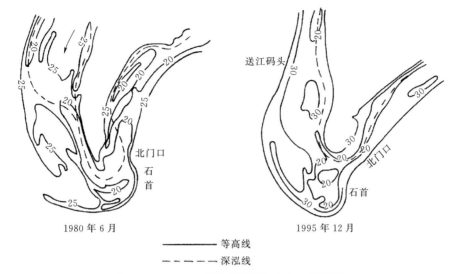

1980 年 6 月　　　　　　1995 年 12 月

———— 等高线

------ 深泓线

图 6-16（二）　石首弯道历年变化（航道图）

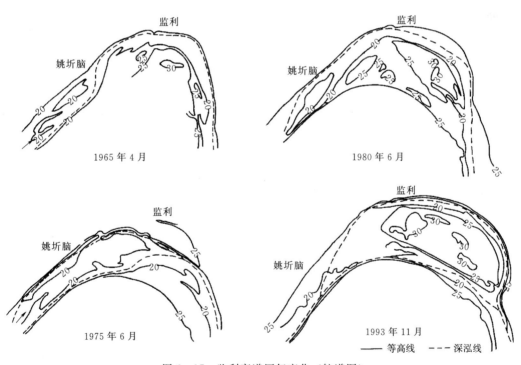

图 6-17　监利弯道历年变化（航道图）

　　裁弯段河势变化程度则取决于新河进出口与上、下游河道是否平顺衔接以及河势控制工程是否适时。如上车湾人工裁弯后，上、下游河势衔接比较平顺，但新河出口下游天星阁一带因未能及时守护，裁弯后受新河出流顶冲而岸线崩退，1973—1981 年岸线最大年崩宽达 230m，累计崩退约 1300m，致使原右向弯道变成左向弯道，下游右岸洪水港险工位置下移，护岸后河势得到基本控制（图 6-18）。

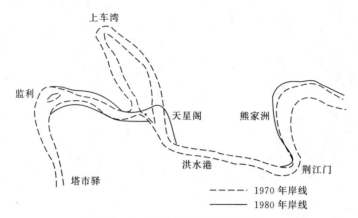

图 6-18　上车湾裁弯段河道演变

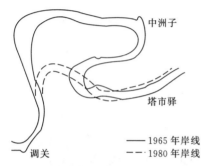

图 6-19　中洲子人工裁弯段河道演变

此外，自然裁弯与人工裁弯工程的上、下游河势变化差别很大，人工裁弯工程上、下游河势衔接平顺，只要适时按规划走向进行岸线控制，河势不至于发生急剧变化，如中洲子裁弯工程（图 6-19）；自然裁弯一般上、下游河势衔接很不平顺，河势发生较大变化，如 1949 年碾子湾自然裁弯后，其下游的黄家拐于 20 世纪 60 年代发生撇弯（图 6-20）；沙滩子河弯 1972 年自然裁弯后，河势发生了急剧的调整变化（图 6-21），上游主泓由北摆向南，新河进口右岸寡妇夹一带受冲崩退，出口水流直冲金鱼沟边滩，岸线最大崩退 3200m，最大年崩宽达 500m，致使新河出口下游由右向弯道变为左向弯道。金鱼沟河弯的发展，导致其下游连心垸弯道凹岸崩退，弯曲半径减小，形成急弯，使调关矶头过于突出，汛期守护困难，险情时有发生。

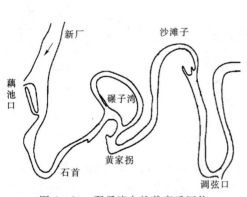

图 6-20　碾子湾自然裁弯后河势

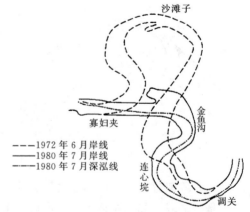

图 6-21　沙滩子自然裁弯段河道演变

6.2.2.4　小结

下荆江裁弯后的河床演变可以归纳为以下几个方面：

（1）裁弯新河发展的过程可分为普遍冲刷、弯道形成和弯道正常演变三阶段；老河淤积衰萎过程可分为深槽部位淤积、老河全段淤积和牛轭湖形成三阶段。新河冲刷与老河淤积的过程都反映了水流与河床相互作用的特性和自动调整的规律。裁弯比、水文条件和引河的地质条件是影响新河冲刷和老河淤积的三要素。

（2）新河冲刷与老河淤积具有密切的关系。老河淤积量与新河冲刷量的比值分析表明，中洲子新河一、二阶段冲刷发展非常迅速，第三阶段老河淤积猛增；而上车湾裁弯表明，新河发展和老河淤积都发展较慢，以致可能产生新老河并存而不利于航运的局面。新、老河的冲淤关系，主要取决于新河的地质条件即新河河床的可冲性。同时，中洲子新河在裁弯初期发展过快，每月平均崩宽达 167m，也给新河护岸控制带来一些困难。

（3）裁弯后，上、下荆江强烈冲刷期发生在 1966—1980 年，其中下荆江基本河槽于 1970—1975 年还发生显著淤积，可见在裁弯初期对下荆江河床冲淤的复杂影响。上荆江基本河槽的较强冲刷持续至 1985—1987 年；之后，至 1993 年冲刷减缓。下荆江基本河槽的强烈冲刷发生在 1966—1970 年和 1985—1987 年两个时段，1987—1993 年则呈现淤积。上荆江溯源冲刷的部位以冲槽为主，而下荆江则滩槽均受冲刷。

（4）下荆江裁弯后扩大了河道泄洪量，同流量下水位降低，水位流量关系的调整呈溯源发展。裁弯后，由于下荆江河床冲刷的持续影响和水面线的连续性，高、中、低水比降都有不同程度的增大，但荆江河段的比降变化特性并未改变，即郝穴以上的比降仍随流量增大而增大，郝穴以下主要受洞庭湖出口基面的顶托和消落影响，年内枯水期比降大于洪水期。

（5）实践表明，下荆江人工裁弯的引河设计是合理的。由于充分考虑了进口的迎流条件和出口水流与下游河势的平顺衔接，裁弯后对河势的影响较小且不难控制；自然裁弯对上、下游河势影响均较大且不易控制，应尽可能避免发生自然裁弯。下荆江人工裁弯在规划、设计、施工方面都为我们提供了很好的经验。

6.2.3　下荆江裁弯后 20 世纪 80 年代至三峡水库蓄水前河床演变

6.2.3.1　河道平面变形

下荆江在裁弯前共有 15 个弯曲段，裁弯后还有 10 个弯曲段，分别为石首、沙滩子、调关、中洲子、监利、凤凸岭、荆江门、熊家洲、七弓岭、观音洲等河弯。裁弯后，由于实施了大量的护岸工程和河势控制工程，下荆江已成为限制性的蜿蜒性河道，其平面形态特征虽有变化，裁弯前曲折率为 2.83（1965 年），裁弯后为 1.93（1975 年），但河道仍然呈现蜿蜒形态。裁弯后二三十年来，下荆江裁去三个大弯后的 10 个弯道段及其过渡段平面上虽有一定调整，但仍属蜿蜒河型。而且，与裁弯前一样，除监利河弯为双汊河段外，其余均为单一河道。

由于河岸地质条件和护岸工程限制了水流的运动方向，裁弯后的荆江河段弯曲系数总体比较稳定，但有个别河弯（即石首河弯）因局部河势的变化导致水流流向乃至弯曲系数发生改变。石首河弯是下荆江中 1980 年代以后近几十年来变化最为剧烈的河段，并于 1994 年发生切滩撇弯。随着主流的大幅摆动，石首河弯的弯曲半径、中心角及河弯系数都在发生变化与调整，见表 6-17。从 1975—1991 年，河弯曲率半径急剧减小，中心角不断增大，弯曲系数也呈增大趋势；1994 年发生切滩后，河弯曲率半径突然扩大，中心角则减小，弯曲系数显著变小。之后，又朝着曲率半径增大、中心角增大和弯曲系数增大的调整方向发展。98 洪水后至三峡水库蓄水前 2002 年，曲率半径、中心角和弯曲系数又朝减小的调整方向发展。可见，河弯从急弯转变成锐弯，经切滩突变后又自行调整，体现了河弯特征值有规律的转化过程。

表 6-17　　　　　　　　　　下荆江河段石首河弯平面形态特征统计

年份	曲率半径/m	中心角/(°)	弧长/km	弯曲系数
1975	2010	154	5.40	1.38
1980	2300	135	5.42	1.27
1986	843	191	2.81	1.67
1991	527	218	2.01	2.01
1993	566	222	2.19	2.07
1996	1430	97.5	2.43	1.13
1998	1698	169	5.01	1.48
2002	1457	109	2.77	1.31
最大值	2300	222	5.42	2.07
最小值	527	109	2.01	1.13
多年平均	1364	171	3.76	1.54

6.2.3.2　河道纵剖面变化

由于河床形态、边界条件与沿程来水来沙条件的不同以及支流入汇等因素的影响，加之河床组成的差异和深泓线所处河段形态及位置不同，荆江河段纵剖面总体上具有不同波形的起伏。

从荆江河段河床平均高程纵剖面变化来看，在裁弯初期（1966—1975 年），上荆江冲淤幅度均较小，公安至石首发生明显冲刷，但公安以上至枝城冲淤相间；下荆江沿程冲淤十分复杂，冲淤幅度较大，从宏观来看，荆江门以上河床平均高程总体降低，荆江门以下河床平均高程则有所抬高，说明荆江门以上河床总体冲刷，而荆江门以下河床总体是淤积的。自 1975—1985 年，上、下荆江沿程冲淤相间，总体均呈冲刷态势。1985—1993 年，上荆江整体呈冲刷态势，而下荆江沿程有冲有淤，且冲淤幅度均较大，整体呈冲刷态势。1993—2002 年，上荆江河床整体冲刷，但幅度不大，下荆江沿程有冲有淤，幅度均较小 [图 6-22（a）、（b）、（c）、（d）]。图 6-22（e）表明，在 1966—2002 年共 36 年间，石首以上的上荆江全线冲刷，河床平均高程降低幅度均较大；而下荆江在荆江门以上为冲刷，以下沿程则有冲有淤。至于深泓纵剖面的变化，虽然概括了河床的最深点，但局部因素影响较大，其变化的规律性逊于河床平均高程纵剖面的变化（图 6-23）。矶头附近冲刷深度的变化关系到险工的稳定，值得关注。

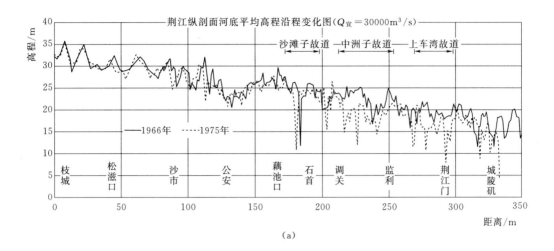

（a）

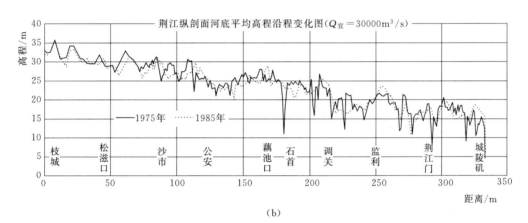

（b）

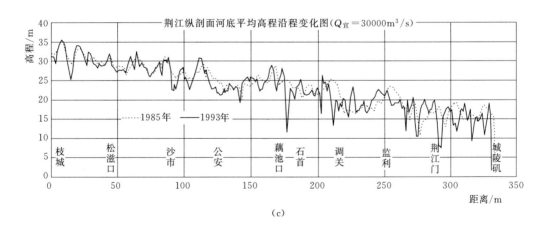

（c）

图 6-22（一）　荆江平均河底高程纵剖面变化

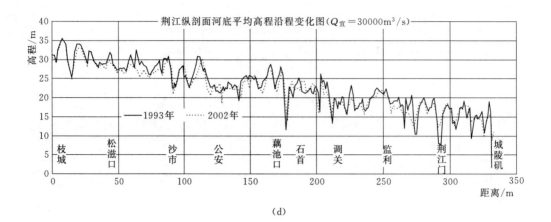

(d)

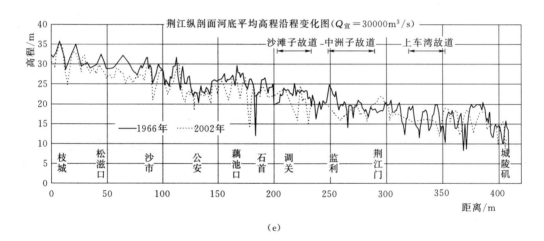

(e)

图 6-22（二）　荆江平均河底高程纵剖面变化

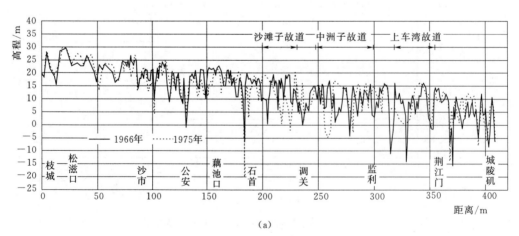

(a)

图 6-23（一）　荆江深泓纵剖面变化

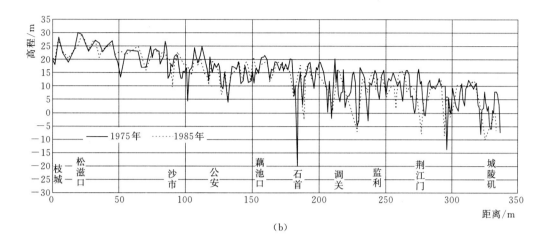

(b)

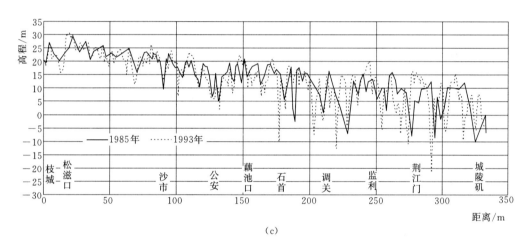

(c)

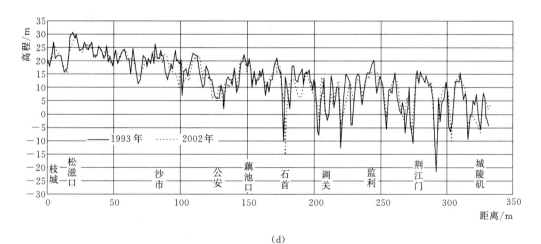

(d)

图 6-23（二）　荆江深泓纵剖面变化

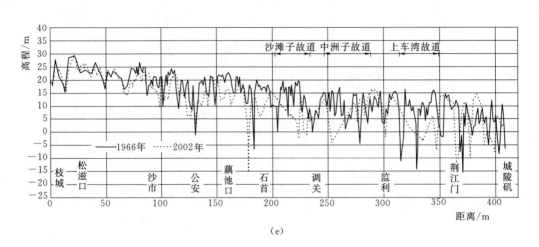

(e)

图 6-23（三）　荆江深泓纵剖面变化

　　图 6-24 给出了三峡蓄水前 2002 年荆江平滩河槽、平均（水位）河槽和枯水河槽河床平均高程的纵剖面，我们可以根据三级河槽河床平均高程的相互高差分析上、下荆江及其各段的断面特性（这里不再阐述）；同时可知，荆江河段的纵比降，应是平滩河槽纵比降（代表河漫滩纵比降）小于平均河槽平均高程的纵比降，更小于枯水河槽平均高程的纵比降；深泓纵比降显著陡于河床平均高程的纵比降。另外，深泓纵剖面最深点所达的深度为荆江河段，特别是为下荆江河床在三峡蓄水后未来持续冲刷提供了起始的深度。

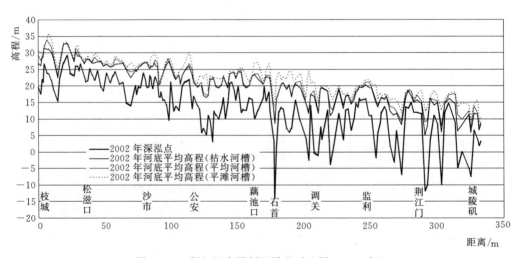

图 6-24　荆江河床纵剖面沿程对比图（2002 年）

6.2.3.3　河床断面形态变化

　　下荆江的横断面形态主要与其所在河段的平面形态密切相关。如前所述，横断面形态一般有以下几种类型，处于弯道段的断面形态一般呈偏 V 形，顺直单一段及过渡段基本为 U 形，分汊段为 W 形。从沿程断面的宽深比 B/H 和 $\sqrt{B}/H$ 变化情况看（图 6-25），顺直段宽深比较小，而弯曲段宽深比相对较大。多年来顺直单一段宽深比因为河床冲刷水深加大总体呈现减小之势，而分汊段随洲滩变化宽深比有所增大。

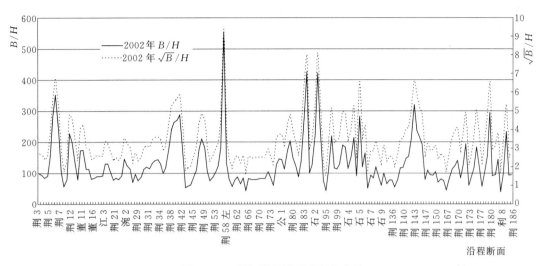

图 6-25　荆江沿程断面宽深比变化

前已述及，裁弯后经调整至 1993 年的断面形态与裁弯前 1966 年相比（表 6-16），上荆江主要为冲深，宽深比明显减小，下荆江滩槽均冲，宽深比也有所减小。最新统计成果表明（表 6-18），经 1993 年后护岸工程的进一步实施，2002 年与 1993 年相比，上荆江河宽有所减小，平均水深继续增大，宽深比 $\sqrt{B}/H$ 进一步减小；而下荆江河宽减小，平均水深增加不大，宽深比有所减小。综合表 6-16 和表 6-18 可知，多年来上荆江宽深比减小比较明显，下荆江宽深比也有所减小；上荆江断面主要变化是平均水深持续增大，河宽变化不大；下荆江在 1993 年前河宽增大明显，之后河宽又束窄，而平均水深在 1993 年以后增大不多。

表 6-18　　　　　　　　　　　　　　上、下荆江宽深比统计

项目 河段	1993 年				2002 年			
	B	H	$\sqrt{B}/H$	B/H	B	H	$\sqrt{B}/H$	B/H
上荆江	1500	11.2	3.45	134	1418	12.2	3.09	116
下荆江	1390	10.4	3.58	134	1265	10.5	3.38	120

6.2.3.4　下荆江典型河段演变

下荆江裁弯前蜿蜒型河道的平面形态可划分为 8 个曲率很大的河弯段（包括石首、调关、监利、荆江门、熊家洲、七弓岭、观音洲和捉鱼洲等河弯）、5 个顺直微弯段（包括古丈堤、北碾子湾、章华港至塔市驿、铺子湾至大马洲和盐船套等）和 3 个要裁去的极其蜿蜒或复凹的大弯（即沙滩子、中洲子、上车湾等）。系统裁弯后，经短期调整至 1980 年，下荆江河道平面形态除沙滩子、中洲子、上车湾裁去了三个大弯后分别调整为金鱼沟弯段、中洲子新河弯段和天字一号至上车湾新河连续两弯段之外，其他 8 个河弯和 5 个顺

直微弯过渡段均基本保持原有形态而按其自身的固有特性发展。经过20世纪80年代以后河势控制工程和"98"洪水后护岸工程的实施,至2002年下荆江基本仍在上述总体平面形态中调整和变化,继续表现其蜿蜒型河道的演变特性;期间,在边界受到较强控制再不可能发生自然裁弯的情况下,在局部河弯演绎着切滩和撤弯的演变过程。本节阐述的典型河段有石首、调关、监利、熊家洲、七弓岭、观音洲等河弯和古丈堤、盐船套等顺直段;主要分析三峡蓄水前1986—2002年的演变过程。

1. 古丈堤顺直段和石首河弯段

石首河弯上起古丈堤(荆89,位于葛洲坝下游约230km)下至鱼尾洲(荆98,位于葛洲坝下游约242.5km),长约12.5km,外形为一主泓曲率半径较小的锐弯,平面形态呈U形(图6-26)。石首弯道左岸的荆北平原为全新世河流的松散冲积物,抗冲能力较弱,右岸除石首附近为岩性坚硬的石英砂岩组成的残丘外,均为冲积物组成的二元结构河岸。

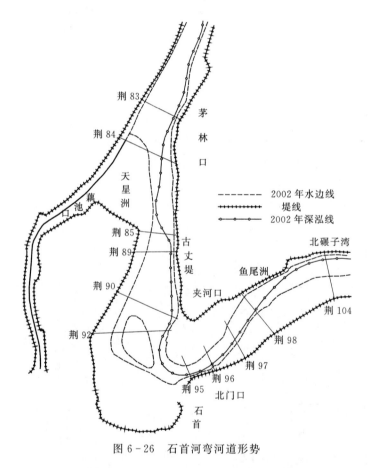

图6-26 石首河弯河道形势

(1)河道平面变化。石首河段自20世纪40年代以来,演变一直很剧烈。1949年的碾子湾自然裁弯、1967年的中洲子人工裁弯、1972年的沙滩子自然裁弯都发生在石首河段,共缩短河长约52km左右。而1994年石首河弯向家洲的自然切滩又对河势造成很大影响。

石首河弯是下荆江近期变化最为剧烈的河段。由图 6 - 27 和图 6 - 28 可知，下荆江系统裁弯后 1975—1986 年石首河弯上段主流左移，左岸古丈堤以下岸线大幅后退；受石首东岳山以上岸线的控导作用，鱼尾洲受水流冲刷岸线大幅后退。向家洲两侧的崩岸使得洲体宽度愈来愈窄，呈非常狭长的形态。1994 年 6 月 11 日向家洲发生切滩后，弯顶上、下游的河势发生了剧烈调整：①新河迅速扩大并向左平移，被切割的滩头成为"孤岛"，最后并入右岸，成为新河右岸的河漫滩部分；②1996 年后向家洲继续崩

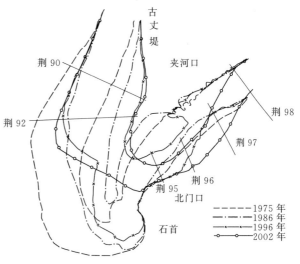

图 6 - 27　石首河弯历年水边线变化

塌，新河水流在东岳山以下直冲北门口，使该段岸线大幅后退，崩岸向下游发展，对岸鱼尾洲则不再受冲刷而转化为凸岸淤积，该段河势发生了根本性变化，水流动力轴线左右易位；③经过河势变化的剧烈调整以及切滩后上下段护岸工程的控制，到 2002 年，上段主流线摆向左岸紧贴向家洲下行并撇开整个原石首河弯，在北门口以下形成新的弯道后过渡到左岸，使北碾子湾成为新的左向弯道，而其右岸形成大边滩。可见，在 20 世纪 80 年代

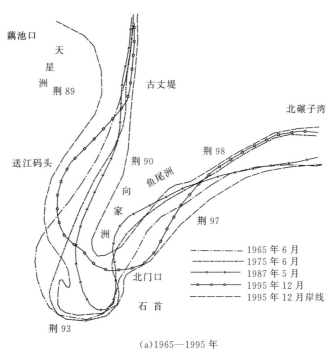

(a)1965—1995 年

图 6 - 28（一）　石首河弯深泓线变化

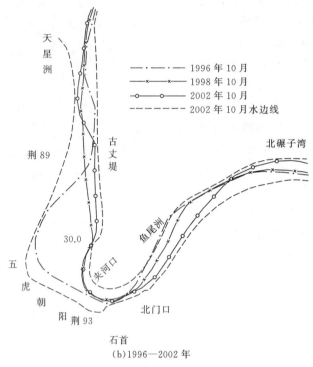

图例：
- 1996年10月
- 1998年10月
- 2002年10月
- 2002年10月水边线

图 6 - 28（二）　石首河弯深泓线变化

之后不太长的时段内，石首河弯由不断形成的向家洲锐弯通过切滩突变后，已逐步调整为弯曲半径有所增大而且与下游形成的弯道河势相衔接的较好形态（图 6 - 28）。至三峡水库蓄水前夕，这一调整趋势仍在持续。

（2）河床纵向变化。石首河弯河床平均高程和深泓的纵向起伏较大。受系统裁弯的持续影响，1980—1993 年，整个石首河弯深泓明显冲深，1980 年、1993 年石首河弯弯顶处冲刷坑最深点高程分别为 12.0m、－10.0m，冲深幅度达 22.0m。向家洲切滩后，1993—1996 年，由于河势的变化，整个原石首河弯的深泓总体呈淤积状态，说明切滩前后石首河弯深泓由冲刷转为淤积。之后，受 1998 年洪水的影响，1996—1998 年，整个石首河段深泓冲刷比较明显，石首河弯平均冲深约 10m。受切滩后河势变化和 1998 年洪水冲刷的双重影响，1996 年、1998 年、2001 年调整后的河弯在北门口弯顶处最深点高程分别为－7.9m、－11.4m、－12.2m，是整个石首河段最深部位。1998 年洪水后至 2002 年，在护岸工程抑制弯道平面位移的情况下，北碾子湾深槽多有冲刷，其余段河床则多有淤积。

（3）河床断面形态变化。荆 89 位于石首河弯段进口处 [图 6 - 29（a）]，处于上下弯道的过渡段。自 1987—2002 年，左侧近岸有所后退，但总体变化不大，右侧近岸冲淤变化较大。1987 年断面呈 U 形，深槽稍偏右，1993 年深槽仍偏右；但至 1996 年右侧明显淤积，左侧明显冲刷，断面呈 V 形；至 1998 年断面左淤右冲，深槽居中；2000 年断面左冲右淤，深槽仍回到左侧，形态与 1996 年相似；至 2002 年，主槽又摆向右侧。总的来说，1987 年以来，过渡段断面两岸变化不大，但主流左右摆动与河床冲淤变化较大，没有单向变化趋势，断面形态不大稳定，说明过渡段河床年际间冲淤变化较大。

荆92断面位于弯道上段［图6-29（b）］，横跨五虎朝阳心滩，断面形态为W形。1987年后左岸崩退，1996年经护岸已基本稳定，断面内滩槽变化较大。1987年左槽为主槽，之后大幅淤积缩窄，心滩淤高增宽，至1996年左槽萎缩成为支汊，滩面冲刷降低，右槽变得宽深成为主汊；1998年洪水又使主、支汊易位，左槽大幅冲深并展宽成为主汊，右槽成为支汊，滩面又淤高。至2002年左槽继续拓宽发展，右槽和心滩持续淤积。结合平面形态变化来看，预计该断面形态已趋相对稳定。

荆95断面位于弯顶偏下［图6-29（c）］，断面形态为典型的偏V形。1987年断面左侧鱼尾洲的崩退受到抑制，主槽仍偏左侧。至1993年主槽摆至右侧，左侧为边滩，说明石首以下已经受到上游水流撤弯的影响。1996年受向家洲切割河势变化的影响，断面右侧大幅度崩岸，左侧边滩大幅淤积。之后至2002年右岸受到护岸工程控制岸线变化不大，但坡脚仍不断冲深变陡，深槽进一步刷深，而左侧边滩持续淤积，断面朝窄深形态和相对稳定的方向发展。

荆98断面为石首弯道出口并向北碾子湾过渡的断面［图6-29（d）］。断面的变化主要表现为深槽经历了两个轮回的摆动。1966年断面为深槽靠左岸的V形断面，至1975年随着系统裁弯河势调整，左侧河岸大幅崩坍，深槽随之大幅左移，右侧边滩大幅淤积左移，但仍然保持原V形断面；之后，由于上段鱼尾洲崩岸，水流自左向右过渡，至1987年形成深槽靠右侧的V形断面；1993年因石首河湾水流撤弯，深槽又开始向左过渡；向家洲切滩后至1996年，主泓冲刷北门口后向左过渡至北碾子湾，左槽迅速冲深成为深槽，右侧形成大边滩，1998年洪水进一步拓宽深槽并冲刷边滩；然后由于上游北门口主流顶冲点不断下移，此处主流顶冲相继下移右摆，左深槽又处于回淤状态，右边滩逐渐冲深成为深槽，至2002年，又完成了一轮滩、槽易位过程。于是，断面形态由1993—1998年的左偏V形调整到之后的右偏V形。由于右岸河漫滩未受护岸控制，预计2002年以后还将冲刷崩退。这也是三峡水库蓄水前夕断面形态变化面临的趋势。

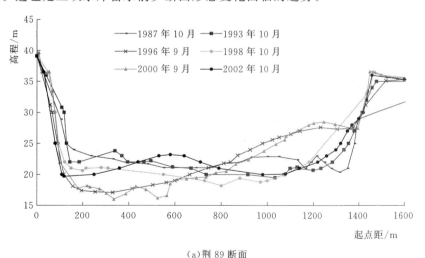

(a) 荆89断面

图6-29（一）　石首河弯典型横断面冲淤变化

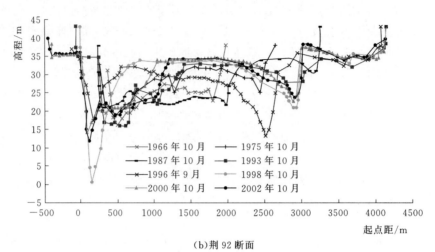

(b)荆 92 断面

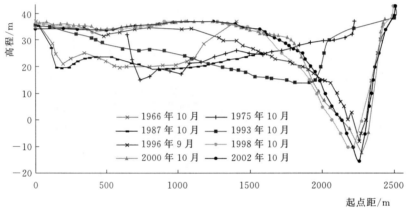

(c)荆 95 断面

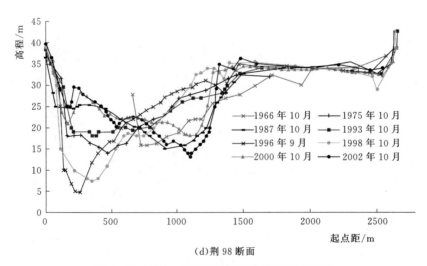

(d)荆 98 断面

图 6-29（二）　石首河弯典型横断面冲淤变化

由以上平面、深泓纵剖面和横断面形态分析可以看出，受到系统裁弯和"98"洪水的影响，石首河弯段经历了非常复杂的演变过程，从上游过渡段主流的摆动、心滩左右槽的易位到石首河弯撤弯、向家洲切滩，再到北门口崩岸与鱼尾洲段的滩、槽易位，最后到北碾子湾上段滩、槽两个轮回的变化，无不显示出该河段冲淤演变异常剧烈的特性，也显示出该河段又具有上下游、左右岸关联性很强的变化特性。至三峡蓄水前的2002年，上游过渡段主流并未相对稳定、下游北碾子湾以下的调整仍将延续，需加强观测，特别是三峡蓄水后"清水"下泄的影响。以上分析表明，其变化规律是可以认识和把握的。

2. 调关河弯段

调关河弯位于石首河弯的下游，自寡妇夹（荆110）至来家铺，长约18km。调关弯顶距离石首弯顶约32.5km（下荆江系统裁弯后），河弯曲率半径约930m。河段上游沙滩子1972年发生自然裁弯，下游中洲子1967年实施了人工裁弯。河弯段左岸的荆北平原为全新世河流冲积物；右岸调弦口以西受到阶地控制。河流两岸土层大部分为冲积物组成的二元结构，河岸抗冲能力弱，极易受水流冲刷而崩塌。

图6-30为调关弯道1975—2002年30m等高线平面变化。该段平面形态的变化主要受到沙滩子及中洲子裁弯的影响。弯道进口段位于沙滩子的下游，沙滩子裁弯后上段寡妇夹（荆110）—荆122段河道平面形态由向右弯曲变为先向左弯曲再向右弯曲。自1986年以来，除寡妇夹附近岸线有小幅右移外，其弯段（包括金鱼沟、调关至芦席湾）凹岸岸线均较稳定，调关河弯凸岸季家嘴边滩淤长幅度较大，调关弯顶向上游蠕动，弯道的曲率半径变小。1986—2002年深泓平面变化也较小（图6-31）。随着河道弯道形态的调整，河长变化不大（表6-19），但河宽变小，平面形态趋于稳定。调关弯段与金鱼沟之间的断

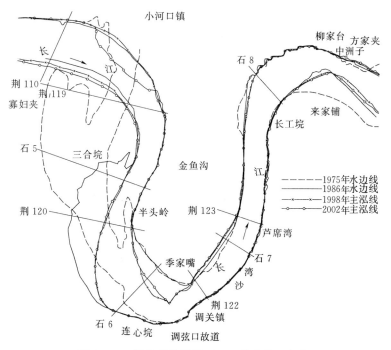

图6-30 调关弯道平面（30m等高线）变化

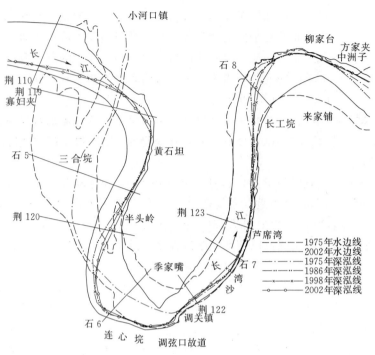

图 6-31　调关河弯深泓线变化

面变化显示，1986—2002 年河槽偏左，断面呈 U 形，年际间河床冲淤变化不大，右岸河漫滩滩面单向淤高，断面形态总体稳定（图 6-32）。弯道出口与中洲子新河弯道河势相衔接，变化相对较小。总之，调关河弯在三峡蓄水前 2002 年是处于较为稳定的态势。

表 6-19　　　　　　　　　　　　调关弯道河长、河宽变化

年份	河长/m	河宽/m
1986	18.1	1138
1998	17.8	841
2002	17.9	872

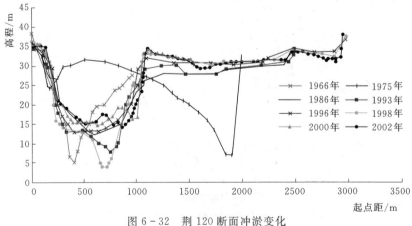

图 6-32　荆 120 断面冲淤变化

3. 监利河弯段

监利河弯处于监利河段上段，自姚圻脑（荆140）—铺子弯（荆147），全长约14.9km。1969年在其下游约25km处实施了上车湾人工裁弯。通过历史演变，监利河弯成为下荆江蜿蜒型河道中唯一的江心洲分汊段。近百年来，监利分汊河弯遵循着主、支汊向左平移，乌龟洲崩岸并向左冲淤变形，主、支汊转换的周期性变化规律。河弯的平面形态见图6-33。

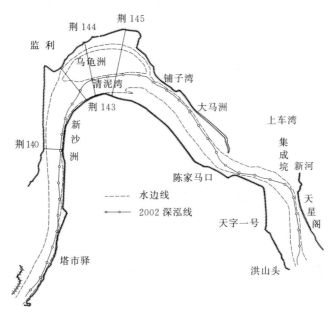

图 6-33　监利河弯河道形势

荆143、荆144和荆145断面分别处于乌龟洲头部、中段和尾部。断面分析表明（图6-34），下荆江裁弯后，监利河弯切滩主流走右汊，老乌龟洲受到强烈的冲刷，至1975年洲体所剩无几，右汊冲刷发展平移，左汊呈淤积衰萎态势；经过十多年的变化，至1987年，老乌龟洲已冲刷殆尽，原右汊左移变成左汊，仍为主汊，右侧切滩新槽形成，此时新的乌龟洲已逐渐形成一个大的洲体；然后，伴随着右侧新槽的不断发展—冲深、拓宽、向左平移，新乌龟洲右缘不断崩坍，滩岸线不断向左平移，而左汊不断淤积—槽底淤高、河宽淤窄；至1996年，右汊成为主汊，左汊变为支汊。可见，主、支汊的转换是通过滩、槽向左平移实现的，新、老乌龟洲也是一个"推陈出新"的过程。自1996—2002年，左汊一直是单向淤积衰萎，右汊虽不断地发展，但由于乌龟洲右缘实施了护岸工程，控制了其平面变形，在断面上可以看出，右汊正向形成潜心滩的分汊形态发展。在三峡蓄水前的2002年，监利河弯河势相对稳定，左侧支汊处于淤积状态，右侧主汊的平移受到乌龟洲右缘护岸工程的控制，河弯平面形态不会有大的变化。但右汊河宽较大，滩、槽冲淤仍是一个不稳定的因素，并将影响汊道河弯出口的河势变化。在1987—2002年期间，长江中游含沙量有明显的减小，可能已经对监利河弯右汊的滩槽冲刷产生了一定的影响；至于三峡工程蓄水运用后"清水"下泄又会进一步对河床冲淤和滩槽演变产生何种影响值得关注。

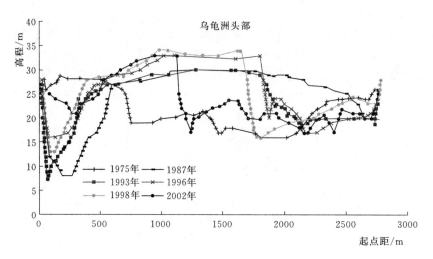

（a）荆 143 断面

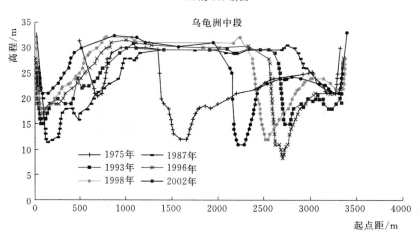

（b）荆 144 断面

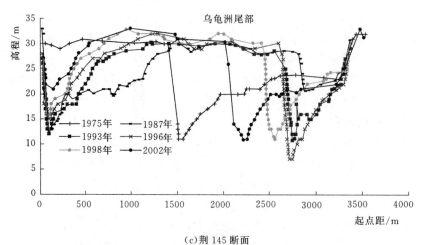

（c）荆 145 断面

图 6-34　监利河弯典型断面冲淤变化

4. 盐船套段

盐船套段位于下荆江监利河段，是处于洪水港与荆江门两个同向弯道之间约 10km 的长顺直段（图 6-35）。20 世纪 60 年代后期，盐船套段上游实施了上车湾人工裁弯，盐船套是上车湾裁弯以下首当其冲的河段。左岸为河漫滩，抗冲能力较差；右岸的河漫滩表层黏性土层厚 6～12m，其下为深厚的沙层，砂层顶板高程在 20m 左右，抗冲能力相对较强。

为控制下荆江裁弯后对河势造成的影响，从 1969 年开始，先后在铺子湾、天星阁、盐船套、熊家洲等处实施了护岸工程，河势得到基本控制。

盐船套顺直段（荆 167—荆 171）在长时段内岸线相对稳定，河道平面变形很小。河道内上中段有交错边滩分列于左、右岸，即白沙套以上的左边滩和广兴洲附近的下边滩，均为长条形态（图 6-35）。

盐船套段主流自洪水港凹岸向下过渡到白沙套左岸，沿左侧贴岸而行经盐船套、新堤子，再逐渐向下游荆江门凹岸过渡，多年来深泓总体走向比较稳定，仅在进口段由洪水港弯道至白沙套的过渡段摆幅较大（图 6-36），造成上边滩年际间的冲淤变化较大（图 6-

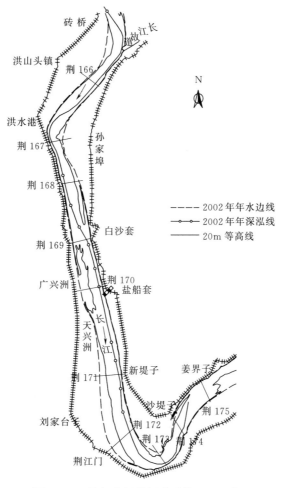

图 6-35　盐船套河段河道形势（2002 年）

37）。由于白沙套至新堤子深泓紧靠左岸，摆幅较小，使得右边滩平面位置相对稳定，只是随着深泓的摆动在年际年内有冲淤变化。由于盐船套段属犬牙交错边滩的顺直形态，其深泓线也遵循"高水取直、低水走弯"的规律。

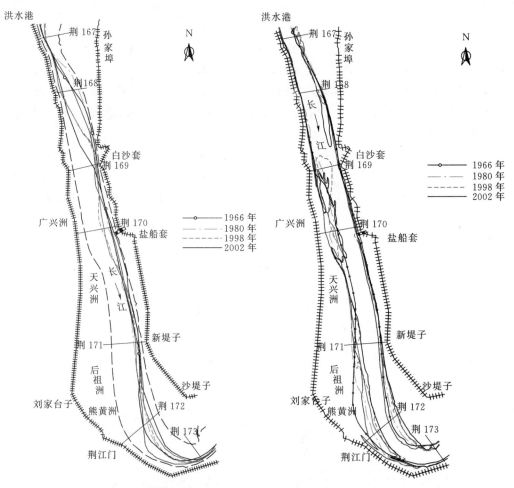

图 6-36　盐船套河段深泓线变化　　　图 6-37　盐船套河段 20m 边滩变化

多年来，盐船套段河床冲淤交替，总体呈现淤积，1966—2002 年平滩河槽累计淤积泥沙 697 万 m^3。其中：下荆江裁弯后的初期（1966—1975 年）河床冲刷泥沙 930 万 m^3，年冲刷量为 103 万 m^3/a；1975—1980 年河床则大幅淤积，淤积量为 1009 万 m^3，年淤积量为 201 万 m^3/a；其后该段有冲有淤，淤多于冲，但冲淤强度明显减弱。

盐船套段属于下荆江蜿蜒性河段中的顺直过渡段。多年来，无论裁弯前还是裁弯后相当长的时段内，平面变形与河宽变化均不大，是下荆江河道内自身平面形态比较稳定及其与上下游河势衔接也处于相对稳定的顺直过渡段。平滩河槽内的变化以边滩及深槽的上提下移冲淤交替为主。变化较大的时段主要是裁弯初期的大幅冲刷和接踵而来的 1975—1980 年的大幅淤积。之后，盐船套段河床冲淤交替，强度减弱，但仍然是淤积大于冲刷。后期水流有顶冲下移的趋势。

5. 熊家洲河弯段

熊家洲河弯段位于下荆江尾段的上部, 自荆 175—荆 178, 长约 11km。河段上接荆江门河弯, 下与七弓岭、观音洲组成三个平面上呈反向连接的急弯, 是下荆江河段最典型的蜿蜒河曲的上段。

下荆江裁弯前, 熊家洲岸段崩岸线较长。裁弯后, 通过 1974—1991 年在上口 (尺八口)、后洲、下口三段护岸, 已基本控制了崩岸, 1993 年以来岸线相对稳定。

裁弯前, 主流在弯道内具有向左摆动趋势, 造成较强的崩岸。裁弯后通过护岸工程的实施, 1986 年以来主流相对稳定, 至 2002 年除姜介子以上过渡段有所摆动外, 深泓线均贴左岸下行 (图 6 - 38)。

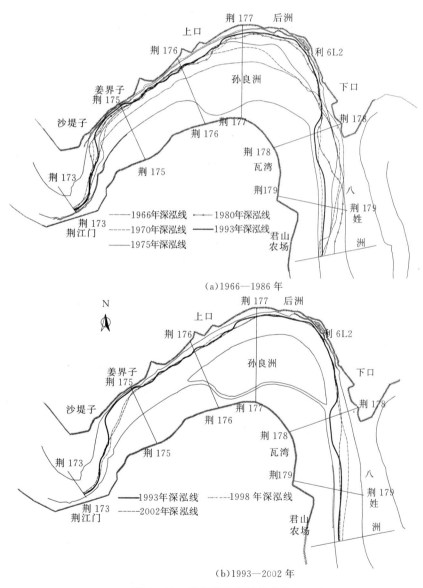

(a)1966—1986 年

(b)1993—2002 年

图 6 - 38　熊家洲段深泓线变化

267

　　裁弯前，位于熊家洲河弯凸岸的孙良洲淤长很快。裁弯后仍随主流左移和顶冲下移而不断淤长，1986—1993 年洲体形态渐趋稳定。之后至 2002 年，洲体基本稳定，只有左缘上段和下段仍有小幅淤宽（图 6-39）。

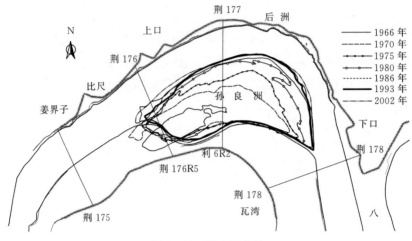

图 6-39　孙良洲变化

　　根据熊家洲河弯进口段的荆 175 断面和河湾中段的荆 177 断面变化分析，可以看出熊家洲河弯一直处于单向的平移变化，体现了下荆江河弯自然演变的特征。自 1966 年以来弯道一直朝左岸单向平移，早期的崩岸幅度很大，裁弯前后崩岸强度达 100 余 m/a。经陆续护岸后抑制了崩岸，1987 年后渐趋稳定，至 2002 年已基本稳定。同时可以看出孙良洲单向淤积发展的过程，至 2002 年也已趋于稳定，河漫滩仍在继续淤高（图 6-40），但近期上段河槽内近岸深槽淤积，低边滩发生冲刷（荆 175），似有顶冲下移撇弯之势。

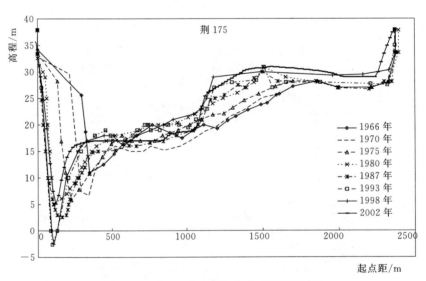

图 6-40（一）　熊家洲河弯典型横断面变化

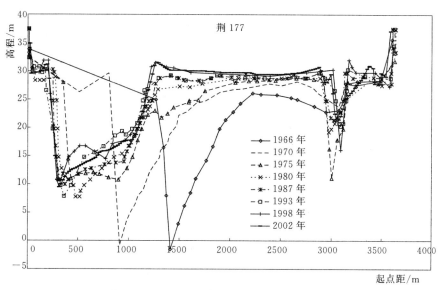

图 6-40（二）　熊家洲河弯典型横断面变化

6. 七弓岭河弯段

七弓岭河弯位于下荆江尾闾，自荆 179—荆 181，长约 15.2km。河段紧邻长江与洞庭湖出口交汇处，距城陵矶约 17km。

本河段地处下荆江尾部，直接受洞庭湖基面顶托和消落影响，高水漫滩时水面与洞庭湖连成一片，江湖关系复杂，水文泥沙条件变化和河床演变较为剧烈，历史上河道平面摆动较为频繁，河势变化大，对防洪、护岸、航运、港口码头、农田建设等都带来影响。据考证，本河段明末时为微弯河型，后来弯道曲折率增大，逐渐形成了熊家洲、七弓岭、观音洲三个平面上呈反向连接的急弯，构成蛇形河曲，七弓岭河弯是河曲的中段。

下荆江出口河道两岸边界组成以黏性土与细砂为主，上层黏性土层较深厚。七弓岭河段右岸，在高程为 16.00～6.00m（黄海基面）以下为埋藏厚度约 30m 的第四系全新统粉细砂冲积层，河床组成为中细砂，在水流作用下易发生河床冲刷、岸坡崩退和洲滩切割现象。

20 世纪 50 年代初至 90 年代，由于河曲单向蠕动，弯长和摆幅越来越大，其河弯半径和狭颈宽度则越来越小。曲折率由 1951 年的 2.38 增大到 1993 年的 4.31，狭颈宽度相应从 1760m 减小到 400m，河道平面外形已成为极度弯曲的狭长葫芦状。由于崩岸主要发生在弯顶下游的未护段，岸线变化表现为整个弯道向下游蠕动（图 6-41）。

七弓岭弯顶多年来蠕动下移。自 1985 年开始护岸，1996 年后崩势有所减缓，1999 年后进一步实施护岸工程，崩岸得到抑制。

八姓洲边滩位于七弓岭河弯凸岸，随着凹岸不断崩退而相应淤长。八姓洲边滩平面位置的变化表现为边滩下缘向下游扩展，1993—2002 年边滩下缘向下游移动 620m，边滩的头部向江中延伸 180m；而边滩上缘在 20 世纪 60—80 年代有随河弯的平面变形而相应地冲刷，构成河弯的蠕动；之后随着深泓线向右摆动又不断淤长，1993—2002 年边滩面积不断扩大。

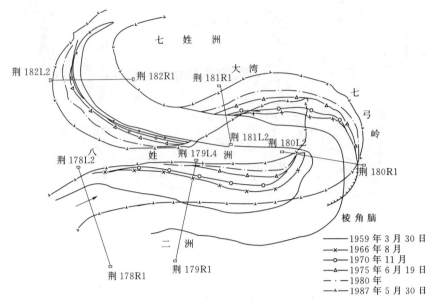

图 6-41　七弓岭段岸线变化

　　根据图 6-42 深泓线的平面变化，不仅可以看出七弓岭河弯蠕动的水流特性，还可看出 1966—1986 年由七弓岭向观音洲河弯过渡中具有共轭点的特性，这就使得河弯长度不断增长并形成"狭颈"。此外还可看出，七弓岭进口段主流具有摆动的特性。

　　根据断面图（图 6-43）分析，七弓岭弯段还有以下变化：

　　荆 179 位于七弓岭河弯段进口，处于上下弯道的过渡段。1980 年前主流靠左岸而行，断面呈偏 V 形，左部冲深，形成崩岸，右侧为边滩；1987—2002 年主流靠深槽右侧，断面形态转为偏 U 形，右部冲深，说明七弓岭进口过渡段深泓的摆动和滩槽的易位。1993 年以来，断面有冲有淤，但总体形态较为稳定。

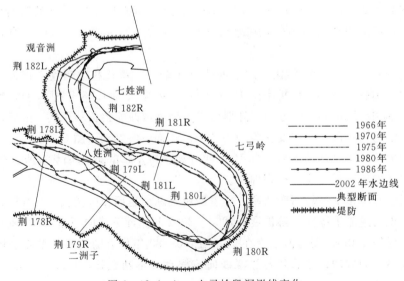

图 6-42（一）　七弓岭段深泓线变化

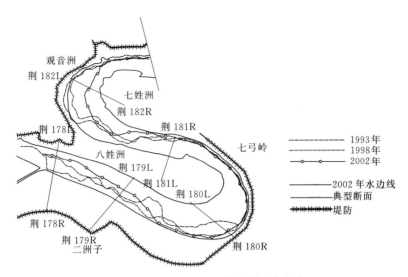

图 6-42（二）　七弓岭段深泓线变化

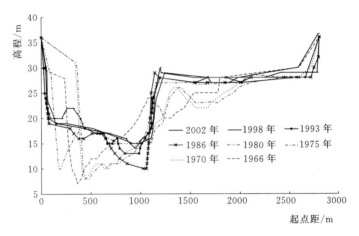

（a）荆 179 断面

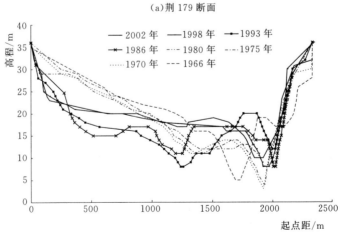

（b）荆 180 断面

图 6-43（一）　七弓岭河弯典型横断面冲淤变化

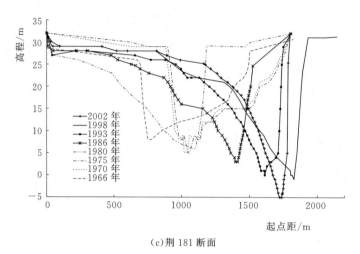

(c)荆 181 断面

图 6-43（二）　七弓岭河弯典型横断面冲淤变化

　　荆 180 断面位于弯道顶部偏上游，主泓一直贴右岸而行，裁弯前断面形态为偏 V 形。裁弯后 1970 年、1975 年、1980 年断面形态变化不大。左侧为大边滩，右侧为深槽，但槽内有潜心滩，说明急弯段深槽内水流动力作用的半径也会稍有不同。1986 年后左侧边滩发生大幅切滩，右侧深槽淤积，断面形态总体上接近 U 形，河槽内形成三泓并存态势；1993 年断面左侧宽阔，深槽居中，原心滩冲刷右移并淤高。1998 年断面大幅淤积，深槽恢复仍靠近右侧凹岸；此后至 2002 年，该断面冲淤变化不大，但断面形态与原弯道偏 V 形相比已不典型，左侧边滩高程显著降低，右侧深槽高程有所抬高，这也表明随着河弯向下游蠕动，原弯道顶点偏上游断面形态变化的特性。

　　荆 181 断面为七弓岭弯道出口断面。1966—1975 年断面形态为深槽偏左的 V 形，凹岸发生撇弯而淤积，右侧凸岸受冲刷；自 1975—1980 年断面冲淤变化很大，左侧凹岸大幅冲刷变为凸岸，右侧凸岸大幅淤积变为凹岸，断面形态成为偏右的 V 形。由于该处未实施护岸工程，自 1980 年主泓贴右岸后，受七弓岭河弯向下游蠕动的影响，右岸遭受严重冲刷而大幅后退，断面整体向右移动。直至 2002 年断面形态一直保持偏 V 形。

　　7. 观音洲河弯—城陵矶汇流段

　　下荆江观音洲河弯以下至城陵矶汇流段，自荆 181—荆 186，全长约 14km。

　　1966—1986 年期间，观音洲河弯左岸（凹岸）大幅持续崩退，水流顶冲上提，1986—1993 年左岸仍有明显崩退，但水流顶冲有所下移。1993 年以后整个河弯自荆 181-3—荆 182-1 断面，左岸岸线基本稳定，凸岸边滩明显淤宽，河弯蠕动不明显；河弯进口段变化较大，右岸后退而左岸淤宽；河弯出口段荆 182—荆 182-1 平面变化不大（图 6-44）。

　　河弯深泓线的平面变化，在 1986 年之前，以进口荆 181-2 为共轭点，以上深泓线自左向右摆动，以下则一直是自右向左平移；而在 1986 年以后，受七弓岭河弯蠕动的波及影响，过渡段共轭点的作用逐步消失，在共轭点以上深泓线自左至右移动，在共轭点以下深泓线也是自左向右移动，水流有撇弯之势。河弯下段深泓一直贴左岸，变化不大（图 6-45）。

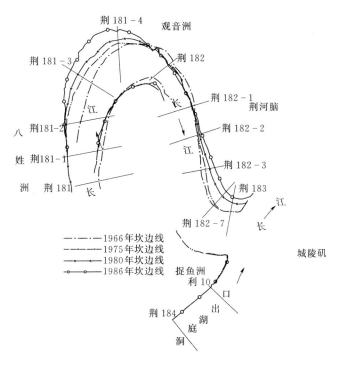

(a)1966—1986 年

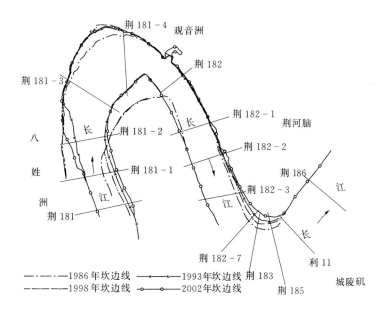

(b)1986—2002 年

图 6-44 观音洲河弯—城陵矶汇流段岸线变化

273

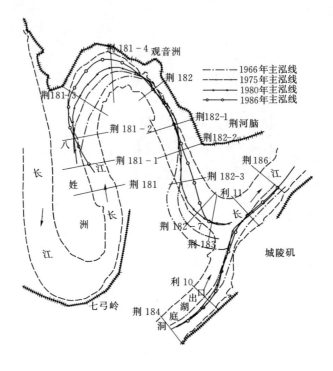

(a)1966—1986 年

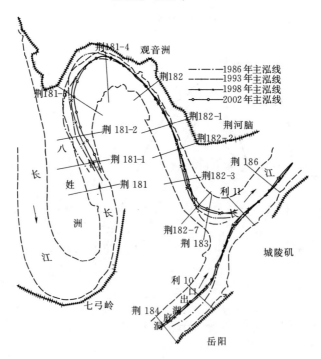

(b)1986—2002 年

图 6-45　观音洲河弯—城陵矶汇流段深泓线变化

从断面变化来看（图 6-46），荆 181 处于七弓岭河弯尾端，受其向下游蠕动的持续影响，断面呈深槽靠右岸的偏 V 形，自 1966—2002 年一直自左至右平移，右岸岸线崩退了 1km 之多；荆 181-3 处于观音洲河弯上段，1966—1986 年左岸崩退，但 1993 年后主流偏离左岸，断面左淤右冲，深槽居中，至 2002 年深槽继续右移，但速度趋缓，表明随上游七弓岭弯道向下游蠕动，原共轭点失去作用，水流顶冲下移而发生撇弯现象；荆 182 处于河弯下段，断面呈偏 V 形，1966—1986 年断面一直左移，1986 年以后左岸基本稳定，右侧凸岸边滩持续淤积，但到 2002 年边滩受到较大幅度的冲刷切割。

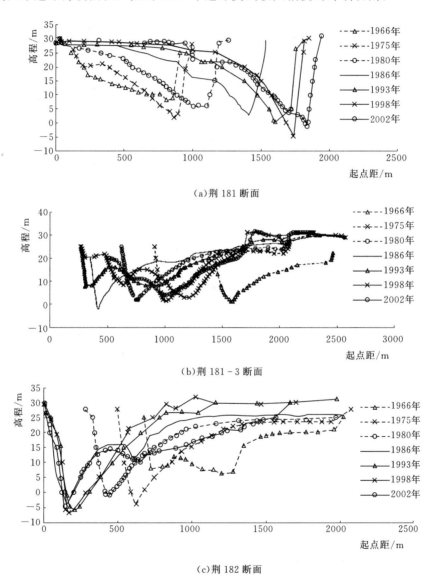

图 6-46　荆河脑—城陵矶汇流段典型横断面冲淤变化

在观音洲河弯以下的捉鱼洲河弯，在荆 182-2 以下，自 1966—2002 年左岸一直冲刷后退，原向右弯的深泓线左移取直，原与洞庭湖出流的交角较大，变得相对平顺。

8. 其他弯道段

除上述曲率很大的 8 个河弯段外，下荆江还有曲率较小的一般弯道段，计有北碾子湾、金鱼沟、中洲子新河、天字一号—洪水港。以下分述之：

（1）北碾子湾至金鱼沟段。1950 年碾子湾裁弯后，其上游的石首河弯和下游调关河弯的河势发生了很大的调整，至 20 世纪 70 年代初在石首河弯与调关河弯之间形成北碾子湾顺直微弯段和沙滩子大弯。1968 年实施了中洲子人工裁弯，继而又诱发了 1972 年的沙滩子自然裁弯，通过再次调整，至 20 世纪 80 年代在上述河弯之间又形成北碾子湾微弯段和金鱼沟弯道段。

1994 年上游石首河弯向家洲发生切滩，水流顶冲右岸北门口形成新的河弯，然后又过渡到左岸，使北碾子湾进一步弯曲，形成曲率适度的弯道段；水流出北碾子湾后过渡至右岸寡妇夹，在很短的流程内又过渡至左岸金鱼沟。至 2002 年，北门口水流仍有顶冲下移趋向，冲刷南碾子湾河漫滩；北碾子湾水流顶冲点已下移至柴码头，寡妇夹至金鱼沟的河势还将调整。

（2）中洲子新河段。中洲子人工裁弯工程，裁去了大弯中的徐耳咀、中洲子、来家铺等三个急弯和它们之间的三个过渡段。由于裁弯新河守护后，除了出口左岸边滩局部有所冲蚀外，与上、下游总体河势均构成平顺衔接。至 2002 年，形成了一个平面形态相对稳定的弯道段，即使出口左岸还有变化，其下的长顺直微弯段还有进一步调整的余地。

（3）天字一号—洪水港段。受上车湾裁弯新河出流顶冲影响，左岸天星阁崩岸剧烈，然后逐步调整为深槽由右岸天字一号向左岸天星阁过渡，然后又向右岸洪水港深槽过渡的连续弯段。至 2002 年，受上游顺直过渡段影响，水流顶冲似有下移之势。

9. 其他过渡段

（1）芦席湾—八十丈过渡段。由调关河弯—中洲子新河弯道之间的过渡段较短，平面变化较小，与上、下游两弯段河势衔接较好。

（2）中洲子新河弯道—监利河弯过渡段。该段为长微弯过渡段，裁弯后平面形态一直稳定，与上、下游两弯段河势衔接较好。

（3）铺子湾—大马洲过渡段。该段在上车湾裁弯后，受其影响向左弯曲，后又受监利河弯向左平移影响，又成为顺直段。之后，该顺直段平面变化不大，但受监利河弯出流影响，滩槽不够稳定。

（4）荆江门—姜介子河弯过渡段。该过渡段很短，上、下河弯冲淤变化关系密切。

（5）熊家洲—七弓岭河弯过渡段。该过渡段较长，受上河弯影响，深泓有一定摆动，从而影响七弓岭河弯。

（6）七弓岭—观音洲河弯过渡段。该过渡段较短。1987 年前有共轭点的作用，即上河弯朝右平移，下河弯向左平移；1987 年后受七弓岭河弯向下游蠕动、顶冲下移影响，该过渡段水流有右移趋势。

（7）观音洲河弯与捉鱼洲河弯过渡段。该过渡段很短，受观音洲水流顶冲下移影响，捉鱼洲河弯主流持续左移，左岸荆河垴岸线持续后退，使江湖汇流交角持续变小，从而对城陵矶以下河势可能产生影响。

6.2.3.5　小结

综合以上分析，对三峡水库蓄水前的下荆江河床演变可以得出如下认识：

（1）系统裁弯后的下荆江仍是一条蜿蜒型河道。首先，它所裁去了的三个大弯，通过调整分别变成与上、下游河势相衔接的弯曲型河段，而在整个河道大范围内还存在 8 个河弯和 5 个顺直微弯过渡段，这些部位基本上仍然保持原有的位置和曲折率较大的平面形态。再者，它仍然具备下荆江蜿蜒型河道的特性，即河弯段仍具有单向平面变化和增大河长的趋势，如向家洲切滩前的石首河弯和鱼尾洲的崩岸，调关河弯的发展，特别是荆江门—观音洲各河弯的变化，在河控工程实施前和逐步防护中都具有单向发展的特征和蠕动的趋势；顺直微弯过渡段在裁弯后都保持平面位置和尺度的相对稳定。还有，在护岸工程控制后再难以发生自然裁弯的条件下，局部发生切滩和撒弯的现象并对河势产生较大调整的情况仍然发生，如石首河弯向家洲切滩，相当于一个小裁弯，对石首河段河势带来很大的调整，七弓岭河弯于 1986—1993 年也发生切滩，还有一些河弯的上段发生了撒弯现象。此外，顺直微弯过渡段的演变仍然保持与裁弯前相类似的特性，仍然显示：长度较长的顺直微弯段自身变化相对较小，平面位置相对稳定，上游河弯的变化对下游河弯的影响相对较小；而长度较短的过渡段则自身变化相对较大，上、下河弯之间的演变关系较为密切，特别是具有"共轭点"作用的过渡段自身不稳定，相互之间的影响也更大。因此认为，下荆江在裁弯后直至三峡工程蓄水前仍然是一条蜿蜒型河道，并具有其固有的演变特性。

（2）下荆江裁弯后受到护岸工程的控制。一是在系统裁弯初期实施了护岸工程，由于中洲子引河发展与进出口河势衔接较好，上、下游河势控制工程所需力度不大；但沙滩子自然裁弯出口河势变化很大，出口水流逼冲左岸，使调关河弯上段由向右弯曲的河势变为向左弯曲的金鱼沟弯段，裁弯初期河势控制工程的力度很大；同样上车湾引河出口水流顶冲下移，使天星阁段发生强烈崩岸，初期实施的河势控制工程力度也很大。二是 20 世纪 80 年代开始实施了下荆江河势控制工程。三是在"98"洪水后重要堤防隐蔽工程中，实施了更大规模的河势控制工程。到三峡蓄水前的 2002 年，可以说裁弯后的下荆江蜿蜒型河道受到护岸工程的较强控制。在这种边界条件发生很大改变的情况下，受到护岸工程控制的河弯，平面变形就受到了有效的遏制，河道平面形态总体变得相对稳定，只有河弯两端尚为自然条件下的岸段，在受到水流冲刷时将会发生新的崩岸。由于河弯平面变形受到控制，弯道水流使深泓更为贴近凹岸，凸岸边滩的持续淤积会使河漫滩淤高，河宽变窄，断面朝窄深发展。可以认为，至 2002 年三峡工程蓄水前的下荆江应是一条限制性较强的蜿蜒型河道，并且由过去自然条件下边滩发育的动态蜿蜒型将逐步变为河漫滩发育、相对较为稳定的蜿蜒型河道。

（3）对下荆江要继续进行河势控制。通过裁弯后的河势控制，特别是"98"洪水后较大规模护岸工程的实施，到三峡工程蓄水前的 2002 年，下荆江河势总体相对稳定。但另一方面，下荆江蜿蜒型河道力求弯曲的本性并未改变，还有不少局部河段的河势仍不稳定，包括可能发生切滩，某些弯道段水流顶冲下移可能发生撒弯，某些衔接过渡段仍在继续调整。因此，下荆江的河势控制工程还需继续实施，对具体的部位建议如下：①陀阳树以下进口顺直段河势需予以稳定；②北门口弯道水流顶冲下移的趋势，需予以抑制；③寡妇夹—金鱼沟段在河势调整后需予以控制；④中洲子新河出口左岸需控制崩岸向下游发展；⑤监利河段右汊边滩应予以固滩整治；⑥铺子湾—天字一号需维护滩槽稳定；⑦天字一号—洪水港弯道段需控制水流顶冲下移；⑧盐船套段需防止局部拓宽，维护滩槽稳定；⑨七弓岭边滩需予以固滩，出口段加强控制水流顶冲下移；⑩对观音洲出口段水流予以控制，以有利于城陵矶以下河势的稳定。

6.3　三峡水库蓄水后下荆江河床演变

6.3.1　平滩、中水、枯水河槽河床冲淤变化

1. 三峡蓄水后荆江河床冲淤变化的时空分布

三峡工程蓄水运用以来，自2002年10月—2014年10月，下荆江河段平滩河槽河床累计冲刷总量为3.44亿 m³（表6-20）。蓄水运用以来12年内，年平均冲刷量为2870万 m³，远大于三峡水库蓄水前36年内（1966—2002年）年平均冲刷量230万 m³，也大于裁弯后21年内（1966—1987年）高水河槽年平均冲刷量1795万 m³。从冲淤部位来看，河床冲刷主要集中在枯水河槽，其冲刷量为2.78亿 m³，占总冲刷量的80.8%，这无疑说明了枯水河槽显著的冲刷和拓展；枯水河槽以上的中洪水河床冲刷量为0.66亿 m³，占总冲刷量的19.2%。从总体来看，下荆江枯水位以上的河槽容积增加不大，但这并不意味着河床冲淤变形不大，因为这一数值的绝对量和相对百分数包含了河床纵横向各个部位的全部冲淤量，例如从边滩较为普遍受到冲刷（或切割）来看，在弯道凹岸可能相应淤长心滩或边滩，冲刷和淤积量是相互抵消的。从冲淤量沿程分布来看，石首、监利河段冲刷量分别为1.82亿 m³、1.62亿 m³，分别占下荆江冲刷量的53%、47%，而平均每公里河床冲刷量分别为233.3万 m³和175.5万 m³。显然，石首河段的冲刷明显大于监利河段。

表6-20　　　　　　　　　三峡水库蓄水后下荆江河床冲淤量统计　　　　　　单位：万 m³

河段名称	河槽	2002年10月至 2006年10月	2006年10月至 2008年10月	2008年10月至 2014年10月	2002年10月至 2014年10月
石首 （荆82—荆136， 长81.5km）	枯水河槽	−6099	−2437	−5689	−14225
	平均河槽	−7636	−2378	−5739	−15753
	平滩河槽	−10145	−1854	−6170	−18169
监利 （荆136—荆186， 长94.0km）	枯水河槽	−8139	1714	−7156	−13581
	平均河槽	−9172	1835	−7263	−14600
	平滩河槽	−11002	2532	−7768	−16238
下荆江 （荆82—荆186， 长175.5km）	枯水河槽	−14238	−723	−12845	−27806
	平均河槽	−16808	−543	−13002	−30353
	平滩河槽	−21148	679	−13938	−34407

从冲淤量沿时程分布来看，三峡工程蓄水运用后的前四年（三峡工程围堰发电期）冲刷强度较大，2002年10月—2006年10月，下荆江平滩河槽河床冲刷量为2.11亿 m³，占

总冲刷量的 61％，其年平均冲刷量为 5280 万 m³，也大于裁弯初期 1966—1970 年的平均冲刷量（4715 万 m³/a）；年平均冲刷强度为 30.1 万 m³/(km·a)。其间，枯水河槽和枯水位以上的中洪水河槽河床分别冲刷 1.42 亿 m³ 和 0.69 亿 m³，分别占下荆江冲刷量的67.3％、32.7％。说明在三峡水库围堰发电期，下荆江冲刷以枯水河槽为主，枯水位以上的中洪水河槽河床冲刷也较为明显。

在三峡工程初期蓄水期（2006 年 10 月至 2008 年 10 月）平滩河槽出现小幅淤积，泥沙淤积量约 0.068 亿 m³。其中，枯水河槽冲刷量为 0.072 亿 m³，枯水位以上的中、洪水河槽则淤积泥沙 0.140 亿 m³。说明继围堰发电期的显著冲刷之后，枯水位以上的河床总体上出现了一定回淤。其间，石首河段仍以枯水河槽冲刷为主，中低滩略有淤积。从沿程冲淤分布来看，主要表现为：进口古丈堤顺直段和尾端的中洲子新河口至塔市驿顺直段以淤积为主，其淤积量分别为 0.435 亿 m³、0.130 亿 m³，石首河弯、北碾子湾微弯段和调关河弯均以冲刷为主，其冲刷量分别为 0.091 亿 m³、0.140 亿 m³、0.566 亿 m³。监利河段枯水、中水、平滩河床均出现明显淤积，且以枯水河槽淤积为主，其淤积量为 0.171 亿m³，占平滩河槽总淤积量的 67.7％，淤积主要集中在熊家洲以下的江湖汇流段。

三峡水库进入 175m 试验性蓄水阶段以来（2008 年 10 月至 2014 年 10 月），河床又出现了明显冲刷，6 年来下荆江河段平滩河槽冲刷量为 1.39 亿 m³，其年平均冲刷量为 2320万 m³，年平均冲刷强度为 13.5 万 m³/(km·a)，小于围堰发电期（图 6-47 为三峡蓄水后下荆江年均冲淤量变化）。然而，2014 年由于三峡出库沙量大幅减少，下荆江冲刷强度有所加大，其冲刷量为 3890 万 m³，今后一段时间可能仍将维持对下荆江的较强冲刷。从冲刷部位来看，期间枯水河槽冲刷量为 1.30 亿 m³，占总冲刷量的 91.5％，枯水位以上河槽冲刷量为 0.12 亿 m³，仅占 8.5％。应当说，这期间仍然主要是枯水河槽的冲刷。

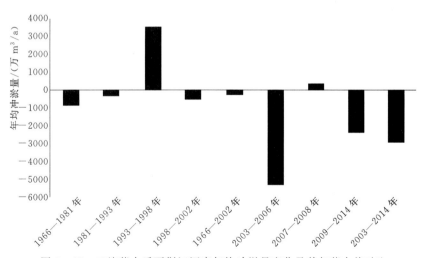

图 6-47　三峡蓄水后下荆江河床年均冲淤量变化及其与蓄水前对比

三峡蓄水后下荆江平滩、中水和枯水河槽累计冲刷量逐年变化见图 6-48，可知总体上均呈持续冲刷之势，只是在 2006—2008 年间较为特殊，枯水河槽冲刷不大，而中水位至平滩水位之间河床出现了少量淤积。

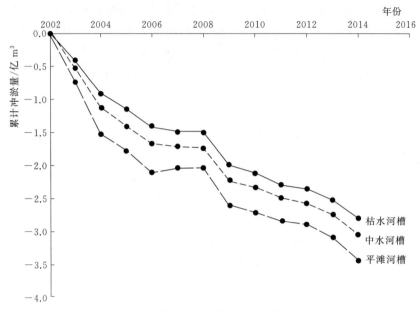

图 6-48　三峡蓄水后下荆江河床冲淤逐年变化

三峡蓄水后下荆江河床冲淤变化见附图 5、附图 6、附图 7、附图 8。

2. 深槽与深泓纵剖面冲刷变化

从表 6-21 可以看出，下荆江石首河段和监利河段的枯水河槽平均冲刷深度在围堰发电期、初期蓄水期、试验性蓄水期分别为 0.80m 和 1.03m、0.29m 和淤 0.20m、0.69m 和 0.83m，自 2002—2014 年计 12 年期间两河段平均冲刷深度分别达 1.77m 和 1.65m。显然，石首河段的冲刷深度大于监利河段，而且监利河段在 2006—2008 年枯水河槽总体发生淤高，平均淤积厚度 0.20m。

表 6-21　　　　　　三峡水库蓄水运用以来下荆江枯水河槽冲淤深度统计　　　　　单位：m

河段名称	2002 年 10 月— 2006 年 10 月	2006 年 10 月— 2008 年 10 月	2008 年 10 月— 2013 年 10 月	2002 年 10 月— 2013 年 10 月
石首	−0.80	−0.29	−0.69	−1.77
监利	−1.03	0.20	−0.83	−1.65
下荆江	−0.91	−0.04	−0.76	−1.72

从图 6-49 下荆江河段深泓纵剖面冲淤变化可以看出：2002 年 10 月—2014 年 10 月期间，下荆江纵向深泓以冲刷下切为主，平均冲刷深度为 1.8m，最大冲刷深度为 16.5m，位于调关河弯的荆 120 断面，其次为石首河弯向家洲段荆 92 断面，冲刷深度为 15.5m。石首、监利河段深泓平均冲刷深度分别为 1.98m 和 1.52m。

6.3.2　河床断面形态变化

本节主要分析下荆江在三峡水库蓄水后河宽和断面形态的变化，为了更好体现出下荆江的变化特点，本节结合上荆江三个河段的变化进行了对比分析。

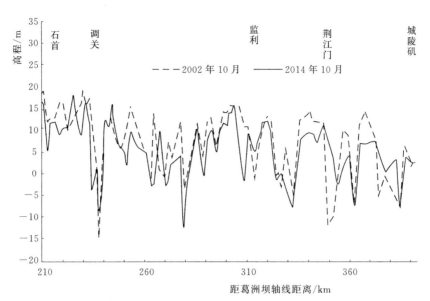

图 6-49　三峡蓄水后下荆江深泓纵剖面冲淤变化

1. 河宽变化

表 6-22 为三峡蓄水后荆江河段平滩河槽和枯水河槽平均河宽的变化。由表可见，在上荆江河道内，枝江河段、沙市河段和公安河段的平滩河槽河宽基本没有变化或总体上稍有拓宽，枯水河槽则有明显的拓宽；而下荆江石首河段和监利河段平滩河槽有较明显拓宽，最宽均发生在 2008 年，而两河段枯水河槽的拓宽更为显著，拓宽最大分别发生在 2006 年和 2008 年。

表 6-22　　　　　　　　三峡水库蓄水后荆江河段河槽平均河宽变化　　　　　　　　单位：m

河段	河槽	2002 年 10 月	2006 年 10 月	2008 年 10 月	2014 年 10 月
枝江	枯水河槽	1229	1264	1275	1328
	平滩河槽	1486	1485	1484	1488
沙市	枯水河槽	1249	1296	1274	1325
	平滩河槽	1477	1497	1499	1506
公安	枯水河槽	1057	1085	1097	1106
	平滩河槽	1292	1289	1291	1299
石首	枯水河槽	941	1044	1007	987
	平滩河槽	1393	1441	1455	1423
监利	枯水河槽	841	897	921	920
	平滩河槽	1168	1217	1219	1208

2. 平均断面面积变化

表 6-23 为三峡蓄水后上、下荆江枯水河槽和平滩河槽断面平均面积变化。由表可见，荆江河段枯水、平滩河槽断面面积总体呈沿程递减的态势，这虽然有荆南三口分流的

因素，但仍然反映了荆江河道沿程泄流不畅的特征。统计表明，上荆江枯水河槽和平滩河槽的平均断面面积在三峡蓄水后持续而且显著地增大，枝江、沙市、公安等三个河段增大的百分数分别为34.3％、16.3％、31.2％和17.6％、23.8％和13.9％，显然，主要是枯水河槽断面面积的增大，枯水位以上河槽平均断面面积总体变化很小；下荆江石首河段和监利河段枯水河槽断面面积在三峡蓄水后总体明显增大，两河段分别增大15.7％和23.1％，平滩河槽的平均断面面积，两河段分别增大9.2％和13.4％，可见监利河段增大的幅度更大一些。

表6-23　　　　　　　　三峡水库蓄水后荆江河段河槽平均断面面积变化　　　　　　　　单位：m²

河段	河槽	2002年10月	2006年10月	2008年10月	2014年10月
枝江	枯水河槽	7910	8356	8565	10620
	平滩河槽	18002	18488	18718	20936
沙市	枯水河槽	8771	9638	9978	11506
	平滩河槽	16788	17734	18050	19745
公安	枯水河槽	8560	9091	9397	10594
	平滩河槽	14883	15507	15749	16959
石首	枯水河槽	7699	8417	8586	8909
	平滩河槽	13744	14797	14850	15004
监利	枯水河槽	4951	5677	5626	6092
	平滩河槽	11410	12536	12476	12937

3. 不同部位、不同形态的断面冲淤变化

三峡水库蓄水后下荆江河床断面面积以增大为主，顺直微弯段断面变化相对洲滩段及弯道段小，石首弯道、乌龟洲分汊段滩槽交替冲淤变化较大。断面面积增大幅度以石首下游鱼尾洲附近荆99断面、调关弯道进口荆120断面的48.9％为最，来家铺附近荆133断面的47.3％次之，3个断面2002—2014年的冲淤变化见图6-50（a）、（b）、（c）。这些面积明显增大的断面，大多以主槽刷深为主，如荆179、荆99、荆120断面平滩水位下河床平均高程分别降低了2.81m、2.20m、3.42m，断面相对变得比较窄深，其宽深比分别由2002年10月的4.59、3.41、3.45变为2014年10月的3.48、3.06、2.71。

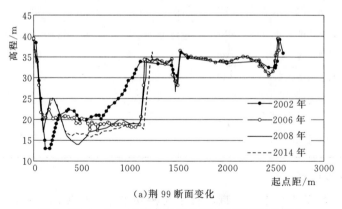

（a）荆99断面变化

图6-50（一）　三峡水库蓄水后三个断面变化情况

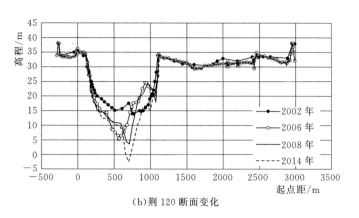

(b)荆 120 断面变化

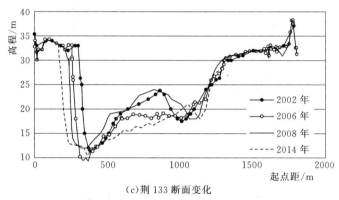

(c)荆 133 断面变化

图 6-50（二）　三峡水库蓄水后三个断面变化情况

　　也有部分断面出现淤积、过水面积减小的现象，这些断面大多位于下荆江尾闾段，石首河段也有少数断面面积出现减小。如位于石首北门口附近的石 3＋2 断面，其面积减少了 26.9％，主要表现在：左岸边滩向江中大幅淤长，深槽右摆，右岸则由于护岸工程的控制，岸线较为稳定，断面宽深比变化不大，2002 年 10 月为 2.0，2014 年 10 月则为 2.03；位于调关急弯段进口的荆 119 断面面积减少了 18.0％，主要表现为：左岸近岸河床冲刷下切、岸坡变陡，右岸高滩向江中淤长，平滩河宽变窄，但高滩滩面高程有所降低，导致平滩水位下河宽明显增大了 1500 余 m，断面宽深比也由 2002 年 10 月的 2.43 增大为 2014 年 10 月的 9.27；位于荆江门急弯段出口的荆 174 断面面积减少了 17.6％，主要表现为：左岸中低滩冲刷，右岸向江中淤长明显，主河槽淤积抬高，断面平均高程抬高了 0.20m，宽深比也由 2.54 减小至 2.35；位于江湖汇流段的荆 183、荆 186 断面面积分别减少了 23.7％、13.2％，主要是主槽淤积所致，河床平均高程分别抬高了 0.10m、0.80m，河宽也分别减小了 432m、88m，荆 183 断面宽深比由 5.37 减小至 4.75，荆 186 断面则变化不大。位于七弓岭弯道弯顶的荆 180 断面，平滩水位下过水面积减少了 8.3％，河宽也减小了 456m，主要是由于位于弯道凹岸的深槽出现大幅淤积，而凸岸则出现明显冲刷，河床平均高程降低了 1.30m，断面宽深比由 6.59 减小至 4.87。各断面冲淤变化见图 6-51（a）~（f）。

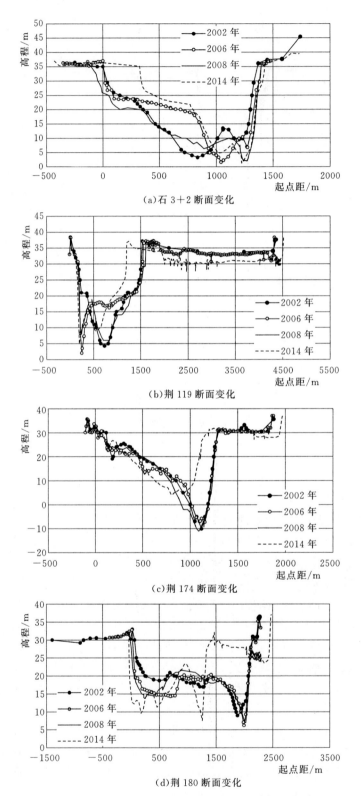

(a)石 3＋2 断面变化

(b)荆 119 断面变化

(c)荆 174 断面变化

(d)荆 180 断面变化

图 6-51 （一）　三峡水库蓄水后各断面冲淤变化图

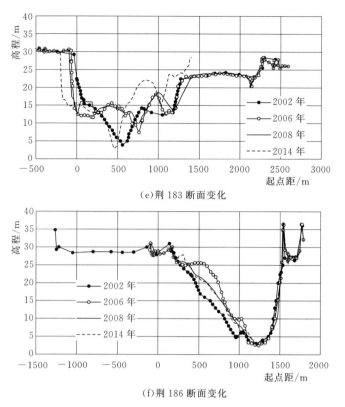

(e)荆 183 断面变化

(f)荆 186 断面变化

图 6-51（二）　三峡水库蓄水后各断面冲淤变化图

下荆江也有部分断面相对稳定，面积变化较小。这些断面大多为偏 V 形，如石首河段内的荆 95、荆 122 断面［图 6-52（a）、（b）］和监利河段下段的荆 167、荆 172 等断面［图 6-52（c）～（g）］。

所以，三峡水库蓄水后下荆江的冲淤变化表现为宏观上的总体冲刷，其河宽、断面面积，以及以下分析的水深与宽深比都是长河段的平均概念。从上述断面的冲淤变化分析可以看出，实际上不同河段处于不同部位的河床冲淤变化仍然变化较大并呈现多种多样和十分复杂的特性。

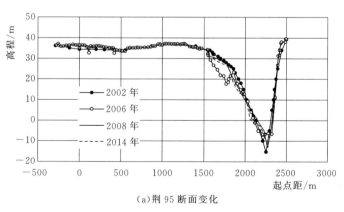

(a)荆 95 断面变化

图 6-52（一）　三峡水库蓄水后各断面变化情况

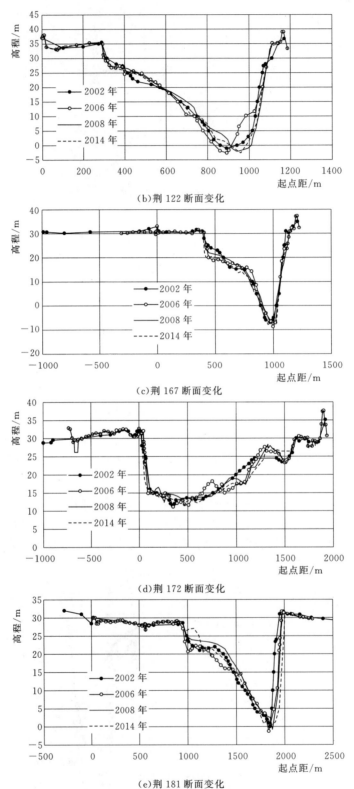

(b)荆 122 断面变化

(c)荆 167 断面变化

(d)荆 172 断面变化

(e)荆 181 断面变化

图 6-52（二）　三峡水库蓄水后各断面变化情况

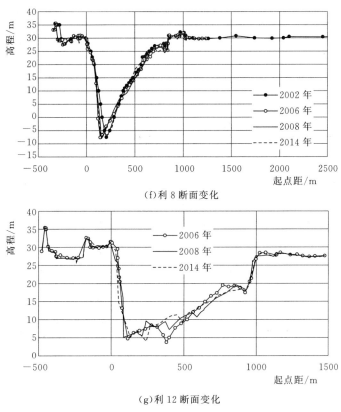

(f)利 8 断面变化

(g)利 12 断面变化

图 6-52（三）　三峡水库蓄水后各断面变化情况

4. 平均水深变化

从三峡蓄水后荆江平均水深变化分析可知（表 6-24），上荆江三个河段枯水河槽和平滩河槽的平均水深在三峡蓄水后持续而显著地增大，枝江、沙市、公安等三个河段分别增大 24.3%、16.1%、23.7% 和 15.3%、18.3% 和 13.3%，相比而言，公安河段增大的幅度较上游两个河段的增幅稍逊；而下荆江平均水深增大幅度均小于上荆江，石首、监利河段枯水河槽平均水深增幅分别为 10.3%、12.5%，而平滩河槽水深增幅分别为 7.1%、9.6%；期间 2006—2008 年除了石首河段枯水河槽为总体稍有增大之外，其平滩河槽和监利河段的枯水河槽、平滩河槽在该时段的水深均略有减小。

表 6-24　　　　　三峡水库蓄水后荆江河段河槽平均水深变化　　　　　单位：m

河段	河槽	2002 年 10 月	2006 年 10 月	2008 年 10 月	2014 年 10 月
枝江	枯水河槽	6.44	6.61	6.72	8.00
	平滩河槽	12.11	12.45	12.61	14.07
沙市	枯水河槽	7.02	7.44	7.83	8.68
	平滩河槽	11.37	11.85	12.04	13.11
公安	枯水河槽	8.10	8.38	8.57	9.58
	平滩河槽	11.52	12.03	12.20	13.06

续表

河段	河槽	2002 年 10 月	2006 年 10 月	2008 年 10 月	2014 年 10 月
石首	枯水河槽	8.18	8.06	8.53	9.03
	平滩河槽	9.87	10.27	10.21	10.54
监利	枯水河槽	5.89	6.33	6.11	6.62
	平滩河槽	9.77	10.30	10.23	10.71

5. 宽深比 $\sqrt{B}/H$ 变化

从表 6-25 可知，三峡蓄水后上荆江三个河段的平均宽深比 $\sqrt{B}/H$ 值，无论枯水河槽还是平滩河槽，都是持续地减小，而且愈向上游减小幅度愈大，即减小的幅度沿程递减。下荆江两个河段情况不同，石首河段 2002—2006 年枯水河槽宽深比增大，2006 年后则持续减小，平滩河槽宽深比 2002—2008 年总体略有减小，2008—2014 年则明显减小；监利河段枯水河槽、平滩河槽宽深比 2002—2006 年枯水河槽宽深比有所减小，2006—2008 年则有所增大，2008 年后又有所减小。

表 6-25　　　　　　　三峡水库蓄水后荆江河段河槽平均宽深比 $\sqrt{B}/H$ 变化

河段	河槽	2002 年 10 月	2006 年 10 月	2008 年 10 月	2014 年 10 月
枝江	枯水河槽	5.45	5.38	5.32	4.56
	平滩河槽	3.18	3.10	3.05	2.74
沙市	枯水河槽	5.03	4.84	4.56	4.19
	平滩河槽	3.38	3.27	3.22	2.96
公安	枯水河槽	4.01	3.93	3.87	3.47
	平滩河槽	3.12	2.98	2.95	2.76
石首	枯水河槽	3.75	4.01	3.72	3.48
	平滩河槽	3.78	3.70	3.74	3.58
监利	枯水河槽	4.93	4.73	4.97	4.58
	平滩河槽	3.50	3.39	3.41	3.25

6. 河床断面形态变化综合分析

综上所述，可以看出三峡蓄水后荆江河段河床断面形态变化有以下特点：

（1）上荆江平滩河槽河宽基本没变化，而枯水河槽则持续拓宽；枯水河槽和平滩河槽断面面积和平均水深虽然都在持续增大，但主要还是枯水河槽冲刷的结果，从而显示出平滩河槽面积和水深的增大。实际上，枯水位以上的中、洪水河槽断面面积，枝江河段和沙市河段分别增大 2.2% 和 2.8%，而公安河段在 2006 年扩大了 1.5%，之后又有所减小，至 2014 年与 2002 年相比总体变化不大。

（2）下荆江不仅枯水河槽河宽有明显增大，而且平滩河槽河宽也有一定幅度的增大；其枯水河槽断面面积，石首河段和监利河段 2014 年比 2002 年分别增大 15.7% 和 23.0%；而枯水位以上的中、洪水河槽面积增幅则不大，分别仅为 0.9% 和 6.0%，且变化情况也有所差异，石首河段 2002—2006 年增大了 5.5%，但之后又有所减小，监利河段 2002—2006 年增大了 6.2% 之后则相对稳定。所以，与上荆江相比不同的是，下荆江不仅枯水河床总体受到冲刷，而且枯水位以上的河床总体也受到冲刷，其中监利河段比石首河段断面面积增大的幅度更大；同时，上荆江的公安河段也有类似特征，表明了上、下荆江之间过渡衔接的特征。

（3）宽深比的变化，上荆江三个河段无论是枯水河槽还是平滩河槽都是宽深比明显地持续减小。由于在枯水河槽中断面面积的增大，表现为河宽明显增大的同时纵向冲深更为显著，导致 $\sqrt{B}/H$ 值明显减小；平滩河槽 $\sqrt{B}/H$ 值的减小则是在河宽变化不大或略有增大，但断面面积变化不大甚至有所减小的情况下，主要依赖枯水河槽冲深的作用而形成的。上荆江三个河段的枯水河槽断面面积占平滩河槽面积的比例由 2002 年的 43.9%、52.2%、57.5% 分别增大至 2014 年的 50.7%、58.3%、62.5%，即分别增大了 6.8、6.1、5.0 个百分点。以上都说明了上荆江断面形态的变化朝枯水位以上变化不大、而枯水河槽既拓宽又冲深而主要是冲深的调整方向发展。

下荆江河床断面宽深比变化比较复杂。由于枯水河槽和平滩河槽河宽都增大，石首河段枯水河槽 $\sqrt{B}/H$ 值自 2002—2006 年增大了 6.9%，之后又减小，2014—2002 年相比减小了 7.2%；平滩河槽 $\sqrt{B}/H$ 值则经历了减小—增大—减小的变化过程，2014 年与 2002 年相比减小了 5.3%。监利河段枯水、平滩河槽 $\sqrt{B}/H$ 值 2002—2006 年分别减小了 4.1%、3.1%，2006—2008 年则有所增大，以枯水河槽变化最为明显，其 $\sqrt{B}/H$ 值增大了 5.1%，平滩河槽则变化不大，至 2014 年河床明显冲刷导致 $\sqrt{B}/H$ 值又有所减小，与 2002 年相比总体减小了 7.1%。从枯水河槽断面面积占平滩河槽面积的比例变化分析，上述两个河段已由 2002 年的 56.0%、43.4% 增大至 2014 年的 59.4%、47.1%，即分别增大了 3.4、3.7 个百分点。以上说明，下荆江断面形态的变化，石首河段朝枯水位以上河槽有一定拓宽而枯水河槽既冲深又拓宽的方向发展；监利河段枯水河宽有明显增大，平滩河槽河宽也有一定幅度的增大，枯水河槽和枯水位以上河槽的面积都有明显的增大，但宽深比都是枯水河槽总体增大而平滩河槽总体减小，说明监利河段断面形态变化向枯水河槽冲深拓宽而以拓宽为主、而平滩河槽虽有拓宽但枯水位以上河槽面积的增大和枯水河槽平均水深的增大，使平滩河槽总体朝窄深的调整方向发展。

总之，三峡蓄水后荆江河段河床形态的调整是，上荆江枝江、沙市、公安河段平滩河宽变化不大，河床冲刷主要是枯水河槽的拓宽和冲深并以冲深为主，平滩河槽断面形态朝冲深的窄深方向发展；下荆江石首河段平滩河槽断面形态朝河宽略有展宽、宽深比朝有所增大或总体变化不大的方向发展；监利河段枯水河槽有拓宽又有刷深，宽深比增大，枯水位以上河槽面积增大，平滩河槽断面形态朝河宽展宽、总的宽深比有所减小的方向发展。

6.3.3　河床地貌变化分析

以上我们从宏观层面分析了下荆江在三峡水库蓄水后河床冲淤变化和河宽、断面形态的调整。以下我们没有对每个弯段和过渡段的河床演变逐一进行分析，而是对三峡水库蓄水后下荆江各段有代表性的河床地貌进行剖析，并概括其变化特点和可能发展的趋向。

（1）陀阳树边滩转化为傍岸的江心洲。在藕池口以上下荆江的进口段，陀阳树—古长堤一岸 2002 年 25m 岸线以外为边滩，滩面高程一般 21.00～23.00m，21m 沙嘴构成倒套，边滩最高点高程为 23.90m；随着主流逐渐右移、河槽向右侧摆动，到 2014 年，该岸段边滩不仅产生淤积，而且河床地貌发生了很大的变化，原 25m 岸线已移至边滩以外，在内槽以倒套形态构成向下延伸的 26m 沙嘴；在沙嘴与岸之间有 25m 倒套，总体形态上成为依附于左岸的长条形江心洲，其最高点达 27.3m（图 6-53）。预计今后在相当长的时期内深槽不致左摆，该洲滩将保持淤积的态势，并存在两种可能的发展趋势：①冲刷切割内槽而使该段朝江心洲分汊型发展；②淤积内槽，外洲并岸成为河漫滩而仍保持单一河道形态。二者必取其一，有待进一步观测。

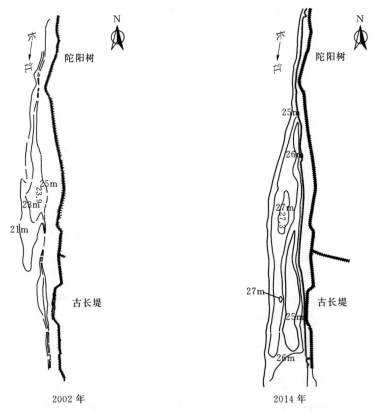

图 6-53　陀阳树至古长堤段边滩变化

（2）倒口窑江心洲滩面淤积、内槽冲刷。倒口窑和新生滩两个江心洲与右岸（送江码头）之间的小汊，三峡水库蓄水前呈淤积态势，2002 年 25m 槽在汊内断开，倒口窑 30m 高滩线为两个封闭小圈；至 2014 年倒口窑滩面淤积，30m 线合并为一个大的洲体滩面，倒口窑与新生滩之间的小汊则冲刷，成为上下口贯通的 25m 槽；新生滩右侧 25m 槽变化不大，但西南缘滩面受到局部冲刷切割（图 6-54）。总体来看，倒口窑洲滩滩面淤积抬高，洲体变得完整，其内槽明显拓宽刷深。

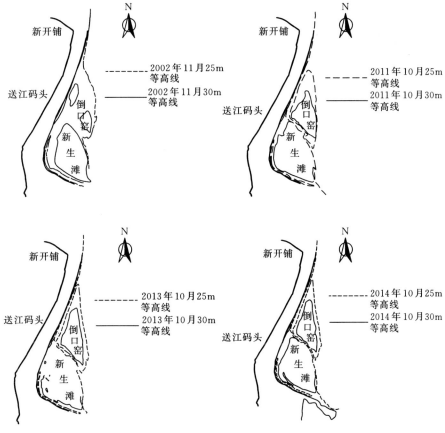

图 6-54　倒口窑洲滩变化

（3）北碾子湾河槽内形成心滩。在三峡水库蓄水前，主流由右岸北门口向左岸北碾子湾弯段过渡，2002 年北门口以下右侧为完整的 25m 边滩，到 2011 年，水流顶冲下移，北门口以下边滩受冲刷；由于 25m 槽展宽，右侧边滩 20～25m 之间河床切割成槽，相应地在北碾子湾弯顶形成 25m 心滩。至 2013 年，该心滩继续淤积，滩面已出现 30m 高程的堆积，但右侧 20m 的切槽则发生淤积（图 6-55）。这说明了该段河槽拓宽使弯顶处形成江心滩甚至江心洲。

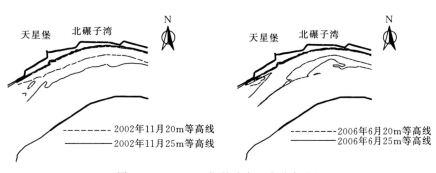

图 6-55（一）　北碾子湾心滩形成过程

291

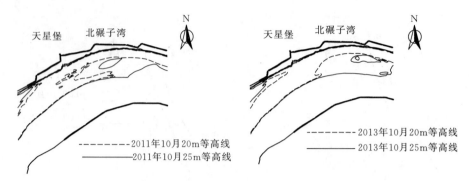

图 6-55（二）　北碾子湾心滩形成过程

（4）北碾子湾深槽下段与下游深槽衔接的变化。2002 年，碾子湾 15m 深槽下端与寡妇夹 15m 深槽之间为过渡段较长的正常浅滩，到 2013 年，因水流顶冲下移，25m 岸线逐渐左靠，上深槽下段明显趋直并下移，冲刷使原浅滩段缩短，与寡妇夹深槽上端形成的倒套（20m 线）有交错之势（图 6-56）。

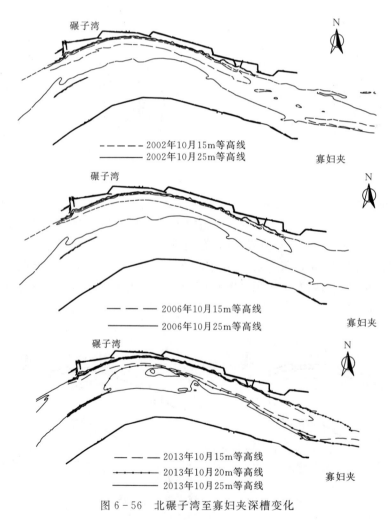

图 6-56　北碾子湾至寡妇夹深槽变化

（5）金鱼沟以上边滩被切割并形成傍岸的江心洲。2002 年金鱼沟以上左岸 30m 岸线以外为 25m 边滩，沿岸边转角处有 25m 槽；2006 年上述 25m 槽进一步冲刷增长，并且下段还有 30m 槽，有形成两个心滩之势；到 2013 年，金鱼沟以上左岸被切割，形成两个江心洲：上游一个是由边滩切割、滩面淤积成江心洲；下游一个是水流直接冲刷切割近岸滩面形成江心洲，同时在 30m 的内槽中又有 25m 的小槽（图 6-57）。

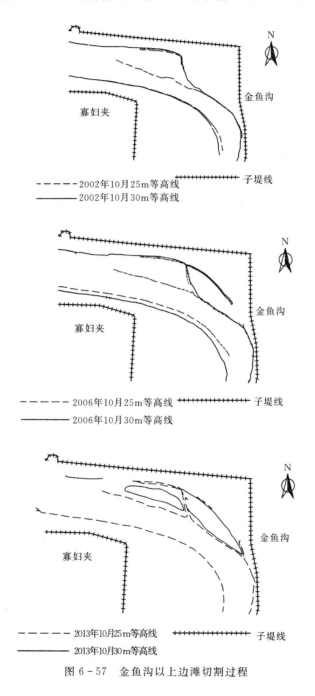

图 6-57　金鱼沟以上边滩切割过程

（6）调关弯道边滩冲刷和连心垸以上形成傍岸心滩。由于水流撇弯，在调关急弯段凸岸边滩发生冲刷，25m 边滩线大幅后退，而连心垸以上凹岸产生淤积并形成长条形 25m 心滩。两侧 25m 线构成新的中、枯水河槽，并在边滩下游侧由强烈的回流形成类似"口袋型"的大崩窝。这体现出弯道段在水流撇弯作用下对凸岸边滩大幅冲刷，而在凹岸侧淤积形成近岸心滩（图 6-58）。

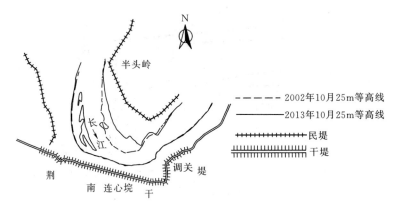

图 6-58　调关弯道边滩切割、凹岸形成心滩

（7）芦席湾长微弯段受冲刷但弯曲形态变化不大。调关以下的芦席湾为较长的微弯段，枯水河槽与深槽均狭长。自 2002—2013 年，凹岸岸线较稳定，凸岸则受到显著冲刷，15m 深槽和 20m 枯水河槽均向左拓宽，并略有拉直之势，但滩槽仍然分明，平面形态变化不大（图 6-59）。

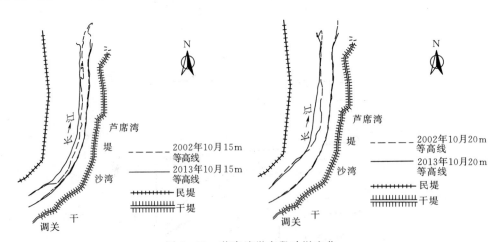

图 6-59　芦席湾微弯段冲淤变化

（8）中洲子裁弯新河撇弯与刷滩。2002 年的中洲子裁弯新河弯段，上游芦席弯 15m 河槽与弯顶处 15m 深槽并不衔接，中间为上、下两深槽头尾略有交错的浅滩；由于三峡水库蓄水后水流冲刷，至 2013 年，15m 槽冲深拓宽，上、下深槽贯通，浅滩已不存在。不仅如此，由于水流撇弯，凸岸边滩受到冲刷，20m 边滩上半部大幅后退，凹岸淤积并形成狭长的 20m 心滩（图 6-60）。这与调关弯段的变化类同。

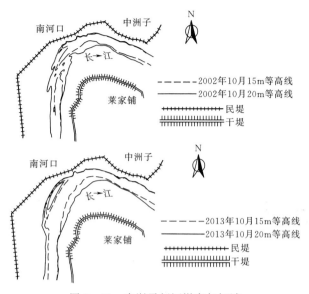

图 6-60　中洲子新河撇弯与切滩

（9）中洲子新河与鹅公凸之间过渡段变化。2002 年该段基本上为直段，略向左弯，15m 深槽靠左岸，槽宽较窄，与下游 15m 槽虽然贯通但衔接略有交错；到 2013 年，15m、20m 槽均受到冲刷而拓宽，且向左侧弯曲有所发展，似有顶冲下移之势，鹅公凸以上右岸边滩尾部冲刷，形成 20m 沙嘴和倒套（图 6-61）。

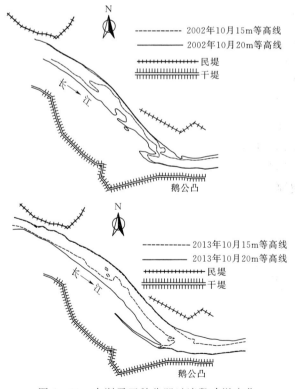

图 6-61　中洲子至鹅公凹过渡段冲淤变化

（10）五码口—塔市驿长微弯段受冲刷但弯曲形态变化不大。显然，自 2002—2013 年，右岸稳定，15m、20m 槽均受到冲刷，河槽向左侧拓宽，冲刷后，滩槽仍然分明，弯曲形态略有趋直（图 6-62）。以上变化与芦席湾长微弯段类同。

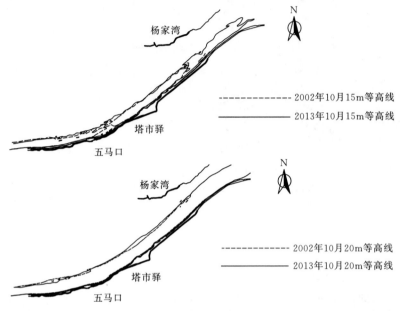

图 6-62　塔市驿长微弯段冲淤变化

（11）监利汊道段洲滩发生较大变化。从 2002—2013 年，监利河段 15m 深槽冲刷很大，由上段深槽不很发育变为上、下深槽均十分发育的形态，原江洲至乌龟洲 15m 之间过渡段很长变为过渡段较短的正常浅滩；25m 心滩也由原来仅在乌龟洲头有一个，变为在洲头、右汊右侧共 4～5 个 25m 心滩，冲槽淤滩特征十分明显，滩槽高差显著增加，即枯水河槽不仅冲深而且大幅拓宽；右汊内右侧上、下两个心滩，高程分别达到 26m 和 27m，其夹槽线分别为 20m 和 25m。更有甚者，这期间原乌龟洲左汊也明显冲刷，不仅 20m 槽展宽而且夹槽内还出现 15m 断续深槽（图 6-63）。如果这一河势能稳定下来并且右侧两滩能归并或并岸将是件大好事；但如果右侧二夹槽进一步冲刷、心滩向江心洲转化，成为江心洲多汊河段，那么河势变化将更加复杂。

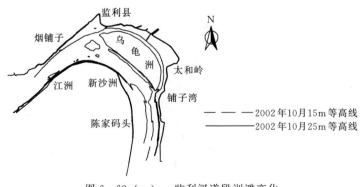

图 6-63（一）　监利汊道段洲滩变化

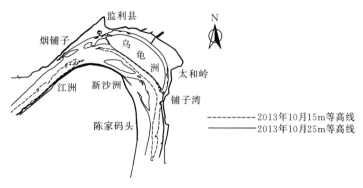

图 6-63（二）　监利汊道段洲滩变化

（12）铺子湾至天字一号顺直过渡段。2002 年，在铺子湾向下游延伸的 15m 深槽以下大马洲至天字一号之间为众多散乱低滩的过渡段，至 2013 年该段 20m 槽冲刷拓宽并左摆，原向下延伸的 15m 深槽尾部上缩，而下游两侧 15m 深槽头部向上延伸，与中间 15m 槽尾在局部形成"三槽首尾交错并列"的罕见形态（图 6-64），其形成与大马洲至天字一号段河槽拓宽直接相关，河槽中间宽而长的潜沙埂对航行不利。这种形态是不稳定的，

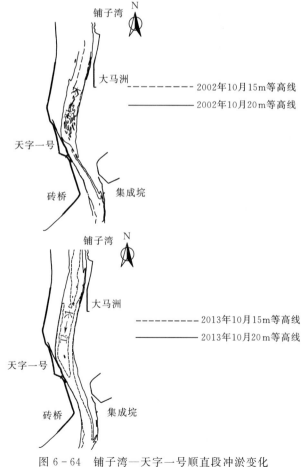

图 6-64　铺子湾—天字一号顺直段冲淤变化

近期将可以观察到它的转化趋势，并有可能影响到天字一号段的滩槽调整。

（13）天字一号—集成坑—洪水港连续微弯段。因受下荆江河势控制工程控制，三峡工程蓄水后凹岸变化较小，冲刷主要表现在集成坑至左家滩之间产生水流顶冲下移、凹岸撇弯淤滩和凸岸边滩冲刷后退，左家滩以下，20m 槽拓宽，弯曲形态总体变化较小（图 6-65）。

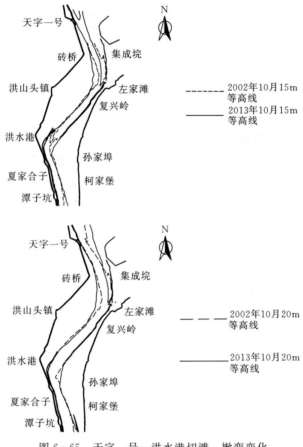

图 6-65　天字一号—洪水港切滩、撇弯变化

（14）盐船套顺直段的冲刷。自潭子坑至新堤子的盐船套顺直段，2002 年进口左岸和中段右岸广兴洲均为 20m 边滩，15m 深槽自潭子坑向盐船套—新堤子深槽过渡的中部为浅滩。到 2013 年，河床的冲刷使 20m 槽拓宽，广兴洲边滩和顺直段浅滩均受到冲刷，15m 深槽自潭子坑至盐船套贯穿；同时，由于 20m 槽以下河床的拓宽和刷深，在广兴洲以下傍岸形成一个 20m 的心滩（图 6-66）。就是说，深槽的冲刷使浅滩消失了，顺直段河槽的拓宽形成了一个长心滩。

（15）荆江门弯段刷滩并形成傍岸江心洲。自 2002—2013 年，弯道上段 20m 槽向右岸拓宽明显，向左边滩侧也有一定的冲刷；在弯顶荆江门以下 25m、20m 和 15m 槽均受到凹岸边界控制，20m 槽主要向凸岸边滩拓展；在荆江门以上凹岸则形成 25m 长条形江心洲。弯道下段 15m 深槽与姜界子 15m 槽上段由交错形态变为连贯衔接形态；沙堤子边滩下侧冲刷显著并形成"口袋型"崩窝（图 6-67）。可以说，其变化特征与调关弯段基本相同。

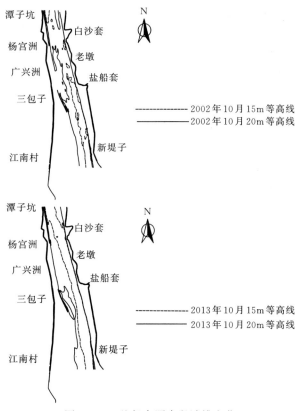

图 6 - 66　盐船套顺直段滩槽变化

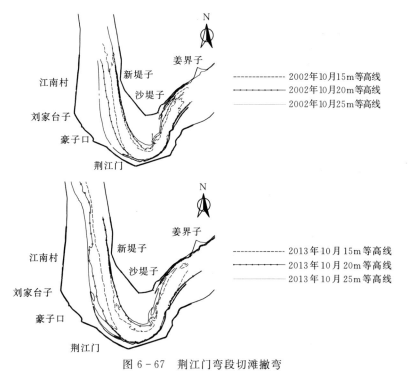

图 6 - 67　荆江门弯段切滩撇弯

（16）熊家洲右小汊冲刷。2002 年，该汊在上段有 20m 槽，中部与下段也有断开的 20m 槽；到 2006 年，中、下段 20m 槽与下口贯通；到 2013 年，除上口门外，20m 槽上、下全贯通，而且在 20m 槽内还有断续的 15m 深槽（图 6 - 68），显示出右小汊持续冲刷。这一变化特性与监利河段左汊类同。

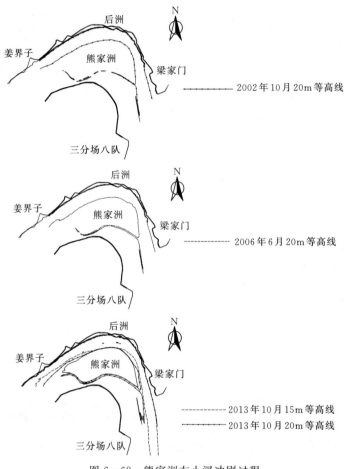

图 6 - 68　熊家洲右小汊冲刷过程

（17）七弓岭弯段切滩并演变为分汊河段。2002 年弯段 15m 深槽在弯道入口自左侧向右过渡贴右侧凹岸出弯道下段，为一曲折过度的弯段，边滩尚未发生大的冲刷切割，仅在外侧低滩处有 15m 小倒套；2006—2008 年该 15m 倒套冲深向边滩左根部平移并呈溯源冲刷发展；2011 年演变成为双汊河段，切开的左汊逐渐成为主汊，靠右岸形成江心洲，原凹岸深槽成为支汊；2011—2013 年该江心洲面积增大并向七弓岭一侧的凹岸移动（图 6 - 69）。边滩尾部狭颈处受冲刷，形成一个大的崩窝。这一崩窝位于狭颈处应予十分重视，是如何形成的值得研究。

（18）观音洲弯段切滩撇弯。从 2002 年、2013 年图中 10m、15m 深槽和 20m 滩变化来看，观音洲弯段左岸岸线除局部有所后退外，基本保持稳定；凸岸边滩冲刷后退；由于弯段河槽拓宽，水流发生撇弯，凸岸边滩冲刷，凹岸侧淤积形成 20m 心滩（图 6 - 70）。这与上述弯段演变特征都是类同的。

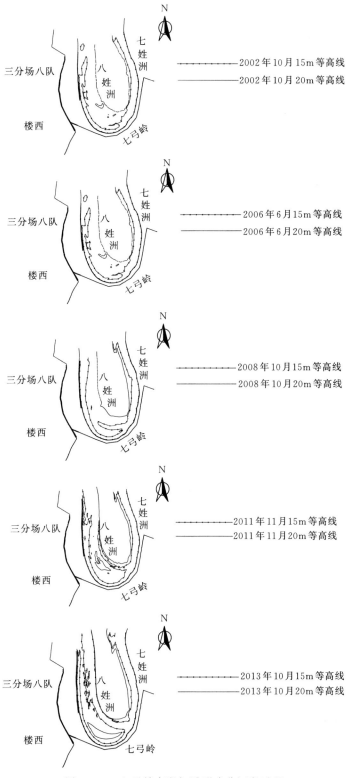

图 6-69　七弓岭弯段切滩形成分汊段过程

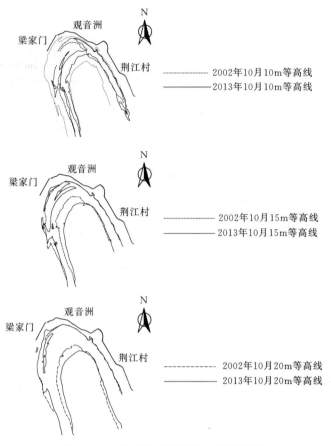

图 6-70　观音洲弯段切滩和撇弯过程

　　(19) 下荆江出口段荆河脑边滩冲刷。荆河脑出口 2002 年的 5m 深槽线，至 2013 年消失了，表明出口段右侧淤积；而其 15m 槽向左侧边滩冲刷并显著拓宽 (图 6-71)。这意味着下荆江出口段河槽也有趋直之势。

　　综上所述，三峡水库蓄水后清水下泄不仅给下荆江河道带来冲刷，而且对河床地貌形态带来深刻的变化。从这个 10 年演变过程中所显示的特征中，可以初步认识它的演变规律和趋向。这些都是在以往的研究中鲜有涉及的。

6.3.4　三峡水库蓄水后河床演变特征

　　(1) 三峡水库蓄水以来的 12 年内 (2003—2014 年)，下荆江平滩河槽河床冲刷总量为 3.44 亿 m³，年平均冲刷量大于蓄水前下荆江的年均冲刷量，也大于裁弯后 21 年 (1966—1987 年) 的年平均冲刷量；蓄水初期 4 年 (2003—2006 年) 年平均冲刷量同样大于裁弯初期 4 年 (1966—1970 年) 的年平均冲刷量。1987 年后下荆江转为基本平衡阶段，而三峡水库蓄水后的冲刷是在下荆江系统裁弯已经对河床产生强烈冲刷之后进一步的冲刷，而且这一冲刷作用还将持续。可见，三峡水库蓄水后水沙条件的变异对下荆江的影响之大。

　　(2) 上述三峡水库蓄水以来 (自 2003—2014 年) 下荆江河床的冲刷量，是指下荆江

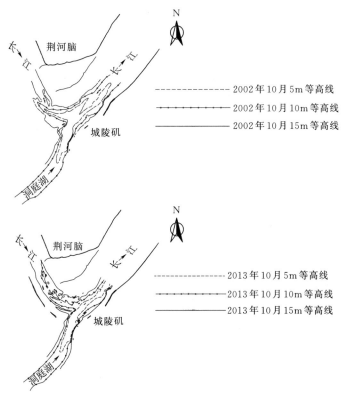

图 6-71　下荆江出口荆河脑边滩冲刷

在这期间除了输送宜枝河段和上荆江河床冲刷下泄的沙量之外，还在本河段通过冲淤变化和形态调整过程河床冲起的沙量，并一起向城陵矶以下的河道输送。分析表明，在下荆江河床总的冲刷量中，枯水河槽占的量远多于枯水位以上的中、洪水河槽河床的冲刷量；同时，在下荆江石首、监利两个河段中，石首河段单位河长冲刷量大于监利河段。需要指出，下荆江的这一宏观分布特征并不能一概表达具体河段的冲淤变化特点和形态调整的过程和结果。

（3）平均河宽、水深、断面面积与宽深比的分析，进一步补充了河床冲淤变化在河床形态调整方面的宏观结果，表明了上、下荆江形态调整特点的不同和下荆江内石首、监利河段形态变化的差异：上荆江平滩河宽和枯水位以上的河槽面积变化不大，断面形态的变化主要表现为水深增大和宽深比减小；下荆江除了枯水河槽冲刷之外，平滩河宽与枯水位以上河槽面积增大，表明枯水位以上河槽也在拓宽，但宽深比也有所减小。以上初步表明了上、下荆江河床形态宏观调整的趋势。另一方面，上、下荆江水深增大沿程减小，体现了比降宏观调平的特征；下荆江平滩河宽的增大，意味着洲滩受到冲刷。

（4）三峡水库蓄水后下荆江河床地貌具有以下演变特征：

1）水流的运动总体上具有趋直的特性。三峡水库蓄水后，下荆江河道无论弯曲过度的急弯段（如调关、七弓岭）、一般弯道段（如中洲子裁弯新河、荆江门、观音洲），还是长微弯段（如芦席湾、五码口—塔市驿）、反向弯段之间的顺直过渡段（如中洲子—鹅公凸、铺子湾—天字一号）和同向弯段之间的顺直段（盐船套），水流都有趋直和顶冲下移之势，以致造成凸岸边滩的冲刷和凹岸河槽的淤积，以及微弯段和顺直段河槽向凸岸一侧的拓宽刷深。这是三峡水库蓄水后下荆江河道演变普遍的特征。

2）弯道段刷滩、切滩和撇弯现象较为明显。水流运动趋直特性产生的刷滩、切滩和撇弯，一般都表现在凸岸边滩上半段（即上游侧）较大幅度的冲刷，即枯水、中水河槽向边滩一侧拓宽，而凹岸槽部产生淤积，形成依岸或傍岸的狭长边滩或小心江洲。其中，七弓岭急弯段的变化又有其特殊性，其边滩冲刷形式是由低滩上的倒套溯源冲刷发展，切割之后形成心滩并转化为江心洲，遂演变成双汊河道。其他各弯段演变的趋势是不是也步其后尘，撇弯形成的心滩（洲）分汊进一步向汊道发展？还是通过心滩（洲）并岸方式继续保持原单一河道形态呢？这有待进一步观察。

切滩形成汊道还有一处是北碾子湾。在三峡水库蓄水之前，水流由北门口弯段向北碾子湾弯段过渡，这个过渡段很短并仍处在调整的过程中，即水流顶冲仍在整体下移，北门口以下岸滩即北碾子湾凸岸边滩受到较强的冲刷。三峡水库蓄水后，该边滩的冲刷继续受到来自上游水流顶冲下移的切割，于 2011 年形成 25m 江心洲及其右侧上段 20m 的冲槽，这表明该汊道的形成与上述七弓岭弯道段（其边滩切割是由溯源冲刷产生）不同，该段冲槽的形成有来自上游河势变化的持续效应。2013 年地形表明，该江心洲虽然滩面和洲头发生淤积，但右侧冲槽也发生淤积，这可能与右侧入口实施了几条护滩带有关。

3）微弯段基本保持原平面形态，在河槽拓宽同时也有取直趋向。下荆江有两处典型的长微弯段，即芦席湾段和五码口—塔市驿段，它们都是略向右岸凹进的较长微弯段，其凹岸地质条件好，河岸抗冲性强，又受到一定的护岸工程控制，平面形态长期较稳定。三峡水库蓄水后，凹岸岸线没有变化，深槽仍然贴凹岸分布，这是下荆江河道平面形态相对稳定的两个微弯段；由于中、枯水河槽受冲刷，深槽下端也有所延伸，消除了下游弯段进口处的浅滩，并与下游深槽相衔接。另一方面，20m 河槽拓宽了，15m 深槽冲刷并延长了，平面上都有一定的趋直之势。

4）长顺直过渡段河床冲淤变化较为复杂。三峡蓄水后清水下泄枯水河槽的冲刷对顺直过渡段的影响是显著的：有的表现为随着中、枯水河槽拓宽，顺直过渡段和深槽也冲深拓宽（如中洲子—鹅公凸段）；有的表现为对深槽之间的浅滩直接冲刷，以致在浅滩部位形成深槽，在中水河槽拓宽段形成心滩（如盐船套段）；还有的表现为心滩散乱的过渡段随着中、枯水河槽拓宽而淤积成完整的潜心滩（如大马洲段），其两侧为深槽，成为局部的分汊段。以上变化的共性是，中、枯水河槽的冲刷拓宽是前提，伴随这一冲刷拓宽的过程，形成了边滩的冲刷乃至岸滩的冲刷，心滩的形成，深槽的冲深、拓宽和浅滩的冲刷成深槽（或淤积成心滩）。总之，下荆江河道内这类长顺直过渡段在三峡水库蓄水前冲淤演变就较为复杂，形态相对不稳定，蓄水后河床变化的空间相对较大，地貌形态转化的型式较多。

5）河漫滩的冲刷与切割现象也有发生。从金鱼沟以上左岸边滩成槽的过程来看，先是在上边滩内侧有 25m 槽，再是上、下边滩分别有 25m 槽和 30m 槽，最后在 2013 年上边滩 25m 槽连通，而下边滩内侧 30m 槽贯通，槽内还有 25m 的间断槽，这不能不认为是水流冲刷的结果，而且滩面淤积成 2 个江心洲也是水流冲槽淤滩的结果。这与陀阳树边滩成为江心洲有类似方面，即边滩滩面通过淤积转化为江心洲，也有不同的方面，金鱼沟边滩内侧成槽是冲刷的过程，而陀阳树边滩形成江心洲以及向下延伸的沙嘴与倒套都是处于淤积的过程。另外，还有河漫滩相的支汊受到冲刷：监利河段乌龟洲左汊、倒口窑右小汊和熊家洲右小汊基本上都是有河漫滩相泥沙淤积的小支汊，在三峡水库蓄水后10年里受到明显冲刷，可能都是含沙量极度减小的原因，是否具有进一步冲刷发展的趋势以及冲刷的强度能否增大都值得观测和研究。

　　根据以上对三峡水库蓄水后清水下泄河床地貌的变化分析，可见来水来沙的变化（特别是含沙量的大幅减小）对中、枯水河床地貌以至河漫滩地貌都产生了深刻的影响，下荆江河道中水、枯水河槽总体上向相对顺直形态发展：弯道段普遍发生凸岸边滩冲刷切割、凹岸槽部撇弯淤积并新生依岸或傍岸的窄长心滩和小洲，中水河槽和枯水河槽变得相对趋直；长微弯段保持了相对稳定的深槽靠凹岸的微弯形态，向凸岸冲刷拓宽的同时也有趋直之势；顺直过渡段在拓宽和刷深的同时也冲刷浅滩，有的使上、下游深槽衔接较好，但有的顶冲下移则使上、下深槽趋于交错。就是说，中水、枯水河槽的平面形态都处于调整中。江心洲的支汊和河漫滩上的小支汊也产生了相应的冲刷。至于凹岸撇弯形成傍岸的心滩或小江心洲等成型淤积体，是朝并岸方向发展成为新的河漫滩河岸，最后河道仍维持单一河型，还是内槽趋于冲刷发展逐渐形成分汊河型的趋向问题，有待进一步观测研究。

参考文献

［1］　荆江市长江河道管理局. 荆江堤防志［M］. 北京：中国水利水电出版社，2012.

［2］　余文畴，卢金友. 长江河道演变与治理［M］. 北京：中国水利水电出版社，2005.

［3］　俞俊. 荆江河床质组成初步分析［J］. 泥沙研究，3（1），1958.

［4］　李朝菊. 荆江门河段护岸工程初析［R］. 长江中下游护岸工程论文集（第2集）. 长江流域规划办公室长江水利水电科学研究院，1981.

［5］　水利部长江水利委员会. 长江中下游干流河道治理规划报告［R］. 1996.

［6］　长江航道局. "十二五"期长江航道建设项目前期研究成果汇编（航道整治篇）［R］. 2015年3月.

［7］　王明甫，段文忠，等. 三峡建坝前后荆江河势演变及江湖关系研究综合报告［C］//长江三峡工程泥沙与航运关键技术研究专题研究报告集（下册）. 武汉：武汉工业大学出版社，1993.

［8］　长江科学院. 三峡水利枢纽下游河床冲刷对防洪航运的影响研究［C］//长江三峡工程泥沙与航运关键技术研究专题研究报告集（下册）. 武汉：武汉工业大学出版社，1993.

［9］　长江科学院，中国水利水电科学研究院，长委会水文局. 三峡工程下游河道演变及重点河段整治研究专题报告［R］. 1995年12月.

［10］　韩其为，杨克诚. 三峡水库建成后下荆江河型变化趋势的研究［R］. 中国水利学会2001学术年会论文集.

［11］　谢鉴衡. 下荆江蜿蜒型河段成因及发展前景初探［C］//长江三峡工程泥沙研究论文集. 北京：中国科学技术出版社，1989.

［12］　余文畴. 长江河道认识与实践［M］. 北京：中国水利水电出版社，2013.

［13］　长办荆江河床实验站. 长江中游枝城至城陵矶（荆江）河道基本特征［R］. 长江流域规划办公室水文局，1983年10月.

［14］　钱宁，张仁，周志德. 河床演变学［M］. 北京：科学出版社，1987.

［15］　余文畴. 长江中下游干支流蜿蜒型河道成因研究［C］//黄河水利科学研究院. 第六届全国泥沙基

本理论研究学术讨论会论文集（第一册）. 郑州：黄河水利出版社，2005.

［16］　长江水利水电科学研究院河流室. 荆江特性研究［C］// 中国地理学会. 中国地理学会 1981 年地貌学术讨论会论文集. 北京：科学出版社，1981.

［17］　晏济远. 石首河段河床演变分析［R］. 水利部长江水利委员会水文局，1989.

［18］　单剑武，李以香. 监利河段河床演变分析［R］. 水利部长江水利委员会水文局，1989.

［19］　曾静贤. 长江中游宜昌至城陵矶河段浅滩演变初步分析［R］. 长江水利水电科学研究院，1985.

第7章 长江中下游分汊河道
演变规律与发展趋向

长江中下游自城陵矶—江阴全长 1200 余 km，属宽窄相间的江心洲分汊河道。本章对它的历史演变和近半个多世纪来的近期演变以及三峡工程蓄水运用以来 10 余年的变化做了全面的描述和总结，对其河道特性和演变规律进行了较深入的分析，对其自然条件下和通过初步整治后的演变趋向以及三峡工程"清水下泄"后的可能发展趋势做了初步探讨。

7.1 长江中下游分汊河道历史演变规律

7.1.1 分汊河道历史演变的几个阶段

有关研究表明，先秦时期，长江中游荆江以三条分支和汉水一起，携带着丰富的水量和沙量进入云梦泽，以三角洲堆积形态在云梦泽内向下游呈扇形延伸；到汉晋时期，云梦泽因泥沙大量沉积而逐渐解体，形成江湖串通、以大江心洲形态为主要地貌的网状河道，同时塑造着江汉平原和洞庭湖平原。当时的荆江河道有"24 口"，城陵矶以下也有"16 口"分流入湖；唐宋时，云梦泽完全解体，宋元时荆江穴口减少为"九穴十三口"。到元明之际，荆江的主干河道随着江湖关系的变化开始河型的造床过程[1]。与此相应，长江中下游分汊河道的历史演变可分为以下三个阶段。

（1）第一阶段：在三角洲堆积过程中由江湖相通转变为网状河道的阶段。

相当于云梦泽，长江下游的彭蠡泽同期为大量泥沙堆积，逐渐形成以武穴为起点的入湖三角洲[2]，并在向前推进的三角洲上形成许多小三角洲，洲上有许多通道与湖泊相连，在三角洲堆积体上由遍布的江心洲构成网状河道。随着漫长岁月的泥沙堆积作用和人类开发利用，特别是唐宋以来北方人民南迁，对洲滩实施大量的围垦，特别是一些穴口的堵塞，使长江网状河道与泥沙堆积甚少的两岸湖泊相分隔。如武穴等穴口堵塞后，将长江的网状河道与北岸的龙感湖、大官湖、泊湖、武昌湖等分隔开来（图 7-1）。这样，在长江下游由两侧山地和阶地组成的河谷中形成了网状河道与两侧湖泊组成的两大地貌景观。

（2）第二阶段：河漫滩边界的形成和主干河道在冲积作用下形成多汊河道的阶段。

之后，在长江下游的网状河道中，通过进一步的堆积和冲积作用，逐渐形成长江下游的主干河道。在这一阶段中自始至终贯穿着江心洲大规模的合并，形成主干河道的河漫滩。这一河漫滩既是主干河道二元相结构的河岸边界，又是两岸湖泊的漫滩边界，进一步成为江湖相隔的共同河漫滩。与此同时，在两岸留下许多"古汊道"痕迹（图 7-2 为长江下游湖口至南京大胜关"古汊道"分布）。在这一阶段中参与相并的江心洲基本上都是在单向堆积过程中形成的，洲体尺度大，有悬移质中细颗粒泥沙堆积，稳定性程度也较

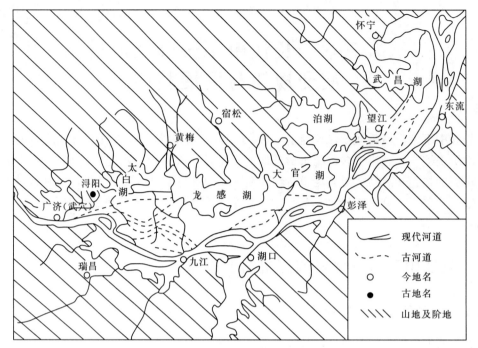

图 7-1 九江黄梅平原古河道分布

高，洲与洲之间的支汊都具有自然淤积的趋势，这也为人类堵塞支汊、开发利用提供了"因势利导"整治的基础。

同时，这一阶段形成的主干河道，仍然是宽度相当大的河道，河槽内遍布着江心洲。这些在经历漫长岁月后形成的江心洲，一般都不是原堆积过程留存下来的，而是在上述江心洲并岸过程中"古支汊"堵塞后，在主干河道内径流量和输沙量不断增大的情况下河床长期冲淤形成的江心洲，是主干河道长期冲积作用的结果。因此，它们的年代均较新，尺度相对较小，悬移质中细颗粒泥沙淤积层相对较薄，稳定性不是很高，要么较易冲刷变小，要么较易淤积变高变大，也就是说，在主干河道日益增长的水量和沙量条件下，将会加快河床冲淤演变的速率，即加快主干河道内江心洲并岸、并洲的进程。在这一阶段，长江中下游仍然是多汊河道，河槽中遍布着不断"推陈出新"的江心洲。但又因在历史资料有限的情况下，为了表达主干河道曾经是拥有众多江心洲的多汊河道，我们只能对长江中下游各段河道内近代曾经有过记载的江心洲阐述如下[3,4]。

在九江（湖口）以上的中游段：自城陵矶至赤壁山，河道宽度受到较多山矶节点控制，河湖分隔后仅生成了仙峰洲、南阳洲、南门洲等较大的江心洲；自赤壁山至潘家湾，两岸基本为冲积平原，江心洲较发育，曾有练洲、宝塔洲、中洲、新洲、护县洲、白沙洲和复兴洲等；自潘家湾至纱帽山河道内形成众多洲滩，曾有簰洲、杨家洲、官镰洲、复元洲、三洲、明良洲、长兴洲、付阳洲、傍兴洲、大兴洲，并在人类频繁的经济活动中形成了特有的簰洲大湾；自纱帽山至龟山、蛇山，两岸也有较多山矶节点分布，河床横向摆动受到限制，曾有叹洲、鹦鹉洲、刘公洲、补课洲（新鹦鹉洲）；自龟山、蛇山到阳逻，曾有东城洲、武洲、天兴洲等。自武汉阳逻至西塞山，南岸受到阶地的控制，北岸基本为冲积平原，曾有峥嵘洲、叶家洲、牧鹅洲，牛王洲、新洲、塔帽洲、无名洲、举洲、鸭蛋洲、罗霍洲、人民洲、李家洲、芦洲，得胜洲、新淤洲、五洲、戴家洲、散花洲。西塞山至盘塘，两岸受到众多低山丘陵强烈控制，河道非常狭窄，仅有牯牛洲和李家洲。盘塘至九江（锁江楼）为河道出谷后进入河谷开阔段，有鲤鱼洲、龙坪新洲、团洲、鳊鱼洲、汪家洲。

在九江（湖口）以下的下游段：九江以下的长江下游，左岸为广阔的冲积平原，右岸受到山矶阶地的断续控制，其间也分布着较小的冲积平原。长江下游河道接纳更大的径流量，含沙量则小于中游河道，边界条件抗冲性更弱，因而形成的河道宽度更大，江心洲比中游更为发育。在九江（湖口）至大通的长河段中，九江河段有杨家洲、同兴洲、扁担洲、半月洲、叶家洲、团洲、蔡家洲、邓家洲、乌龟洲、官洲、新洲，永和洲、泰字号洲、上三号洲、下三号洲；马垱河段有鸠洲、鸽洲、段洲、麟字号洲、张升洲、复往号洲、新洲、骨排洲、搁排洲、瓜字号洲；东流河段有方家洲、天心洲、玉带洲、棉花洲、莲花洲、小新洲、福洲；安庆河段有路清洲、鹰洲、三女沙、梁文洲、姚家洲、培文洲、保婴洲、复兴洲、清节洲、官洲、鹅眉洲、安庆江心洲；太子矶河段有杨莲洲、铜盘洲、铁盘洲、玉盘洲、扁担洲；贵池河段有崇文洲、氽水洲、兴隆洲、长沙洲、鸟落洲、碗船洲、凤凰洲；大通河段有成梁洲、老洲、和悦洲、铁板洲。在大通至马鞍山的长河段中，铜陵河段有成德洲、章家洲、汀家洲、黄泊洲、雪花洲、大兴洲、泰北洲、太阳洲、太白洲、石板洲；黑沙洲河段有巴家洲、复兴洲、白马洲、旧县沙、福兴洲、黑沙洲、天然洲；芜裕河段有鱼洲、小沙洲、太白茆沙、曹家洲、陈家洲、鲫鱼洲、曹姑洲、新洲；马鞍山河段有太兴洲、彭兴洲、江心洲、黄洲新滩、黄洲老滩、恒兴洲、小黄洲、大黄洲、神农洲、慈姥洲。在南京到江阴的长河段中，南京河段七坝以上有盛聚潮洲、救济洲、子母洲、影子洲、新生洲、新济洲、新潜洲，七坝以下有凤林洲、江心梅子洲、七里洲、草鞋洲、八卦洲、兴隆洲、大河沙；镇扬河段有北新洲、青沙洲、七里滩、大沙、高家沙、小沙、功金沙、长生洲、北星洲、新冒洲、真润洲、定易洲、尹公洲、和尚洲、裕龙洲、接界洲、义成洲、鹰膀子、世业洲、征润洲、和畅洲；扬中河段有宝晋沙、乐生洲、太平洲、落成洲、板儿洲、永安洲、永昌洲、天裕洲、目鱼沙、兰盘洲、永平洲、砲子洲、连成洲、定兴洲、禄安洲。

综上所述，在城陵矶至九江（湖口）的中游段长 547.0km 的河道内记载中有 52 个江心洲，九江至江阴的下游段长 659.4km 的河道内则有 145 个江心洲。显然，中游段因边界条件的控制，历史上江心洲的形成和发育受到一定的限制，下游段则具有流量大、含沙量小的来水来沙条件和抗冲性较差的边界条件双重因素，历史上河道内江心洲的发育更为充分。

（3）第三阶段：宽窄相间的江心洲分汊河型及其不同亚类形成的阶段。

在江湖分隔、湖泊调节作用减弱和两岸江心洲相继并岸成为两岸河漫滩边界条件的基础上，径流和输沙量的增大加速了主干河道内形成一定河型的进程，于是明清以后在宽度较大、江心洲较多的河道内出现了并岸、并洲的高潮。凡是江心洲并岸、河道束窄显著的部位成为分汊河段河槽的单一节点，凡是江心洲之间合并形成大江心洲的部位，就成为节点之间的宽段。这样，长江中下游河道就变成了宽窄相间的河道。显然，其演变的过程和特征就是江心洲的并岸和并洲，而且一般都是先并岸后并洲。江心洲并岸后就转化为河漫滩，成为新的河岸；并洲则为小洲变大洲，河道的稳定性逐渐得以增强。然后，再通过长期水流泥沙运动的作用，各分汊段平面形态不断调整，长江中下游就由无序的宽窄相间形态变成基本有序的宽窄相间分汊型河道。随着这一河型的形成，河道就由多分汊变为少分汊，河道宽度总体变窄，并进而分别形成分汊河道的三个亚类，即顺直分汊型、弯曲分汊型和鹅头分汊型。成型后的分汊河段亚类有双汊的（如南阳洲、天兴洲、八卦洲），三汊的（如贵池河段、陆溪口河段），四汊的（如官洲河段），以及五汊的（如团风河段）。从此，它们一般各自遵循一定的年际、年内冲淤变化规律，这就属于近期演变特性的范畴了。

7.1.2　分汊河道历史演变规律的概括

在河道由堆积性转为冲积性和江湖基本分隔之后的造床过程中，长江中下游分汊河道历史演变的规律可概括如下：

（1）历史上自然演变和人类开发利用使长江中下游河道的演变贯穿着江心洲并岸、并洲的过程。

当江湖基本分隔之后，长江中下游的网状河道在堆积和冲积双重作用下，一方面使江心洲滩体长大，滩面继续单向堆积抬高，即在悬移质粗颗粒泥沙淤积的基础上继续由悬移质细颗粒泥沙淤高，形成河漫滩相二元结构；另一方面使有的支汊，特别是弯曲过度的支汊产生淤积而朝衰萎方向发展，以致发生江心洲与河漫滩和江心洲之间的合并。这就是自然条件下的江心洲并岸、并洲过程。与此同时，另一些支汊（多是一些顺直微弯支汊）则产生冲刷而不断拓展，形成较大的支汊乃至主汊。这表明在自然条件下长江中下游在江心洲并洲并岸过程的同时伴随着"塞支强干"的演变趋势。

人类开发利用是在河床演变的基础上，首先对一些高程较高的河漫滩和江心洲实施围垦，再对一些濒于淤废的或枯季已经断流的小支汊进行堵塞，这就是人为的并岸、并洲和"塞支强干"。这充分表明，在历史演变的第三阶段，当网状河道经上述的江心洲并岸、并洲过程成为主干河道之后，来水来沙量被两岸堤防约束于主干河道内而加强河床冲淤变化的条件下，江心洲的并岸、并洲进程也得以加速发展。

因此，我们总结概括出江心洲的并岸、并洲过程贯穿着长江中下游分汊河道历史演变的始终是恰如其分的。这个并岸、并洲的演变过程，不仅促进了长江中下游洲滩的开发利用，而且表明，"因势利导"整治江河实际上是一种人们遵循自然规律的传统历史经验，以至今天仍然成为我们的治河原则。

（2）江心洲并岸、并洲使长江中下游分汊河道朝支汊减少的方向发展。

江心洲的不断并岸意味着支汊不断地减少。两岸河漫滩留存的许多"古汊道"地貌，曾经是较大支汊的自然淤塞，其中较多的是人为堵塞的结果；还有一些的淤积较充分而自然"淤死"的小支汊，表现为在河漫滩上有一些条形的断续水域即自然淤积的支汊形态；有的河漫滩上的鬃岗地貌是支汊的凹岸平移和凸岸边滩流路淤积的形态；河漫滩上残存的许许多多的堤段或围堤附近往往都是汊流的通道。以上表明，以江心洲为主要堆积地貌的多支汊网状河道均随着支汊的不断减少而转化成河漫滩。

历史上网状河道内江心洲之间的合并同样具备自然条件下支汊淤积、小洲变大洲、支汊不断减少的特性，也同样有我们的祖先通过围垦洲滩和堵塞支汊的实践活动，使得河道内的支汊不断减少。并洲的过程与江心洲并岸过程使支汊减少是一脉相承的。

然而，通过对现存河漫滩和江心洲的考察，河漫滩上支汊的减少与后来河道内江心洲由小洲并为大江心洲过程中支汊的减少在时段上却有很大的差异。由图 7-2 可见，在长江中下游两岸河漫滩上，其"古汊道"的分布可以说比比皆是，但在江心洲上，名副其实的"古汊道"却寥寥无几，仅在较少的江心洲上有其"痕迹"，这是因为大多数江心洲的成型淤积体并不是网状河道时期的江心洲，而是近代生成的。江心洲之间原有并洲的"古汊道"痕迹可能随着主干河道长期的冲淤作用，即随着江心洲的冲淤变化而消失了，现在江心洲上淤废支汊的地貌一般应是近代江心洲并洲过程的产物，而并非"古汊道"。在近代，江心洲的冲淤变化，包括平面位移、洲滩此生彼没，让先辈给我们留下"三十年河东、四十年河西"的演化概念，也使后人在未掌握规律的条件下提出让江心洲"自生自灭"的治河观点。

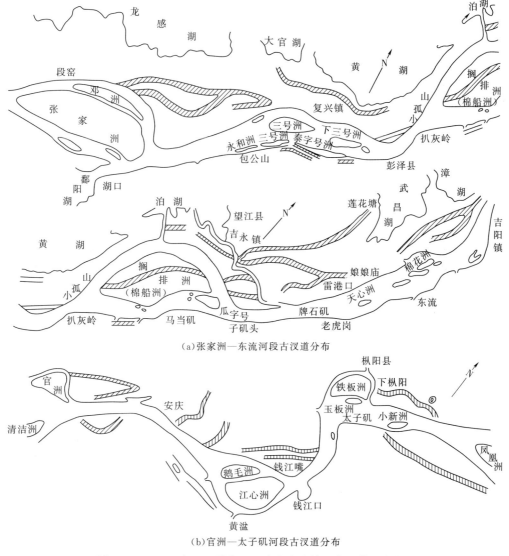

(a)张家洲—东流河段古汊道分布

(b)官洲—太子矶河段古汊道分布

图 7-2（一）　长江下游湖口—南京大胜关"古汊道"分布图

311

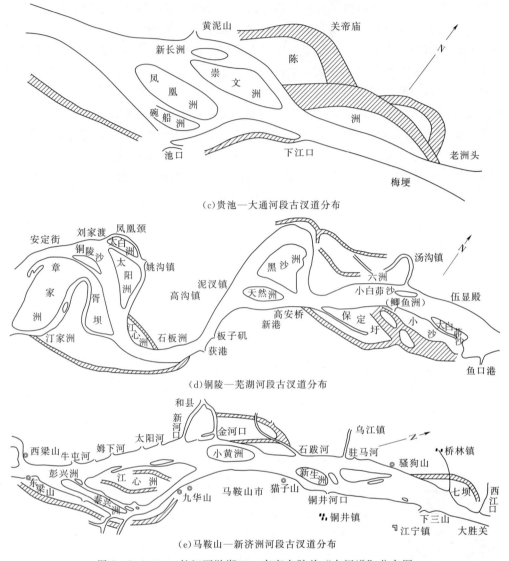

(c)贵池—大通河段古汊道分布

(d)铜陵—芜湖河段古汊道分布

(e)马鞍山—新济洲河段古汊道分布

图 7-2（二）　长江下游湖口—南京大胜关"古汊道"分布图

　　总之，江心洲初期的堆积是通过众多的心滩兼并而成为高而大的江心洲，进而成为江湖分隔的河漫滩。江湖分隔后的网状河道则是通过江心洲进一步并岸形成更广阔的河漫滩，在此河岸边界条件下再形成江心洲仍然遍布的主干多汊河道。然后，在主干河道的造床过程中又通过江心洲并岸、并洲而形成宽窄相间的分汊型河道。在上述整个发展过程中，江心洲的并岸、并洲使得支汊不断地减少，进而言之，支汊的持续减少是上述历史演变规律的总趋势。现在长江中下游分汊河道中的江心洲，除极少数年代久远外，大多数都是近代河床冲淤变化的产物，而且近代的分汊河道同样具有多汊变少汊的总趋势。

　　（3）江心洲并岸、并洲构成宽窄相间的分汊河段，并随边界条件的差异和并岸、并洲的具体过程形成其亚类，其平面形态朝基本有序的方向发展。

　　以上已述，凡是江心洲并岸之处形成河道的束窄段，成为分汊河段中的节点。长江中下游分汊河道的节点，有两岸山矶对峙形成的天然节点，但这是极少数，大多数节点一岸为山体另一岸为二元结构河漫滩，特别是长江下游河道的节点，右岸受山矶控制，左岸为二元结构的沉积物；也有两岸均为河漫滩河岸的节点和两岸均受到人工控制的节点。以上还述及到，凡是江心洲并洲之处形成更大的江心洲，成为节点之间的展宽段。一般而言，每个大的江心洲都是由并洲形成并构成展宽段，然而分汊河段的展宽段并不一定只是由一个江心洲组成的双汊河段，往往还随着节点之间顺流向的长度和节点之间的河岸在水流泥沙运动作用下可能展宽的程度而构成江心洲顺列和江心洲并列的多汊河段。在这些双汊河段和多汊河段中，又因边界条件、江心洲并岸并洲的形态和具体过程以及上、下游衔接段河道走向等的不同，分别形成顺直分汊型、弯曲分汊型和鹅头分汊型等三种分汊河型亚类。据作者的研究，经过长期的水流泥沙运动和河床边界条件之间的相互作用，各亚类的分汊河段平面形态经调整而变得基本有序，三亚类之间在长江中下游河型图上，其平面形态有明确的区分[3,5]。

（4）在江心洲并岸、并洲的历史演变中，支汊减少、河道束窄、水深增大、宽深比减小、滩槽高差加大，使长江中下游分汊河道朝稳定性增强的方向发展。

自然状态下长江中下游分汊河道是一条径流量和输沙量均很大、含沙量较为适中的河流。在它的历史演变中，长江的来水来沙首先是在河谷中堆积泥沙，在江湖分隔后仍在网状河道中继续堆积泥沙，为江心洲滩面淤积和支汊淤积提供泥沙来源。随着造床作用的不断增强，宏观上水流挟沙能力的增大，河道逐渐由堆积性转变为准堆积性；随着主干河道形成，挟沙能力进一步增强，河道逐渐转变为准平衡性。当它形成一定的河型，即形成宽窄相间的分汊河道之后，可以认为它已经属于一条纵向输沙基本平衡的河流。通过以上的历史演变分析可知：第一，在长江中下游的分汊河道中，后来的少汊河道应比先前的多汊河道更比网状河道稳定。不仅其挟沙能力增大使其与来水来沙条件更为适应，而且少汊比多汊水流泥沙运动的状态更为稳定，河床冲淤的动态特征也更为稳定。第二，后来河宽较小、水深较大的少汊河道比相对宽浅的多汊河道更稳定。少汊河道相对窄深对平滩水位以下的水流控制性强，更易使河道的平面形态趋于稳定；相对抗冲的河岸边界条件更能使河势得以控制。第三，滩槽高差大的少汊河道比滩面高程相对低而河槽高程相对高的多汊河道更稳定。滩面高程高意味着悬移质中冲泻质泥沙淤积充分，本身就意味着河漫滩和江心洲形态稳定性程度较高，更具备细颗粒泥沙长期沉积的条件；而河槽高程低也意味着归槽水流具备长期稳定的动力作用。因此，自然条件下长江中下游分汊河道由多汊变为少汊的趋势在宏观上的归宿必然是河道朝稳定性增强的方向发展。

7.2 长江中下游分汊河道近期演变

7.2.1 20 世纪 50—60 年代后期自然状态下分汊河道演变及其趋势

本节所述的"自然状态"下演变，并非指绝对的自然条件下任其发生的变化，实际上与历史演变时期的含义类似，所谓"自然状态下"的演变，既有在来水来沙条件下自然冲淤变化的方面，也有人类开发利用产生影响的方面。我们所指的近期自然状态下的演变，具体时段为新中国建立后 1950—1967 年所发生的变化。在此期间，人们对城陵矶至江阴的中下游两岸进行了堤防加固，对历史上的局部险段实施了护岸加固，但还未实施大规模的河道整治工程。从来水来沙条件来看，由于城陵矶以上的下荆江裁弯工程还未实施，汉江在丹江口水库蓄水（1968 年）之前进入长江的水沙条件基本无变化，鄱阳湖水系汇入长江的水沙条件也没什么变化，可以说，城陵矶以下河道的水沙条件没有大的变化；从边界条件来看，由于长江中下游河道大部分河岸仍处于自然状态，各河段崩岸频繁发生，而江心洲的洲滩边界更是全部处于自然状态，河道的平面形态总体上没有得到控制。就是说，长江中下游河道自然状态下的演变，就是在上述来水来沙条件和河道边界条件下没有发生明显变化下的河床演变。以下是作者对这一阶段的演变特性所做的概括。

7.2.1.1　江心洲继续并岸并洲的特性是历史演变规律的承袭

1. 近期演变中自然条件下长江中下游江心洲并岸、并洲概况

前节分述了长江中下游分汊河道通过江心洲并岸并洲过程已基本形成了宽窄相间的江心洲分汊河型以及各分汊河段的顺直型、弯曲型、鹅头型三种河型亚类，但这一历史演变过程并没有结束，到 20 世纪 50—60 年代，并岸、并洲现象仍在继续发生。表 7-1 列出了这段期间长江中下游分汊河道的江心洲并岸并洲情况。

表 7-1　　　长江中下游城陵矶—江阴 1950—1967 年间江心洲并岸并洲情况

河段		江心洲（或汊道）	江心洲与岸之间的并岸		江心洲之间的并洲
			左岸	右岸	
中游	岳阳	仙峰洲	两个小洲合并成仙峰洲后，有靠左岸的趋势		
		儒溪小洲		边滩型小洲，有靠右岸之势	
	陆溪口	中洲	鹅头型支汊持续淤衰，中洲有并右岸趋势		
	嘉鱼	复兴洲		基本并右岸	
	簰洲湾（上段）	土地洲		已经并右岸，该段成为单一河道	
	武汉	杨泗矶小洲		边滩型小洲，有靠右岸之势	
	叶家洲	牧鹅洲	已经并左岸		
	团风	叶路洲	鹅头型支汊持续淤衰，叶路洲有并左岸趋势		
	鄂黄	散花洲	已经并左岸，形成黄石单一弯道		戴家洲由两个洲合并而成
	九江	人民洲	有靠左岸之势		

河段		江心洲（或汊道）	江心洲与岸之间的并岸		江心洲之间的并洲
			左岸	右岸	
下游	九江	张家洲		右汊内边滩型官洲有并靠右岸之势	右汊内新洲和左汊内乌龟洲有并洲之势
		上三号洲	有并左岸之势		
	马垱	棉船洲			右汊内瓜字号有并洲之势
	东流	棉花洲			玉带洲和棉花洲有合并之势
	安庆	官洲	鹅头型支汊淤衰，官洲有并左岸之势	复生洲有并右岸之势	保婴洲与培文洲已合并为官洲
	太子矶	铜铁洲		尾部扁担洲有并右岸之势	右汊内玉板洲有并洲之势
	贵池	凤凰洲	尾部泥洲已并右岸		右汊碗船洲有并凤凰洲之势
	大通	和悦洲			铁板洲并和悦洲
	铜陵	成德洲			新、老成德洲合并
		汀家洲	左汊内太白洲、太阳洲有并靠左岸之势		
		石板兴隆洲	基本并靠左岸，该段成为单一弯道		
	芜裕	陈家洲			曹姑洲与曹捷、陈捷水道之间潜洲，均有并陈家洲之势
	马鞍山	江心洲和小黄洲	左汊内大黄洲已并左岸	右汊内恒兴洲、神农洲已并右岸	彭兴洲有并靠江心洲之势
	南京	新生洲		右汊内子母洲有并右岸之势	还魂洲已并新生洲，后又有并新济洲之势
		梅子洲	左汊内新江口心滩并左岸成为边滩		
		兴隆洲	兴隆洲有并左岸之势，乌鱼洲已并左岸		
	镇扬	征润洲		征润洲并右岸，该段成为单一弯道	
		和畅洲	功金洲、长生洲、新民洲已并入左岸		尹公洲、大沙、裕龙洲、和尚洲并为和畅洲
		墩家洲	并入左岸，大港以下成为单一弯道		
	扬中	太平洲	左汊内永安洲、天星洲有并左岸之势	右汊尾砲子洲、禄安洲有并右岸之势	

315

2. 近期演变中自然条件下江心洲并岸、并洲的特点

从表 7-1 可知，近期演变中的江心洲并岸并洲是历史演变的继续，同时也可看出在 1950—1967 年间，长江中下游河道并岸并洲过程有如下特点：

（1）江心洲并岸、并洲仍然呈现较为频繁发生的特点。据统计，长江中下游在 1950—1967 年的自然演变时段内，已发生和行将发生的并岸并洲有 44 处，其中已经和基本并岸并洲的有 20 处，有并岸并洲和靠岸趋势的 24 处。可见，历史演变中的并岸并洲过程在近期演变中得到承袭，长江中下游分汊河道从宏观上仍继续变窄，多汊变少汊，并朝稳定性逐渐增强的方向发展。

（2）江心洲并岸过程呈现左岸大于右岸的特点。从表 7-1 看出，无论是中游还是下游，江心洲的并岸处数都是左岸多于右岸，这主要与边界条件有关。长江中下游自城陵矶以下，右岸受到山矶阶地控制，河道平面摆动受到限制，不易从河道的平面摆动中滋生洲滩；而左岸（特别是下游）为广阔的冲积平原，河漫滩河岸易冲，河道在平面摆动中易形成较多、较大的心滩和江心洲，尤其是一些弯曲型支汊的江心洲更易发生并岸。

（3）江心洲并岸并洲过程呈现下游大于中游的特点。在长度约为 550km 的中游仅发生并岸和靠岸趋势 10 处，而长度 660 多 km 的下游则发生 22 处；前者只有 1 处并洲，而且并岸仅发生在该河段的一岸，后者有 14 处并洲，而且有些汊道段两岸都有并岸发生。这不但取决于边界条件，即中游两岸受较多的控制，河宽较小，江心洲发育受到限制，而下游仅右岸受到较多控制，并且下游因径流量相对大和含沙量相对小，江心洲发育，数量较多，也是一个因素。

需要指出，长江中下游江心洲并岸并洲过程实现多汊变少汊并不都是一种单向累积的演变过程，而大多是在冲淤的动态演变中实现多汊变少汊的过程。从鹅头型多汊河段的历史演变可以认识到这一特点。图 7-3、图 7-4 中分别有镇扬河段和畅洲汊道和龙坪河段新洲汊道左岸数条鹅头形故道，表明历史上支汊周期性平移致江心洲并岸的结果。同时也需要指出，江心洲的并洲也不是很多小洲"一蹴而就"成为一个大的江心洲，而是在淤积的趋势下一个个逐步相连的。

还必须指出，在以上自然演变的基础上，很多的江心洲并岸和并洲都离不开人类开发对其实施围垦和对支汊进行堵塞而实现的。如果没有人类的作用，支汊的淤积速度将是非常缓慢的，最终支汊河槽将成为河漫滩上洪水期仍然过流的低洼部位。因此，

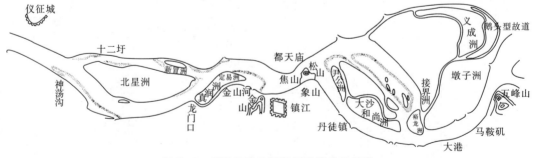

图 7-3　镇扬河段和畅洲汊道鹅头型故道

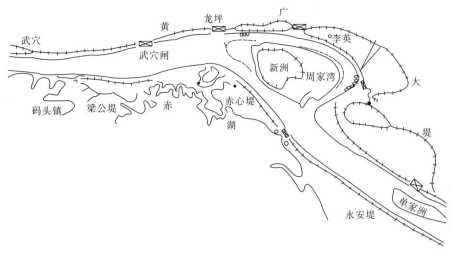

图 7-4　龙坪河段新洲汊道鹅头型故道

多汊变为少汊最终还要通过修建堤防才是真正意义上的并岸并洲，实现河道由多汊向少汊的发展。

7.2.1.2　节点在分汊河道演变中的作用

在阐述了江心洲在近期演变中仍然沿袭历史演变并岸并洲过程的特性之后，我们将对分汊河段的节点和江心洲汊道的演变，继续从宏观上分析它的特性。

1. 节点形成的水流泥沙运动条件及其边界条件

长江中下游两岸山矶形成的对峙节点，是河道局部的天然边界条件。这类节点河宽较窄、洪水河宽也较小，平滩下的宽深比小，对中、洪水期的水流都具有一定的控制作用。如果节点之间的纵向间距较小（如城陵矶以下的白螺矶与道仁矶、杨林山与龙头矶、螺山与鸭栏矶三组对峙节点），节点间两岸也受到控制，那么上、下节点之间的江心洲发育也受到限制；如果节点之间的间距较大，河谷也较宽，则它们之间江心洲发育一般不受太大的限制。两岸均为人工护岸的节点，是在两岸均为河漫滩自然束窄的条件下实施人工护岸形成的（如南京下关浦口节点），两岸一般均有近岸堤防，洪水河宽也较小，其性质与上述节点类似。

长江中下游河道内以上两类节点分布毕竟很少，在分汊河道全部节点中所占比例很小，不是分析的重点。我们将分析重点放在一岸为山矶或阶地另一岸为河漫滩的节点和两岸均为河漫滩的节点，因为这两类节点在长江中下游分汊河道中占绝大多数；前者是水流泥沙运动和边界条件共同作用的结果，后者则是分汊水流运动和泥沙沉积的结果。

由于地球自转科氏力的影响，长江河道在历史演变中趋靠南岸（右岸）而东行，在左岸形成广阔的河漫滩及其内部的湖泊，而右岸边界条件除山体、阶地外，还有一些窄长的河漫滩和少数较大的河漫滩与湖泊。当江心洲的并岸形成河道的束窄段濒临山体、阶地时，就成为上述前者节点，当河道两侧均因江心洲并岸或直接为河漫滩形成束窄段时，就成为后者节点。在前者节点中，当分汊河道中的主流靠山体阶地，在有山矶突出的江岸处形成局部冲刷坑时，或当分汊水流的主汊或支汊水流有顶冲山体阶地的固定边界形成局部冲刷坑时，或当主、支汊交角很大水流掺混形成局部冲刷坑时，则都是节点形成的特定因素；在局部冲刷坑处单宽流量大，水流集中，两岸或一岸缓流处易产生淤积，特别是支汊与主汊交角较大时，出口侧易生回流淤积，这样就进一步形成节点处的束窄段并因滩槽高差大而增强节点的稳定性。在后者节点中，当长江中下游江心洲并岸并洲初步形成宽窄相间的分汊河道之后，又分又合的分汊水流都随流量不同而具有一定的弯曲度从而构成一定的汇流形态，汇流的掺混会形成一定的冲刷深度甚至形成局部冲刷坑，这是形成节点断面为窄深形态的内在因素；与此相应，节点处汊流交汇、流量叠加、能量集中的水流结构又使两岸侧或一岸侧缓流带的悬移质泥沙持续淤积，加之汊流交角处的回流淤积，滩槽高差变大，反过来使节点处断面形态更为窄深。节点断面愈来愈窄深不仅使节点自身的稳定性不断加强，而且也增强了各分汊河段的稳定性。所以说，水流泥沙运动是节点形成的本质因素，南岸山矶、阶地边界条件可促使节点处局部冲刷坑形成，是节点形成的辅助因素。也可以这样认为，没有南岸山矶、阶地的边界条件，长江中下游河道也能形成节点的形态，南岸山矶、阶地的边界条件对于分汊河段节点的形成起着重要的促进作用。

2. 节点对上游汊道冲淤演变的影响和对下游河势的控制作用

两岸均为山矶的节点在河床演变中，一方面可控制上游河段江心洲的下移，加强洲滩淤积和河槽冲刷的造床作用；另一方面在节点处束窄段如没有一定的长度，对下游河势的控制作用不够强，一般只能起到一种"共轭点"的作用。对这一类节点我们不去进一步作分析，重点分析在长江中下游占绝大多数自然形成的节点。

（1）江心洲并岸过程一般也伴随着人类的开发利用，不仅是平滩河床得以束窄，并且节点处洪水河床也因人们兴建堤防而被束窄。因此，在流量和含沙量均大的洪水期，节点束窄段的壅水对上游河段的河床总体上是淤积作用。在历史演变中节点处洪水期的壅水，促使上游宽段的江心洲滩及其支汊淤积，有利于促进江心洲的并岸并洲过程；在江心洲为人类开发利用兴建了洲堤的情况下，洪水期节点的壅水对大江心洲的堤外河漫滩和边滩也有淤积作用，使其形态更为稳定。枯水期节点段河床因汛期冲刷，过水面积大，泄流能力强，水位的降低使上游汊道段枯水比降变陡，归槽水流对枯水河槽或基本河槽产生冲刷作用。上游汊道段滩槽高差加大的趋势，总体上有利于增强汊道的稳定性。在近期演变中更要将节点束窄段对上游汊道洪、枯期比降的周期性变化及其对河床冲淤影响进行研究。

（2）节点对下游河势的控制作用是明显的，它能较长时段保持下游河段较稳定的进口水流条件。这是因为节点束窄段河宽小，水深大，断面宽深比小，上游汊道水流的变化通过节点束窄段调整理顺的功能，使之对下游产生的影响将被减弱，短期内甚至看不出有什么影响；在上游汊道水流持续不断变化的情况下，由于节点的控制作用，对下游产生的影响具有一种滞后的作用。例如，武汉河段白沙洲汊道在 19 世纪末至 20 世纪初左、右汊发生主、支汊的易位，通过龟蛇山节点后，并未立即使天兴洲左、右汊产生相应的易位，直到 20 世纪 50 年代后期天兴洲汊道才发生主、支汊的易位；南京河段八卦洲汊道 20 世纪 30 年代主汊在左汊，到 50 年代发生主、支汊易位；随着八卦洲右汊 50 年代后成为主汊且分流持续增大，在出口节点处乌龙山边滩开始淤积，直至 70 年代初才影响到节点流速分布的易位和顶冲部位的变化。

（3）根据作者的研究，经过江心洲并岸并洲过程形成分汊河段的形态归纳为顺直、弯曲和鹅头分汊型三个亚类，在分区图上它们两两间平面形态的区别可以 $B/L = 0.21\alpha^{-1}$ 和 $B/L = 0.54\alpha^{-1}$ 划分［式中 L 和 B 分别为分汊河段进、出口断面（中点）之间的距离和河段内最大宽度；α 为进出口断面法线方向交角，即节点间河道的转折角，以弧度表示］。分区图表明[5]，鹅头型分汊河段的进出口节点段的转折角（α）比弯曲分汊型大更比顺直分汊型大，鹅头分汊型的相对宽度 B/L 值也比弯曲分汊型大比顺直分汊型更大，进一步说明了进出口节点段转折角愈大，形成的相对宽度愈大，水流在该段内单位长度消耗的能量愈大；更进一步说明了如果将鹅头型多汊河段整治为弯曲型双汊河段，剩余的能量将会使其平面和断面形态得到相应调整，我们需研究通过新的河势控制及其工程措施进行治理。

在分析上述分汊河道节点机理的基础上，显然，影响河床演变的节点各要素有：①节点宽度、水深、宽深比。一般来说，较小的节点宽度和宽深比，对上游汊道段的冲淤变化和对下游段的河势，控制作用较强；但过度的束窄对行洪和局部水流产生不利，应当有一个较为合理的束窄程度，需要进一步研究。②节点长度（即束窄段长度）。一般来说，相对较长的节点束窄段控制作用也较强；但过长的进口顺直展宽段反易生边滩和心滩，水流动力轴线不稳定；应是具有一定长度的微弯形态节点段，十分有利于控制下游河段的河势，这也是需要深入研究的问题。

3. 节点的稳定性

长江中下游分汊河道的节点，绝大多数都是相当稳定的，平面形态变化很小，河床冲淤具有洪冲枯淤的周期变化而保持冲淤相对平衡的特性。正是由于其自身的稳定，才具有利于上游汊道稳定的冲淤变化和对下游段河势的控制作用。而且，大部分节点随着自然条件下的河床演变其稳定性有不断增强的趋向。但也有少数节点在河势变化下具有不稳定性，如南京河段下三山节点变成了对岸的七坝节点，乌龙山节点变成了对岸的西坝节点（后述）；还有的节点在河势变化较大的情况下而逐渐失去其节点的作用，如马鞍山河段出口大黄洲、神农洲节点的拓宽（后述），使上下游分汊河段失去其演变的独立性，上下游关系变得更为复杂。

7.2.1.3　长江中下游分汊河道周期性变化规律

长江中下游分汊河道周期演变特性的分析研究，较早的是 20 世纪 70 年代长江科学院开展了较多的工作，其成果发表于《长江中下游河道特性及其演变》一书中[2]，主要就支汊存在年限与主、支汊地位交替转化的周期以及影响的因素，包括河型、分流分沙比、动力轴线摆动等进行了分析研究。到 20 世纪 80 年代后，在钱宁等著的《河床演变学》中[6]，引用了长江科学院的部分成果，并认为汊道消长在很大程度上取决于汊道进口的分流分沙态势。作者通过对长江河道演变的认识和整治实践，对长江中下游分汊河道年际、年内变化模式作了全面的分类（见表 7 - 2），并分别对其变化规律进行了研究。

表7-2　　　　　　　　　　　　长江中下游分汊河道周期性变化型式

类　型	模　式	河　型
年际变化	支汊横向摆动和洲滩横向平移的周期性	鹅头多汊型、弯曲双汊型、顺直微弯双汊型
	支汊纵向下移又上提和洲滩纵向下移的周期性	顺直多汊型
	双汊之间交替发展的周期性	鹅头双汊型（特例）
	双汊河段主、支汊单向变化（非周期性）	弯曲型或顺直型
年内周期性变化	节点束窄段河床冲淤变化的周期性	
	进口展宽段与口门段沿程冲淤变化的周期性	
	分汊段汊内河床冲淤的周期性	

1. 年际周期性变化模式

（1）支汊横向摆动和洲滩横向平移的周期性变化。这类变化一般发生在江心洲并列的鹅头型多汊河段，团风河段就是一个最典型的实例。它的演变特征是在右岸边滩切滩后形成新生汊，该汊初期向冲深发展，分流逐渐增大，被切割的滩体先形成心滩，继而成为江心洲；然后新生汊发展并向左平移，持续冲刷左侧的江心洲，分流比也随之迅速增大；当该汊发展到最大分流比（约70%～80%）时，右侧又形成新的边滩，之后又受到切割而形成第二轮的新右汊，原新生汊逐渐变为新中汊，之后转向淤积，原中汊也在平移且不断弯曲中变为濒临消亡的左汊，且有向左并洲（即并叶路洲）之势。在这个过程中无论哪一汊（包括新生的右汊、不断发展又逐渐转弱的中汊，以及逐渐淤废的左汊）都在不断地向左平移，这个过程形成的洲滩都是不断地朝左淤涨后又冲蚀，即每个周期所有的江心洲都将被"扫荡"一遍。团风河段这种横向轮回变化的一个周期大致40年左右（图3-17）。团风河段原右岸人民洲内的小江在历史演变中已经并洲，左岸弯曲过甚的鹅头夹江持续淤积已处于基本并岸态势，它们在演变中已经"边缘化"了，即不参与上述周期性的演变过程。同一模式变化的还有官洲鹅头型多汊河段和陆溪口鹅头型多汊河段，在自然条件下都遵循同一模式的年际周期性变化规律。图7-5为官洲汊道自然条件下洲滩变化图，虽然只有三个年份的测次，但基本上可以看出它在周期演变过程中所处的阶段。任其自然发展，它将遵循上述汊道和江心洲横向平移的模式以完成本周期的变化"使命"，并"开创"新一轮变化。据分析，官洲河段变化的周期可能长于团风河段，平面变化的幅度也小于团风河段。关于鹅头型多汊河段周期性演变中水流泥沙运动的机理，作者以往已做过多次描述，现又在本书第3章"长江中下游比降与河床演变、河道整治关系的探索"一文中做了详细的分析，可参阅之。

另外，还有个别的双汊河段也具有上述横向平移的年际周期变化特性。例如，团风河段下游的德胜洲汊道是一个弯曲型双汊河段，在老德胜洲被向右横向平移的汊道"扫荡"的同时，左岸形成的边滩发展淤宽、被切割，又形成新的左汊，目前新左汊处于冲深发展、分流比逐渐增加的状态。又如，长江下游芜裕河段大拐以上鲫鱼洲汊道是一个顺直微弯的双汊河段，其演变的模式也是如此。

需要指出，只有在自然状态下才具有上述演变的周期性。实践表明，在实施河道整治的情况下，它们将失去上述的周期性或它的演变进程受到遏制。如团风河段在近期对东漕

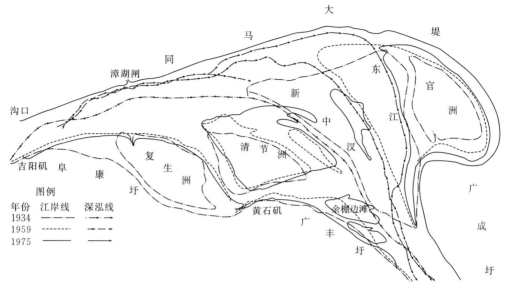

图 7-5　官洲河段河势变化比较图

洲进行了护岸，促使其向双汊河型转化；官洲河段在官洲护岸后，20 世纪 80 年代后随着新中汊的淤积，逐渐有三汊变双汊的趋向。

（2）横向支汊纵向下移又上提和洲滩纵向下移的周期性变化。这一变化发生在江心洲顺列的顺直型多汊河段，比较典型的是下游芜裕河段下段和中游的界牌河段。芜裕河段下段是一个江心洲顺列、总体呈顺直局部为鹅头型的多汊河段。在 20 世纪 60 年代，河道内曹姑洲和陈家洲顺流而列，它们中间为该河段自左汊至右汊切割的中汊，是在纵向水流和横比降组合水流的冲刷下形成的。随着该纵向水流对陈家洲的冲刷，其洲头不断下移，中汊展宽，开始在二洲之间又形成一个新滩，继而淤高成洲，在其两侧分别形成曹捷水道和陈捷水道，由左汊分出大量水流到右汊，于 20 世纪 60 年代造成左汊下段裕溪口港严重淤积。后因中汊水势减弱，先是新洲淤积下移并入陈家洲，继而又与曹姑洲有合并之势；与此同时，曹姑洲的头部被切割，随着这一新串沟的冲深、拓宽并开始向下游平移而冲刷曹姑洲，被切割的洲头淤积展宽、淤高而成为新的曹姑洲。于是，在纵向水流和自左向右的横比降相组合的水流作用下，新串沟不断发展并向下游平移而不断冲刷老曹姑洲（图 2-15，图 2-16 和图 3-14）。按其周期性发展规律，预计该新串沟向下游移动的同时其分流也不断增加但到后期又会转而减小以致新曹姑洲又与原曹姑洲淤并，同时又在新曹姑洲头形成新一代串沟，又将开始新一轮的周期性变化。以上是对 20 世纪 70 年代以后的发展所做的分析，旨在表明自然状态下该类汊道所遵循的周期性演变规律。大通河段和悦洲与其上游顺列的铁板洲和南京河段新济洲与其上游顺列的新生洲、还魂洲（又名影子洲）的演变，都具有洲头滩切割、横向支汊发展下移、江心洲冲刷、洲体下移、合并的周期性变化的规律。历史上，大黄洲在并左岸之前，与其上游的小黄洲（并洲前）和江心洲尾的何家洲也表现出同样的周期性演变规律。在大黄洲并岸和小黄洲并洲均进行围垦后，这种周期性变化的大趋势才受到抑制。

支汊纵向下移又上提和洲滩纵向下移周期性变化另一个典型河段是中游的界牌河段。

321

界牌河段长而顺直，河道下段分布有新淤洲和南门洲，其中南门洲形成年代较早，新淤洲顾名思义是新近形成的不稳定的江心洲，两洲之间有夹槽。新淤洲以上为该汊道长而直的进口段，河槽内边滩、心滩发育，冲淤频繁，滩面高程均较低。由于两汊阻力不同对上游壅水的程度不同，常在南门洲、新淤洲以上较长范围内形成横比降，特别是汛后至整个枯水期横比降更显著，造成自左至右的横向水流对河槽中沙埂的冲刷与切割，并形成过渡段浅滩。这一冲刷切槽的支汊形成后在纵向水流和横比降的作用下，一般具有向下游平移的特性，相应洲滩也有冲刷和淤积下移的特性，有时下移冲刷新淤洲，估计新淤洲与南门洲之间的夹槽就是冲槽曾经下移的最终位置。然后，横向切割的过渡段上提，又开始下移并完成新一轮过程。为寻求其变化规律，我们将分析时段延伸至 80 年代。图 7-6 为界牌河段自 1959—1986 年期间深泓的变化，可以看出，在 27 年内切槽过渡段有两次大幅度下移，一次小幅度下移又上提。有关分析表明，切割过渡段上、下移动的范围达 14km 之长[7]。另外，随着年内来水来沙条件的不同，这一横向切槽的部位也具有一定的随机性，有时甚至形成两个切槽过渡段，造成极为不利的通航条件。

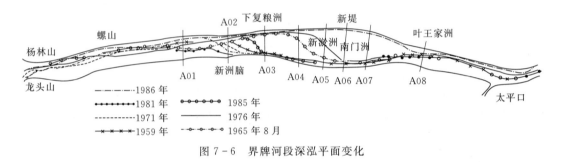

图 7-6　界牌河段深泓平面变化

　　（3）关于双汊河段两汊交替发展的周期性。长江中下游大多数双汊河段都是在基本成型后，表现为主、支汊继续单向发展或由主汊转化为支汊而原为支汊转化为主汊后继续发展的单向演变。大多数双汊河道的演变仅表现为只有一次性主、支易位的特性，而不是周期性的往复变化。例如，武汉河段天兴洲汊道 20 世纪 40—50 年代左汊为主汊，至 70 年代末变为支汊后一直处于淤衰趋势；南京河段八卦洲左汊由主汊变为支汊后继续淤衰直至成为分流仅占 15% 的支汊；九江河段张家洲左汊由主汊渐变为枯季分流比小于 50% 的支汊并将持续这一演变趋势；还有不少的双汊河段在并岸并洲后形成了主、支汊，其支汊一直呈现分流继续减小的态势。长江中下游交替发展的双汊河段可谓罕见，镇扬河段和畅洲汊道的周期性交替变化可以说是个特例，而且是发生在 20 世纪 70 年代以后的事。20 世纪 50 年代和畅洲左、右两汊"平分秋色"，而之前左汊为主汊，到 60 年代右汊为主汊，发展到 70 年代中期右汊分流比增大达 75% 左右，一直呈现单向发展的趋势。之后，由于左汊内鹅头切割、阻力骤然减小、分流剧增，最终导致主、支汊易位，左汊分流比增大至 75%，其变化之大之快、河床冲淤之剧烈超出了当时人们对长江分汊河道河床演变的认识水平（本书第 3 章做了详细描述和分析）。

　　以上阐述了长江下游分汊河道自然条件下在三个方面年际做周期性变化的模式，还有个别在自然条件下演变更为复杂的分汊河段，如东流河段，其平面形态为顺直微弯多汊型，平滩河槽内既有顺列的江心洲，又有并列的江心洲，其纵、横向水流和泥沙运动以及各滩槽冲淤变化错综复杂。如果说年际存在周期性变化的话，那么各不同部位的周期不尽相同，且一个周期的时段也应很短。对其在年际间演变特性需要做深入分析。

（4）双汊河段主、支汊呈单向变化（非周期性）。长江中下游分汊河道的自然演变，到 20 世纪 60—70 年代，许多汊道河段已经发展到年际间不存在周期变化特性的双汊河段，表现为随着时间的推移，其主汊继续不断发展而支汊继续不断淤衰，或并岸并洲后的双汊河段支汊发展为主汊再继续冲刷发展。不管这些双汊河段的主、支汊在年内作何种冲淤变化及其对年际间的影响如何，其年际的变化总体朝单向发展，并在宏观上延续历史演变的规律，推动着长江中下游分汊河道朝稳定性逐渐增强的方向发展。以下分析长江中下游各分汊河段在自然演变和历史上人类对洲滩围垦基本形成双汊河段（或宏观上为双汊河段）之后直至本时段表现出的主、支汊呈单向变化特性。

1）仙峰洲汊道。20 世纪 50—60 年代，左汊为支汊，仙峰洲年际间有冲有淤，但总体上是洲长和洲宽均有增大，洲体向左侧展宽，说明左汊在自然状态下，总体上是淤积萎缩的。

2）嘉鱼白沙洲汊道。自 20 世纪 30 年代形成护县洲、白沙洲、复兴洲等三洲顺列的格局以来，护县，复兴二洲已呈并岸趋势，白沙洲汊道才逐渐形成左主、右支格局，至 1959 年，洪、中、枯水期右汊分流比为 23％～28％；之后，至 1971 年，右汊河槽明显淤高变窄。可以认为，自然条件下支汊表现为单向萎缩态势。

3）团洲汊道。位于簰洲湾弯顶处的团洲，是在 1900—1935 年形成并逐步淤长的。1901 年右汊为主汊，至 1935 年两汊河宽相当且均可通航；以后，右汊不断淤积成为支汊，直到 50—60 年代均呈单向淤积态势。

4）铁板洲汊道。铁板洲形成后滩面淤高、面积增大，左汊较宽为主汊，自然条件下两汊变化均较小。总体来看，右汊形态较稳定，左汊有缓慢淤积之势。

5）白沙洲汊道。自 19—20 世纪，龟、蛇山节点以上的主流由南向北摆动，形成白沙洲汊道，其左、右两汊分别为主、支汊。白沙洲在历史上不断淤高，主、支汊分别为单向冲刷和单向淤积发展，至 60—70 年代，分流比的变化不大，右汊中、洪水期在 16％左右，而枯水期仅为 5％左右。

6）天兴洲汊道。龟、蛇山节点以下大致在 1836 年后形成天兴洲，通过并岸并洲成为双汊河段。20 世纪初左汊为主汊，汊道深泓在左汊，至 50 年代后期深泓易位于右汊。1967 年右汊分流比已超过 2/3，并继续朝右兴左衰单向发展。

7）戴家洲汊道。戴家洲在清代末期通过并洲初步形成，又在 1954 年后通过两大洲的进一步合并才成为双汊河段格局。1874 年深泓在左汊，为主汊；后来右汊不断发展，河宽增大，逐渐成为主汊，左汊则缩窄，成为支汊。虽然年际变化的速度缓慢，但基本上呈现左衰右兴单向发展的趋势。

8）牯牛洲汊道。在西塞山至田家镇的狭窄河段，取上段河宽较大牯牛洲汊道分析。由于河道边界的约束，历年河道平面变化不大，但从河槽冲淤来看仍显示出主（左汊）兴支（右汊）衰的单向变化，只是变化的速度和幅度均不大。

9）龙坪新洲汊道。该汊道 1880 年前左汊为主汊，是主航道。到 1921—1934 年两汊均可通行大船。1957 年，右汊成为主汊，江面展宽，分流比已达 69％～80％；左汊缩窄，并向鹅头型发展，具有左（支汊）衰右（主汊）兴单向发展的特征。可见，伴随着汊道的平面变化，其发展的速率和幅度均较大。

10）张家洲汊道。张家洲汊道具有右岸受山矶、阶地控制而左岸为河漫滩的边界条件，至 18 世纪末张家洲汊道已基本上形成弯曲双汊型河段。在 18 世纪末至 19 世纪初左汊一直处于主汊地位，右汊为支汊。随着左汊向弯曲发展，右汊处于缓慢发展状态。至 20 世纪 50—60 年代，右汊虽然仍为支汊，但平均分流比已达 48.4%，即与左汊接近，呈"势均力敌"态势。在其左汊左岸段窑至汇口仍继续崩岸、形态变弯变长的自然条件下，张家洲汊道维持左汊变弱右汊转强的趋势缓慢发展。

11）棉船洲汊道。1865 年马垱河段江中有五洲，洲滩分布散乱。1934 年虽然仍为多洲，但有并洲之势，宏观上已构成棉船洲双汊河型。当时左汊为主汊，但不久就成为支汊。经过并洲成为搁排洲后，到 1959 年、1960 年，右汊平均分流比就达到 64.4%。可见，自然状态下左衰右兴的单向演变的趋势十分明显，变化的速率也相当可观。

12）铜铁洲汊道。铜铁洲是由铜板洲和铁板洲合并而成。自并洲构成铜铁洲双汊河道后，右汊一直为主汊，汊内还有玉板洲等小洲滩。分析表明，不管右汊内各洲滩冲淤如何变化，左汊一直保持极其缓慢萎缩的单向演变态势。

13）成德洲汊道。成德洲自并洲基本形成双汊河段后，右汊 20 世纪 30 年代以来一直为支汊，但有缓慢发展之势，50—60 年代初，其平均分流比为 33.9%，至 1967—1969 年，平均分流比增大为 38.3%；左汊形态顺直、断面相对宽浅，右汊弯曲、断面窄深；自 1959—1971 年，左汊进口段河床明显淤高，右汊进口段冲深。这说明自然条件下该汊道具有左汊淤右汊冲单向变化的特征。

14）马鞍山江心洲汊道。19 世纪末，江心洲已并洲，该汊道基本形成双汊河段，但两汊内均有其他一些小洲滩。当时，右汊进口较宽，处于主汊地位。到 20 世纪 30 年代，左汊通过并岸并洲，河道成为主汊；右汊内还有泰兴洲、陈家圩洲等数个较大的江心洲，为支汊。到 40—50 年代，通过泰兴洲基本并入江心洲和陈家圩的并岸，右汊进一步束窄，成为更小的支汊。从 60—70 年代的分流比变化来看，江心洲右汊分流比从 9.6% 减小至 6.7%。以上说明，通过江心洲历史上的并岸并洲，右汊是从主汊演变为支汊，之后又不断变为更小的支汊，体现了单向兴衰的演变过程。

15）梅子洲汊道。通过明清时期下三山至浦口间江心洲并岸并洲过程，19 世纪后期凤林洲有与梅子洲合并之势，形成双汊雏形，左汊河宽较大为主汊，右汊为弯曲支汊；到 20 世纪前期，上述二洲合并为梅子洲，左汊河宽增大，呈发展态势，右汊仍为支汊。直至 20 世纪 50 年代，右汊一直为逐渐减小的支汊，年际变化为单向淤积的趋势。从 50—70 年代的分流比和河床冲淤变化来看，梅子洲右汊为淤积十分缓慢的支汊。

16）八卦洲汊道。该汊道在 1865 年就基本为双汊河段，左汊为主汊，右汊为弯曲支汊，1934 年左汊崩岸，河道更为弯曲变长，河宽因并洲而变窄，但仍为主汊，右汊河道变宽，有所发展，但为支汊。至 20 世纪 50 年代，右汊继续发展并成为主汊，而左汊变为支汊。从右汊平均河宽历年变化来看，1923 年、1931 年、1942 年、1952 年和 1965 年平均为 408m、458m、751m、928m 和 1035m，很好地表明右汊的单向发展；而左汊 1923 年和 1952 年的平均河宽分别为 1130m 和 880m，表明左汊相应的单向淤积萎缩。就是说，在不到半个世纪内，右汊已从支汊单向发展为主汊且继续发展，左汊则由主汊单向淤积为支汊并继续保持萎缩趋势。

17）世业洲汊道。19 世纪后期已基本形成双汊河道。当时右汊通航，为主汊；左汊窄且多沙滩，为支汊；20 世纪前期，世业洲进一步并洲成形，右汊仍为主汊；左汊仍为支汊，汊内有鹰膀子和新冒洲依附于右、左岸，均有靠岸趋势。至 50 年代，世业洲仍基本保持较稳定形态，直至 70 年代中期，左汊分流比均稳定为 22% 左右。可以说，在自然状态下，世业洲主支汊相对均衡的态势是长江中下游分汊河道中保持最长久的，是最稳定的双汊河段。

18）和畅洲汊道。20 世纪初期，在发生大规模的江心洲并岸之后，自焦山至大港，已基本形成两端窄中段宽的分汊河段，河槽内众多江心洲呈网状分布，但总体来看，左汊为主汊。20 世纪 50 年代初通过并洲和畅洲汊道已基本成为双汊河段。50—60 年代，汊道分流形势从左、右汊"平分秋色"演变为左汊淤积成支汊而右汊发展为主汊；到 60 年代末，右汊分流比增加到 2/3 以上。以上表明在自然演变下，和畅洲左汊表现为由主汊减小为支汊且持续淤积萎缩的单一变化过程。

19）太平洲汊道。19 世纪后期太平洲已成为一个大洲，双汊格局已形成，左汊为主汊，但河槽内小洲滩甚多。至 20 世纪初期，许多洲滩均已并洲并岸，进一步呈现左主、右支的双汊形势。到 20 世纪 50 年代，左主右支的双汊河段格局更加明显，在左汊内沿程有依附于弯道凸岸的落成洲、依附于左岸的永安洲、天星洲、依附于右岸的砲子洲和录安洲；右汊基本为蜿蜒型，仅在中部急弯处有一小江心洲。50—60 年代尽管太平洲汊道左汊嘶马段崩岸剧烈，平面变形较大，但左、右汊分流格局仍比较稳定。历史演变分析表明，太平洲汊道左汊内洲滩冲淤变化较大，但主、支汊分流格局变化不大，右汊进口略有淤积之势。

20）落成洲汊道。落成洲历史上曾是一个边滩，但在 20 世纪 50—70 年代，随着嘶马弯段崩岸，其右汊不断受到冲刷，1952 年、1959 年、1966 年和 1976 年的平均断面面积为 1280m²、2110m²、2400m² 和 2810m²。可见在太平洲左汊边界条件有较大变化的自然条件下，太平洲主汊内落成洲的支汊具有单向发展的特性。

综上所述，长江中下游分汊河道内，在自然条件下和人们因势利导进行围垦形成的双汊河段，绝大部分都遵循单向兴衰发展的演变规律。在形成双汊河段之后，其单向演变有以下几种形式：①从支汊开始发展成为主汊并持续发展，换言之，另一汊则是从主汊开始演变成为支汊后并持续衰萎，如团洲、武汉白沙洲、天兴洲、戴家洲、龙坪新洲、张家洲、棉船洲、成德洲、马鞍山江心洲、八卦洲、和畅洲等双汊河段；②在形成双汊河段后，主汊仍保持发展，换言之，另一汊本为支汊，仍保持继续淤衰成为更小支汊的趋势，如仙峰洲、嘉鱼白沙洲、牯牛沙、铜铁洲、梅子洲等双汊河段；③在自然条件下从基本形成双汊河段至 20 世纪 60—70 年代主支汊相对均势变化不大的汊道，如世业洲、太平洲、武汉铁板洲等双汊河段。显然，上述三种单向演变的双汊河段以第一种形式较多，并且左汊演化成支汊的居多。

当然，还有个别双汊河段，如界牌河段南门洲汊道，因受到上游边滩、心滩频繁变化使汊道进口段河势多变，其年际变化不呈单向演变趋向。还应指出：①上述双汊河段单向变化的速率不尽相同，有的变化较快，如龙坪新洲、棉船洲（即搁排洲）、和畅洲、落成洲等双汊河段，但大多数变化的速率均比较缓慢并趋相对稳定态势。②所谓单向变化并不是绝对的，汊道分流比和汊内冲淤都有在一定的幅度内波动而总体保持单向的兴衰趋势。③自然条件下的演变规律是其内在因素，即长江中下游多汊变少汊、之后又在双汊河段中逐渐形成支汊并进一步萎缩，是历史演变趋势的延续；这一演变进程是趋缓的或趋于相对稳定的。人类对洲滩开发利用实施堵汊和围垦加快了江心洲并岸并洲、形成双汊河段的进程，是主、支兴衰单向变化的外在条件，也是双汊河段主、支趋向相对稳定的促进因素。

2. 年内周期性变化

在一定的分汊河段形态中，年内来水来沙条件作周期性变化所构成的水流泥沙运动势必也是周期性变化，这样对河床内的不同部位，即对不同的地貌形态必将产生不同的年内周期性冲淤影响。

（1）节点束窄段。由于节点段断面河宽小、水深大，加之节点处堤距窄，其比降、流速为年内呈洪大枯小的周期性变化，因而节点处深槽一般均为"洪冲枯淤"的周期性变化；河宽愈小，这一周期性冲淤变化的幅度愈大。这无疑使得节点处潜边滩和深槽作周期性冲淤变化，甚至枯水位以上的边滩也可能呈"洪冲枯淤"的周期性变化。

（2）节点以下展宽段直至分汊口门处的浅滩段。根据作者的早期研究[8]，在汊道进口展宽段流量大、水位高时，挟沙能力沿程递减，流量小、水位低时挟沙能力沿程递增，因而在含沙量较大的洪季，展宽段至口门浅滩趋于淤积的可能性沿程递增，含沙量较小的枯季，展宽段至口门浅滩处趋于冲刷的可能性也是沿程递增，以致年内该段形成"洪淤枯冲"沿程增强的倾向，在浅滩滩脊处"洪淤枯冲"的特性更为显著。当汊道进口段为节点处的深槽直趋主汊口门内，则该段深槽年内冲淤也遵循"洪冲枯淤"的周期性变化，而另一侧为边滩直至口门处的浅滩段，则年内冲淤也将遵循"洪淤枯冲"的周期性变化。如其口门浅滩已发展为枯水位以上的拦门沙时，那么它将枯季断流，只能在洪季遵循单向的淤积过程。

（3）分汊河段的汊内河床。这里是指汊道分流分沙比年际间不发生明显变化的情况下汊内河床地貌的周期性变化。

1）具有犬牙交错边滩的顺直汊道：一般来说，边滩和深槽在年内冲淤分别具有"洪淤枯冲"和"洪冲枯淤"的特性。如有的汊宽相对较小，而水流作用相对强，则边滩高程会相对较低，甚至为潜边滩；如汊宽相对较大，水流作用相对弱，则边滩也相对较大，高程相对较高；如汊宽相对更大些，边滩冲淤有可能转化为单向淤积，发展为依附于两岸的边洲。

2）滩槽分明的弯曲汊道：一般来说，进口段相对顺直，有浅滩或心滩，向下游至中段为深槽贴凹岸、凸岸为大边滩的弯段，出口段为曲率较大、与汇流深槽相衔接的窄深段，在弯道平面形态相对稳定的情况下，以上地貌一般都具有深槽"洪冲枯淤"和浅滩、心滩、边滩"洪淤枯冲"的特性。但当弯道处于平面位移状态时，深槽的冲刷向弯道凹岸拓展，使岸坡变陡，常在汛期、汛后造成崩岸，凸岸边滩在汛期淤积，在枯期因断面扩大也不致冲刷，甚至还转为淤积，这样就使凸岸边滩处于持续淤积状态。当弯道崩岸速度较大，凸岸得不到泥沙来量以补充边滩展宽时，此时形成分汊水流而滋生心滩，进而还可能成为江心洲。在这种情况下，河床演变就不具备上述年内周期性冲淤变化的特性，而属于单向演变的范畴。

3）弯曲过度的支汊：最典型的是处于淤积状态鹅头型支汊。随着分流比的减小，鹅头型支汊虽然仍作平面移动而变得更加弯曲，但对崩岸而言已是"强弩之末"了，其平面摆动的速度愈来愈小。此时，其进口段河床在淤高，深槽部位横向虽仍有拓展但深槽也在淤高，最显著的变化是边滩淤积，特别是在汛期水位较高时，输送到支汊的沙量大，更有利于边滩的淤积，包括细颗粒泥沙在边滩上部的淤积，从而使断面逐渐朝相对窄深方向发展。这种情况的年内冲淤也不具备周期变化特性，而属于单向演变的范畴。

综上所述，长江中下游分汊河道在年内冲淤具有周期变化的特性是由年内来水来沙条件呈周期性变化所决定的，但这一周期变化特性一般是在河道平面形态变化不大、汊道分流格局处于相对稳定的条件下，或汊道之间相对平移年际之间量变很小的条件下而具备的。否则，其冲淤演变就不属于年内周期性变化的范畴。

7.2.1.4　长江中下游分汊河道自然条件下的演变趋势

长江中下分汊河道经历长期的造床过程之后，又经过基本成型后的演变。在新中国成立后的近 20 年演变中，宏观上仍然承袭了历史演变的特征，即江心洲的并岸、并洲仍在持续发展，其趋势继续朝着河道束窄、多汊变少汊、稳定性增强的方向发展。其自然条件下的演变趋势具体表现在以下方面：

（1）大部分节点趋于稳定。长江中下游分汊河道从已基本形成顺直、弯曲、鹅头型等三亚类河型以来，大部分节点趋于相对稳定状态，其位置与形态大多变化不大。

（2）多汊河段演变的强度和幅度有减弱之势。多汊河段中部的江心洲宽段大多数均通过并洲成为尺度较大的江心洲，平滩河宽得以束窄，在江心洲兴建堤防下洪水河宽也得以束窄，稳定性总体上得以增强。江心洲并列的多汊河段仍然遵循横向平移的周期性演变规律，在演变过程中，过度弯曲的鹅头型支汊处于淤废状态，在河床演变中将逐步"边缘化"，其江心洲趋于并岸，显示出河宽与河床演变幅度的减小；江心洲顺列的多汊河段也仍然遵循纵向平移的周期性演变规律，其发展趋势也显示着河床演变的幅度与强度将会有所减小，也将朝着江心洲和支汊减少的方向发展。即使更为复杂的顺直型多汊河段（如东流河段），其河床演变的自然发展趋势也将会由复杂形态变得相对简单，变化的幅度和强度均会逐渐减弱。

（3）大多数双汊河段呈单向发展的趋向。在没有特殊因素使河势产生较大变化的情况下，自然条件下大多数双汊河段最后均表现为主汊不断发展、支汊持续淤积的趋向。另一方面，实践表明，为满足双汊河段充分利用水资源和岸线资源的需要，现有我国的生产力水平和掌握的河道整治科学技术能够抑制支汊向衰萎发展，维护双汊河段的相对稳定。

（4）在长江中下游来水来沙条件年内作周期性变化的自然条件下，平面形态比较稳定和河床演变处于缓慢量变过程中的分汊河段，其河床地貌，包括束窄段的深槽与边滩和潜边滩、展宽段和口门处的深槽与浅滩以及弯道段的深槽与边滩、直段的心滩或犬牙交错的边滩等，在年内一般都具有冲淤呈周期变化的特性，总体维持一种相对平衡的状态。

总体来看，自然条件下的长江中下游分汊河道与下荆江蜿蜒型河道和汉江中游的宽浅游荡型河道相比，尚属一种相对稳定的河型，在历史演变的进程中和近期演变中趋于朝稳定性逐渐增强的方向发展。

7.2.2 20世纪60年代后期至80年代河道整治工程实施后的河床演变

7.2.2.1 江心洲并岸、并洲进一步体现了长江中下游分汊河道演变规律

新中国成立后，长江中下游两岸广大人民群众在开发利用长江河道洲滩方面发挥了前所未有的积极性，在河道自然演变的基础上因势利导开展了江心洲并岸并洲较大力度的治理。如前所述，20世纪50—60年代后期，城陵矶以下长江中下游河道内发生并岸的江心洲有嘉鱼河段的复兴洲，簰洲湾河段的土地洲，叶家洲河段的牧鹅洲，鄂黄河段的散花洲，贵池河段的泥洲，铜陵河段的石板隆兴洲、马鞍山河段的大黄洲、恒兴洲、神农洲，南京河段的新江口边滩、乌鱼洲，镇扬河段的征润洲、功金洲、长生洲、新民洲、墩家洲等共16个江心洲；同期发生并洲的有安庆河段的保婴洲、培文洲，太子矶河段的铜板洲、铁板洲，铜陵河段的新、老成德洲，镇扬河段的尹公洲、大沙、裕龙洲、和尚洲等10个江心洲。可见，这一阶段与历史演变相比，人类开发利用的作用更加快了江心洲并岸并洲的进程。在60年代后期至80年代完全并岸和行将并岸的江心洲有陆溪口河段的中洲，团风河段的叶路洲，九江河段的上三号洲，安庆河段的官洲（已堵汊）、复生洲，太子矶河段的扁担洲（已堵汊），南京河段的兴隆洲（已堵汊），扬中河段的永安洲等8个江心洲；同期还有九江河段的乌龟洲，太子矶河段的玉板洲（已堵汊），贵池河段的碗船洲，马鞍山河段的彭兴洲，南京河段的还魂洲等江心洲已经完成和将要完成并洲过程。

以上表明，在城陵矶以下的分汊河段中，50—60年代后期有22个江心洲发生了并岸、并洲，60年代后期至80年代又有13个江心洲发生着并岸、并洲过程，还有约20个大、小江心洲处于并岸、并洲或呈靠岸趋势。预计来水来沙条件维持现有的50—80年代的过程和河道整治工程进一步实施的情况下，长江中下游分汊河道的并洲并岸过程再持续30~40年将宣告基本结束。

总体而言，城陵矶以下的分汊河道，在历史演变阶段就是通过江心洲不断并岸、并洲形成了宽窄相间的分汊河道，继而又通过并岸、并洲过程形成了由节点分隔的平面形态基本有序的分汊河型亚类单元，即形成顺直型、弯曲型和鹅头型分汊河段；在近期演变中，自20世纪50—60年代后期的自然演变阶段仍然承袭了历史演变中江心洲并岸、并洲的规律；继而在60年代后期至80年代，长江中下游分汊河段进一步延续了江心洲并岸、并洲过程，使分汊河道继续朝多汊变少汊、稳定性增强的方向发展。

7.2.2.2 护岸工程改变了河道边界条件对河床演变产生深刻影响

20世纪60—80年代，长江中下游实施了规模宏大的护岸工程。据1975年第一次护岸工程经验交流会的不完全统计，长江中下游五省一市崩岸总长达1092余km，占两岸岸线总长28%，护岸总长665km，占崩岸线总长的61%[9]；至1989年，据第四次护岸会议较为全面的统计，新中国成立40年来，长江中下游崩岸总长1518km，占两岸岸线总长的35.7%，护岸总长1149km，占崩岸总长的75.7%。在重点河段中比较著名的护岸，

有岳阳河段关系到界牌航道与崩岸之间矛盾的临湘江堤护岸，武汉河段龙王庙、月亮湾历史险工加固、保障武钢泵房取水的天兴洲南缘护岸，九江河段有确保同马大堤的汇口、王家洲护岸、永安堤护岸、张家洲南缘河势控制护岸，安庆河段同马大堤三益圩护岸、广济圩马窝护岸、广丰圩杨套护岸、官洲河势控制护岸，铜陵河段有无为大堤安定街护岸加固、太白洲护岸，马鞍山河段马钢恒兴洲护岸、和县江堤郑浦圩护岸、小黄洲头河势控制护岸，南京河段七坝、梅子洲、九袱洲、八卦洲头、栖霞龙潭河势控制护岸，镇扬河段整治有龙门口、六圩、和畅洲头、孟家港护岸，扬中河段有确保城镇安全的嘶马护岸等。护岸工程的建设之所以进展如此之快，是因为河道的平面变形是长江中下游河床演变的主要方面，其造成的崩岸危及防洪工程和城镇的安全，影响工矿企业、交通运输、水利设施正常运行，严重影响两岸经济和社会的发展。各级政府对崩岸治理十分重视，不断加大力度修建护岸工程，两岸人民群众自力更生、因地制宜，投入了许多人力、财力，为治理长江作出了巨大的贡献。这期间，在长江中下游分汊河道治理中，还对一些分流比很小且有淤积趋势的小支汊，如安庆河段的官洲西江，太子矶河段的玉板洲和扁担洲，南京河段的兴隆洲左汊，镇扬河段的新民洲夹槽等，实施了堵汊工程。对于江心洲的其他治理，主要在某些重点河段的洲头部位和个别江心洲的洲缘实施了护岸工程。另外，在航运方面，重点对一些港口、码头开展了整治研究工作，如裕溪口港、镇江港、青山运河等；对于干流河道的碍航水道，主要依赖于疏浚。

由于在 20 世纪 60—80 年代护岸工程建设的蓬勃发展成为长江中下游河道整治的主体，相比之下堵汊工程和江心洲治理只能说是凤毛麟角，所以本小节主要就护岸工程对河床演变的影响进行较全面的分析。

1. 堤防及其加固工程和防洪护岸工程维护了洪水河床的稳定和河道平面形态的稳定

众所周知，堤防工程的安全是"天大的事"。它保障了长江中下游亿万人民生命、财产的安全和两岸经济社会的发展。堤防的维修、达标和堤坡防护历来为各级政府所重视。同时，河道平面变形造成的崩岸危及堤防的安全是河道整治中首先面对的严重问题，我们将这类防护工程称为防洪护岸工程。在 20 世纪 60 年代后期至 80 年代长江中下游首先实施的就是这一类护岸工程。堤防工程加固和防洪护岸工程的实施，确保了两岸堤防的安全和堤前滩地的稳定，使堤外河漫滩高程逐渐增高，同时维护了部分河岸的稳定；江心洲的并洲和洲上堤防工程的修建和加固，保护了江心洲防洪安全，使洲内早期的汊河、串沟不再受洪水水流的冲刷，洲外滩地逐年淤高，江心洲整体形态的稳定性得以增强。因此，两岸和江心洲堤防的修建和加固以及防洪护岸工程，稳定了长江中下游河道的洪水河床，总体上有利于分汊河道平面形态的稳定；洪水期来水来沙均被堤防约束在洪水河床内，这就加强了对平滩水位以下河床的冲淤作用。一方面，促进了洲滩淤积和河槽的冲刷，增大了滩槽高差，有利于河床的稳定；另一方面，可能对部分河岸或洲缘带来更强的冲淤，造成局部岸段相对更强的崩岸以及淤积带来的影响。

2. 以河势控制为目标的护岸工程基本稳定了河道平面形态

旨在为中水河床稳定的河势控制护岸工程是长江中下游分汊河道整治的基础。长江中下游护岸工程实践表明，对于河道崩岸不能"头痛医头、脚痛医脚"，一定要制定好河势控制规划，"统筹兼顾、充分发挥护岸工程控制河势的作用"，认为"暂时不需要或不宜防守的江岸，应从全局出发，待岸线发展到一定阶段后再行守护"[9]。实践经验表明，节点处的防护至关重要，对稳定分汊河段进口水流条件起关键作用；分汊河段出口汇流条件的控制有利于与下游段的河势相衔接；洲头的防护对汊道分流稳定非常重要。在汊道内部，对于具有犬牙交错边滩的支汊，在水流冲刷的深槽部位均需防护，以控制深槽和边滩的下移；对弯曲支汊的防护宜自下段向中、上段防护，以控制水流顶冲和弯道蠕动下移；对弯曲过度的衰萎支汊确需防护，可按上述实施顺序作一些低标准的防护；对于分流比很小的鹅头型支汊，一般来说护岸工程是不经济的，可以考虑采取并岸措施甚至堵塞工程。在规划的指导下，长江中下游很多分汊河段根据实际情况适时实施了必要的护岸工程。可以说，长江中下游护岸工程兴建后，很多分汊河段的河岸基本得以稳定，分汊河段平面形态的稳定性得以加强。

　　长江中下游护岸工程之所以控制效果很好，是因为在护岸工程设计中，不仅枯水位以上的中水河床护坡部分限制了中水河床岸坡的横向变形，而且枯水位以下的护脚部分延伸到枯水河槽乃至深槽内，也限制了枯水河槽的横向变形。就是说，中水河床整治的河势控制护岸工程不仅稳定了中水河床，而且具有稳定枯水河床的作用。护岸工程对于河势的控制，也为中水河床其他方面的进一步整治（如改善分流比的整治）和枯水河床整治（如航道整治）奠定了基础。

　　3. 护岸工程使可冲刷的边界条件变成了固定边界对河床演变影响的机理及其意义

　　以往对护岸工程的概念仅停留在护岸工程对河岸横向变形的限制，而实践表明，护岸工程使河道边界条件的改变，在河床演变中还具有更深层次的意义。

　　（1）冲积河流河型成因方面。在下荆江蜿蜒型河段成因研究中，其二元结构的边界条件，既是在来水来沙条件和基准面条件下长期冲积过程中形成的，又是蜿蜒型河道的成因及其平面变形中与其相辅相成的因素。它的特性是具有一定的可冲性，能使其在河曲带内自由蠕动，同时它又具有一定的抗冲约束性，能在相应的水流泥沙运动支配下使河道崩岸拓展与凸岸边滩淤宽的速度保持相对地均衡。就是说，其边界条件恰到好处的是，不因可冲性相对弱而限制河曲发展，也不因可冲性相对强而向宽浅分汊发展。长江中下游分汊河道因洞庭湖水系、汉江和鄱阳湖水系入汇使径流量沿程逐段增大，同时含沙量沿程减小，水多沙少的来水来沙条件造就了长江中下游的分汊河道河型和与下荆江蜿蜒河型相比相对抗冲性更弱的河岸边界条件。长江中下游分汊河段的河道演变特性具有崩岸强、平面变形大，河道展宽大，河床内洲滩变化大的特点，是与两岸和洲滩抗冲性较弱的边界条件相辅相成的。当这一抗冲性很弱的边界条件为护岸工程所取代而成为固定的边界条件时，河床冲淤过程、河道演变特性就会随之调整：影响程度较小的，可能使分汊河道内河床冲淤变化有所调整，如南京河段八卦洲汊道洲头和右汊燕子矶、天河口护岸后，右汊发展、分流比增大和左汊淤积、分流比减小的趋势得到有效的抑制；影响程度相对较大的，可能使汊道河段周期性变化乃至河道形态有所调整，如官洲河段原为支汊和江心洲横向位移、作周期性变化的鹅头型四汊河段，在西江堵汊后实施了官洲南缘护岸工程，该河段不仅年际支汊和洲滩横向平移的周期性变化受到抑制，而且在较长时段成为具有左汊、新中汊和右汊的弯曲三汊河型格局；影响程度更大的，可能会对河道平面形态乃至河型发生调整，如团风河段，属横向周期性变化的鹅头型五汊河段，在1971年整治规划中拟在发展中的右汊内实施护岸工程，后在 2004—2005 年罗湖洲航道整治时在右汊内实施了相应的护岸工程，现已成为接近弯曲型的双汊河段。

总之，在两岸护岸工程和江心洲头河势控制护岸工程实施后，河道总体平面横向变形受到控制，河道变形速度受到遏制，河道平面形态产生相应变化，河床的稳定性得以增强。在河型成因研究中具有重要的意义。

（2）护岸工程不仅仅是限制河道的平面横向变形，而且改变着断面形态，这在长江中下游是普遍的现象。作者在 20 世纪 80 年代初就做过这方面的工作，其成果体现了护岸工程对于水流泥沙运动和河床演变的反作用。在护岸工程修建后，对岸边滩冲淤变化的模式是：首先，在凹岸因护岸刚刚停止崩退后，原维系凸岸边滩的流速场并没有立即变化，即边滩部位泥沙继续淤积的条件尚未改变，也就是说边滩还要继续淤宽淤高；然后，随着流速场的调整，边滩上部淤积要大于下部的淤积，使断面宽度变窄；再后，断面变化使水流在槽部更为集中，刷深河床并向边滩一侧拓宽河槽，反过来又使边滩上、中部进一步淤积。这样，逐渐形成了一个相对窄深的断面。所以说，护岸工程兴建后断面形态将朝窄深方向发展，而且崩岸速度愈大的岸段，产生的上述变化愈显著。这种在护岸工程后流速场和泥沙冲淤以至断面形态的变化，不能不说对原特性是一种很大的改变，体现边界条件变化对于水流泥沙运动和河床演变的反作用。作为一个特例，当弯道护岸工程采取丁坝或矶头型式，则工程前沿局部冲刷坑的发展会进一步集中水流加强深槽的冲刷，更有利于边滩的淤积，嘶马弯道护岸段之所以在落成洲尾滩大幅淤宽和其下游划子口附近形成新节点形态就是这个原因（图 7-7）；作为另一特例，南京河段潜洲左汊分流比由 1966 年的 62.9% 增大到 1969 年 76%，左侧浦口受到抛石护岸工程的严格控制，在分流比急速增大情况下，河槽在刷深的同时向潜洲一侧发展，使潜洲边坡不断变陡，近岸单宽流量不断增大，终于在潜洲上产生"口袋型"崩窝（图 7-8）[10]。

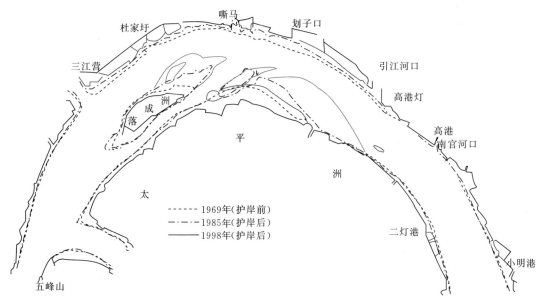

图 7-7　嘶马弯道段护岸后落成洲尾滩淤积和划子口附近形成新节点

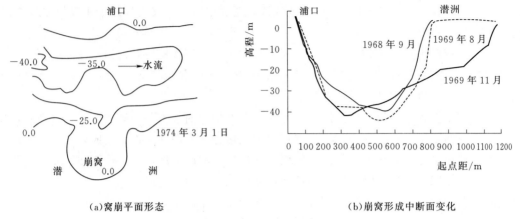

(a)窝崩平面形态　　　　　　　　　　　　(b)崩窝形成中断面变化

图 7-8　潜洲"口袋形"

（3）长江中下游护岸工程兴建后河床形态调整的实践意义。表 7-3 列出了 1982 年作者统计的长江中下游分汊河道中若干护岸段工程前后断面平均宽深比 $\sqrt{B/H}$ 值的变化[11]，可以推断在整个长江中下游的护岸段都将发生同类的变化，即各护岸段在工程兴建一段时间后均会表现出断面形态的改变。一是使护岸段断面形态向相对窄深发展，相应地分汊河段的平面形态也会有所调整；二是由于护岸后水流在槽部更为集中，被冲河槽内单宽流量增大，加上平面上的变化，水流方向也会有所调整。这样，以动量表达的水流动力轴对其下游段具有更强而集中的惯性，就是说对下游段的河势具有更强更稳定的控制。所以说，凡是实施了护岸工程的河段，不仅本护岸段河道的稳定性得到提高，而且对下游段的河势控制也会得到一定程度的加强。当所护的岸线有一定弯曲凹入度而具有一定的导向时，对下游河势的控制作用将更强。

表 7-3　　　　　　　　　　长江中下游分汊河段护岸段 $\sqrt{B/H}$ 变化

护岸段		平均宽深比 $\sqrt{B/H}$	
		工程前（70 年代前）	工程后（80 年代初）
安庆河段	三益圩	4.27	3.40
	官洲	3.56	3.12
芜裕河段	安定街	2.42	2.10
	大拐	3.63	2.80
镇扬河段	六圩	4.73	3.92
扬中河段	嘶马	3.55	3.40

因此，对护岸工程的认识决不能停留在仅仅是限制横向变形而不能改变河床纵向冲淤变化的认识，决不能简单地认为它仅仅是一种"被动防守"的工程，而应从河床边界条件的根本改变来认识它对水流泥沙运动和在河床演变中的反作用，认识它在河道整治中控导河势的积极意义。

（4）20 世纪 60 年代后期至 80 年代河道整治工程实施后河床演变发展趋势。以上就

20 世纪 60 年代后期至 80 年代长江中下游护岸工程的兴建对河床演变的影响作了较全面的分析，表明长江中下游通过这一阶段的护岸实施，两岸大部分崩岸基本上得到控制，特别是堤防险工和对河势变化有重大影响的崩岸得到有效的控制，加上河道本来具有的天然山体阶地稳定岸线，应该说两岸大部分岸线基本稳定，因而以岸线表征的总体河势相对稳定。同时，在这段时期基于防洪和防灾（如灭螺）以及其他开发利用对某些汊道实施了堵汊工程，对某些重点河段初步实施了江心洲头防护工程，都在一定程度上增强了河势的相对稳定性。

到 20 世纪 80 年代后期，护岸工程虽已对 75.7% 的崩岸岸线进行了防护，但仍有 24.3% 的崩岸线尚未得到治理，局部岸段的崩岸将继续发生，局部的平面变形也将给河势带来新的不稳定因素；同时，在长期实施的群众性护岸工程中，标准偏低是常态，护岸技术也不尽完善，在水流作用下不时有损坏情况，往往在较大洪水作用下发生损毁现象，这都将带来局部的冲淤影响。更重要的是，江心洲作为长江中下游分汊河道平面形态的组成部分，大部分江心洲边界都处于自然状态下，它们的冲淤变化仍然对各分汊河段河势产生影响，有的汊道分流比的量变也将影响分汊河段长远的开发利用。因此，长江中下游在继续实施和加固已有护岸工程的基础上，各分汊河段江心洲的治理应是 80 年代以后的主要任务。

7.2.2.3　本时段长江中下游分汊河道平面形态的变化

以上阐述了 20 世纪 60 年代后期至 80 年代长江中下游分汊河段实施的护岸工程情况，分析了护岸工程的作用和影响。在这个基础上，本节进一步分析长江中下游在护岸工程实施后江心洲仍基本处于自然状态下各分汊河段平滩河槽形态的变化。由于长江中游和下游河道之间河床边界条件、来水来沙条件与河道特性有所差别，我们分别对其进行阐述和分析。

1. 长江中游城陵矶至九江分汊河段平面形态变化

在这一河段（简称为城九段）中，由于两岸边界条件控制较强，特别是西塞山—田家镇长达 50 余 km 的河段为长江中游的长束窄段，两岸山体的控制作用更强，约束了洲滩发育，加之考虑到一些傍岸的小江心洲没有什么代表性，因而对城九段内按以下 13 个分汊河段对其平面形态的变化进行分析。现将各分汊河段平面形态变化按左岸边界、右岸边界和江心洲等三个方面进行描述，见表 7 - 4。

表 7 - 4　　　　　　　　20 世纪 60—80 年代城陵矶—九江（中游）

分汊河段平面形态变化一览表

河段或汊道名称	左岸	右岸	江心洲
仙峰洲汊道	岸线基本稳定	岸线基本稳定	仙峰洲洲体左靠，洲体面积有所减小，滩面高程有所降低
南阳洲汊道	岸线基本稳定	岸线基本稳定	南阳洲洲体位置变化不大，洲长缩短，滩面高程增高
界牌河段	洪湖朱家峰崩岸段，60 年代后护岸，岸线已趋稳定	临湘崩岸段较长，崩宽大，60 年代实施矶头护岸，后几经加固，岸线未完全控制	南门洲 70 年代后洲头冲刷，洲长明显缩短，洲宽有所变小，洲顶高程有所淤高；新淤洲滩面高程较低，冲淤变化较大，其以上的低滩变化更大，不稳定

续表

河段或汊道名称	左岸	右岸	江心洲
陆溪口河段	中洲趋于并岸，其右缘实际为汊道左岸岸线，由于中汊冲刷发展，故左岸岸线不稳定	陆溪口上下段有小幅崩岸，经防护已趋稳定	中洲趋于并岸，中洲右缘滩岸崩坍后退
嘉鱼河段	洪湖彭家码头、叶王家边、燕子窝等崩岸，经守护，岸线已趋稳定	潘家湾为急弯段，经守护趋于稳定；复兴洲已并岸，因燕子窝段深泓右移，下段受到冲刷	护县洲呈并右岸趋势，该分汊河段实际上已变为弯曲双汊型；白沙洲左汊为主汊，两汊相对稳定
团洲汊道	乌鱼洲附近崩岸	岸线基本稳定	团洲左缘淤宽
铁板洲汊道	岸线基本稳定	岸线基本稳定	铁板洲滩面高程明显增高，洲长增大，洲宽变化不大，两汊相对稳定
白沙洲（武汉）汊道	岸线基本稳定	岸线基本稳定	白沙洲滩面增高，洲长增大，洲体有所增宽，潜洲滩面高程较低，冲淤变化较大
天兴洲汊道	岸线基本稳定	岸线基本稳定	洲长变化不大，右缘冲、左缘淤，洲体有所增宽
团风河段	由于叶路洲趋于并岸，左岸岸线应为该洲右缘，后期崩势减弱加之护岸，岸线趋于稳定	岸线基本稳定	新右汊的发展使李家洲冲刷殆尽，东漕洲全线崩岸较强，没有控制，洲体左侧大幅淤积
德胜洲汊道	岸线基本稳定	郑家湾弯段崩岸，岸线大幅后退	原德胜洲受横向冲刷，洲体几乎冲刷殆尽；80年代左侧边滩开始切割，已形成新德胜洲雏形心滩
戴家洲汊道	岸线基本稳定	岸线基本稳定	洲体右侧冲左侧淤，洲体长度和面积有所增大，最大宽度有所减小
龙坪河段	李英到张家湾为弯顶段，崩岸严重，护岸后，岸线尚未完全稳定	岸线基本稳定	洲体右侧冲、左侧淤，洲长、洲宽和洲体面积均不断增大
人民洲汊道	岸线基本稳定	永安堤外滩崩岸，岸线有所后退，经护岸趋于稳定	洲体有所增长和变宽

据表 7-4 可以看出：

(1) 从 20 世纪 60—80 年代城陵矶—九江段分汊河道平面形态变化来看，大多数分汊河段的右岸均受到山体、阶地的控制，岸线基本稳定，变化较大的只有界牌河段内临湘江堤岸段、嘉鱼河段内已并岸的复兴洲下段、德胜洲右汊弯道下段和人民洲右汊内永安堤段等崩岸，其中临湘江堤部分岸段、永安堤岸段已实施护岸，岸线基本受到控制；左岸多为冲积平原，一般来说平顺岸段自然状态下不受冲的岸段相对稳定，弯曲段都有不同程度的崩岸，为确保防洪安全，均进行了护岸和加固，岸线总体上受到控制。可以认为，除了陆溪口、团风两个鹅头型汊道分别有中洲、叶路洲处于并岸趋势、河岸大幅向前移动、河宽变窄和德胜洲右岸崩岸尚未控制外，大多数河段两岸均无大的变化。总体来说至 80 年代末，分汊河道平面形态的外部边界是基本稳定的。

（2）从这期间江心洲的变化来看，大多数分汊河段内的江心洲，洲体周围河床均有不同冲淤表现，面积也有不同程度的变化，但洲体平面位置变化不大，深泓线摆动一般也不大，表明大多数分汊河段分流的格局与河势没有发生大的改变。可以认为，当水流冲刷的岸段边界变为不可冲的情况下，即在河道横向变形受到遏制的条件下，相应地处于淤积部位的江心洲，其横向变形也会受到一定的遏制，河道的平面形态也就逐渐地趋于相对稳定。也就是说，当河道两岸边界条件趋于稳定的条件下，河槽内的江心洲，特别是大多数为双汊河段的江心洲，其平面形态也将会趋于相对稳定的状态。因此总体来看，长江中游以平面变形为主要特征的分汊河道将随着两岸边界条件的稳定，大部分各分汊河段将会取得一个相对稳定的平面形态格局。

（3）在两岸边界条件基本稳定和江心洲相对稳定即分汊河段平面形态总体稳定、基准面条件完全可以视为不变的情况下，分汊河道的演变就只在年内、年际来水来沙的作用下对各汊内河床的年内冲淤变化和年际各汊兴衰演变产生影响。年内冲淤具有周期变化特性，其演变趋向体现了量变的过程，年际变化是个累积的效应。

（4）在长江中游以上各分汊河段中，双汊河段在年际间一般均表现为主汊继续发展的单向变化趋势。但是，在一些江心洲已经并岸或即将并岸的多汊河段，其演变有其特殊性，并呈现程度不同的不稳定性。陆溪口河段为鹅头型汊道，当中洲呈并岸趋势，淤衰的左汊"边缘化"，在三汊河段转化为双汊河段的过程中，中汊为弯曲主汊，必然对弯道的左侧岸滩（即中洲的南缘）产生冲刷，若不控制，将对该分汊河段产生新的不稳定因素；团风河段也为鹅头型汊道，叶路洲实际上已并入左岸，中汊为支汊，好在叶路洲有一定的防护，控制了中汊的平移，但作为主汊的东漕洲右汊，正在以较大的速度向左平移，右岸又开始形成新的边滩，任其发展，随着河宽的增大，将会按其内在规律（作者曾多次描述过的），切割边滩，并在右汊又产生新的分汊。嘉鱼河段内的复兴洲已并入右岸，护县洲也呈并右岸趋势，该河段基本上成为白沙洲双汊河段，复兴洲成为下段右岸的新边界；在燕窝段深泓向右摆动的情况下，复兴洲发生崩岸，河道拓宽，如不控制将会形成新的小江心洲，河道演变又趋于复杂化了。德胜洲汊道虽为双汊河段，期间老德胜洲已被冲刷殆尽，新的德胜洲又将滋生，在这种情况下，即使左岸郑家湾实施了护岸工程，这种滩、槽横向周期性变化将依然持续。还有界牌河段南门洲虽基本稳定，但新淤洲还未稳定，新淤洲以上的洲滩冲淤变化更大，在这种多洲滩顺列的顺直多汊河段，年内冲淤和年际周期性变化均十分复杂。

2. 长江下游九江至江阴分汊河段平面形态变化

长江下游右岸受山体、阶地控制，左岸为冲积平原，江心洲更为发育。我们对所有分汊河段平面形态变化同样按左岸、右岸边界和江心洲等三个方面进行描述，见表 7-5。

表 7-5　　　　　　　20 世纪 60—80 年代九江—江阴（下游）
分汊河段平面形态变化一览表

河段或汊道名称	左岸	右岸	江心洲
张家洲汊道	左汊弯道下段汇口附近崩岸较大，20 世纪 70 年代后经护岸，岸线已趋稳定	岸线基本稳定	乌龟洲呈并洲趋势，张家洲洲体增宽

续表

河段或汊道名称	左岸	右岸	江心洲
上、下三号洲汊道	上三号洲左岸崩岸较大，该洲基本靠岸后形成的新滩岸线，时有局部崩岸；下三号洲左岸王家洲已护岸，岸线已趋稳定	有局部小幅崩岸，岸线总体变化不大	上、下三号洲为交错排列的多汊河段，上三号洲基本靠岸后洲头again又受切割，形成洲头心滩；下三号洲体变化不大，左侧淤积，右侧冲淤变化较大
马垱河段	左汊弯道中下段关帝庙附近有崩岸，经护岸渐趋稳定	20 世纪 50—60 年代有崩岸，70—80 年代变化较小	棉船洲洲长、洲宽变化不大；右汊内上段洲滩切割，形成顺字号洲，下段瓜字号洲内槽棉船洲滩岸受冲刷
东流河段	左汊下段老虎口崩岸较严重，经护岸渐趋稳定	岸线基本稳定	有天心洲、玉带洲、棉花洲等多洲滩顺列，冲淤变化复杂
官洲汊道	左岸三益圩崩岸，经护岸已稳定；左汊西江菖浦夹崩岸，后堵汊而稳定；堵汊后官洲右缘成为左岸，崩岸严重，护岸后崩岸向洲尾部发展	岸线基本稳定	官洲洲头和右缘经护岸渐趋稳定，新沙洲洲体增大，清节洲右缘有所冲刷
鹅眉洲汊道	左岸受安庆市区和广济圩马窝护岸控制，岸线基本稳定	岸线基本稳定	江心洲洲长、洲宽变化不大，鹅眉洲及其中汊冲淤变化较大
太子矶河段	岸线基本稳定	岸线基本稳定	铜、铁板洲合并后洲体变化不大；右汊内玉板洲堵汊并洲后仍受冲刷，外侧又形成小新洲，右汊河宽甚大，汊内洲滩冲淤变化大
贵池河段	左汊弯道中段殷家沟上下崩岸，经护岸，岸线渐趋稳定	岸线基本稳定	碗船洲并入凤凰洲，洲体展宽；左汊内长沙洲北缘冲刷，兴隆洲右槽冲刷发展，泥洲已并右岸
大通河段	左岸老洲头附近有崩岸，经护岸，岸线渐趋稳定	除进口段下江口局部岸段有崩岸外，右岸岸线基本稳定	和悦洲变化不大，但其上游铁板洲与其中间串沟冲淤变化较大；左、右汊相对稳定
铜陵河段	成德洲左汊左岸有小幅崩岸，土桥以下有护岸，岸线基本稳定	岸线基本稳定	河段内江心洲变化复杂：成德洲左汊变浅，有小新洲形成；汀家洲左汊向左平移，太阳洲受冲，洲滩岸线后退；汀家洲外侧铜陵沙横向大幅淤涨；太白、太阳二洲趋于靠岸
黑沙洲汊道	左汊弯顶处小江坝附近崩岸，有护岸，岸线基本稳定	岸线基本稳定	中汊向左平移，有淤积之势，黑沙洲右缘冲刷后退，天然洲左侧淤积
芜裕河段	大拐上段有惠生堤护岸，左岸岸线基本稳定	上段崩岸较大，部分护岸，大拐以下岸线基本稳定	大拐上段原左靠的鲫鱼洲已被冲刷殆尽，右侧又开始滋长新洲；大拐下段洲滩变化复杂，潜洲并入陈家洲；曹姑洲头受切割，上游有形成新的曹姑洲之势

河段或汊道名称	左岸	右岸	江心洲
马鞍山河段	江心洲左汊姆下河至新河口均有崩岸，经护岸后岸线渐趋稳定；小黄洲左汊大黄洲岸滩崩坍严重，出口岸线崩幅大，不稳定	江心洲右汊进口腰坦池崩岸，幅度较小，姑溪河口以下岸线稳定；小黄洲右汊恒兴洲岸滩崩岸，护岸后已稳定	江心洲洲体变化不大，左汊内边滩、心滩冲淤变化频繁，洲尾何家洲夹槽缓慢冲刷，但无明显发展趋势；小黄洲洲体上段变化较小，洲尾向下游偏左延伸
新济洲汊道（含新生洲、潜洲）	进口段左岸崩退，但幅度不大；中段受山体控制，下段林山圩至七坝崩坍，护岸后岸线基本稳定	有局部崩岸，但岸线总体稳定	新生洲洲头崩退，洲体增大；还魂洲并新生洲尾，与新济洲之间的中汊淤小；新济洲洲体变化不大；左汊为主汊，但有主、支易位趋势；新潜洲洲体增大
梅子洲汊道	七坝自护岸后，以下左岸均较稳定；九袱洲附近崩岸，护岸后岸线稳定	岸线基本稳定	洲头崩退，护岸后基本稳定；洲体变化不大；左汊内潜洲分汊段冲淤变化相对较大
八卦洲汊道	岸线基本稳定	右汊燕子矶附近局部崩岸，护岸后已稳定	八卦洲头崩退，护岸后已稳定，洲体变化不大
栖霞龙潭弯道（兴隆洲汊道）	堵汊后岸线变化不大，西坝崩岸段护岸后，岸线基本稳定	右岸全线崩岸均实施护岸，岸线基本稳定	原为兴隆洲汊道，堵汊后成单一弯道，但左岸边滩生成一倒套
世业洲汊道	左岸随分流增大全线有小幅度崩岸，护岸后，岸线基本稳定	右汊下段龙门口崩岸，已护岸，岸线基本稳定	洲头缓慢后退，已护岸，洲体变化不大；左汊缓慢发展
和畅洲汊道	左岸岸线因 70 年代末鹅头切割取直而面目全非，崩岸严重，岸线不稳定	岸线基本稳定	洲头和洲左缘冲刷严重，洲体面积显著减小；左汊河长缩短，河宽增大；右汊严重淤积，至 80 年代后期仍为主汊
扬中河段	上段嘶马弯段崩岸剧烈，经护岸及加固后已趋稳定；下段泰兴、泰州、靖江均有局部崩岸，崩幅均不大，经护岸已基本稳定	岸线基本稳定	太平洲洲体变化不大；左汊内上段落成洲尾部淤积，右汊有所发展，洲尾右侧形成小江心洲；下段鳗鱼沙滩面高程低，冲淤变化较大，形态也不稳定

从表 7-5 可以看出：

（1）从 20 世纪 60—80 年代长江下游九江至江阴的分汊河段两岸岸线变化来看，其右岸大多受到山体、阶地的控制，岸线基本稳定；少数河段有些局部崩岸，如上、下三号洲河段龙潭山、包公山附近，大通河段进口合作圩，马鞍山河段腰坦池、恒兴洲，南京河段燕子矶、龙潭弯段，镇扬河段龙门口等，但幅度均不大，且都实施了一定的护岸工程，崩岸基本上得到控制，总体来说右岸岸线稳定性程度较高。左岸为河漫滩边界，一般来说崩岸范围和幅度均较大，但通过护岸和加固，崩岸均得到一定的控制。到 20 世纪 80 年代后期，大多数河段的岸线均处于基本稳定状态。当然有的河段的岸线还不够稳定，如马鞍山河段尾部大黄洲崩岸长度、幅度均较大，影响节点的稳定还未进行守护；镇扬河段和畅洲左汊内因鹅头切滩取直造成岸线的剧烈变化，需要重点进行治理。总体来看，长江下游两岸岸线基本稳定或趋于稳定，除极个别汊道外，绝大多数分汊河段的外部边界总体上是基本稳定的。

（2）长江下游分汊河段与城陵矶至九江的中游分汊河段在形态上有一个很大的差别，就是中游的分汊河段大部分都是双汊河段，即使鹅头型的陆溪口和团风河段也由三汊通过江心洲并岸而将转化为双汊，不稳定的德胜洲汊道也是双汊型，洲滩较多的界牌河段也基本上为新淤洲、南门洲双汊型；而下游的分汊河段大部分都是多汊河段，即使是张家洲汊道、马垱河段和太子矶河段等为双汊型，其右汊内还发育有江心洲形成二级分汊；只有江苏境内的梅子洲、八卦洲、世业洲、和畅洲等为双汊河段，前三者较稳定，后者不稳定。前已述，中游的江心洲形态相对稳定，而下游多汊河段因各汊冲淤相互影响使得江心洲周边也产生相应的冲淤变化，总体来看，长江下游平滩河槽内江心洲的稳定性逊于中游的分汊河道。长江下游一些大的江心洲如张家洲、上三号洲、棉船洲、官洲和清节洲、安庆江心洲、铜铁洲、凤凰洲和长沙洲、和悦洲、成德洲和汀家洲、黑沙洲和天然洲、陈家洲、马鞍山江心洲、小黄洲、新生洲和新济洲、梅子洲、八卦洲、世业洲、和畅洲、太平洲等，它们的平面位置、洲体面积（除和畅洲外）、与两岸边界之间相互关系的变化都不很大。

（3）长江下游分汊河道平面形态演变可归纳为以下几类形式：

1）平面形态处于相对稳定的双汊河段。这类汊道，如张家洲、棉船洲、铜铁洲、梅子洲、八卦洲等，不管它们汊道内河床可能发生什么变化，两汊所处态势要么相对稳定，要么朝单向发展。

2）平面形态变化很大的双汊河段。如和畅洲汊道 20 世纪 70 年代中期因左汊内鹅头切滩而使平面形态发生剧变，芜裕河段上段鲫鱼洲汊道，洲滩和汊道具有横向平移的周期演变特性。

3）在复杂的多汊河段中，双汊部分的平面形态也具有相对稳定性，其主、支汊具有单向发展的特性。如铜陵河段内成德洲汊道、南京河段内新济洲汊道和马鞍山河段江心洲汊道的平面形态均变化不大，都具有从支汊变为主汊并继续发展的单向变化趋势。

4）多汊河段中洲滩和支汊作横向平移变化。例如，上三号洲向左平移已基本并岸，天然洲与黑沙洲有横向并洲趋势；又如太平洲左汊上段落成洲有横向拓展和右槽缓慢平移发展的态势，下段天星洲、砲子洲、录安洲有横向并岸的趋势。

5）顺列的江心洲滩及其间支汊作纵向平移变化。如芜裕河段下段曹姑洲、大通河段铁板洲等受横向水流切割形成的横向支汊及其洲滩纵向下移并呈周期性变化。

以上对 20 世纪 60—80 年代城陵矶以下分汊河段的平面形态变化，分中游和下游两部分进行了较全面的分析。可以看出，中下游分汊河道的边界，一部分受到天然山体、阶地的控制，一部分是在自然演变中形成一定形态后尚未受到水流冲刷的岸滩变化不大，一部分是受水流冲刷而崩岸但大部分已受到护岸工程初步保护的边界，使得长江中下游分汊河道边界至 80 年代后期总体上处于基本稳定或相对稳定状态；绝大多数的江心洲，特别是尺度较大的江心洲，通过各汊冲淤调整，取得了与两岸边界相应的平面形态，总体上处于一种动态均衡状态。双汊河段主、支汊之间具有单向变化趋势，多汊河段平面变形仍在调整。

3. 本时段分汊河段平面形态稳定性评价

长江中下游分汊河道在 20 世纪 50—60 年代后期自然演变之后，经过 60—80 年代河道治理，各分汊河段的稳定性都有不同程度的提高。以下是对处于 80 年代后期各分汊河段平面形态的稳定性予以评价。

根据以上长江中下游分汊河段两岸边界条件和江心洲的变化分析，到 80 年代后期，各分汊河段平面形态的稳定性可以归结为三类：

（1）平面形态基本稳定河段。河岸基本稳定，江心洲形态已趋稳定，主、支汊平面变化不大的双汊河段。长江中游有：铁板洲汊道、鲤鱼洲汊道和人民洲汊道等 3 个；长江下游有：大通河段、梅子洲汊道、八卦洲汊道和兴隆洲汊道（即栖霞龙潭弯道）等 4 个。

（2）平面形态相对稳定河段。河岸已趋稳定，江心洲与汊道在平面上有一定变化的分汊河汊。长江中游有：仙峰洲汊道、南阳洲汊道、嘉鱼河段、团洲汊道、白沙洲汊道、天兴洲汊道、戴家洲汊道等 7 个；长江下游有张家洲汊道、上下三号洲汊道、棉船洲汊道、鹅眉洲汊道、太子矶河段、黑沙洲汊道、世业洲汊道等 7 个。

（3）平面形态尚不稳定河段。河段存在崩岸，江心洲与汊道有较大变化的双汊或多汊河段。长江中游有：界牌河段、陆溪口河段、团风河段、德胜洲汊道等 4 个；长江下游有：东流河段、官洲河段、贵池河段、铜陵河段、芜裕河段、马鞍山河段、新济洲汊道、和畅洲汊道、扬中河段等 9 个。

7.2.2.4　来水来沙条件变化

以上分析了 20 世纪 60 年代后期至 80 年代长江中下游在两岸边界实施护岸工程后形成的平面形态。以下我们将分析这段期间来水来沙条件的变化。

1. 本时段长江中下游城陵矶以下分汊河道来水条件变化

表 7-6 列出了长江中游螺山站、汉口站和下游大通站流量在本时段（1968—1986 年）与上一时段（1950—1967 年）的平均和年内月平均的统计值。可以看出：①本时段的螺山站、汉口站和大通站的径流量分别为 6338 亿 m^3、7001 亿 m^3 和 8774 亿 m^3（相应平均流量分别为 20100m^3/s、22200m^3/s 和 27800m^3/s），比上一时段分别减少了 3％、2％和 3％。可以认为，两个时段平均年径流量变化不大。②从两个时段平均年内分布情况来看，螺山站洪水期 4 个月（6 月、7 月、8 月、9 月）分别为 54.3％和 54.5％，枯水期 4 个月（12 月、1 月、2 月、3 月）分别为 13.3％和 12.9％；汉口站洪水期分别占 54.1％和 53.5％，枯水期分别占 13.6％和 13.6％；大通站两个时段洪、枯水期分别占 50.8％、50.6％和 14.9％、14.9％。可见，本时段来水量在年内洪、枯水期所占百分数（即平均径流量在年内的分布）与上时段相比变化也不大。

表 7 - 6　长江中下游城陵矶以下分汊河道各时段流量变化

单位：m³/s

站名	时段	1月	2月	3月	4月	5月	6月	7月	8月	9月	10月	11月	12月	年平均	径流量/亿m³
螺山	1954—1967 年	6870	7020	9460	15200	24900	29100	39600	35300	30900	23500	15700	9600	20700	6528
	1968—1986 年	6460	7030	8930	15300	22900	29100	39100	32200	31100	24500	14800	8650	20100	6338
	1987—2002 年	8000	8290	11100	15700	21600	28200	41800	35700	30800	23000	14800	9340	20800	6559
	2003—2014 年	8760	9010	11500	14300	21600	27900	34800	30800	27500	16800	13300	8990	18800	5929
汉口	1954—1967 年	7860	7690	10200	16500	26800	30500	42300	38900	35000	27000	17800	11100	22600	7127
	1968—1986 年	7750	8000	9970	16300	24900	31000	41900	35400	34100	28300	17400	10500	22200	7001
	1987—2002 年	9220	9570	12400	17000	23400	30400	45600	39300	34000	25400	17000	10800	22900	7222
	2003—2014 年	10400	10500	13200	16100	23500	30100	38100	34600	31300	20000	15600	11000	21300	6717
大通	1954—1967 年	10500	11200	15100	23500	35400	41100	47600	44500	41700	34400	24300	14400	28700	9058
	1968—1986 年	10100	10800	15000	23500	33600	39800	49500	41800	37800	34000	23000	13700	27800	8774
	1987—2002 年	12600	13300	18000	25600	32400	40000	55000	47000	41800	31700	22600	14900	29700	9352
	2003—2014 年	12900	13800	19000	22200	31000	39300	44400	40600	36200	25700	18700	14100	26500	8367

表 7 - 7　长江中下游城陵矶以下分汊河道各时段含沙量变化

单位：kg/m³

站名	时段	1月	2月	3月	4月	5月	6月	7月	8月	9月	10月	11月	12月	年平均	输沙量/亿t
螺山	1954—1967 年	0.356	0.321	0.343	0.438	0.448	0.565	0.815	0.897	0.748	0.645	0.546	0.455	0.634	4.14
	1968—1986 年	0.311	0.305	0.332	0.462	0.493	0.692	1.024	1.020	1.046	0.666	0.482	0.362	0.741	4.70
	1987—2002 年	0.192	0.195	0.236	0.252	0.302	0.484	0.796	0.785	0.665	0.527	0.322	0.195	0.510	3.35
	2003—2014 年	0.083	0.096	0.127	0.132	0.123	0.127	0.216	0.202	0.189	0.107	0.099	0.089	0.160	0.95
汉口	1954—1967 年	0.198	0.163	0.222	0.414	0.462	0.539	0.881	0.957	0.746	0.627	0.463	0.325	0.633	4.51
	1968—1986 年	0.164	0.148	0.186	0.304	0.437	0.575	0.842	0.820	0.867	0.601	0.368	0.228	0.603	4.22
	1987—2002 年	0.124	0.125	0.159	0.198	0.265	0.420	0.705	0.703	0.592	0.483	0.270	0.142	0.459	3.31
	2003—2014 年	0.071	0.072	0.102	0.121	0.129	0.131	0.220	0.220	0.225	0.124	0.098	0.077	0.161	1.08
大通	1954—1967 年	0.112	0.112	0.156	0.302	0.420	0.449	0.843	0.863	0.760	0.549	0.373	0.243	0.545	4.93
	1968—1986 年	0.097	0.091	0.139	0.245	0.352	0.460	0.803	0.719	0.769	0.540	0.295	0.162	0.507	4.45
	1987—2002 年	0.083	0.079	0.130	0.164	0.212	0.311	0.589	0.564	0.519	0.417	0.226	0.119	0.368	3.44
	2003—2014 年	0.076	0.069	0.120	0.119	0.140	0.169	0.219	0.226	0.221	0.136	0.111	0.090	0.165	1.38

2. 本时段长江中下游城陵矶以下分汊河道来沙条件变化

表 7-7 列出了上述三站含沙量在本时段与上一时段多年平均和年内月分布的统计值。可以看出：①上一时段螺山站、汉口站和大通站的平均输沙量分别为 4.14 亿 t、4.51 亿 t 和 4.93 亿 t。根据有关研究，洞庭湖七里山站的 1955—1966 年的年平均输沙量为 5985 万 t[12]，丹江口建库前 1955—1967 年汉江仙桃站平均输沙量为 8300 万 t[13]，推测在自然条件下上一时段城汉段可能有所淤积。②本时段经历了下荆江系统裁弯工程实施，在七里山站 1967—1987 年为 4089 万 t、比上一时段减少了约 1900 万 t 的情况下，螺山站平均年输沙量为 4.70 亿 t，反而比前一时段增大了 5700 万 t，可见下荆江因裁弯冲刷使城陵矶以下河道的来沙量显著增大；本时段汉口站的年输沙量为 4.22 亿 t，比上一时段减小 329 万 t，而丹江口拦沙使仙桃站年输沙量减小为 2580 万 t，从输沙量沿程变化分析，本时段城汉段将处于显著淤积状态。③自汉口站至大通站长达 520km 的长河段，上一时段大通站年输沙量为 4.93 亿 t，比汉口站大 4200 万 t，区间来沙主要为鄱阳湖出流，据统计，湖口站 1954—1981 年平均年输沙量为 1080 万 t[12]，其他支流来沙量均很小，推测上一时段汉口至大通河床有所冲刷；而本时段，大通站年输沙量为 4.45 亿 t，只比汉口站多 2300 万 t，推断汉口至大通段河床冲淤总体变化不大。

从含沙量变化来看，螺山站本时段和上时段平均分别为 0.741kg/m³ 和 0.634kg/m³，这显然是城螺段更多淤积的主要因素；汉口站本时段含沙量（0.603kg/m³）与上一时段含沙量（0.633kg/m³）相比，在径流量相差不大情况下有所减小，也说明城汉段河床的淤积。而大通站本时段与上一时段相比，在径流量减小的情况下，含沙量（分别为 0.507kg/m³ 和 0.545kg/m³）也有所减小。

综上所述，从来水来沙条件来看，在上一时段的自然条件下城陵矶—汉口段河床可能存在一定的淤积，而裁弯后的本时段，由于下荆江的冲刷，城螺段含沙量的明显增大，城汉段可能显著淤积；汉口—大通在上一时段河床可能有所冲刷，而在本时段河床总体冲淤变化不大。

7.2.2.5　20 世纪 60—80 年代长江中下游分汊河段演变特征与趋势

1. 长江中游双汊和三汊河段演变分析

根据 20 世纪 60—80 年代的地形和水文观测资料，我们首先对长江中游城陵矶至九江 15 个双汊河段和 2 个三汊河段的演变，包括主、支汊和江心洲的形态、冲淤变化特点、分流比变化以及 80 年代末的发展趋势作了全面分析，表 7-8、表 7-9 为分析成果的概括。

表 7-8　　20 世纪 60—80 年代长江中游双汊河段演变特点与发展趋势一览表

河段或汊道名称	左汊	右汊	江心洲
仙峰洲汊道	支汊，顺直型；受下荆江和洞庭湖出口汇流影响；70 年代冲刷，80 年代淤积	主汊，顺直型；70 年代淤积，80 年代冲刷；后趋于稳定	仙峰洲傍左岸，70 年代冲刷，80 年代淤积；有并左岸趋势
南阳洲汊道	支汊，微弯型；年内冲淤变化较大；年际有缓慢淤积趋势	主汊，微弯型；冲淤变化较小	南阳洲洲头冲刷后退，洲体左缘冲淤变化较大，洲体面积有所减小

河段或汊道名称	左汊	右汊	江心洲
界牌河段（南门洲与新淤洲汊道）	支汊，顺直微弯型；冲淤变化较大与上游边滩、心滩运动有关；当上游主流指向左汊即发展，甚至成为主汊，如1980—1982 年分流比达53.7%；当上游进口左岸出现边滩则淤积，枯水期甚至断流	主汊，顺直型；右岸临湘原崩岸严重，60 年代修建 11 个矶头护岸，崩岸得到缓解，但险情依然不断，1975 年、1983 年和1984 年均出现严重险情	南门洲洲头后退较大，面积减小；其上游新淤洲是右岸边滩下移形成，也与南门洲头后退有关；新淤洲以上的边滩、心滩冲淤变化大，是该河段不稳定的主因
嘉鱼河段（白沙洲汊道）	主汊，微弯型；缓慢发展；与右汊汇合后，深泓由左岸移至右岸，使复兴洲左缘崩岸	支汊，微弯型；60 年代分流比为 25% 左右，至 80 年代断面面积减小了40%，处于淤积趋势	白沙洲、护县洲、复兴洲冲淤变化不大，复兴洲已并岸，护县洲处于并岸趋势；复兴洲下段左缘受冲，附近河槽中梓兴洲冲刷殆尽，近岸又生一心滩，冲淤变化较大
团洲汊道	主汊，弯曲型；70—80 年代左岸崩坍，汊道左移	支汊，顺直型；70—80 年代冲深发展，口门展宽	团洲右缘上段冲刷下段淤宽
铁板洲汊道	主汊，微弯型；60 年代分流比 60% 左右，之后 20 年内呈缓慢淤积趋势	支汊，弯曲型；断面窄深；呈缓慢发展趋势	洲长、洲宽、洲滩面积均增大
白沙洲汊道	主汊，顺直型；流量在10000m³/s 以上分流比为87% 左右，流量为5000m³/s 可达95%；汊内荒五里边滩和汉阳边滩年内呈周期性冲淤变化	支汊，微弯型；枯水期分流比为 5%～10%；汊内河床冲淤变化不大；汊道口门有拦门沙浅滩	白沙洲洲长、洲宽和洲滩面积有所增大，滩面淤高；潜洲也有所增长、增宽，但高程较低，一般呈潜心滩，冲淤变化较大
天兴洲汊道	支汊，弯曲型；分流比已由60 年代的 50% 左右迅速减小至 80 年代的 3%～23%，河床持续淤积，枯季基本断流；进口段拦门沙已与洲头边滩和汉口边滩连成一片，呈淤衰趋势	主汊，顺直微弯型；河床持续冲刷，上游武昌深槽已伸入汊内，天兴洲滩岸受到冲刷，80 年代初实施铰链混凝土沉排护岸；青山运河处于凸岸，右侧边滩淤积严重	洲右缘受冲刷而崩岸，洲体向左淤宽，洲长、洲宽和洲滩面积均有所增大；洲头冲淤变化较大
德胜洲汊道	支汊，顺直型；由于主汊具有年际自左向右单向摆动的变化特性，德胜洲在一个周期内都被冲刷"扫荡"一次，随之支汊变为主汊再变为支汊	主汊，弯曲型；随着主流向右摆动；当江心洲冲刷最大时，淤积成为支汊	60—80 年代洲体持续冲刷，同期左岸边滩淤宽，1987 年切割成槽，并形成心滩
戴家洲汊道	支汊，弯曲型；断面相对窄深；60 年代左汊分流为 48%，略小于右汊；之前曾为主航道；之后 20 年，左汊口门浅滩阻塞，呈现淤积趋势	主汊，微弯型；平均河宽增大，60 年代以后发展，面积比在 61% 以上，并成为主航道；1981 年后，口门燕矶附近有大片浅滩，其航道条件又逊于右汊，但总体上仍呈发展态势	洲长、洲宽变化不大，洲滩面积有所增大；洲头变化较大，形成一串沟，中水位以上洲头横向水流自左汊进入右汊，串沟宽90～200m

河段或汊道名称	左汊	右汊	江心洲
韦源口河段 （牯牛沙汊道）	主汊，顺直微弯型；平面变化不大，河槽内年际、年内河床冲淤变化较大	支汊，微弯型；呈淤积趋势	60—70 年代洲长、洲宽变大，滩面淤高；80 年代后变为 2 个洲体，面积总体减小，滩面降低
蕲洲汊道	主汊，微弯型；河槽稳定，断面相对窄深	支汊，微弯型；河宽相对较大，河槽稳定；河床有所淤积	60—70 年代由一大一小两洲变为 2 个小洲，洲长变小，洲宽增大；70—80 年代初并为 1 个大洲；80 年代后期又冲为 2 个小洲，洲长显著变小
鲤鱼洲汊道	主汊，顺直型；岸线与深泓长期保持稳定	支汊，微弯型；相对稳定	洲滩面积很小，年际间有冲淤变化，位置相对稳定
龙坪河段 （新洲汊道）	支汊，鹅头型，左岸崩岸大，持续向鹅头型发展；分流比年内随水位抬高而增大，平均为 25%；后期口门淤高，呈淤积趋势	主汊，顺直型；河宽较大，河床冲淤变化较大，呈发展趋势	龙坪新洲左侧显著淤宽，60 年代洲头受自左至右横向水流切割形成小心洲，串沟宽 300m，该小洲冲淤变化较大
人民洲汊道	支汊，顺直型；分流比 14%，枯水期断流，洲头淤连左岸	主汊，顺直型；60—70 年代右岸崩坍，经护岸渐趋稳定	洲体长、宽、面积、高程均变化不大，有并岸态势

表 7 - 9　20 世纪 60—80 年代长江中游三汊河段演变特点与发展趋势一览表

河段或汊道名称	左汊	中汊	右汊	江心洲
陆溪口河段	支汊，鹅头型；左岸继续崩坍，河床持续淤积，枯水期分流比由 1965 年的 16.8% 减至 1975 年的 12.6%，呈衰萎趋势	主汊，弯曲型；又名中港，历史上有时因新洲的切割形成新港成为四汊；1966 年新港并入中港成为三汊；此后新洲时有切割，至 1986 年又成为三汊河型；分流比因新老中汊的冲淤分合而变化很大，1975 年达 64.0%	支汊，顺直微弯型；平面上相对稳定，河床冲淤变化较大；分流比也因新、老中汊的冲淤而变化很大，1975 年为 23.4%	有新洲和中洲，新洲冲淤变化较大时切割成两个洲，滩面高程变化较大，80 年代后新洲形态变化趋小；中洲左淤右冲，总体形态变化不大，有并左岸趋势
团风河段	支汊，鹅头型；持续淤积，分流比 3% ~ 4%，枯水期断流	支汊，鹅头型，60—70 年代为主汊，随着向左弯曲发展分流比迅速减小，至 80 年代变为支汊，分流比减为 20% ~ 30%	主汊，微弯型；50 年代切滩形成，向窄深发展；70 年代初分流比达 20% 左右，80 年代向拓宽刷深，迅速成为主汊，分流比猛增，达 60% ~ 70%；与此同时右侧又开始形成边滩	70 年代有人民洲、李家洲、东漕洲、叶路洲；之后人民洲并右岸，李家洲崩尽；至 80 年代，东漕洲因新右汊冲刷，崩坍严重，左侧淤宽；叶路洲基本并岸

由表 7 - 8 和表 7 - 9 可知，长江中游分汊河段河床演变和趋势有以下特征：

（1）形态变化特征。在长江中游城陵矶—九江的 547km 分汊河道中，有分汊河段 17

个，其中，双汊河段 15 个，三汊河段 2 个。就分汊河段河型亚类来看，顺直分汊型 7 个，为仙峰洲汊道、南阳洲汊道、南门洲汊道、白沙洲汊道（武汉河段）、牯牛沙汊道、鲫鱼洲汊道和人民洲汊道；弯曲分汊型 7 个，有白沙洲汊道（嘉鱼河段）、团洲汊道、铁板洲汊道、天兴洲汊道、德胜洲汊道、戴家洲汊道和蕲洲汊道；鹅头分汊型 3 个，即陆溪口河段、团风河段和龙坪新洲汊道。在该长河段中，分汊河段的汊道总数（包括主、支汊）共有 36 条，将它们分为顺直型、顺直微弯型、微弯型、弯曲型和鹅头型等五类，分别有 10 条、4 条、12 条、6 条和 4 条，占有总条数的 27.8%、11.1%、33.3%、16.7% 和 11.1%。可见，在长江中游汊道中顺直分汊型和弯曲分汊型占绝大多数，鹅头分汊型只有三个河段；在主、支汊平面形态中，顺直型和微弯型条数最多，共有 22 条，加上顺直微弯型 4 条，共占总汊数的 72.2%，说明长江中游的分汊河段主、支汊多处于顺直至微弯的平面形态。

（2）汊道演变基本特征。长江中游的双分汊河段，大多数主、支分明，呈现相对稳定的状态，并朝着主汊更强、支汊更弱的方向发展，其中，也有个别的是不久前才成为主汊并继续发展，如戴家洲汊道，还有个别的是正在由支汊转为主汊的并将继续发展的，如铁板洲汊道。就是说，这些双汊河段都呈单向变化，并且在河势不发生大的变化下具有不可逆转的发展趋势，大多数发展的速度都是比较缓慢的。

陆溪口河段和团风河段都属于三汊鹅头分汊型。由于中洲和叶路洲都呈并岸趋势，实际上已基本转化为双汊河段。在实施河势控制工程（即对中洲右缘和东漕洲右缘实施护岸工程）基本达到相对稳定后预计将朝单向发展。德胜洲汊道在实施整治工程使江心洲稳定之后，也将逐步成为单向发展的双汊河段。以上表明，至 20 世纪 80 年代后期，长江中游分汊河段演变最明显的特征是总体具备单向发展的趋势。

只有界牌河段，演变十分复杂，滩槽发展趋势具有不确定性，整治十分棘手，在整治思路上可着眼于：①消除横向水流对洲滩产生冲刷；②进一步并滩并洲。

（3）洲头冲刷切滩是双汊河段将面临的显著演变特征。当双汊河段不断朝主、支汊差别愈来愈大的发展趋势下，支汊的阻力不断增加，支汊的壅水使洲头的横比降将愈来愈大，横向水流对洲头向上游延伸的低滩或高滩将产生横向冲刷切割，在洲头形成小江心洲或心滩，如龙坪新洲和戴家洲的洲头。其主要后果是：①由于洲头串沟的分流，将进一步减小支汊分流比，不利于支汊的岸线和水资源利用；②在横向水流与纵向水流共同作用下，对切割之后的洲头上游侧将产生冲刷，串沟发展成为横向支汊，不利于河势的稳定；③洲头以上将形成新的江心洲。这是双汊河段单向演变的发展趋势中在洲头和分流区必然产生的现象，对这一演变的共性应予重视，及时采取对策。

2. 长江下游双汊和多汊河段演变分析

我们将长江下游三汊以上的分汊河段定义为多汊河段。长江下游大多数分汊河段都属多汊河段。有的是两个以上江心洲并列的多汊型，如官洲河段；有的是两个以上江心洲顺列的多汊型，如芜裕河段陈家洲汊道；有的是江心洲并列和顺列都存在的复杂多汊型，如铜陵河段；有的宏观形态是双汊，但汊内又有小江心洲构成二级分汊，如张家洲汊道；当然也有名副其实的双汊河段，如八卦洲汊道。为分析方便起见，本章将具有明显中汊的河段定为三汊型，其他多汊河段，不管哪一种类型，宏观上一般都具有明显的左、右二汊，因而将他们统归于"双汊"河段。以下我们对长江下游九江至江阴 16 个"双汊"河段和 6 个多汊河段进行与中游同样内容的分析，成果见表 7 - 10 和表 7 - 11。

表 7 - 10　　20 世纪 60—80 年代长江下游"双汊"河段演变特点与发展趋势一览表

河段或汊道名称	左汊	右汊	江心洲
张家洲汊道	主汊，弯曲型；进口段有碍航浅滩，具有涨淤落冲特性；上、中段河宽变化不大，但在下段河宽减小；首尾段断面积均有减小；本时段分流比的变化，60 年代约为 55%，到 80 年代为 50% 左右，有减小的趋势；汊道朝更加弯曲发展，左岸汇口附近崩岸严重，护岸后渐趋稳定	支汊，顺直型；汊内有官洲和新洲，呈二级分汊，相对稳定；右岸湖口有鄱阳湖水系汇入；左侧张家洲右缘崩岸，建有护岸工程，渐趋稳定；右汊断面有扩增之势；有 2 个浅区，上浅区位于官洲头，为正常浅滩，涨淤落冲，下浅区位于官洲尾，为宽浅过渡段，碍航严重	洲头冲淤变化不大；洲体右缘受冲崩岸，已受护岸工程抑制；洲体左缘淤积，受左岸护岸工程影响，洲体展宽受到抑制，但仍呈淤积趋势；乌龟洲已并张家洲北缘
上、下三号洲汊道	上三号洲支汊，弯曲型；60 年代分流比为 10%，河槽淤积，趋于衰萎，洲头受冲刷切割形成小洲和相应左小汊；下三号洲左汊为主汊，微弯型；由上三号右汊主流向左过渡而形成；左岸王家洲受顶冲成为同马大堤险工，经抢护已趋稳定；河宽和断面积均增大，发展速度较快	上三号洲主汊，顺直型；呈缓慢发展态势；主流微弯，右岸有局部小幅度崩岸；下三号右汊为支汊，顺直微弯型；中上段河宽增大，下段减小，断面积减小，80 年代分流比不足 25%，处于淤积趋势；进口段河宽大，滋生心滩	上三号洲呈并左岸趋势，洲头受水流切割形成小洲，有发展成为小心洲汊道趋势；下三号洲洲头向上游有所延伸，北侧因处弯道凸岸淤积展宽，南侧因主流右靠而淤积展宽成低滩
马垱河段	支汊，弯曲型；中部宽段形成扁长型江心洲；水流贴左岸，崩岸线长，经历年护岸与加固，岸线渐趋稳定；河床淤积速率较快，洲头部位有实测的自左向右的横向水流；高水位分流比自 60 年代超过 40% 减小到 80 年代的 27.8%，枯水位 60 年代为 5%，80 年代更小	主汊，弯曲型；由马垱矶和对岸人工护岸形成二级节点，上、下段分别有顺字号和瓜字号江心洲，相应形成两个二级分汊河段；上段顺字号左汊冲刷发展，造成棉船洲崩岸，右汊保持窄深形态；下段瓜字号左汊向左平移，造成棉船洲崩岸，右汊河宽大，深槽居右，瓜字号右缘形成宽阔低边滩	棉船洲洲头向上延伸，并与左岸边滩构成左汊栏门沙；洲右缘崩岸，有零星的护岸工程，洲体左缘淤积展宽；左汊中部江心洲缓慢淤积；右汊内顺字号洲向上游、左侧淤积增长、增宽，瓜字号洲右缘上段有所冲刷，左缘有所淤积
太子矶河段	支汊，鹅头型；河岸、深泓均较稳定；分流比随水位上升而增大，枯水期分流比约 10% 左右，1988 年洪水期为 16.5%；由于受拦江矶的导流作用而长期保持相对稳定	主汊，微弯型；河宽颇大，靠铜铁洲处有玉板洲，实施堵汊后又生一新玉板洲；在洲外河床内有一心滩，形成复式河槽，右为深槽，左为浅槽；前者窄深，洪水期分流比为 50% 左右，枯水期则达 70%～80%（占右汊），后者宽浅；二槽随不同水文条件而冲淤变化较大	铜铁洲长期保持相对稳定，70 年代前与玉板洲之间小汊水流使铜铁洲右缘受冲崩岸，堵塞并洲后玉板洲外缘仍受冲崩坍；与此同时又在铜板洲洲头右侧形成新玉板洲，因此，铜铁洲右侧新、老玉板洲均不稳定

续表

河段或汉道名称	左汉	右汉	江心洲
大通河段	主汉，微弯型；由于右侧和悦洲为凹岸，顶冲有所下移，河道有缓慢右摆之势，但总体河势尚为稳定	支汉，弯曲型；分流比变化不大，为 10% 左右，河岸深泓较稳定	和悦洲头本时段向上游淤积延伸；和悦洲早期切滩形成的串沟有所发展并有下移趋势；其上游的铁板洲显著淤积
鲫鱼洲汉道	主汉，微弯型；大拐以上段因鲫鱼洲冲刷殆尽，原左汉与平移的主汉合并成为新的主汉	支汉，顺直型；由边滩切割形成，缓慢发展	鲫鱼洲已在 80 年代初为主流摆动所冲没，同时右岸形成大边滩，经切割形成新的江心洲
陈家洲汉道	支汉，鹅头型；进口段顺直，有浅滩，汉道处于淤积趋势，洪水期分流比由 60 年代的 30% 减小至 80 年代的 20%，枯水期分流比则由 13% 减小为 8% 左右	主汉，微弯顺直型；上段稳定，滩、槽均发育；下段陈家洲右缘持续崩岸，顶冲下移，河道沿程展宽；靠右岸形成一个心滩	60 年代为三洲顺列并存，随着陈家洲崩退，中间的潜洲下移，于 80 年代初并入陈家洲；至 1986 年曹姑洲也有并潜洲之势，同时其洲头被自左至右的横向水流切割，有形成新曹姑洲趋势
马鞍山江心洲汉道	主汉，顺直型；河宽较大，河床内有边滩、心滩，冲淤变化较大，深泓年际不稳定；左岸牛屯河、姆下河、太阳河、新河口等处，有强度不等的崩岸	支汉，弯曲型；右岸有姑溪河入汇；上段滩、槽变化较大，姑溪河口以下河岸较稳定；分流比高、中水位在 10% 左右，略有减小，枯水位分流比 60—70 年代由 9.6% 减为 6.7%，说明支汉有缓慢淤积趋势，至 80 年代后期呈相对稳定态势	江心洲头以上有彭兴洲，二洲基本相连，二洲间洪水期有漫滩水流自左汉进入右汉；洲体形态变化不大；随着 1964 年以后自江心洲左汉至小黄洲右汉的过渡段下移，江心洲尾部与何家洲之间形成一串沟
小黄洲汉道	支汉，微弯型；60—70 年代为分流比很小的支汉；小黄洲头护岸后持续冲刷，至 1984 年分流比增大到 20.0% ～ 23.4%，之后变化不大；出口段左岸大黄洲大范围内崩岸，并将持续	主汉，微弯顺直型；60 年代水流顶冲上提下挫，右岸恒兴洲崩岸严重，经护岸基本稳定；水流过电厂岸段后转向左侧，在小黄洲尾部与左汉水流交汇形成局部冲刷坑；左汉河道沿程展宽	自 70 年代洲头守护后，洲体形态变化不大，洲的尾部有所左偏并向下游延伸
新济洲汉道（含新生洲）	支汉，顺直微弯型；60—70 年代为主汉，1982 年分流比为 53.6%，至 1985 年下降为 47%，可以认为 1983 年以后转化为支汉；河道相对宽浅，河床内边滩、心滩发育；1973 年 -10m 深槽与进口深槽贯通，1985 年则断开，说明左汉呈淤积趋势	主汉，微弯顺直型；80 年代成为主汉后，断面向冲深发展，右岸有局部崩岸；汉内 -10m 深槽 1973 年与进口深槽断开，1985 年贯通，说明进口水流条件改善，呈发展趋势	新生洲与新济洲为顺列二洲，在 50—60 年代均向下游移动，新生洲尾滩移动较快，发生切割形成还魂洲，之间串沟于 1980 年淤塞，新生洲、还魂洲又合二为一，并与新济洲之间存在一串沟，新生、新济二洲也有并洲趋势

河段或 汊道名称	左汊	右汊	江心洲
新潜洲汊道	主汊，微弯型；20 世纪初新济洲左、右汊交汇水流顶冲右岸，随着顶冲下移新潜洲形成，其左汊接纳新济洲汇合水流，一直为主汊；自 1959—1985 年分流比由 68.2% 增大为 78.3%；七坝以上江岸大幅崩坍	支汊，顺直型；先为子母洲外心滩的右泓，随着心滩变为江心洲，继而为新潜洲的右汊；60—80 年代河床淤高，分流比减小，至 1985 年为 21.7%	20 世纪 40—50 年代，右岸子母洲和右岸持续崩坍，河道展宽，1959 年江中出现 −5m 心滩，1970 年成为 0m 小洲，形成新潜洲汊道；1980 年洲头 −5m 线与子母洲相连形成拦门沙，直至 1986 年后才被冲开；新潜洲 −5m 洲尾于 1982 年被切割，尾段后并入右岸；洲体不断增大，滩面淤高
梅子洲汊道	主汊，顺直型；50—60 年代表现为西江口边滩切割、心滩下移、与老潜洲合并的周期性变化特征；70—80 年代，七坝、大胜关、梅子洲头、九袱洲护岸后，河势基本稳定；潜洲左右两泓冲淤变化较大；左汊分流比较稳定，平均为 95%；潜洲右泓分流占左汊的 15% 左右，80 年代后有减小趋势	支汊，弯曲型；进口段因洲头崩退呈现左冲右淤特性；护岸后趋于稳定，汊内滩槽相对稳定；分流比较稳定，平均为 5%	洲体除洲头崩退外，洲体变化不大；洲头护岸后，形态更为稳定
八卦洲汊道	支汊，鹅头型；汊道口门部位洲头崩坍较大，相应左侧黄家洲边滩淤积扩宽；河床持续淤积，分流比持续减少，整治后受到有效的遏制；洪、枯期平均分流比分别为 21.7% 和 17.3%	主汊，顺直型；汊内两侧有交错边滩，水流有顶冲下移之势；河床冲刷，分流比持续增大，整治后均受到有效的遏制	60—80 年代，八卦洲继七里洲头冲刷后退之势持续崩退，成为汊道分流变化的主因；80 年代初对八卦洲头和两汊的崩岸部位进行护岸后，河势与分流比的变化得到有效的遏制
世业洲汊道	支汊，顺直型；内有鹰膀子洲和新冒洲交错分列两侧，有并岸趋势；60 年代以前十分稳定，分流比约占 20%；70 年代后期至 80 年代缓慢发展，分流比约为 25%	主汊，弯曲型；平面形态相对稳定，仅下端龙门口有崩岸，70 年代后期至 80 年代分流减小，口门段左侧靠洲头有潜边滩淤积发展	洲体形态变化不大，鹰膀子基本并岸；洲头略有崩退；洲尾右侧边滩淤积，岸线外移
和畅洲汊道	支汊，鹅头型；60—70 年代初期，由两汊分流相当淤积成分流比为 25% 的支汊；70 年代后期转而迅速发展，至 1986 年分流比上升至 45%，仍为支汊，但其趋势即将转化为主汊	主汊，弯曲型；60—70 年代初期与上游六圩弯道河势衔接良好，成为分流比为 75% 的主汊，70 年代后期转而迅速淤积萎缩，有向支汊发展趋势	60—70 年代初期，洲体已发展成鹅头型，洲头右侧淤出大片滩地；70 年代后期，因鹅头受切割导致左汊剧烈冲刷发展、洲前滩地尽失、洲头冲刷后退、左右汊主支易位；鹅头切割应是以上河势变化的主因，并波及上游世业洲汊道

续表

河段或汉道名称	左汉	右汉	江心洲
扬中河段	主汉，上段弯曲型，下段为顺直型；上段汉内60年代前嘶马弯段崩岸严重，护岸后逐渐稳定；落成洲右汉随嘶马崩岸有所发展，又随稳定后有所淤缩，80年代分流有所减小；下段鳗鱼沙两汉冲淤变化较大；天星洲、砲子洲、录安洲夹槽缓慢淤积，均有并岸趋势	支汉，弯曲、局部蜿蜒型；口门有所淤积，汉内河床变化不大；分流比为10%左右，80年代有所减小	太平洲60—80年代洲体形态变化不大，小决港以上滩岸有局部小幅崩坍；落成洲头、尾均有延伸；鳗鱼沙高程低，不稳定，大洪水时冲刷较大，天星洲、砲子洲变化不大；录安洲外缘冲刷，学一洲、定易洲冲刷殆尽

表7-11　　20世纪60—80年代长江下游三汉河段演变特点与发展趋势一览表

河段或汉道名称	左汉	中汉	右汉	江心洲
东流河段	上段天心洲左汉为主汉，顺直型；相对宽浅；60年代前左汉分为左、右槽，到70年代右槽淤积后，仍为主汉，分流比大约为70%～75%；下段左汉即棉花洲左汉，80年代发展为主汉，微弯型；弯顶以下老虎口附近崩岸严重，经护岸渐趋稳定；分流比由1959年17.8%增大到1979年的55%	上段为天心洲与玉带洲之间的过渡段，在上段水流向左摆动期间发生淤积，玉带洲尾向下延伸，遂使过渡段水流渐弱；下段棉花洲与玉带洲之间为中汉，微弯型；70年代形成，至80年代分流比估计为10%左右	上段右汉为支汉，微弯型；进口有浅滩，汉内较窄深；由左汉向右汉过渡段的横向水流与右汉交汇，经稠林矶挑流对河势影响较大；下段右汉为支汉，弯曲型；因过渡段横向水流顶冲，汉内右侧福仁洲冲没，分流比由1960年的82.2%至1979年减小为45%	本河段洲滩甚多，且尺度小，高程低，冲淤变化十分频繁；60年代，玉带洲与棉花洲连为一体，天心洲水下部分大但出水洲体小；70年代，玉带洲与棉花洲之间被冲开，形成并列的中汉，玉带洲淤积，洲体面积显著增大；80年代，中汉有所淤积，天心洲被冲刷，洲体一分为三，形成纵横向水流交织的多汉河型
官洲汉道	主汉，弯曲型；1979年西江堵汉后，官洲一侧崩岸更为强烈，经护岸渐趋稳定；堵汉前分流比由60年代初的90%减至70年代末的80%左右，堵汉后继续减小，至1984年减为67%	支汉，弯曲型；因主流向左摆动，官洲崩岸，右侧清节洲边滩展宽，于1972—1973年切割成槽；新中汉形成后至80年代处于发展阶段，分流比达15%	支汉，弯曲型；堵汉前处于发展状态，分流比由1959年的3.4%增大到1973年的13.7%，堵汉后仍在增大，至1984年为17.9%	早期官洲为培文洲与保婴洲合并而成，其夹江淤衰，分流比约5%，但鹅头支汉发展使菖蒲夹崩岸严重，威胁同马大堤安全，遂于1979年实施堵汉；官洲南侧崩岸严重，洲尾崩失对下游河势影响大；清节洲长、宽、面积均有所增大，新中汉切割形成的新沙洲长度、面积均不断增大

河段或汊道名称	左汊	中汊	右汊	江心洲
鹅眉洲汊道	主汊，微弯型；左岸为马窝崩岸险工段，其演变与中汊平移、兴衰有密切关系；60—80年代分流比由39.1%增大为56.6%，处于发展阶段；相应在鹅眉洲左侧边滩产生切割，形成心滩，即新洲雏形；切割后新槽发展成新的中汊，又开始新一轮向右摆动的周期性变化	支汊，指江心洲与鹅眉洲之间的汊道，顺直型；其兴衰与左汊和新洲冲淤具有密切的关系；60年代至80年代处于向右摆动不断衰萎阶段，分流比由19.8%减至1.5%；鹅眉呈并入江心洲的态势	支汊，弯曲型；岸线与滩槽均较稳定，河床冲淤变化不大；分流比一般在40%～43%之间，最大在1979年，达48%，80年代分流比有所减小	江心洲右缘变化不大，洲头有所冲刷，其左缘变化较大；之前中汊向右平移时鹅眉洲不断崩岸；到中汊转而衰萎时则崩岸趋于缓和；之前鹅眉洲并洲时滩岸线就大幅外推，原中汊就成为残存的故道
贵池河段	支汊，弯曲型；左岸有殷家沟、三百丈崩岸段，护岸后渐趋稳定；60—80年代左汊断面面积逐渐增大，分流比增加，由1959年的27.1%增大至1988年38.9%；由于长沙洲北缘发生切割形成兴隆洲，左汊内有二级分汊；小支汊形成后迅速增大，但80年代变化趋缓	微弯型；60—80年代向主汊发展，分流比1959年为36.4%，1988年增大为43.7%，仍保持发展趋势	支汊，弯曲型；60—80年代淤衰较快；口门浅滩淤高显著，1959—1988年，滩脊高程由−2.3m淤至1.2m；分流比由32.9%减至17.3%，且有进一步衰萎之势	60年代后，右汊内碗船洲并入凤凰洲，二洲之间小汊堵塞，河宽变窄，促使右汊衰萎；凤凰左缘下段受中汊水流冲刷发生崩岸；长沙洲左缘在形成兴隆洲同时发生大幅度崩岸
铜陵河段	主汊（成德洲左汊）顺直型；断面较宽浅，口门左侧有上边滩，中下段右侧有下边滩，年内均有冲淤变化；80年代下边滩形成新生洲并淤高长大；50—70年代平均分流比分别为65.7%、63.8%和60.8%，有缓慢淤积趋势。 汀家洲左汊为主汊，鹅头型；历年分流比为95%左右；60年代前，有安定街至太阳洲头护岸，太阳洲中下段仍有崩岸，80年代护岸，仍未稳固；铜陵沙为左汊内边滩，横向淤涨	将成德洲下段与汀家洲上段之间定为中汊，系支汊；由于成德洲尾滩60年代淤宽，1971年切滩，形成小新洲；新洲的形成发展使成德洲尾端汇流点向下向右移动	支汊（成德洲右汊），弯曲型；断面相对窄深，平面形态稳定；50—70年代平均分流比分别为34.3%、36.2%和39.2%，有缓慢冲刷发展之势；汀家洲右汊为支汊，呈蜿蜒型，长期较稳定；70—80年代断面积有所增大	新、老成德洲基本合并，洲体总体变化不大，仅洲尾右侧形成一小洲；汀家洲变化主要是左侧铜陵沙大幅淤宽，太阳洲下段仍有崩岸；太白洲、太阳洲均有靠岸趋势；80年代曾在二洲之间建一锁坝，目的是防止该汊水流洪水期对无为大堤姚沟险工的冲刷

续表

河段或 汉道名称	左汉	中汉	右汉	江心洲
黑沙洲汉道	主汉，鹅头型；汉道口门左侧有边滩；弯顶左岸小江坝附近崩岸，已护，右侧有文革洲，相对稳定；弯道下段左岸崩坍，水流转向使黑沙洲尾段发生崩坍；50年代、60年代和70年代平均分流比分别为38.0%、37.9% 和34.9%，有缓慢减小之势	支汉，微弯型；口门宽，下段窄，水流顶冲黑沙洲，汉内左冲右淤，平面变形很大；深槽淤积，断面变得宽浅；汉道分流比由 60—70 年代占1/3至80年代为23%，该汉有明显衰萎之势	支汉，微弯型；左岸为天然洲，下段有所崩坍，右岸稳定；分流比 50—70 年代为30%左右；80年代有所发展	黑沙洲头部和右缘上段崩退较大，相应地，天然洲头部和左缘上段淤积显著，促使中汉入流角增大，是中汉淤积衰萎的原因

从表 7-10、表 7-11 可以看出，长江下游分汉河段河床演变和趋势有以下特征：

（1）形态变化特征及其与中游分汉河段的差别。在长江下游九江—江阴 659km 的分汉河道中，有分汉河段 22 个。其中，弯曲分汉型 10 个，有张家洲汉道、马垱河段、贵池河段、大通河段、马鞍山江心洲汉道、新济洲汉道、新潜洲汉道、梅子洲汉道、世业洲汉道、扬中河段；鹅头分汉型 7 个，有官洲汉道、太子矶河段、铜陵河段、黑沙洲汉道、陈家洲汉道、八卦洲汉道、和畅洲汉道；顺直分汉型仅 4 个，有上、下三号洲汉道、东流河段、鲫鱼洲汉道和小黄洲汉道。可见，长江下游分汉河段主要是弯曲分汉型，鹅头分汉型次之，二者占绝大多数，而顺直分汉型很少。这与长江中游顺直分汉型较多、鹅头分汉型很少是有显著差别的。同时，在长江下游各分汉河段汉道总数共 55 条中，顺直型、顺直微弯型、微弯型、弯曲型和鹅头型（包括局部鹅头型）分别有 11 条、4 条、14 条、18条、8 条，分别占总数的 20.0%、7.3%、25.5%、32.7%、14.5%。弯曲型和微弯型占58.2%，加上鹅头型共 72.7%。这说明了长江下游分汉河道与长江中游大多数主、支为顺直或微弯的平面形态也有显著的差别。长江下游汉道相对于中游更为发育，与其水多沙少的来水来沙条件和河岸相对更易冲刷的边界条件是密切相关的。

（2）汉道演变基本特征。长江下游汉道的演变特征，无论是主汉还是支汉，均可按以下三种基本形态进行分析。

1）顺直型。顺直型主、支汉的演变主要与边滩、潜边滩和心滩地貌变化相联系。经分析，有以下几种演变形式：①由水流在顺直型汉道中作微弯运动形成的交错边滩，在分流比和两岸边界条件变化不大的情况下，一般随年内水文条件的周期性变化而呈现洪淤枯冲的特征，如东流河段 20 世纪 60—70 年代天心洲左汉进口左侧与下段右侧的边滩和铜陵河段 50—70 年代成德洲左汉进口左侧与中下段右侧的边滩。②在交错边滩的基础上，如果又有悬移质细颗粒泥沙淤积，则形成傍两岸长条形的交错江心洲，如世业洲左汉内的鹰膀子、新冒洲和张家洲右汉内的官洲、新洲。这种小江心洲均有并岸的趋势，是汉道稳定性增强的体现。③当顺直汉道内分流比增加，两侧边滩遭受年际累积性冲刷使边滩尺度变小，高程降低，变为依附于两岸的交错潜边滩，如八卦洲右汉内两侧的潜心滩。这种交错的潜边滩受来水来沙影响较敏感，不一定能表现出洪淤枯冲的明显特征，随着高程的降低，可能更接近洪冲枯淤的特征。④边滩切割下形成顺直型支汊，被切割的滩体淤积成江心洲。其中，有的新槽向窄深发展后继续转为横向平移的演变过程，如鲫鱼洲右汊切割之后，将向左拓展平移；有的新槽形成顺直型支汊后，保持相对宽浅形态而不作平面移动的变形，如官洲的新中汊。⑤在顺直型汊道内水流直接对边滩产生切割，形成长条形心滩而不断向下游移动，直至在汊尾稳定下来，如梅子洲左汊 50—60 年代西江口边滩受切割，其心滩向下游移动直至与老潜洲合并，这种演变形式也具有周期性。

2）弯曲型。由于弯曲型汊道中下段均为凹岸冲刷和凸岸淤积，其演变主要反映在进口段的地貌变化。经分析，有以下几种形式：①口门深槽与上游深槽相连或进口河势与上游段河势相衔接，迎流条件较好。这类汊道一般均较稳定或处于缓慢发展过程。例如，大通河段右汊、梅子洲右汊、世业洲右汊等与上游进口段河势均衔接较好，各汊长期均较稳定；扬中河段左汊在 70 年代之前与上游进口段河势衔接也较好，右汊入流处于相对稳定态势；铜陵河段成德洲右汊则随上游进口段深槽逐渐右移而呈缓慢发展趋势。②进口较平直、口门较宽且有浅滩。这类弯曲型汊道有可能是在淤积过程中形成浅滩并继续淤积，如张家洲左汊；也有可能是在弯道冲刷发展过程中由拦门沙转化为浅滩并继续冲刷，如官洲河段右汊。③口门处的边滩和心滩，可根据其年际冲淤变化，分析该弯曲型支汊的演变趋势。例如，马垱河段左汊边滩不断淤积与该汊萎缩相联系，马鞍山江心洲右汊口门滋生心滩与该汊淤积趋势相联系；世业洲右汊进口左侧边滩、鹅眉洲右汊右侧边滩年际冲淤交替表明该汊尚未发生单向变化。④若口门处有拦门沙浅滩或心滩的不断淤积，表明该汊趋向衰萎，如贵池河段右汊，口门拦门沙浅滩与洲头已连为一体。⑤在弯道中部如崩岸展宽较大，也可能形成扁长形小江心洲，如马垱河段左汊。

3）鹅头型。鹅头型支汊一般都朝淤萎方向发展，是江心洲行将并岸的前奏。分析其变化有以下几种形式：①鹅头支汊通过凹岸崩坍和凸岸淤积，其长度不断增加，曲折率不断增大，沿程阻力和形体阻力都不断增大，都趋向衰萎，如官洲河段原左汊（西江）、铜陵河段太阳洲、太白洲夹江、铜陵河段汀家洲右汊（夹江）、扬中河段右汊（夹江）等，都处于衰萎趋势；一般来说，因后期进沙减少，淤萎的速度甚缓。②口门处边滩、浅滩发育，使进流条件不好，分流比减小，如陈家洲左汊浅滩、八卦洲左汊黄家洲边滩。③也有的鹅头型支汊，长期保持较好的进流条件，能维持鹅头形态相对稳定，如太子矶左汊和黑沙洲左汊进口段右岸分别有拦江矶和板子矶，其上游能形成凹入型的导流岸壁，一直控制着部分水流进入其左汊。④在鹅头型汊道形成很大阻力的情况下，因形态突变、阻力骤然减小，使该汊分流比急剧增加，分汊河段发生质的变化，如镇扬河段左汊鹅头的切割取直，使分流比以年均 3.5 个百分点的速度增加，到 80 年代末有转化为主汊的趋势。这是迄今长江中下游鹅头型分汊河段异常演变的唯一特例。

以上对长江下游三种基本形态的汊道演变特征所做的分析。一般来说，对长江中游的分汊河道也适用。

（3）分汊河段主、支汊之间相互关系和演变趋势。长江下游的分汊河道与中游不同，中游的分汊河道受两岸抗冲性较强的边界控制，顺直型的双汊河段较多，比较强烈地反映年际间单向变化的特性；而长江下游除了几个典型的双汊河段之外，绝大多数都为多汊河段，它们之中有名副其实的三汊河段，有主、支汊内含二级分汊的河段，有顺直型汊道内含横向支汊的河段，还有在宽阔的主汊内含有小洲、滩分布的河段。它们具有各式各样、比较复杂的主、支汊关系。

1）双汊河段的主、支汊关系。马鞍山江心洲汊道左汊和八卦洲汊道右汊自历史演变由支汊变为主汊后一直单向地不断增大，至 20 世纪 60—80 年代仍在缓慢发展，而作为其支汊一直单向地淤缩小；鲫鱼洲汊道则具有江心洲滩作横向摆动及其主、支汊在横向平移中转换的周期演变特性；小黄洲汊道主、支汊格局虽未变化，但其左汊随上游江心洲左汊河势变化和下游节点大黄洲的崩岸而呈现分流比变幅较大与河床冲淤较大的不稳定格局；和畅洲汊道右汊自 20 世纪 50—70 年代中期原本一直单向地增大发展，与上下游河势均呈衔接平顺的良好河势，但由于左汊内鹅头裁弯取直的突变，完全改变了主、支汊相互关系，至 80 年代后期呈主、支易位态势。可以看出，这类双汊河段的主、支汊关系有 4 种演变形式：①主、支汊单向发展；②汊道与洲滩横向平移的同时主、支汊之间作周期性转换；③受上、下游河势变化影响主、支汊分流不稳定，河床冲淤变化较大；④受自身形态突变造成主、支冲淤和分流的急剧变化。总体来看，第一种主、支汊关系是相对稳定的，第二种主、支汊关系的周期性变化是较为缓慢的，第三种是不稳定的，第四种属特定条件下的剧变。

2）构成二级分汊河段的主、支汊关系。在构成二级分汊的双汊河段中，主、支关系具有一定的共性和各自的特性。例如，张家洲汊道自 20 世纪 50 年代以来表现为右兴左衰的单向发展趋势，至 80 年代末，右汊基本成为主汊；但右汊分流比的增大将影响汊内二级分汊官洲左、右槽冲淤变化，影响左槽进出口过渡段浅滩的变化，左汊内乌龟洲趋于并入张家洲左缘将增强汊道的稳定性；马垱河段与张家洲汊道类似，50 年代以来也表现为左衰右兴的单向变化特征，有差别的是其右汊演变十分复杂，即以马垱矶为界形成顺字号洲和瓜字号洲上、下两个二级分汊段，它们具有不同的冲淤变化特性和不稳定性；扬中河段左、右汊相对稳定，左汊内也有落成洲和鳊鱼沙上、下两个二级分汊段，上、下两分汊段演变特性也不同；太子矶两汊相对稳定，右汊宽阔，洲滩冲淤变化较大，对下游河势有一定影响；铜陵河段汀家洲汊道左、右汊相对稳定，左汊内太阳、太白二洲有并岸趋势，太阳洲深槽和铜陵沙平移较大，滩槽不够稳定，而成德洲左汊缓慢淤积；梅子洲左、右汊稳定，它们的下段分别有新生洲和潜洲，都趋稳定，对下游河势没有大的影响。以上具有二级分汊的河段都有一个共性，这就是宏观上主、支汊都有单向变化的特性或主、支汊相对稳定；它们之间不同的是主汊内的二级分汊和洲滩的变化均有各自的特点，也表现出不同的稳定性。

3）三汊并列的主、支汊关系。官洲河段自西江堵汊、清节洲边滩切割产生新中汊后，形成左（东江）、中（新中汊）、右（南小江）三汊河段；河段上游进口段有吉阳矶的左向导流作用，使左汊一直为主流，70—80 年代新中汊分流比增大，右汊处于缓慢发展态势；官洲护岸后，至 80 年代后期三汊呈缓慢调整状态。黑沙洲汊道与官洲河段一样，进口有板子矶导流作用，使过渡弯曲的左汊有较好的入流条件；70 年代三汊分流各占 1/3 左右，左汊稍大，故为主汊；至 80 年代仍呈调整态势，总体发展趋势是，左汊有缓慢减小之势，中汊有明显淤积减小之势，而右汊有增大之势。贵池河段三汊始终处于调整状态，右汊明显淤衰，枯季口门几乎断流；中汊为主汊，仍在缓慢发展；左汊也在发展，并且汊内在长沙洲与兴隆洲之间受冲刷切割，形成兴隆洲二级分汊，孕育新的不稳定因素。鹅眉洲汊道三汊并列，也可看作左汊内具有二级分汊的双汊河段，右汊相对稳定，但随上游河势变化而调整；左汊与中汊具有滩、槽平移的周期性变化。总之，三汊并列的河段都处于不断变化调整中，体现出程度不同的稳定性。官、黑两汊道有相似的进口条件，形态较为稳定；黑沙洲汊道可能朝三汊变两汊的方向发展，官洲汊道可能维持三汊分流缓慢调整的态势。贵池河段通过右汊淤衰，也有向双汊河段发展的趋势，但左汊内兴隆洲的切割，滋生了新的不稳定因素。鹅眉洲汊道左、中汊及其间的江心洲具有周期性变化的特性，右汊处于相对稳定，三汊分流也处于调整中。总体来说，三汊并列的分汊河道的共性是，都处于分流不断调整的态势，具有不同程度的不稳定性。

4）江心洲顺列的各汊关系。江心洲在平滩河槽中顺列虽为多汊，但在宏观上仍基本构成具有主、支汊的双汊河段。大通河段是由和悦洲与其上游的铁板洲和陈家洲汊道是由陈家洲与其上游的曹姑洲构成主、支汊，中间都为横向水流切割洲头上段形成串沟然后冲刷成槽（即中汊）、拓宽发展并向下游平行移动，之后又慢慢萎缩产生并洲过程，与此同时又在洲头上段切滩开始新一轮的周期变化。尽管中汊的往复变化对左、右二汊产生不同的冲淤影响，但左、右二汊基本上还是依照它们之间相对阻力的变化而呈单向发展，即大通河段左、右二汊基本稳定而以缓慢的速度保持朝左兴右衰的方向发展，而陈家洲汊道则呈左（汊）衰右（汊）兴态势。新济洲汊道也有类似的演变特性，只是上游新生洲尾与新济洲头之间的还魂洲系新生洲尾滩的切割，后又并入新生洲尾，再有并新济洲头之势，因新生洲上段已建洲堤而未再产生冲刷切割；二洲顺列形成的左、右汊也呈单向变化，即左汊 60 年代为主汊，至 80 年代初减小为支汊，之后仍持续减小。以上三个江心洲顺列分汊河段的演变特点类似，且左、右二汊均呈单向变化趋势，这是它们的共性。其稳定性排序为：大通河段较强，新济洲汊道次之，陈家洲汊道稳定性较弱。东流河段是长江下游演变最复杂的顺直型汊道，在 1987 年的地形图上，水下潜心滩特征等高线已将天心洲、玉带洲、棉花洲等五个洲滩连为一体[14]，使枯水河槽形成名副其实的左、右汊，但中、洪水期横向水流通过 4 个通道自左汊进入右汊，可见至 80 年代末该河段仍在不断地变化调整，是长江下游稳定性最差的分汊河段。

综上所述，长江中下游分汊河道，通过分析历史演变规律的延续和 20 世纪 50—60 年代自然演变显示的特性，表明长江中下游分汊河道是沿着江心洲并岸并洲过程中支汊减少、河宽束窄、稳定性不断增强的方向发展。通过 60—80 年代河道整治特别是护岸工程的实施，河道两岸边界基本稳定，大多数分汊河段平面形态相对稳定。同时，我们又对 60—80 年代后期与 50—60 年代后期的水文资料进行分析，表明上述两个时段相比来水来沙条件变化不大。在这个基础上，对 60—80 年代后期长江中下游各分汊河段演变特性和发展趋势进行了全面的分析。

长江中游基本上为双汊河段，下游则基本上为多汊河段。长江中游与下游分汊河道相比，不管是顺直分汊型，弯曲分汊型还是鹅头分汊型，其演变规律都是类同的，只是下游分汊河段演变更复杂一些。长江中游分汊河段大多为顺直型至微弯型，长江下游大多为弯曲型，而顺直型很少。平面形态的稳定性后者逊于前者。长江中游太多数为双汊河道，具有较稳定的单向发展的趋势,且变化的速率趋缓;随着支汊的萎缩,阻力不断增大,上游壅水形成的横比降对洲头滩的切割将成为今后演变的特征之一。长江下游的分汊河段江心洲发育,仍存在并岸并洲过程的延续;无论是少数典型的双汊河段,还是大多数含有二级分汊的"双汊"河段,都有主兴支衰单向变化的趋势。二级分汊河段汊内洲滩演变较为复杂,通过自行调整达到名副其实的双汊河段还需要经历较长时段的过程;同时,长江下游多汊河段还存在洲滩顺列、横向中汊向下游平移周期性变化的复杂性。

在前述平面形态不够稳定的分汊河段中,作者认为,中游的团风河段,还有江心洲变化仍较大的陆溪口河段和德胜洲汊道,通过整治,河势较易控制;下游的官洲河段、贵池河段,还有洲滩变化较大的鹅眉洲汊道、黑沙洲汊道、芜裕河段等,通过整治也不难达到稳定;但中游的界牌河段和下游的东流河段、铜陵河段、小黄洲汊道至新济洲汊道、和畅洲汊道等,整治难度均较大。

7.2.2.6　小结

(1)历史演变可概括为三个阶段,即江湖演变为网状河道的阶段、河漫滩形成与主干河道成为多汊河道的阶段和宽窄相间的江心洲分汊河型及其三个亚类(顺直分汊型、弯曲分汊型和鹅头分汊型)形成的阶段。

(2)以自然演变塑造为主,加之人类因势利导开发利用,使长江中下游河道的历史演变贯穿着江心洲并岸、并洲全过程。长江中下游河道朝支汊减少、河宽束窄、滩槽高差增大、稳定性逐渐增强的大方向发展。

(3)近期(20世纪50—60年代)长江中下游分汊河道在自然条件下的演变承袭了历史演变中江心洲并岸、并洲的特性。在分析研究中揭示了:节点形成的水流泥沙运动条件和边界条件,节点对河床演变的影响和节点在河势控制中的作用;长江中下游分汊河道年际周期性变化和单向变化特性,年内河床冲淤周期性变化特性;不同河型滩槽纵、横向演变规律。

(4)历史上在江心洲并岸后的堤防工程,形成了两岸洪水河床边界,控制着洪水期的水流泥沙运动,促进了河道的造床作用;江心洲并洲后的洲堤工程,形成了江心洲的洪水边界,限制了江心洲行洪和漫流,不仅维护了江心洲的稳定,而且加强了各汊滩槽的发育进程,有利于分汊河段平面形态稳定的发展趋向。

(5)20世纪60—80年代防洪护岸工程和河势控制护岸工程遏制了两岸的崩岸,使各分汊河段平面形态的外部边界基本稳定,由此也使江心洲周边的冲淤变形得到相应的遏制,从而一定程度上也增强了江心洲的相对稳定性。护岸工程不仅改变了局部的泥沙运动条件,使断面形态朝相对窄深发展,有利于局部河势的控制;而且作为河型成因三大要素之一的边界条件,由可冲状态变为固定状态,在形态转化的研究中具有重要意义。

(6)在分析了边界条件基本稳定和来水来沙条件与前一时段相比变化不大的基础上,进一步分析了长江中下游各分汊河段主、支汊的演变特征与趋势。可以看出,①长江中游和下游河道同属分汊型河道,但在形态上还是有差别,中游大多数分汊河段属顺直型,而下游大多数分汊河段属弯曲型,而且还有相对较多的鹅头分汊型;②无论主汊还是支汊,均可划归顺直型、弯曲型和鹅头型等三类并具有各自的河床演变特征;③长江下游各分汊河段除名副其实的双汊河段之外，均可划归为具有二级分汊的"双汊"河段、三汊并列、江心洲顺列等多汊河段类型，分析了其主、支汊演变相互关系和演变趋势。这一分析结论同样可用于长江中游分汊河段。

以上 7.2.2 节的分析内容是对长江中下游分汊河道演变规律的宏观概括，总结了截至 20 世纪 80 年代末来水来沙条件变化不大和两岸边界条件基本稳定的情况下长江中下游分汊河道演变的基本特性。这些认识和实践，为有关专业人员进一步了解长江中下游分汊河道提供参考，也为三峡工程兴建来水来沙条件变化后长江中下游分汊河道演变的研究提供基础。

7.2.3　20 世纪 80 年代后期至三峡蓄水前长江中下游分汊河道演变特点

7.2.3.1　本时段来水来沙条件变化特点

由表 7-6 可知，本时段长江中游螺山站、汉口站和下游大通站平均年径流量分别为 6559 亿 m³、7222 亿 m³ 和 9352 亿 m³，与以上两时段相比分别增大 0.5%、3.5%、1.3% 和 3.2%、3.2%、6.6%，下游与中游相比偏大更为显著，大通站本时段年平均流量为 29700m³/s，比多年平均流量 28300m³/s 大 4.9 个百分点。

从年内分布来看，洪水期（6 月、7 月、8 月、9 月）和枯水期（12 月、1 月、2 月、3 月）径流量占全年的百分数，上述三站分别为 54.7%、14.7%，54.3% 和 15.2%、51.6%、16.5%，所占比例的沿程变化洪水期趋小、枯水期趋大，符合一般规律；同时看出，与以上两个时段相比，洪水期所占比例除下游大通站有所增大外，中游螺山站、汉口站变化不大，但枯水期所占比例，中下游三个站都有一定程度的增大。总之，从中下游来水条件看，与以上两时段相比，本时段径流量有所增大，年内洪水期所占比例变化不大，但枯水期所占比例有所增大。

由表 7-7 可知，本时段长江中下游平均输沙量有明显减小，上述三站分别为 3.35 亿 t、3.31 亿 t 和 3.44 亿 t，比前两个时段分别减少了 23.5%、40.3%，36.3%、33.5% 和 43.3%、29.4%；本时段三站平均含沙量分别为 0.510kg/m³、0.459kg/m³ 和 0.368kg/m³，比前两个时段分别减小了 24.3%、45.3%，37.9%、31.4% 和 48.1%、37.8%。本时段洪水期（6 月、7 月、8 月、9 月）平均含沙量三站分别为 0.683kg/m³、0.605kg/m³ 和 0.496kg/m³，与前两个时段相比，分别减少了 10.7%、38.5%，29.8%、28.3% 和 47.0%、38.7%；枯水期（12 月、1 月、2 月、3 月）平均含沙量分别为 0.205kg/m³、0.138kg/m³ 和 0.107kg/m³，与前两个时段相比，分别减小了 80.0%、60.0%，64.5%、31.9% 和 45.8%、14.0%。总之，从来沙条件看，本时段含沙量减小相当显著，洪水期下游比中游减小的相对幅度更大；枯水期含沙量减小幅度比洪水期更多，而且枯水期中游螺山站减小幅度相对最大，汉口站次之，下游大通站相对较小。

综上所述，自 20 世纪 80 年代末期至三峡工程蓄水以前 2002 年，长江中下游年径流量有所增大，而含沙量显著减小，对河床演变可能产生一定的影响。

7.2.3.2　本时段长江中游分汊河段河床演变主要特征

（1）仙峰洲汊道。受下荆江和洞庭湖汇流影响，仙峰洲及其附近河床仍冲淤交替。

1986 年，仙峰洲面积为 0.2km²，上游河道左侧还分布有 5 个更小心滩和长条形边滩；至 1993 年，上述洲滩演变为边滩；至 1996 年，仙峰洲边滩在白螺矶附近有所淤展，并有切割之势。

（2）南阳洲汊道。本时段南阳洲洲体呈持续淤积趋势，淤积部位主要发生于洲头及洲体左缘；右汊相对稳定并有所发展，左汊大幅淤窄。

（3）界牌河段。1986—1993 年，河段进口段 2 个江心洲冲刷消失，鸭栏矶以下形成边滩和两个长条形江心洲；至 1996 年，陈家墩以下至长旺洲上述洲滩并为一个长条形江心洲，其右侧为支汊。1986—1993 年，新淤洲洲头受较大幅度冲刷而下移，1993—1996 年，洲头仍有小幅冲刷；左汊内边滩受切割成为心滩，右汊内新淤洲右缘有所淤积；南门洲变化不大，与新淤洲尾之间的串沟略有冲刷。以上是界牌河段航道整治之前的河势变化情况。

（4）陆溪口河段。河势变化较大。左汊进口大幅淤窄，口门段形态淤积调整对进流极为不利，左汊上段由于中洲左缘大幅淤积而显著变窄，呈继续淤衰之势；中汊因中洲右缘大幅崩退和新洲洲体形态变化而向左平移并大幅变宽，呈发展之势；新洲形态调整较大，洲体面积总体增大；右汊变化相对较小，进口段有所束窄。

（5）嘉鱼河段。上段护县洲右汊口门持续淤积，总体呈萎缩之势；白沙洲洲头和右汊口门持续冲刷，白沙洲右汊以前为淤积趋势，本时段呈冲刷发展态势。下段左岸遭受较强冲刷，河宽增大，河槽内心滩发展。

（6）簰州湾团洲汊道。1986—1996 年，团洲左汊上段略有淤积；团洲洲体 1986—1993 年变化较大，洲体右缘上、中段大幅崩退，下段淤积，洲头和左缘上段冲刷，洲体面积减小；1993—2001 年，除洲头有冲淤外，洲体总体变化不大。

（7）铁板洲汊道。洲体略有淤展，两汊相对稳定。

（8）白沙洲汊道。白沙洲洲体持续淤积并向上游方向延伸，两汊相对稳定；右汊口门处河床有所淤积。

（9）天兴洲汊道。本时段左汊进口汊口边滩淤宽，左汊内河床淤积；天兴洲洲头冲刷下移；右汊内水流顶冲下移，天兴洲中段偏下洲滩受冲刷。

（10）叶家洲河段牧鹅洲边滩。牧鹅洲边滩（10m）上段冲刷，下段淤宽；边滩滩面冲刷，断面相对展宽。

（11）团风河段。右汊持续平移发展，东槽洲右缘全线崩坍，右岸边滩受切割形成心滩；左汊（原中汊）淤积萎缩。

（12）德胜洲汊道。右汊发展向右平移，右岸郑家湾险段崩退；左岸边滩切割后形成新左汊；在左汊向冲深发展的同时，右侧滩体淤高并形成新的德胜洲，本时段 10m 心滩面积增大了 2～3 倍，新德胜洲洲体向左淤积展宽并向上下游延伸，左汊变得窄深。

（13）戴家洲汊道。戴家洲平面位置较稳定，洲头有冲淤变化；右汊内戴家洲中段有小幅崩岸，其两端洲滩总体相对稳定。

（14）牯牛洲汊道。本时段牯牛洲洲体淤积发育较明显，主要表现为洲头大幅上移，右汊呈淤积萎缩之势；左汊有所拓宽发展。

（15）蕲洲汊道。蕲洲汊道上、下两个心滩均有较大冲淤变化，下滩体冲刷变小，右汊（支汊）有所拓宽发展。

（16）鲤鱼洲汊道。本时段鲤鱼洲冲刷成两个小洲；右汊为支汊，相对稳定。

（17）龙坪河段。左汊进口左岸边滩和汊内洲体中段边滩发育，呈明显淤萎趋势；洲头冲淤变化较大，串沟冲刷发展迅速。

（18）人民洲汊道。人民洲洲头向上游大幅淤积延伸；左汊口门严重淤积，形成拦门沙，汊内河床淤积；洲体右缘变化不大；右岸经护岸后基本稳定。

以上分析表明，在 60—80 年代实施护岸工程以后，又经过 90 年代整治后的调整，长江中游河道两岸基本稳定，大多数分汊河段平面形态总体相对稳定，河道进一步朝稳定性增强的方向发展。在这个基础上，通过对本时段变化的分析，可以看出本时段长江中游分汊河段的演变有以下特点：

1）两岸边界基本稳定，但绝大多数江心洲滩缘仍处于自然状态，各分汊河段大都按自身演变规律和趋势继续发展。大多数双汊河段主、支汊仍呈单向变化的趋势；洲滩并列的汊道仍保持其横向平移周期变化的特性，其中鹅头型汊道的支汊继续淤积衰萎，其相应的江心洲具有进一步靠岸、并岸的趋势。

2）随着主、支汊冲淤和局部河势的变化，各分汊河段江心洲与汊内河床都有不同程度的变化，其稳定性大致可分为 4 类：

第 1 类为平面形态基本稳定、江心洲与汊内河床地貌冲淤变化很小的分汊河段。例如，团洲汊道 1993 年以后洲体形态、面积均变化不大，仅右汊进口洲头冲刷，弯顶段洲左缘边滩有一定淤积；铁板洲汊道仅左、右缘边滩分别有小幅淤积和冲刷；戴家洲汊道仅洲头有少许冲刷，洲右缘中段岸滩有小幅崩塌。

第 2 类为平面形态相对稳定，但主、支汊冲淤变化较明显的分汊河段。这类河段江心洲都有一定幅度的冲淤变化，支汊河床明显淤积。例如，武汉河段白沙洲，韦源口河段牯牛洲和九江河段人民洲，其洲头滩均随支汊口门边滩、浅滩、拦门沙和汊内河床淤积而向上游显著延伸；天兴洲洲头则受冲刷而显著后退，洲体随着主汊分流增大和支汊分流减小而产生相应的冲淤变化，其左侧边滩随支汊的萎缩而淤宽，右侧滩岸则随主汊发展而产生崩岸；龙坪河段新洲右汊（主汊）变化不大，左汊（支汊）进口边滩和汊内边滩、潜边滩大幅淤积，其洲头滩也向上游延伸，受横向水流切割形成心滩，串沟冲刷发展。

第 3 类为岸线基本稳定，但江心洲和汊道冲淤变化幅度较大的分汊河段。有两种因素的作用使其变化较大。一是具有滩槽横向平移演变属性的汊道，其江心洲仍按其周期性的演变规律发展必然对江心洲的冲淤产生大的影响。例如，陆溪口河段中洲右缘滩岸崩塌和左侧上段淤积的幅度均很大，而且新洲变化甚大，本时段洲体面积显著增大；又如，团风河段东槽洲左侧淤、右侧冲，整个洲体向左平移，而且右汊边滩大幅淤宽并受切割，形成心滩；再如，德胜洲汊道在主、支汊平移过程中，本时段 10m 滩体面积增大了 2～3 倍。二是受局部河势变化的影响。例如，韦源口河段蕲洲汊道因受两岸山体控制，江心洲不发育，滩面高程较低，在不同水文过程形成的河势条件下，上、下两个小江心洲冲淤变化很大，本时段上洲滩体面积增大了几倍，下洲则缩小了近一倍；田家镇河段鲤鱼洲汊道则受强烈冲刷，其江心洲由一个较大的洲变成两个很小的心滩（可能还与采砂有关）。岳阳河段仙峰洲汊道和南阳洲汊道，受下荆江和洞庭湖交汇水流构成的河势影响，冲淤变化较大，滩面高程较低，仙峰洲时而为心滩、时而为边滩，本时段则以边滩形式向下游移动，且位移幅度较大；南阳洲洲体形态变化甚大，洲头滩向上延伸和左侧边滩淤积幅度均较大。

第4类为洲滩冲淤演变复杂、河势不稳定的分汊河段。一个是界牌河段，其上段为长顺直段，年际间洲滩变化很大，由于水流顶冲不断下移又上提，加上横向流的作用，使河势不稳定，滩槽演变十分复杂，不仅直接影响新淤洲的冲淤变化，而且对汊道分流产生影响；本时段上段的变化是由几个小心洲淤积成一个长条形的大洲滩，其右侧形成支汊，该江心洲随时都有可能为横向的漫滩流所切割。下段新淤洲头大幅崩退，左汊内边滩受切割成为心滩并下移，新淤洲尾与南门洲头之间的串沟有所发展并向下游平移。以上显示该河段不稳定的因素是多方面的。另一个是嘉鱼河段，本时段由于进口河势发生变化，水流动力轴线右偏，使白沙洲洲头受冲后退，原已基本稳定并具有缓慢衰萎趋势的右汊转而开始发展，至1996年拦门沙（15m）已被冲开，左汊则淤积，并在白沙洲左侧形成一个大的长条形心滩（15m），这说明白沙洲汊道原来均衡的格局已开始变化。下段受白沙洲左、右汊汇流变化的影响，左岸大幅度崩塌，河宽增大，河槽内心滩冲淤变化较大。嘉鱼河段河势变化的趋向值得关注。

以上是对长江中游城陵矶至九江河段各分汊河段洲滩和汊道的变化所做的分析。可以认为，长江中游经过护岸治理，两岸河漫滩边界基本稳定，在三峡水库蓄水前大多数分汊河段平面形态总体相对稳定。然而，随着各分汊河段主、支汊的冲淤和局部河势的变化，江心洲与汊道内各种地貌都会产生相应的变化，其形态都会做相应的调整。上述四类变化中，基本稳定的分汊河段（第1类）和洲滩变化复杂、河势不稳定的分汊河段（第4类）在长江中游城陵矶至九江河段中为少数，具有一定幅度冲淤变化（第2类）和冲淤幅度变化较大（第3类）分汊河段占大多数。由于绝大多数江心洲周界尚处在自然状态，处于冲刷变形的部位可能会引起局部河势变化和河床不稳定；处于淤积变形的滩缘不会产生大的影响。还有，洲头延伸后可能受到横向水流的切割形成新的串沟和心滩却是一个不稳定的因素。另外，个别河段存在河漫滩崩岸更需要重视。

7.2.3.3　本时段长江下游分汊河段河床演变主要特征

（1）张家洲汊道。张家洲左汊由于进口河势不顺和形态弯曲等因素，20世纪80—90年代分流比逐渐减小，其口门段产生淤积，深泓线有所摆动；下段因实施了护岸工程，岸线变化较小；中段乌龟洲（也称邓家洲）已并入张家洲。张家洲右汊分流比缓慢增大，20世纪70年代中期为46%左右，80年代后逐步成为主汊，1997年分流比达55.2%。右汊内的官洲二级分汊，本时段洲头冲刷下移，左槽内上浅区1992—1998年有所淤积；下浅区淤积范围有所减小。至90年代末，张家洲汊道仍呈右兴左衰趋势。

（2）上下三号洲汊道。1987—1993年，上三号洲左汊口门淤积，之后，上三号洲逐渐并入左岸；上三号洲头与其上游的心洲和洲左缘冲刷，期间横向夹槽有所冲刷。下三号洲右汊口门缩窄，洲体右缘冲刷。

（3）马垱河段。80—90年代，棉船洲左汊分流比为27%左右，处于淤积趋势；汊内铁沙洲右槽枯水期断流，处于并洲状态。棉船洲右汊演变较为复杂，马垱矶（汊内节点）将其分为上、下两个分汊段。上段棉外洲左槽冲刷发展；下段瓜子号洲左槽（夹槽）冲刷并向左拓宽，后又继续冲深；瓜子号洲右滩缘略有冲刷后退。

（4）东流河段。本时段天心洲右汊（又名东港）较为窄深，有发展趋势；由左汊向棉花洲右汊的过渡段呈现老西港淤积衰亡、新西港（后简称西港）冲刷发展的态势。棉花洲左汊河道及沙洲大幅淤积，左汊分流比减小；玉带洲和棉花洲处于淤积并洲态势。

（5）官洲汊道。在西江堵汊和清节洲北缘边滩切割后，该河段为三汊并列形态。左汊（东江）官洲尾部崩退左移，其下游广成圩岸滩冲刷崩退；右汊（南夹江）河槽略有冲刷，分流比呈缓慢增加之势，右汊出口冲刷切割余棚边滩；新中汊分流比随来水来沙条件不同有所调整，口门略有淤积抬高。

（6）鹅眉洲汊道。20世纪80年代初，鹅眉洲已并入江心洲，潜洲切割后形成的新中汊不断冲刷发展，1993年分流比已增大到25.9%，左汊分流比减至32.2%；之后，左汊、中汊分流比又略有增加，右汊分流比有所下降。随着中汊的发展，鹅眉洲头大幅崩退，左缘也崩退；江心洲右缘上段岸线有所冲刷后退，右汊右侧新河口附近边滩继续淤积，右汊−10m深槽中段淤积。鹅眉洲汊道仍保持年际间滩槽冲淤呈周期性平移的变化特性。

（7）太子矶河段。多年来太子矶河段汊道分流比变化较小。本时段太子矶右汊内主泓左摆，铁铜洲洲头和右缘上段冲刷；右侧深槽刷深贯通，汊内新玉板洲及稻床洲不断淤大。

（8）贵池河段。贵池河段左汊缓慢淤积，汊内长沙洲与兴隆洲之间夹槽冲刷；中汊迅速发展，本时段分流比已增至68%左右；右汊不断淤积衰萎，分流比已减为7%左右。

（9）大通河段。受上游贵池河段中汊发展的影响，大通河段左汊进口段深泓有所右摆；和悦洲上游的铁板洲洲头有所冲刷；和悦洲头冲刷后退，两洲间的夹槽向下游平移；左汊进口段深泓右移，右汊上段河床略有淤积。汊道平面形态总体稳定。

（10）铜陵河段。成德洲右汊相对窄深，中低水分流比缓慢增加，右汊有所发展；左汊内新生洲与成德洲间小汊淤积，二洲有相连趋势；中汊成德洲尾边滩切割形成新沙洲后，80—90年代新沙洲洲头、洲尾淤积。汀家洲左汊水流顶冲点下移，左岸太白洲、太阳洲崩退，80—90年代顶冲部位下移至太阳洲的中下段；右侧铜陵沙大幅度淤宽，随着太白、太阳二洲岸线渐趋稳定，铜陵沙与汀家洲间的夹槽中下段略有淤积。

（11）黑沙洲河段。80—90年代，天然洲洲头及右缘上段冲刷崩退；右汊进流条件得以改善，分流比增加，处于发展态势。与此同时，黑沙洲洲头及右缘继续大幅崩退，天然洲左缘边滩大幅淤积下延，中汊口门进流条件恶化，分流比大幅减小，并在口门形成拦门沙。中汊的淤积萎缩，使天然洲与黑沙洲有相并之势。

（12）鲫鱼洲汊道。1983年洪水后，靠左岸的鲫鱼洲冲失，右侧相应形成边滩，1986年成为心滩；至90年代初淤成江心洲（称潜洲）。之后，潜洲继续淤高长大，其新右汊逐渐发展。如不控制，将延续老鲫鱼洲向左平移的演变过程。

（13）陈家洲汊道。80年代中期，陈捷水道已衰亡，曹捷水道淤塞，曹姑洲与陈家洲几近并连，与此同时，曹姑洲头切割形成新的沙洲——新曹姑洲。之后，新曹姑洲与曹姑洲之间的中汊不断发展，使左汊分流比有所减小，陈家洲左缘大幅淤积；之后，中汊冲刷并向下游平移，仍然保持洲滩和横向串沟向下游移动的周期变化特性。80—90年代，陈家洲右缘大幅崩退，右汊水流顶冲下移，影响马鞍山河段进口水流条件；至 90 年代末，右侧形成的小心滩有所增大。

（14）马鞍山江心洲汊道。本时段江心洲右汊口门发生淤积，彭兴洲头右缘冲刷；江心洲左汊深泓右移，右侧彭兴洲头至上何家洲的滩岸冲刷崩退，左侧牛屯河边滩淤积，从此，左汊由过去的顺直型变为微弯型河道；何家洲夹槽冲刷发展。至 90 年代末，小黄洲头以上河槽形成两个小江心洲和一个小心滩，分汊水流条件十分复杂，对航道造成不利影响。

（15）小黄洲汊道。80—90 年代，小黄洲左汊分流比逐渐增大，左汊尾左岸大黄洲大幅崩退；右汊河槽沿程展宽。出口节点的增宽将改变着紧邻其下游新生洲汊道的入流条件。

（16）新济洲汊道。80 年代以后，新生洲、新济洲左汊衰退为支汊，分流比逐年减小，左汊河道大幅淤积，中部形成新洲，增添了不稳定的因素；新生洲、新济洲间的中汊逐年萎缩；新生洲右汊进口冲刷，河道拓宽，新济洲右汊尾的子母洲基本稳定。

（17）新潜洲汊道。新潜洲洲头冲刷下移，洲体不断淤长淤高，右缘继续淤积；新潜洲左汊左岸冲刷崩退，河道展宽；右汊河槽右移，河床略有淤积。保持新潜洲汊道的稳定至关重要，左汊水流如顶冲下移，可能使梅子洲左汊水流顶冲随之下移，不利于河势的稳定；右汊出流方向的控制也不可忽视。

（18）梅子洲汊道。梅子洲左汊水流顶冲点有所下移，深槽下移且向梅子洲尾侧摆动，左岸边滩淤长右移，滩尾逐步下移至新河口附近。梅子洲尾附近的潜洲，洲头冲刷下移，左缘上段崩退；潜洲左槽冲滩淤槽，右槽形态基本稳定。梅子洲左汊水流有顶冲下移之势值得关注。

（19）八卦洲汊道。八卦洲左汊分流比持续减小，后期减小速率变缓；右汊顺直，汊道内边滩犬牙交错，随着分流比不断增大，边滩尺度有所减小，高程有所降低，成为交错分布的潜边滩。八卦洲汊道右兴左衰的发展速率趋小，是因为洲头和汊内有关部位实施了护岸整治工程取得的效果。

（20）世业洲汊道。80—90 年代，左汊分流比缓慢增加，左岸中下段岸线冲刷崩退；右汊世业洲尾边滩有所冲刷。世业洲汊道在 70 年代之前一直被认为是最稳定的双汊河段，其左汊在 70 年代后之所以缓慢发展，有的认为是上游河势变化的结果，有的认为是右汊末端滩尾淤积束窄河道的结果；作者认为应是下游和畅洲左汊切滩取直、导致上游水位降低，使世业洲左汊水流动力相对增强的结果（在本书第 3 章"长江中下游比降与河床演变、河道整治关系的探索"中作了详细的分析）。

（21）和畅洲汊道。和畅洲左汊分流比的增大 1987 年已达 50% 左右，之后持续增大，至 1999 年达 67.9%；和畅洲左汊内的冲刷，主要表现在和畅洲左缘、孟家港岸滩持续崩退，河道深槽冲深、拓宽，至 1994 年和畅洲左汊的 −20m 深槽接近贯通。右汊进口段征润洲尾大幅淤积，出口段和畅洲尾右缘也产生淤积。至 90 年代末，和畅洲汊道一直处于左汊迅猛发展、右汊淤积衰萎的态势，是长江下游演变最为剧烈、河势极不稳定的分汊河段。

（22）扬中河段。80—90 年代，上段受和畅洲左汊分流持续增大的影响，扬中河段进口段深槽右移，太平洲左汊上段落成洲洲头冲刷后退，落成洲右槽河床冲刷，分流增大，右汊进口段太平洲头及左缘冲刷崩退。下段永安洲已并入左岸；天星洲头明显淤积展宽，洲尾略淤积下延且有并岸之势；砲子洲左缘中下段冲刷崩退，改善了录安洲右汊进流条件；录安洲头及左缘中上段冲刷崩退较大。可见，扬中河段内一些小江心洲，有的沿袭其固有的特性已经并岸（如永安洲），或处于淤积即将并岸态势（如天星洲）；有的则因河势变化支汊又处于发展态势，如落成洲和录安洲。

以上分析表明，经过 20 世纪 60—80 年代实施的护岸工程，加之本时段对有些重点河段进行了整治，98 洪水后又实施了一些汊道的河势控制和护岸加固工程，长江下游河道两岸基本稳定。与长江中游分汊河道有所不同的是，长江下游分汊河道江心洲更为发育，汊道形态与河床地貌变化相对较大，但在两岸护岸工程实施后，一定程度上抑制了汊道平面形态的变化；另一方面，针对汊道变化着眼于江心洲的治理又实施了一些防护工程，如张家洲、棉船洲、官洲、鹅眉洲、太阳洲、黑沙洲、陈家洲、马鞍山江心洲、小黄洲、梅子洲、八卦洲、和畅洲等都实施了洲头和汊内洲滩防护工程，在增强江心洲形态稳定和控制河势方面均发挥了一定的作用。可以认为，在三峡水库蓄水前，长江下游绝大多数分汊河段的平面形态总体上是相对稳定的。

与长江中游分汊河道类似，经过一定的治理后，根据新的河势变化情况也可将长江下游分汊河段（或汊道）的稳定性分为 4 类：

第 1 类为平面形态基本稳定，江心洲与汊内河床地貌冲淤变化很小的分汊河段。大通河段虽然洲头有切滩的周期变化，但平面形态与两汊长期比较稳定；梅子洲汊道经过洲头和左缘护岸后保持稳定达 40 余年（近期左汊内水流顶冲有所下移值得关注）；八卦洲汊道经洲头护岸和右汊内护岸控制后趋于稳定，迄今也有 30 余年。

第 2 类为平面形态相对稳定，主、支汊冲淤和河床地貌有明显变化的分汊河段。包括：张家洲汊道、上下三号洲汊道、鹅眉洲汊道、太子矶河段、黑沙洲河段、鲫鱼洲汊道、马鞍山江心洲汊道和新济洲汊道等。

第 3 类为平面形态虽然相对稳定，但江心洲或汊道冲淤变化较大的分汊河段。包括马垱河段、官洲汊道、贵池河段、铜陵河段、陈家洲汊道、小黄洲汊道、新潜洲汊道、世业洲汊道和扬中河段等。

第 4 类为洲滩冲淤演变复杂，河势不稳定的分汊河段。东流河段洲滩和横向水流切割的串沟甚多，水流泥沙运动和河床冲淤十分复杂；和畅洲汊道左汊内鹅头切滩对河势产生剧烈的变化。

显然，长江下游分汊河段的稳定性程度也是以第 1 类和第 4 类为数很少，而第 2 类和第 3 类占大多数，表明长江中下游分汊河段整治的重点应更多地着眼于江心洲的稳定。

7.3　三峡水库蓄水初期长江中下游分汊河道河床演变

7.3.1　三峡水库蓄水初期来水来沙条件

以往习惯将长江中下游各水文站的径流泥沙特征值用来表述所在河段的来水来沙条件，严格来说这并不很全面。各水文站统计的特征值都应具有承上启下的意义。

长江中下游城陵矶以下的螺山站，距下荆江与洞庭湖出流相汇处城陵矶不远，它的水沙特征值反映了上游来水来沙条件及其作用下江湖关系变化后的情况，可以视作进入螺山以下城汉段的来水来沙条件；汉口站位于汉江入口以下附近，它的水沙特征值反映了螺山的来水来沙与城汉段河床相互作用后的水沙条件，加上汉江的来水来沙（即仙桃站水沙条件与其下游河段河床相互作用的结果）作为进入汉九段的来水来沙条件；因此，汉口站的水沙条件既与螺山站和仙桃站水沙条件有关，又与它们区间河床的冲淤有关。根据螺山至汉口的径流量和输沙量，再结合其他支流（占比很小）进入的水沙，理论上是可以计算出区间河床冲淤量的。目前，从经验上我们在河床演变分析中是将螺山站和汉口站的径流泥沙统计特征值宏观上分别作为城汉段和汉九段全段的来水来沙条件。以下九江站与湖口站来水来沙条件叠加应作为进入下游段水沙的起始条件，但因九江站水文资料系列较短，湖口至大通区间来水来沙所占比例很小，在河床演变分析中也是将大通站水沙特征值作为整个长江下游段的来水来沙条件。根据其特征值的统计，我们可以宏观分析来水来沙条件的变化及其对该河段可能产生的冲淤影响。以下是对上述三站三峡水库蓄水前后的水文泥沙特征值所做的统计和分析。

7.3.1.1　三峡水库蓄水初期城陵矶以下来水条件与蓄水前比较

长江中游螺山站、汉口站和下游大通站在三峡蓄水初期径流统计特征值与三峡蓄水前相比较（表 7 - 12），有以下变化：

（1）平均年径流量有一定的减小。统计表明，螺山、汉口、大通站在三峡蓄水初期（2003—2013 年）的平均年径流量分别为 5862 亿 m³、6662 亿 m³ 和 8329 亿 m³，比蓄水前（20 世纪 50 年代至 2002 年）平均年径流量分别减少了 598 亿 m³、485 亿 m³ 和 722 亿 m³，分别占蓄水前年径流量的 9.0%、6.7% 和 8.0%[15]。这既有气候方面的因素，也有上游干支流建库和水土保持措施的因素。

（2）历年最大流量和历年最小流量有较大的变化。由于三峡水库蓄水前资料系列很长，自然条件下实测的流量涵盖了流域性特大洪水（Q_{max}）和特枯年份的最小流量（Q_{min}），上述三个站的 Q_{max}/Q_{min} 值分别达到 19.4、15.8 和 20.0，而三峡水库蓄水后经水库调节的最大流量就比蓄水前小很多，最小流量又比蓄水前要大得多，上述三站的 Q_{max}/Q_{min} 值仅分别为 10.9、8.3 和 8.0。可以说，今后三峡蓄水前的状况不会再出现了，三峡蓄水后虽然只有短短的 11 年资料，但随着以后三峡工程的调度优化和上游干支流水库的陆续兴建，预计今后的时段，Q_{max}/Q_{min} 值不会有明显增大。

（3）年内洪、枯水期径流量分布有明显调整。蓄水前洪水期 4 个月（6 月、7 月、8 月、9 月）径流总量上述三站分别为 3540 亿 m³、3849 亿 m³ 和 4628 亿 m³，蓄水后分别为 3154 亿 m³、3512 亿 m³ 和 4201 亿 m³，分别减小了 10.9%、8.8% 和 9.2%；蓄水前三站洪水期径流总量占全年分别为 54.8%、53.8% 和 51.8%，经三峡调蓄后，洪水期径流总量占全年径流量占全年 53.7%、52.7% 和 50.4%，可见，其百分比都有一定减小。蓄水前枯水期 4 个月（12 月、1 月、2 月、3 月）上述三站径流总量分别为 878 亿 m³、1013 亿 m³ 和 1392 亿 m³，蓄水后分别为 983 亿 m³、1175 亿 m³ 和 1540 亿 m³，分别增加了 11.9%、16.0% 和 10.6%；蓄水前三站枯水期径流总量占全年分别为 13.4%、14.2% 和 15.4%，经三峡枯水期向下游补水，蓄水后分别为 16.7%、17.6% 和 18.5%，可见其百分比一般都有 3 个百分点的明显增加值。

表 7 - 12　　三峡蓄水前后长江中下游城陵矶以下干流河道来水特征

站名	项目	年径流量 /亿 m³	洪水期(6 月,7 月,8 月,9 月)/亿 m³ (占全年百分数)	枯水期(12 月,1 月,2 月,3 月)/亿 m³ (占全年百分数)	平均流量 Q_{tp} /(m³/s)	历年最大 Q_{max} /(m³/s)	历年最大 Q_{min} /(m³/s)	Q_{max}/Q_{min}
螺山	蓄水前 (20 世纪 50 年代—2002 年)	6460	3540(54.8%)	878.5(13.4%)	20500	78800	4060	19.4
	蓄水后(2003—2013 年)	5862	3154(53.7%)	983(16.7%)	18600	58000	5320	10.9
	相差	−598(−9.0%)	−386(−10.9%)	+104.5(+11.9%)	−1900(−9.0%)	−20800(−26.0%)	+1260(+31.0%)	
汉口	蓄水前 (20 世纪 50 年代—2002 年)	7147	3849(53.8%)	1013(14.2%)	22600	76100	4830	15.8
	蓄水后(2003—2013 年)	6662	3512(52.7%)	1175(17.6%)	21100	60400	7280	8.3
	相差	−485(−6.7%)	−337(−8.8%)	+162(+16.0%)	−1500(−6.6%)	−15700(−20.6%)	+2540(+50.7%)	
大通	蓄水前 (20 世纪 50 年代—2002 年)	9051	4628(51.8%)	1392(15.4%)	28700	92600	4620	20.0
	蓄水后(2003—2013 年)	8329	4201(50.4%)	1540(18.5%)	26400	64700	8060	8.0
	相差	−722(−8.0%)	−427(−9.2%)	+148(+10.6%)	−2300(−8.0%)	−27900(−30.1%)	+3440(+74.5%)	

表7-13　　三峡蓄水前后长江中下游城陵矶以下干流河道来沙特征

站名	项目	输沙量/万t	最大年输沙量 Q_{smax}/万t	最小年输沙量 Q_{smin}/万t	洪水期(6月、7月、8月、9月或10月)/万t(占全年百分数)	枯水期(12月、1月、2月、3月)/万t(占全年百分数)	平均含沙量/(kg/m³)	历年最大含沙量/(kg/m³)	洪水期平均含沙量/(kg/m³)	枯水期平均含沙量/(kg/m³)
螺山	蓄水前(20世纪50年代—2002年)	40600	61500	22600	28500(70.2%)	2600(6.6%)	0.635	5.66	0.780	0.302
	蓄水后(2003—2013年)	9600	14700	4580	6490(67.6%)	1010(10.5%)	0.160	1.51	0.191	0.096
	相差	-31000(-76.3%)	-46800(-76.0%)	-18100(-79.8%)	-22000(-77.2%)	-1600(-61.3%)	-0.475(-74.8%)	-4.15(-73.3%)	-0.589(-75.5%)	-0.206(-68.2%)
汉口	蓄水前(20世纪50年代—2002年)	39700	57900	23200	28100(70.9%)	1920(4.8%)	0.559	4.42	0.732	0.166
	蓄水后(2003—2013年)	11300	17400	5760	7790(68.7%)	1050(9.2%)	0.165	1.37	0.206	0.074
	相差	-28400(-71.4%)	-40500(-70.0%)	-17400(-75.2%)	-20400(-72.3%)	-870(-45.5%)	-0.394(-70.4%)	-3.05(-69.0%)	-0.526(-71.9%)	-0.092(-55.4%)
大通	蓄水前(20世纪50年代—2002年)	42100	67800	23800	29700(70.6%)	1950(4.6%)	0.473	3.24	0.651	0.136
	蓄水后(2003—2013年)	14300	21600	7300	9340(65.4%)	1430(10.0%)	0.168	1.02	0.210	0.085
	相差	-27800(-66.0%)	-46200(-68.1%)	-16500(-69.3%)	-20400(-68.6%)	-520(-26.9%)	-0.305(-64.5%)	-2.22(-68.5%)	-0.441(-66.7%)	-0.051(-37.5%)

进一步分析表明，干流河道在三峡蓄水后的出库径流过程发生明显的"坦化"现象，主要表现在：

1）洪峰流量削减，中水历时延长。如 2010 年、2012 年 7 月三峡水库入库径流分别出现 70000m³/s、71200m³/s 的洪峰，水库最大削峰 30000m³/s、28200m³/s，削峰率达 40% 左右；沙市站出现流量大于 30000m³/s 的天数由 1991—2002 年年均 20.4 天减少为 2003—2013 年的 11.8 天，宜昌站 2008—2012 年 7—8 月流量为 25000～40000m³/s 的总天数由 121 天（还原）增大至 144 天（实测）。

2）汛后蓄水导致长江中下游流量明显减小。如宜昌站 9 月、10 月平均流量分别由蓄水前（1950—2002 年）的 25300m³/s、18000m³/s 减小至蓄水后（2003—2014 年）的 21800m³/s、12100m³/s，减幅分别为 13.9%、32.7%。

3）枯水期水库补水使流量增加。如沙市站最小流量均值由蓄水前 1955—2002 年的 3660m³/s 增大至蓄水后 2003—2014 年的 4970m³/s。

7.3.1.2　三峡水库蓄水初期城陵矶以下来沙条件与蓄水前比较

上述三站在三峡水库蓄水初期与三峡水库蓄水前输沙特征值相比较（表 7 - 13），有以下变化：

（1）输沙量大幅度减小。三峡水库蓄水初期螺山、汉口、大通三站平均年输沙量分别由蓄水前的多年平均值 4.06 亿 t、3.97 亿 t 和 4.21 亿 t 减少为 0.96 亿 t、1.13 亿 t 和 1.42 亿 t，分别减小了 76.3%、71.4% 和 66.0%，可以认为城陵矶以下的中下游河道年输沙量出现大幅度减小；上述三站最大年输沙量从 6.15 亿 t、5.79 亿 t 和 6.78 亿 t，分别减为 1.47 亿 t、1.74 亿 t 和 2.16 亿 t，最小年输沙量也从 2.26 亿 t、2.32 亿 t 和 2.38 亿 t，分别减为 0.46 亿 t、0.58 亿 t 和 0.73 亿 t，也是大幅度减小。虽然三峡水库蓄水初期仅有 11 年的资料，但可以认为今后在三峡水库蓄水后相当长的时期内，通过三峡及其以上干支流水库的拦蓄，长江中下游最大和最小年输沙量基本上都将保持在上述的变化幅度内。

（2）年内洪、枯水期输沙量均出现大幅减小。上述三站洪水期 4 个月的输沙量由蓄水前的 2.85 亿 t、2.81 亿 t 和 2.97 亿 t 减小为蓄水初期的 0.65 亿 t、0.78 亿 t 和 0.93 亿 t，分别减少了 77.2%、72.3% 和 68.6%；上述三站枯水期 4 个月输沙量由蓄水前的 0.26 亿 t、0.19 亿 t 和 0.20 亿 t 减小为蓄水初期的 0.10 亿 t、0.10 亿 t 和 0.14 亿 t，分别减少了 61.3%、45.5% 和 26.9%，可见洪水期输沙量的减小更显著。

（3）水流含沙量大幅减小。从平均含沙量和洪、枯水期平均含沙量来看，三峡水库蓄水初期与蓄水前相比，上述三站都是大幅度减小。三站平均含沙量由蓄水前的 0.635kg/m³、0.559kg/m³ 和 0.473kg/m³，减小至蓄水初期的 0.160kg/m³、0.165kg/m³ 和 0.168kg/m³，分别减小了 74.8%、70.4% 和 64.5%；洪水期 4 个月分别减小 0.589kg/m³、0.526kg/m³、0.441kg/m³，减小的百分数分别为 75.5%、71.9% 和 66.7%；枯水期 4 个月分别减小 0.206kg/m³、0.092kg/m³ 和 0.051kg/m³，减小的百分数分别为 68.2%、55.4% 和 37.5%。因此，从年内变化来看无论含沙量的绝对量还是相对量都是洪水期比枯水期减小更为显著。

（4）从含沙量沿程变化来看，三峡水库蓄水前随着支流水量入汇沿程平均含沙量在洪水期和枯水期都是沿程减小的；三峡水库蓄水初期，出库水流含沙量的显著减小使中下游河床产生冲刷，其平均含沙量在洪水期沿程都有所增大，枯水期含沙量沿程变化不大，说明三峡水库下泄沙量的减小在蓄水初期已经在长江中下游较长距离内产生冲刷影响，且主要集中在造床作用强烈的洪水期。

（5）悬移质泥沙粒径变粗。有关研究表明[15]，螺山、汉口两站粒径大于 0.125mm 的粗砂部分，从蓄水前年平均 5520 万 t、3100 万 t 分别减少为三峡水库蓄水初期 2002—2010 年平均 2560 万 t、2443 万 t，分别减小了 54%和 21%，小于悬移质沙量的减幅，说明悬移质中的粗砂量通过城汉段的河床冲刷，粗砂的含沙量沿程恢复较快；相应地，由于河床沿程冲刷，螺山、汉口两站的悬移质泥沙粒径均有所变粗，中值粒径 d_{50} 由蓄水前的 0.012mm、0.010mm 分别增大到 2002—2010 年的 0.014mm、0.013mm。

7.3.1.3　三峡水库蓄水后来水来沙条件变化趋势预估

（1）以上已述，影响长江中下游城陵矶以下河道来水来沙条件的因素，有气候方面的因素，也有上游干支流和中游支流建库的因素，有江湖关系变化的因素，还有河床沿程长距离冲刷的影响。对于年径流量来说，主要为气候方面的变化，三峡蓄水初期的平均年径流量比多年平均约小 7%～9%，预计今后若遇上、中游来水较丰的系列年中下游平均年径流量会相应地增大；若遇更枯的系列年，中下游平均年径流量还会相应地减小。今后，三峡以上水库群的兴建和调度的优化将对径流的年内分布持续产生影响，流量过程"坦化"现象将长期存在，洪水期径流量和所占全年比例将进一步减小，枯水期径流量和所占全年比例将进一步增大。这种径流年内的变化特性对长江中下游洪水河床和枯水河床形态的重塑将产生深远的影响。

（2）三峡水库蓄水初期，螺山、汉口、大通三站的平均年输沙量、洪、枯水期输沙量和平均含沙量，洪、枯水期含沙量均大幅度减小，这既与上游入库泥沙数量减小有关，但主要是三峡水库拦沙的作用。随着上游干支流水库的兴建，今后三峡入库泥沙将进一步减小，进入城陵矶以下的泥沙也将相应减少。就是说在与三峡水库蓄水初期相同的上游水沙条件下，以上三站仍将维持与蓄水前相比"大幅减小"的特性，减小的幅度可能还有所加大，坝下游河床冲刷仍将持续相当长的时间。随着河床冲刷、含沙量沿程恢复，坝下游河道输沙量减小幅度仍将呈现沿程减小的特性。

7.3.2　河床冲淤变化

三峡水库蓄水后，长江中下游由于输沙量和含沙量大幅减小，不仅宜枝河段和荆江河段受到强烈的冲刷，城陵矶以下的分汊河道也发生了明显的冲刷（表 7-14、表 7-15）。中游自城陵矶—汉口段，从 2002—2015 年平滩河槽河床冲刷了 2.49 亿 m³，期间 2002—2006 年、2006—2008 年和 2008—2015 年的冲刷量分别占 24.1%、0.08%（淤）和 76.7%；自汉口至九江（湖口）同期冲刷了 4.08 亿 m³，上述三个时段的冲刷分别占 36.0%、7.8%（淤）和 71.7%。可见，最近一个时段冲刷量很大。从年平均冲刷强度来看，城汉段和汉九段分别为 7.6 万 m³/(km·a) 和 10.6 万 m³/(km·a)，下段大于上段，但都明显小于荆江河段 [18.4 万 m³/(km·a)]，更小于宜枝河段 [20.2 万 m³/(km·a)]。下游自九江—江阴（鹅鼻嘴）段，自 2001—2011 年平滩河槽河床冲刷了 7.93 亿

m^3，其间，2001—2006 年和 2006—2011 年的冲刷分别为 37.3% 和 62.7%。从年平均冲刷强度来看，上述两个时段分别为 7.0 万 $m^3/(km \cdot a)$ 和 15.1 万 $m^3/(km \cdot a)$，后一时段明显大于前一时段；整个下游河段平均为 12.0 万 $m^3/(km \cdot a)$，与中游河段相比，平均冲刷强度要大一些，但也明显小于紧邻三峡坝下游的宜枝河段和荆江河段。

表 7－14　　　　　　　　三峡水库蓄水后城陵矶以下分汊河道河槽冲淤分布

河　段		时段	冲淤量/万 m^3			冲淤分布/万 m^3		
			平滩河槽	基本河槽	枯水河槽	平滩至中水位之间	中水位与枯水位之间	枯水位以下河床
中游	城陵矶—汉口	2002—2006 年	−5990	−3963	−3012	−2027	−951	−3012
		2006—2011 年	−3257	−5256	−6075	1999	819	−6075
		2011—2015 年	−15658	−16023	−15679	365	−344	−15679
	汉口—九江	2002—2006 年	−14696	−12587	−3948	−2109	−8639	−3948
		2006—2011 年	−11369	−13232	−17944	1863	4712	−17944
		2011—2015 年	−14705	−14978	−17224	273	2246	−17224
	城陵矶—九江	2002—2006 年	−20686	−16550	−6960	−4136	−9590	−6960
		2006—2011 年	−14626	−18488	−24019	3862	5531	−24019
		2001—2011 年	−35312	−35038	−30979	−274	−4061	−30979
下游	九江—江阴	2001—2006 年	−29573	−24549	−13595	−5024	−10954	−13595
		2006—2011 年	−49704	−46198	−43793	−3506	−2405	−43793
		2001—2011 年	−79277	−70747	−57388	−8530	−13359	−57388

注　平滩河槽、基本河槽和枯水河槽，城汉段和汉九段是以汉口站流量分别为 35000m^3/s、20000m^3/s 和 7000m^3/s，下游段是以大通站流量分别 45000m^3/s、35000m^3/s、10000m^3/s 的相应水面线划分并计算冲淤量。

表 7－15　长江中下游河段三峡水库蓄水后城陵矶以下分汊河道平滩河槽冲淤强度

河　段		时　段	总冲淤量/万 m^3	年均冲淤量/(万 m^3/a)	年均冲淤强度/[万 m^3/(km·a)]
中游	城陵矶—汉口	2002 年 10 月—2006 年 10 月	−5990	−1198	−4.8
		2006 年 10 月—2008 年 10 月	197	99	0.4
		2008 年 10 月—2015 年 10 月	−19112	−2730	−10.9
		2002 年 10 月—2015 年 10 月	−24905	−1916	−7.6
	汉口—九江	2002 年 10 月—2006 年 10 月	−14696	−2939	−9.9
		2006 年 10 月—2008 年 10 月	3163	1582	5.4
		2008 年 10 月—2015 年 10 月	−29237	−4177	−14.1
		2002 年 10 月—2015 年 10 月	−40770	−3136	−10.6
	城陵矶—九江	2002 年 10 月—2006 年 10 月	−20686	−4137	−7.6
		2006 年 10 月—2008 年 10 月	3360	1680	3.1
		2008 年 10 月—2015 年 10 月	−48349	−6907	−12.6
		2002 年 10 月—2015 年 10 月	−65675	−5052	−9.2
下游	九江—江阴	2001—2006 年	−29573	−5915	−7
		2006—2011 年	−49704	−9941	−15.1
		2001—2011 年	−79277	−7928	−12

注　"—"号表示冲刷，正值为淤积，下同。

以上分析不仅表明了中游的两段和下游段在三峡水库建库后平滩河槽的河床存在明显的冲刷，而且表明了不同时段冲刷强度的不同。表 7 - 15 进一步统计了上述三段在不同时期宏观冲淤的部位。在中游城汉段 2002—2006 年（第一时段）是枯水河槽和枯水位以上河槽均有冲刷，但冲刷量均不大，2006—2011 年（第二时段）则为枯水河床冲刷，枯水位以上河床淤积，2011—2015 年（第三时段）则主要为枯水位河床显著冲刷、枯水位以上河床冲淤变化不大；汉九段在第一时段主要是枯水位以上河床显著冲刷，而枯水河床则为少量冲刷，第二时段和第三时段均为枯水河床显著冲刷而枯水位以上河床淤积。下游段在第一时段（2001—2006 年）枯水河床和枯水位以上河床均有冲刷，而第二时段（2006—2011 年）则主要为枯水河床显著冲刷，枯水位以上河床也有冲刷，但冲刷量不大。将中游段和下游段同期（2001—2011 年）比较可看出，无论中游段还是下游段，三峡水库蓄水后对城陵矶以下分汊河道的冲刷主要分布于枯水河床，分别为 3.10 亿 m^3 和 5.74 亿 m^3，其枯水河床的冲刷强度分别为 5.7 万 $m^3/(km \cdot a)$ 和 8.7 万 $m^3/(km \cdot a)$，占平滩河床冲刷量的 87.7% 和 72.4%，枯水位以上河床冲刷量分别占 12.3% 和 27.6%。可见，长江下游段岸滩相对于中游段而言，在三峡蓄水后受到更多的冲刷，体现了中游段比下游段具有相对较强的滩槽稳定性。

需要说明的是，以上的分析都是在长河段的宏观范畴内，就是说，不同河段本身具有各自的演变特性，在三峡蓄水后输沙量和含沙量大幅减小的情况下，各河段的冲淤量都可能存在较大差异，每个河段内不同部位的冲淤量也都可能存在较大的差异。在定性上可以确定的是，凡是枯水河床明显冲刷、枯水位以上河床冲刷不大甚至有淤积的河段，一般朝相对窄深、稳定性相对增强的方向发展，凡是枯水河床淤积、枯水位以上河床冲刷的河段一般朝相对宽浅、稳定性相对减弱的方向发展。长江中下游城陵矶以下为分汊河道，特别是下游段为多汊河道，涉及各分汊河段的进口分流区、各汊汊内和汇流区河床的冲淤变化，三峡蓄水后输沙量和含沙量大幅减小而影响冲淤的相关因素更为复杂。因而，河床演变分析还应多着眼于各河段河床地貌具体的冲淤变化。

7.3.3　各分汊河段河床地貌变化

作者主要依据 2001 年（或 2002 年）、2006 年和 2011 年三次完整的长程水道地形图，同时又收集了 2013 年有关的地形资料，具体分析了三峡水库蓄水前至蓄水初期长江中下游各分汊河段河床演变的特点。

7.3.3.1　长江中游河床地貌变化

（1）仙峰洲汊道。该汊道在三峡水库蓄水前很长时段内基本遵循着左汊不断淤积、右汊不断发展、仙峰洲不断左移且呈并岸趋势的规律发展。但在 1986—1996 年期间，因受上游江湖汇流的影响，仙峰洲或为心滩或为边滩形态，呈冲淤交替变化。2001 年左岸边滩发育，22m 洲体呈长条形依附于左岸；2006 年洲体上端与岸相连，近岸有上、下不贯通的 15m 内槽；2011 年有 22m 内槽形成江心洲之势（图 7 - 9）；到 2013 年仙峰洲外侧的 16m 枯水河槽冲刷向左拓宽，内槽受到溯源冲刷，20m 槽上口被冲开，白螺矶以上附近形成了高程 22.00m 的扁长江心洲。显然，至 2013 年河道左侧仙峰洲具有冲槽淤滩再成为分汊之势。

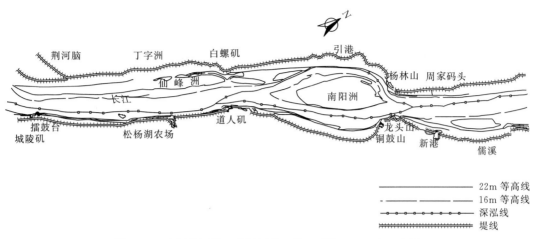

图 7-9　白螺矶河段（岳阳河段上段）近期（2011 年）河势

（2）南阳洲汊道。该汊道在三峡水库蓄水前是洲体（20m）向左展宽。2001 年仙峰洲尾 16m 沙嘴伸入至南阳洲左汊上段，2011 年该沙嘴在白螺矶以下淤成两个心滩（图 7-9），到 2013 年与南阳洲北缘相连，表明左汊明显淤积；右汊在 2001 年 10m 深槽是中断的，2006 年已贯穿，2011 年枯水河槽（16m）显著拓宽并冲深，洲头滩和洲左侧均淤积；到 2013 年南阳洲右侧 10m 槽进一步冲刷，说明右汊处于冲刷发展状态。这与蓄水前 20 世纪 80—90 年代期间南阳洲汊道演变的趋势基本一致。

（3）儒溪边滩。2001 年在河道右侧 15m 边滩上有两个 20m 心滩，2011 年枯水河槽冲深变窄，儒溪边滩变成一个大心滩（图 7-9）；至 2013 年成为一个更大的心滩，滩面上还有 25m 高程的河漫滩相泥沙堆积，显然已经是一个江心洲了。该段是具有冲内槽淤滩成为一个新的汊道，还是具有内槽淤积并岸趋势，有待进一步观察。

（4）界牌河段。前已分析，20 世纪 90 年代后界牌河段上段除进口鸭栏附近形成一个小江心洲外，在陈家墩至长旺洲还有一长条形江心洲，这可能是在 1998 年洪水作用下横向水流对该洲滩冲刷切割而成，至 2001 年靠右岸形成三个小江心洲，并在沿岸形成断续的 15m 深槽，河道左侧还有一依附于左岸向上延伸的沙嘴；下段新淤洲继续受水流顶冲后退，左汊内形成依附于左岸的心滩。到 2011 年，螺山、鸭栏对峙节点河槽内居中偏右形成一长条形江心滩。上段右岸实施航道整治丁坝群工程后，自新洲脑至篾洲长达近 10km 的近岸形成了 3 个大小不等的长条形心滩（21m），内侧有断续的浅槽；河槽中部形成一个较大的长条形江心洲，使上段成为顺直分汊的形态，右槽为主汊，与下段汊道右汊（主汊）河势衔接较好；下段左汊口门以上为大边滩，进流条件恶化，汊内左侧边滩受切割，使之成为靠右侧的心滩（图 7-10）。可见，航道整治后，界牌河段滩槽冲淤变化仍然很大，河势发生新的变化，顺直型的界牌河段，虽然上段右侧实施了 10 余条丁坝整治工程，但该顺直段仍然成为分汊形态。可见这一长顺直分汊河段演变的复杂性和整治的难度。

（5）石码头至赤壁段。2001 年该微弯段左侧为 10m 深槽，右侧有 16m 窄长边滩；2006 年右侧边滩淤积发展，形成向下延伸的 15m 边滩、10m 沙嘴和 5m 倒套；2011 年边

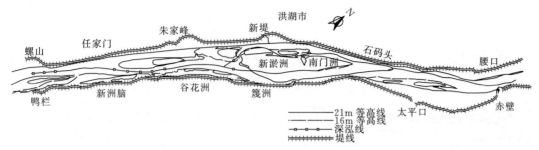

图 7-10　界牌河段（岳阳河段下段）近期（2011 年）河势

滩、沙嘴淤积，形成 2 个长条形心滩（图 7-10）。到 2013 年，右侧倒套溯源冲刷，形成右侧夹槽，其 15m 槽几乎在上口贯穿；在中部则淤积，滩面高程达 25m，已成为一个江心洲。显然，这是一个由傍岸边滩通过冲内槽、淤心滩演变成为江心洲分汊的过程，该段河型已由单一段转化为分汊段。

（6）陆溪口汊道。由于中洲基本并左岸，实际上该汊道已转化为双汊河段。2001 年右汊上口尚为拦门沙浅滩并与洲头滩相连，随着进口段整体河势发生变化，即主流向右偏转，有利于右汊入流，至 2006 年右汊为 15m 槽贯穿，2013 年又为 10m 槽贯通，可见右汊处于冲深发展趋势；中汊随进口段河势的变化，汊内水流向左侧中洲滩岸顶冲下移，使中洲中下段继续崩岸后退，中汊平面形态愈益弯曲，并波及中汊出口段左侧岸滩受到冲刷而后退，而汇流口右侧边滩面临持续淤积态势。新洲向上延伸的洲头兴建了航道整治工程，但仍存在切割的迹象，即可能随左（汊）变弱右（汊）变强不断发展的趋势而在现洲头滩形成横比降进一步发生切滩（图 7-11）。

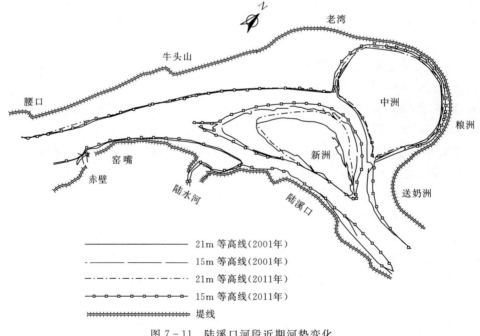

图 7-11　陆溪口河段近期河势变化

（7）邱家湾段。2002—2006 年为顺直展宽型，至 2013 年，首段因新洲出流左偏形成右边滩，并呈持续淤积态势；下段微弯的单一河段则有所展宽，至 2013 年河槽内形成了10m 的潜心滩。

（8）嘉鱼上段。护县洲右汊上口有 20m 拦门沙封闭其右汊，该汊长期处于淤积状态，护县洲呈并岸趋势。白沙洲右汊延续了 20 世纪 80 年代末以后的发展趋势，2001 年口门处 15m 槽即将连通，至 2006 年 10m 槽已贯通，其中部和尾部有 5m 深槽和倒套；到 2013 年在 10m 槽内除形成 5m 槽外，还含有 0m 和 −5m 深槽，下段 5m 槽在出口与左汊交汇形成局部冲刷坑，进口处洲头侧也受冲刷，表明右汊处于发展趋势。左汊 2001 年在洲头侧有 20m 边滩和沙嘴，2011 年口门形成 15m 拦门浅滩，到 2013 年在白沙洲左侧淤积成一完整大边滩。分析表明，自 20 世纪 80 年代末期至三峡蓄水初期，由于河势变化，原白沙洲汊道右汊淤积衰萎，转化为右（汊）兴左（汊）淤的发展趋势（图 7-12）。

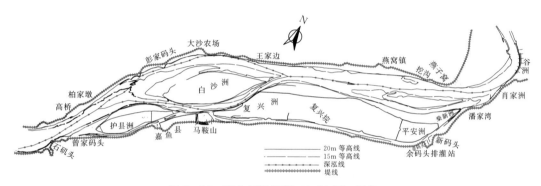

图 7-12　嘉鱼河段近期（2011 年）河势

（9）嘉鱼下段。该段也称为燕窝心滩段，形态基本顺直，下段略有微弯展宽。该段在 20 世纪 80—90 年代由于水流动力轴线变化左岸发生崩坍，河道展宽形成心滩。然后，随着左侧主流的增强，右侧形成依附于复兴洲滩岸的心滩，至 2001 年，心滩右汊上口为 15m 拦门沙浅滩；之后，由于白沙洲交汇水流右偏，心滩右汊转为冲刷，2006 年汊内形成 10m 槽，但下口尚未贯通；到 2013 年不仅 10m 槽发展贯通，而且汊内还有 5m 槽与下口连通，表明三峡蓄水以来心滩右汊处于冲刷发展状态。同时心滩淤高成江心洲，遂成为分汊河段（图 7-12）。

（10）土地洲段。土地洲已基本并岸，该段河道为单一河槽。2001 年土地洲外有 15m 边滩，边滩内侧有 15m 间断小槽；2011 年，中水河槽展宽，边滩发展；2013 年转化为心滩，滩面淤积高程已达 20m。该段发展趋向是分汊还是心滩并岸仍保持为单一河槽值得关注。

（11）团洲汊道。团洲右汊（支汊）2001 年 20m 槽是贯通的，而且还有 15m 倒套，出口有交汇水流形成的局部冲刷坑；2006 年右汊上段口门拓宽，汊内上、下 15m 槽均有发展但二者是断开的；到 2013 年，15m 槽冲刷发展，但仍呈交错状态。三峡蓄水初期右汊似呈冲刷态势。

（12）窑头沟边难。该边滩位于团洲弯段与邓家口弯段之间长顺直段左岸，2011 年与 2001 年相比，边滩淤宽；至 2013 年边滩出现 2 条倒套和相应沙嘴，似有被切割之势。

　　(13) 双窑至居字号段。该段位于大嘴急弯段。2001 年大嘴发生撇弯，凹岸淤积形成 10m 潜心滩；2011 年和 2013 年在凸岸边滩呈进一步冲刷态势。

　　(14) 沙湖洲至纱帽洲边滩。该段为顺直微弯单一河道，位于大嘴急弯与铁板洲汊道之间左岸，为长边滩，右侧为深槽，三峡蓄水前较稳定。2002 年左边滩有 15m 小倒套，2011 和 2013 年 15m 倒套发展并形成沙嘴，似有被冲刷切割形成长心滩之势。

　　(15) 铁板洲汊道。蓄水前洲体稳定，两汊呈左淤右冲缓慢变化之势。2002 年洲头受冲刷，2006 年左汊口门拓宽，洲头左侧边滩上长出一心滩；至 2011 年铁板洲洲头再向上游延伸，该心滩淤长，铁板洲成为中间有沟槽的两个斜向并列的江心洲（图 7-13）。如该沟槽淤积，则左汊朝淤积方向发展，如冲刷则双汊河段转化为三汊河段，其发展趋势值得关注。

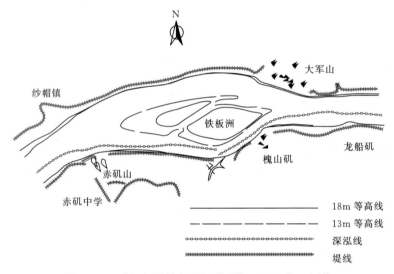

图 7-13　武汉河段铁板洲汊道近期（2011 年）河势

　　(16) 白沙洲汊道。自 2001—2011 年，17m 心滩继续向上游延伸，但 12m 洲头滩受冲刷而显著后缩；同期右汊变化不大。

　　(17) 潜洲段。2002 年潜洲右汊 5m 深槽上端与白沙洲左汊 5m 深槽尾端相距甚远，2013 年则相距甚近，并且相对应，说明潜洲右汊的枯水河槽与上游白沙洲左汊有相衔接的发展趋势。

　　(18) 天兴洲汊道。该汊道仍保持原左（汊）衰右（汊）兴的演变趋势。右汊内水流顶冲下移，冲刷天兴洲尾部。洲头在 2001 年为自左向右的横向水流所切割，有形成串沟和洲头心滩之势，但因实施了航道整治工程，2011—2013 年已连为一体，维护了洲头的稳定（图 7-14）。由于洲尾水流动力轴线左移，汇流段原为单一河道的凸岸边滩已转化为心滩。

　　(19) 牧鹅洲边滩。牧鹅洲并左岸后，该段成为典型的弯道。2001 年边滩甚发育，滩上还有 16m 的心滩；到 2013 年潜边滩和滩面心滩均受冲，枯水河槽向左大幅拓宽，滩尾倒套有所发展，说明该弯段受水流撇弯的作用。

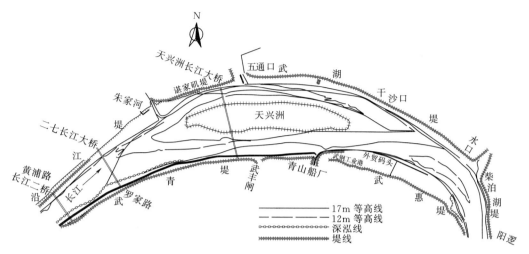

图 7-14　武汉河段天兴洲汊道近期（2011 年）河势

（20）赵家矶边滩。河段右侧原为大边滩形态。2001 年形成 11m 潜心滩，到 2011 年该潜心滩向上延伸一倍多，并向两侧淤宽 1 倍多（图 7-15）。该心滩右槽下端在 2001 年有 5m 倒套但与下口深槽不贯通，到 2013 年成为贯通的 5m 倒套。该段演变是否具有淤滩冲槽成为分汊趋势值得关注。

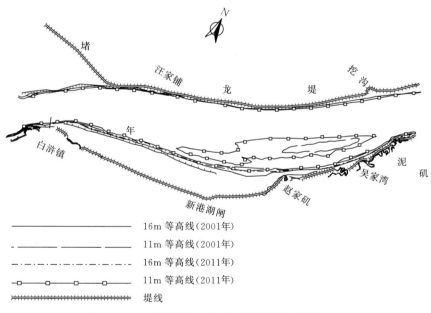

图 7-15　叶家洲河段白浒镇至泥矶段近期河势变化

（21）团风河段。20 世纪 80—90 年代，右汊的向左平移使李家洲冲刷殆尽，东漕洲也受到强烈冲刷而崩退。三峡水库蓄水前 2001 年，右汊河宽已近 2km，右侧已形成较大心滩，由于航道整治工程对东漕洲的防护，到 2013 年左侧滩岸渐趋稳定，右侧边滩虽然继续展宽但已受到遏制，边滩内虽有倒套，但不致再被水流切割而形成新生右汊（图 7-

373

16）。因而，今后团风河段再也不会出现以往的周期性变化。左汊将继续淤衰，叶路洲基本并左岸。

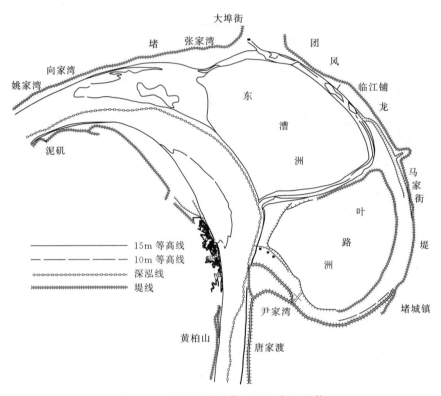

图 7-16　团风河段近期（2011 年）河势

随着中汊的不断弯曲和淤积，中汊的壅水在进口分汊段形成横向水流使东漕洲头产生切割，2001 年形成的 10m 横向串沟几乎在上口贯通，洲头前形成两个 15m 心滩；在实施洲头整治工程后，2011 年上述洲头串沟已被淤塞，但洲头滩向上延伸仍很长，滩面还有一个 15m 心滩；滩头又冲刷出新的串沟并形成 10m 的潜心滩。

（22）德胜洲汊道。德胜洲在三峡蓄水前左侧的边滩已受到冲刷切滩，2011 年被冲刷切割成 10m 槽左汊，其下口还残留边滩尾部。自 2001—2013 年新德胜洲滩面淤积，滩体由 10m 潜心滩淤高成为 15m 江心洲，左汊由 10m 槽冲刷成为 5m 深槽（上口未贯通但即将贯通），并在下段还刷深为 0m 深槽。尽管右岸郑家湾实施了护岸工程，如果不实施其他整治工程，预估德胜洲汊道仍将遵循原横向演变的模式作周期性变化（图 7-17）。

（23）戴家洲汊道。2001—2006 年，该洲左汊的洲头滩与上游左岸巴河边滩形成左汊进口浅滩，2013 年巴河边滩已被冲刷，但洲头向上延伸，低滩冲淤变化较大，左汊进流条件好于右汊。洲头原有串沟，实施整治后基本为一整体。右汊 2006 年汊内 5m 潜边滩交错；2013 年进口左侧和戴家洲下半段滩岸受冲，汊内潜边滩转化为潜心滩，下边滩下移至汊道末端。戴家洲汊道仍维持左（汊）淤右（汊）冲的缓慢发展趋势。

（24）牯牛洲汊道。牯牛洲右汊上口的边滩受冲刷，20 世纪 90 年代末 13m 枯水河槽在上口不贯通，至 2001 年已经贯通。自 2001—2011 年，边滩进一步冲刷，枯水河槽展

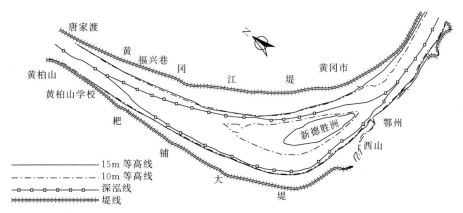

图 7-17   鄂黄河段德胜洲汊道近期（2011 年）河势

宽；而且洲体中下段滩面受到强烈冲刷；右汊形成 8m 倒套。说明三峡蓄水初期对该段滩
槽都有较强的冲刷。

（25）蕲洲汊道。蕲洲汊道滩槽历来变化较大。2001 年前后由两个 8m 的潜心滩变为
一个长条形依附于右岸的潜边滩，其右槽有 5m、0m、−5m 倒套；2011 年潜边滩被切割
又形成一个长条形的潜心滩，滩上有上、下两个 13m 心滩，右汊 8m 槽贯通，说明受到
水流的冲刷；到 2013 年，该心滩淤积到 15m 高程，基本上成为一个江心洲，右槽有 5m
的倒套。

（26）鲤鱼洲汊道。原在 20 世纪 80—90 年代受冲刷而不断变小的 8m 潜心滩，至
2001 年已被冲刷得荡然无存；到 2013 年，以 5m 线表示的潜心洲也不见踪影，河槽内只
有滩槽高差不大的潜心滩，而右侧近岸已经形成一个 −5m 深槽，说明鲤鱼洲洲体和近岸
河槽长期受到水流的冲刷。目前，潜心滩高程很低，原设想在该滩面拟布设航道整治工程
的难度很大。

（27）龙坪新洲汊道。三峡蓄水前，该汊道左汊淤积衰萎，平面形态朝鹅头型发展。
2001—2013 年该汊道仍保持左（汊）衰右（汊）兴的发展趋势。右汊形态沿程展宽，深
槽有自左向右过渡态势（图 7-18）；汇流以下河槽内边滩变为心滩，影响下游人民洲汊
道河势稳定。洲头冲淤变化较大，20 世纪 80—90 年代，洲头串沟形成并不断发展，洲头
形成的鸭儿滩向上游延伸甚长；2001 年 7m 串沟贯通，槽内倒套最深点达 −28.3m；自
2001—2013 年洲头崩坍后退 200～300m；经防护后，原串沟上口和 7m 槽显著淤积，但
在上游又重开流路，7m 槽向上游延伸，几乎与左汊贯通（图 7-18）；同时，洲头以上又
冲刷切割形成新的江心洲滩。

（28）人民洲汊道。人民洲汊道 20 世纪 80—90 年代表现为左汊淤积、洲体淤积有靠
岸态势，至 2001 年洲头仍向上延伸，左汊口门形成拦门沙 ［图 7-19（a）］。以后，汊道
进口河势变化较大，人民洲头冲刷后退，2001 年左汊进、出口门的拦门沙浅滩，至 2013
年均被冲开，左汊处于发展状态 ［图 7-19（b）］。汊道出口下游左侧边滩，2013 年有切
割之势，如形成新的心滩，将不利于下游张家洲汊道河势的稳定。

从以上对三峡蓄水初期长江中游各分汊河段河床地貌变化分析可以看出有如下特点：

1）原来具有并岸趋势的江心洲，其衰萎的支汊虽然继续淤积但速率很小，可以认为

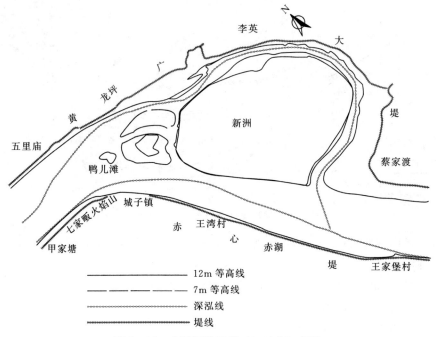

图 7 - 18 龙坪河段近期（2011 年）河势

实际上已基本并岸。如陆溪口河段和团风河段鹅头型左汊已经被"边缘化"了，基本上不参与该河段的演变过程；嘉鱼河段的护县洲继续处于并右岸的趋势。

2）年际间洲滩作横向位移周期性变化的汊道，其江心洲仍保持横向位移的特性。如团风河段新右汊和东漕洲、德胜洲汊道都仍然保持横向变形的规律，只是前者经河道整治后已成为相对稳定的双汊河段，而后者仍处于自然状态，将保持其演变的特性，并延续其演变的趋向。

3）继续按其单向演变趋势而发展的双汊河段，如南阳洲汊道、天兴洲汊道、戴家洲汊道和龙坪新洲汊道都继续呈左（支汊）衰右（支汊）兴趋势，沿袭了双汊河段单向变化的规律。

4）洲头的心滩是双汊河段在进口段由横向水流冲刷切割而产生，是主支兴衰趋势的一个必然现象。天兴洲汊道和戴家洲汊道洲头心滩和串沟通过整治已基本稳定；陆溪口河段新洲洲头虽然也进行了整治，但滩头较高部位又产生新的串沟可能形成新的切割；龙坪新洲洲头也已整治，但滩头较低部位又产生新的串沟和心滩；团风河段东漕洲头低滩仍在切割形成新的心滩。

5）汊道受上游河势变化的影响产生的新变化值得注意。如嘉鱼河段上段白沙洲右汊的发展，下段嘉鱼心滩变成江心洲与其左、右汊的冲淤变化，武汉河段白沙洲洲头冲淤及其左汊与潜洲右汊之间过渡衔接的变化，人民洲左汊由淤积衰萎向冲刷发展的转化等。

以上五个方面的变化都体现了原分汊河段演变的特性，遵循了江心洲并岸、江心洲横向平移周期性变化、双汊河道单向冲淤兴衰变化、洲头切割形成心滩以及受上游动力轴线变化影响等规律。

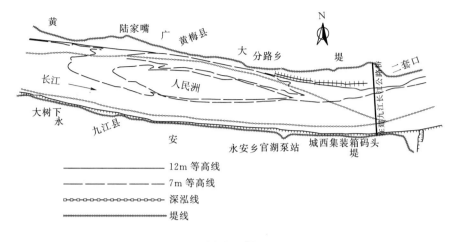

(a) 2001年

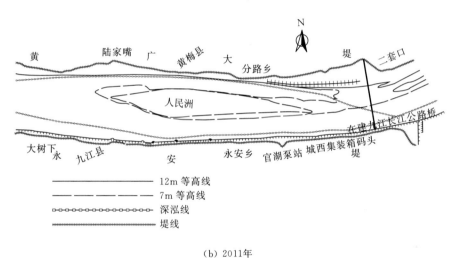

(b) 2011年

图 7 - 19　人民洲汊道近期河势变化

然而，在河床内一些尺度较小、高程较低的地貌，如边滩、心滩、小江心洲等也出现一些新的变化，表现在：

1）急弯段的边滩受到冲刷，如簰洲湾尾端急弯段的大嘴边滩和牧鹅洲急弯段边滩因水流撇弯产生的冲刷。

2）切割边滩成为心滩或小江心洲，如土地洲外边滩受水流切割成为心滩，仙峰洲边滩冲淤交替，近期切割形成傍岸的小江心洲。

3）由边滩淤积成小江心洲，如儒溪边滩先由 2 个小心滩变为一个大心滩，然后形成小江心洲，如内槽冲深则将成为分汊段。

4）由长顺直段边滩发展成沙嘴和倒套，切割后成为长心滩。如铁板洲汊道以上左侧纱帽洲长边滩和人民洲汊道以下左侧的长边滩都有切割成为心滩之势。

5）单一段边滩切割成分汊段，如石码头至赤壁段由右边滩切割成心滩再形成小江心洲，邱家湾段则随河宽增大形成潜心滩。

以上五个方面的洲滩冲淤变化，是否与三峡水库蓄水后"清水"下泄含沙量减小有关值得研究。

7.3.3.2 长江下游河床地貌变化

（1）张家洲汊道。汊道右岸受山矶控制，左岸实施了同马大堤和黄广大堤护岸工程，两岸岸线基本稳定。张家洲右缘也较早实施了护岸工程，并在98洪水后进行了护岸加固，加之左缘乌龟洲的并洲，洲体平面形态也基本稳定。在三峡蓄水后"清水"下泄作用下，张家洲左、右汊枯水河槽的冲刷比较明显，主要变化部位还有：左汊内洲北缘中上段边滩、右汊内官洲洲头和左缘中下段洲滩以及官洲右槽下段枯水河槽两侧拓宽；张家洲洲头部位形成倒套，可能与横向流切割有关（图7-20）。本时段右汊内二级分汊的官洲有两个河漫滩堆积体，是否会被水流冲刷切割而对河势造成较大影响值得关注。

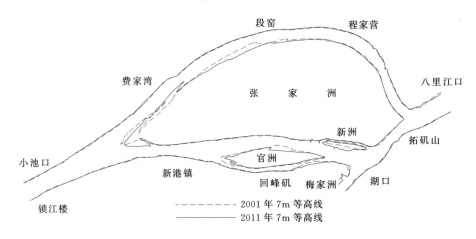

图7-20 张家洲汊道枯水河床变化

（2）上下三号洲汊道。本河段右岸受山矶、阶地控制，左岸为冲积平原。上三号洲左汊不断向左弯曲造成崩岸，但后来该汊淤积衰萎，上三号洲呈并岸趋势；下三号洲左岸则因同马大堤王家洲的护岸也趋稳定。所以，河段两岸岸线变化不大。本时段上三号洲已并入左岸，其向上延伸的洲头在这之前已受到切割形成洲头心滩，并呈淤积态势，本时段洲头低滩再向上延伸仍受横向水流切割，又形成一个较长的心滩，而且还有切割的可能，原切槽则淤积萎缩（图7-21）。上三号洲右缘有小幅冲刷。下三号洲左缘上段上部滩岸有所冲刷，但低滩明显淤积，下段低滩则明显冲刷；右汊中、枯水河槽变化不大，但在左侧宽边滩内有较浅的长槽，是切滩的隐患；在汊尾又新生两个小洲。

（3）马垱河段。本河段右岸为山矶、阶地，左岸受同马大堤护岸工程控制，两岸岸线基本稳定，仅在出口段左侧华阳河口岸滩有小幅崩退。本时段棉船洲洲头受冲后退，左汊口门和中、枯水河槽均有拓宽，上段右侧棉船洲边滩受到切割，铁沙洲右槽冲刷发展，表明左汊有明显冲刷趋向。右汊进口拓宽，上段深槽有进入顺字号左槽之势，顺字号洲头大幅冲刷后退，洲尾淤积延伸，左槽呈发展趋势。右汊下段瓜字号右缘有小幅冲刷，主槽略有增宽。

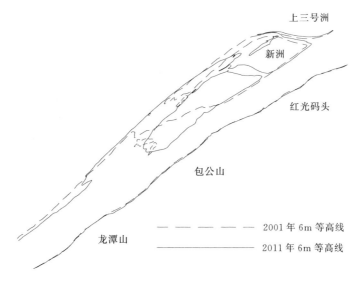

（a）上三号洲进口段

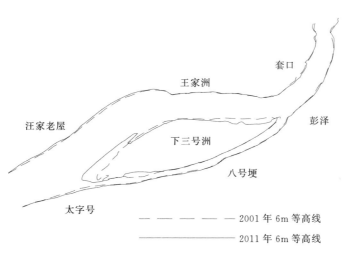

（b）下三号洲汊道

图 7-21　上、下三号洲汊道枯水河床变化

（4）东流河段。右岸有较多山矶控制，构成多处突出的岸线，左有同马大堤护岸工程，两岸岸线均较稳定。本时段进口窄段左侧形成一长条形心滩，老虎滩洲头以上大范围受水流冲刷，洲头后退。右汊（东港）呈冲深拓宽发展态势，洲头右缘受冲刷，有"口袋型"崩窝，9m深槽与以下深槽相连接；左汊宽浅，浅滩范围大；洲尾还有切滩串沟。稠林矶以下右岸形成潜边滩、沙嘴和夹槽，边滩上已形成3m潜心滩。洲尾以下弯段的边滩受切割，形成13m心滩，内有夹槽。棉花洲与玉带洲已并洲，其右缘边滩受到大幅冲刷；其左汊呈淤积态势（图 7-22）。东流河段因河道顺直、洲滩众多，纵、横向水流与河床冲淤变化极其复杂。尽管本时段实施了一系列整治工程，河道稳定性有所增强，但仍然是一个整治棘手的河段。目前，东港的发展仍在持续，在三峡蓄水"清水"下泄的情况下，

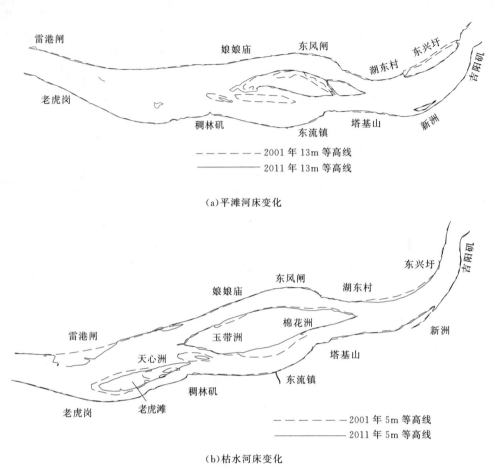

(a)平滩河床变化

(b)枯水河床变化

图 7 - 22　东流河段平滩及枯水河床变化

还会不会出现新的洲滩变化有待观测。

（5）安庆河段官洲汊道。该汊道在西江堵汊和复兴洲基本并岸后，实际上已成为三汊型态。通过进口节点吉阳矶及其以上弯段的导流作用，进入官洲汊道的水流动力轴线及其形成的深槽紧靠清节洲左汊内的左岸直至三益圩，然后以 90°的急弯进入东江，沿官洲右缘经跃进圩再汇合其他汊流后向右岸杨家套过渡；清节洲右汊即南夹江为支汊，本时段继续缓慢发展，在出口处切割余棚边滩，使之成为小江心洲，并以汊流形式与主汊汇合。新中汊为清节洲边滩受水流切滩而形成，20 世纪 80 年代以后冲刷发展，90 年代以后淤积，本时段成为两条冲沟与南夹江尾段汇合，另外清节洲滩面上还有其他冲沟（图 7 - 23）。鉴于三峡蓄水后"清水"下泄含沙量极度减小，对滩面诸串沟会产生何种影响有待研究。

（6）安庆河段鹅眉洲汊道。汊道进口受节点控制，右岸有牛头山，左岸为广济圩丁马段护岸控制，两岸岸线变化不大，仅汊道进口段右侧边滩显著淤积，使进口展宽段束窄。本时段鹅眉洲大幅崩退，江心洲右缘中、上段小幅淤积。潜洲右缘大幅淤积，尾部有倒套雏形，又有新一轮开始切割之势（图 7 - 24）。但这种切割及其之后的演变在三峡蓄水"清水"下泄情况下是否还会延续其周期横向变化或出现新的变化特性值得研究。

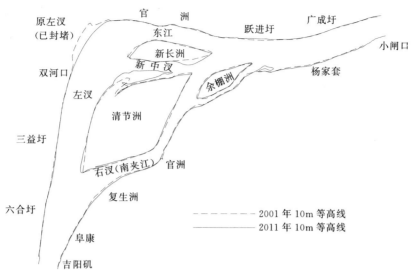

　　　　　　　　　——— 2001 年 10m 等高线
　　　　　　　　　———— 2011 年 10m 等高线

图 7-23　官洲汊道中水河床变化

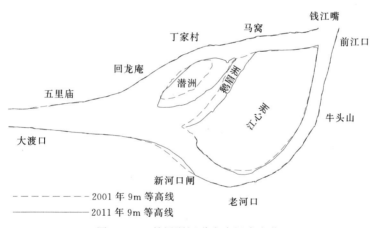

　　　　　　　　　——— 2001 年 9m 等高线
　　　　　　　　　———— 2011 年 9m 等高线

图 7-24　鹅眉洲汊道中水河床变化

　　（7）太子矶河段。因右岸受山矶阶地控制，左岸也有孤丘、阶地，两岸岸线基本稳定，仅河段出口段右岸有小幅崩岸而拓宽。铜铁洲形态变化不大。受拦江矶及其以上凹入岸线导流作用，左汊入流条件较好，长期保持相对稳定。右汊内原玉板洲已并洲，但其外缘仍有所冲刷。新玉板洲形成后淤高淤长，稻床洲受冲刷。至 2011 年，汊道上游弯道段凸岸边滩有"口袋型"淘刷，边滩尾有倒套；新玉板洲低滩向下延伸至铜铁洲尾（图 7-25）；右汊中、尾部形成长条形潜心滩。可见右汊内滩槽不稳定。

　　（8）贵池河段。河段进口右侧扁担沙已经并岸，右岸上段有秋江圩王家缺护岸，左岸有枞阳江堤殷家沟护岸，汊道出口右岸为泥洲并岸，两岸岸线基本稳定。汊道为三汊并列型：右汊为支汊，呈萎缩态势，进口为拦门沙浅滩；中汊为主汊，呈发展状态，两侧洲滩基本无控制；左汊内在本时段随进口水流右偏而冲刷兴隆洲，洲体面积变小，滩面高程降低，兴隆洲与长沙洲之间的河槽处于发展态势。

　　（9）大通河段。河段右岸受山矶控制，左岸上段有林圩拐、老洲头等护岸工程，下段

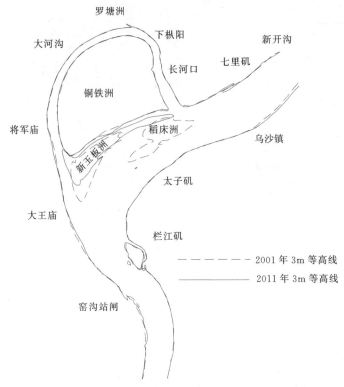

图 7 - 25　太子矶河段枯水河床变化

为弯道凸岸。两岸岸线基本稳定。本时段进口深槽略有右摆，使左汊内弯道凹岸和悦洲侧有小幅后退。2001 年，铁板洲洲头受切割形成 7m 串沟和洲头心滩，至 2011 年已淤积，同时又在洲头再切割形成 0m 串沟和洲头心滩。铁板洲尾与和悦洲头之间的中汊仍向下游有所平移。大通河段左、右汊相对稳定，江心洲平面形态总体变化不大，仅洲头受到自右汊至左汊横向水流的冲刷与切割，这种洲头滩槽向下游平移的周期性变化是否还会重演或有新的变化也是值得关注的。

（10）铜陵河段。河段右岸受山体、阶地控制，也受堤防的限制，左岸早期就实施过安定街、刘家渡等无为大堤护岸工程；近期在上段又实施了枞阳江堤护岸工程、下段实施了太白洲、太阳洲护岸工程以及出口右岸金牛渡、皇公庙等护岸工程，可以认为两岸岸线基本稳定，仅出口弯段凸岸边滩有所冲刷。本时段成德洲左汊洲头附近边滩有小幅淤积，枯水河槽束窄，下段深槽萎缩，左汊总体淤积，淤积形态可能形成潜边滩和潜心滩，朝宽浅方向发展；右汊冲深发展，洲尾新沙洲右槽断面窄深；出口处右侧傍岸小心洲夹槽有所冲刷。汀家洲左汊内左侧太白洲、太阳洲岸滩基本稳定；铜陵沙总体为淤积，但左缘低滩有小幅冲刷后退；右小槽 6m 线贯穿（图 7-26）。汀家洲左右汊相对稳定。

（11）黑沙洲河段。黑沙洲左汊长期受进口板子矶、凤凰矶导流作用，进流条件较好，支汊形态虽为鹅头型，长度也很长，但无明显萎缩趋势，其平面形态受到小江坝附近护岸工程控制；中汊随着黑沙洲崩退和天然洲的淤积，进流条件日益恶化，呈持续淤积趋势，枯水期已经断流；天然洲左缘大幅淤积左移，有与黑沙洲相并之势；右汊继续发展（图

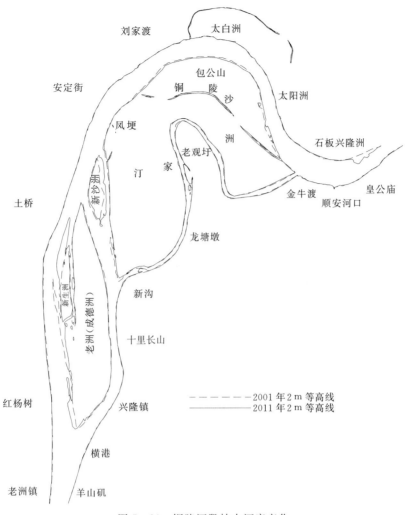

图 7-26　铜陵河段枯水河床变化

7-27）。当黑沙洲汊道成为鹅头型双汊河段后，左汊毕竟大大长于右汊，长远来说可能会处于缓慢衰萎趋势。

（12）芜裕河段。大拐以上的上段左、右岸分别受惠生圩和繁昌江堤护岸工程的控制，两岸岸线变化不大。该汊道中原鲫鱼洲已于 20 世纪 80 年代冲刷殆尽，右侧边滩经切割后于 90 年代末已形成小心洲（称潜洲）。本时段潜洲洲头受冲下移，洲体逐渐增大淤高，右汊冲深拓宽。按其演变的规律应是右汊先冲深再拓宽不断发展成主汊并向左扩，左汊则在向左移过程中不断淤积，由主汊变为支汊，潜洲先左侧淤右侧冲向左移扩大、后受冲刷洲体不断减小直到消失。三峡水库蓄水"清水下泄"经历一段时间后，洲滩淤积得不到原有的泥沙补给，是不是还遵循这一周期性发展规律或有新的变化特性，值得研究。

大拐以下陈家洲汊道右岸受山矶、阶地控制，左岸有无为大堤黄山寺等护岸工程，两岸岸线基本稳定。本时段陈家洲右缘经护岸后变化不大，左缘边滩持续淤积；汊道仍然呈左（汊）衰右（汊）兴的单向演变发展，变化较大处仍集中在洲头部位。2001 年曹姑洲

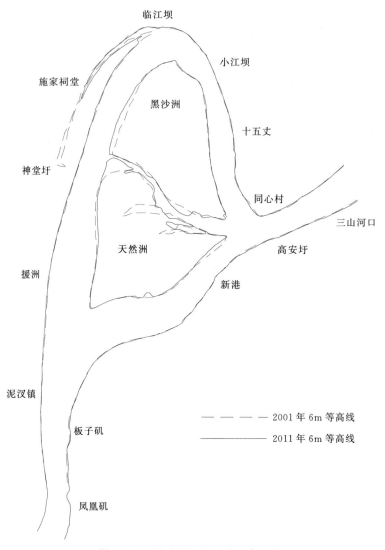

图 7-27　黑沙洲河段平滩河床变化

与陈家洲之间的串沟正在萎缩，水下 2m 线两洲已连为一体，表明曹姑洲即将并入陈家洲，但曹姑洲头又有新切割的新槽和洲头心滩形成；至 2011 年，该槽已成为一个由左汊进入右汊的较大中汊，该心滩滩体也显著增大成为新曹姑洲，其洲头低滩仍向上游延伸（图 7-28），并存在新切割的可能性。预计在三峡蓄水"清水下泄"后河床活动性增强的情况下，其洲头低滩的切割和串沟的发展变形将有可能产生新的变化。陈家洲右汊右侧心滩的内槽是否冲刷继而形成汊道也值得关注。

（13）马鞍山河段。本河段除进口节点为东、西梁山和右岸有采石矶外，两岸均为冲积平原。由于左、右岸分别受和县江堤及其护岸工程和马鞍山江堤及其护岸工程控制，两岸岸线总体变化不大。上段江心洲汊道左（汊）兴右（汊）衰的发展缓慢，两汊分流趋于相对稳定。本时段由于进口段主流冲刷彭兴洲和江心洲上段，使右侧成为一个凹岸形态，左侧形成一个大边滩，其平面形态由顺直型变为微弯型；而左汊下段至小黄洲头形成三个

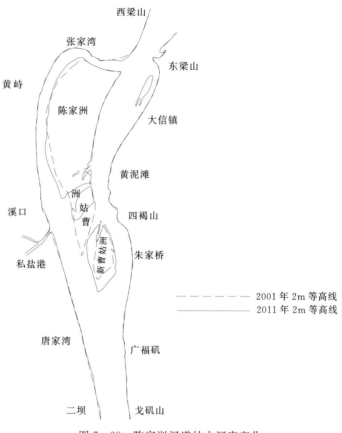

图 7 - 28　陈家洲汊道枯水河床变化

江心洲、滩，即原何家洲边滩成为江心洲，何家洲上边滩因夹槽冲刷也成为江心洲，以外又形成一个心滩，而且此心滩不稳定，向下游移动（图 7 - 29）。这一分汊水流，加之右汊出口水流，使得进入小黄洲左、右汊的流势十分复杂。江心洲右汊平面形态变化不大，河床处于缓慢淤积状态。小黄洲左汊在大黄洲护岸后相对稳定，右汊平滩河槽沿程展宽。由于汊道出口段不断拓宽，节点已不再具有对河势的控制作用。小黄洲头以上洲滩罗列和洲尾节点拓宽，是马鞍山河段整治中两大复杂难题。

　　（14）南京河段新济洲汊道。本汊道段两岸山矶、阶地控制较多，加之护岸工程，两岸岸线基本稳定，同时形成了一个江心洲横向发育受到较多控制、洲滩顺列的多汊河段。右汊进口与马鞍山小黄洲右汊水流相衔接，改变了以往由小黄洲右汊向新生洲左汊水流横向过度的态势；左汊在淤积过程中形成新洲。本时段新生、新济洲汊道仍保持右兴左衰的发展趋势。新济洲尾受冲刷，平面形态沿程展宽。子母洲及其内槽相对稳定。新潜洲洲头冲刷后退，洲体相对稳定，左右汊冲淤变化仍在调整。

　　（15）南京河段（七坝以下段）。本段自上至下受到七坝、大胜关、梅子洲头及左缘、九袱洲、浦口下关、八卦洲头、燕子矶、天河口、大厂镇、西坝、龙潭、栖霞弯道护岸工程控制，两岸岸线、江心洲汊道均基本稳定。本时段梅子洲及其左、右汊相对稳定，仅西江口边滩略有冲淤；潜洲头及左缘受冲刷，潜洲右槽进口河床有少许冲刷（图 7 - 30），

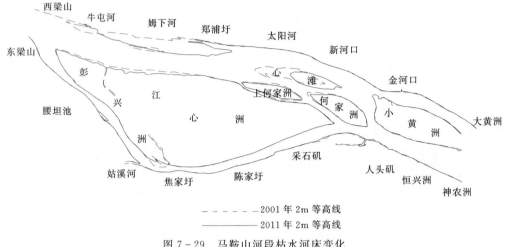

　　　　　　　　－－－－－2001 年 2m 等高线
　　　　　　　　────2011 年 2m 等高线

图 7-29　马鞍山河段枯水河床变化

似与水流顶冲有所下移有关。八卦洲汊道处于相对稳定态势，左汊进口黄家洲边滩仍有小幅淤积，左汊中部宽段浅滩也有所冲淤；右汊尾部左边滩已下移到节点处，出口深槽靠右岸；西坝深槽下移到拐头以下有与右汊出口河势一起下移之趋势；兴隆洲边滩内倒套外沙嘴受冲刷。

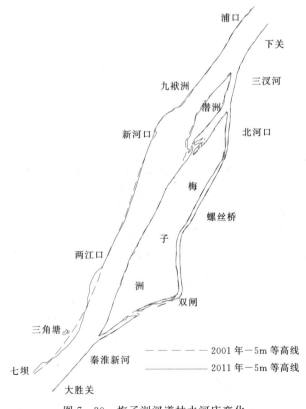

　　　　　　　－－－－－2001 年 -5m 等高线
　　　　　　　────2011 年 -5m 等高线

图 7-30　梅子洲汊道枯水河床变化

（16）镇扬河段。本河段右岸受山体、阶地控制，左岸实施了大量的护岸工程，两岸岸线已趋稳定。镇扬河段 20 世纪 70 年代后是长江中下游河床演变最剧烈的河段。经历年治理，现两个分汊河段仍呈不稳定态势。上段世业洲汊道分流比变化的速率较大，左兴右衰的发展趋势也较快，左汊内河床冲深拓宽明显，右侧的鹰脱子洲已被冲刷殆尽，左侧新冒洲并岸后也受强烈冲刷；右汊内河床淤积，下段边滩淤积成小洲。值得注意的是，中段六圩弯道凸岸边滩受冲成槽，近期该槽拓宽较大，心滩增长淤高，有形成分汊之势。下段和畅洲汊道于 20 世纪 70 年代中期发生了主、支易位，左、右汊分流比由 1：3 发展到 2001 年的 3：1；在 2002 年实施潜锁坝工程之后，左汊的发展受到控制，分流比的变化受到遏止，而且减少了 2～3 个百分点。预计在航道整治继续实施 2 座潜锁坝之后，右汊将转为冲刷发展之势。

（17）扬中河段。河段南岸受到山矶、阶地控制，左岸为冲积平原。经过嘶马弯道等岸段崩岸治理，两岸岸线基本稳定。受上游和畅洲左汊分流比持续增大直至本时段仍保持在 70% 以上的影响，水流强烈顶冲出口段右岸，扬中河段进口段的动力轴线右摆，导致落成洲头冲刷后退、洲头左缘边滩冲刷、落成洲右汊发展、太平洲头及其左缘冲刷以及太平洲左汊口门的冲刷等一系列后果（图 7-31）。近期在落成洲右汊出口右侧切割的边滩已淤积成江心洲，内槽发展，使之成为新汊。下段鳊鱼沙汊道，江心洲稳定性有所增强，左、右汊相对稳定，变化较大的部位在洲尾，冲淤变化仍较大，水流自左向右过渡不够稳定。天星洲左（支）汊本时段冲刷发展，录安洲右（支）汊因砲子洲尾冲退利于进流而明显发展。江阴段总体变化不大，右侧深槽较为稳定，左侧近岸河槽受心滩和边滩影响而冲淤变化较大。

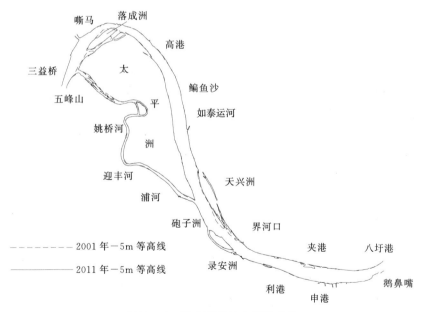

图 7-31　扬中河段枯水河床变化

从以上分析可以看出，三峡蓄水运用初期长江下游河床地貌的变化有很多方面与中游相类似：

1）原有并岸趋势的江心洲在本时段仍然持续这一演变趋势，如九江河段上三号洲就已经并入了左岸，安庆河段的复兴洲并入了右岸，贵池河段的凤凰洲随着右汊的衰萎也有并右岸之势。不仅如此，长江下游在本时段还有一些并洲的过程也承袭了长江中下游分汊河道自然演变的属性，如张家洲左汊内的乌龟洲、铜陵河段成德洲左汊内的新生洲、黑沙洲河段内的天然洲等，有的已经并洲，有的呈并洲趋势。

2）原来年际间滩槽作横向平移周期性变化的汊道在本时段的演变中仍然具备这一特性，如芜裕河段上段原鲫鱼洲（现称潜洲）汊道和安庆河段鹅眉洲汊道已开始或即将开始又一轮的周期性变化。而且，年际间滩槽呈纵向平移周期性变化的汊道也仍然维持着原有特性，如芜裕河段曹姑洲头和大通河段铁板洲头的切槽和心滩的冲淤变化。

3）呈单向演变趋势的双汊河段大多数仍然持续着主兴支衰的演变过程，如张家洲、铁铜洲、和悦洲、成德洲、陈家洲、马鞍山江心洲、新生新济洲、梅子洲、八卦洲、太平洲等，尽管它们之中有的主汊内含有二级分汊或洲滩变化，但在宏观上仍然遵循主汊发展、支汊衰萎这一发展规律。而且，还有三汊河段趋向变为两汊、稳定性总体趋于增强的河段，如贵池河段和黑沙洲河段。另一方面，在河势发生大变化的条件下，有支汊不断发展和主、支汊易位的汊道，前者如世业洲汊道，后者如和畅洲汊道。然而也有例外值得关注，棉船洲汊道原本一直遵循右（主汊）兴左（支汊）衰的规律，在本时段左汊有冲刷发展的态势，进口右侧棉船洲边滩产生冲刷切割，汊内铁沙洲原有并洲趋势现右支槽发生冲刷。

4）由汊道阻力形成的横比降和横向水流对洲头进行冲刷或切割，产生横向串沟和洲头心滩，并在纵向水流同时作用下该串沟发展成小汊并向下游平移对洲体继续冲刷是分汊河段水流泥沙运动的特点，这对于中游和下游一些洲头滩发育较长的分汊河段是一个共性，对已兴建堤防的江心洲来说，这只能发生在洲头部位，而对于未兴建堤防的江心洲而言，这种横向比降和横向水流及横向输沙在串沟或横向支汊内产生的冲或淤的作用，就不仅仅是发生在洲头部位，还有可能在滩面高程较低的洲体上发生横向切割，自然条件下中游的界牌河段和下游的东流河段都是如此。在三峡蓄水"清水"下泄的情况下可能会更复杂，只有通过整治工程的实施才能使汊道逐步稳定。

5）与中游嘉鱼河段一样，长江下游也有受上游河势变化的影响而产生河势变化较大的河段，如扬中河段上段就是如此。不仅如此，还有受下游邻近河段剧烈变化对上游河势产生较大影响的河段，如和畅洲左汊内鹅头切滩对世业洲汊道产生的影响。

综上所述，本时段仍然体现出长江下游分汊河段的演变与长江中游有许多共同之处，相对而言，下游的分汊河道变化更大、更复杂一些。此外，长江下游分汊河道还具有自身的一些变化特点：

①二级分汊的冲淤变化。长江下游江心洲十分发育，在不少相对稳定的主、支汊内还存在一些小江心洲。其中，有的是在顺直支汊内构成依附于两岸呈交错排列、顺水流方向为长条形的小江心洲，有的是在淤积的弯曲支汊中形成小江心洲，它们一般处于并洲或并岸的趋势，在河床演变中一般没有大的影响。但有的处在主汊中或较大支汊内的江心洲构成二级分汊却有可能发生较大的变化和产生较大的影响。如本时段九江河段张家洲右汊内官洲洲头的冲刷和右槽的发展、马垱河段棉船洲右汊内顺字号洲洲头的冲刷和左槽的发

展，都对航道带来一些不利影响，又如贵池河段左汊内兴隆洲切割后内槽发展可能形成新的二级分汊，是该汊道一个不稳定的因素。

②汊内河宽增大产生的地貌变化。随着分流比的增大，两岸如有护岸工程控制的主、支汊，河宽变化较小，流量的增大对河床内的地貌将产生一定的冲刷，如镇扬河段世业洲左汊（支汊发展）内两侧的边洲和南京河段八卦洲左汊内两侧边滩都产生了较大的冲刷，它们的边洲和边滩有的被冲刷掉，有的变为潜边滩。但在无护岸工程的情况下，汊内河道展宽，在河宽较大的情况下（往往发生在主汊内），有的在江心洲一侧形成宽阔的边滩，如马垱河段棉船洲右汊下段瓜子号洲右侧边滩；有的在江心洲一侧形成小江心洲和心滩，如太子矶河段铜铁洲右汊内；有的主汊随着分流比增大，河宽在沿程展宽的同时还在出口形成一个心滩，如芜裕河段陈家洲左汊内形成边滩进而又成为一个江心洲。长江中游也有这一现象，如龙坪河段新洲右汊随着分流比增大，河宽沿程增大，右岸边滩切割形成一个心滩；武汉河段天兴洲右汊河宽沿程也有一定展宽，出口逐渐形成两侧为槽中部为滩的W形断面，这都会对下游河势的稳定产生不利影响。

③边滩切割形成心滩和小江心洲。关于洲头低滩的切割，与长江中游情况不同，长江下游的多汊河段这方面尚不是一个突出的问题。例如，马鞍山河段以下几乎对江心洲头都实施了较强的整治工程，还有张家洲汊道、东流河段、官洲河段、鹅眉洲汊道、黑沙洲河段等洲头都实施了不同程度的防护工程；而且长江下游分汊河段除了九江河段上三号洲、大通河段铁板洲和芜裕河段曹姑洲头向上游延伸较长之外，一般进口段都有较大展宽率，洲头向上延伸均较短；还有不少直接受水流顶冲洲头的情形。以上都不大可能在长江下游分汊河段构成对洲头的切割，只有在很少的分汊河段才有江心洲头受切割形成小江心洲的可能。本时段长江下游洲滩变化主要表现为边滩切割后内槽冲刷形成心滩，进而成为傍岸的小江心洲，如安庆河段官洲右汊出口的余棚边滩、铜陵河段成德洲中汊出口的凤埂边滩、马鞍山河段江心洲左汊尾的上何家洲边滩、镇扬河段世业洲右汊下段洲右缘的边滩和扬中河段落成洲右汊出口的边滩等，经水流切割后成为心滩并发展为小江心洲。另外，还有在顺直段内由河宽展宽或因分流减小而在河槽内直接形成江心滩并进而成为小江心洲的现象，如马鞍山河段江心洲左汊下端形成的心滩和南京河段新生洲左汊内形成的心滩。以上的边滩冲刷切割成心滩和直接淤积成心滩，有的是20世纪90年代后河床演变过程的持续，但大多数是本时段内发生，这是不是与上一时段含沙量减小和本时段含沙量进一步大幅减小有关？三峡水库蓄水后才经历了10余年，在"清水"下泄持续作用下上述切割的边滩内槽是否进一步冲刷逐渐演化成小的分汊段，长江下游是否还有更多的边滩（或潜心滩）受冲刷切割和淤积形成新的心滩，值得研究。

7.3.4　小结和建议

（1）经过半个多世纪的治理，长江城陵矶以下中下游河道两岸岸线基本稳定，作为河道平面形态主要组成的河漫滩边界得以稳定，确保了堤防工程和两岸设施的安全，为进一步控制河势和航道整治、两岸岸线利用提供了良好的条件，为河道的长远稳定奠定了基础。在三峡工程蓄水运用后"清水"下泄的情况下，河床产生长时段冲刷，必将对两岸岸坡稳定产生影响。因此，对两岸尚处于自然条件下有崩岸趋向的河漫滩河岸仍需要进行防护，对护岸标准偏低，护岸工程薄弱的部位仍应进行加固，还应防止危害甚大、突发性强的"口袋型"窝崩发生。

（2）在两岸岸线变化不大的情况下，由于各江心洲的稳定性程度和各汊的冲淤发展态势不同，长江中下游各分汊河段表现出不同的稳定性。江心洲平面形态较稳定、两汊相对稳定或主兴、支衰变化缓慢、两汊冲淤变化较小的双汊河段，可以认为是稳定的分汊河段；江心洲平面形态总体变化不大，而主、支汊有一定的冲淤变化，主汊内二级支汊和洲滩有不同程度的冲淤变化，但对河势基本无影响的双汊河段，认为是基本稳定的分汊河段；江心洲形态有不同程度的变化，包括洲头滩、槽纵向平移和滩、槽横向平移的双汊河段和三汊河段，但对河势无较大影响，认为是不够稳定的分汊河段；江心洲滩不稳定，主、支汊冲淤变化很大，对河势有较大影响的河段，认为是不稳定的分汊河段。在三峡工程"清水"下泄的情况下，长江中下游分汊河道治理的重点应更多着眼于江心洲的整治。对第 1 类和第 2 类分汊河段，要保持现有的江心洲分汊形态，加强滩岸防护，防止边滩冲刷切割，近江心洲的小洲滩宜采取措施并洲为宜，稳定二级分汊。第三类分汊河段，对纵向滩槽平移需稳定洲头，对横向洲、汊平移需稳定江心洲和主汊，对三汊河段宜导治成为双汊河段。对第 4 类不稳定的分汊河段应据不同情况，因地制宜，重点整治。

（3）在长江中下游分汊河道河床演变中，节点的形成对河势的控制作用是众所周知的。三峡水库蓄水后 10 余年来，大多数节点尚处于稳定状态，但也有节点发生拓宽现象。如马垱河段出口华阳河节点、太子矶河段乌沙镇至新开沙节点、贵池河段出口下江口节点、黑沙洲河段三山河口节点等，在本时段都有一定幅度的拓宽。鉴于节点在分汊河道河势控制中的重要性，三峡水库"清水"下泄长时段的冲刷对节点的影响应予特别的关注。

关于节点稳定在河势控制中的重要性，这里要对乌龙山—西坝节点和大黄洲—神农洲节点的演变作进一步阐述。南京河段八卦洲汊道出口节点在 20 世纪 40—50 年代是主流靠右岸乌龙山，左岸为河漫滩。当 50—70 年代随着八卦洲右汊分流的增大和水流顶冲的下移，节点处水流转而开始冲刷出口左岸西坝一带，而右岸处于凸岸部位，至 80 年代为淤积边滩所替代，原栖霞山水位站和炼油厂水泵房均遭淤废。由于这一节点处河床演变关系到整个栖霞龙潭弯道的河势，如不加以遏制而任其发展，整个主流将开始北徙，自上而下影响到整个弯段河势及兴隆洲（已靠左岸）汊道的稳定。70 年代后实施的西坝护岸工程抑制了这一趋势，节点处形成的左向微弯凹入段不仅控制了水流顶冲的下移，而且使紧贴左岸深泓的水流向右过渡，使炼油厂码头以下的河道仍然维持弯道的河势，从而确保了其 10 余 km 的深水岸线，为经济发展作出了贡献。这说明节点以上分汊河段分流比变化和右汊内水流顶冲下移的双重作用对节点稳定产生的影响，也表明抓住时机和合理整治的效果。马鞍山河段小黄洲汊道出口和南京河段新生洲汊道进口之间的节点，原左岸是大黄洲并岸，右岸是神农洲并岸，均为冲淤物构成节点束窄段。上段小黄洲汊道的右汊一直为主汊，过去是主流经过该节点过渡到新生洲左汊（即主汊）。后来，随着小黄洲左汊尾部左侧大黄洲不断崩岸，节点处河宽增大，小黄洲右汊水流遂大部分径直进入新生洲右汊，使其持续发展成为主汊；而小黄洲右汊经节点过渡到新生洲左汊的水流不断减弱。目前节点已拓宽超过 1500m，小黄洲尾与新生洲头水下沙埂相连，节点已基本失去了两汊道之间调节水流和控制河势的作用。以上分析表明，节点平面形态的不稳定性将导致节点处流速重分布与流向变化和节点段断面形态的变化，都会对河势产生大的影响，对此决不可掉以轻心。同时也可看出，只要抓住时机、因势利导、加强防护、合理整治，是完全可以维护节点的稳定，继续发挥其对河势的控制作用；失去时机，则会对整治带来极大的被动。

（4）由于节点整治大多为局部防护，工程量小而作用巨大，为防止三峡水库"清水"下泄可能对节点稳定产生不利影响，对锁江楼以下的长江下游若干节点提出以下整治建议：

1）张家洲汊道出口节点。为保持该节点的稳定，对洲尾两侧和左汊出口转角局部范围进行防护。

2）下三号洲汊道出口节点。为稳定左汊出流进入彭泽河弯的流势，防止左汊末端河岸的后退，需对该处转角进行防护。

3）马垱河段出口节点。要控制棉船洲左汊和瓜字号左泓汇合后的水流北靠之势，对汇合段及其拐角部位进行守护，防止节点处河道增宽。

4）东流河段出口节点。由于节点以下弯段边滩已受切割有形成心滩之势，要实施其内槽的堵塞和边滩的护滩工程。

5）官洲汊道出口节点。为确保主流向杨家套到小闸口弯段的过渡，要继续向下延护广成圩滩岸。

6）鹅眉江心洲汊道出口节点。为维护现有节点控制的良好态势，适时对左汊出口转角进行局部防护。

7）太子矶河段尾部和贵池河段进口节点。太子矶尾部扁担洲已并岸，该处河宽较大，铁铜洲右汊及扁担洲段仍在持续调整，节点控制可下移至幸福村窄段，需对幸福村外突部位和新开沟以下江岸进行局部防护。

8）贵池河段出口和大通河段进口节点。由于其中汊和左汊汇流角较小，两汊水流平顺交汇，出口河宽较大，因而节点控制下移至合作圩窄段，两岸均需作局部防护。

9）铜陵河段出口节点。为防止石板隆兴洲边滩进一步切割形成分汊，对其内槽实施封堵并护滩。

10）黑沙洲汊道出口和芜裕河段进口节点。对左汊出口转角进行防护。

11）芜裕河段出口和马鞍山河段进口节点。对左汊出口转角及以下局部受冲岸段进行防护。

12）新济洲汊道出口节点。为巩固七坝节点的控制作用，对七坝护岸工程作适当下延。

13）八卦洲汊道出口节点。为巩固主流向右过渡的河势，对西坝护岸工程作适当下延。

概括以上节点的治理，主要是对具有一定交角的汊道转角处进行防护，使其仍保持一定的交角；对交角较小的节点一岸或两岸进行防护，不使其河宽增大；对节点处可能形成分汊的边滩内槽进行堵塞，使其仍保持单一河道形态。至于马鞍山河段出口和新济洲汊道进口节点，这是一处非常复杂的节点，需研究该节点演变趋势及其影响和控制工程措施，予以重点整治。

（5）在三峡水库"清水"下泄 10 余年期间，长江中游分汊河道的一些边滩受冲刷甚至切割形成心滩，长江下游分汊河道的一些边滩有的继续上一时段的切割，内槽进一步冲深，有的新发生切割，形成心滩和傍岸的小江心洲。如果说，这与含沙量大幅减小有关的话，那么在今后"清水"下泄长时段冲刷的情况下，内槽的进一步刷深并拓宽是有可能形成一些小的分汊段，逐渐会对河势稳定产生一些不利影响。因此，建议对长江中下游分汊河道内已产生的傍岸小江心洲和心滩，适时进行堵塞。对于一些高程较低的潜心滩、沙埂、沙嘴也不应忽视，加强河道观测与分析研究，在枯水河槽的范畴内予以整治。

参考文献

［1］　荆江市长江河道管理局. 荆江堤防志［M］. 北京：中国水利水电出版社，2012.

［2］　中国科学院地理研究所，长江水利水电科学研究院，长江航道局规划设计研究院. 长江中下游河道特性及其演变［M］. 北京：科学出版社，1985.

［3］　余文畴，卢金友. 长江河道演变与治理［M］. 北京：中国水利水电出版社，2005.

［4］　长办南京河床实验站. 长江下游九江至江阴河道基本特征［R］. 长江流域规划办公室，1983 年 10 月.

［5］　余文畴. 长江河道认识与实践［M］. 北京：中国水利水电出版社，2013.

［6］　钱宁，张仁，周志德. 河床演变学［M］. 北京：科学出版社，1987.

［7］　姜贤瑞. 界牌河段河床演变分析［R］. 长江水利委员会水文局汉口水文总站，1991 年 6 月.

［8］　余文畴. 长江分汊河道口门水流及输沙特性［J］. 长江水利水电科学研究院院报，1989（1）.

［9］　长江流域规划办公室. 长江中下游护岸工程基本情况及主要经验［C］长江中下游护岸工程经验选编. 北京：科学出版社，1978.

［10］　余文畴，卢金友. 长江河道崩岸与护岸［M］. 北京：中国水利水电出版社，2008.

［11］　余文畴，梁中贤，沈惠漱. 长江中下游抛石护岸工程问题的研究［C］//第二次河流泥沙国际学术讨论会论文集. 北京：水利电力出版社，1983.

［12］　周建红. 城陵矶河段河床演变分析［R］. 长江水利委员会水文局汉口水文总站，1991 年 6 月.

［13］　长办丹江水文总站，汉口水文总站. 汉江中下游丹江口至汉江河口河道基本特征［R］. 长江流域规划办公室水文局，1983 年 10 月.

［14］　顾织生，刘雅鸣. 长江下游东流河段河床演变分析［R］. 长江水利委员会水文局，1992 年 7 月.

［15］　许全喜. 三峡工程蓄水运用前后长江中下游干流河道冲淤规律研究［J］. 水力发电学报，2013，32（2）.

第3篇　长江口河段篇

第8章 长江下游澄通河段近期演变和整治中若干问题

长江下游澄通河段经过半个多世纪的治理，两岸建立了堤防工程体系和颇具规模的保滩护岸工程，历史上河道多变的边界条件已基本受到控制。该河段为分汊型河道，目前总体河势相对稳定，表现在：①在宽窄相间的汊道内节点平面位置和汊道平面形态相对稳定；②汊道分流态势变化趋小；③大部分主槽受到边界的控制而相对稳定或呈缓慢地单向平移状态。这个总体河势格局，为防洪、航道和岸线利用创造了较好的条件，多年来对两岸经济社会发展作出了贡献。同时，近几年由于局部岸滩因势利导进一步实施了圈围和江心洲的相并，洪水河床河宽和平滩河槽河宽进一步束窄，河道和航道整治工程的实施，基本河槽得到一定程度的控制，使得河道总体上继续朝相对稳定方向发展，为进一步治理提供了良好的基础。此外，澄通河段毕竟属于近河口段，河道形态仍然宽阔多汊，洲滩众多，滩槽分布交错；受径流和潮汐动力共同作用，涨、落潮水流泥沙运动和河床冲淤变化较复杂；加之有的江心洲漫滩潮流还没有受到洲堤的约束，而大多数江心洲作为分汊河段平面形态的组成部分，其边界均处于可冲的自然状态。因此，在两岸平滩河槽内基本河槽与堆积地貌之间和基本河槽内各河床地貌之间，冲淤变化频繁且相互影响关系十分密切，有的部位冲淤变化的幅度和强度均较大，整治工程规模和技术难度均较大。这就要求我们在澄通河段的河床演变中继续研究不断出现的新问题。

作者曾于2012年就澄通河段近期演变特点分段做过初步分析[1]。对福姜沙汊道段，曾指出鹅鼻嘴节点以下深槽持续下移右偏及其对下游影响的新动向；右汊进流条件相对改善，左汊分别形成与福北水道、福中水道相衔接的河势；福中水道与浏海沙水道上段形成平顺衔接的态势。对如皋沙群段，指出浏海沙水道进口段主流有所右摆，护漕港边滩上段近期受冲；九龙港节点段水流顶冲有所下移及其可能产生的影响。对通州沙汊道段，指出西水道进流条件有所改善；通州沙滩面串沟有所冲刷发展，通州沙尾与狼山沙洲体开始淤积相连；东水道上段槽淤滩冲，水流整体有所右摆；东水道下段及狼山沙东水道变形调整较大。在这个基础上，对河床演变与河道治理中需进一步研究的问题进行了探讨，认为：①澄通河段中的几个节点（包括鹅鼻嘴、九龙港、龙爪岩等节点），虽然各自具有宽深比小和扩散段较长的特征，但对落潮流起主导作用的澄通河段而言，与长江中下分汊河道中的节点相比，它们对其下游河势的控制作用显著较弱，而且节点附近河床近期的变化已经对下游河段产生了影响；②江心洲头冲淤变化与上游节点的水流条件是相关的，汊道进口段水流的变化往往对汊道河势和分流比带来影响，洲头的防护与整治常常成为汊道稳定的关键；③洲滩是汊道平面形态的组成部分，洲滩岸线的变化不仅影响汊道河势的稳定，也将影响汊内河床地貌的冲淤变化；④小支汊和夹槽是径流和潮汐动力作用形成的，其岸线利用的价值不言而喻，在河势控制中不可忽视；⑤洲滩串沟的整治有利于整体河势的稳定。

本章对澄通河段近期河床演变将作进一步的分析研究是基于：①澄通河段作为近河口段，不仅受年内径流来水来沙周期性变化影响，更受长江口外潮汐动力作用的影响，特别是一日内两涨两落的潮汐特性与径流相互作用形成的涨、落潮流非恒定水流泥沙运动对河床冲淤施加的影响，必然进一步对河床内尤其是基本河槽内边滩与心滩、深槽与浅滩、潜边滩与潜心滩、沙嘴与沙埂、拦门沙与倒套等地貌带来各种各样的冲淤影响，而以往在这些方面研究得还不够深入。②本章在分析 2001—2011 年变化的基础上又补充了 2014 年的最新地形资料（附图 10、附图 11、附图 12），进一步分析澄通河段近期各部位河床地貌的变化和由此体现出的澄通河段作为近河口段的演变特性，进一步探索澄通河段演变中存在的问题，并对今后的整治提出建议。

8.1　澄通河段各部位河床地貌新近变化

8.1.1　福姜沙汊道段

（1）鹅鼻嘴节点深槽。该节点 −20m 深槽，20 世纪 70—90 年代略有下移，但槽头仍左偏，表明河势与福姜沙左汊长期衔接较好；至 2011 年和 2014 年，−20m 深槽进一步明显下移，槽头则向右偏，表明进入福姜沙汊道水流的动力作用有下移和右偏的趋向（图 8-1）。

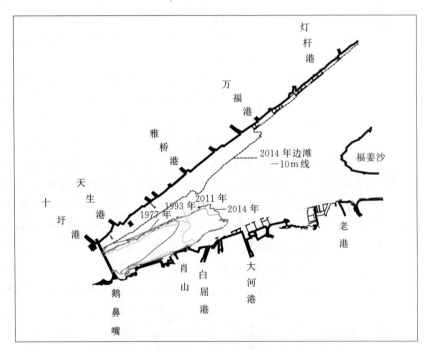

图 8-1　鹅鼻嘴节点 −20m 深槽近期变化

（2）福姜沙右汊。近期福姜沙洲头 −5m 滩和 −10m 低滩受冲刷后退，自 2001—2011 年洲头（−10m）后退了 790m，2011—2014 年又后退了 70m，并且在 2014 年洲头滩面还受到自左至右的斜向水流切割形成－5m串沟（附图12），表明洲头附近水流有较大变化；同时，右汊进口段河床冲深，断面形态向窄深形态发展（图8-3，图8-2为澄通河段断面布置[2]），进口断面 $\sqrt{B/h}$ 的减小往往是支汊发展初始阶段的特征。

图 8-2　澄通河段横断面布置

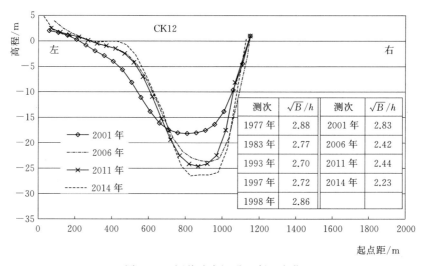

图 8-3　福姜沙右汊进口断面变化

测次	$\sqrt{B/h}$	测次	$\sqrt{B/h}$
1977 年	2.88	2001 年	2.83
1983 年	2.77	2006 年	2.42
1993 年	2.70	2011 年	2.44
1997 年	2.72	2014 年	2.23
1998 年	2.86		

尾部出口段右侧发生崩岸（图8-4），基本河槽－5m以下右岸冲刷后退，岸坡变陡，这与护漕港边滩首段冲刷相关联，应主要为涨潮流作用所致，相应左岸槽部淤积形成潜边滩，出口段局部产生了滩、槽易位；而紧邻其上段左侧福姜沙尾部滩岸受到冲刷后退（附图12中Ⓐ处），形成局部微弯的凹入岸线，这显然是由涨潮流顶冲形成的。

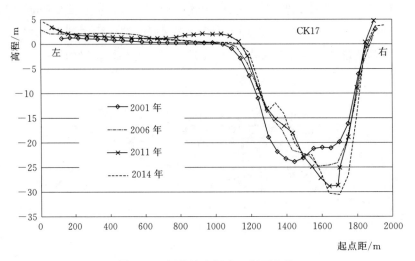

图 8-4　福姜沙右汊出口断面变化

　　弯顶部位左侧－5m 滩岸有所冲刷，岸坡变陡，基本河槽有所拓宽，槽内 2006 年后滋生－10m 潜心滩并淤高增宽（图 8-5），断面形态由 2001 年单槽向分汊发展，且边滩一侧槽部面积已占据 0m 以下过水面积一半以上。右侧－10m 深槽总体有所淤积。

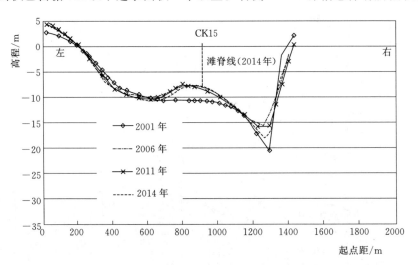

图 8-5　福姜沙右汊中段弯顶部位断面变化

　　（3）福姜沙左汊。2001 年进口左侧潜边滩发育，万福港—六助港－10m 潜边滩已呈切割之势（附图 10）；2011 年－10m 潜心滩形成并下移至六助港—灯杆港下，同时右侧双涧沙嘴受切割（附图 11）；2014 年，上述潜心滩下移至章春港上—夏仕港，并与左侧－10m 潜边滩相连（附图 12），其运动趋向需注意观察，是否会受到切割而与双涧沙头相连形成新的沙嘴，这关系到福中水道航道条件与航道整治工程的效果。

8.1.2　如皋沙群段

　　（1）如皋右汊（浏海沙水道）。护漕港边滩上段近期受冲刷，但其下段至段山港

2001—2011 年−5m 边滩和−10m 潜边滩则向江中淤宽，至 2014 年上端边滩的冲刷似略向下游发展（附图 10、附图 11、附图 12）；2011 年双涧沙与民主沙之间串沟淤塞，2011年和 2014 年双涧沙头串沟先发展后淤积，由如皋中汊向右汊的横向越滩流大为减弱；如皋右汊深槽近期向左弯曲且顶冲下移，在左侧双涧沙和民主沙滩体形成向左微弯的滩岸，与原向右微弯的河岸边界相比已完全易位，成为新的微弯形态凹岸边界。另外，2001 年至 2011 年民主沙尾的−15m 潜边滩向下延伸，至 2014 年已转化为宽阔的潜沙嘴且有被切割的趋势（附图 12）；如该沙嘴被切割，可能会引起河势较大的变化；如不被切割并形成依附洲尾向下淤积延伸的沙嘴，则河势尚能够保持向右过渡的状态。

（2）如皋中汊（含福北水道）。进口段（福北水道）2001 年−15m 槽畅通（附图 10）；2011 年，福北水道条件也可（附图 11）；但 2014 年福北水道在双涧沙头一侧形成−10m 潜边滩，与夏仕港形成的−10m 潜边滩对峙，福北水道通航条件相对稍差（附图 12）。

出口段泓北沙及其导堤前 2001 年有−10m 潜边滩和−5m 边滩，至 2011 年已被冲刷，中汊出口水流更为贴近泓北沙，流势趋直，与下游滩岸边界的河势衔接变得较为平直（附图 12）。

（3）福中水道。福中水道位于福姜沙尾部、为双涧沙头分割的汊流，它既承受福姜沙左汊大部分的落潮分流，又承受如皋右汊由福姜沙尾分割的涨潮分流，所以它与双涧沙头和福姜沙尾的形态及其冲淤变化均有密切关系。2001 年其涨、落潮流为双涧沙嘴、沙埂所阻，同时福姜沙尾−15m 沙嘴向下延伸，−20m 深槽均由下进入福姜沙右汊尾部口门（附图 10）；2011 年和 2014 年，双涧沙头沙嘴均受冲刷，同时福姜沙尾−15m 沙嘴也受涨潮流顶冲作用而后退，由下而上的−20m 槽在伸进福姜沙右汊尾部的同时也向上伸入福姜沙左汊尾部（附图 11、附图 12）。以上表明 2001 年福中水道航道条件相对较差，而 2011 年和 2014 年则较好。显然，这与双涧沙头和福姜沙尾冲刷后的形态和分流态势直接相关。

（4）九龙港节点深槽与边滩。九龙港节点附近，2001 年之前右岸深槽冲刷，左侧凸岸−10m 以下淤积，−10m 以上冲刷；2001 年以后则是右侧深槽淤积，左侧凸岸 0m以下至槽部−35m 均冲刷（图 8-6），说明节点段水流向左侧滩部转移，河槽的约束性有所减弱，即节点原有的控制作用有所减弱。联系到九龙港以上一干河断面的变化（图 8-7），也可看出断面总体向左拓宽发展，右侧主槽潜边滩大幅冲刷，2011年和 2014 年左槽也向左移，表明了如皋右汊主流和如皋中汊出流都有左偏的趋向且呈趋直的走向，这也佐证了九龙港节点段河势控制的作用逐步减弱与上游水流运动的关系。

8.1.3　通州沙汊道段

（1）通州沙西水道。通州沙西水道进口段断面变化表明，2001—2011 年左侧通州沙岸滩后退，右侧滩岸淤积，河槽整体左移（图 8-8）；左侧通州沙体西串沟断面有所淤积。

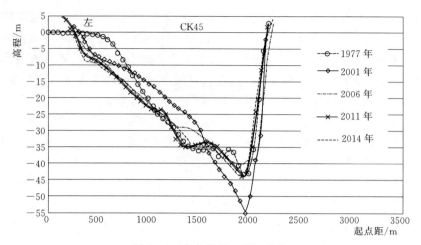

图 8-6　九龙港节点断面变化

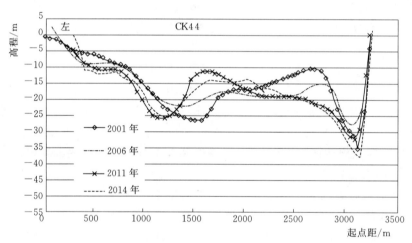

图 8-7　如皋中汊出流与右汊出流交汇处一干河断面变化

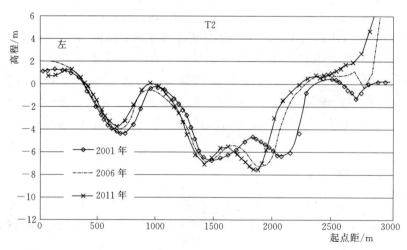

图 8-8　通州沙西水道进口段断面变化

西水道最大的变化是实施了通州沙潜堤工程、边滩圈围和疏挖工程，实施后西水道五干河以下河槽内−10m 已贯通，五干河—六干河之间的浅区已不存在了，但五干河以上河槽高程仍在−5～−10m 之间，有待进一步疏挖；西水道进口段通入洲体的串沟入口被堵塞，串沟有所淤积（附图 12）。

（2）通州沙东水道上段。龙爪岩以上的东水道上段，2001 年靠左岸−20m 深槽与上游进口段−20m 深槽首尾稍有交错（附图 10），之后进口段深槽头部继续右移，2011 年上、下深槽首尾明显交错（附图 11），到 2014 年形成了左、右−20m 槽中间夹−15m 沙埂的形态（附图 12）；断面图也清晰表明因水流右摆使左深槽大幅淤浅而原潜心滩和右潜边滩均大幅冲刷（图 8−9）。通吕运河口附近断面变化表明，与左深槽淤积的同时，2001 年右侧的−10m 潜心滩，到 2014 年已被冲刷成−17～−18m 深槽了（图 8−10）。

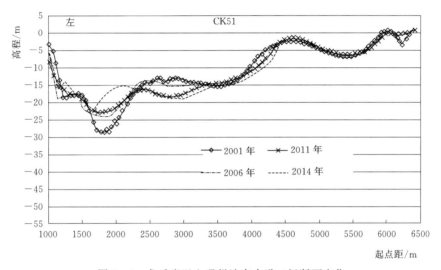

图 8−9　龙爪岩以上通州沙东水道口门断面变化

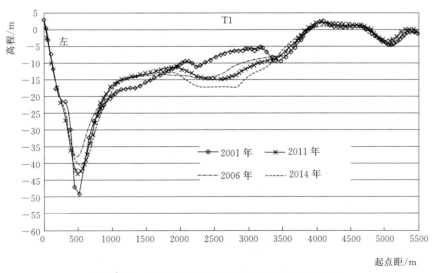

图 8−10　通州沙东水道上段通吕运河口断面变化

401

　　另外，通州沙东部滩面上原—5m 的纵向切沟，虽然有关部门采取了促淤措施，但形态依旧或者可以说略有发展，仍然是影响河势稳定的一大隐患（附图 12）。

　　（3）通州沙东水道下段。从平面图可以看出，2001—2014 年龙爪岩节点以下至裤子港，—20m 深槽左摆；从裤子港断面看，左岸—5m 以下直至坡脚均受冲刷，而且岸坡变陡（图 8-11），说明该段处于水流顶冲部位；以下过渡段槽部也有左冲右淤的左移态势，说明龙爪岩节点以下的通州沙东水道下段进口水流有左移趋势（图 8-12）；2001—2011 年中部新开沙外边滩大幅淤宽，内侧有—10m 倒套，尾部还有两个较大的—10m 潜心滩（附图 11）；到 2014 年，经通州沙东水道航道整治保滩工程的实施，通州沙、狼山沙东缘岸线得以稳定，龙爪岩以下—15m 槽全线贯通，航道条件呈现较好局面。同时，2011 年新开沙外—10m 潜边滩沙嘴淤积下延，到 2014 年与以下的—10m 潜心滩几乎相连（附图 12）。

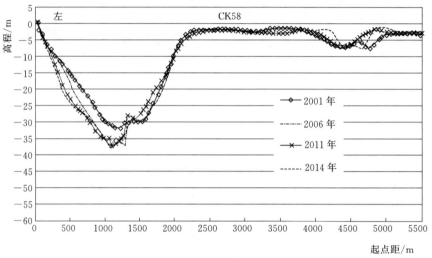

图 8-11　龙爪岩以下至裤子港断面变化

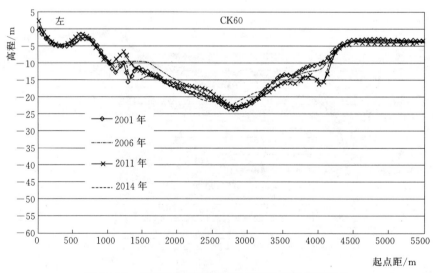

图 8-12　通州沙东水道裤子港以下过渡段断面变化

另外，通州沙尾与狼山沙头之间在 2001 年尚为原狼山沙西水道淤积后的过流通道，但 -10m 潜边滩已合为一体；到 2011 年 -5m 滩体相连，标志着两个沙洲将连为一体。然而，到 2014 年复又冲开，而且狼山沙西侧滩体冲刷甚为强烈，通州沙尾也受到一定的冲刷，不仅这一通道比 2001 年大大增宽，而且狼山沙面积还减小了 1/3。狼山沙又成为一个独立的洲体（附图 12）。

（4）新开沙尾部。2001 年狼山沙与新开沙尾部之间河宽相对较窄，狼山沙前深槽很发育；之后狼山沙继续崩岸后退，到 2014 年滩岸已后退了 500m。河宽的增大，一方面导致断面向相对宽浅发展（图 8-13）；另一方面也对左侧新开沙尾部和新开沙夹槽冲淤带来影响。2001 年新开沙尾与左岸之间的 -10m 夹槽上端至南农闸，与新开港前 -10m 槽是断开的（附图 10）；2011 年该尾部 -10m 夹槽上溯到新开港以上，-15m 槽也上延至南农闸，下端至徐六泾以下（附图 11）；2014 年尾部夹槽下端已与徐六泾深槽相通，-20m 槽也伸入夹槽至水山公司（附图 12）。该尾部夹槽的明显发展，表明新开沙夹槽在上述冲淤过程中动力作用的不断增强。该夹槽的冲刷和动力作用的增强，对夹槽与狼山沙东水道之间的新开沙向下延伸的 -10m 长条形心滩沙嘴甚至外边滩有可能造成再切割的影响。

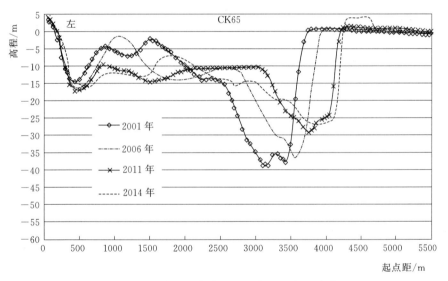

图 8-13　狼山沙与新开沙尾部之间断面变化

以上是澄通河段各部分河床地貌的一些变化，其中有的虽已为人们注意到，但其趋势及其后续影响还未引起重视；而有很多至关重要的变化人们可能还没有注意到。本章作进一步分析的目的就是引起有关方面的重视。

以下就上述变化进一步分析澄通河段近期演变的两大特性。

8.2　澄通河段河势变化的关联性[1]

综合以上澄通河段河床地貌新近变化的分析不难看出，澄通河段作为近河口段，其演变特性与长江中下游分汊河道不同之处在于：它不具备节点对河势有较强的控制作用，使汊道之间演变具有一定的独立性，上下游之间相互影响具有滞后性，而是上、下游河势变化具有较强的关联性。由于该河段的河床演变主要受落潮流的作用，因而其河势变化的关联性主要是指上游河势通过某些河床地貌的变化对下游河势产生影响；但有的变化也体现了下游变化对上游的影响。

1. 鹅鼻嘴节点深槽的变化对福姜沙汊道河势的影响

鹅鼻嘴节点右岸为山矶控制，左岸有炮台圩护岸工程防护，节点平面位置长期稳定。更由于上游江阴水道向右微弯，节点右侧山矶突出使近岸河床长期保持深槽形态，其−20m槽在 20 世纪 70—80 年代向下延伸至肖山附近，具有与福姜沙左汊衔接较好的河势。经 90 年代直至 2011 年，−20m 深槽的槽尾向下游延伸并有向右偏的态势（图 8 - 1）。这一变化速度虽然较为缓慢，但趋势却很明显，深槽下端累计下移的幅度达 1km 左右。以往人们基于它的平面形态长期稳定，一直以为鹅鼻嘴节点控制性很强，但却忽视了代表水流动力作用最强的深槽部位长期处于量变的过程。

根据文献 [1] 可知，1977—1993 年，鹅鼻嘴−20m 深槽槽头下移了约 400m，右摆了约 200m，槽头接近白屈港河口；至 2011 年又下移了约 1500m，右摆了约 320m，槽头已接近大河港河口，至 2014 年，−20m 深槽下端又有所拓宽，说明水流顶冲仍在下移。这一变化说明，鹅鼻嘴−20m 深槽在逐步向下游平移并向右偏转，即水流作用的动量向下游有所加强，作用的方向有所右偏，而且后一时段发展得更快一些。与其相应，对下游的影响是：①水流的右移首先冲刷福姜沙头北侧洲滩（图 8 - 14），福姜沙头部不断冲刷后退；②继而在后一时段（2001—2011 年）由于水流顶冲继续下移并右偏，使福姜沙头继续受冲而后退；③与此同时，双涧沙向上延伸并连接洲头边滩的−10m 沙嘴、沙埂受到强烈的冲刷；④相应地，福中水道的航行条件得以改善；⑤在福姜沙上游河势呈现上述变化下，其右汊的分流和河床演变，照理也应有个较大的变化，但在右汊仍然存在河床形态弯曲过甚、形态阻力和沿程阻力均较大等不利于发展的因素。到 2014 年，在江阴鹅鼻嘴节点水流运动依然维持下移且右偏的河势甚至有所加强的条件下，福姜沙头不仅是冲刷

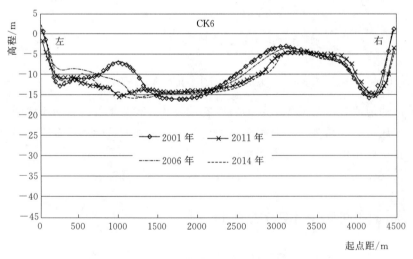

图 8 - 14 福姜沙头部左缘边滩的变化

后退而且滩面受到落潮流自左至右的切割形成－5m 的斜向串沟（附图 12），进口断面也变得更为窄深（图 8 - 3），显然，表明了上游河势变化对下游洲头及右汊进口段的影响。

以上说明了鹅鼻嘴节点处深槽的演变，使落潮流向下动力作用的增强而对福姜沙汊道内相关地貌产生的影响，体现了上游变化对下游河势影响的关联性。

2. 如皋右汊和中汊出口水流的变化对九龙港节点控制作用的影响

如皋沙群的右汊南岸，自 20 世纪 20 年代老海坝堵汊后，一直遭受强烈的冲刷，50 年代以后仍然遭受强烈冲刷，坍失土地达 10 余 km²。为了制止崩岸，70 年代修建了保滩护岸工程，80—90 年代又进行了加固，累计护岸长度达 14km，基本稳定了岸线，形成略向南凹的微弯河道形态。同时，福姜沙右汊与福中水道交汇水流在这期间形成了护漕港边滩，并自护漕港边滩开始形成局部向左凹的河势条件。此后，浏海沙水道的河势就遵循缓慢向左弯并向下游发展然后再向右岸过渡的趋向，2001 年自左向右过渡至太字圩港，2011 年和 2014 年过渡段逐渐下移至渡泾港，水流顶冲点也随之下移至九龙港和九龙港以下。从其断面变化可以清楚地看出，护漕港边滩首端的断面，自 70—80 年代至 2001 年，都是双涧沙一侧崩岸后退同时双涧沙滩面淤高（图 8 - 15），自 2001—2006 年再到 2011 年则相反，是右侧边滩受冲刷，可见 2001 年是 1 个转折的年份；位于太字圩港的断面（图 8 - 16），自 2001—2014 年都是左岸大幅冲刷，右侧边滩大幅淤积；位于渡泾港断面显然是过渡段的形态（图 8 - 17），变化比较复杂，但其左岸－5m 以上都一直为小幅度的冲刷后退，－10m 以下的近岸潜心滩也受到明显的冲刷，表明弯道向左向下移动基本上已接近民主沙的沙尾。再下是一干河上游附近的断面（图 8 - 7），1977 年如皋中汊分流比非常小（1979 年仅为 9.6%），出口水流傍靠民主沙－10m 尾滩；随着如皋中汊分流比增大，自 1983 年开始该断面右岸均受到中汊汇流和近期浏海沙水道顶冲下移的影响，其左岸自 2001—2014 年－10～－5m 的边滩一直呈单向冲刷后退之势。九龙港节点险工段（图 8 - 6），80—90 年代一直处于深泓近岸、坡陡流急的冲刷状态，但自 2001 年后，近岸河床发生淤积，对岸泓北沙边滩 2001 年之前为淤积，之后至 2011 年转为冲刷；从位于十一圩附

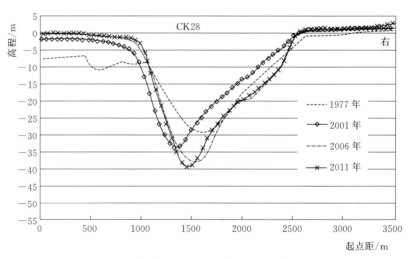

图 8 - 15　如皋右汊上段护漕港边滩段断面变化

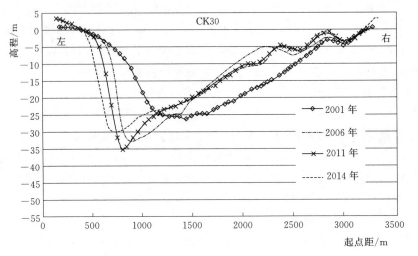

图 8 - 16 如皋右汊中段太子圩港断面变化

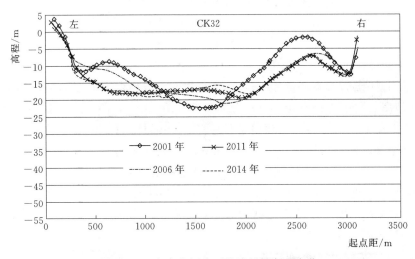

图 8 - 17 如皋右汊中下段渡泾港断面变化

近断面来看 (图 8 - 18)，2001 年前深槽不断冲深，右侧岸坡变陡，左侧凸岸－15m 以上滩部淤积；2001—2011 年右侧深泓有所外移，近岸深槽有所淤高，而左侧凸岸－15m 以下发生大幅冲刷，－10m 以上变化不大，2014 年深槽进一步冲深外移，凸岸淤积形成潜边滩，－20m 以下深槽变得窄深，可见原九龙港段的顶冲点已下移到十一圩附近。同时，双涧沙与民主沙之间串沟已不过流，双涧沙头串沟也处淤积变小态势，如皋中汊分流比有所增大，出口水流冲泓北港导堤外潜边滩，其出流使一干河对岸边滩冲刷并使九龙港节点左侧边滩受到冲刷。

综上所述，整个如皋右汊河势的发展均有水流顶冲下移的趋向。一是护漕港边滩上段受到冲刷，边滩约束水流作用变弱；二是双涧沙、民主沙微弯段水流顶冲下移，水流向下游相对趋直；三是过渡至右岸的水流顶冲点也下移，致使节点控制作用减弱；加之如皋中汊的出流使节点对岸边滩受到显著冲刷，也致九龙港节点控制作用减弱。这清晰表明了上

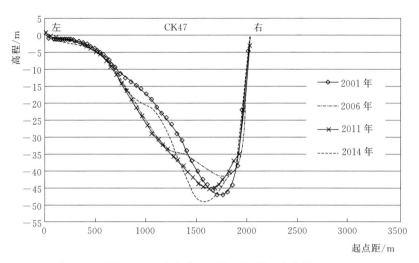

图 8 - 18　九龙港以下十一圩断面变化图

游如皋汊道段两汊河势的变化对下游九龙港节点控制作用的减弱是相向而行，充分体现了上、下游河势的关联性。

至于九龙港节点段的冲淤变化对通州沙汊道河势的影响，以及龙爪岩节点附近河床冲淤变化对通州沙东水道下段（含狼山沙东水道）河势的影响，也都体现出澄通河段内上、下游河势变化的关联性，这里就不一一分析了。

以上分析了澄通河段河床演变大都因受落潮流作用而主要表现为上游河势变化对下游河段的影响，但也有受涨潮流作用表现出自下而上河势变化的关联性，以下分述之。

3. 如皋右汊涨潮流对福姜沙右汊出口段和福中水道的影响

福姜沙右汊出口的右岸经护岸后自 1993 年以来较稳定，1997 年为矩形断面，2001 年深槽靠左侧（图 8 - 4），说明福姜沙出口段涨、落潮流是向左弯曲的，与护漕港边滩的凸岸形态也是吻合的，这与落潮流在出口段弯向左侧并经双涧沙段也弯向左侧和 2001 年前护漕港边滩的淤积是相应的，与那一时段的涨潮流路是一致的。然而 2001 年以后，护漕港边滩－5m 以下发生大幅度冲刷，深槽冲深右移（图 8 - 15），而福姜沙右汊出口段在 2001 年以后也是深槽右移、坡脚持续冲深（但上部河岸还未后退），这说明涨潮流已不弯向双涧沙一侧而趋直冲刷护漕港边滩，进入福姜沙右汊出口段时又对右侧的下部河槽冲刷拓宽（图 8 - 4），这是流势自下而上进入右汊时连带冲刷的表现。受涨潮流趋直的波及影响，右汊出口紧邻的上段左侧福姜沙滩岸受到冲刷，以致在洲体东北角－5m 滩岸线呈现凹入更甚的转折形态（附图 12 中Ⓐ）。另一方面，福中水道因 2001 年后双涧沙头的沙嘴沙埂受到冲刷而使得涨、落潮流均较顺畅，对于来自如皋右汊的涨潮流更为通畅，作为涨潮流分流的福姜沙尾，自 2001—2014 年－15m，－10m 洲尾都受涨潮流冲刷而后退，洲尾－20m 深槽自下而上由只进入右汊的一侧分布变为同时进入右汊和福中水道的两侧分布（附图 10、附图 12），也进一步说明受到涨潮流自下而上的冲刷作用。以上说明在落潮流占优势的近河口段，仍存在涨潮流自下而上通过河床地貌的变化体现出对局部河势产生的影响。

4. 在澄通河段尾部与徐六泾节点的衔接段更存在下游涨潮流对上游局部河势的影响

这一衔接段涉及上游 4 个河槽（即通州沙东水道、西水道、新开沙夹槽和福山水道）与下游节点的关系。2014 年地形表明，通州沙东水道水流减弱，主要输水部位向东偏移，新开沙夹槽水流加强，西水道也有所加强，福山水道仍为涨潮槽（附图 12）。在这个复杂区域，落潮流对于河床演变虽仍占主导地位，但涨潮流对上游河床冲淤、地貌变化及局部河势的影响，相对于近河口段的其他部位更为敏感。本章对此也不作进一步分析。

总之，以上分析表明，澄通河段作为长江口的近河口段，在巨大径流量和潮汐动力双重作用下，其年际之间的冲淤变化比较频繁，上、下游河势变化的关联性较强，节点处河床冲淤变化对下游汊道河势的影响和汊道河床冲淤对节点控制作用的影响都较直接和紧密，不存在时段较长的滞后性。这种上、下游河势变化的关联性为澄通河段的河势控制与航道整治均带来较大的难度，即在整治中要更多地考虑相关影响，使河势和航道向好的方向发展。

8.3　河岸边界条件稳定下滩槽多变的复杂性[2]

澄通河段自鹅鼻嘴以下，南岸在 20 世纪 70 年代后实施了福姜沙右汊弯段和老海坝以下至十一圩的保滩护岸工程，北岸炮台圩以下靖江、如皋以及南通市区和龙爪岩以下原南通县也实施了保滩护岸工程，可以说两侧岸滩崩岸基本受到控制，河道的边界在 20 世纪末基本上得以稳定。

自 21 世纪以来，澄通河段在两侧河漫滩河岸基本稳定的条件下，河床演变都发生在两岸之间的河槽内，即发生在两岸河漫滩之间的边滩、江心洲等堆积地貌和基本河槽内滩、槽冲淤的变化。我们这里所指的滩是以 $-5m$ 等高线表示的江心洲滩、边滩和心滩，以 $-10m$ 表示的潜边滩和潜心滩、沙嘴和沙埂，槽是以 $-15m$ 及其以下的等高线表示的深槽（在特殊的情况下，也以 $-15m$ 和 $-20m$ 分别表示更低高程的潜边滩、潜心滩、沙嘴、沙埂和深槽），$-15 \sim -10m$ 之间河床则表示深槽与滩之间的转换部分和浅滩部位；但在支汊内表示滩、槽的等高线可以相对较高，如通州沙西水道深槽可以 $-10m$ 表示，天生港水道深槽可以 $-5m$ 表示。

澄通河段近期演变表明了上述滩、槽地貌多变的复杂性。

1. 福姜沙洲头切割将可能形成洲头心滩

以上分析业已表明，鹅鼻嘴节点深槽的下移和右偏，不仅使福姜沙洲头滩受到冲刷而持续后退，而且到 2014 年还发生切割洲头滩的现象，形成 $-5m$ 切槽。从切槽的走向分析，该切槽是由自左至右的横比降和横向流与落潮纵向水流共同作用下形成的。这种在洲头形成的横向水位差表明了切滩的动力因素，要么是右汊泄流能力相对增大而使进口处水位降低，要么是左汊洲头附近以下河床阻力相对增大而使该处水位增高，或者是二者因素均存在的结果。根据作者对长江中下游分汊河道有关比降的研究，这一横向串沟一旦形成往往会继续冲深拓宽发展，到一定程度就将向下游方向平移。按此推测，洲头串沟如冲刷发展，将可能形成洲头心滩，使福姜沙头冲淤变化趋于复杂，也将造成因不稳定而产生的不利影响。这种洲头滩横向冲刷切割的现象在近河口段是鲜见的。对这一串沟的冲淤发展趋向，特别是福姜沙左汊航道整治工程对其产生的派生影响，予以关注。

2. 福姜沙右汊中部宽段边滩切割形成潜心滩，单一段变成分汊段

由以上分析可知，从上游进口段具备落潮流对福姜沙右汊有利的入流条件，从下游出口段又存在先冲刷右侧河槽继而又冲刷上游邻近的左侧洲滩的涨潮流条件，福姜沙右汊应具备发展的条件。这一发展的态势，虽然从其分流比来看还没有明显的增加，但从中段的河床形态来看，河槽宽度略有增大，边滩切割变成潜心滩，其滩面高程自 2001 年 −11m 抬高至 2014 年 −8m，左槽已刷深至 −11m，有发展成心滩态势。断面形态从单一型转为复杂的分汊型（图 8−5），表明水流挟沙能力增大导致形态的转化。

从进口段洲头 −5m 以上堆积地貌的切割，出口段右侧河岸与左侧江心洲的冲刷和中段边滩切割为心滩而成为分汊段等方面的变化，说明福姜沙右汊似处于发展态势。福姜沙右汊由原来的缓慢淤积趋势是否已变为缓慢的冲刷趋势值得研究。

3. 福姜沙左汊滩槽冲淤变化特性

福姜沙左汊是澄通分汊河段中宽度很大的顺直型主汊。它与长江下游分汊河段中宽度较大的顺直主汊（如马鞍山河段的江心洲左汊、铜陵河段成德洲左汊等）相比，具有边滩、心滩分布较多的共性，同时它还具有滩、槽冲淤变化更为复杂的特性。这一特性集中表现在两个方面：①与上游入流有关的滩槽变化；②与福北、福中水道涨落潮流有关的滩槽变化。前者表现出左汊进口形成的 −10m 潜边滩受到切割（2001 年），形成 −10m 潜心滩并向下游移动（2011 年），直至到达福北水道的口门（2014 年）；后者是双涧沙头形成的 −5m 洲头滩、−10m 沙嘴、沙埂不断朝上游方向延伸发育，直至与福姜沙头左缘 −10m 潜边滩相连（2001 年），然后又被涨落潮流冲刷切割（2011 年、2014 年），沙嘴缩短。以上两个方面相互之间具有一定的关系。当左汊河势 −15m 槽与福中水道河势衔接较好时，福北水道入口可能处于不顺的态势，如 2014 年该处两侧形成 −10m 边滩对峙的局面，自上向下移动的长条形 −10m 心滩与夏仕港边滩相连；如果该长条形心滩被靠岸内侧 −15m 槽在福北水道进口切割而该 −15m 副槽与福北以下深槽衔接较好时，则该心滩可能与双涧沙头相连成为新的沙嘴，此时河势就对福北水道有利而对福中水道不利了。2011 年则表现为对福中、福北均较相对有利的河势，但在自然条件下这一形态不易维持稳定。这一特性体现了福姜沙左汊滩槽变化相当复杂，但具有一定的周期性变化规律，对于我们认识其演变机理和整治仍有所裨益。

4. 如皋右汊滩、槽的易位变迁

之所以说如皋右汊（即浏海沙水道）是澄通河段近期河势变化最大的部位，指的就是它发生了滩槽的易位。20 世纪 70 年代，受福姜沙右汊出口弯曲水流和双涧沙水道双重影响，进入如皋右汊的落潮流先向左弯曲，同时形成护漕港边滩，再过渡到右岸段山港以下，水流顶冲点在老海坝附近，使该汊右岸遭受严重的冲刷，崩岸线长达 14km，形成向右微弯的凹岸形态，于是兴建了长达十余公里、以丁坝组群为主要型式的保滩护岸工程。随着双涧沙水道的萎缩，即一股自左至右进入右汊的落潮流不断减弱，由左向右过渡的水流顶冲点下移，段山港原 −10m 沙嘴及其与岸之间的倒套也随之下移，自 1983 年沙嘴在段山港口门下游侧，1993 年、1997 年、2001 年陆续下移到渡泾港上游约 0.5km、渡泾港下游 2.1km 和渡泾港下游 3.3km。上述边滩沙嘴下移与相对应的双涧沙和民主沙的滩岸冲刷并不完全同步，民主沙一侧−20m深槽的下移稍滞后于右侧−10m潜边滩和沙嘴的下移。如皋右汊中段（即民主沙头部）和中下段（民主沙直至沙尾）的断面冲淤变化表明，在2001年之前，因受到上段弯道（即护漕港边滩对岸）掩护，左侧中段河岸尚处于淤积态势，但在2001年以后滩体则显著冲刷后退；中下段变化较复杂，但也看出2001年以后水流左偏的趋向，只是水流顶冲还未下移至洲尾，该段仍为过渡段部位，至2014年−20m深槽才接近洲尾。以上分析表明，2001年是河床演变的一个转折年份。此外，还有复杂的一面，就是护漕港边滩也是自2001年开始由淤积转为冲刷，而对岸则由冲刷转为淤积，这又带来新的问题，即如皋右汊不仅发生了滩槽的易位，而且原来有一定约束水流的护漕港边滩上端产生新的冲刷，如边滩冲刷向下游发展，将使该汊水流有取直的趋向，使如皋右汊演变更为复杂，也为该汊河势控制带来新的困难（图8−16、图8−17）。

5. 民主沙洲尾沙嘴具有切割的趋势

随着如皋右汊−20m深槽向左侧双涧沙和民主沙洲滩弯曲、落潮水流顶冲的下移，该深槽下端与其下游两个向上游的−20m深槽（即原主槽和中汊出口之深槽）上端均有交错态势，其间有民主沙尾外侧−15m沙嘴。该沙嘴实际上为依附于洲尾、高程较低的潜边滩，在洲尾的连接部位呈狭颈状（附图12）。这一沙嘴在2001年为上深槽向左过渡时在民主沙中下段右缘至洲尾形成的高程较低的潜边滩；2011年，−20m深槽靠北并下移冲刷民主沙中下部洲体时，该潜边滩下移至洲尾形成较宽大的沙嘴；2014年进一步淤积成具有狭颈的潜边滩沙嘴。这一河床地貌的冲淤趋势关系到今后河势是朝相对有利还是不利的方向发展。当水流切穿狭颈，上游−20m深槽与如皋中汊出口向上延伸的−20m深槽相连时，则意味着主槽取直，由一干河向上延伸的原主槽可能淤积，被切割的沙嘴成为右靠的潜心滩，这将对河势的发展极为不利。但当水流不切割狭颈而冲刷沙嘴的边沿，保持原过渡的态势，则尚能维持目前的过渡河势；如果上游−20m深槽的前端能向右偏转的话，那么，如皋右汊下段的河势条件对于岸线利用来说将会有所改善。今后如何发展，不久可见分晓，要及时加强观测。

6. 龙爪岩以上通州沙左汊（即东水道上段）可能成为分汊段

河床演变分析已表明，通州沙左汊上段近期可能成为下游深槽保持沿左岸分布、上游深槽沿通州沙洲头一侧下延、中间为−15m沙埂的分汊河段形态（附图12）。只要沙埂不向−10m潜心滩进一步发展，现有的水域条件还不致对12.5m深水航道产生不利影响。同时要充分估计到，虽然有洲头左缘潜堤工程约束河槽的拓宽，但近滩河槽在进一步冲深和向右展宽的情况下，中间的沙埂会相应淤高；当沙埂受到切割形成潜心滩时，该段将成为分汊段，滩槽冲淤将变得更复杂。

7. 通州沙右汊（西水道）整治后洲滩形态的调整

从通州沙右汊的地貌形态分析，未整治前右汊受涨、落潮流双向影响而涨潮流的动力作用是主要的，−5m槽自下而上达到汊道中部，−10m槽也上溯到长沙河以上直至农场水闸；上游进口段−5m槽达五干河，上−5m槽的长度不足下−5m槽的1/3；其中间为宽浅段，也分布着更小而浅的沟槽。这一形态曾被看作是整个通州沙汊道内属于边滩型支汊而处于缓慢淤积的地貌（分流比缓慢减小），而作者认为是涨、落潮共同作用下涨潮流占优势的一种河床地貌。在整治工程作用下，分流比有所增大。通州沙右汊整治工程包括右岸−5m 岸滩的圈围工程，通州沙潜堤工程和河槽的疏挖工程，其中改变最大的是五干河以下至六干河与农场水闸之间的宽浅段，不仅因右侧圈围和左侧潜堤而束窄了洪水河槽，而且浚深了−5m 河槽，使−10m 深槽上延至五干河[3]。目前，五干河以下右侧均按规划完成了圈围工程，上段进口左侧实施了通州沙头潜堤工程，但潜堤工程仅下延至农场水闸与长沙河之间，进口段右侧圈围与河槽疏挖均未实施。通州沙右汊整治效果最大的应是浅区，其洪水河槽和平滩河槽均被束窄，将加强原浅区涨落潮水流的动力作用；据有关研究，在继续完成进口段的圈围和河槽疏挖之后将会进一步有利于该汊泄流。

8. 通州沙体串沟冲刷的隐患

近期演变表明，通州沙体上的纵向串沟甚为发育。2001 年西水道进口−5m 河槽与洲头纵向冲沟串通，落潮漫滩水流沿串沟向洲尾扩散；洲体东侧形成−5m 大串沟，其长、宽尺度与右汊进口−5m 河槽相差不大，串沟上端与东水道有贯通之势，而下端也有延伸之势（附图 10）；到 2011 年，东侧长串沟上端−5m 已与东水道连通，右汊进口处洲头串沟延伸也有与东串沟连通之势，可见通州沙体不仅是滩面漫流，而且其滩面高程较高的上半段已开始形成有一定滩槽高差的汊流，这若干汊流向下半段高程较低的滩面扩散成漫滩流，也有部分扩散至东、西水道的下段。这一串沟冲刷的趋势如不遏制而任其发展，冲深切割形成新的沙体，将对通州沙河段整体河势产生不利影响。在实施通州沙潜堤工程后，右汊进口段与洲头串沟的通道被阻隔，到 2014 年西部串沟已淤积萎缩，但东部串沟仍有所发展，特别是上端口门拓宽有利于进流，−5m 的沟槽内还产生了−10m 的深槽。虽然地方有关部门对该串沟采取了一些促淤措施，但并没有取得预期的效果，可见该串沟具有颇强的生命力，仍然是通州沙汊道整体河势中的一个不稳定因素。

9. 狼山沙与通州沙尾之间已淤填相接而复又冲开是越坝落潮流产生局部冲刷的结果

狼山沙与通州沙尾之间本为狼山沙西水道，多年来，随着狼山沙下移和西靠，该水道一直处于淤积状态，至 2001 年，河槽高程在−5～−10m 之间。2011 年，狼山沙头与通州沙尾−5m 洲体相连形成一狭颈，虽留有一落潮流倒套，但有继续淤连、洲体完全合并之势。这种并洲有助于整体河势的稳定。至 2014 年，上述二洲相连的部位又遭受强烈冲刷，受冲范围超过 2001 年的过流通道，狼山沙体也受到强烈冲刷。在二洲相接部位做的纵向堤，不仅没有对该倒套减流促淤，反而产生更大的冲刷。这是因为，越过纵向堤的落潮流在坝下游造成局部冲刷，其局部冲刷的影响不仅冲去了狭颈，而且冲去了通州沙尾和狼山沙部分洲体，冲刷的面积大大超出了原狼山沙西水道 2001 年通道的范围。

10. 龙爪岩以下通州沙左汊滩槽关系的复杂性

龙爪岩以下通州沙东水道滩、槽总体上是向右位移的。通州沙和狼山沙滩岸受冲后退，深槽相应右移，新开沙外边滩总体也是右移的（附图 10、附图 11）。12.5m 深水航道整治一期工程中的保滩护岸工程实施后，通州沙和狼山沙滩岸得以稳定。2014 年资料表明，它不仅使−5m 和−10m 滩体受到防护，而且−15m 槽也相应稳定在工程前沿（附图 12），估计新开沙外潜边滩将会进一步相应外移，−10m 倒套也会有所变化。目前，狼山沙段断面宽度加大，主槽变得相对宽浅，水流有左移趋势；两深槽之间新开沙向下延伸的−10m 沙嘴有被水流切断的可能，以致在狼山沙中下段形成大心滩；还有，上段营船港附近主槽左偏对东水道将带来新的变化，即可能产生新的切滩及其对河势带来的影响。总之，龙爪岩以下滩槽关系十分复杂。

综上所述，与澄通河段上、下游河势变化的关联性一样，其河床地貌滩槽变化的多样性和复杂性也为澄通河段的河势控制与航道整治带来较大的难度。

8.4　澄通河段河床演变存在的问题与整治建议

1. 江阴节点深槽下移原因与变化趋势

以上叙述已经提到，江阴鹅鼻嘴节点两岸十分稳定，深槽长期偏靠南岸，因而人们认为该节点十分稳定，其对下游控制作用即水流通过节点导向福姜沙左汊的河势也通常被认为是稳定的。然而，通过分析表明，自 1977 年以后直至 2011 年其 20m 深槽逐步下移，说明水流的惯性作用即水流的顶冲是逐步下移的，对下游分汊河段的影响起初并不显著，但在最近几年特别是 2011—2014 年对福姜沙左、右两汊的冲淤变化都产生了明显的影响。现在要问，是什么因素导致节点深槽的下移呢？作者认为，首先要从上游寻找原因，是不是从 20 世纪 70 年代澄西船厂开始圈围以来，80 年代末至 90 年代初利港电厂灰场圈围以及近 30～40 年期间右岸陆续兴建众多码头，使其岸线外移，原弯道段形态变得平顺一些，原过流部位的水流整体外移且趋直，这样节点以上右边界凹入度减小、弯段水流经节点导向福姜沙左汊的作用减弱，通过节点之后水流顶冲下移就造成深槽相应下移。对这一观点有必要从理论上进一步研究节点上、下游河势的相互关系。此外，有没有来水来沙条件和江阴段河床内滩槽变化方面的因素，也值得研究。

2. 福姜沙右汊冲刷呈缓慢发展趋势及整治措施

以上阐述了福姜沙右汊的发展表现在三个方面：①洲头后退并形成斜向−5m 串沟，表明在落潮作用下由横比降产生自左汊至右汊的横向流对洲头和滩面进行冲刷与切割，局部之所以形成横比降是因为左汊阻力大水位相对壅高和右汊泄流能力增强水位相对降低；②洲尾涨潮流有所加强，在冲刷护漕港边滩之后，继而在右汊出口右侧冲刷岸坡下部，再冲刷左侧洲滩；③在弯顶部位拓宽形成潜心滩分汊段。这无疑都表现为右汊呈发展趋势，与澄通河段河势控制规划的目标是一致的[4]。从近期演变分析来看，目前右汊尚呈缓慢发展态势。在福姜沙左汊实施 12.5m 深水航道二期整治工程后，对福姜沙右汊进口段水流及河床冲淤的变化值得关注。如果落潮流受到福姜沙北缘护滩带工程、福中和福北丁坝工程的阻滞作用而进一步抬高上游洲头左侧的水位，势必会加大右汊的入流，这就有可能对右汊带来显著的影响。因此，对鹅鼻嘴节点以下附近河床演变的影响因素、发展趋势及其对右汊的影响要给予高度关注和深入研究。从整治角度，如果针对福姜沙右汊分流适当增大后而需予以控制的话，可以考虑适时实施以下整治工程：①对福姜沙沙头予以防护，尽早堵塞滩面−5m 串沟，可以考虑实施洲头圈围和防护工程，并在右汊口门宽度有拓宽发展时予以防护；②弯顶分汊部位的左槽宜尽早采取缓流促淤措施遏止其发展并恢复其单一河槽形态；③在出口段左侧洲体滩岸冲刷部位予以防护，右侧也与护槽港边滩一起进行防护加固。上述工程规模均不大，可根据河道监测情况予以实施。

3. 福姜沙左汉及福中、福北水道的整治研究

宽度较大且为顺直型的福姜沙左汉，自身的演变特性是进口左侧边滩切割形成心滩并下移与下端双涧沙头部沙嘴向上延伸，二者构成滩、槽此冲彼淤的复杂关系，以致影响着福中、福北水道之间的分流格局和靖江一岸的岸线利用；从福姜沙左汉进口洲头左侧近期持续受到冲刷可以看出福姜沙左汉还受到上游节点深槽下移的作用（图 8 - 14）。在这种情况下，其演变的趋向与河势控制是一个需要深入研究的问题。在长江下游类似于福姜沙左汉顺直型态的还有马鞍山河段江心洲左汉和铜陵河段成德洲左汉。前者近期上、中段形成具有较完整边滩、朝向江心洲一侧的微弯段，复杂的是下段形成几个心滩与小黄洲汉道如何稳定衔接的问题；后者则近期朝更加相对宽浅、潜边滩和潜心滩更为发育、分流比减小的方向发展，目前中低水分流比已小于 50%，已由主汉转化为支汉。对这种较宽的顺直段，适当束窄和使之微弯能增强其稳定性。当前，12.5m 深水航道整治的二期工程即将实施，作者认为在福姜沙北沿做几道防护带抑制河槽向右发展以进一步束窄左汉河宽的整治是积极的，在进口左侧边滩实施固滩看来也有必要。今后进一步的整治要根据二期工程实施后河床冲淤调整的状态，即左汉滩槽演变是否具有新的特性，与福北、福中水道相互关系是否朝稳定性增强的方向发展，与上游节点落潮流的关系有无新的变化等进行深入研究。如果河势在总体上有稳定发展的趋向，那么就可根据涨、落潮水流泥沙运动特性（特别是落潮流的情势，但也要兼顾涨潮流），研究对左汉河势进行全面控制。这也是对澄通河段河势控制的补充。总之，福姜沙左汉的整治关系到福中、福北水道的稳定和左岸岸线利用，仍然是一个十分棘手的课题。

4. 如皋右汉（浏海沙水道）的趋直发展与河势控制要点

如皋右汉首端护漕港边滩受冲、以下向左凹进的微弯深槽顶冲下移进一步向趋直发展，不仅招致右岸段山港直至海螺码头的岸线利用带来麻烦，而且顶冲下移切开民主沙尾-15m 沙嘴、形成潜心滩南移将对海螺码头以下岸线利用造成更不利的影响。因此，如皋右汉河势的控制较为迫切：一是对护漕港边滩进行防护控制；二是对民主沙洲滩下段和尾部进行守护，首先控制下游末端的继续冲刷下移，然后再自而上逐段实施守护，在民主沙头及其以上附近的双涧沙洲滩作适当后退，形成具有进一步弯曲形态的滩岸段，从而有效地控制顶冲的下移和向右岸的过渡；三是在民主沙尾实施护滩和加固工程，该潜边滩沙嘴的存在有利于维护现有的河势，抑制右岸的岸线利用朝困难的趋向发展。这都是澄通河段河势控制规划之后出现的新问题。

5. 如皋中汉出流的影响及其控制

随着如皋中汉分流比有所增大，近期如皋中汉的出流段长青沙西南侧（即泓北沙侧）2001 年的-10m 潜边滩、-5m 小边滩不断受到冲刷，表明水流更为贴左岸，到 2011 年港池口上下边滩已所剩无几，中汉出口水流与浏海沙主槽落潮水流会合相交更为平直。由于如皋中汉出流靠左岸，近滩河床冲刷，使九龙港至十三圩段的对岸滩沿产生几个大尺度的"口袋型"崩窝（据称与采砂有关），这种变化对九龙港发挥节点的控制作用极为不利。因此，控制如皋中汉的出口至关重要。如何控制和采取何种有效的工程措施，需深入研究。

6. 关于加强九龙港节点控制功能的建议

九龙港节点是如皋沙群汇流段与通州沙汉道进口段之间的衔接段，在河势控制中具有

重要的作用。20 世纪 80 年代以来，它控制着如皋沙群段洲滩的下移，又为通州沙汊道提供了一个相对稳定的进口条件。但近 10 多年来，随着如皋右汊向左微弯且顶冲下移和如皋中汊的发展与出口水流顺直下移，两汊汇流点相应下移，节点处深槽也相应下移；节点段对岸洲体滩岸受到冲刷，沿左侧已产生一个副槽。这二者变化使得九龙港节点的控制作用不断地减弱，原来由节点向通州沙左汊（东水道）过渡后的河势右靠，出现东水道左深槽发生淤积、右侧洲滩发生冲刷、中间出现沙埂的不利态势，估计这种发展势头还将持续。如果这一趋势得不到遏止，河势将进一步朝不利方向发展，对通州沙东水道上段的稳定、左岸南通岸线利用和通州沙洲体稳定都有不利影响。因此，遏止九龙港节点控制作用的弱化趋势、恢复并加强其控制作用是澄通河段河道整治中十分重要的问题。建议：①继续大力加固九龙港（险工）至十一圩（甚至十二圩）的护岸工程。之所以说九龙港是一处险工，是因为堤外为窄滩甚至无滩，岸坡陡峻，水深流急，工程不易稳定，有关的其他整治需以此段险工的稳定为前提。②尽早对左岸洲滩冲刷崩岸段实施保滩护岸工程。③在以上两项防护工程基础上，对左侧槽部实施促淤整治工程。④对演变趋势与上下游河势关联性以及整治措施开展深入研究。

7. 实施通州沙圈围工程

通州沙是一个大的江心洲，西水道潜堤整治前处于自然状态，在涨、落潮流作用下，洲滩滩面过流约占 11%，同时滩面形成与东、西水道相通的串沟。在通州沙西水道整治和东水道航道整治的基础上，可考虑将通州沙实施圈围，将涨、落潮漫滩流量分到左、右汊，以增大东、西水道的造床动力，有利于河势的长远稳定，有利于航道和两岸岸线利用。西水道整治中潜堤工程实施后，切断了自西水道进口的串沟，阻塞了西水道进入通州沙的漫滩流，遏制了西部串沟的冲刷发展；但东水道进入通州沙滩面的串沟仍有发展趋势。目前，该东部串沟冲刷虽有所缓慢，但若任其发展直至 -5~-10m 槽切穿下口，则通州沙东水道的河势将发生巨大的变化。建议：①进一步采取缓流促淤工程措施，充分利用悬移质泥沙淤塞该串沟；②延长东水道上段的潜堤工程，以淤高滩面；③实施整个江心洲的圈围工程。至于圈围工程是否包括狼山沙是一个需要加强研究的难题。如果按 2011 年通州沙尾与狼山沙头淤连的趋势，预计经过持续数年的淤积，二者淤连部位更大甚至完全相并，那么将狼山沙纳入圈围工程而统一规划其堤线是顺理成章的事。但 2014 年地形表明，通州沙与狼山沙之间的通道产生了剧烈的局部冲刷，除冲去原狭颈之外，还冲深扩大了原通道。在这种情况下，进一步的规划中只能考虑首先对通州沙的圈围；同时要加强研究上述局部冲刷波及的影响和变化趋势，以及采取何种工程措施能减弱堤后冲刷并促使原通道处于淤积状态。任其发展，将不利于东水道的稳定。

8. 巩固通州沙右汊（西水道）整治成果

西水道整治工程实施前，河床形态受涨、落潮流而主要受涨潮流动力作用形成和维持，-5m 槽由下口上溯至农场水闸与六干河之间，-10m 槽上溯至长沙河闸以上附近；进口段 -5m 槽伸入至五干河与六干河之间，并与通州沙滩面串沟相通；上、下槽之间为宽浅段。通过通州沙右汊整治工程的实施，右汊内 -5m 槽完全贯通，-10m 槽已上达五干河附近，进口段成为拦门沙浅滩形态。显然，由于已实施的右侧边滩圈围和左侧潜堤的束窄，新疏挖的河槽内涨、落潮动力作用都有所增强，特别是上段受到潜堤拦截通州沙串沟及漫滩流，落潮流动力作用更有所增强，这对于工程前五干河—六干河之间的宽浅段应当具有一定的冲刷作用。从 2014 年所测地形来看，西水道农场闸附近－5m 河宽最大，而－10m 则最窄，是不是在调整后的涨落潮流作用下原西水道的宽浅形态段向下移至农场闸附近，还具有力图保持原有形态的内在特性，也是落潮流动力有相对增强的表现，这有待于进一步观测研究。目前，进口段边滩圈围和疏挖工程处于待批阶段。最终会形成一个什么样的均衡形态，有待进一步观测研究。一般来说，在进口段未实施疏挖工程的情况下，如进口段河床有所冲刷，说明西水道形态将在较强动力条件下作调整，进口段右侧剩余的圈围工程的进一步实施将更有利于巩固西水道整治成果；若进口段不仅没有冲刷而以下疏挖的河槽回淤，则说明水流动力条件虽有所增强但还不足以维持疏挖拓展的形态，在这种情况下应尽快实施进口段的圈围工程和疏浚工程，进一步增强西水道水流动力条件以巩固整治效果。通过整治工程全面实施后的观测，一方面检验西水道的整治是否达到预期效果，另一方面也为下阶段通州沙汉道的进一步整治提供基础和经验。

9. 尽早实施通州沙东水道整治的后续工程

通州沙东水道的航道整治是作为南京以下 12.5m 深水航道整治的第一期工程实施的，在 2014 年施测的地形图上，表明取得了比较理想的效果，东水道－15m 河槽基本贯通。但如上所述，通州沙东水道仍然存在一些不稳定和滩槽冲淤变化因素：一是新开沙尾部夹槽与狼山沙东水道之间的沙嘴可能产生切滩，二是新开沙边滩中段也有切滩的可能，三是裤子港与营船港段滩岸线后退可能产生对下游河势的影响，四是通州沙尾与狼山沙之间复又冲开的汉口还可能产生新的变化。因此，为巩固一期整治的成果，似应尽早实施其后续整治工程。建议：①利用新开沙外－5m 长条形沙体设纵向坝作为依托，布置系列潜丁坝，对边滩进行固滩，使之成为一个凸岸的整体；②对通、狼二沙之间的汉口予以整治；③龙爪岩以上段，在通州沙左缘实施保滩工程，遏止边滩的冲刷和中部沙坝的发展。在通州沙东水道实施后续工程、完成西水道整治工程和铁黄沙整治工程后，河床冲淤变化将会有新的调整。在此基础上，进一步研究通州沙汉道全面的河势控制。

8.5 小结

在澄通河段两岸河漫滩通过保滩护岸整治使边界条件基本稳定的情况下，河床演变主要发生在平滩河槽内的地貌变化，并体现出上下游河势变化的关联性和滩槽冲淤多变的复杂性。

本章在分析澄通河段各部分河床地貌近期演变的基础上，提出了若干河床演变与河道整治需要进一步研究的问题。这就是：福姜沙左汉顺直型河道内的滩槽变化与福中、福北水道的关系以及在航道整治二期工程实施后的调整和可能出现的新问题；福姜沙右汉发展的趋势和整治措施；如皋沙群右汉取直的趋势及其影响；如皋中汉出流对下游的影响和九龙港节点加固与河势控制作用的维护；通州沙左汉上段的河势稳定和龙爪岩以下汉道的全面整治；通州沙右汉在整治后的调整；通州沙串沟和通、狼二沙之间通道的冲淤动向等。建议：当前需抓紧实施通州沙东水道航道整治的后续工程、通州沙东潜堤与洲滩防护工程、如皋右汉双涧沙—民主沙河势控制工程和九龙港节点整治工程。

参考文献

[1]　余文畴. 长江河道认识与实践［M］. 北京：中国水利水电出版社，2013.

[2]　王俊，田淳，张志林. 长江口河道演变规律与治理研究［M］. 北京：中国水利水电出版社，2013.

[3]　长江水利委员会长江勘测规划设计研究院. 长江澄通河段西水道河道整治工程可行性研究报告［R］. 2011.

[4]　江苏省水利厅，长江水利委员会长江勘测规划设计研究院. 长江澄通河段河道综合整治规划报告［R］. 2012.

第9章　长江口河床演变问题再认识

9.1　长江口水流泥沙运动再分析

长江口水文水资源勘测局出版的《长江口河道演变规律与治理研究》一书中，对长江口水流泥沙运动、潮流各要素的基本特征、长江口河段洪、枯季潮流过程和特征进行了全面的阐述，资料丰富而翔实，为进一步认识长江口河床演变与水流泥沙运动的关系做了开创性的分析研究工作。本章在此基础上，进一步揭示了在径流和潮汐动力相互作用下，潮位、潮差、比降变化与径流之间的宏观关系，分析了潮位、比降、流速周期性变化的内在联系，初步提出了徐六泾以下河口段的水流泥沙运动分区。

9.1.1　潮汐水流运动

长江口是径流量很大、潮汐动力作用很强的河口。河口以外的海域属正规半日潮，口门附近至口门内一定范围为非正规半日浅海潮。长江口经历了漫长岁月的历史演变，形成了一定的河型和形态。长江口的潮汐水流运动，就是在其平面、纵、横剖面形态中在径流的来水条件和潮汐的动力条件与河床边界条件相互作用下形成的。

9.1.1.1　长江口潮位与潮差变化特征

长江口潮位与潮差随时间和沿流程变化的特征，主要取决于径流与潮汐动力的相互作用。一般来说，离口门愈近受潮汐的动力作用相对愈强，离口门愈远受径流的影响相对愈显著；洪季径流作用相对强，枯季径流作用相对弱；在不同潮型中，大潮作用强，中潮作用相对较弱，小潮作用更弱。因此，潮位与潮差在年际、年内、月内和日内都是一个复杂的变化过程，但又有其内在规律。

　　1. 潮位年际变化

对长江口各代表水位站近 30 年较为系统的实测资料进行的统计表明，根据年平均潮位的变化可以分析长江口潮位年际变化的特性（见表 9-1、图 9-1）。

徐六泾节点处徐六泾站和在南、北支分汊处的崇头站，其年平均潮位在近 30 年没有趋势性变化。两站年平均潮位年际变化特性基本相似，多年平均值分别为 0.84m 和 0.78m；年平均潮位变化幅度分别为 0.30m 和 0.23m，年际变化起伏较大。而代表南支河段的杨林站、北港下段的六滧站和共青圩站、北支口门的连兴港站，其年平均潮位年际变化有一个共同的特点，这就是在 1996 年或 1997 年后有明显的抬高，但前、后两个阶段各自变化的幅度均较小。前一阶段，以上四站的年平均潮位变化范围分别为 0.50～0.65m、0.37～0.44m、0.29～0.39m 和 0.12～0.23m，变化幅度分别为 0.15m、0.07m、0.10m 和 0.11m，均小于徐六泾站和崇头站的变化幅度，四站的平均值分别为 0.59m、0.41m、0.34m 和 0.18m；后一阶段变化范围分别为 0.63～0.70m、0.44～

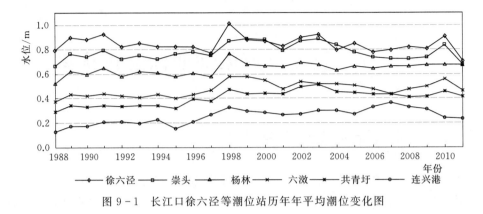

图 9-1　长江口徐六泾等潮位站历年年平均潮位变化图

0.58m、0.41~0.51m 和 0.24~0.37m，变化幅度分别为 0.07m、0.14m、0.10m 和 0.13m，也均小于徐六泾站和崇头站的变化幅度；四站的平均值分别为 0.67m、0.51m、0.45m 和 0.30m，表明四站的多年平均潮位，后一阶段比前一阶段分别抬高 0.08m、0.10m、0.11m 和 0.12m。这是不是可以认为，长江口近期在 1996 年或 1997 年后，南支河段、北港河段下段和北支出口段的年平均潮位大约有 0.1m 左右的抬高？这有待于进一步观测研究。

影响各站年平均潮位的因素很多，也很复杂，其中径流应是一个重要的因素。从表 9-1 中可以看出，上述各站中，徐六泾站、崇头站、杨林站、六滧站最高年平均潮位发生在大洪水年，即 1998 年或 1999 年，其对应的大通站年径流量分别达 12440 亿 m^3 和 10370 亿 m^3，是 1984 年以来的第一和第二位，2010 年径流量为 10218 亿 m^3，占第三位，上述四站年平均潮位也很高；共青圩站最高年平均潮位发生在 2002 年和 2003 年，对应的年径流量分别为 9926 亿 m^3 和 9248 亿 m^3，在 2000—2013 年中占第三和第五位，而且这两年上述四站的潮位也较高。可见，径流量大的年份对徐六泾节点段、南北支分汊段、南支河段、北港中下段的年平均潮位具有显著的影响。然而，北支出口连兴港站年平均潮位变化特征却不一样，除 1998 年（为 0.33m）较高以外，最高平均潮位发生在 2006 年、2007 年和 2008 年，分别为 0.34m、0.37m 和 0.34m，而相应的年径流量分别为 6875 亿 m^3、7685 亿 m^3 和 8262 亿 m^3，比多年平均值 8900 亿 m^3 少 23%、14% 和 7%，均为偏枯的年份。可见北支口门附近的年平均潮位的变化有其特殊性，径流对潮位的影响与潮汐动力作用相比，应处于次要地位。

表 9-1　　　　　长江口部分潮位站历年年平均潮位　　单位：m；85 国家高程基准面

站名 年份	徐六泾	崇头	杨林	六滧	共青圩	连兴港
1984	0.83					
1985	0.81		0.58			
1986	0.73		0.50			
1987	0.81		0.57	0.37		0.12
1988	0.79	0.66	0.52	0.37	0.29	0.13

续表

年份 \ 站名	徐六泾	崇头	杨林	六滧	共青圩	连兴港
1989	0.90	0.76	0.62	0.43	0.34	0.18
1990	0.88	0.74	0.60	0.42	0.33	0.18
1991	0.92	0.79	0.65	0.44	0.34	0.21
1992	0.82	0.72	0.58	0.42	0.34	0.21
1993	0.85	0.75	0.62	0.41	0.34	0.20
1994	0.82	0.72	0.61	0.43	0.35	0.23
1995	0.82	0.76	0.58	0.40	0.32	0.16
1996	0.82	0.78	0.61	0.43	0.39	0.21
1997	0.77	0.75	0.58	0.47	0.38	0.27
1998	1.01	0.87	0.77	0.58	0.47	0.33
1999	0.88	0.89	0.68	0.58	0.44	0.30
2000	0.87	0.88	0.67	0.55	0.44	0.29
2001	0.83	0.79	0.66	0.48	0.43	0.27
2002	0.90	0.87	0.70	0.54	0.50	0.28
2003	0.92	0.89	0.68	0.52	0.51	0.31
2004	0.80	0.84	0.63	0.52	0.45	0.31
2005	0.85	0.78	0.67	0.51	0.45	0.28
2006	0.78	0.74	0.65	0.48	0.44	0.34
2007	0.80	0.73	0.67	0.44	0.44	0.37
2008	0.82	0.73	0.67	0.48	0.41	0.34
2009	0.81	0.74	0.68	0.50	0.42	0.32
2010	0.91	0.84	0.68	0.56	0.46	0.25
2011	0.71	0.68	0.68	0.47	0.42	0.24

　　为了研究长江口潮位沿程变化的规律，我们根据代表丰水年的 2010 年和代表小水年的 2009 年南京站以下各潮位站的潮位资料，点绘了年平均潮位纵剖面图（图 9-2），可见自南京至长江口口门的水面线与一条河流自上游至下游河道的水面线呈下凹曲线一样，在长江口及其接近河口的较短范围内遵循同样的规律，就是说即使在比降十分平缓下，年平均潮位总体上也呈下凹形曲线。

　　2. 潮位年内变化

　　从图 9-2～图 9-4 可以看出径流对长江口河段及其以上的邻近河段潮位及年内水面线的影响：①不管哪个站都是丰水年的年平均潮位比小水年的年平均潮位高；②不管丰水年还是小水年都是洪季的潮位比枯季潮位高；③无论哪个站，都是丰水年潮位变幅大于小水年潮位的变幅。

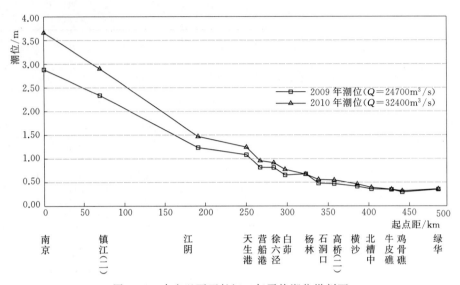

图9-2　南京以下至长江口年平均潮位纵剖面

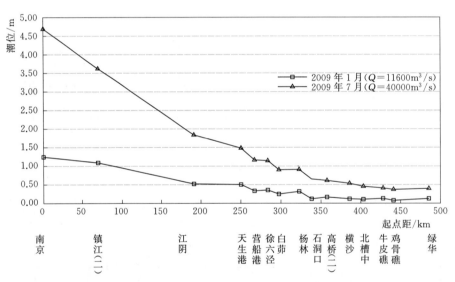

图9-3　南京以下各站2009年1月、7月潮位沿程变化

在此需要注意的一点是，不管是丰水年还是小水年，不管是洪季还是枯季，也不管是年内哪一个月，口外绿华站的潮位均比口门处鸡骨礁的潮位高。对这一现象是不是可以这样理解：口外潮波在向口门传播过程中，它要遇到口门的形态（包括平面的束窄与纵剖面的逆坡）和边界的阻力以及径流的阻力，潮位由绿华至鸡骨礁的下降似应为潮汐能量消耗的体现。

表9-2、表9-3分别列出了南京以下直至长江口外绿华等各潮位站2009年和2010年内各月的潮位平均值。从小水年2009年来看，南京、镇江、江阴三站最高潮位为8月、7月，与大通站月径流量完全相应，第三、第四高潮位为9月、6月，也与大通径流量基本相应；以下天生港、营船港、徐六泾、白茆、杨林、石洞口、高桥（二）等7站，最高

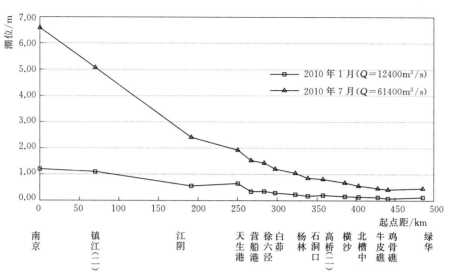

图 9-4　南京以下各站 2010 年 1 月、7 月潮位沿程变化

两潮位为 8 月、9 月，第三、第四高潮位为 7 月、6 月，这 4 个月的高潮位与大通站径流相对照，除 8 月排第一与径流对应外，其他 3 个月都稍有错位，第二高潮位与第二径流量相比滞后，说明这 7 个站都受到潮汐动力作用沿程增大的影响，但总体来说，汛期中的 4 个月大致相应。在枯季，2009 年白茆站以上各站最低潮位排序是 1 月、2 月、12 月、11 月，与大通站径流量最小的排序完全一致，而杨林、石洞口、高桥（二）三站在 11 月有所差异。可以认为，在小水年份，高桥（二）站以上河段与径流作用关系比较密切。以下横沙、北槽中、南槽东、牛皮礁、鸡骨礁等站洪季和枯季的潮位与径流的不对应性沿程增强，但仍然可以感到径流具有一定的影响。对于口门和口外区域，洪季的径流来量在该区域似有汇集叠聚现象以致使汛后潮位抬高。用同样的分析看丰水年 2010 年，南京、镇江二站年内各月的潮位均与大通站排序相应；江阴、天生港、营船港、徐六泾等 4 站，最高潮位 7 月、8 月与径流量相应，第三、第四高潮位为 9 月、6 月，与径流排序相错，以上各站枯季最低潮位排序为 1 月、12 月、2 月、11 月（个别为 3 月），也与枯水期径流相应；白茆、杨林、石洞口三站最高潮位为 7 月与径流相应，第二、第三、第四高潮位为 8 月、9 月、6 月，与径流排序相错，枯季最低潮位发生于 1 月、12 月、2 月，这三个月与径流相应。以下高桥（二）、横沙、北槽中三站，最高潮位段发生于 7—10 月，整体上滞后了一个月，最高潮位则自 7 月转移至 9 月，枯季最低潮位基本上仍为 1 月、12 月、2 月，与径流排序相应；南槽东、牛皮礁、鸡骨礁与口外绿华等四站，最高潮位为 10 月、9 月，第三、第四高潮位为 7 月、8 月，与径流不很对应，但毕竟也有径流的影响，同时也可看到口门附近和口外区域似有洪季径流来量汇聚叠加对汛后潮位的影响。同时，与枯水年相比，这种影响似更大更持久。

根据南京、江阴、徐六泾、横沙、鸡骨礁等站的丰水年（2010 年）和小水年（2009 年）月平均潮位和月平均流量（大通站）关系曲线可知（图 9-5），其共同点都是在年内呈绳套形，前三个站表明其过程同为一类，7 月和 8 月分别为丰、小水年的潮位和流量最高值，这之前为单调增加，之后为单调减小；后两站则不一样，流量最大分别为 7 月和 8 月，但潮位不是最高值，2009 年潮位最高均在 9 月，2010 年潮位最高分别为 9 月和 10 月，同时其曲线基本上呈扁平状态。可以认为，前三站受径流影响更大，后两站受潮汐动力影响更大。

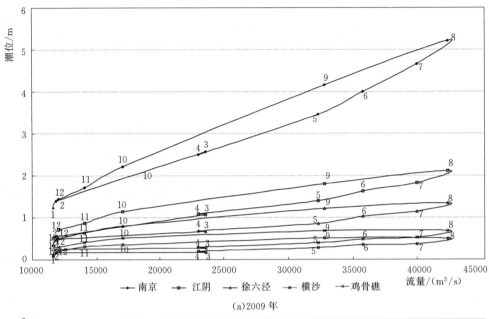

(a)2009 年

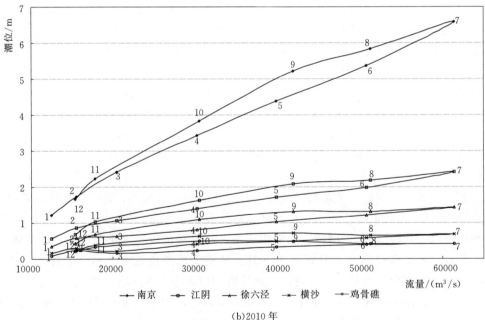

(b)2010 年

图 9-5　月平均潮位与月平均流量关系曲线

从丰水年和小水年各站年内月平均潮位变化的幅度来看（表 9-2、表 9-3），显然其沿程变化的幅度都趋小，但石洞口站以上丰水年的潮位变化幅度大于小水年，而高桥（二）站以下小水年的潮位变幅大于丰水年。是不是可以认为，石洞口以上受径流作用为主，高桥（二）以下受潮汐动力作用为主。当然这种判断和划分只是一个方面的参考。

表 9－2　南京以下各潮位站 2009 年月平均潮位

月份 站名	1	2	3	4	5	6	7	8	9	10	11	12	月平均变幅
南京	1.23	1.40	2.57	2.50	3.46	4.00	4.66	5.22	4.16	2.22	1.71	1.44	3.99
镇江（二）	1.08	1.24	2.10	2.04	2.73	3.13	3.60	4.05	3.30	1.94	1.51	1.29	2.97
江阴	0.52	0.65	1.07	1.08	1.40	1.63	1.83	2.11	1.80	1.14	0.87	0.71	1.39
天生港	0.50	0.64	0.91	0.93	1.17	1.36	1.48	1.71	1.54	1.09	0.88	0.77	1.21
营船港	0.33	0.48	0.68	0.70	0.90	1.07	1.16	1.39	1.23	0.80	0.59	0.47	1.06
徐六泾	0.35	0.49	0.67	0.69	0.86	1.03	1.14	1.35	1.21	0.80	0.64	0.51	1.00
白茆	0.25	0.38	0.52	0.54	0.69	0.84	0.90	1.15	1.02	0.66	0.48	0.39	0.90
杨林	0.32	0.45	0.56	0.57	0.72	0.83	0.91	1.08	1.01	0.72	0.57	0.45	0.76
石洞口	0.12	0.25	0.36	0.38	0.49	0.61	0.65	0.86	0.81	0.53	0.42	0.29	0.64
高桥（二）	0.16	0.29	0.35	0.37	0.46	0.56	0.61	0.81	0.77	0.52	0.43	0.30	0.65
横沙	0.12	0.24	0.27	0.30	0.40	0.49	0.53	0.69	0.69	0.51	0.41	0.30	0.57
北槽中	0.11	0.23	0.24	0.27	0.34	0.42	0.45	0.60	0.60	0.44	0.37	0.26	0.49
南槽东	0.16	0.26	0.25	0.28	0.36	0.43	0.44	0.61	0.63	0.49	0.45	0.34	0.47
牛皮礁	0.13	0.20	0.21	0.25	0.32	0.40	0.41	0.55	0.57	0.44	0.38	0.28	0.44
鸡骨礁	0.08	0.17	0.17	0.20	0.29	0.36	0.37	0.50	0.52	0.36	0.31	0.20	0.44
绿华	0.13	0.23	0.20	0.25	0.32	0.41	0.40	0.54	0.58	0.46	0.41	0.27	0.45

表 9 - 3　南京以下各潮位站 2010 年月平均潮位

月份 站名	1	2	3	4	5	6	7	8	9	10	11	12	月平均变幅
南京	1.21	1.74	2.42	3.43	4.39	5.36	6.58	5.84	5.21	3.84	2.23	1.66	5.37
镇江（二）	1.10	1.55	2.00	2.70	3.41	4.10	5.07	4.47	4.07	3.05	1.87	1.41	3.97
江阴	0.56	0.86	1.06	1.40	1.72	1.99	2.42	2.18	2.09	1.64	1.03	0.68	1.86
天生港	0.65	0.84	0.91	1.16	1.40	1.62	1.94	1.78	1.71	1.37	0.91	0.65	1.29
营船港	0.34	0.57	0.65	0.87	1.09	1.28	1.54	1.40	1.37	1.12	0.73	0.50	1.20
徐六泾	0.35	0.58	0.63	0.82	1.04	1.22	1.44	1.32	1.32	1.10	0.68	0.44	1.09
白茆	0.29	0.50	0.54	0.72	0.88	1.01	1.21	1.10	1.13	0.93	0.58	0.35	0.92
杨林	0.23	0.43	0.47	0.62	0.76	0.89	1.05	0.96	0.98	0.85	0.54	0.33	0.82
石洞口	0.17	0.37	0.38	0.51	0.63	0.74	0.86	0.81	0.84	0.73	0.43	0.25	0.69
高桥（二）	0.20	0.39	0.39	0.50	0.59	0.69	0.81	0.76	0.79	0.72	0.44	0.27	0.61
横沙	0.16	0.30	0.31	0.41	0.49	0.58	0.68	0.65	0.71	0.64	0.39	0.23	0.55
北槽中	0.14	0.27	0.23	0.35	0.41	0.47	0.56	0.51	0.57	0.57	0.36	0.22	0.43
南槽东	0.20	0.35	0.28	0.34	0.41	0.46	0.53	0.51	0.58	0.62	0.43	0.31	0.42
牛皮礁	0.13	0.24	0.18	0.31	0.38	0.43	0.47	0.44	0.52	0.54	0.36	0.22	0.41
鸡骨礁	0.08	0.23	0.17	0.23	0.33	0.40	0.42	0.41	0.48	0.50	0.34	0.22	0.42
绿华	0.13	0.28	0.24	0.34	0.36	0.41	0.47	0.44	0.48	0.54	0.40	0.27	0.41

3. 潮差变化特性

图 9-6 表明年径流量对长江口潮差的影响，可见以徐六泾站为界，以上直至南京站，丰水年 2010 年（年平均流量为 32400m³/s）的平均潮差小于小水年 2009 年（年平均流量为 24700m³/s）的平均潮差；徐六泾站以下直至口门外绿华站，都是丰水年的平均潮差大于小水年的平均潮差，而且距徐六泾站愈远，二者相差愈大。说明大致以徐六泾为界，愈往上游径流作用愈大，径流的增大能使潮差减小；愈往下游，径流的增大能使潮差增大。

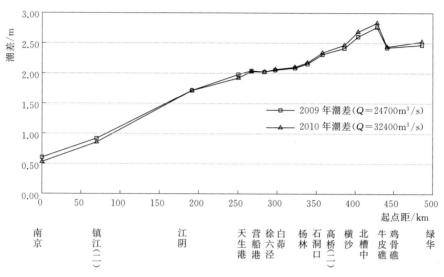

图 9-6　南京以下各潮位站年平均潮差沿程变化

图 9-7 和图 9-8 分别表示小水年和大水年内洪季和枯季潮差变化的特性。图 9-7 表明在小水年（2009 年）内洪季 7 月份（平均流量为 40000m³/s）与枯季 1 月份（平均流量为 11600m³/s）潮差的比较，可见以白茆站至杨林站为区界，在白茆站以上直至南京

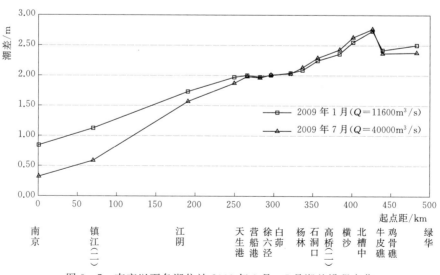

图 9-7　南京以下各潮位站 2009 年 1 月、7 月潮差沿程变化

站，洪季的平均潮差小于枯季的平均潮差，杨林站以下至牛皮礁是洪季的平均潮差大于枯季的潮差，而口门处鸡骨礁和口外绿华站，又是枯季大于洪季平均潮差。图 9－8 表明在丰水年（2010 年）内洪季 7 月份（平均流量 61400m³/s）与枯季 1 月份（平均流量为 12400m³/s）潮差比较，可见以石洞口站至高桥（二）站为区界，其上、下均表现为与小水年潮差变化同样的规律，只是分界由白茆站—杨林站下移至石洞口站—高桥（二）站，体现出丰水年径流作用的结果。综合丰水年和小水年、年内洪季和枯季潮差的沿程分布分析，似可以认为，高桥（二）站以下潮汐动力作用更占优势，而白茆站以上径流作用更占优势。二者之间属于相互作用交错的区域。

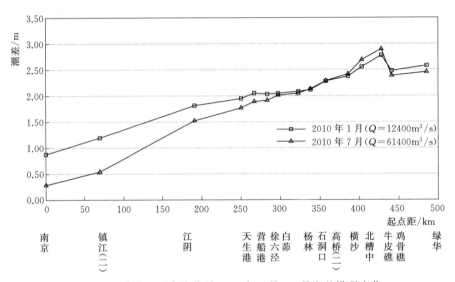

图 9－8　南京以下各潮位站 2010 年 1 月、7 月潮差沿程变化

根据图 9－6～图 9－8 分析，长江口及其上游邻近河段潮差变化具有以下特征：①长江口潮差变化有个分区界限，其上、下段遵循不同的规律；②这个分区界限随径流的增大而下移；③最大潮差发生在进入口门处的牛皮礁站。

点绘了南京以下几个代表性站潮差与流量的关系（图 9－9），可以看出，南京站潮差随流量的增大而减小，而且涨、落水过程线基本重合，说明了潮差基本受流量的控制；江阴站基本上也是潮差随流量的增大而减小，但涨、落水过程相差明显，落水过程的潮差大于涨水过程的潮差，流量较小时更为明显一些。徐六泾站在丰水年也有潮差随流量增大而变小的性质，而且涨、落水阶段的潮差的变化幅度较大，小水年在涨水过程这一性质较不明显，而在落水过程潮差随流量减小先增大（8—10 月）后减小（10—12 月），二者涨、落水过程线同流量下的潮差大约有 0.10～0.15m 的差值。横沙站情况则完全不同（表 9－4 和表 9－5），潮差与流量关系线总体呈扁平态势，汛后 9 月明显大于汛前 5 月；丰水年和小水年涨水阶段都以 3 月份潮差最大（分别排年内的第 5 位和第 3 位），落水阶段都以 9 月份潮差最大（均排第 1 位），涨落水过程同流量下也相差 0.10～0.15m。

以上四站都显示愈接近长江口门潮差愈大的特点。同时，自横沙站再向下经北槽中站至牛皮礁站也是潮差增大的趋势。但是，口门的鸡骨礁站，情况就不同了（表 9－4、表

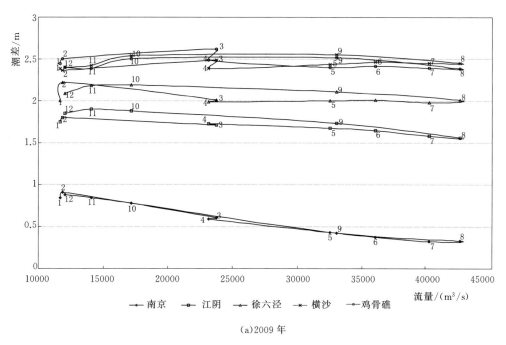

(a)2009 年

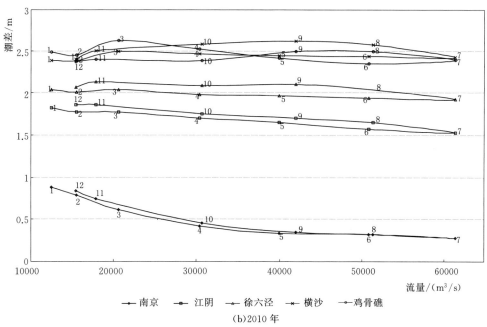

(b)2010 年

图 9 - 9　月平均潮差与月平均流量关系曲线

9-5），小水年涨、落水期最大潮差分别发生在 3 月（排第 1 位）和 9 月（排第 2 位），丰水年涨、落水期最大潮差则分别发生在 3 月、4 月（排第一、第二位）和 8 月、9 月（排第三、第四位），最高值与横沙站错位；年内最大月平均与最小月平均潮差之间的幅度分别为 0.26m 和 0.27m。鸡骨礁站的月平均潮差，无论在小水年还是丰水年，其月平均潮差都是 1—4 月份大于横沙站的月平均潮位，而 5—12 月份都是小于横沙站的月平均潮差。

再将鸡骨礁站对比口外绿华站，上述丰、小水年的每个月的月平均潮差都是绿华站大于鸡骨礁站相应月份的月平均潮差。可以看出，与潮位出现低值一样，月平均潮差，也在鸡骨礁这里出现低值的转折点。

从潮差与潮位的关系（图 9 - 10）可以看出，南京站和江阴站都为潮差随潮位的增大而减小，且基本上为涨落水过程均呈单调升、降的变化特性；同时其绳套形曲线表明，同潮位下落水过程的潮差大于涨水过程的潮差。徐六泾站月平均潮差随潮位升高而减小的特征在小水年不太明显，在丰水年有一定的趋势，但同潮位下落水期的潮差大于涨水期的潮差的特征在丰、小水年都十分明显。横沙站在丰水年和小水年总体上有潮差随潮位增高而有所增大之势，虽然这一关系很微弱，但与徐六泾及以上各站潮差随潮位增高而减小相比在性质上有差别，而且其潮差值较大。就是说，横沙站不仅潮差明显大于徐六泾站潮差，而且与潮位变化呈正相关趋势。

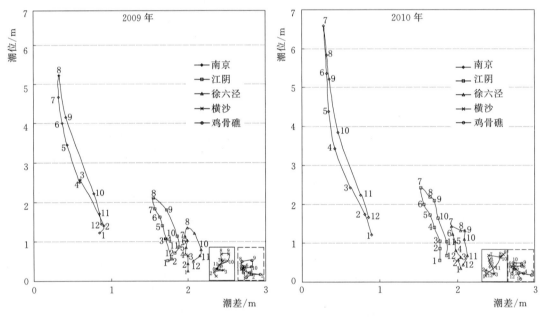

图 9 - 10　月平均潮差与月平均潮位关系曲线
（注：虚线框表明其纵横坐标同于实线框）

将横沙站的潮差和潮位与鸡骨礁站对比，鸡骨礁站每月平均潮位均明显小于横沙站。而潮差，在小水年和丰水年都是 1—4 月鸡骨礁大于横沙的平均潮差，而在 5—12 月都是横沙大于鸡骨礁的平均潮差。

9.1.1.2　长江口河段比降变化规律

1. 长江口比降的年际变化

取长江口南支河段徐六泾站—杨林站和北港上段崇西站—六滧站、北港下段六滧站—共青圩站 1988—2010 年平均比降值，分 5 个时段计算其平均值（表 9 - 6），表明：①长江口内三段之间平均比降具有沿程减小的规律；②徐六泾—杨林间平均比降在年际间有明显减小的趋势，崇西—六滧间和六滧—共青圩间两段比降总体也有减小之势。

表 9－4　南京以下各潮位站 2009 年月平均潮差

站名＼月份	1	2	3	4	5	6	7	8	9	10	11	12
南京	0.84	0.90	0.60	0.59	0.43	0.37	0.32	0.33	0.42	0.77	0.84	0.87
镇江（三）	1.12	1.19	0.96	0.94	0.76	0.68	0.59	0.59	0.73	1.11	1.20	1.20
江阴	1.73	1.78	1.70	1.71	1.66	1.63	1.57	1.55	1.72	1.86	1.88	1.83
天生港	1.97	2.03	1.98	1.96	1.94	1.93	1.87	1.87	2.00	2.12	2.13	2.01
营船港	2.00	2.04	2.01	2.00	2.01	2.02	1.98	1.99	2.09	2.17	2.18	2.08
徐六泾	1.98	2.02	1.99	1.97	1.98	1.99	1.96	1.99	2.09	2.17	2.16	2.07
白茆	2.00	2.03	2.02	2.01	2.02	2.04	2.01	2.03	2.12	2.18	2.16	2.07
杨林	2.04	2.08	2.08	2.04	2.04	2.05	2.03	2.07	2.18	2.21	2.18	2.11
石洞口	2.09	2.09	2.15	2.11	2.14	2.14	2.13	2.16	2.27	2.29	2.23	2.14
高桥（三）	2.25	2.24	2.30	2.26	2.30	2.30	2.29	2.30	2.42	2.46	2.39	2.31
横沙	2.36	2.34	2.46	2.36	2.41	2.44	2.43	2.43	2.53	2.51	2.40	2.38
北槽中	2.55	2.54	2.69	2.56	2.58	2.65	2.63	2.67	2.74	2.66	2.56	2.53
南槽东	2.84	2.86	3.00	2.89	2.87	2.89	2.89	2.95	3.02	2.96	2.80	2.79
牛皮礁	2.74	2.73	2.89	2.76	2.72	2.77	2.77	2.81	2.87	2.82	2.70	2.70
鸡骨礁	2.42	2.48	2.59	2.46	2.38	2.39	2.37	2.36	2.49	2.48	2.36	2.38
绿华	2.50	2.54	2.64	2.52	2.42	2.42	2.38	2.41	2.52	2.49	2.41	2.45

表 9－5 南京以下各潮位站 2010 年月平均潮差

站名 \ 月份	1	2	3	4	5	6	7	8	9	10	11	12
南京	0.88	0.79	0.62	0.42	0.34	0.32	0.28	0.32	0.35	0.46	0.75	0.84
镇江（二）	1.19	1.13	1.00	0.82	0.67	0.60	0.54	0.62	0.65	0.82	1.11	1.17
江阴	1.82	1.77	1.77	1.70	1.65	1.57	1.53	1.65	1.70	1.75	1.86	1.86
天生港	1.96	1.96	1.98	1.92	1.88	1.82	1.77	1.91	1.95	1.98	2.04	1.95
营船港	2.06	2.05	2.06	2.04	2.00	1.93	1.90	2.03	2.07	2.07	2.13	2.09
徐六泾	2.04	2.01	2.04	1.98	1.97	1.94	1.92	2.04	2.10	2.09	2.13	2.07
白茆	2.05	2.03	2.07	2.01	2.01	2.01	2.02	2.12	2.16	2.13	2.15	2.09
杨林	2.09	2.06	2.11	2.06	2.04	2.01	2.05	2.17	2.20	2.17	2.19	2.12
石洞口	2.12	2.10	2.17	2.13	2.13	2.11	2.14	2.27	2.31	2.28	2.26	2.16
高桥（二）	2.29	2.27	2.34	2.31	2.30	2.28	2.30	2.42	2.46	2.43	2.43	2.34
横沙	2.38	2.38	2.49	2.46	2.44	2.43	2.42	2.57	2.61	2.58	2.50	2.40
北槽中	2.56	2.58	2.74	2.71	2.71	2.70	2.70	2.84	2.84	2.77	2.62	2.53
南槽东	2.87	2.86	3.03	2.97	2.99	2.99	3.04	3.12	3.12	2.96	2.84	2.77
牛皮礁	2.79	2.79	2.93	2.86	2.82	2.84	2.91	2.98	2.96	2.85	2.75	2.68
鸡骨礁	2.48	2.45	2.62	2.52	2.41	2.35	2.39	2.49	2.49	2.38	2.40	2.37
绿华	2.59	2.55	2.74	2.59	2.46	2.43	2.46	2.53	2.58	2.49	2.47	2.45

表 9-6　　　　　　　　　　　　　　　长江口平均比降年际变化统计

时段＼站点	徐六泾—杨林		崇西—六滧		六滧—共青圩		大通平均流量/(m³/s)
	平均比降范围/10⁻⁴	平均值	平均比降范围/10⁻⁴	平均值	平均比降范围/10⁻⁴	平均值	
1988—1991 年	0.072-0.075	0.0735	0.042-0.051	0.0465	0.013-0.016	0.0145	27500
1992—1995 年	0.056-0.064	0.0613	0.041-0.053	0.0465	0.011-0.014	0.0128	31100
1996—2000 年	0.051-0.064	0.0554	0.038-0.051	0.0430	0.006-0.023	0.0158	39400
2001—2005 年	0.045-0.064	0.0508	0.037-0.052	0.0442	0.007-0.011	0.0072	29300
2006—2010 年	0.035-0.061	0.0410	0.031-0.041	0.0356	0.000-0.041	0.0094	32400

　　将各时段大通站流量平均值也列于表 9-6 中，可以看出，径流并无系统增大和减小趋势，说明影响该三段比降减小的主要原因不在于径流。但同时也可看出，平均流量较大的丰水年一般也出现较大的平均比降，如徐—杨段 1995 年、1998 年和 2010 年，六—共段 1997 和 2010 年。以上三段代表了南支河段和北港的比降年际变化情况，变化原因很复杂，有待进一步研究，南港比降的年际变化分析也有待补充。

　　在上述三段中，徐六泾—杨林间和崇西—六滧间比降的年际变化，每年都是年平均低潮位的比降大于高潮位的比降，而接近口门的北港下段六滧至共青圩间有大多数年份是年平均高潮位的比降大于低潮位比降。

　　2. 长江口河段比降沿程变化

　　取南京、镇江、江阴、营船港、白茆、高桥（二）、北槽中、鸡骨礁、绿华等站 2010 年丰水年和 2009 年枯水年的年平均潮位进行平均比降计算（表 9-7），可以看出，自径流河段经近河口段至长江口再到口外，其比降沿程变化的规律是逐渐减缓的，而且丰水年的平均比降大于小水年的平均比降。分段来看，径流河段南京至江阴，丰、小水年（2010 年、2009 年）的平均比降分别为 $0.108×10^{-4}$～$0.118×10^{-4}$ 和 $0.079×10^{-4}$～$0.091×10^{-4}$；近河口段—徐六泾节点段，江阴—白茆丰、小水年分别为 $0.062×10^{-4}$～$0.067×10^{-4}$ 和 $0.054×10^{-4}$～$0.062×10^{-4}$；南支河段、南港—北槽，白茆—北槽中丰、小水年分别为 $0.035×10^{-4}$～$0.044×10^{-4}$ 和 $0.024×10^{-4}$～$0.032×10^{-4}$；北槽下段—口门鸡骨礁，丰、小水年均为 $0.018×10^{-4}$；鸡骨礁—口外绿华，丰、小水年分别为 $-0.009×10^{-4}$ 和 $-0.014×10^{-4}$。口外之所以出现负比降已在潮位分析中做了初步的解释。

表 9-7　　　　　　　　　　　南京以下至长江口外逐段比降统计

重点段	年平均比降/10⁻⁴		年内汛、枯水期比降/10⁻⁴			
	丰水年（2010 年）	枯水年（2009 年）	2010 年 1 月	2010 年 7 月	2009 年 1 月	2009 年 7 月
南京—镇江	0.108	0.079	0.016	0.216	0.021	0.151
镇江—江阴	0.118	0.091	0.045	0.219	0.046	0.146
江阴—营船港	0.067	0.054	0.029	0.116	0.025	0.086

续表

重点段	年平均比降/10^{-4}		年内汛、枯水期比降/10^{-4}			
	丰水年 (2010 年)	枯水年 (2009 年)	2010 年 1 月	2010 年 7 月	2009 年 1 月	2009 年 7 月
营船港—白茆	0.062	0.062	0.016	0.108	0.026	0.085
白茆—高桥（二）	0.044	0.032	0.018	0.066	0.018	0.048
高桥（二）—北槽中	0.035	0.024	0.013	0.055	0.011	0.035
北槽中—鸡骨礁	0.018	0.018	0.013	0.037	0.008	0.021
鸡骨礁—绿华	−0.009	−0.014	−0.011	−0.011	−0.018	−0.007

3. 比降年内变化

从表 9-7 还可以看出，无论丰水年还是小水年，南京以下各段都是洪季（7 月）比降显著大于枯季（1 月）比降。同时，从潮位沿程变化图和表 9-7 来看，各段在枯季的比降均较小，变化不是很大，而在洪季由于丰、小水年径流相差较大，各段比降相差甚大，可见径流对比降的影响是比较密切的。

为进一步分析比降的年内变化，统计计算了径流段（镇江—江阴）、近河口段（江阴—营船港）、徐六泾节点段（营船港—白茆）、南支至南港 [白茆—高桥（二）]、南港至北槽段 [高桥（二）—北槽中]、北槽口门段（北槽中—鸡骨礁）和北槽口外段（鸡骨礁—绿华）等在小水年和丰水年年内各月的平均比降值（见表 9-8、表 9-9），并点绘了各月平均比降与平均流量关系曲线（图 9-11），表明径流段直至南港在丰水年和小水年年内比降随流量的增大而增大，其中径流段（镇江—江阴）变化最显著，且随流量的涨、落呈绳套形，而在近河口段（江阴—营船港）至南港（白茆—高桥）这一绳套形关系沿程减弱。在接近口门处（北槽中—鸡骨礁）比降与流量关系曲线显得十分平坦，当然还是可以看出略有上述比降随流量变化的趋势性和绳套形关系，说明愈接近口门，径流作用愈弱，而潮汐动力作用愈大。在鸡骨礁以外的口外，均呈现负比降，小水年和丰水年负比降值均很小，变化范围分别为 $-0.004 \times 10^{-4} \sim -0.0139 \times 10^{-4}$ 和 $0 \sim -0.0153 \times 10^{-4}$，平均值分别为 -0.0078×10^{-4} 和 -0.0064×10^{-4}，可见，径流较小的小水年来自口外的逆向平均负比降（指绝对值）要大于径流较大的丰水年的逆向比降。

表 9-8　　　　　镇江以下在枯水年（2009 年）年内各月平均比降　　　　单位：10^{-4}

站名	月 份											
	1	2	3	4	5	6	7	8	9	10	11	12
镇江 江阴	0.0463	0.0488	0.0851	0.0793	0.1099	0.1240	0.1463	0.1603	0.1240	0.0661	0.0529	0.0479
江阴 营船港	0.0251	0.0225	0.0515	0.0512	0.0661	0.0753	0.0885	0.0951	0.0753	0.0449	0.0370	0.0317
营船港 白茆	0.0262	0.0328	0.0525	0.0525	0.0689	0.0754	0.0852	0.0787	0.0689	0.0459	0.0361	0.0262
白茆 高桥	0.0179	0.0179	0.0339	0.0339	0.0458	0.0558	0.0578	0.0677	0.0498	0.0279	0.0100	0.0179
高桥 北槽中	0.0109	0.0131	0.0240	0.0218	0.0262	0.0306	0.0349	0.0459	0.0371	0.0175	0.0131	0.0087
北槽中 鸡骨礁	0.0079	0.0157	0.0184	0.0184	0.0132	0.0152	0.0210	0.0263	0.0211	0.0211	0.0157	0.0157
鸡骨礁 绿华	−0.0069	−0.0083	−0.0042	−0.0069	−0.0042	−0.0069	−0.0042	−0.0056	−0.0083	−0.0139	−0.0139	−0.0097

表 9 - 9					镇江以下在丰水年（2010 年）年内各月平均比降						单位：10^{-4}	
站名	月　份											
	1	2	3	4	5	6	7	8	9	10	11	12
镇江	0.0446	0.0570	0.0777	0.1074	0.1397	0.1744	0.2190	0.1893	0.1636	0.1165	0.0694	0.0603
江阴	0.0291	0.0383	0.0542	0.0700	0.0832	0.0938	0.1162	0.1030	0.0951	0.0687	0.0396	0.0238
营船港	0.0164	0.0229	0.0361	0.0492	0.0689	0.0885	0.1082	0.0984	0.0787	0.0623	0.0492	0.0492
白茆	0.0179	0.0219	0.0299	0.0438	0.0578	0.0637	0.0797	0.0677	0.0677	0.0418	0.0239	0.0159
高桥	0.0131	0.0262	0.0349	0.0328	0.0393	0.0480	0.0546	0.0546	0.0480	0.0328	0.0175	0.0109
北槽中	0.0158	0.0105	0.0158	0.0316	0.0211	0.0184	0.0368	0.0263	0.0237	0.0184	0.0053	0
鸡骨礁	−0.0069	−0.0069	−0.0097	−0.0153	−0.0042	−0.0014	−0.0069	−0.0042	0	−0.0056	−0.0083	−0.0069
绿华												

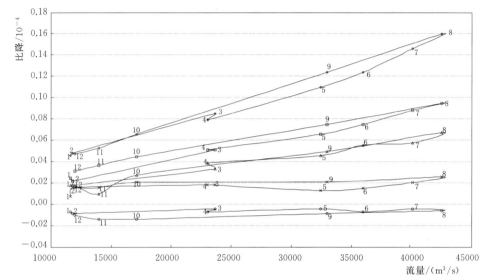

(a)2009 年

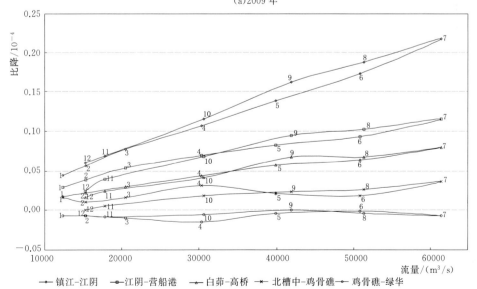

(b)2010 年

图 9-11　镇江以下各段月平均比降与月平均流量关系曲线

4. 比降与潮差的宏观关系

平均比降与潮差之间存在宏观的对应关系。将镇江—江阴、江阴—营船港、白茆—高桥（二）、北槽中—鸡骨礁和鸡骨礁—绿华等段的上下两站月平均潮差的平均值与两站之间的月平均比降点绘关系（图 9-12），表明：在径流段（镇江—江阴）比降与潮差呈反比关系，涨落过程线基本重合，略呈绳套形；近河口段比降随潮差变化也与上游径流段基本相似，但涨水阶段比降随潮差的减小（变化幅度不大）增大较快，而落水阶段的绳套形明显，比降先是随潮差的增大而减小较快，之后则随潮差的减小而减小；河口段南支河段至南港涨落过程的绳套形更为明显，涨水过程潮差减小不大而比降增大很快，落水阶段比降随潮差的小幅增大而迅速减小。以上均表现为汛后落水阶段与涨水阶段相比在形成相同的比降下对应的潮差值相对较大。与前面的分析相比，在相同的流量下长江口汛后潮位比汛前相对较高，其比降也相对较大，而同时，其潮差也相对较大。从宏观上看，以上三者都与流量呈绳套形关系，其中，潮位和比降与流量的关系是随流量的增大而增大，愈向下游口门曲线的斜率愈平缓；而潮差与流量的关系则相反，是随流量的增大而减小，曲线呈反向斜率，其负坡斜率也是愈向下游口门愈平缓。

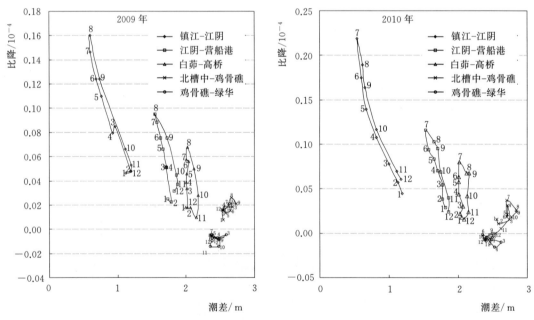

图 9-12　镇江以下各段月平均比降与月平均潮差关系曲线

5. 潮流比降周期性变化与径流、潮差的关系

在一定的径流条件下，长江口各段在由潮差不同表达的大、中、小潮作用下，对径流施加作用而产生长江口的潮汐水流呈周期变化的特性，表现在：随着潮位的涨落，对水流的顶托和消落以致使水流的比降产生周期性变化。对某一断面来说，在长江口的涨潮阶段，水位的顶托产生负比降，在负比降的作用下水流产生逆向运动形成负流速，就是说使得原来向下游运动的径流加上潮汐作用由口门外来的潮流一起向上游流动，形成涨潮流量过程；在落潮阶段由于潮位的消落产生正比降，在正比降的作用下形成的正流速要将一个

潮周期的径流量和涨潮期内的涨潮量一起向下游排泄,形成落潮流量过程;这种正、负比降和正、负流量是随潮差和径流大小以及平均潮位的高低而变化的。已有成果表明(表9-10),从徐六泾—杨林段在丰水年(1998年)洪季(9月)、中水年(2005年)汛前中水期(5月)和小水年(2006年)枯季(1月)分别在大、中、小潮条件下实测潮位的比降统计值,可以看出在长江口节点段至白茆沙汊道段,其周期性变化中的最大正、负比降可以达到相当大的数值,如在大水年中的汛期的大、中、小潮最大瞬时正、负比降可分别达 $0.299 \times 10^{-4} \sim 0.174 \times 10^{-4}$(+)和 $0.532 \times 10^{-4} \sim 0.126 \times 10^{-4}$(-),在小水年枯水期大、中、小潮也可分别达到 $0.171 \times 10^{-4} \sim 0.091 \times 10^{-4}$(+)和 $0.321 \times 10^{-4} \sim 0.142 \times 10^{-4}$(-),远大于当地当时的平均比降。由于潮汐动力的作用,使得长江口本来以平均比降极小的径流汇入口外滨海的水流,变成以较大正、负比降作用下的往复流,特别是涨潮时的负比降更大说明潮汐动力对于正向流动的巨大径流作逆向流动所提供的巨大能量。

表 9-10　　　　　　　　　徐六泾—杨林在不同水情组合下比降统计

时间	月平均流量 /(m³/s)	潮型	潮差 /m	负比降 /10⁻⁴	正比降 /10⁻⁴	变幅 /10⁻⁴
丰水年汛期 1998 年 9 月	63800	大潮	3.40	−0.532	+0.299	0.831
		中潮	2.95	−0.342	+0.291	0.633
		小潮	1.70	−0.126	+0.174	0.300
平水年中水期 2005 年 5 月	29800	大潮	2.98	−0.387	+0.224	0.611
		中潮	2.37	−0.232	+0.192	0.424
		小潮	1.50	−0.120	+0.128	0.248
小水年枯水期 2006 年 1 月	11500	大潮	2.75	−0.321	+0.171	0.492
		中潮	2.40	−0.278	+0.158	0.436
		小潮	1.48	−0.142	+0.091	0.233

9.1.1.3　潮流速变化特征

长江口潮流速变化极为复杂,各段均有其自身特点。从宏观来看,邻近的径流河段无论何时都具有单向流的特点,而近河口的澄通河段,在枯水期内为双向流,而在汛期,有时为双向流,有时为单向落潮流,这取决于径流与潮流动力强弱的对比。如 2004 年 8 月大通平均流量为 35000m³/s 时,大潮时呈现双向流,小潮时上段江阴—九龙港为单向落潮流,下段九龙港仅在高潮位后出现涨潮流。2005 年 1 月平均流量为 12000m³/s,无论大潮或小潮均为双向流。

徐六泾以下河段,长江口水文水资源勘测局做了许多难能可贵的测量工作,取得了描述各河段的潮流速特性的实测资料。根据 2010 年 8 月流量约为 52000m³/s 左右(代表洪季)和 2011 年 2 月流量在 13000m³/s 左右(代表枯季)下,对北支、南支、北港、南港、北槽、南槽沿程布设断面进行大、中、小潮周期的水文测验,获得了系统的成果,对于我们了解和掌握长江口的水流特性提供了基础资料[3]。成果表明,在洪季,北支大潮时涨、落潮平均流速自进口至出口均为沿程递减之势(中潮的落潮也似有这一态势,但小潮均无此态势),大潮时涨、落潮平均流速相差不大,中、小潮时落潮平均流速明显大于涨潮平均流速；南支河段无论大、中、小潮，落潮平均流速均明显大于涨潮平均流速，可以看出该段受径流作用为主的特征；北港也基本如此；南港和南、北槽虽然也是落潮平均流速大于涨潮平均流速，但二者相差与北港相比要小一些；其大潮时落潮与涨潮的平均流速的比值，北港的范围为 1.23～2.91，平均值为 1.80，而南港和南、北槽则范围为 1.04～1.78，平均值为 1.20。在枯季，除了流速普遍相应小于洪季的特征之外，北支无论大、中、小潮的涨、落潮均不存在沿程变化的增减态势，大潮时涨潮平均流速大于落潮，小潮时落潮平均流速略大于涨潮；南支河段在大潮时涨、落潮平均流速相差不大，但小潮时落潮平均流速明显大于涨潮，同样体现出南支河段在枯季也主要受径流的影响；南、北港和南、北槽在枯水期也表现出与洪季相同的特性，在大、中、小潮时均为落潮平均流速大于涨潮，但南、北槽与南、北港相比，涨落潮平均流速的差值相对较小；南、北港落潮与涨潮平均流速的比值，范围为 0.90～1.41，平均值为 1.21，而南、北槽的上述范围为 0.89～1.32，平均值为 1.09。现将徐六泾以下北支、南支、北港、南港、北槽、南槽各断面洪枯季、大小潮、涨落潮实测流速范围与其平均值进行统计列（表 9-11）。从表中也可看出上述的特性。

根据表 9-11，可以进一步统计分析徐六泾以下各段涨、落潮平均流速的关系（表 9-12）。从表可知，洪季落潮平均流速与涨潮平均流速的比值均大于枯季，说明各段洪季不仅流速大，而且落潮流的作用更强于涨潮流的作用；洪季大潮上述比值南支明显大于北港，北港又明显大于南港和南、北槽，在洪季小潮时，南支河段和北港上述比值更大，意味着径流作用向下游沿程相对变弱而潮汐动力作用沿程相对变强的特性。从洪季长江口径流与潮汐动力作用强弱对比似可以分成三区：南支河段为径流作用相对强区，南港和南、北槽为潮汐动力作用相对强区，而北港为二者居中区。从北港来说也可能是上段径流相对作用强而下段口门区域潮汐动力作用相对强。枯季大潮的上述比值以南支河段为最小，说明该测点涨潮流强劲；而北港、南港和北槽上述比值稍大，但比洪季均小，说明涨潮流与落潮流相比，相对于洪季要强；南支与北港在枯季小潮上述比值较大，说明落潮流速明显大于涨潮流速，以上均体现枯季径流小，在各段均表现为潮汐动力作用相对强的特点。在枯季长江口径流与潮汐动力作用强弱对比似可分为二区：南支河段仍为径流相对作用强的区域，以下则为潮汐动力作用相对强的区域。

从北支来看，洪季大潮上述比值为 1.03，枯季大潮为 0.86，说明洪季径流较大时，北支落潮流速略大于涨潮流速，而枯季大潮涨潮流速明显大于落潮流速；洪季和枯季小潮流速都较小，但洪季落潮平均流速明显大于涨潮平均流速，而枯季落潮平均流速稍大于涨潮平均流速。近年来，北支在不断实施整治工程，水流情况仍在不断变化，因此还有待更新的资料作进一步分析才能全面反映北支的水流特性。

澄通河段 2004 年 8 月、2005 年 1 月两次观测和徐六泾以下河口段 2010 年 8 月、2011 年 2 月两次观测，规模宏大，取得了十分珍贵的潮流速、悬移质含沙量与粒径、床沙粒径的资料，对我们认识长江口河段的水流泥沙运动特性有很大的帮助。我们深切体会到，能在长江口河段进行全潮观测是一项非常艰难的工作，尽管其布点的代表性有不足之处，但反映的水流泥沙特征基本上还是合理的。本章提出的初步成果和观点，有待验证和深入。相信随着今后观测资料的不断补充，一定会进一步提高对长江口河段水流泥沙运动的认识水平。

表 9 – 11　徐六泾以下各段内断面洪枯季实测流速范围和平均值统计

单位：m/s

季节	河段	潮平均								垂线最大值平均							
		涨潮				落潮				涨潮				落潮			
		大潮		小潮		大潮		小潮		大潮		小潮		大潮		小潮	
		范围	平均	范围	平均	范围	平均	范围	平均	范围	平均	范围	平均	范围	平均	范围	平均
洪季	北支	0.60~1.39	1.03	0.01~0.33	0.22	0.73~1.60	1.06	0.15~0.56	0.37	0.97~2.63	1.82	0.04~0.69	0.45	1.14~2.41	1.64	0.36~1.45	0.84
	南支	0.36~0.72	0.52	0.03~0.19	0.09	0.76~1.25	0.99	0.44~0.69	0.55	0.65~1.26	0.94	0.05~0.38	0.18	1.05~1.81	1.45	0.77~1.23	0.97
	北港	0.44~0.92	0.65	0.04~0.32	0.20	0.70~1.28	1.08	0.15~0.70	0.49	0.86~1.70	1.18	0.07~0.62	0.39	1.39~2.48	1.86	0.84~1.48	1.10
	南港	0.83~0.91	0.87			1.15~1.20	1.18			1.59~1.59	1.59			1.68~1.78	1.73		
	北槽	0.75~1.05	0.90			0.93~1.53	1.20			1.51~2.22	1.68			1.39~2.48	1.94		
	南槽	0.88~1.11	0.97			0.91~1.64	1.32			1.62~1.77	1.70			1.55~2.47	2.12		
枯季	北支	0.65~0.93	0.83	0.23~0.37	0.30	0.36~0.89	0.71	0.23~0.51	0.33	1.04~1.67	1.42	0.42~0.63	0.53	0.57~1.56	1.14	0.49~1.11	0.69
	南支	0.68~0.80	0.74	0.13~0.30	0.25	0.55~0.85	0.73	0.23~0.48	0.39	1.13~1.31	1.22	0.25~0.58	0.49	0.76~1.24	1.04	0.37~0.90	0.71
	北港	0.61~1.00	0.75	0.25~0.42	0.32	0.55~1.09	0.91	0.34~0.49	0.43	0.96~1.65	1.29	0.42~0.76	0.58	0.92~1.83	1.45	0.73~1.08	0.85
	南港	0.73~0.88	0.81			0.93~0.94	0.94			1.48~1.70	1.59			1.40~1.48	1.44		
	北槽	0.64~1.02	0.83			0.57~1.19	0.95			1.31~2.16	1.63			1.12~2.09	1.57		
	南槽	1.07~1.11	1.09			1.03~1.14	1.09			1.74~1.90	1.82			1.45~1.61	1.53		

表 9 - 12　　　　　　　徐六泾以下长江口各段洪、枯季实测涨落潮平均流速比值

河段	洪季		枯季	
	落潮平均流速/涨潮平均流速		落潮平均流速/涨潮平均流速	
	大潮	小潮	大潮	小潮
北支	1.03	1.68	0.86	1.10
南支	1.90	6.11	0.99	1.56
北港	1.66	2.45	1.21	1.34
南港	1.36		1.16	
北槽	1.33		1.14	
南槽	1.36		1.00	

9.1.1.4　潮流速周期性变化滞后于比降的关系

应当说，在长江口以及近河口段和邻近的径流河段内，其比降和潮差都是径流和潮汐动力相互作用下形成的两个要素。潮差表达了潮位的升降对水流运动做功所具有的能量。潮汐的能量与径流能量叠合之后形成潮差并以周期性变化的比降对水流产生周期性变化运动。就是说，比降在一个潮周期内的变化既是在潮汐和径流相互作用的结果，也是水流运动的条件。对不同河段而言，由于受到潮汐作用和径流作用不同，相应地，由不同潮差形成的比降和比降驱使下形成的流速也是不同的。愈往下游口门，潮差愈大，形成的瞬时比降也愈大，对潮流速的影响也愈大。

在长江口往复流动中其直接驱使力来自潮位周期性变化形成的比降。当下游水位高于上游水位时产生负比降，在这个负比降的驱动下，水流形成逆向流动的负流速；当下游水位低于上游水位时产生正比降，水流形成正流速。由于水流运动的惯性作用，因而在潮汐的周期变化中，流速的变化滞后于比降的变化。图 9 - 13 为 2005 年 1 月徐六泾与杨林站在枯季大潮中潮位、比降和流速周期性变化过程。从图中可以看出，在 10 时许开始涨潮，两站在波谷附近水位相等时比降为 0，但上、下站流速仍处于减小过程尾端的正向落潮流状态，即仍为正流速；不久，下站（杨林）水位高于上站（徐六泾）水位并差值愈来愈大，形成负比降并愈来愈大（说明：描述正、负比降和流速的增大和减小均指绝对值，下同），下站正流速先降到 0 并随之形成负流速且愈来愈大，上站正流速随后减为 0 并随之形成负流速且愈来愈大；当负比降达最大值又变为减小时，两站的负流速一直在增大，直到负比降减小过程中某一时刻，下站和上站的负流速达到最大值；然后随负比降继续减小，两站负流速也减小。当负比降减小为 0，即两站潮位在波峰附近相等时则开始进入落潮阶段，此时仍由于潮流的惯性作用负流速还在维持并继续减小；随着正比降形成并不断增大，上站、下站负流速先后减小至 0 并转为正流速；然后随着落潮过程正比降的增大，两站的正流速也增大，至正比降达最大值转为减小时正流速仍在增大，直到正比降减小过程的某一时刻，下站和上站正流速达到最大值；再随着正比降继续减小，两站正流速也减

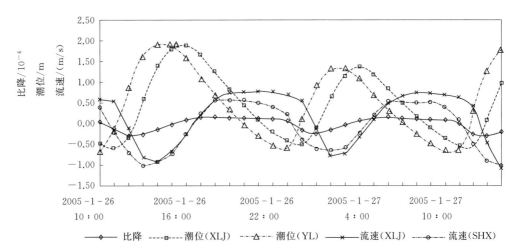

注:比降为徐六泾~杨林;潮位(XLJ)为徐六泾站潮位;潮位(YL)为杨林站潮位;流速(XLJ)为靠近徐六泾潮位站附近站点的同期潮流成果;流速(SHX)为靠近杨林潮位站附近站点的同期潮流成果;流速变化取落潮期为正。

图 9-13 徐六泾与杨林潮位、比降、潮流速过程线（大潮）

小，直到比降为 0 而进入第二个涨潮阶段，两站的正流速因径流存在惯性作用而仍保持为落潮流较小的正流速。以上就是比降与流速变化的周期全过程。综上所述，流速对于比降的滞后性表现在：涨潮阶段，当比降为 0 时，上、下站流速仍为正流速，其正流速减小为 0 的时间滞后于比降为 0 的时间，其中上站滞后的时间比下站更长；两站负流速达到最大值的时间滞后于负比降为最大的时间，其中也是上站滞后的时间更长。落潮阶段，比降为 0 时，两站还存在一定的负流速，两站负流速转为 0 的时间滞后于比降为 0 的时间，其中上站滞后的时间更长一些；两站正流速达到最大值的时间滞后正比降为最大的时间，其中也是上站更加滞后，而且与涨潮阶段相比，滞后的时间更长。

9.1.1.5 横比降与横向水流

长江口水流的横比降，不同于弯道水流中由离心惯性力形成弯道环流中的横比降。它主要由两方面的因素形成：一是在纵向水流中或纵向汊道中由于河道两侧涨、落潮流的相位差而引起横断面上水位差形成的横比降；二是因纵向水流或纵向汊流阻力不同对上游的壅水形成的水位差和横比降。由这种横比降形成的横向水流，或与纵向流一起形成斜向流，不仅对流场带来调整影响，还往往对洲滩滩面、边滩、沙埂、沙嘴产生冲刷、切割的作用，或对已有的串沟产生冲刷、拓展和平移变化，或在横向水流减弱的情况下使串沟产生淤积作用，从而可能导致汊道分流比的变化。

根据 2005 年 1—2 月（枯季）大、中、小潮的实测水位资料，对长江口河段左、右岸如皋港—太字圩、营船港—七干河、汇丰码头—徐六泾、杨林—南门的横比降进行统计表明，长江口及其近河口段由不同相位下两岸水位差形成的横比降与纵比降处于同一量级[3]。但在两岸之间的河道内分布着众多的洲滩，一般来说由两岸形成的横比降对河床演变不易直接产生影响，而直接产生影响的是邻近汊流之间横比降的作用。在这方面成果甚少，需加强观测研究。

9.1.2　泥沙运动

9.1.2.1　含沙量的时空分布

1. 澄通河段

根据本河段 2004 年 8 月（洪季）和 2005 年 1 月（枯季）断面实测含沙量资料进行统计（各段断面含沙量范围及其平均值见表 9 - 13），可以看出，无论大、中、小潮还是涨、落潮，都是洪季显著大于枯季的含沙量，体现了澄通河段受上游径流来沙的影响。就洪季而言，不管涨潮过程还是落潮过程，自鹅鼻嘴节点—徐六泾节点都是大潮含沙量大于中潮含沙量，中潮含沙量大于小潮含沙量，说明该年洪季含沙量还受到潮汐动力作用的影响。从各段含沙量分布来看，福姜沙左汊大于右汊的含沙量，如皋中汊大于右汊的含沙量，通州沙左汊在大、中潮小于右汊的含沙量，而在小潮期略大于右汊的含沙量，新开沙则表现出大、中潮期涨潮含沙量大于落潮的特点，在九龙港节点和落潮期的鹅鼻嘴节点，其含沙量一般都显示出较大的特征。

就枯季而言，一般都表现为含沙量普遍较小且在涨落潮之间变幅不大的特征，但与洪季大潮含沙量一般都大于中潮含沙量的特点不同，在 2005 年 1 月这个枯季，无论涨潮还是落潮，都是大潮期小于中潮期的含沙量。从各段枯季含沙量分布来看，福姜沙左、右汊含沙量相差不大，而如皋中汊仍大于右汊含沙量，通州沙左汊小于右汊含沙量，新开沙涨潮大于落潮含沙量；九龙港节点处也表现出含沙量较大的特征。

2. 徐六泾以下的河口段

徐六泾节点的含沙量规律性较强：①汛期含沙量大于枯期含沙量；②涨潮大于落潮含沙量；③大潮含沙量大于中潮更大于小潮含沙量，充分体现了径流和潮汐动力的双重影响。

徐六泾以下各段按北支、南支、北港、南港、北槽、南槽，对其洪、枯季，涨、落潮，大、中、小潮含沙量的范围和平均值进行统计（见表 9 - 14）。

与澄通河段不同，徐六泾以下各段不存在洪季含沙量大于枯季的现象，而相反是枯季含沙量一般大于洪季含沙量。其中，也有个别情况例外，如北槽在大潮涨潮期，南支在小潮涨潮期和大、中、小潮落潮期，北港在小潮落潮期等则是洪季大于枯季含沙量。这说明徐六泾以下的河口段含沙量除南支河段在一定程度上受径流主导外，其他各段受潮汐动力作用的影响更大。就洪季来看，除南支为落潮期大于涨潮期含沙量之外，其他部位均为涨潮大于落潮含沙量；而且北支、南支和北槽均为大潮含沙量大于中潮更大于小潮含沙量。从含沙量值来看，除北槽大潮涨潮期为最大值外，北支总体上为各段中最大含沙量，其中在北支内最大含沙量总是处于三条港断面（仅有一次大潮涨潮期最大含沙量在邻近的上游红阳港断面处）；徐六泾以下相对而言南支河段含沙量较小，北港、南港居中，北槽、南槽较大，这三个区域量值差别均很明显。就枯季来看，北支的含沙量最大，北支内最大含沙量位于红阳港和三条港两个断面处；除南支涨、落潮含沙量相当外，北港、南港和南槽均为涨潮大于落潮含沙量，但北槽的涨潮却小于落潮含沙量；北支、南支、北港无论涨、落潮均表现为大潮含沙量大于中潮更大于小潮的含沙量。从含沙量量值来看，徐六泾以下枯季也是南支最小，北槽和南槽最大，北港和南港含沙量居中，但南港又明显大于北港的含沙量。

表 9 - 13　澄通河段各段内断面洪枯季实测含沙量范围和平均值统计

季节	河段	涨潮 大潮 范围	平均	涨潮 中潮 范围	平均	涨潮 小潮 范围	平均	落潮 大潮 范围	平均	落潮 中潮 范围	平均	落潮 小潮 范围	平均
洪季	鹅鼻嘴节点	0.080~0.131	0.100	0.080~0.081	0.081			0.116~0.205	0.162	0.119~0.153	0.138	0.083~0.109	0.100
	福姜沙左汊	0.103~0.127	0.119	0.063~0.102	0.080			0.128~0.164	0.144	0.115~0.150	0.137	0.090~0.110	0.101
	福姜沙右汊	0.069~0.089	0.079	0.059~0.082	0.070			0.080~0.095	0.088	0.083~0.101	0.092	0.057~0.068	0.063
	如皋中汊	0.242~0.593	0.418	0.133~0.154	0.144			0.176~0.272	0.224	0.119~0.177	0.0148	0.111~0.114	0.112
	如皋右汊	0.094~0.142	0.117	0.100~0.132	0.113	0.045	0.045	0.115~0.155	0.129	0.110~0.134	0.118	0.063~0.120	0.082
	九龙港节点	0.139~0.230	0.185	0.133~0.265	0.199	0.119	0.119	0.169~0.288	0.229	0.145~0.218	0.182	0.119~0.141	0.130
	通州沙左汊	0.129~0.216	0.165	0.090~0.177	0.125	0.047~0.074	0.061	0.123~0.174	0.147	0.114~0.142	0.128	0.070~0.080	0.075
	通州沙右汊	0.359~0.365	0.362	0.212~0.254	0.233	0.048~0.057	0.053	0.182~0.258	0.220	0.155~0.164	0.160	0.067~0.068	0.068
	新开沙	0.254	0.254	0.146	0.146	0.045	0.045	0.186	0.186	0.137	0.137	0.057	0.057
	狼山沙东	0.161~0.175	0.168	0.107~0.148	0.128	0.035~0.055	0.045	0.160~0.194	0.177	0.146~0.148	0.147	0.075~0.075	0.075
	狼山沙西	0.165~0.176	0.170	0.118~0.118	0.118	0.041	0.041	0.155~0.195	0.175	0.108~0.156	0.132	0.043~0.059	0.051
	徐六泾节点	0.195~0.251	0.233	0.065~0.154	0.118	0.050~0.096	0.073	0.152~0.321	0.222	0.075~0.187	0.122	0.048~0.110	0.071
枯季	鹅鼻嘴节点	0.025~0.051	0.038	0.048~0.062	0.054	0.037~0.052	0.042	0.028~0.052	0.042	0.046~0.062	0.056	0.041~0.062	0.050
	福姜沙左汊	0.025~0.043	0.037	0.037~0.045	0.041	0.021~0.047	0.035	0.025~0.041	0.035	0.042~0.047	0.045	0.039~0.045	0.041
	福姜沙右汊	0.033~0.033	0.033	0.038~0.042	0.040	0.027~0.042	0.035	0.031~0.047	0.039	0.039~0.039	0.039	0.030~0.039	0.035
	如皋中汊	0.057~0.070	0.064	0.067~0.069	0.068	0.059~0.136	0.098	0.061~0.061	0.061	0.068~0.072	0.070	0.055~0.067	0.061
	如皋右汊	0.039~0.042	0.041	0.053~0.053	0.053	0.037~0.045	0.042	0.041~0.047	0.044	0.050~0.059	0.055	0.039~0.050	0.043
	九龙港节点	0.045~0.085	0.065	0.049~0.078	0.064	0.035~0.061	0.048	0.045~0.064	0.055	0.052~0.068	0.060	0.040~0.057	0.049
	通州沙左汊	0.036~0.047	0.043	0.044~0.075	0.056	0.032~0.043	0.038	0.034~0.038	0.036	0.032~0.049	0.041	0.034~0.045	0.038
	通州沙右汊	0.052~0.082	0.066	0.076~0.107	0.092	0.026~0.072	0.049	0.029~0.060	0.045	0.033~0.078	0.056	0.025~0.054	0.040
	新开沙	0.068	0.068	0.059	0.059	0.044	0.044	0.062	0.062	0.043	0.043	0.036	0.036
	狼山沙东	0.061~0.063	0.062	0.067~0.089	0.078	0.036~0.050	0.043	0.051~0.060	0.056	0.065~0.076	0.071	0.046~0.055	0.051
	狼山沙西	0.050~0.055	0.053	0.045~0.067	0.056	0.030~0.040	0.035	0.047~0.051	0.049	0.041~0.064	0.053	0.028~0.036	0.032
	徐六泾节点	0.066~0.184	0.118	0.063~0.084	0.073	0.031~0.042	0.036	0.048~0.114	0.076	0.043~0.089	0.062	0.023~0.054	0.035

表9－14

徐六泾以下河口段断面洪枯季实测含沙量范围和平均值统计

季节	河段	涨潮						落潮					
		大潮		中潮		小潮		大潮		中潮		小潮	
		范围	平均	范围	平均	范围	平均	范围	平均	范围	平均	范围	平均
洪季	北支	0.039~2.19	0.876	0.031~0.676	0.266	0.035~0.199	0.087	0.047~2.120	0.853	0.028~1.070	0.354	0.027~0.333	0.145
	南支	0.091~0.200	0.133	0.068~0.145	0.098	0.067~0.236	0.117	0.121~0.230	0.164	0.104~0.229	0.160	0.093~0.177	0.120
	北港	0.042~1.800	0.414	0.025~0.284	0.121	0.025~0.118	0.074	0.077~0.866	0.324	0.032~0.265	0.156	0.061~0.139	0.104
	南港	0.352~0.409	0.381					0.372~0.380	0.376				
	北槽	0.228~2.110	1.046					0.298~1.540	0.817				
	南槽	0.328~1.610	0.816					0.317~1.600	0.784				
枯季	北支	0.331~2.350	1.438	0.308~2.070	1.083	0.099~0.458	0.230	0.342~2.030	1.176	0.160~1.790	0.909	0.107~0.490	0.232
	南支	0.069~0.265	0.136	0.033~0.235	0.110	0.020~0.079	0.041	0.080~0.236	0.139	0.047~0.230	0.107	0.032~0.090	0.052
	北港	0.236~1.160	0.499	0.223~0.728	0.390	0.033~0.291	0.108	0.231~0.789	0.429	0.181~0.781	0.343	0.092~0.110	0.098
	南港	0.487~0.886	0.687					0.472~0.742	0.607				
	北槽	0.357~1.220	0.732					0.505~1.270	0.866				
	南槽	0.927~1.040	0.984					0.721~0.938	0.829				

综上所述，徐六泾以下的河口段在悬移质含沙量时空分布具有较强的规律性。可以看出，南支河段含沙量兼受径流和潮汐动力作用的影响，而南、北港和南、北槽主要受潮汐动力作用的影响。北支为涨潮槽，主要受潮汐动力作用的影响，最大含沙量位于红阳港至三条港，而且其值显著地高，何因？与涌潮作用有关？值得研究。

9.1.2.2 悬移质泥沙粒径

1. 澄通河段

澄通河段的悬移质泥沙级配都在一定的范围内变化，表 9－15 列出了澄通河段内各段断面悬移质中值粒径的统计平均值。从表中可以看出，2004 年 8 月洪季悬移质中径 d_{50} 并不都大于 2005 年 1 月枯季的 d_{50}，反而在多数情况下，枯季 d_{50} 大于洪季的 d_{50}。在洪季，除鹅鼻嘴节点和福姜沙左汊大潮的 d_{50} 小于中潮或小于中、小潮 d_{50} 以及如皋中汊大潮 d_{50} 小于小潮 d_{50} 以外，其他都是大潮 d_{50} 最大，并且大多都是大潮 d_{50} 大于中潮 d_{50} 更大于小潮 d_{50}，其中也有少数小潮 d_{50} 大于中潮 d_{50}，具有较明显的特点。在枯季，大多数不存在大潮 d_{50} 大于中潮更大于小潮 d_{50} 的特点，d_{50} 最大值多数发生在中潮，少数发生在大潮。以上说明澄通河段悬移质泥沙中值粒径 d_{50} 在洪季受径流影响相对较大，而在枯季则潮汐动力作用相对较大。还可看出，九龙港节点、徐六泾节点和通州沙右汊在洪、枯季以及鹅鼻嘴节点在洪季 d_{50} 值均较大。

表 9－15　　　　　　　　澄通河段内各段断面悬移质中径 d_{50} 平均值　　　　　　单位：mm

地点	洪季				枯季			
	大潮	中潮	小潮	平均	大潮	中潮	小潮	平均
鹅鼻嘴节点（肖山）	0.0110	0.0156	0.0105	0.0124	0.0079	0.0080	0.0077	0.0078
福姜山左汊	0.0740	0.0084	0.0082	0.0080	0.0082	0.0077	0.0070	0.0076
福姜沙右汊	0.0114	0.086	0.0084	0.0095	0.0092	0.0117	0.0108	0.0106
如皋中汊	0.0093	0.087	0.0095	0.0092	0.0112	0.0088	0.0084	0.0095
如皋右汊	0.0120	0.082	0.0091	0.0098	0.0076	0.0097	0.0092	0.0088
九龙港节点	0.0120	0.0105	0.0084	0.0103	0.0127	0.0110	0.0110	0.0116
通州沙左汊	0.0105	0.098	0.0097	0.0100	0.0111	0.0100	0.0100	0.0104
通州沙右汊	0.0179	0.0130	0.0080	0.0130	0.0105	0.0148	0.0086	0.0113
新开沙夹槽	0.0116	0.086	0.0101	0.0101	0.0087	0.0100	0.0075	0.0087
狼山沙东	0.0110	0.098	0.0079	0.0096	0.0091	0.0151	0.0083	0.0108
狼山沙西	0.0088	0.078	0.0073	0.0080	0.0087	0.0104	0.0082	0.0091
徐六泾节点	0.0146	0.0102	0.0093	0.0114	0.0169	0.0107	0.0075	0.0117

2. 徐六泾以下河口段

徐六泾以下各段悬移质级配，没有涨、落潮过程之别，也没有大、中、小潮之分，表 9－16 列出了各段断面的悬移质的中值粒径 d_{50} 的平均值。从表中可见，除北支洪季的 d_{50} 略大于枯季 d_{50} 外，其他段均为洪季的 d_{50} 小于枯季 d_{50}。洪季南北槽 d_{50} 较南支、南北港

的 d_{50} 稍大,但各段 d_{50} 沿程总体变化不大。枯季各段 d_{50} 以北支最小,其他以南支、南港较大,南、北槽较小,北港 d_{50} 居中。以上显示出枯季径流小,潮汐动力作用较强而使枯季 d_{50} 普遍大于洪季。枯季正值冬天,长江口地区冷空气增多,风浪影响较汛期为大,浅水区域的"风浪掀沙"作用明显,这也是枯季 d_{50} 普遍大于洪季的另一影响因素,下文的床沙分析中,也含有这样的影响因素。

表 9 - 16	徐六泾以下各段悬移质中值粒径 d_{50} 平均值	单位:mm
地　点	洪　季	枯　季
北支	0.0100	0.0094
南支	0.0097	0.0137
北港	0.0096	0.0115
南港	0.0098	0.0133
北槽	0.0103	0.0105
南槽	0.0103	0.0107

9.1.2.3　床沙粒径

1. 澄通河段

澄通河段各段断面床沙平均中值粒径 D_{50} 值统计见表 9 - 17。据表可知,澄通河段床沙中值粒径 D_{50} 洪枯季比较各段情况均不相同,均有一定差别,但总体上枯季稍大于洪季。九龙港节点和徐六泾节点处 D_{50} 似偏小。大多数砂粒所占比例很大,且枯季大于洪季。

表 9 - 17	澄通河段各段断面床沙平均中值粒径 D_{50} 值	单位:mm
地　点	洪　季	枯　季
鹅鼻嘴节点	0.1179	0.1596
福姜沙左汊	0.2088	0.1555
福姜沙右汊	0.2314	0.1829
如皋中汊	0.0670	0.0794
如皋右汊	0.1142	0.1277
九龙港节点	0.0129	0.0177
通州沙左汊	0.1785	0.1563
通州沙右汊	0.1419	0.1398
新开沙	0.1168	0.1306
狼山沙东	0.0817	0.1042
狼山沙西	0.0140	0.0148
徐六泾	0.0470	0.0667

2. 徐六泾以下河口段

表9-18为徐六泾以下各段实测的床沙中值粒径 D_{50} 统计值。可以看出，除北支在洪季 D_{50} 大于枯季 D_{50} 外，其他段均为枯季 D_{50} 大于洪季 D_{50}，似表明，徐六泾以下在潮汐动力作用下，相对洪季来说枯季是偏于冲刷的。洪季除南港以外和枯季除南槽以外（枯季南槽 D_{50} 显得特别大），南支以下 D_{50} 似有沿程细化现象。

表9-18	徐六泾以下各段床沙中值粒径 D_{50} 值	单位：mm
地 点	洪 季	枯 季
北支	0.0511	0.0368
南支	0.0883	0.1376
北港	0.0609	0.0792
南港	0.0117	0.0508
北槽	0.0169	0.0348
南槽	0.0124	0.0904

9.1.3 关于徐六泾以下河口段水流泥沙运动分区问题

通过以上对徐六泾以下河口段的流速、悬移质含沙量与粒径和床沙粒径时空分布特征的分析，可将徐六泾以下河口段水流泥沙运动分区如下：

（1）从潮流速来看，可以分为三区：Ⅰ区为南支，在洪、枯季涨、落潮的大潮期平均流速均为最小值的区域；Ⅱ区为北港，平均流速值居中；Ⅲ区为南港、北槽和南槽，为平均流速最大区域，特别是南槽更大一些，以此表达了潮流速总体上沿程增大的特征。

（2）从落潮平均流速与涨潮平均流速的比值 $V_{落}/V_{涨}$ 来看也可分为三区：Ⅰ区为南支，是洪季大、小潮和枯季小潮 $V_{落}/V_{涨}$ 值最大的区域，Ⅱ区为北港，洪季大潮 $V_{落}/V_{涨}$ 值居中；Ⅲ区为南港、北槽、南槽，是洪季大潮 $V_{落}/V_{涨}$ 值最小的区域。此划分与以上潮流速区的划分一致，表达了径流与潮汐动力作用由前者相对强，沿程变为后者相对强的特性。

（3）从悬移质含沙量 S 来看，分为三区：Ⅰ区为南支，是洪、枯季涨落潮含沙量 S 最小的区域；Ⅱ区为北港和南港；在洪季 S 值均居中，其中北港比南港 S 要大一些；Ⅲ区为北槽、南槽，其 S 值最大。这表达了含沙量 S 沿程增大，输沙变化沿程增强的特性。此分区与以上（1）和（2）的划分也基本一致。

（4）从悬移质中值粒径 d_{50} 来看分为三区：Ⅰ区为南支与南港，洪季 d_{50} 小而枯季 d_{50} 大；Ⅱ区为北港，洪季 d_{50} 小而枯季 d_{50} 居中，Ⅲ区为北槽、南槽，洪季 d_{50} 大、枯季 d_{50} 小。这表达了悬移质泥沙中洪季沿程粒径变大而枯季沿程变小的特性。

（5）从床沙中值粒径 D_{50} 来看，洪季 D_{50} 显著小于枯季 D_{50}，显然徐六泾以下河口段枯季比洪季相对更显示出冲刷的特征。根据枯季 D_{50} 值可分为三区：Ⅰ区为南支，Ⅱ区为北港，Ⅲ区为南港、北槽、南槽，三区之间 D_{50} 值均有明显的差别，根据枯季 D_{50} 值原则上也可分为三区，即Ⅰ区为南支，Ⅱ区为北港，Ⅲ区为南港、北槽，但南槽在枯季 D_{50} 值异常大值得进一步观测和研究。

（6）北支已演变为涨潮槽，可以看出它具有的水流泥沙特性为：北支在洪季大潮涨潮流速是长江口各段中最大值，在洪、枯季大、小潮落潮平均流速与涨潮平均流速之比值是长江口各段中最小值；其枯季含沙量在各段中均为最大值，洪季含沙量除个别情况外也是各段中的最大值，其中还在三条港与红阳港之间显示出更高含沙量的分布特点；悬移质中值粒径 d_{50} 在洪季与其他各段均相差不大而在枯季比其他各段均小，而床沙中值粒径 D_{50} 与其他河段相比，洪季处于居中枯季则偏细的特点。由于北支水流泥沙运动的特殊性，在徐六泾以下河口段水流泥沙运动分区中可将北支专门划为另外一个区域，即下述的第 Ⅳ 区。

综上所述，并考虑到北港上段较为接近南支，北港下段更为接近南、北槽特性，将徐六泾以下河口水流泥沙运动分为四区：Ⅰ区为南支河段—径流作用相对强，涨落潮流速和含沙量较小，悬移质泥沙与床沙相互作用较弱的区域；Ⅱ区为南港和北港上段—径流与潮汐动力作用交错，流速和含沙量居中的区域；Ⅲ区为北槽、南槽和北港下段—潮汐动力作用相对强，落潮流速和含沙较大，悬移质泥沙与床沙相互作用较强的区域；Ⅳ区为北支，为具有涨潮槽特性的区域。

9.1.4　小结

（1）长江口也和其他河口一样，其河床演变与侵蚀基准面有着密切的关系。侵蚀基准面在宏观上与来水来沙条件一起，造就了长江口的河床边界条件，并共同决定着长江口为江心洲分汊的喇叭口河型；作为河流的下边界，基准面的升降无时无刻不影响着河床冲淤的变化。我们在本节中着重研究的是，长江口在径流与潮汐动力相互作用共同构成了口门的下边界，其潮位的变化对长江口河段内潮位、比降和潮差施加影响并表现出的各种特性。

（2）长江口河段的潮位、比降和潮差都有沿流程变化的规律。在南京以下直至长江口门的较短范围内，平均潮位沿程降低，并呈下凹形曲线；这就决定了平均比降沿程减小的特性。潮差沿程表现出愈近河口口门愈大，体现了沿程不断增强的潮汐动力作用的特性。

（3）长江口潮位、比降和潮差等三因素都有沿时程变化的规律，表现出在长江口河段内以上三因素既要受到潮汐动力的作用，还要受到径流的作用，并呈现周期变化的特性。研究表明，从南京—江阴的感潮河段，到江阴—徐六泾的近河口段，再到徐六泾以下的河口段，都要受到径流与潮汐动力的相互作用；感潮河段主要受径流作用，汛期没有涨潮流，潮汐的动力作用仅限于对水位产生周期性的变化，但枯季在一定范围内仍有一定的涨潮流；近河口段也主要受径流作用，但汛期基本有涨潮流，枯季均为涨、落潮双向流；河口段则受到巨大的径流和潮汐动力的双重作用，就是说它既要受到与以上两段相同流量但比降有所减缓的径流作用，又要受到潮流上溯能量沿程变化的潮汐动力作用。在河口段内两种作用均较强，相对而言，愈靠上段径流作用愈强，愈近口门潮汐动力作用愈强。

（4）长江口潮位、比降和潮差受径流和潮汐动力作用的时空变化都可从各有关站的上述三因素与流量的关系看出。对于口门和口外区域，汛期径流来量在该区域汇集叠聚，以致汛后潮位抬高，使得长江口及其以上河段各站三因素与流量均呈绳套形曲线关系。从宏观月平均潮位和比降与月平均流量关系曲线来看，愈近下游口门其斜率愈平缓，同流量下落水阶段与涨水阶段相比，潮位和比降相差的幅度愈向下游愈小，而月平均潮差与月平均流量的绳套形曲线的斜率为负向（即该站潮差随流量增大而减小），且愈向下游愈平缓，但同流量下落水阶段与涨水阶段相比，潮差的相差幅度愈向下游愈大。以上特性进一步体现了愈向上游受径流作用相对愈大而愈近下游口门受潮汐动力作用相对愈强的特性。

（5）长江口由多年平均潮位确定的比降值很小，年内各月无论丰水年或是枯水年，由月平均潮位确定的比降值也较小，但由断面间潮位计算呈周期性变化的瞬时比降值却相当大。这个正、负值均很大且呈周期性变化的比降是长江口直接形成双向流的动力。

（6）由径流和潮汐周期性运动的相互作用，是长江口水流泥沙运动之源。长江口愈近口门，潮差愈大，潮位顶托和消落最强，提供潮汐动力的能量愈多，因而产生的瞬时比降愈大，形成的涨、落潮流的流速和潮量也最大。这也是南支河段涨、落潮平均流速小于南、北港，更小于南、北槽涨、落平均流速的原因所在。应该说，潮汐动力作用对于长江口河床演变和巨大的径流量一样是动力因素，也是一种资源。

（7）本节根据徐六泾和杨林站的实测资料，进一步揭示了潮位、比降和潮流速周期性变化的过程和流速变化滞后于比降变化是源自水流惯性的必然。当然，这一关系取决于徐、杨二站的距离，好在这并未影响到我们分析问题的方法和结论。当我们掌握了来自口门附近的上述成果，将可能从涨、落潮期的能量对比进一步分析有关问题。

（8）长江口河床形态和演变主要受到较大的纵比降周期性变化的作用，因而塑造出展宽率不是很大的喇叭型河口平面形态和众多的长条形洲、滩地貌形态；在长江口河床演变分析中一般不宜用弯道环流来解释河床冲淤变化现象；此外，用横比降及其形成的横向水流可以解释某些洲滩滩面上的串沟或相邻两汊之间的贯通，但不宜在河宽很大的两岸之间用横比降来解释河床演变中各种现象。

（9）依据水流、泥沙实测资料将徐六泾以下河口段的水流泥沙运动分为四区是首次尝试，对进一步分析河床演变与治理具有一定的参考意义。

9.2　长江口河段历史演变与河型

根据以往的研究，我们将徐六泾以下直至口外-10m 等高线的喇叭型展宽段作为长江河口段，将徐六泾以上至江阴分汊河型的潮流段作为近河口段。两段共同组成长江口河段。在本节中，作者将对历史演变中长江口河段两岸边界的塑造和河势格局的形成作总结性分析；对近河口段和河口段的河型进行研究，对河势格局作出评价，并结合河床地貌的研究分析河道的稳定性。

9.2.1　几次重大的并洲并岸过程形成长江口河段的宏观边界

本小节阐述了：历史上马驮沙并岸和南通地区 4 次大沙洲并岸，即胡逗洲、南布洲、东布洲以及海门诸沙、启东诸沙等并岸，造就了长江口河段的北岸边界并形成长江口河段的第一个节点——鹅鼻嘴节点；浏海沙、偏南沙等诸沙在段山北、南夹槽实施老、新海坝堵汊工程下并入南岸，与苏南、宝山海塘工程贯通形成长江口河段南岸边界；以及在长江口通过并洲于 16 世纪末叶形成南、北支隔离的崇明岛。这样，构成了长江口河段两岸和崇明岛分隔南、北支的宏观边界，为长江口河段进一步的河型塑造奠定了基础。

1. 马驮沙的并岸形成长江口河段的第一个节点——鹅鼻嘴节点

众所周知，江阴鹅鼻嘴节点是长江口河段的第一个节点，它是由马驮沙并岸形成的。马驮沙原是长江左岸黄桥期三角洲堆积体外的大江心洲，于 17 世纪初叶明天启年间并入左岸[1]。这一并岸不仅使江阴以上初步形成江阴弯道的左岸边界和江阴以下福姜沙汊道的左岸边界，而且在鹅鼻嘴附近形成束窄段。江阴对岸的炮台圩江岸，经加固与鹅鼻嘴一起，构成长江口河段的第一个节点。这一节点对其上、下游形成了一个较为稳定的控制条件，有利于控制涨潮流的上潮和下游河道滩、槽的塑造。这一节点的稳定存在和发挥其控制作用，迄今已持续了 400 余年。

2. 胡逗洲、南布洲、东布洲以及海门、启东诸沙并岸形成长江口河段南通地区北部边界

据记载，近两千年来南通地区长江有 4 次大沙洲并岸[2]：①在南北朝到隋唐之间，如东古沙、扶海沙与扬泰岗地相连；现南通市所处的胡逗洲与东部的南布洲相接；②唐末至五代（10 世纪初），胡逗洲与北岸嘴并接；③到 11 世纪中叶，海门的东布洲与通洲东境相连；④在这个基础上，于 18 世纪有海门诸沙并岸，19—20 世纪初又有启东诸沙并岸，基本形成长江口南通地区的北部边界。

3. 老、新海坝堵汊使浏海沙等诸沙并岸形成南岸边界

据记载，在民国 6 年（1917 年）和民国 11 年（1922 年），由和丰公司和福利公司分别修建老海坝和新海坝，堵塞了段山北峡（北夹槽）和段山南峡（南夹槽），分别将浏海沙先与偏南沙相并、偏南沙再与南岸相并[1]。诸沙并岸后在外江潮流作用下洲滩极不稳定，崩岸频仍，自 1923 年起曾在十圩港至十三圩港之间建有 9 条丁坝，后都坍于江中。即使如此，洲滩并岸后的南岸已成为河道平面形态的组成部分。这是长江口河段诸沙并岸中唯一的大规模并南岸的并岸过程，从而结束了南岸诸沙之间周而复始的、冲淤复杂并影响全局的、漫长的演变阶段，并岸的沙洲最后成为如皋沙群浏海沙水道河势格局的右岸河漫滩边界。

长江口河段的南岸除了上述一处是在人类开发利用下实现的大规模江心洲并岸之外，其下游的南岸边界都是随长江口自然延伸以边滩淤积的形式成为河岸或以小规模的并岸形式使江心洲成为河漫滩的。在这个基础上，于明代开始陆续修建了苏南海塘（包括常熟和太仓）、宝山海塘，贯通后直到清代又进行了多次加固[3]。这样，基本形成了长江口河段整个南岸的边界。

4. 崇明岛的形成自始至终贯穿着江心洲的并洲过程

据记载，唐宋期间和明中期，在浩森的长江口分别有东沙、西沙、姚刘沙、三沙等沙洲和西三沙、平洋沙、长沙、南沙、大阴沙、响沙、吴家沙、败草沙等沙洲，但那时长江口都仍保持多汊通海的格局；到明末清初，长沙与南沙、响沙、吴家沙、东沙、姚刘沙、白蚬沙等合并，呈现大规模并洲过程，基本上形成了现今的半个崇明岛，加上平洋沙的扩大和新安沙的生成，总体上已构成崇明岛的雏形，并于 16 世纪末叶完成了南、北支的隔离[4]。

综上所述，通过历史上三次大规模的并岸并洲过程，形成了长江口河段北岸、南岸和崇明岛分隔南、北支的宏观边界。

9.2.2　近代演变形成的河型

本小节进一步描述在上述历史演变形成的宏观边界内，通过河道自然演变中的堆积和冲积作用，在人类开发利用的过程中不断实施并岸并洲的围垦工程，逐渐在长江口河段形成近代的河型。

9.2.2.1　近河口段—澄通河段形成分汊河型

1. 福姜沙的并洲和圈围使澄通河段上段形成双汊河段

如同长江中下游分汊河道通过江心洲并岸并洲形成宽窄相间的藕节状分汊河道的过程一样，即人类的开发总是并岸先于并洲，江阴节点以下的福姜沙直到 19 世纪（1860 年前后）才由多沙并为一体，于 1917 年才筑堤成岛[5]。在福姜沙圈围之后至 20 世纪 50 年代前后，河道平面形态才基本上调整为现今双汊河型的格局。可见，在长江口河段要使得各单元河段平面形态基本定型，在两岸已经形成的边界约束下，还需要通过人类开发利用，经过较长时间的调整才能形成一定的河型。

2. 又来沙并岸和长青诸沙并洲使如皋沙群成为双汊河段

历史演变中的如皋沙群，顾名思义，存在众多的沙洲，汊道交织，冲淤演变极为复杂，也是在近代通过人类开发利用治理，才形成一定的河型。据记载，20 世纪 60—70 年代以来，民主沙、友谊沙、驷沙等洲并为民主沙；70—80 年代，有跃进沙和又来沙先后并入北岸；60—80 年代，上林案沙、下林案沙、张案沙、薛案沙、开沙逐渐合并为长青沙，如皋沙群才由多汊变为 3～4 汊[3]。近期，人们又加大了整治的力度，使泓北沙并入长青沙且与横港沙连为一体，将双涧沙并入民主沙，以致形成今日的平面形态，即在天生港水道已日益成为涨潮槽被视为"边缘化"的条件下，如皋沙群已进一步调整为由如皋中汊和浏海沙水道组成的双汊河段。其中，如皋中汊分流比近期稳定在 30% 左右，九龙港岸段经防护形成的束窄段已成为中段出口的人工节点，也是下段通州沙汊道的进口节点。这是长江口河段的第二个节点。

3. 保滩护岸工程抑制了通州沙汊道在近代演变中的左移趋势

20 世纪初，南通市区江岸不断崩退形成弯道凹岸，曾于 20 世纪 10—20 年代在天生港至姚港间建有 18 座丁坝，虽然有其中的 6 座坍入江中，但总体上仍起到了抑制河岸向左摆动的趋势；之后，由于顶冲不断下移继续冲刷狼山以下江岸，于 70—80 年代初又修建了 15 座丁坝以及沉排、抛石护坎，初步稳定了通州沙汊道左岸边界的河势条件[3]。总之，在狼山以上和以下实施的保滩护岸工程遏制了通州沙汊道左移的趋势，基本形成了左岸现有的边界。

然而在狼山以上和以下江岸后退的过程中，狼山濒临江边的龙爪岩却成了长江口河段的第三个节点。由于这一节点的形成和控制作用，通州沙左汊被分为上、下两段，上段河势较为稳定，下段河势处于频繁调整状态。

综上所述，通过近代演变和治理，近河口段形成了宽窄相间的江心洲分汊河型。

9.2.2.2 河口段形成三级分汊、四口入海的喇叭型河型

长江口所谓"三级分汊、四口入海"的形态，是指崇明岛作为南、北支的分汊，长兴岛和横沙作为南、北港的分汊，九段沙作为南、北槽的分汊；经过这三个大江心岛（洲）的相隔，分别形成北支、北港、北槽、南槽等四个入海通道和相应的四个入海口门。

1. 通海沙与江心沙并岸形成河口段的进口节点（徐六泾节点）

长江口喇叭型的平面形态是在形成徐六泾节点后才更为典型。因为在这之前，徐六泾段河道宽度为13km，而且有多支汊直接贯通北支；在徐六泾左岸新开港、牛洪港一带，有通海沙、江心沙等洲滩。1958—1966年，对通海沙分期实施围垦，通海沙并岸，形成了南通农场；1962年对江心沙实施了围垦，并于1970年筑立新坝封堵了江心沙北水道，江心沙并北岸，使徐六泾河宽束窄至5.7km[6]。同时又在南岸徐六泾附近水流顶冲段实施了护岸工程，遂使徐六泾成为河口段的第一个节点，也是长江口河段的第4个节点。显而易见，徐六泾节点是在通海沙与江心沙并岸的基础上形成的。上述沙洲并北岸后，进入北支的涨、落潮流统归入徐六泾节点的控制。从此，徐六泾节点对其以下长江口的河势发展提供了一个相对稳定的进口条件，在控制涨潮流对上游河势的影响也具有一定的作用。

2. 崇头老鼠沙的围垦进一步强化了长江口第一级分汊的作用

前已述及，崇明岛于16世纪末叶基本实现了南、北支的分流，但其实崇明岛各沙还未连成一片，有些洲滩还处于继续淤长的过程。直到新中国成立后的20世纪50年代，通过兴修堤防和并港建闸才将崇明岛四周堤防连为一体，南、北两支潮流运动才完全隔开。

崇明岛头部在16世纪尚处于漫流状态，到19世纪中叶，有老鼠沙、东阴沙、西阴沙、拦门沙淤出水面，洲滩之间的小汊有冲有淤，至20世纪50年代，四沙淤长且有并岛之势。60年代末人们已多次实施小规模围垦，到1971—1972年在崇头部位实施了大规模的围垦工程，老鼠沙等江心洲全部并岛，洲头堤防工程长度近达20km，其中包括7处堵汊工程[4]。以后，在崇头又进行了强有力的保滩护岸工程。

所以，真正形成长江口第一级分汊格局的崇头部位，乃是20世纪60—70年代围垦老鼠沙之后实现的，从而进一步强化了第一级分汊的分流作用；崇明岛南、北缘的岸滩也是在50年代以后修建统一围堤（和建闸）之后才真正成为南支、北港的北边界和北支的南边界。

3. 长江口的第二级分汊是近代横沙、长兴二岛各自并洲围垦形成的

长江口的第二级分汊格局总体上是在崇明岛已基本构成了南、北支分流之后逐步形成的。在18世纪初，长江口南支吴淞口以下淤长了崇宝沙、石头沙、鸭窝沙、圆圆沙、潘家沙、金带沙、横沙（又名开沙）、铜沙浅滩等众多沙洲和水下沙滩。这些江心洲、滩形成的年代不一，冲淤变化频繁，但均呈淤高、淤大、合并之势，总体上仍然构成多汊入海的格局。早期在清道光年间，曾对石头沙进行小规模的围垦，1949年在鸭窝沙、圆圆沙上修筑围堤，但都因堤身单薄而经常溃决造成灾害。在上述诸多沙洲中，横沙是19世纪出水面后于1886年起陆续围垦而首先成岛的，在1950年以后又重修和加固。1958年后，鸭窝沙、潘家沙、金带沙、圆圆沙等6个沙洲连圩成长兴岛[3]。这两个大岛虽中间隔一横沙通道，但在总体河势上将北港与南港分开并使北港独立入海，于是，长兴岛、横沙就成

为长江口的第二级分汊。可见，这第二级分汊也是通过人们对江心洲实施并洲围垦形成的。

4. 长江口的第三级分汊基本上是在自然演变中形成的

据研究，长江的大洪水，如 1954 年、1998 年、1999 年的洪水，对澄通河段和长江口的演变均造成较大影响，特别是对洲滩切割影响更为显著。长江口南港以下的第三级分汊就是 1954 年洪水对横沙以东的洲滩进行切割，再通过自然演变中的并洲过程而形成的。早在 20 世纪 30 年代，南港以下只有南槽，横沙以东是一大群沙滩，滩面高程均较低，不具备围垦条件。1954 年长江洪水使横沙以东的沙滩受到切割，形成直接与南港贯通的入海河槽，这就是北槽。而作为北槽与南槽分隔的长江口第三级分汊的九段沙，则是由切割后的横沙以东的尾滩与江亚南沙以及几个高程较高的沙洲逐渐淤连而成。第三级分汊中，左侧为已初步围垦的横沙岛和不断淤长的横沙东滩，右侧为已建堤防和不断淤长的南汇边滩，两侧边界均为河漫滩堆积地貌。九段沙虽属可冲可淤的江心洲，但其洲头和平面形态长期以来变化尚不很大，这说明长江口第三级分汊在自然演变中形成的基本上处于相对稳定的平面形态。

综上所述，长江口在近代演变中形成三级分汊格局的顺序应为：首先是 16 世纪末开始形成崇明岛对南、北支分隔；至 19 世纪末开始形成横沙，20 世纪中叶（1958 年）形成长兴岛，与横沙一起构成南、北港的二级分汊；三级分汊被认为是 1954 年洪水切割的横沙东滩后来又合并其他洲滩而逐步形成九段沙，构成南、北槽的分汊。直至 20 世纪 50—60 年代，长江才真正完全形成三级分汊、四口入海的河型。徐六泾成为名副其实的节点乃是 20 世纪 60—70 年代的事。

5. 七丫口节点的形成是白茆沙分汊河段演变的自然属性

七丫口节点是长江口河段的第五个节点。它的形成并没有两岸特定的束窄条件，但它与扁担沙的形态有密切关系。白茆沙处于徐六泾节点以下的展宽段，出徐六泾节点的落潮流有摆动的特性，向左侧形成了有一定曲率的弯段，同时形成扁担沙滩体沿程展宽的形态，从而在两汊汇合后由七丫口以下的河漫滩构成窄段，即节点。就是说，这个节点的形成与扁担沙的形态和白茆沙的形态是一种相辅相成的关系。所以，七丫口节点的形成是白茆沙分汊河段演变的自然属性。这一节点除对白茆沙汊道有一定的控制作用外，主要的作用在于它的束窄段和以下单一段所构成的南支主槽河段，对下游南、北港分流河势的控制。

9.2.2.3　小结

从以上阐述可知，长江口河段的边界是通过历史上几次大规模的江心洲堆积体并岸并洲形成的，即通过并岸并洲过程首先建立了两岸和崇明岛的宏观边界。在这个基础上，又通过并洲并岸过程，进一步塑造了近河口段为宽窄相间的江心洲分汊河型和河口段为三级分汊、四口入海的喇叭型河口。

由以上分析可以得出，贯穿在长江口河段全部历史演变和近代演变中有几个方面是可以总结的。

（1）长江口河段的整个平面形态是伴随着江心洲的并岸并洲过程形成的。在长江口河段，并岸是形成河势大格局和促使河势发展的决定性基础条件，并洲是进一步形成一定河型及洲滩平面形态的必要条件和促使分汊河道进一步稳定的充分条件。人类历史上因势利导采取并岸并洲工程措施进行整治，符合长江口历史演变的自然规律。

（2）两岸兴建堤防工程不仅规定了河道内水沙作用的空间，加快河道滩槽形成的造床过程，而且江心洲围垦和洲堤的兴建为塑造分汊河型进一步提供了边界条件。

（3）保滩护岸工程不仅仅是保障堤防工程的安全，而且这一着眼于维持河漫滩稳定的中水整治，在长江口河段对维护有利河势和促进与增强河道的稳定性具有巨大的作用。

9.2.3　河型分析

9.2.3.1　澄通河段——近河口段属分汊型并向河口段过渡的河型

众所周知，长江下游河道属宽窄相间具有江心洲的分汊型河道，它是由节点束窄段划分的一个个江心洲分汊河段（单元）组成。澄通河段处于江阴以上的长江下游分汊河道与长江口之间的连接段，其河型与长江下游分汊河道相似。自江阴鹅鼻嘴至渡泾港为福姜沙汊道段，渡泾港至九龙港为如皋汊道段，九龙港至徐六泾为通州沙汊道段，显然它有三个汊道单元，汊道之间也具有束窄段。其中，鹅鼻嘴、九龙港、龙爪岩和徐六泾为节点，构成宽窄相间的江心洲分汊河段的形态。在澄通河段内由福姜沙尾与双涧沙头衔接段表现出的复杂性，在长江下游多汊河段中也有类似情形。如铜陵河段的成德洲与汀家洲之间衔接段，形态更为复杂。至于通州沙左汊内的龙爪岩的节点，将其上、下段分为两个分汊段，与扬中河段太平洲左汊内嘶马护岸后形成的窄段成为新的节点，将其上、下段分为落成洲汊道和鳊鱼沙汊道十分相似。所以，不管在一般平面形态还是复杂的形态方面，澄通河段与长江下游分汊河道都有许多共同之处。此外，澄通河段在径流和潮流的相互作用方面，以径流作用为主；在河床演变特性方面，如节点的控制作用，主、支汊之间冲淤变化关系，不同形态的主、支汊演变特点等都与长江下游分汊河道类似。总而言之，澄通河段基本属于宽窄相间的江心洲分汊河型。

然而，澄通河段毕竟为近河口段，它又具有河口段的某些特性：一是年内平均水位变幅小、日内潮水位变化大、涨落潮流均较强，悬移质细颗粒泥沙不易落淤，影响洲滩河漫滩相堆积地貌发育，河漫滩河岸和洲滩均不稳定；二是洲滩易遭受漫滩和越滩水流的冲刷、切割，易形成纵向切滩沟槽和横向串沟，造成滩槽的不稳定；三是在正、负比降周期变化的涨落潮水流与悬移质、床沙相互作用下，基本河槽内河床冲淤幅度和强度较大，使得潜心滩、潜边滩和沙埂、沙嘴等河床地貌常发生运移变形，河床不易稳定；四是澄通河段内还存在一些夹槽，是主要受河口段涨潮动力作用赖以存在的形态。

以上说明了澄通河段演变的特殊性，它一方面具有与长江下游分汊河道相似的平面形态和演变特性；另一方面又承受来自长江口较强的潮汐动力作用，体现出潮汐水流和泥沙运动对河床地貌形态和演变的影响。所以，澄通河段作为近河口段，属于宽窄相间的江心洲分汊型并向河口段过渡的一种河型。

9.2.3.2　长江口为分汊入海喇叭型河口

1. 确定徐六泾为长江河口段与近河口段的分界是由河型决定的

对河口段范围的划分，如依据潮流界其范围可以达到镇江，如依据潮区界即潮位影响其范围可达大通甚至安庆，本节根据河型来划分。如上所述，自江阴鹅鼻嘴至徐六泾基本为宽窄相间的江心洲分汊河型，具有分汊河道的形态和演变特性；而徐六泾以下的河口段则为完全不同的形态，它是一种沿程逐渐展宽、多洲滩分布、分汊入海的喇叭型河口形态，既承担着自上游下泄的径流能量耗散，又受到口外潮汐升降的巨大动力作用，承担着消耗并输送潮波能量的双重功能。依据徐六泾以上和以下两种截然不同的河型作为划分河口段的界限应是恰当的。

2. 长江口河型成因的综合因素

首先，我们论述一下关于河流的侵蚀基准面。所谓侵蚀基准面，广义来说，就是影响一个河段或全河段发育的控制基面。侵蚀基准面高低可以决定河流纵剖面的状态，其升降会引起以上河段的冲淤和平面上的变化。在河流的造床过程中，侵蚀基准面能决定河流处于均衡状态下的河流纵剖面。在侵蚀基准面的控制下，河流在其发展运动中，通过自身的不断调整，逐渐达到均衡状态，其水面可形成一条具有上凹外形的平滑曲线，在理论上曲线上每处的比降都恰好能保持所搬运物质的正常运移。在一段时期内河流既不发生明显下切，也不发生明显堆积。由于河流是一个受多因素影响的系统，故均衡是相对的，是一个较长时期的平均概念。在这一基准面的控制下，河流按照它的来水来沙和边界条件在基准面以上形成各种不同的河型。

当一条河流注入湖泊或干流，那么湖泊或干流的某一特征水位成为其侵蚀基准面。当两条径流和比降均相当的河流交汇，或河流与湖泊出流交汇时，其相互影响非常复杂，侵蚀基准面的确定需要对其交互作用进行具体分析。还有，两岸边界狭窄或河底的局部抬高也具有侵蚀基准面的作用，这里就不做分析了。

当一条河流注入海洋，那么海平面就成为其侵蚀基准面。长江河口的特殊性在于它以巨大的径流量入海从而与海平面会合一起构成长江口的侵蚀基准面。

凡是内陆河流，在进入它的侵蚀基准面时，都要使其水流的单位能耗率达到最小值并力求满足输沙平衡的要求，在符合这两个条件下，邻近基准面的河段与河口段都以其特定的河型与基准面衔接。一般来说，来沙相对丰富、来水相对较小、边界条件相对耐冲的河流，以增加河长的弯曲乃至蜿蜒河型进入侵蚀基准面，达到满足最小能耗原理和输沙平衡条件；而来水相对丰富、来沙相对较少、边界条件相对可冲的河流，则以宽度较大的多汊河型进入侵蚀基准面，达到满足最小耗能原理和输沙平衡条件；当然，还有以多支并弯曲的形式进入侵蚀基准面的。入海的河口既要满足最小耗能原理和输沙平衡条件，还要考虑潮汐动力作用及其与口内河流阻力相互作用和平衡。对河口平面形态的展宽率而言，径流量与潮流量大小及其对比是最主要的因素。一般来说，潮流相对于径流愈强，其展宽率愈大的喇叭型特征愈强，相反，径流相对于潮流愈强，则展宽率愈小，喇叭型特征愈弱；径流和潮流均很强且口外来沙相对较大，对拓展口门地貌形态有利，有助于在口门附近形成对径流扩散和口门纳潮均有利、更为宽阔的喇叭口门形态。

长江中游下荆江在洞庭湖出口基准面的控制下形成了"九曲回肠"的蜿蜒型河道，而在城陵矶以下的中下游，则在长江口基准面的控制下形成了宽窄相间的分汊型河道，特别是下游形成了江心洲更为发育的分汊河道，长江口则成为沿程展宽、多洲滩分布、分汊入海的喇叭型河口。

长江口是世界第三大河的河口，入海年径流量约 9000 亿 m³，径流量很大，而且长江入海口南北宽达 90km，纳潮量大，潮汐动力强，所以长江口是径流、潮流作用都很强的河口。径流和潮流相比而言，尽管长江的纳潮量大，潮流达江阴以上，可上溯 200 多km，潮位影响达大通，可上溯 700 余 km，但从总体来看长江口的河型在平面形态上是展宽率不很大的喇叭型，然而在其口门处则为显著展宽的喇叭口型。

长江下游河道，与中游蜿蜒型河道相比，由于径流量相对大，含沙量相对小，两岸边界条件抗冲性较差，为满足最小耗能原理和输沙平衡条件，形成了江心洲十分发育的分汊河型。而长江口河段，除了与下游分汊河道同样具备径流量相对大、含沙量相对小，两岸边界抗冲性更弱等条件之外，在水流方面还增加了巨大的潮汐动力的能量，这就使得长江口成为洲滩和支汊比长江下游分汊河道更为发育的多汊河型。

在以上基准面条件、水流泥沙和边界条件的综合作用下，长江口河型成为沿程逐渐展宽、多洲滩分布、分汊入海的喇叭型河口。

3. 长江口河段与河型相应的河床地貌特点

与长江口河段河型形成条件相应，其河床地貌有以下特点：

（1）在堆积地貌中，处于河岸的河漫滩相细颗粒泥沙堆积相对充分，这是因为防洪和保滩护岸工程的实施，河岸边界条件在长时段内较为稳定，在潮流频繁漫滩和植被的促淤下具备细颗粒泥沙单向淤积的条件，使得河岸具有较好的稳定性。相比而言，江心洲经常与涨落潮水流相互作用，滩面细颗粒泥沙淤积得不够充分。江心洲滩面的高程较低，既是水流作用的结果，又是滩面易遭受冲刷的条件，水流甚至对江心洲滩面切割形成纵向沟槽，如通洲沙、白茆沙等江心洲。

（2）从大的江心洲地貌的平面形态可以判断径流与潮流之间相对优势的关系。在河口段，白茆沙的尾部向下游延伸较长较细，甚至洲尾呈两个向下游延伸、中间为倒套的沙嘴，而头部为迎流冲刷形态，堆积的高程较高，可认为是以落潮流为优势的纵向水流作用下形成的形态，径流作用强于潮流；而口门处九段沙、横沙东滩、顾园沙等的尾部（即下游口门处）由 0m 和 -2m 等高线构成通海诸口的喇叭型态，九段沙、顾园沙等的头部均为指向上游的尖长形，可以认为是在口门至南槽、北槽、北港下段、北支下段均以涨潮流为优势的纵向水流作用下形成的形态，潮流作用强于径流。这样，形成了南支和口门即河口段两端地貌形态不同的滩槽分布格局。

（3）与河口形态展宽率不很大的形态相应，河口段内洲滩、河槽、滩面沟槽基本上都呈长条形，这是与长江口河床冲淤变化主要受涨、落潮流周期性变化的纵比降作用且正、负比降值均较大相关联。长江口涨、落潮纵向水流的流速、流向主要受正、负纵比降所控制，表现出的是往复流，且憩流时间很短（仅十几分钟）；一些斜向的河槽或串沟也同时受到横比降产生的斜向水流的往复作用。

（4）堆积地貌中的河床相堆积成为长江口河型形成的基础，初步研究是以 -5m 等高线作为河道形态的特征线，除可以表达岸线之外，还可表达江心洲地貌，以及边滩、心滩等堆积地貌，如河口段的崇明岛及其尾滩、长兴岛及其头部的中央沙与青草沙、横沙及其东滩、九段沙及其江亚南沙、顾园沙、南汇嘴边滩、启东嘴边滩、白茆沙、扁担沙等，构成长江口完整的平面形态。从这个角度看，长江口河段的河床相堆积地貌，属于单向淤积的范畴，具有相对稳定性的一面。但在较强而多变的涨落潮流作用下又具有较易冲淤变形的一面，如洲头、洲尾的冲刷后退和淤积延伸、岸滩的冲刷切割和淤积、心滩的冲淤位移、洲滩滩面串沟的冲深切割等现象较常发生。

（5）长江口以-5m等高线表达堆积地貌与基本河槽之间的分界。基本河槽承受径流和潮汐动力作用中不同水沙条件下产生的所有变化，并影响着堆积地貌的演变乃至河势变化与发展，可以说，基本河槽内的河床地貌是河床演变中最活跃的部分。长江口在比降、流速周期性变化的水流运动中和悬移质泥沙与床沙相互作用下，其基本河槽的河床地貌演变表现得十分复杂，变形的速度和幅度均较大。在长江口基本河槽内分布的地貌有潜边滩与潜心滩，沙嘴与沙埂，深槽与浅滩（或拦门沙），以及不同尺度的沙包。其中，以-10m等高线作为潜边滩、潜心滩的特征等高线具有重要的特征意义。在-10m高程以上的堆积体，即潜边滩和潜心滩，可以视作亚堆积体，如继续淤积可能成为边滩和心滩的基础，朝稳定性趋强的方向发展；如受到冲刷切割则表明基本河槽处于冲刷过程或深槽呈拓展趋势。因此，根据潜边滩和潜心滩冲淤变化往往可以判断河床演变初始发展的倾向。以-10m至-15m等高线作为深槽与浅滩之间以及沙嘴、沙埂的变化区域，可以分析它们的冲淤变化及其影响。在-15m以下的深槽内，有的还存在更深的深槽与过渡浅滩，它们在通过更大单宽流量的同时也消耗更多的能量，这部分侵蚀地貌往往随着年内和年际的来水来沙条件和大、中、小潮的潮汐动力条件的不同而产生较大幅度的冲淤变化，其中也包括大、小沙包随机的冲淤变化，从冲淤变化的角度看是河床可动性最大的部分。

9.2.4 河势评价

9.2.4.1 澄通河段河势稳定性

以上业已指出，澄通河段为近河口段，其河型为宽窄相间向河口段过渡的分汊型河道。对其河势稳定性评价如下：

（1）鹅鼻嘴节点平面形态长期较稳定，近期福姜沙洲体也较稳定，左、右汊分流比相对稳定，但平滩河槽内滩槽冲淤变化仍较大，尤其是左汊内潜边滩、潜心滩、沙嘴、沙埂冲淤和位移影响福北、福中水道的稳定，节点处深槽下移右偏，福姜沙头冲刷后退。可以认为，福姜沙汊道段河势相对稳定。

（2）如皋沙群已基本上成为双汊河段，如皋中汊与浏海沙水道分流比近期趋于相对稳定，主、支格局变化不大。近期浏海沙水道滩槽缓慢易位，九龙港节点由于受到浏海沙水道和如皋中汊出口水流变化的影响较大，对河势的控制作用有所减弱。汊道进口与福姜沙汊道衔接处由福北、福中、福南三汊过渡至两汊，在今后较长时段内对河势来说都是一个不稳定的因素。

（3）通州沙汊道东、西水道分流比较长时期变化不大，近期西水道分流比有所增大。东水道上段上、下深槽交错，下段狼山沙2013年已基本并入通洲沙尾，但2014年狼山沙西水道上段通道又被冲开并发展；新开沙外边滩沙嘴倒套冲淤变化复杂。同时，汊道下端有4个通道与徐六泾节点段衔接，滩槽冲淤变化甚大，表明下段河势相对不够稳定。

目前，澄通河段两岸边界和江心洲平面形态基本稳定，分流比变化不大，但滩、槽变化较大，总体河势相对稳定。三段汊道的稳定性相比，上段强于中段，中段强于下段，龙爪岩以下至徐六泾的稳定性较差。

9.2.4.2 河口段河势稳定性评价

1. 徐六泾节点的河势控制作用

徐六泾节点的形成使该处河宽从 13km 束窄到 5.7km（后期通过对新通海沙的进一步圈围而缩窄至约 5.0km），同时使通州沙以东的三个进入河口段的通道成为一个主通道，这就增强了对涨落潮流的控制。鉴于徐六泾节点段演变仍然主要受落潮流控制，所以它在河势控制中主要是对徐六泾以下的河势起控制作用。

自从通海沙和江心洲实施围垦堵汊后，直接进入北支的两股流均被堵塞，大大减小了北支的分流比。虽然上述两股汊道在自然条件下处于萎缩中，北支也处于淤积过程，工程措施可谓"因势利导"，但是由于堵塞使北支涨、落潮量显著减少而大大促进了北支淤衰的进程。徐六泾节点形成后，北支处于侧向分流态势，这就使北支愈来愈处于"边缘化"态势（即对长江口总体河势基本上没有大的影响），并在涨落潮流不断减弱的趋势下遵循着自身的发展规律。

显然，徐六泾节点是对南支河段河势的控制。由于它的控制作用还不够强，所以在长江口的原规划中需对白茆小沙实施圈围以进一步加强对河势的控制。

2. 关于第一级分汊的作用

从以上的历史演变分析可以看出，崇明岛早在 16 世纪末叶基本完成了南、北支的隔离，到 20 世纪 50 年代才将南、北支完全隔开。之后，崇明岛相继又实施了许多围垦工程。就是说，此前崇明岛主要是隔流的作用，洲头的分流作用并不显著。19 世纪中叶，在洲头部位滋生老鼠沙等沙洲，到 20 世纪 50 年代有并岛之势。于 1971—1972 年实施了围垦，才形成现在的崇头区域。随着上游落潮流的顶冲，崇头分流作用逐渐明显，于是相继修建了崇头保滩护岸工程。20 世纪 90 年代前，崇头前顶冲部位有局部冲刷坑，不时还发生一些崩坍险情，然而在 90 年代后，随着南、北支涨潮流会潮点在北支内不断下移和北支进口段的淤积，北支口门产生深泓摆动现象，本世纪初崇头前出现淤积边滩，深泓移向左岸海螺码头一侧。目前（2013 年），崇头前又是较深部位，明显形成南支上溯的涨潮流绕洲头进入北支的通道。因此说，所谓第一级分汊的意义，主要是指崇明岛对南、北支的分隔，崇头的所谓分流作用，与上游落潮流是否顶冲有关，在老鼠沙围垦后的一段时间内曾发挥了一定的分流作用。鉴于崇头处南支河宽达 7km 余，可以说崇头是否发挥受顶冲时的分流作用仍是一种局部的影响，仅关系到北支的演变，对南支演变来说并不重要。

3. 关于第二级分汊的作用

与崇明岛第一级分汊相类似，第二级分汊是在长兴岛与横沙岛基本成为南、北港分隔之后又逐渐上延由中央沙而开始分隔南、北港的。如前所述，南、北港分流区处于涨、落潮作用均较强又相互交织的区域，江心洲滩较多，进入南、北港的汊流甚多。20 世纪 90 年代，进入南港有宝山南、北水道，新浏河沙与中央沙之间的南沙头通道，进入北港有新桥通道和新新桥通道，青草沙与中央沙之间的通道；通过近期的自然演变和中央沙、青草沙水库圈围和新浏河沙、南沙头潜堤和限流整治工程的实施，南、北港分流区的入流条件变得不那么复杂了。一是以新浏河沙头和中央沙头为分流的洲头形态较为稳定；二是宝山南、北水道合二为一进入南港的主槽，南沙头通道作为进入南港的副槽已为瑞丰沙所隔而与长兴水道槽部交错相通；三是青草沙与中央沙之间进入北港的通道已被堵塞，进入北港的主要为新桥通道，还有扁担沙尾部切割的小通道。第二级分汊已成为一个真正的分流河势，即形成自南支下段的落潮流通过新浏河沙、中央沙、青草沙等形成的分流区进入南、北港，可以成为进一步控制南、北港分流河势的基础。

4. 关于第三级分汊的作用

在长江口深水航道南北槽分流鱼嘴工程修建之后，第三级分汊形态基本稳定。如前所述，第三级分汊及其导流堤头工程，对于涨潮动力相对较强的南、北槽来说属于一种类似洲尾的形态；对南港主槽的落潮流仅起着一种自然分流的作用，这种顺水流方向的导流堤工程，仅仅是对落潮流在一定的范围内起分割作用，对落潮水流的方向干预并不大，基本上起不到有利于北槽分（落槽）流的作用。另一方面，对南、北槽的涨潮流起着洲尾延长的顺流作用，以避免两股涨潮流汇合时局部掺混带来的复杂流态。总之，洲头的形态及其导流堤因顺水流方向而不大可能调整南、北槽的分流比，更不大可能控制南、北槽的分流河势。

5. 四口口门涨潮入流的形态与河势

长江口口门具有一定规则而又稳定的形态。这一形态既承受径流与潮汐动力作用同向形成的落潮流在口门扩散耗能的作用，同时又承受潮汐动力作用，即在口门处形成涨潮流克服阻力溯流向上的纳潮作用。虽然在口门处这种正反两个方向作用的能量巨大，又有年内的径流汛、枯之分，月内有大、中、小潮之分，日内有高、低潮之分，与河床相互作用十分复杂，但它形成的总体形态都比较规则且相对稳定：在平面上看，南汇嘴和启东嘴作为南、北口外边缘的 0m 等高线为最大宽度的喇叭口，每个入海口（包括南槽、北槽、北港口新团结沙左、右槽和北支口顾园沙左、右槽）的 −2m 等高线总体上都呈不同展宽率的喇叭口型，这是与尽可能多地吸纳入潮量相适应的；作为基本河槽的 −5m 线在口门处大多为流线型，进入槽内则为平顺型；从纵剖面来看，自口外较深部位向口门内拦门沙浅滩都是逆坡形态，反映了口门在纵深方向的纳潮特性；过浅滩滩脊后在槽内河床逆向变深，直至在南、北槽入口处与 −10m 槽衔接。作者认为，在入海口门处的平面形态和纵剖面，都是主要受涨潮流作用的结果。这一形态既与巨大潮汐动力作用下口门纳潮功能相适应，又与落潮流的扩散耗能相适应。所以长江口下段的河势控制应逆向自下而上进行研究，即充分利用潮汐动力这一自然资源，在口门处维持良好的纳潮形态，维系南、北槽入口与上游河槽平顺衔接的河势，在这个认识的基础上，规划好南、北港的治导线。

6. 关于北支河势发展趋势

随着北支的淤积和涨潮流阻力的增加，南、北支涨潮的汇流点在北支内逐渐向下游移动。随着这一趋势，北支灵甸港以上的河槽向微弯型发展。根据 2013 年测图，与崇头对岸 −2m 等高线边滩展宽相应，在崇头附近南缘形成逆向上口的深槽，在北支内过渡到左岸后又向青龙港对岸过渡，再转向左岸之后，又向灵甸港对岸过渡，共形成 4 个连续的河弯，呈现似主要受径流作用的微弯河道形态。这是不是意味着，在北支下段沿程阻力愈来愈大的情况下，由于南、北支潮波的传播不同步，导致涨潮过程有涨潮流由南支向北支倒灌，会潮区是否在青龙港以下某处形成；在高潮位后落潮时，北支中下段比降迅速加大，使得北支上段仍然保持正向的落潮流。就是说，在一个潮周期内，北支上段大部分时段可能都处在正向流速作用下而形成微弯型河道。如果以上分析成立的话，那么北支上段将长期维持一定的分流比，其河道的微弯形态将继续向下游发展，直至达到与北支口门减弱的潮汐动力作用相抗衡的状态。

9.3　长江口河段近期演变中的问题

9.3.1　近期演变

9.3.1.1　澄通河段近期演变概况

（1）根据三峡水库蓄水前 1997—2001 年实测资料（附图 9、附图 10），可知澄通河段河床演变在以下几个方面值得注意：福姜沙汉道左汉内，双涧沙头部−10m 沙嘴向上延伸已达福姜沙洲头，与头部边滩相连。如皋右汉即浏海沙水道右岸边滩呈长条形发展，−10m 线下延达一干河；民主沙头部与双涧沙之间串沟发展，滩上−5m 槽尚贯通；长青沙西南角−10m 边滩发育；九龙港节点变化不大。通州沙西水道有所发展；通州沙头部滩面−5m 串沟冲刷发展；龙爪岩以下东水道展宽，狼山沙有并靠通州沙尾部态势；新开沙尾部继续淤积下延，洲尾−5m 倒套呈切割之势。

（2）从三峡水库蓄水前 2001 年与三峡水库蓄水后 2014 年的资料对比分析（附图 10、附图 11、附图 12），澄通河段的明显变化有：福姜沙左汉内双涧沙上段沙埂受到剧烈冲刷，汉内滋生长而窄的−10m 潜心滩，福中水道发展。双涧沙潜堤工程的实施使民主沙与双涧沙之间的−5m 串沟淤塞；如皋中汉分流有所增大；浏海沙水道深槽左移，民主沙南缘和常青沙西南侧边滩冲刷；护漕港边滩中下段的潜边滩变宽，尾部沙嘴缩短；九龙港节点段有所下移。在通州沙潜堤工程实施后，西水道−5m 槽上下贯通；通州沙洲体整体性得以增强，以龙爪岩为节点明显地将东水道分为上、下两个分汉河段；新开沙变宽，−5m 洲体并列为两个心滩，它们之间为倒套；新开沙尾部被切割为−10m 的潜心滩。

从以上分析可知，澄通河段近期河床演变仍处于不断调整的过程，大的地貌形态相对稳定，如福姜沙汉道双汉形态与分流格局、双涧沙并入民主沙使汉道也成为双汉格局、通州沙滩面流被削弱整体性有所增强等。但有的部位还不够稳定，甚至有的还滋生新的不稳定因素，如福姜沙尾部与双涧沙头部之间的衔接段稳定性很脆弱；九龙港节点段变得不够稳定，浏海沙水道上段左侧滩岸仍在后退，龙爪岩上段槽滩不移稳定，下段新开沙边滩、沙嘴的冲淤变化增添了东水道演变的复杂性。

9.3.1.2　长江口近期演变概况

（1）自 1997 年经 1998 年大洪水—三峡蓄水前的 2002 年（附图 13、附图 14），徐六泾节点段白茆小沙尚与白茆河边滩相连；白茆沙−5m 线洲体完整，白茆沙南水道进口洲头外依附的−5m 边滩有冲刷切割之势，与洲体之间形成−10m 倒套；北水道进、出口开始形成拦门沙浅滩，滩脊高程分别为−8.00m 和−8.60m；白茆沙尾被冲断，下段为长条形－10m 潜心滩。

在七丫口节点处扁担沙滩岸受冲刷河宽增大；扁担沙上段淤积，南门串沟发育，滩面上－2m 线贯通；尾部切割，有数条小串沟并列。

南港进口处新浏河沙淤大，有并中央沙之势，新浏河沙包也淤大，宝山南水道进口有拦门沙浅滩；南港口门呈多汊进入之势，有宝山南、北水道，南沙头通道分二支进入瑞丰沙左、右泓。

南槽口门为拦门沙浅滩，滩脊高程为－5.7km，进口处九段沙与江亚南沙之间夹槽被南导堤截断，两沙有合并之势。

北槽随着航道整治工程实施，深水航道贯通，北导堤横沙东滩南缘和南导堤九段沙北缘均发生淤积；横沙通道－10m 线贯通。

北港进口新桥通道贯通。但因扁担沙尾的切割使北港进流较为复杂；口门处新团结沙淤积发展，与崇明岛尾部之间的夹槽涨潮流强劲。

此期间，北支进口自崇头至青龙港下全线大淤，右岸形成长条形边滩；北支出口顾园沙两泓涨潮流南强北弱，口门内北侧－5m 槽上溯至启东港以上附近。

（2）自 2003 年三峡工程蓄水以来，长江口来水来沙条件发生相应的变化，平均年径流量有所减小，而且年内分布汛期相对减小、枯期相对增大，输沙量的减少则更为显著。经过蓄水后十余年的变化，到 2013 年，长江口的演变也发生一些新的变化（附图 14、附图 15、附图 16）。

受徐六泾以上主流南移、狼山沙崩退的自然演变和新通海沙圈围的作用，徐六泾节点段白茆小沙下沙体遭受严重冲刷，－5m 以上河床部分被冲刷殆尽；白茆沙右汊进口外沙 2010 年已被切割并继续冲刷，至 2013 年－5m 以上所剩无几，进口断面拓宽呈复式形态；左汊进口已淤积成大的拦门沙浅滩，但出口已无浅滩；洲尾继续受冲缩短，汇流处 2010 年出现两槽；中间有洲尾向下延伸的长条形沙埂基本与浏河口潜边滩相连。

七丫口节点处继续拓宽，至 2013 年七丫口至浏河口为一道等宽（－5m 线）的顺直段。

扁担沙滩面与其串沟总体是淤积的，但南门串沟仍为新桥水道至南支的通道；洲尾北港进口处仍为数条串沟并列。

南港进口新浏河沙包在 2002 年以后持续冲刷，至 2013 年仅存几个－10m 的潜心滩；新浏河沙有并中央沙和瑞丰沙头部之势，潜堤和限流整治工程将新浏河沙与中央沙、青草沙联为一体，于是南港进口剩二个通道，即宝山水道和南沙头通道；北港进口自 1997 年以来一直存在－10m 贯通的新桥通道，但受扁担沙尾滩不稳定的影响存在几个并列的切割串沟，于 2013 年北港进口又淤长了一个－5m 的心滩。

南港中的瑞丰沙，其头部 2010 年基本与新浏河沙尾部相接。南沙头通道 2002 年与长兴水道基本相通，在限流潜堤工程影响下，于 2010 年与长兴水道呈交错分布，并有萎缩态势；长兴水道尾部与北槽衔接甚好；瑞丰沙中下段 2010 年大幅冲刷，迄今仅存－10m 的长条形沙嘴。

南槽进口江亚南沙的头部于 2002 年被南港落潮水流切割，以致在南槽上段形成一长条形江心洲，其－5m 沙尾向下游延至南槽中段。若它与九段沙之间的倒套发展为小支汉，则南槽将增添新的不稳定因素。

北槽深水航道两侧沿潜堤继续淤积；横沙通道下口为长条形潜边滩，拦断了－10m槽的贯通。

北港内奚家港潜边滩继续淤宽下移，对新团结沙左泓进口不利；北港下段已有－5m心滩形成，对北港也滋生不稳定因素。横沙通道上口有青草沙外边滩下移，通道内河床淤积，－10m槽成为断续分布形态；口门处新团结沙继续淤积，与崇明尾部之间的夹槽也略呈淤积态势。

北支进口崇头至青龙港2010年左侧深槽呈现冲刷，并于2013年在平面上变为弯曲河槽，崇头部位又为深槽，自进口至灵甸港有4个连续弯段。北支北岸－5m槽2002年后逐年向下游萎缩，2013年在三条港以下。

9.3.2　近期演变存在的问题

9.3.2.1　福姜沙左汊不稳定及其影响

福姜沙左汊属于河宽相对较大的顺直型河道。平滩河槽内主流线不稳定，边滩、心滩分布较多且冲淤较频繁是这一河型河床演变的特征。1997—2014年期间，左汊进口左岸一直分布－5m边滩及其下部的－10m潜边滩，右侧福姜沙左缘也有边滩，河槽中分布着长条形－10m潜心滩。这一潜心滩向下游移动，有时与左岸夏仕港处的潜边滩相连，有时又与双涧沙头相连成为其向上延伸的沙嘴。更有甚者，双涧沙头部－10m沙嘴呈狭长形向上游伸入左汊，有时可达福姜沙洲头并与其潜边滩相连，形成福中水道的长沙埂。以上的边滩、潜边滩、潜心滩、沙嘴、沙埂等随着年际和年内水沙条件和河势条件的不同均频繁地发生冲淤变化，对左汊左岸岸线利用和福北、福中航道运行均带来十分不利的影响。近年来，在上游河势有所右偏的情况下，双涧沙头受到较强的冲刷。在双涧沙头实施潜堤整治后，虽然相对稳定了其洲体，但福北水道口门两侧仍为潜边滩，形成口门处的浅滩；左汊进口边滩受到切割，边滩以下河槽仍然是狭长的潜心滩。

因此，在目前上游河势与左汊仍保持这一形态的情况下，上述自然条件下滩槽冲淤多变的特征和相互影响将会持续相当长的时间。

9.3.2.2　福姜沙与如皋分汊段之间分流与河势过渡

目前，这两个分汊河段几乎是首尾相连又相互交错衔接。福姜沙右汊尾部边界即为浏海沙水道进口的右边滩，福姜沙尾－10m沙嘴有时伸入浏海沙水道进口河槽，双涧沙头－10m沙嘴上延至福姜沙左汊内；而对福中水道而言，上述－10m的沙埂在有的年份沿纵向阻止进入中汊的流路，以致左汊水流不得不斜向越过滩脊通过中水道进入浏海沙水道。从宏观河势看，对于落潮流而言，双涧沙和民主沙成为福姜沙左汊分流的江心洲，而对于涨潮流而言，福姜沙又成为浏海沙水道分流的江心洲，实质上相当于在两个交错的汊道内，两个江心洲有各自的涨、落潮流分流的功能，从而在这样特殊的形态下完成了将上汊道左、右汊分流比为8∶2过渡至下汊道左、右汊分流比为3∶7的使命。在这个转换的范围内，上述多处潜边滩、潜心滩、沙嘴和沙埂相互之间的关系非常密切，任何一个局部的冲淤变化，都会影响其他部位的冲淤变化，都会影响河床地貌的转换，从而改变其涨、落潮的分流格局。在这个敏感的衔接过渡部位，洲滩冲淤和分流变化异常复杂，河床不稳定的特性格外突出。

9.3.2.3　浏海沙水道演变的趋势与影响

浏海沙水道一直是如皋汊道段的主汊，近期分流比变化不大，占 70% 左右。目前，福南与福中水道交汇后使其进口河势弯向左侧双涧沙洲体，而且微弯蠕动的趋势向下游民主沙洲体发展，民主沙右缘洲体外的潜边滩不断坍失，相应地浏海沙水道右岸边滩和潜边滩将不断拓展。与此同时，如皋中汊西南侧边滩也在坍失，说明如皋中汊出口水流也有下移趋向。对落潮流来说，上述两股水流交角逐渐减少的趋势，共同构成对九龙港江岸顶冲作用减弱而使九龙港节点有相应下移之趋势。

显然，上述九龙港节点下移趋势如得不到遏制，就将影响通州沙汊道的稳定，影响其左、右汊分流的格局，影响东水道上段的河势。

9.3.2.4　龙爪岩节点以下的河势调整

根据 2001 年、2006 年、2011 年和 2014 年地形分析，龙爪岩以下东水道的河床演变趋势十分明显。2001 年在通州沙和狼山沙与长条形新开沙之间，深槽是居中的，深槽两侧各有 −10m 的长条形沙埂，成为纵向三槽并列态势；2006 年，新开沙变窄、洲尾下移，深槽西摆，深槽西侧的沙埂受冲刷而不复存在，东侧沙埂则演变为心滩并向上延伸，渐与新开沙上端相接；2011 年，深槽进一步西摆，而新开沙尾部遭强烈冲刷，并在进入徐六泾节点前形成心滩，新开沙展宽缩短形成两个向下延伸的沙嘴而中间为一倒套；到 2013 年，由于实施了东水道航道整治工程，深槽西摆受到遏制，但新开沙边滩仍继续展宽，又形成了一个 −5m 的并列心滩和 −10m 的沙嘴和倒套，如该倒套被切割形成 −10m 贯通的新槽，则新的心滩可能成为"第二新开沙"，加之进口段动力轴线有左移之势，遂使龙爪岩以下的河势和洲滩演变更趋复杂化，并对徐六泾节点的控制作用有所波及。

9.3.2.5　徐六泾节点段主流偏南和白茆沙汊道发展趋势

根据近几年的演变，徐六泾节点段深槽偏南的河势不会改变，白茆沙汊道南主北支、南兴北衰的格局不会改变。左汊口门庞大的拦门沙变化将成为左汊淤衰速率的标志。左汊的发展前景不外乎三种：①淤衰的速率很慢，仍然可以维系较长的时间；②淤衰的速率较快，但还以支汊的形式存在；③白茆沙并岸。在今后含沙量仍然减小的条件下，第①种可能性较大。然而，不管演变取何种趋势，考虑到对下游河势的影响，汊道下游扁担沙右缘滩岸的防护是必需的。尽早实施其保滩护岸工程以稳定南支河道，有利于南、北港分流河势的相对稳定。

9.3.2.6　瑞丰沙演变及其对南港的影响

前已述及，瑞丰沙上段已与新浏河沙相连，2002 年由南沙头通道通往南港主槽的支汊已被淤连，就是说，新浏河沙现与瑞丰沙在宏观上已成为一个整体，瑞丰沙中下段沙体虽近年受到冲刷和采砂而高程不断降低，但其 −10m 的狭长沙体仍然构成南港主槽的北边缘；而且其 −10m 沙体上段也有与长兴岛上段岸滩相并之势；瑞丰沙的上段为南沙头通道的南边界，南沙头通道向下延伸的小槽与长兴水道并不衔接。所以，瑞丰沙及其周围的河床演变成为南港发展趋势的关键。如果南沙头通道衰减，那么长兴水道只能赖北槽的涨潮流而维持；如果南沙头通道与长兴水道相贯通，则长兴水道涨落潮均较强，对北槽也有好处。如果瑞丰沙中下段沙体仍在不断降低，则影响南港主槽的稳定，外高桥边滩可能进一步发育，而且对长兴水道束流也不利；如果瑞丰沙中下段沙体在今后能升高，进一步分别形成南港主槽的北边界和长兴水道的南边界，那么相对而言对南港主槽和长兴水道都是有利的。

9.3.2.7　南北港分流整治的积极作用

前已述及，南北港附近形态复杂，洲滩多，南北港入流通道甚多，冲淤变化频繁，是长江河口段演变最复杂的区域，也是长江口整治规划中河势控制的关键之一。南北港分流整治，关系到南北港分流的稳定，从而也为南北港、南北槽的整治提供基础。显然，近期实施的中央沙圈围工程、青草沙水库围滩工程、新浏河沙护滩潜堤和南沙头通道限流工程，稳定了中央沙、青草沙、新浏河沙的洲头和南北港分流的下边界，为控制南北港分流河势奠定了基础。然而，当前还必须适时稳定扁担沙尾滩，观察南沙头通道的变化趋势和影响。需要进一步研究的是，如何确定和控制南北港合理的分流比，如何进一步与上游河段河势有机地衔接。

9.3.2.8　北槽分流持续减小的趋势

根据近期 2010 年和 2013 年的地形图来看，北槽在总体河势上处于分流不断减小的状态。瑞丰沙－10m 尾滩与九段沙头－10m 滩相隔甚近，南港主槽河势可能有利于直趋南槽。影响北槽过流的不利因素有以下方面：①出口导堤直统统入海，而未构成有利于落潮流扩散和涨潮流吸纳的喇叭口状态，这在平面形态上是第一个阻力因素；②导堤内众多丁坝滞流和导堤的束窄作用是第二个阻力因素；③青草沙外滩下延和长兴岛东南角的长潜丁坝的河势形态，对横沙通道的发展不利。这些不利因素叠加的结果，使北槽分流还会减小，以致其形态尺度还会减小，这将使得北槽目前依赖颇大的疏浚量运行可能长期维持下去，在三峡水库"清水"下泄，来沙大幅减小的条件下这一态势会不会好转值得研究，对其通过疏浚维持的可能时限要有充分的预估。

9.3.2.9　南槽变化的不利趋向

由于北槽涨落潮量的减小，南槽的涨落潮量会有一定的增加。目前南北槽的分流比约为 60：40，南槽显著大于北槽，但南槽过水面积的增加量决不会等于北槽的减少量，而只会小于该减少量。南槽涨落潮量增大了，冲刷势必会对平面形态和纵剖面带来一定的影响。近期资料表明，其平面形态的显著变化是九段沙与南汇边滩之间的－5m 槽宽在南槽上段有所增大，江亚南沙淤积并向南槽中段以沙嘴形态延伸；江亚南沙与九段沙之间的－5m 倒套有冲刷切割发展之势，即江亚南沙有成为狭长江心洲的可能，且洲尾细长的沙嘴也有被切断之势而成为小心滩的可能。当然，可能形成这一分汊形态的因素除了潮量增大之外，还可能有近年含沙量减小的因素。如果南槽上段形成汊道形态，则将影响整个南槽的稳定。这是一个非常不利的趋向，如南槽一旦成为分汊段，则九段沙和南汇边滩的稳定均会受到很大影响。在南槽涨落潮量进一步增大的条件下，这一新生的江心洲不断向下游移动，结果可能又塑造出一个"新的小九段沙"。

9.3.2.10　北支上段河型转化问题及北支发展趋势

前已述及，北支近期发生了一些新的变化。随着南、北支会潮点近期由青龙港继续在北支内向下游移动，北支内的水流泥沙运动可能会发生质的变化。由于阻力的持续增大，北支中下段向涨潮槽发展，但随着北支中下段中缩窄方案的持续实施，涨潮量将不断减弱，而南支涨潮流特性变化不大；相比之下由南支进入北支上段的涨潮流动力（即落潮流的方向，体现为落潮动力的作用）呈现相对不断增强的趋势。同时，当落潮时，北支口门水位下降将很快使会潮点以下的比降增大，会潮点处水位的下降，从而加强北支上段的落潮流，使得北支上段更加接近径流河道型水流特性并处于冲刷状态，这样，就使得北支上段形成连续微弯的河道形态。之所以弯曲，也应是北支上段接近侵蚀基准面，河流需满足最小耗能原理，但由于边界的约束，也只能形成微弯的河型。随着会潮点继续下移，北支河道将可能变成微弯型与涨潮槽相衔接的河段。

9.3.3　关于长江口河段整治研究的设想

9.3.3.1　强化节点的河势控制作用

在长江中下游分汊河道治理实践中，节点对河势起着重要的控制作用。实践表明，宽深比较小、束窄段较长的微弯型节点段，对河势的控制作用相当强，能有效地削弱和纾缓上游河段演变对下游河势的影响[7]。节点的稳定能使分汊河段保持较长时间的稳定。长江口河段的节点与长江中下游分汊河道节点的相似之处是对河势也有控制作用，但因受径流和潮流动力的双向流作用和河岸地质抗冲性较弱的条件，总体上节点的控制作用不是很强。长江口河段几个节点由于情况各不相同，在河床演变中稳定性不同，河势控制的作用也不同。

江阴鹅鼻嘴节点显然是长江口河段一个稳定性较强的节点。其右岸受天然山矶、左岸受防护工程控制，在相当长的时期内均保持平面和断面形态的稳定。在节点以下，虽然具有展宽率不大的较长汊道进口段，给主流提供了可以摆动的空间，但在很长的时段内主流均保持向左进入左汊的河势，使得福姜沙汊道长期维持总体相对稳定的双汊平面形态，分流比相对稳定。这说明江阴鹅鼻嘴节点是控制性较强的节点。然而，近期河演分析表明，节点以下深槽出现冲深、下移、右摆的现象[7]，并对福姜沙汊道演变产生影响。这一新的不稳定情况值得深入研究，它与上游江阴弯段滩槽变化有何关系？今后它对福姜沙汊道会带来什么样的长远影响？

九龙港节点是由如皋中汊水流顶冲南岸在九龙港以下形成的束窄段。1997 年以前，如皋中汊尾部出口水流是靠向民主沙洲尾，顶冲南岸一干河一带，与南岸有较大夹角，使节点段形成一个控制如皋汊道尾部和主流进入通州沙左汊的河势条件。1997 年以后，长青沙西南侧 -10m 潜边滩受冲刷，至 2013 年几乎被冲刷殆尽，水流出中汊后沿泓北沙一岸扩散下行；同时浏海沙水道主流弯向民主沙并顶冲下移至中下段。由于两汊的出口水流交角减小，汇流后水流沿九龙港以下下行。从九龙港处 -35m 深槽槽头逐年下移分析，九龙港节点控制段现处于下移态势，这必将减弱对水流进入通州沙东水道的控制，而相对有利于西水道的分流^[7]。需要研究该节点演变的趋势，并研究如何遏制该节点控制作用的弱化趋势。

龙爪岩是一个左岸受山矶控制，右岸为冲积物组成的节点。这种节点在右岸受落潮流或涨潮流冲刷时将会展宽，发展到一定程度将可能失去节点的控制作用。目前，节点的稳定状况尚可。2014 年地形表明，节点以下滩槽冲淤有新的变化。龙爪岩至营船港段左侧边滩与 1997 年相比明显遭到冲刷，这一进口附近水流动力左移很可能会加强新开沙外滩串沟的切割而使新开沙之外又滋生沙洲。

徐六泾节点自形成后对河势控制具有一定的作用，但由于其宽度仍然有 5.7km，大大宽于长江中下游各分汊河段节点的宽度，在涨、落潮时对上、下游河势的控制作用并不很强。在新通海沙实施圈围工程后，徐六泾节点的控制作用有所增强。在白茆小沙下沙体基本冲刷殆尽的情况下，徐六泾节点的控制作用主要体现在落潮流动力南靠的情势将维持较长的时期。它的影响将使白茆沙右汊进一步发展并将长期保持为主汊，左汊则将逐渐向以涨潮流为优势的支汊发展。目前，徐六泾节点的稳定性主要受新开沙尾滩下移的影响，与 1997 年相比，2013 年由于新开沙尾部切滩继而形成心滩下移，徐六泾节点处由单一断面成为具有小槽的复式断面，成为一个不稳定的因素。

七丫口节点实际是七丫口至浏河口的束窄段，河道较为顺直，河槽中有纵向沙埂，原本对河势的控制作用就较弱。目前，上、下扁担沙−5m 边滩均受冲刷，河宽增大，加上节点段扁担沙滩面过流，串沟甚多，构成对南、北港分流的不稳定因素。

总之，长江口河段的几个节点，有的平面形态较稳定，控制河势作用较强，如江阴鹅鼻嘴节点，但近期该节点以下深槽有下移和南偏趋势，需要深入研究变化的原因，采取工程措施稳定下来，达到长远控制河势的目标。徐六泾节点形态也较稳定，对河势也有一定的控制作用，但近期河槽中有江心滩形成，也存在影响稳定的因素；要深入研究上游进入节点段的沙洲冲淤变化特征和运动规律，结合强化徐六泾节点的规划要求进行整治。龙爪岩节点平面形态尚稳定，但一侧边界松散可冲，具有自身不稳定的条件，对河势控制较弱，这就需要首先对龙爪岩对岸（通州沙滩段）进行防护，继而对其上段河势进行整治以稳定节点以上的河势。九龙港节点虽然具有一定的长度，但另一岸的边界疏松可冲，存在一定的不稳定性，节点段有顶冲下移的趋势；该节点的整治，一方面需要在对岸进行护滩，增强节点自身稳定；另一方面要结合浏海沙水道的河势控制和如皋中汊出流方向的整治遏制节点受冲下移。七丫口节点，有较长的顺直段，但河宽增大，也孕育着不稳定的因素，影响对下游第二级分汊河势的控制，需要及时对扁担沙右缘实施保滩护岸工程。

9.3.3.2　远期将福姜沙和如皋汊道整治为一个双汊河段的设想

目前，福姜沙汊道和如皋汊道之间是由福北、福中、福南三水道向如皋中汊和浏海沙水道双汊过渡的复杂形态，加之福姜沙左汊顺直型河槽中存在多变的潜边滩、潜心滩，寻求长远的整治方案是否可以考虑将福、如两个汊道河段整治为一个双汊河段的方案。可以设想为：将福姜沙南汊建闸控制，通过开挖保持其为优良港池状态，利用潮位涨落规律，通过调度满足通航并维护港池水域环境。同时，通过工程措施，将单一顺直的福姜沙左汊整治为滩槽稳定的微弯型单槽河道。在维护并改善如皋中汊现有平面形态的同时，对浏海沙水道也需研究长远的河势控制，并与如皋中汉出流一起，构成有利于九龙港节点稳定的河势。对天生港水道也采取建闸控制方案。这样，福姜沙右汉和天生港水道都被"边缘化"了。未来河床演变过程与河势控制的研究范畴是自江阴鹅鼻嘴开始，通过微弯河型的福姜沙左汉，再经过双涧沙和民主沙为江心洲构成的双汉河段，在九龙港节点附近汇流，然后稳定地进入通州沙汉道。

9.3.3.3　实施通州沙大圈围和新开沙整治工程，将该河段整治为江心洲可以利用的双汉河段

2013 年通州沙尾与狼山沙 -5m 等高线连为一体，但 2014 年该通道又被冲开，只能先对通州沙实施大圈围，并继续采取措施使通、狼二沙并为一体，使全部越滩水流归于东、西水道河槽。将通州沙上半段整治为深槽靠左岸的单一弯道，龙爪岩以下可通过新开沙与其边滩、心滩的圈围及堵汉工程，整治为弯向通州沙、狼山沙的微弯河道。新开沙夹槽可以人工拓宽浚深后建闸控制。这样通州沙河段成为左汉为主汉，以龙爪岩节点为拐点具有两个单一反向弯道，右汉为微弯顺直型支汉的双汉河段。

9.3.3.4　分块圈围扁担沙，稳定南支河段

白茆沙汉道左汉为拦门沙十分发育的支汉、南汉为主汉的分汉河段格局可能持续相当长的时间。但不管左汉演变最后是何结局，维护七丫口以下南支河段主槽的稳定却是至关重要的。这就要求除了实施扁担沙保滩护岸遏止其河宽增大外，还需要对扁担沙进行分块圈围，减少扁担沙涨落潮漫滩流，有利于进一步维持南支河槽的稳定和强化其对下游河势的控制。为什么要分块圈围而不整体圈围呢？主要是为维护与北港连通的新桥水道涨落潮流畅通，尽可能延长其寿命甚至可以长远地保持新桥水道的不衰。

9.3.3.5　圈围扁担沙尾部和堵塞瑞丰沙体串沟，稳定南、北港分流口，兼顾长兴水道整治

首先，应将扁担沙尾滩进行圈围，使得南、北港分流区的北港进口只有一个通道，彻底摆脱北港多支串沟或支汉进入北港的不稳定局面。对于南港入口，除了宝山南、北水道合二为一进入南港主槽外，还有一个已做限流工程的南沙头通道。当前，对新浏河沙尾与瑞丰沙之间以及瑞丰沙体上还有若干串沟，都应予以堵塞，使新浏河沙与瑞丰沙成为一个完整的洲体。瑞丰沙目前在宏观上是二级分汉后南港主槽与长兴水道之间的边界形态，研究瑞丰沙中下段 -10m 的长条形潜心滩（或称沙嘴）的演变趋势至关重要。当长兴水道依靠北槽涨潮动力作用随北槽纳潮量的变小和南沙头通路落潮流被限流潜堤拦截而减弱时，可能导致长兴水道向淤积方向发展。在这种情况下，如果瑞丰沙并入长兴岛，它在平面形态上就成为未来"第二崇明岛"的一部分。那么，长兴水道就将趋于萎缩甚至消亡，这对长兴岛中下段南缘的企业将造成难以预计的后果。我们要抓紧深入研究是不是这种演变机制和如何纾缓这种趋势。但不管长兴水道演变的趋势如何，在瑞丰沙中下部的南缘建隔流堤对南港主槽和长兴水道以及外高桥前沿减淤应是有利的。之所以隔流堤宜建在瑞丰沙的南缘，是因为可以给长兴水道的整治留有空间。

9.3.3.6　长兴、横沙合二为一，形成"第二崇明岛"格局

如上所述，由于青草沙外滩下延至横沙通道上口，加之长兴岛尾部潜堤工程位于其下

口和北槽上段左侧边滩淤积，这一趋势持续下去，将导致横沙通道因分流不畅而淤积，长兴、横沙二岛并为一体将成为可能，形成"第二崇明岛"也应是其历史演变过程的延续。对这一未来的河势，我们要及早提防的是，不能让北港成为"第二个北支"，要求我们保持良好的南、北港分流条件，合理规划新桥通道的河势与河槽的尺度，对扁担沙尾滩进行合理的圈围；保持北港口门的畅通，对新团结沙与崇明岛尾滩之间的河槽暂不能阻塞，维护良好的纳涨潮和落潮扩散的形态；规划好整个北港的河势，对新桥水道要维护畅通，不宜阻塞扁担沙滩面上的串沟。这样，保障北港的长治久安是可能的。

9.3.3.7 堵塞南槽内支汊、串沟，维持九段沙形态完整和南槽稳定

以往，对于南槽的整治除了规划外似乎没有做进一步的研究，但目前已经出现了不利的态势。从 2013 年地形可以看出，在南槽上段江亚南沙与九段沙之间的串沟正在发展，如在还未完全冲开之前不及时堵塞，切开的江亚南沙将在南槽中成为一个不小的江心洲，南槽就将显著增宽。江亚南沙新左汊的发展就将影响九段沙的稳定；如果九段沙体受到冲刷并且向下游发展，就会使得南槽下段增宽，南槽就可能会显著增加涨落潮量，增大其分流比，对北槽的影响就大了，甚至可能导致北槽深水航道处于更加被动的局面。因此，抓住现在这个时机对南槽进行整治，工程量不大，愈早愈好。实施堵汊工程，原团结沙的堵汊经验可以借鉴，工程效果将是非常显著的。除此之外，在南槽总趋势是冲刷发展而且右侧南汇嘴边滩总体呈淤积态势的情况下，九段沙南缘将受到持续的冲刷。为了使河槽不展宽而保持单一河槽，对九段沙南缘要有计划地实施保滩护洲工程。

还有，在南汇嘴实施圈围时，在口门处一定要优化其平面形态，以保障落潮流的扩散和涨潮流的吸纳均处于顺畅的态势。总之，南槽的整治需要"未雨绸缪"。

9.3.3.8 维护北支上段现有弯曲河型，相对增大落潮流形成平衡形态，保持北支下段主槽靠北河势

如前所述，北支的近期演变出现了一个有趣的现象，这就是在 2013 年的地形图上，出现了自崇头到灵甸港成为主流线（深泓线）连续弯曲的形态，颇似径流作用下的微弯河道形态。初步分析，这应与北支淤积阻力增大、涨潮动力减弱相关。对于北支的整治，要在实施束窄方案的基础上，在北支口门进行必要的疏浚，形成更优的进口条件，促使进口弯曲河道长度向下游延伸，要深入研究北支下段的展宽率与深槽靠北岸的河势控制工程。在总体减弱涨潮流的基础上，研究顾园沙整治方案。

参考文献

[1] 江苏省江阴市水利农机局编. 江阴市水利志 [M]. 北京：水利电力出版社，1990.

[2] 南通市水利局. 南通市水利志 [R]. 1992 年 11 月.

[3] 王俊，田淳，张志林. 长江口河道演变规律与治理研究 [M]. 北京：中国水利水电出版社，2013.

[4] 崇明县水利局编. 崇明县水利志 [R]. 1987.

[5] 董文虎. 乐水集 [M]. 苏州：苏州大学出版社，2011.

[6] 余文畴，卢金友. 长江河道演变与治理 [M]. 北京：中国水利水电出版社，2005.

[7] 余文畴. 长江河道认识与实践 [M]. 北京：中国水利水电出版社，2013.

结　语

（1）在本书第 1 章"下荆江蜿蜒型河道成因再探讨"中，首先对"古荆江"形成、历史时期云梦泽演化解体、直至荆江形成"九穴十三口"和荆江由两侧分流演变为一侧四口分流的过程作了高度概括，在这个基础上建立了下荆江蜿蜒型河道形成与江湖分流演变相对应的年代关系；对"下荆江河道变迁图"作了修正，使下荆江 19 世纪中期至 20 世纪中期的近期演变与蜿蜒型河道形成的历史演变过程相衔接。其次，在分析河型成因三要素的基础上，探讨了下荆江蜿蜒型河道的成因，认为河道的基准面是下荆江河型成因的内在因素，它是通过延伸河长达到单位水体在单位长度内能耗率趋于最小而形成的，在来水来沙条件和基准面条件长期作用下塑造了与其形态和河床演变特性相适应的边界条件。最后，进一步阐明了下荆江蜿蜒型河道成因和河床演变中来水来沙条件、河床边界条件与基准面条件之间互为因果的辩证关系。作者认为，在研究下荆江蜿蜒型河道成因的同时，还应研究进入洞庭湖的四口分流河道的河型，它们与下荆江同以洞庭湖为基准面，其入湖河段属弯曲分支的形态。这是本章研究内容不足之处。

透过对下荆江河型成因的分析研究可以看出，冲积河流的河型形成是与最小能耗率原理相联系的，在邻近和接近基准面的河段这一特性更为突出和鲜明，它们或是通过延伸河道长度（包括加大弯曲、形成蛇曲或"畸形"蜿蜒）减小比降，或是增大河宽形成洲滩分汊，或是弯曲分支既增大河长又增大湿周，以达到耗能的目标。作者以前阐述的长江中下游支流河型沿程变化的规律也同样证明了这一特性。

下荆江经历穴口逐步堵塞后形成的主干河道，在来水来沙不断增大的历史阶段内，在基准面的控制作用下，由多汊变为一条愈来愈弯曲、通过延伸河长而形成的蜿蜒型河道。在这个过程中，一方面塑造了与其演变特性相应的边界条件，另一方面又由总体呈堆积性河流变为纵向输沙基本平衡的河道。长江中下游城陵矶以下的河道，在水沿程增多，沙沿程减小的来水来沙条件下，通过洲滩和支汊的淤积，即"并岸并洲"过程，河型由多汊变为稳定性逐步增强的少汊河道，一方面形成了可冲性相对较大的边界条件，另一方面又逐步形成了与边界条件和来水来沙条件相适应、河道纵向输沙基本平衡的分汊型河道。通过本章的研究是不是可以认为，在冲积河流河型研究中，最小能耗率原理是河床演变遵循的"第一法则"，河流趋于纵向输沙平衡是河床演变遵循的"第二法则"。

（2）作者曾在《长江河道认识与实践》一书中，对长江中下游河道演变与整治中的河床地貌进行了系统的研究，包括河床地貌分类、形成条件与过程、各种河床地貌的稳定性、不同河型的地貌结构、地貌形态转化与河型的关系，以及河道整治中地貌的变化与调整等，进行了初步的探讨。其中，对河床地貌划分方法是在实践经验基础上提出的，作者本想通过对中下游各接近水文（水位）站有代表性的河段就划分方法做一项全面的检验，但因精力所限，仅对长江下游九江、大通、芜湖、南京、扬中等河段做了检验，并衔接了以往对长江口河床地貌所做的工作。因此，本书第 2 章实际上是对长江中下游河床地貌研究的一个补充和拓展。研究表明，以前提出的特征水位法对河床地貌划分是合理的，可用于九江至大通的非感潮河段，还可沿用至以下的马鞍山等感潮河段，同时提供了各控制站的特征水位值和供河演分析的特征等高线；南京以下的感潮河段直至长江口河段的河床地貌划分均采用特征等高线法，也提供了各河段河床演变分析的特征等高线。从而，完成了长江下游整个地貌划分方法的研究工作，保持了地貌划分方法的连贯性。文中采用上述划分方法对九江河段（上半段）、大通河段、芜裕河段、南京河段和扬中河段近期（1986—2006年）河床地貌变化做了简析，归纳了长江下游河道近期演变若干特点；对采用河床地貌研究途径进行河床演变分析提出了建议。这对深化长江河道演变的认识有所裨益，也可避免一些不必要的分析工作。

按河床地貌对河床演变进行分析的方法在专题研究和理论研究中应具有更深入的意义。这就是在河床地貌划分的基础上，建立其变化与来水来沙的关系，通过河道实际观测资料统计各种地貌的变化，以水流泥沙运动为纽带，分析水沙条件方面的影响因素和整治工程施加的影响，预估来水来沙条件和边界条件发生改变（包括各类整治工程的实施）情况下各种河床地貌的冲淤变化和河道演变趋势以及对河道形态产生的影响。对这种从河床地貌与水流泥沙运动相结合的研究方法，作者寄希望于以后能得以继续探索。

（3）比降在河床演变和河道整治研究中是一个很重要的因素，作者指出了在一般情况下比降不为人们所经意的原因。本书的第3章首先分析了长江中下游自然条件下比降变化的特性，解释了长江中下游各河段比降变化的共性和特殊性；在少一个基本方程条件下建立了比降与来水来沙条件以及形态因素（水深、河宽）之间的关系，分析了水沙条件变化下河床形态的反馈作用；在这个基础上，初步分析了三峡水库蓄水后来水来沙和城陵矶基准面变化对荆江比降与河床演变可能产生的影响。

本章明确指出，在水流运动中除纵比降起主要作用外还存在两种横比降：一种是由河床的形态阻力和沿程阻力自下游向上游形成壅水产生横向水位差形成的横比降；一种是由纵向水流的离心惯性力形成的横比降。不同河型的河道水流与比降具有内在联系；不同河型的河床演变都与比降有关，特别是长江中下游的分汊河道，表现在顺直分汊型、弯曲分汊型和鹅头分汊型的汊道成因、周期性演变、汊道分流分沙、洲头滩冲刷切割以及浅滩冲淤和沙埂切割等，都与纵、横比降变化具有密切的关系。

河道整治中的比降变化及其影响更是值得关注的问题。无论是河势控制中护岸工程的规划布置、裁弯工程对上、下游与口门及新、老河河床演变的影响，还是分汊河道整治中堵汊工程对分流区与汊道的河床演变、分汊河段洲头整治工程对分流区与汊道的河床演变，都与纵、横比降具有密切的关系。

整治工程意味着人为对河流做功，改变了水流中势能和动能的关系。这首先表现为纵比降的变化对河床产生新的大范围的河床普遍冲淤和工程区域局部水流动能的变化对附近河床产生的冲淤；继而由以上河床变形产生河床地貌的变化以致河道形态的变化，并通过沿程和局部阻力调整，使水流适应整治工程实施后新的边界条件。

平顺护岸仅改变护岸区域沿程阻力，防护的范围在整个河道湿周中仅占一小部分，对河流水位变化基本无影响；平直河岸成为弯曲岸线的控制工程也是进一步沿程耗散能量，与最小能耗率原理一致。然而，其他河道整治工程就将产生较大的影响。

裁弯工程在裁弯引河处降低了上游河道的基准面，比降的增大使之产生长距离溯源冲刷，老河则因比降减小而发生淤积，下游一定距离内也因动能增大而产生冲刷并引起河势变化；新、老河分流区因横比降形成的横向水流而产生局部冲刷变化。

分汊河道整治中的堵汊工程，其作用一方面是对上游水位的抬高，比降的减小使河床产生淤积，并在汊道进口段形成横比降和横向水流，从而改变汊道分流比；另一方面是由势能转化为动能的过坝水流对坝下河床产生强烈的冲刷。堵汊工程的效果取决于锁坝高程及其在汊内位置，坝顶高程相对较高，坝址愈接近洲头部位，调整分流效果愈好，坝下冲刷后汊内河床淤积效果也愈好。

受水流顶冲的洲头，防护是必要的，往往是稳定江心洲汊道河势的关键，也宜采用平顺防护型式。采用向上游延伸的鱼嘴、鱼骨坝工程可能会产生更大的局部冲刷。

洲头导流坝工程型式比较单一，平面布置不复杂，具有局部调整分流的功能。必须注意两点：一是坝轴线要尽可能横向布置或部分横向布置，有效拦截纵向水流形成横比降，才能有效调整、改善分流比，否则，坝轴线顺水流方向布置，改善分流比基本是无效的；二是坝必须做到足够的高程，否则，高程很低的潜坝不仅分流效果甚微，反而有利于含沙量较大的底部水流进入你想改善的汊道内。

在长江中下游河道水深流急的崩岸段，采用丁坝挑流护岸是认识的误区。长江中下游丁坝护岸工程弊害甚多，早已不提倡采用。护岸丁坝只能造成复杂的水流结构，局部水流动能高度集中和急剧变化将带来严重的冲刷，对河岸和工程自身稳定均不利。

可以说，本章论述的比降在长江中下游河床演变与河道整治研究中有较好的参考价值，具有较强的实践意义。

（4）宜枝河段为长江干流经峡谷后由山区性河流向平原冲积性河流过渡的河段。它所具有的地质地貌河道边界条件是该河段河型成因中的主导因素。云池以上为顺直型，河床地貌因两岸丘陵、阶地控制而缺失河漫滩，平滩河槽内主要为交错边滩，枯水河槽中有潜心滩、潜边滩，沙嘴和深槽。云池以下有河漫滩，河型为弯曲型，包括边滩发育的弯曲型和洲滩分汊的弯曲型；平滩河槽内有较发育的边滩和心滩，枯水河槽内也有潜边滩、潜心滩以及深槽和浅滩。三峡水库蓄水前宜枝河段平面形态和总体河势基本稳定，河床的稳定性较强但下段逊于上段；年际间河床有缓慢刷深趋势。

宜枝河段是长江中下游河道治理规划中的重点河段，也是三峡水库蓄水后"清水"下泄首当其冲的河段。近期三峡入库沙量减小，经过水库调蓄后向中下游输移的沙量极度减小，含沙量极度减小，随着上游水库联合调度，预测今后长江中下游输沙量与含沙量将保持在极小的数值，必将使长江中下游河道产生比原先预想的更长时段的冲刷。宜枝河段在三峡蓄水后已经产生了很强的冲刷，河道朝窄深形态发展，今后还会继续冲刷，但已开始趋缓。由三峡"清水"下泄产生冲刷导致宜昌枯水位的下降不能主要归咎于节点河床的冲刷，而应是整个河床冲刷的结果。

长江中下游分汊河道的节点具有河宽小、宽深比小的窄深断面形态、洪水比降大、枯水比降小的动力条件和河床洪冲枯淤周期性变化等特性，对下游河段具有控制河势作用。宜枝河段所谓"节点"控制枯水位的性质与长江中下游分汊河道节点不同，其河宽小的窄深断面形态在三峡水库蓄水后冲得更深，不一定能起到控制枯水位下降的作用，真正能发挥对宜昌水文站枯水位下降起关键控制作用的是有效地限制枯水河槽的过流能力。因而作者建议，应对枯水位以下断面面积的沿程变化和枯水河槽平均高程的纵剖面进行分析，选择枯水河槽断面积小和平均高程相对较高的部位作为控制枯水位下降的"节点"段。在这个基础上实施整治工程（如护底、潜锁坝等）对壅高上游枯水位应更为有效。

（5）本书第 5 章对比了三峡水库蓄水前后荆江河段来水来沙条件的变化，蓄水对来水条件的影响主要表现为洪峰流量削减，枯水期流量增大，以及汛前增泄与汛末蓄水减泄，年内流量过程相对调平，流量变差系数相对减小；认为"清水"下泄的含义和影响就是河道输沙量和含沙量的极度减少及由河床强烈冲刷产生新的演变特性。三峡水库蓄水后上荆江河床产生了强烈的冲刷，河势已由蓄水前基本稳定状态转而发生了较大变化，河床形态也由蓄水前滩槽相对稳定变为滩槽关系、平面和纵、横剖面均发生了较大调整。在"清水"下泄长期作用下，上荆江河型与河床地貌都处于不断调整过程中，并将由现在的不平衡状态通过长期调整逐步向相对平衡的新状态转化，从而建立新的河床形态，即一个新的主槽平面形态、纵剖面与断面宽深形态，以及在平滩河槽内新的地貌分布形态。今后要继续研究荆江河段造床流量的变化、河床形态的调整和江湖关系变化的趋向，进一步研究对防洪、河势、取水、航道等的影响和控制其向不利方面发展的措施。作者认为，系统裁弯整治和三峡工程"清水"下泄对上荆江河床演变均产生深刻的影响；后者作用更为强烈；本章在冲刷机理、冲刷过程、冲刷幅度与强度、形态调整以及比降变化等方面对二者做的对比分析，可供进一步研究作参考。

（6）下荆江河道形态有两大特点：一是曲折率大，以致有"九曲回肠""大弯套小弯""畸型"等之称，它既区别于河弯尺度较大、弯道曲率适中、含江心洲的上荆江弯曲型河道，又区别于弯段曲率很大、平面形态规则的蛇曲型河道；二是在河床地貌中边滩十分发育，区别于河漫滩发育、滩槽相对稳定的蜿蜒型河道。在第 6 章中对下荆江半个多世纪来各阶段的河床演变做了深入分析。在系流裁弯前的自然演变分析中明确指出，弯道单向平面位移是下荆江河床演变的最基本特征，除个别弯段外，以往常说的"一弯变、弯弯变"并不意味着一个弯道的变化能引发大范围多个弯道的"连锁反应"，实际上是每个弯段都正在发生各自的单向平面变形；"撇弯"与"切滩"概念不宜混为一谈，前者为水流偏移凹岸引起边滩前沿冲刷和凹岸淤积，后者为边滩根部附近发生切割，由比降较大的分支水流动力作用所产生；年内浅滩的"洪淤枯冲"特性无可置疑，但深槽在基准面顶托和消落作用下，应在含沙量较大的洪水期产生淤积而在含沙量较小、水流归槽的枯水期产生冲刷，以往认为下荆江深槽具有"洪冲枯淤"的特性值得商榷。

下荆江系统裁弯对河床演变的影响，表现在新河发展和老河淤积过程的"三阶段"。裁弯比、水文条件和引河地质条件是作用于演变的三要素，而地质条件是影响新河冲刷发展的主要因素。需要强调的是，当新河发展和老河淤积都很缓慢的情况下，有可能会形成新、老河并存而不利于通航的局面；裁弯后扩大了河道泄量，高、中、低水比降都有增大，但比降与流量关系仍以郝穴为界上、下段具有不同的原变化特性保持不变；裁弯后上荆江的溯源冲刷以冲槽为主，下荆江则滩槽均受冲刷。下荆江人工裁弯在规划、设计、施工方面的经验值得效法。

下荆江裁弯后 80 年代后期至三峡蓄水前的河床演变有几点需要指出：第一，下荆江虽然裁去了三个大弯，但还存在 8 个河弯和 5 个较长的顺直微弯过渡段，它们基本上保持了裁弯前的位置，总体上仍保持较大曲折率（2.0 左右）的平面形态（其中调关、七弓岭、观音洲等仍为曲率较大的河弯），河弯段在河控工程实施前和河控实施的逐步防护过程中都具有单向发展的特征和蠕动的趋势，而未裁的长顺直微弯过渡段也保持了原有的平面位置和尺度的相对稳定，局部切滩、撇弯和局部河势调整现象仍然发生。因此，下荆江在裁弯后直至三峡工程蓄水前仍基本维持着原有的形态和演变特性，仍然是一条蜿蜒型河道。第二，经过裁弯工程实施中的局部河势控制、80 年代后下荆江实施的河势控制工程和 98 洪水后更大规模的防护，三峡水库蓄水前的下荆江应是一条限制性较强的蜿蜒型河道。第三，鉴于下荆江蜿蜒型河道力求弯曲的属性并未改变，局部河段河势仍在变化，某些衔接过渡段仍在调整，未建三峡水库情况下的下荆江河势控制工程还需继续实施。

三峡水库蓄水以来的 12 年内（2003—2014 年），下荆江平滩河槽年平均冲刷量大于裁弯后 21 年内（1966—1987 年）的年平均冲刷量，蓄水初期 4 年也大于裁弯初期 4 年的年平均冲刷量；而且，三峡水库蓄水后下荆江的冲刷是在系统裁弯已对河床产生强烈冲刷之后和已建防护工程下的进一步冲刷，可见三峡水库蓄水后的水沙条件变异对下荆江河道的冲刷影响远远大于系统裁弯工程。三峡水库蓄水后产生的冲刷对河床断面形态的调整，与上荆江主要表现为水深增大和宽深比减小不同，下荆江除枯水河槽冲刷外，枯水位以上的河床也在拓宽，平滩河宽的增大意味着洲滩也受到冲刷。上、下荆江各段平均水深增大沿程减小，体现了比降宏观调平的特征。

三峡水库蓄水后下荆江河床地貌的变化表现为：弯道段普遍发生凸岸边滩冲刷切割、凹岸槽部撇弯淤积并新生依岸或傍岸的窄长心滩或小洲，河道有趋直之势；长微弯段保持了相对稳定的深槽靠凹岸的河势，向凸岸冲刷拓宽同时也有趋直之势；顺直过渡段在拓宽、刷深的同时也冲刷浅滩；江心洲的支汊和河漫滩上的小支汊也产生一些冲刷。总之，下荆江中、枯水河槽总体上有向相对顺直形态发展的趋向，三峡水库蓄水后水沙条件的变化可能会对下荆江中、枯水河床地貌乃至河漫滩地貌的变化产生深刻的影响。

在三峡水库蓄水后"清水"下泄的情况下，假设下荆江仍为自然条件下的蜿蜒型河道，输沙量和含沙量的极度减小破坏了其三大成因条件相互之间的平衡关系，其河型将会发生质的变化：一是在河床冲深下纵比降将调平；二是原有既可冲又相对抗冲所谓"恰到好处"的边界条件将为相对易冲的新河岸所取代，河宽将增大；基准面的顶托作用将随江湖关系的变化而有所减弱，对能耗率的要求也有所减小。预估自然条件下下荆江的河型可能向相对变宽、曲折率相对减小、河床内洲滩相对发育、挟沙能力相对减小的方向转化。这是一个理论问题。

就现实而言，在系统裁弯后的下荆江已经受到较强控制的现状下，如果说，三峡水库蓄水后上述短期内的变化在一定程度上已体现其今后的发展趋势，那么，从现在起就需要对其整治方向两方面的问题进行研究。一是，在三峡水库"清水"下泄河道形态有朝趋直方向发展的情况下，结合干流河道流量增大、洞庭湖出流减小、基准面顶托作用减弱的趋势下，可以研究下荆江河道进一步实施人工裁弯（七弓岭、观音洲和调关弯道）的科学性和可能性。二是，对于发生切滩、撇弯的弯道段，要研究水流顶冲部位的变化；对于向凸岸拓宽并有趋向顺直的微弯段，要研究进一步的变化及对上下游河势的影响；对拓宽的顺直段（包括汊道中的顺直段）要研究边滩、心滩和浅滩冲淤变化趋势及其对上、下游河势影响；对个别支汊的冲刷要研究其发展前景及其影响。在这个基础上，进一步研究新形势下的河势控制方案。

（7）本书第7章首先总结了城陵矶以下长江中下游分汊河道历史演变的规律。可以看出，江心洲的并岸并洲过程贯穿了历史演变的始终，而且近期半个世纪的演变也沿袭了这一过程，使得长江中下游由多汊变为少汊、河道不断缩窄，由江心洲无序分布变为基本有序分布、宽窄相间的分汊河道，并朝稳定性逐渐增强的方向发展。在这一过程中，有河流自身演变的因素，也有人类在开发利用中积极推进的因素。

长江中下游河道的节点是指分汊河道的束窄段，是历史演变的产物。除了少数为两岸山矶和护岸工程的固定边界之外，绝大部分节点一岸为山矶、阶地，另一岸为河漫滩，这是水流泥沙运动和边界条件相互作用的结果；还有两岸均为河漫滩的节点，其束窄段的形成则是分汊水流运动和泥沙淤积的结果。可以认为，后者更能体现节点形成的本质因素。节点对上游分汊河段的形成和稳定具有促进作用，对下游分汊河段的河势具有控制作用。节点控制作用的强弱取决于节点的河宽与宽深比、节点的长度和节点段的弯曲形态等因素；确保节点的稳定性在长江中下游分汊河道整治中具有重要意义。

分汊河段的年际变化大多表现为双汊河段的单向变化，即成型后的双汊河段，其支汊变为主汊后并持续发展，或成型后的双汊河段，其支汊仍不断朝淤衰的方向发展；汊道年际间的周期性变化主要表现为江心洲并列和顺列多汊河段（也有双汊河段）滩槽的横向平移和纵向平移具有周而复始的规律性；只有极少数河段在河势变化较大的特殊情况下，可能发生江心洲主（汊）支（汊）交替发展的易位现象。

分汊河段的年内变化具有较强的规律性：节点束窄段平滩河槽年内具有"洪冲枯淤"的特性；分汊河段进口展宽段直至分汊口门具有大流量下淤积沿程增大和小流量下冲刷沿程增大的趋向；汊内的变化为深槽具有"洪冲枯淤"而浅滩、潜边滩、潜心滩具有"洪淤枯冲"的特性，但当主、支汊有平面变形的情况下，总体上为槽冲滩淤的单向变化特性。

20世纪60—80年代长江中下游实施了规模宏大的护岸工程。首先是两岸和江心洲堤防的加固和防洪护岸工程稳定了中下游河道的洪水河床，宏观上有利于分汊河道平面形态的稳定；河势控制护岸工程不仅有利于控制中水河床，而且有利于控制枯水河床，不仅使长江中下游两岸大部分岸滩基本达到稳定，而且也为进一步稳定汊道分流比和枯水河床整治（如航道整治）奠定了基础。

长江中下游分汊河道演变在自然条件下具有平面变形大、河道展宽大、洲滩冲淤变化大的特点，是与中下游水沿程增多、沙沿程减小的来水来沙条件和岸滩抗冲性较弱的边界条件相辅相成的。护岸工程使其可冲的边界条件成为固定的边界条件时，其影响程度较小的可抑制河床演变的进程，影响程度较大的可能使河道形态产生变化，最典型的是团风河段在东漕洲实施护岸工程后，已由不稳定的多汊河段转变为稳定的双汊河段。所以，对护岸工程作用的认识不能停留在它仅仅是限制横向变形，仅仅是"被动防守"，而应从边界条件的根本改变来认识它对水流泥沙运动的影响和在河床演变中的反作用。同时，护岸工程兴建后，断面的调整朝窄深方向发展，护岸岸线的弯曲凹入形态对下游具有强化河势控制的作用。

通过对 20 世纪 60—80 年代在实施宏大规模护岸工程条件下的河床演变分析，可以看出，长江中下游河道两岸边界总体上已经处于基本稳定状态；大多数江心洲也取得了与两岸边界相应的平面形态。但同时可以看出，大多数江心洲周边仍然处于可冲的自然状态。长江中游的分汊河段基本上为双汊河段，而下游基本上为多汊河段；长江下游分汊河道平滩河槽内江心洲的稳定性明显逊于中游分汊河道。长江中游与下游分汊河道的平面特性是有差异的。中游分汊河段的河型以顺直微弯型为主，而下游分汊河段的河型则以弯曲型为主，鹅头型次之，顺直型很少；相应地，单个主、支汊的形态，中游以顺直和微弯型态为主，而下游以弯曲形态为主，微弯和鹅头形态次之，顺直和顺直微弯形态最少。长江下游汊道比中游更为发育，显然，这与其水多沙少的来水来沙条件和河岸相对更易冲刷的边界条件密切相关。

在三峡水库蓄水后的运用初期，城陵矶以下的长江中下游输沙量和含沙量大幅减少，年内洪水期减小更为显著；平均含沙量由三峡蓄水前的沿程减小而蓄水后变为沿程增大；通过河床冲刷，中游段悬移质中粗沙部分含沙量恢复较快，至 2013 年长江中下游河床长距离冲刷范围已达大通以下。随着上游干支流水库的不断兴建，长江中下游来沙大幅减小对河床长距离的冲刷特性仍将维持相当长的时期。

三峡水库运用初期，长江中下游分汊河道受到较强的冲刷，一般表现为后期一个时段（中游为 2008—2015 年，下游为 2006—2011 年，暂缺 2016 年资料）冲刷更大一些；下游段的冲刷强度大于中游段，但都显著小于宜枝河段和荆江河段。平滩河槽中河床的冲刷部位主要分布于枯水河槽；枯水位以上的河床冲刷下游段明显大于中游段，可见下游段的岸滩相对于中游段受到更多的冲刷。

三峡水库运用初期，在长江中下游分汊河道河床演变中，江心洲有并岸趋势的、滩槽横向平移作周期性变化的、大多数双汊河段作主兴支衰单向变化的、横向水流对洲头滩进行冲刷或切割的等，都仍然保持着原有的演变特性和趋向，但今后三峡水库持续的"清水下泄"是否会表现出新的变化特性值得研究。需要指出的是，从目前来看，在长江中下游特别是下游，分汊河道的河床地貌已经出现一些新的变化，如有的原为淤衰的支汊有冲刷发展的势头，有的甚至在汊内形成心滩；有的主、支汊中的二级分汊发生新的冲刷变化；有的由边滩切割形成心滩或小江心洲；还有的在主汊沿程展宽段的末端形成新的心滩等，都成为一些新的不稳定因素。

三峡水库"清水下泄"对长江中下游河道长距离的冲刷影响仅仅是开始。目前，长江中下游分汊河道的河型与河势总体上被认为是与两岸经济社会发展相适应的河型与河势。如果说，今后仍要维护这个由节点段划分、由一个个分汊河段组成、宽窄相间的分汊河道平面形态，那么就需要首先对节点进行全面强化加固，保持它们对河势至关重要的控制作用消除它们自身不够稳定的因素和"清水下泄"对节点的冲刷影响，同时还需更多地着眼于江心洲及其主、支汊的整治，以达到长远的稳定。

（8）澄通河段两岸边界虽已受到控制，节点和汊道平面形态也相对稳定，但河床冲淤和滩槽的变化相当大。作者在进一步分析近期河床演变的基础上，归纳其河床演变有两大特点：一是上、下游河势变化的关联性，表现为上游节点处河床冲淤变化对下游汊道河势的影响和主、支汊的滩槽变化对下游节点控制作用的影响，也有的在涨潮流作用下下游滩槽冲淤变化对上游河势的影响。二是在河岸边界条件稳定下平滩河床内地貌多变的复杂性，包括横比降在洲头形成串沟对江心洲洲头滩的冲刷切割，弯曲支汊内边滩的切割使单一河槽有变为分汊之势，顺直汊道内边滩切割、心滩下移与滩槽冲淤的周期性变化，微弯型的主汊内凹凸岸转换和滩槽易位，潜边滩沙嘴的切割可能对河势造成较大影响，节点处滩槽的变化使其控制作用减弱及其对下游河势的影响，以及河道整治和航道整治中汊道内滩槽地貌的改观和洲滩之间局部的冲刷等。演变的复杂性和整治的艰巨性突出表现在：福姜沙左汊滩槽多变和福北、福中水道冲淤与岸线利用的关系及其河势控制问题；如皋右汊（浏海沙水道）民主沙尾潜边滩有切割之势，可能形成潜心滩进而对河势带来新的不稳定；如皋右汊下段与中汊出口交汇水流的变化对九龙港节点断面形态的影响；九龙港节点变化对通州沙左汊滩槽冲淤的影响以及节点上、下兼顾、综合整治的问题；龙爪岩以下通州沙东水道上下游、左右岸多汊多滩的相互关系和综合整治问题等。这些都迫切期待加强澄通河段的研究和整治工作。

（9）长江口河段受径流作用和潮汐动力作用的双重影响。其潮位的变化，无论哪个站都是丰水年高于小水年的平均潮位，都是洪季高于枯季的潮位；口外绿华站的潮位高于口门处鸡骨礁站的潮位应是潮汐能量消耗的体现；口门至口外区域，由于洪季径流来量的汇集叠聚使汛后潮位抬高，这也是南京以下各潮位站月平均潮位、月平均潮差、各段月平均比降等与月平均流量的关系（大通站）在年内均呈绳套形变化的原因。其中，徐六泾以上与径流的关系明显；横沙以下这一关系呈扁平状态，可见主要是受潮汐动力作用的影响。从潮位年内月平均变化幅度分析表明，石洞口以上受径流作用为主，高桥（二）以下受潮汐动力作用为主，二者之间区域可认为是径、潮流动力作用相互交错的区域。潮差的沿程变化无论是丰水年还是小水年都沿程递增；在口门以上附近牛皮礁达到最大值，由口外绿华站至牛皮礁站潮差增大可能是口门的特定形态使潮汐能量沿程转换形成的。无论丰水年还是小水年，各站潮差随流量的变化特性都有一个区限，其以下各站潮差随流量增大均呈增大态势，其以上的各站则呈减小趋势，而这个区限随径流增大而下移，说明径流与潮汐动力相互作用对比的强弱。长江口河段各月平均比降，总体变化沿程减小，且丰水年大于小水年比降；口外自鸡骨礁至绿华则出现负比降。对于径流作用下的潮汐水流，潮差沿程变化体现出一种能量的传递与消耗，它对水流做功体现在涨落潮过程中形成的正、负比降作用于水流并使流速产生周期性变化，从而在长江口河段驱使水体作往复性流动。长江口瞬时的正、负比降，远大于当时当地的平均比降，由于潮汐的动力作用，使得长江口以平均比降极小输送巨量径流入海变成了较大正、负比降作用下的瞬时潮流量颇大的往复流入海。需特别指出的是，涨潮流时负比降更大说明潮汐动力对于正向流动的巨大径流变作逆向流动所提供的巨大能量。研究表明，从流速的周期性变化滞后于比降的周期性变化是因为水流运动的惯性作用所致。本章对长江口水流泥沙运动分为 4 个区的分析是基于径流与潮汐动力作用相对强弱和涨落潮流速以及含沙量相对大小而大致划分的，供参考。

长江口河段的历史演变，首先是通过几次重大的并岸并洲过程，形成长江口河段北岸、南岸和崇明岛分隔南、北支的宏观边界，又通过并洲过程，进一步塑造了澄通河段宽窄相间的江心洲分汊河型和长江口三级分汊、四口入海的喇叭型河口。本章总结了历史演变的发展规律，这就是：①两岸的并岸过程和崇明岛的大并洲是塑造河道边界、形成长江口河段河势大格局的基础条件，进一步并洲是形成一定河型的必要条件和促使分汊河道稳定性逐渐增强的充分条件；②两岸堤防和洲堤的兴建加快了河道滩、槽格局形成和河型塑造的进程；③保滩护岸工程在控制河势和稳定边界形态中具有重要的作用。分析认为，澄通河段作为近河口段，属于向河口段过渡的分汊河型；徐六泾以下的长江口为河口段，属于沿程逐渐展宽、多洲滩分布、分汊入海的喇叭型河口。文中对澄通河段内三个汊道段的稳定性和长江口各级分汊的作用进行了分析和评价。

在充实资料的基础上，对长江口河段近期演变做了新的分析，归纳了长江口河段河床演变存在的十大问题：①福姜沙左汊滩槽不稳定及其影响问题；②福姜沙两汊与如皋分汊三水道之间分流和河势衔接复杂问题；③如皋右汊（浏海沙水道）滩槽易位和中汊出口演变的趋势及其对九龙港节点和下游河势影响问题；④龙爪岩以下通州沙东水道滩槽冲淤变化和河势稳定问题；⑤徐六泾节点段主流长期偏南趋势对白茆沙汊道至七丫口节点段河势影响问题；⑥瑞丰沙演变趋势及其对南港、南北槽分流和长兴水道的影响问题；⑦南北港保持长远分流稳定问题；⑧北槽分流持续减小的长远对策问题；⑨南槽变化的不利趋向和对策；⑩北支变化趋向和对策。以上都是需要加强研究的课题。

在长江口河段整治研究设想的8项建议中，远期将福姜沙汊道和如皋汊道整治为一个双汊河段可能是根本解决问题的途径，这关系到自上游鹅鼻嘴节点至下游九龙港节点之间、左岸与右岸之间、汊道之间及其与洲滩之间非常复杂的关系，涉及平面形态的巨大调整和改观，工程规模十分浩大，这也许是一个永远不可及的设想。南槽目前正实施南汇边滩圈围工程，鉴于南槽演变的不利趋势，河势控制宜尽早不宜迟。总之，长江口河段要研究的问题很多，需尽早全面开展研究工作。本文的分析研究可供适时修订《长江下游澄通河段河势控制规划》和《长江口综合整治开发规划要点报告（2004年修订）》作参考。

（10）作者自武汉水利电力学院治河系毕业后，一直在长江委长江科学院（前身为长江流域规划办公室长江水利水电科学研究院）河流所工作，迄今已有50多年了。半个多世纪以来，主要从事长江流域综合规划、中下游河道治理规划、长江口整治开发规划和重要河段规划与整治相关的分析、研究、试验工作；在工程实践中，较多地从事分汊河道整治研究，重点对护岸工程进行了试验研究。通过这些工作，对长江河道基本情况和河床演变规律有了较全面的认识，对整治工程技术也有了初步的掌握。作者认为，从事长江河道研究工作最好从学习规划入手，多接触一些整治实践，可为以后各方面的研究工作打下一个较好的基础。

作者在工作中曾接触过一些水流泥沙运动方面的研究，做过一些基础性实验，也作过工程经验调查与总结，参与过工程技术要求和规程规范的制定，而做得更多的是基于河道实际资料的河床演变分析。作者认为这一点很重要，因为它有助于对河道历史和现实情况更深切的理解，包括感性和理性认识。同时还体验到，从事长江干支流河型的调查研究，对提高理论水平有一定的帮助。建议本专业青年朋友可在河床演变分析和河型研究方面多一些关注。

作者认为，做每一件事都有成功的机遇，对任何一项工作，坚持不懈，有始有终，认真做好，长远来说必有益处。做工作首先要做到自己满意，再向别人请教，纠正错误，弥补不足。在学风上除了坚持科学性和实践性之外，还要尊重传统的观念和经验。所谓经验，是前人历练的经典，是在当时当地生产力水平下人们认识的总结，要虚心学习。同时，又要看到以往观点可能存在的局限性，要求我们的认识水平不断提高，这就有必要具体深入地剖析有关科学技术问题。在这个基础上力求有所创新。总之，在认识的道路上没有终点。期待在探索与思考中与读者共勉。

50 多年的工作中遇到不少困难和挑战，除了自己努力克服和应对外，离不开长江委、院领导的关心支持和同事、朋友的帮助，也离不开中、下游各省市水利系统的领导和相关同志在工作各环节的支持和大力协助。如在筹划长江中下游历届护岸会议涉及各省、市和委内有关部门，不可避免遇到各种困难时，长江委文伏波、杨贤溢、洛叙六、陈雪英等领导及时给予关心和解决；在长江堤防隐蔽工程建设设计、施工中和发生险情遇到各种问题时，杨淳、吴志广等院领导给予及时解决；在葛洲坝三江航道护坡工程协助优化设计遇到各种技术难题时，唐日长、曹乐安、刘党一等老一辈给予支持、鼓励和技术指导；在镇扬河段和畅洲左汊堵汊工程存在很多前所未有的关键设计问题和施工风险时，陈雪英、洪庆余、王新才、陈肃利等同志帮助一一解决，镇江水利局给予大力帮助，进行了许多现场试验，这项看似不可能的工程得以实施，与江苏省水利厅陈茂满等领导的决策是分不开的；在团风河段如何利用度量比例不同的英国人测图与 20 世纪 60—70 年代长江委的测图相衔接，并完成 1 个周期演变过程的规律性分析工作，得到褚君达同志高水平的相助；1981年汛后用长办自制的 CK－1 水声勘探仪施测荆江大堤抛石护岸的协调中，得到原荆州地区长江修防处、荆江河床实验站和长办勘总物探队协同工作，并提供人力和物力的帮助；在长江口太仓岸滩整治工作河口潮汐模型软硬件开发工作中，得到华中科技大学协助与配合；在急需观测资料如期完成潮汐模型验证试验工作中，得到长江口水文水资源勘测局的有力支持；在治理深圳河二、三期前期工作中，得到设计院马建华等同志各方面的支持和有效帮助。在南水北调穿黄模型试验和中俄两国大江大河河床演变与生态环境对比研究项目中，得到黄河水利科学研究院赵业安、张红武、姚文艺、李勇等大力支持和无私相助；在防洪大模型项目前期工作遇到很多坎坷，在一些权威人士不看好的形势下，得到王光谦、胡春宏等同志的鼎力支持。

在长江中下游河床演变和河道整治的研究工作中，得到南京水利科学研究院李昌华，长江中下游各省市赵承建、陈一山、赵启承、陈引川、袁以海、许润生、谢普定、郭志高、刘继春、李朝菊、汤迪凡、万德煌、夏德华，长江委设计院王忠法、张荣国、王锌、张克孝、李代鑫、熊铁、邓坚、王永忠、罗晓峰、侯卫国，以及水文局各基层水文水资源勘测局陈时若、夏鹏章、石厚光、刘雅鸣，李云中、代水平、唐从胜、段光磊、徐剑秋、徐德龙、李健庸、刘开平、田淳、周丰年、张世明等的热情指导和通力合作。

还有很多事例和同志不胜枚举，都表明作者在长期工作中得到很多领导、同事和朋友的关心、支持和帮助。回顾这些情景，历历在目，回味无穷，感谢之至！